Elektroakustik

Herbert Bernstein

Elektroakustik

Mikrofone, Klangstufen, Verstärker, Filterschaltungen und Lautsprecher

2., aktualisierte Auflage

Herbert Bernstein
München, Deutschland

ISBN 978-3-658-25173-4 ISBN 978-3-658-25174-1 (eBook)
https://doi.org/10.1007/978-3-658-25174-1

Die Deutsche Nationalbibliothek verzeichnet diese Publikation in der Deutschen Nationalbibliografie; detaillierte bibliografische Daten sind im Internet über http://dnb.d-nb.de abrufbar.

Springer Vieweg
Die 1. Auflage 2005 erschien im Franzis Verlag unter dem Titel „Audiosimulation mit Multisim".

Springer Vieweg ist ein Imprint der eingetragenen Gesellschaft Springer Fachmedien Wiesbaden GmbH und ist ein Teil von Springer Nature
Die Anschrift der Gesellschaft ist: Abraham-Lincoln-Str. 46, 65189 Wiesbaden, Germany

Vorwort

Der Inhalt des vorliegenden Fachbuches richtet sich an alle, die sich mit elektroakustischen Fragen, der Technik und Anlagen beschäftigen, bzw. an jene, die sich über den Fragenkomplex schnell und ohne viel Mühe unterrichten wollen. Insbesondere ist das Buch für Schüler an technischen und medizinischen Fachakademien, Studenten aus der Elektronik und Medizintechnik, Technikern, Ingenieuren und Meister aller Fachrichtungen eine willkommene Unterstützung.

Das Fachbuch erläutert Grundbegriffe der Elektroakustik auf leicht verständliche Weise. Als Nachschlagewerk gibt es schnellen Aufschluss über Zahlenwerte, die einem nicht immer gegenwärtig sind und umfangreiche Tabellen ergänzen den Inhalt.

Die Elektroakustik, ursprünglich nur den Fachleuten vertraut, ist heute aus unserem täglichen Leben nicht mehr wegzudenken. Die Anschaffung von HiFi-Geräten für die Wiedergabe von Fernseh- und Rundfunkdarbietungen (Sprache und Musik), sind für viele Haushalte bereits eine Selbstverständlichkeit geworden und bilden einen wesentlichen Bestandteil einer eingerichteten Wohnung. Angesichts dieser Entwicklung ist das Interesse für allgemeinverständliche Grundlagen der Elektroakustik ständig im Wachsen begriffen, so dass für das vorliegende Buch wieder eine Neuauflage erforderlich wurde. Neben gründlicher Überarbeitung des Stoffes fanden vor allem technische Neuentwicklungen Berücksichtigung. Bedingt durch den außerordentlich weit gespannten Themenkreis sind gewisse Überschneidungen nicht immer vermeidbar.

Durch die Simulation in der Elektroakustik lassen sich die wichtigsten Merkmale einer Audioanlage untersuchen und realisieren. Da das Programm zahlreiche Messgeräte und Analyseverfahren bietet, kann man eine Audioanlage virtuell aufbauen, ohne Mühen des Lötens und ohne kostspielige Bauelemente. Auch der Abgleich und die Messungen führen zu einem optimalen Ergebnis. Die virtuellen Messgeräte umfassen praktisch alle Messgeräte, die man in der Audiotechnik benötigt, und alle Messungen durchführen zu können. Würde man alle Messgeräte kaufen, müsste man ca. 50.000 € investieren und die Messgeräte würden nur einmal vorhanden sein.

Mit den zahlreichen Analyseverfahren können die Schaltungen entsprechend aufwendig untersucht werden. Was nützt einem Elektroniker und Akustiker eine elektronische Schaltung, wenn er die einzelnen Schaltungskomponenten nicht untersuchen kann.

Besonders wichtig ist die Möglichkeit einer experimentellen Überprüfung der einzelnen Funktionen bzw. das Zusammenwirken einzelner Schaltungselemente. Gerade im experimentellen Umgang mit elektronischen Komponenten in der Akustik liegt die Bedeutung der oft unterbewerteten „Bastelpraxis". Die ersten Kontakte für Elektronik- und Akustik-Einsteiger erfolgen zumeist in privater Umgebung und werden deshalb enorm erschwert durch eine unzureichende Ausstattung mit speziellen Messgeräten.

Dieses Buch basiert auf dem bekannten Programm Multisim und damit lassen sich alle Versuche simulieren. Wer hat einen hochwertigen Funktionsgenerator oder ein 2- bzw, 4-Kanal-Oszilloskop für die Überprüfung der einzelnen Spannungsamplituden? Wie kann man die Frequenzabhängigkeit eines Filters in einer Audioschaltung messen, ohne über einen Bode-Plotter zu verfügen? Mit einem Analysator lassen sich Messungen der Intermodulations- und den nicht linearen Verzerrungen von Tonsignalen durchführen. Mit einem Spektrumanalysator können Messungen der Signalamplitude von der Frequenz mit einstellbarem Frequenz- und Amplitudenbereich ausgeführt werden. Dieses Programm bietet alle Möglichkeiten für die moderne und einfache Simulation ohne große Vorkenntnisse.

Eine Audioanlage besteht aus einem Mikrofon, Vorverstärker mit Klangnetzwerk, Endverstärker und den Abschluss bildet eine Lautsprecherbox. Man kann diese Systeme, elektronische Schaltkreise und Bauelemente kostengünstig erwerben, aber die Entwicklung und der Selbstbau bieten Möglichkeiten, sich in Theorie und Praxis zu beweisen und seine Traumanlage zu realisieren.

Meiner Frau Brigitte danke ich für die Erstellung der Zeichnungen und der Ausarbeitung des Manuskripts.

Bei Fragen können Sie mich kontaktieren unter „Bernstein-Herbert@t-online.de".

München
im Herbst 2018

Herbert Bernstein

Inhaltsverzeichnis

Grundlagen der Akustik 1

Die Akustik ist ein Teilgebiet der Physik, das die vielfältigen Erscheinungen des Schalls, die Entstehung, seine Struktur und die physiologischen Wirkungen untersucht. Wenn man sich mit der Verstärkertechnik und damit der Musik, den Synthesizern, verschiedenen Mikrofonen, unterschiedlichen Lautsprechern und dem Boxenbau beschäftigt, sollte man auch eine Vorstellung bekommen, was das Phänomen „Schall" eigentlich darstellt.

1.1 Komponenten einer Stereoanlage

Eine HiFi-Stereoanlage besteht im Wesentlichen aus einem Mikrofon, Vorverstärker, Klangnetzwerken zum Anheben oder Absenken der einzelnen Frequenzen und der Steigerung der Klangqualität, am Ausgang eine Leistungsendstufe und den Abschluss mit einem optimal angepassten Lautsprecher. Das Mikrofon hat die Aufgabe, den Schall in elektrische Signale umzusetzen. Die erste Stufe im Gesamtsystem ist der Vorverstärker und dieser nimmt eine Anpassung zwischen Mikrofon, Klangnetzwerken und Leistungsendstufe vor. Gleichzeitig wird die Lautstärke für die Leistungsendstufe bestimmt und die einzelnen Frequenzen durch Filter angehoben oder verringert (abgesenkt). Die unterschiedliche Leistungsendstufe verstärkt die Signale vom Vorverstärker, wobei man zwischen A-, B-, AB-Betrieb und komplementären Betriebsarten unterscheiden muss. Je nach Betriebsart ergeben sich gewisse Vor- und Nachteile für die Leistungsendstufe. Bei den Lautsprechern wählt man zwischen dem Universaltyp oder den speziellen Bass-, Mittel- und Hochtönern mit den entsprechenden Frequenzweichen. Der Lautsprecher dient als Schallsender und man fasst diese in Strahlergruppen, den sogenannten Tonsäulen oder Boxen, zusammen.

In der Nachrichtentechnik (Verstärkertechnik) handelt es sich um ein Teilgebiet aus der allgemeinen Elektrotechnik. Sie lässt sich bei klassischer Betrachtung ihrerseits in

H. Bernstein, *Elektroakustik*, https://doi.org/10.1007/978-3-658-25174-1_1

die Bereiche Nachrichtenverarbeitung und Nachrichtenübermittlung unterteilen. Da es sich um Akustik handelt, reduziert sich die Nachrichtenverarbeitung (Informatik) auf die Speicherung (Magnetbänder, Disketten, CD-ROM und DVD). Die Nachrichtenübermittlung bei Musiksendungen (Mono und Stereo) in Rundfunk und Fernsehen stellt den Zusammenhang zwischen Quelle (Sender) und Senke (Empfänger) dar und ist eines der wichtigsten Eigenschaften, da man zwischen Nutzsignalen und Störsignalen unterscheiden muss. Das Nutzsignal überträgt die zur Nachricht gehörende Information, das gesprochene Wort und das Musiksignal. Unerwünschte Störsignale enthalten keine (im Sinne der Nachricht) nützlichen Informationen und beeinflussen die gesamte Nachrichtenübertragung nur negativ. Betrachtet man beispielsweise einen schlecht eingestellten und somit rauschenden Sender eines Rundfunkgerätes, so übermittelt das Musiksignal (Nutzsignal) die zu übertragende Information. Das Rauschen (Störsignal) verschlechtert die Übertragung erheblich und damit auch die Musik. Ist das Rauschen zu stark, kann die Musik nicht mehr wahrgenommen werden. Das Beispiel zeigt, dass das Störsignal im Verhältnis zum Nutzsignal nicht beliebig groß sein darf.

Oberstes Ziel ist die möglichst unverfälschte Übertragung der Musik und der gesprochenen Information (Nachrichteninhalt). Für die theoretische Betrachtung ist die Verwendung der in DIN 40.146 aufgeführten Begriffsdefinitionen sinnvoll, wie Abb. 1.1 zeigt.

Generell wird eine Nachricht (Nutzsignal der Sprache und Musik) von der Nachrichtenquelle bzw. Quelle Q abgegeben und zu der Nachrichtensenke bzw. Senke S übertragen. Zwischen Quelle und Senke liegt das Nachrichtenübertragungssystem, bestehend aus Sender, Übertragungskanal bzw. Übertragungsstrecke und Empfänger. Der Sender (Wandler) setzt das von der Quelle kommende Nutzsignal in eine für die Übertragung im Kanal geeignete Form (z. B. elektrische Größe) um. Das entsprechende Signal wird auf der Empfangsseite im Empfänger (Wandler) in eine für die Senke geeignete Form transformiert. Zu beachten ist, dass die entsprechenden Störsignale auf das gesamte Nachrichtenübertragungssystem einwirken und somit mit dem Nutzsignal zusammen an der Senke auftreten.

Im Wandler wird die von der Quelle kommende Nachricht in ein analoges oder digitales elektrisches Signal umgeformt. Zur besseren Ausnutzung des Übertragungsweges wird das Signal meistens gemeinsam mit anderen Nachrichtensignalen übertragen und muss dazu umgesetzt bzw. angepasst werden. In der Funktechnik ist grundsätzlich eine Umsetzung erforderlich, da zum einen erst bei höheren Frequenzen eine Übertragung durch elektromagnetische Wellen sinnvoll ist, zum anderen im Funkfeld viele unterschiedliche Signale nebeneinander übertragen werden sollen, die nur durch ihre unterschiedliche Frequenzlage gegeneinander entkoppelt sind.

Die Dämpfung des Übertragungsweges muss durch Verstärkung im Sender und Empfänger ausgeglichen werden, damit der empfangsseitige Umsetzer und Wandler eine ausreichende Leistung erhält und ein genügender Störabstand gegenüber den unterschiedlichen Störleistungen hergestellt wird. Bei größeren Entfernungen sind zusätzliche

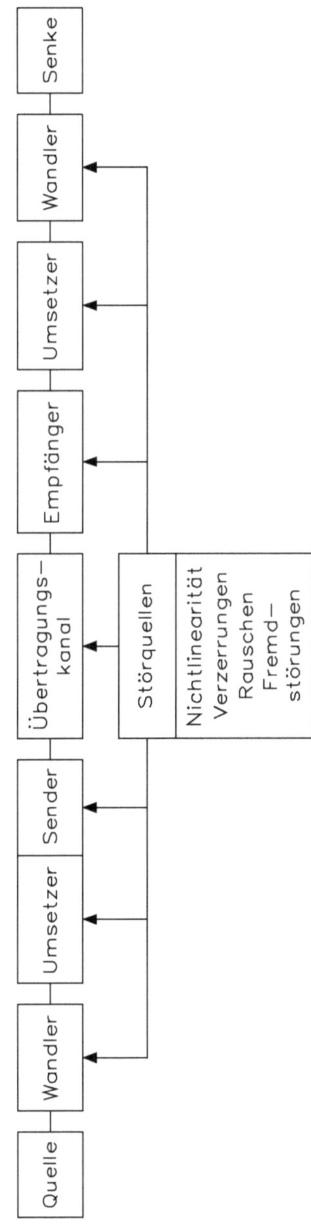

Abb. 1.1 Prinzip einer Nachrichtenübertragung

Zwischenverstärker erforderlich, bei digitalen Verbindungen können Signalverzerrungen durch Zwischenregeneratoren ausgeglichen werden.

Die Signalbandbreite hängt unmittelbar mit der Nachrichtenart und mit den an die jeweiligen Empfangsqualitäten gestellten Forderungen zusammen. So ist bei einer Fernsprech- oder Mittelwellenübertragung lediglich eine Verständlichkeit zwischen den Teilnehmern gefordert, bei Rundfunk- und Fernsehübertragung wird dagegen Studioqualität erwartet.

1.1.1 Verzerrungen

Verzerrungen lassen sich in der Nachrichtentechnik folgendermaßen unterscheiden:

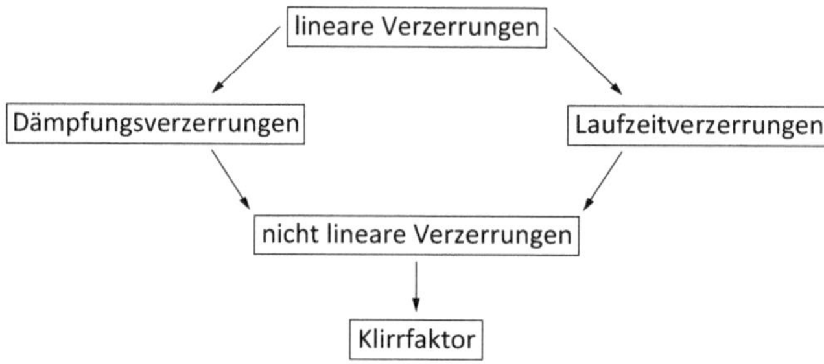

Die Verzerrungen sind im Wesentlichen von Frequenzband, Bandbreite und Nachrichtenkanal abhängig und stellen für die Übertragung eine unvorhersehbare Zustandsänderung der physikalischen Größe dar. Es muss sich also entweder Amplitude, Frequenz oder Phasenlage eines Signals ändern, um eine Information zu übertragen. Da auch in der modernen Musikübertragung mit digitalen Signalen gearbeitet wird, lässt sich jedes Signal durch eine sinusförmige Teilschwingung darstellen. Jede Signaländerung führt zur Entstehung von weiteren derartigen Teilschwingungen. Dabei werden die Frequenzen der Oberwellen umso größer, je schneller die Signaländerung erfolgt. Für die Nachrichtenübertragung ist also generell ein Frequenzbereich erforderlich, welcher auch als Frequenzband bzw. Bandbreite Δf (früher: b) bezeichnet wird. Rein theoretisch betrachtet ist die niedrigste Frequenz eines periodischen nicht sinusförmigen Signals $f = 0$ Hz und die höchste Frequenz der Oberschwingung unendlich ($f = \infty$). Für eine ideale und exakte Signalübertragung von 100 % wäre demnach ein Frequenzbereich von $f = 0$ Hz bis $f = \infty$ nötig. Für die Musik benötigt man eine Signalübertragung zwischen 10 Hz und 20 kHz, für die Sprache 300 Hz bis 2 kHz.

Betrachtet man sich Abb. 1.1, so ist die Änderung der Signalform am Ausgang u_2 (Senke) gegenüber dem Eingangssignal u_1 (Quelle) anzunehmen. Allgemein spricht man bei jeder Änderung der Signalform infolge der realen Eigenschaften der Übertragungsstrecke von einer Verzerrung (distortion). Bezüglich der Ursachen und Auswirkungen unterscheidet man zwischen linearer (linear distortion) und nicht linearer Verzerrung (non-linear distortion). Verzerrungen sind Formänderungen des Ausgangssignals gegenüber dem Eingangssignal, welche durch die realen Eigenschaften der Übertragungsstrecke verursacht werden.

Bei linearen Verzerrungen besteht zwischen dem Ein- und Ausgangssignal stets ein konstanter Zusammenhang, d. h. dass eine einzelne Sinusschwingung (Harmonische) für sich allein betrachtet nicht verzerrt wird! Allerdings kann sich ihre Amplitude oder ihre Phasenlage bezüglich einer anderen Sinusschwingung (Harmonische) ändern, wodurch das Gesamtsignal verzerrt wird.

Während bei linearen Verzerrungen lediglich die bereits im Signal enthaltenen Teilschwingungen in ihrer Amplitude oder Phasenlage zueinander verändert werden, treten bei nicht linearen Verzerrungen völlig neue, zusätzliche Teilschwingungen auf. Ursache hierfür ist die nicht lineare Übertragungskennlinie bzw. eine Übersteuerung des Übertragungskanals. Abb. 1.2 zeigt dies, wobei für die Eingangsspannung $u_1(t)$ eine einfache Sinusschwingung mit der Frequenz f_1 angenommen ist.

In beiden Fällen (der verzerrte Ausgangsstrom i_2 von Abb. 1.2a ruft an einem Widerstand die Ausgangsspannung u_2 hervor) ist die Ausgangsspannung $u_2(t)$ nicht sinusförmig, also verzerrt, sowie periodisch. Er lässt sich demnach durch eine Fourier-Reihe darstellen, d. h. er enthält außer der Grundschwingung (Eingangssignal) zusätzlich Teilschwingungen mit ganzzahligen Vielfachen von f_1. Die Fourier-Analyse kann durch Multisim durchgeführt werden und wird später noch ausführlich behandelt. Ihre Amplituden addieren sich mit der Grundschwingung zur neuen, nicht sinusförmigen,

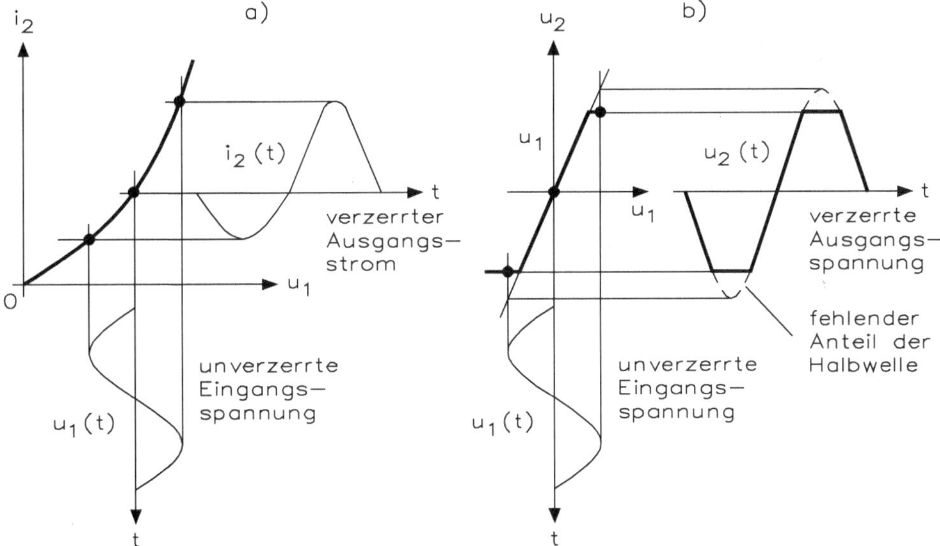

Abb. 1.2 Nicht lineare Verzerrungen verursacht durch eine **a)** nicht lineare Kennlinie der Übertragungsstrecke **b)** Übersteuerung des Übertragungskanals

periodischen Summenkurve, welche somit zur verzerrten Signalkurve wird. Dabei ist zu beachten, dass, im Gegensatz zu den linearen Verzerrungen, die nicht linearen Verzerrungen nicht ausgeglichen (kompensiert) werden können! Die neuen Oberwellen lassen sich messen und man definiert den Klirrfaktor k (distortion factor) als Verhältnis des Effektivwertes der zusätzlichen Teilschwingung zum Effektivwert der Summenkurve (Grundschwingung + Teilschwingung) in Prozent. Die Messung des Klirrfaktors lässt sich mit den Messgeräten von Multisim durchführen.

Bei nicht linearen Verzerrungen entstehen Obertöne (Oberschwingungen), die im Originalton nicht enthalten sind. Hervorgerufen werden sie durch nicht lineare Glieder innerhalb der Übertragungskette und man spricht von Intermodulationsverzerrungen, kurz Intermodulation. Für die Intermodulation spielen nicht nur die Obertöne eine Rolle, sondern auch die durch das Zusammenwirken mehrerer Grundtöne entstehenden Kombinationstöne (Summen- und Differenztöne):

$$F = m \cdot f_1 \pm 2 \cdot f_2 \quad n = 0, 1, 2, 3 \ldots \text{usw.}$$

wobei f_1 und f_2 die Frequenzen der Grundtöne sind. Sowohl die beiden Grundtöne liefern miteinander Schwebungen und erzeugen durch Nichtlinearitäten die Schwebungsfrequenzen f_1, f_2 als auch jeder Oberton (Harmonische) der einzelnen Grundtöne bildet mit jedem anderen Grundton und dessen Obertöne seinerseits Schwebungen. Im einfachsten Fall, wenn nur zwei Grundtöne mit den Frequenzen f_1 und f_2 vorhanden sind, entstehen durch Intermodulation zusätzlich neue Frequenzen (Seitenbänder) durch

$$f_2 \pm f_1; \quad f_2 \pm 2 \cdot f_1; \quad f_2 \pm 3 \cdot f_1; \quad f_2 \pm 4 \cdot f_1; \ldots \text{usw.}$$

Liegt beispielsweise $f_1 = 100$ Hz und $f_2 = 4$ kHz an der Schaltung, ergeben sich bei einer Intermodulation zusätzlich die neuen Frequenzen mit 4,1 kHz und 3,9 kHz, 4,2 kHz und 3,8 kHz, 4,3 kHz und 3,7 kHz. Im Allgemeinen liegen die Kombinationstöne sehr unharmonisch im Gesamtklang und sie sind besonders unangenehm im Hörbereich bei der Lautsprecherwiedergabe.

Die Dämpfungsverzerrung wird dadurch gekennzeichnet, dass die Schwingung unterschiedlicher Frequenzen auf einem Übertragungsweg unterschiedlich bedämpft werden. Die Dämpfungsverzerrung entsteht somit durch die Frequenzabhängigkeit der Dämpfung. Hört man z. B. den Ton eines Musikinstrumentes, so kann man unterscheiden, ob es der Ton einer Trompete oder eines Klaviers ist. Jedes Musikinstrument erzeugt zusätzlich zu dem Grundton auch Obertöne. Die Summe aus dem Grundton und den Obertönen geben einem Instrument die Klangfarbe. Wird nun diese Klangfarbe auf das Übertragungsmedium gegeben, so kann es sein, dass das Amplitudenverhältnis der Grund- und Obertöne nicht mehr originalgetreu am Ende des Übertragungsmediums ankommt. Man spricht von der Dämpfungsverzerrung und die Größe wird gekennzeichnet durch den Unterschied zwischen größter und kleinster Dämpfung innerhalb des Übertragungsbandes.

Um diese Dämpfungsverzerrungen innerhalb erträglicher Grenzen zu halten, muss man ein Toleranzschema entwickeln. Ein Toleranzschema zur Festlegung der Restdämpfungsverzerrungen bezieht sich auf eine feste Bezugsfrequenz. Bei einer Bezugsfrequenz von beispielsweise 1000 Hz wird der Dämpfungswert so gewählt, dass an der Stelle keine Dämpfungsverzerrungen auftreten. Es können bei einem konstanten breitbandigen Eingangssignal am Ausgang des Verstärkers verschiedene Pegelunterschiede auftreten. Steigen die Dämpfungsverzerrungen über die zulässigen Werte an, so lassen sich die Dämpfungsverzerrungen durch Zwischenschaltung von Vierpolen mit umgekehrtem Dämpfungsverlauf eliminieren. Diese Vierpole bezeichnet man als Dämpfungsentzerrer. Voraussetzung einer Entzerrung ist der Einsatz von Verstärkern, da eine Entzerrung nur durch Leistungsverluste erkauft werden kann.

Die Laufzeitverzerrung entsteht durch eine Frequenzabhängigkeit der Laufzeit, d. h. dass verschiedene Frequenzen (Gruppenlaufzeit) mit unterschiedlicher Geschwindigkeit übertragen werden. Beim Fernsprechen kann dies in Extremfällen eine Verstümmelung des Sprachsignals bewirken. Es wäre z. B. möglich, dass aus einem „ui" ein „iii" entsteht. Messungen haben jedoch ergeben, dass die Verständlichkeit in weiten Grenzen unbeeinflusst bleibt. Laufzeitunterschiede <20 ms beeinflussen das Sprachsignal nicht. Laufzeitunterschiede von <100 ms innerhalb der Fernsprechbandbreite reduzieren die Sprachverständlichkeit geringfügig. Im Fernsprechnetz sind die Laufzeitunterschiede maximal 20 ms. Dies gewinnt bei der Datensignalübertragung im Fernsprechnetz an Bedeutung. Laufzeitverzerrungen lassen sich durch Phasenausgleichsglieder oder durch Allpässe beseitigen. Es handelt sich dabei um Vierpole mit konstanter Dämpfung, aber einem frequenzabhängigen Phasenverlauf.

In der Übertragungstechnik treten häufig Störgrößen als Signalbeeinflussung auf. Es dürfte an einem Übertragungskanal, der eingangsseitig nicht besendet wird, sondern mit einem Abschlusswiderstand beendet ist, kein Ausgangssignal feststellbar sein. Dies ist in der Praxis jedoch nicht der Fall. Es ist ein Signal messbar, das aus unterschiedlichen Gründen entstanden sein kann. So entstehen durch Nebensprechen, atmosphärische Einflüsse, Kanalgeräusche und Wärmerauschen ungewollte Signale innerhalb des Übertragungskanals. Das ungewollte Signal wird als Geräusch bezeichnet und entsteht im Wesentlichen durch Kopplung oder Rauschen.

Geräusch

Rauschen

Kopplung

sporadische Einflüsse (z. B. Gewitter)

Nebensprechen

Übersteuerung (Klirrverzerrungen)

Es gibt sporadische Einflüsse, die nur sehr schwer beherrschbar sind. So ist z. B. der Einfluss atmosphärischer Störungen unter Verwendung der heutigen Technologie nicht zu beseitigen. Da es sich hier um zeitlich große Abstände der Beeinflussung handelt, können diese Größen hier vernachlässigt werden. Es gibt jedoch Beeinflussungen, die ständig vorhanden sind. Sie sind messbar und auf ein erträgliches Maß zu minimieren.

Nebensprechen, das durch die Kopplung von Signalen zwischen zwei benachbart geführten Leitungen entsteht, wird durch geeignete Kabelbauformen minimiert und das Kabel wird nur verseilt. Die Nebensprechdämpfung a_N ist angegeben als die Dämpfung zwischen den betrachteten Leitungen. Die Berechnung erfolgt nach

$$a_N = 10 \cdot \log \frac{P_{\text{Stör}}}{P_{\text{Nutz}}} \quad \text{in dB}$$

Die Nebensprechdämpfung bei Sprache soll größer als 76 dB sein, während sie bei Musik >90 dB betragen soll. Bei diesem Wert wird eine Silbenverständlichkeit von weniger als 3 % erreicht.

Eine weitere Beeinflussung ist das Rauschen. Im Inneren elektronischer Schaltungen und in stromführenden Leitungen entstehen Störungen statistischer Art. Solche regellos auftretenden Störungen bezeichnet man als Rauschen. Die Regellosigkeit der Störungen bewirkt, dass durch Rauschen alle möglichen Frequenzen entstehen.

Da auch das Rausch- oder Störsignal mit verstärkt wird, ist darauf zu achten, dass das Verhältnis der Störgröße zum Nutzsignal so gewählt wird, dass das Störsignal nur unerheblichen Einfluss auf das Nutzsignal ausübt. Das Nutzsignal muss sich also deutlich von dem Störsignal abheben. Je länger ein Übertragungsweg, desto mehr wird er von Störsignalen beeinflusst. Der Störabstand *S/N* berechnet sich aus

$$S/N = 10 \cdot \log \frac{P_{\text{Signal}}}{P_{\text{Geräusch}}} \quad \text{in dB}$$

Wird ein Signal am Ende einer Verbindung auf Beeinflussung untersucht, so ist es technisch nicht möglich, jede Signalbeeinflussung zu beseitigen. Es wird mit geeigneten Methoden überprüft, ob ein Übertragungskanal brauchbar ist oder nicht. Hierbei spielt das menschliche Wahrnehmungsvermögen eine wichtige Rolle. Dem Messgerät wird ein Filter vorgeschaltet, das in etwa denselben Dämpfungsverlauf aufweist, wie die Wahrnehmungsfähigkeit des menschlichen Ohres. Die maximale Empfindlichkeit liegt bei 1000 Hz. An der Filterkurve, auch Psophometerkurve bezeichnet, wird sichtbar, dass das Geräusch bei 1000 Hz am stärksten bewertet wird.

1.1.2 Akustische Kommunikation

Der Mensch verfügt über eine Stimme, d. h. seine Stimmbänder gestatten ihm, Laute hervorzubringen. Der im Kehlkopf erzeugte Schall wird durch den Mund an die Außenluft geleitet und gelangt schließlich an das Ohr des Hörers/Gesprächspartners, womit die Kette der akustischen Kommunikation geschlossen ist.

Die Verständigung funktioniert nur dann, wenn der Abstand „Mund – Ohr“ nicht zu groß ist. Mit wachsender Entfernung muss man lauter sprechen und mehr Energie aufwenden oder das Schallaufnahmevermögen des Ohres vergrößern, indem man mit der Hand einen Trichter bildet. Soll die Stimme eine große Zahl von Zuhörern erreichen, so hilft manchmal ein Sprachrohr oder man hat eine Kombination (HiFi-Anlage) aus Mikrofon, Verstärker und Lautsprecher. Reicht aber auch dann die Kraft der menschlichen Stimme nicht aus, so bleibt als letzte Lösung die Elektroakustik.

Im Freien spielt in der Praxis nur die Übertragung des direkten Schalls eine Rolle. Sobald der freie Raum jedoch von Tribünen und dergleichen umgeben ist, wie z. B. in einem Sportstadion, kommt noch der indirekte Schall infolge von Reflexionen (Rückwürfen) von der Tribüne hinzu.

In geschlossenen Räumen beeinflussen der direkte und der indirekte Schall die Verständlichkeit in hohem Maße. Die Akustik oder auch Hörsamkeit des betreffenden Saals ist dann maßgebend für die Art und Weise, in der die elektroakustische Anlage installiert werden muss, um das Ziel (einwandfreie Schallübertragung) zu erreichen.

Um eine gute Vorstellung vom Begriff „Schall“ im weitesten Sinne seiner Bedeutung zu gewinnen, muss man sich zunächst fragen, was Schall eigentlich ist. Hierzu muss man die akustischen Grundbegriffe kennen und verstehen lernen.

Unter Schall versteht man alles, was mit dem menschlichen Hörorgan wahrgenommen werden kann. Schall entsteht, wenn ein Medium in Schwingungen versetzt wird (z. B. Luft). Schallquellen gibt es in verschiedenen Formen, z. B. eine schwingende Stricknadel, eine Stimmgabel, eine angestrichene Violinensaite, ein Paukenschlag usw., wie Abb. 1.3 zeigt. Auch flüssige und gasförmige Stoffe können Schall erzeugen, wie z. B. die Luft in einer Orgelpfeife.

Um die Schallentstehung begreifen zu können, muss man wissen, was während der hin- und hergehenden Bewegung der Nadel mit der umgebenden Luft geschieht. Sobald sich das freie Ende von uns wegbewegt, werden auch die Luftteilchen an der Rückseite der Nadel nach hinten gedrückt, und diese Teilchen geben ihre Bewegung an die benachbarten Luftteilchen weiter usw. So entsteht eine „Luftverschiebung“ in Richtung der Nadelbewegung.

Umgekehrt entsteht bei der Rückwärtsbewegung der Nadel an ihrer Vorderseite eine Luftverdünnung. Die in unmittelbarer Nähe befindlichen Luftteilchen versuchen „nachzurücken“, um diese Verdünnung aufzufüllen.

Bewegt sich die Nadel in der Gegenrichtung, so werden die Luftteilchen an der Vorderseite in Richtung des Ohres gedrückt, während die an der Rückseite befindlichen gewissermaßen angesaugt werden. Solange die Nadel schwingt, findet also in ihrer Umgebung eine periodische Luftverdichtung und -verdünnung statt (Abb. 1.4).

Schall kann nur dann wahrgenommen werden, wenn sich zwischen Schallquelle und Ohr ein Medium befindet, in dem sich der Schall fortpflanzen kann. Im Allgemeinen ist dieses Medium Luft, doch können natürlich auch andere Stoffe den Schall weiterleiten, z. B. Wasser oder Eisen.

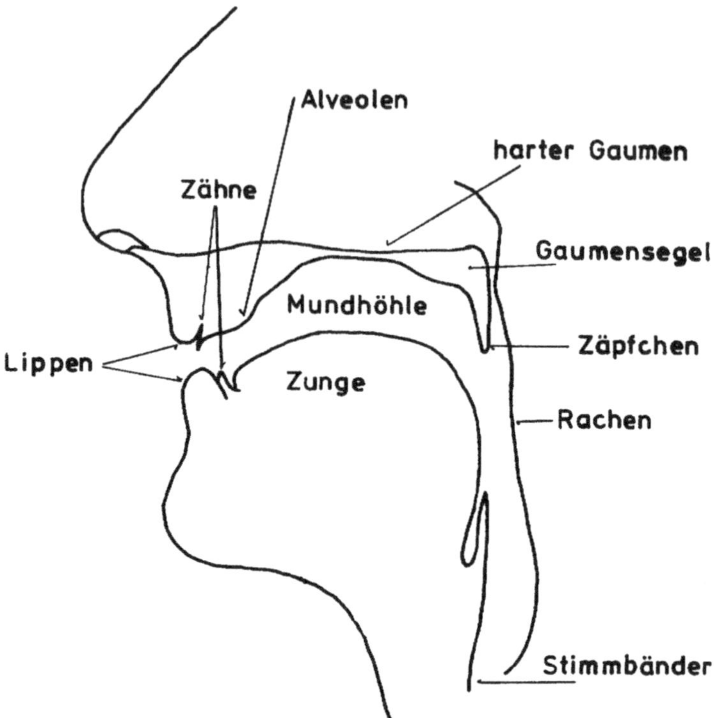

Abb. 1.3 Verschiedene Schallquellen

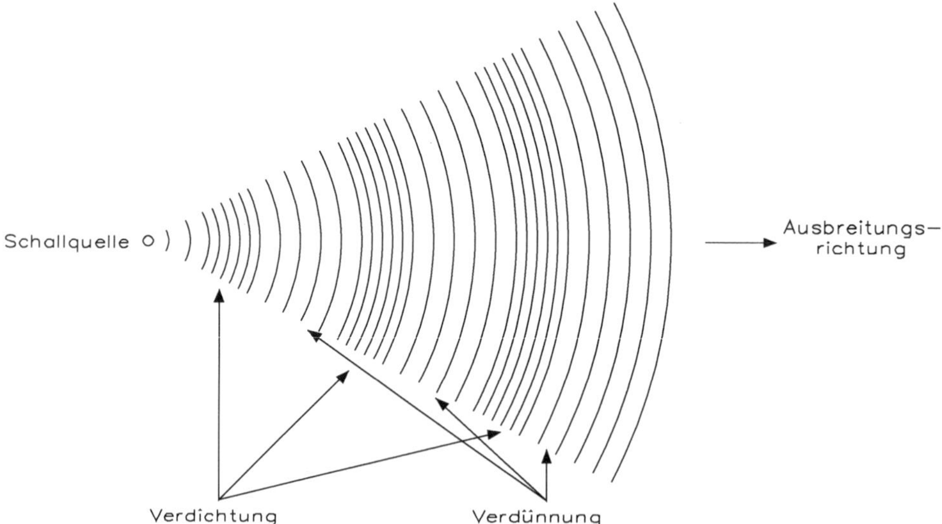

Abb. 1.4 Eine hin- und herschwingende Nadel bewirkt eine periodische Luftverdichtung und -verdünnung

Zum Beweis, dass die Fortpflanzung des Schalls ein Medium voraussetzt, gibt es den bekannten Versuch mit dem Wecker unter der Vakuumglocke. Angenommen, der Glaskolben sei zunächst noch nicht evakuiert. Das Klingeln des Weckers wird dann über die im Glaskolben befindliche Luft (und über das Glas) an die Umgebungsluft weitergeleitet. Wenn man nun die Luft aus dem Kolben herauspumpt, so bemerkt man, dass das Klingeln immer leiser wird und schließlich ganz verschwindet. Obgleich man deutlich sieht, wie der Klöppel gegen die Glocke schlägt, ist nichts zu hören, aus dem einfachen Grund, da das Medium (die Luft) entfernt worden ist. Hieraus folgt, dass sich Schallwellen im Vakuum nicht ausbreiten können.

Der Schall sind Materieschwingungen, soweit es sich um hörbaren Schall handelt, im großen ganzen Luftschwingungen (Luftwellen), die sich als Längswellen (Longitudinalwellen) fortpflanzen. Längswellen sind im Vergleich zu den Querwellen (Transversalwellen), die senkrecht zur Fortpflanzungsrichtung schwingen, Verdichtungen und Verdünnungen in der Bewegungsrichtung der Wellen, wie Abb. 1.5 zeigt.

Der Schall breitet sich kugelwellig aus. Eine reine Kugelwelle entsteht aber nur dann, wenn die Abmessungen der Schallquelle klein sind, gemessen an der abgestrahlten Schallwellenlänge. In Gasen und Flüssigkeiten breitet sich der Schall in Form von Longitudinalwellen aus, in festen Körpern kann die Schallfortpflanzung sowohl mit longitudinalen als auch mit transversalen Wellen vor sich gehen.

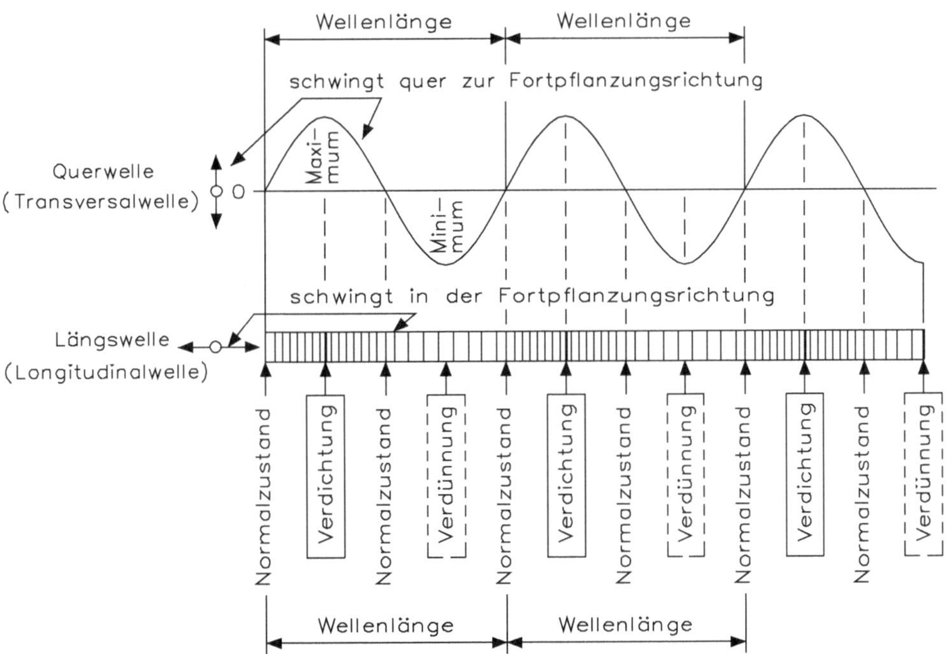

Abb. 1.5 Zusammenhang zwischen Querwellen und Längswellen

Die Schallbeugung ist das Umlenken des Schalls an scharfen Kanten. Die Beugung wird mit abnehmender Frequenz größer.

Die Schallbrechung ist die plötzliche Änderung der Schallausbreitungsrichtung an der Trennfläche zweier verschiedener Medien, mit unterschiedlichen Schallgeschwindigkeiten.

Die Bauakustik will u. a. das unerwünschte Eindringen störenden Schalles in das Innere von Gebäuden durch eine schalldämmende Bauweise verhindern. Maß für die Schalldämmung ist (bei zwei Räumen) das logarithmische Verhältnis der Schallintensität in dem Raum mit der Schallquelle zu der Schallintensität in dem Raum, in den der Störschall eingedrungen ist. Einheit ist das Dezibel.

Schalldichte bzw. Energiedichte ist in stehenden Wellen der zeitliche Mittelwert der Schallenergie je Raumeinheit in m^3. Einheit der Schalldichte E ist

$$E = \frac{\mathrm{W} \cdot \mathrm{s}}{\mathrm{m}^3}$$

Schalldruck p ist der durch Schallschwingungen hervorgerufene Wechseldruck je Flächeneinheit und gemessen in Mikrobar µbar oder Pa (Pascal):

$$\mathrm{Pa} = \frac{\mathrm{N}}{\mathrm{m}^2}$$

In Tab. 1.1 sind Schalldruckwerte einiger Schallquellen aufgeführt (Mittelwerte); die entsprechende Schallleistung ist hinzugefügt.

Die Schalldynamik bei elektroakustischen Anlagen und der im Einzelnen bei ihren Übertragungsgliedern praktisch zu erzielende Lautstärkenbereich, der noch genügend störungsfrei wiedergegeben werden kann, wird mit Dynamik bezeichnet.

Der Schallfluss ist das Produkt aus Schallschnelle und Strömungsquerschnitt. Wenn alle Teilchen des Übertragungsmediums an einer Fläche die gleiche Schallschnelle (Geschwindigkeit) aufweisen, d. h. wenn die Durchströmung der Fläche überall gleichphasig erfolgt, lässt sich die Formel des Schallflusses mit der Flächeninhalt A und dem Betrag der Schallschnelle v aufstellen

$$q = v \cdot A$$

Tab. 1.1 Beispiele für Schalldruckwerte

Schallquelle	Entfernung in m	Schalldruck in µbar	Schallleistung in W
Sprache mit normaler Stimme	1	1	0,02
Klavier	3	2,6	0,27
Trompete	1	8,6	0,3
Kleines Orchester	2…10	8	5
Großes Orchester	5…15	4,6	67
Orgel	5	20	12,5

Dies gilt, wenn die Fläche so gewählt wird, dass dort die Schallschnelle überall die gleiche Phase aufweist.

Die Schallgeschwindigkeit ist die Ausbreitungsgeschwindigkeit des Schalls. Diese hängt von dem jeweils vorhandenen Medium ab und wird in m/s angegeben. Sie ist das Produkt aus Frequenz (Hz) und Wellenlänge (m).

Die Temperatur beeinflusst die Schallgeschwindigkeit. Für die Fortpflanzung des Schalls in der Luft gelten die Werte in Tab. 1.2. Tab. 1.3 zeigt die Schallgeschwindigkeit in flüssigen Körpern bei 20° C in m/s, in Tab. 1.4 ist die Schallgeschwindigkeit in festen Körpern bei 20° C in m/s gezeigt und in Tab. 1.5 ist die Abhängigkeit von Temperaturen und Schallgeschwindigkeit erklärt.

Die Temperatur beeinflusst die Schallgeschwindigkeit. Für die Fortpflanzung des Schalls in der Luft gelten die Werte von Tab. 1.5.

Die Schallhärte ist das Verhältnis des Schalldruckes zum Schallausschlag.

Die Schallleistung ist die Energie, die in der Zeiteinheit durch eine beliebige Fläche strömt.

Ein Schallpegelmesser, der aus Messverstärker und -mikrofon besteht, dient zur Messung des Schallpegels. Die Anzeige erfolgt an einem in dB geeichten Instrument. Der typische Frequenzbereich umfasst 10 Hz bis 20.000 Hz und die Anzeige reicht von 20 dB bis 160 dB.

Tab. 1.2 Schallgeschwindigkeit in gasförmigen Körpern bei 20° C in m/s

Kohlendioxid	260
Sauerstoff	316
Luft	340 (bei 0° C 332 m/s)
Stickstoff	338
Wasserdampf	410
Leuchtgas	450
Helium	971
Wasserstoff	1305

Tab. 1.3 Schallgeschwindigkeit in flüssigen Körpern bei 20° C in m/s

Benzin	1160
Alkohol	1200
Petroleum	1400
Wasser (rein)	1485
Meerwasser	1510

Tab. 1.4 Schallgeschwindigkeit in festen Körpern bei 20° C in m/s

Gummi (weich)	40…50
Kork	430…530
Paraffin	650
Blei	1300
Hartgummi	1500…1570
Beton	1660
Hanfschnur	1800
Papier	2000…2100
Gold	2100
Eis bei 0° C	2100
Silber	2678
Tannenholz	3320
Eichenholz	3380
Buchenholz	3400
Messing	3480
Kupfer	3500
Marmor	3810
Granit	3950
Eisen	4900…5200
Stahl	4990
Aluminium	5105
Glas	5200

Tab. 1.5 Temperaturen und Schallgeschwindigkeit

Temperatur in °C	Schallgeschwindigkeit in m/s
−100	330
0°	332
+10	337
+20	343
+30	350
+100	390
+500	550
+1000	700

1.1.3 Schallgeschwindigkeit

Die Geschwindigkeit, mit der sich der Schall in der Luft fortpflanzt, beträgt etwa 330 m/s. Wegen verschiedener Einflussfaktoren (Temperatur, Dichte der Luft, Wind usw.) ist es verständlich, dass diese Geschwindigkeit gewissen Schwankungen unterworfen ist.

Exakt beträgt die Schallgeschwindigkeit bei 330 m/s und einem Luftdruck von 1 bar = 331,6 m/s. Mit steigender Temperatur nimmt sie zu und beträgt z. B. bei 20° C = 343,8 m/s. Einfachheitshalber wird jedoch immer der angegebene Wert von 330 m/s zugrunde gelegt. In anderen Medien, wie z. B. festen Stoffen und Flüssigkeiten, ist die Schallgeschwindigkeit meistens größer. In Wasser ist sie viermal und in Eisen sogar vierzehnmal größer als in Luft. Im Gegensatz dazu ist die Schallgeschwindigkeit in Gummi sehr klein (etwa 40 m/s).

Mit Kenntnis der Schallgeschwindigkeit kann man jetzt beispielsweise bestimmen, wie weit ein Gewitter von uns entfernt ist. Die Zeitspanne zwischen dem Zucken des Blitzes und dem Rollen des Donners ist ein Maß für die Entfernung. Sie ergibt sich aus der Anzahl der Sekunden multipliziert mit 330 m.

Auf einem ebenen, genau horizontal stehenden Tisch liegen einige Stahlkugeln in einer Reihe, wie Abb. 1.6 zeigt. Kugel A, die in gewisser Entfernung von den „dicht an dicht“ aneinander liegenden Kugeln liegt, wird nun mit einer bestimmten Kraft gegen Kugel B geschossen. Was geschieht? Kugel B gibt die von Kugel A empfangene Kraft an ihren Nachbarn weiter. Dieser gibt sie wiederum an seinen Nachbarn weiter usw. Schließlich verlagert sich die letzte Kugel entsprechend der aufgewandten Stoßkraft nach rechts und bleibt beispielsweise im Punkt C liegen. Ähnlich muss man sich die Schallfortpflanzung in der Luft vorstellen. Die in dem Beispiel gezeigten Kugeln entsprechen dabei den Luftteilchen, die unsere Atmosphäre füllen.

Ein schwingender Körper teilt auf diese Weise seine Bewegung anderen unmittelbar benachbarten Teilchen mit. Diese Teilchen geben ihre Bewegung wieder an die ringsum

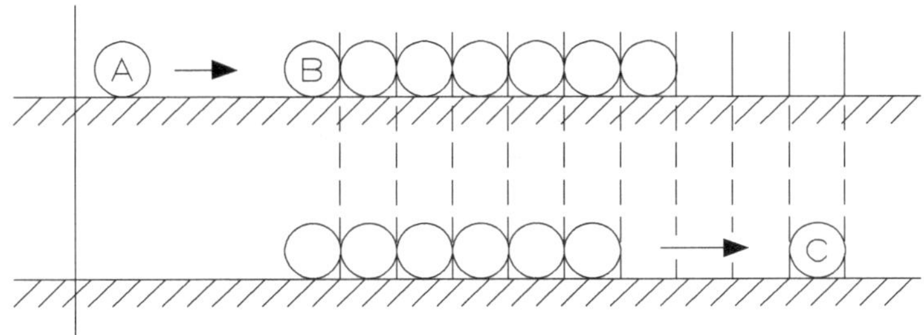

Abb. 1.6 Ähnlich, wie die Energie der aufprallenden Kugel weitergegeben wird, kann man sich die Fortpflanzung des Schalls in der Luft vorstellen

liegenden Teilchen weiter usw. Schallschwingungen sind also eigentlich Verdichtungen und Verdünnungen der Luft oder anders ausgedrückt Druckschwankungen, die den Schwingungen der Schallquelle entsprechen. In den Verdichtungen ist der Druck etwas höher und in den Verdünnungen etwas niedriger als normal. Hört die Schallquelle auf zu schwingen, so nimmt die Luft ihren ursprünglichen Zustand wieder ein und bleibt in Ruhe.

1.1.4 Schwingungsarten

Das Ohr unterscheidet deutlich zwischen regelmäßigen und unregelmäßigen Schwingungen. Regelmäßige Schwingungen empfindet man als Ton bzw. mehr oder weniger wohltönenden Klang. Unregelmäßige Schwingungen nimmt man dagegen als eine Art Geräusch, Rascheln, Dröhnen oder dergleichen wahr.

Eine besonders regelmäßige Schwingung ist die einfache oder harmonische oder auch sinusförmige Schwingung. In der Natur kommt sie nicht häufig vor, doch hat sie trotzdem große Bedeutung. Man kann nämlich mathematisch beweisen, dass regelmäßige Schwingungen jeder Art, die selbst nicht rein sinusförmig verlaufen, als eine Kombination einer großen Zahl harmonischer Schwingungen aufgefasst werden können (Fourier-Reihe), wie noch erklärt und gezeigt wird.

Das Wort Sinus ist nun bereits mehrmals gefallen, aber was ist eigentlich ein „Sinus"? Ein Sinus ist eine Winkelfunktion im rechtwinkligen Dreieck, die das Verhältnis der Gegenkathete zur Hypotenuse darstellt. Definitionsgemäß entsteht ein Sinus, wenn der Vektor AB bei einer rotierenden Bewegung auf die Y-Achse projiziert wird, wie Abb. 1.7 zeigt. Nach einer Winkeldrehung α ist die Projektion beispielsweise A′B′.

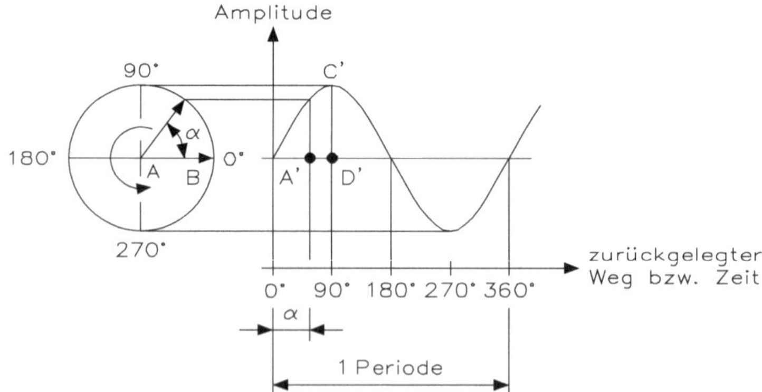

Abb. 1.7 Konstruktion einer Sinuskurve

Ein Bewegungsablauf Schwingung oder Periode. Einer Schwingung von 1/100 s Dauer entsprechen also 100 Perioden pro Sekunde. Die Zahl der Perioden, die eine Schwingung pro Sekunde ausführt, bezeichnet man als Frequenz einer Schwingung, ihre Einheit ist das Hertz (Hz).

Aus der in Abb. 1.8 gezeigten Schwingung kann man noch einen weiteren Begriff ableiten, nämlich den Abstand zwischen den Punkten D′ und C′; mit anderen Worten: den maximalen Abstand zwischen dem Scheitelwert der gezeichneten Schwingung und der Nulllinie. Dieser Abstand heißt Amplitude. Zur Frequenz und Amplitude einer Schwingung ist zu sagen, dass – sofern die Schwingung im Bereich des Hörschalls liegt und die Frequenz die Tonhöhe und die Amplitude die Lautstärke (Lautheit) des Schalls bestimmt.

Vergleicht man die Tonhöhe zweier Stimmgabeln miteinander, so stellt man fest, dass die Stimmgabel, die auf der höheren Frequenz schwingt, auch den höheren Ton erzeugt. Eine Stimmgabel mit einer Frequenz von 5,1 kHz klingt also höher als eine solche von beispielsweise 200 Hz, wie Abb. 1.8 zeigt.

Man kann eine Stimmgabel kräftig oder weniger kräftig anschlagen und ihre Frequenz bleibt immer dieselbe. Die Lautstärke des entstehenden Tons hängt dagegen vollständig von der Kraft ab, mit der man die Gabel anschlägt. Die maximale Schwingweite oder Amplitude der Stimmgabelenden ist also nicht konstant. Sie hängt von der zugeführten Energie ab (d. h. von der Kraft, mit der man die Stimmgabel anschlägt). Und selbstverständlich hängt auch die Stärke der dadurch entstehenden Luftdruckänderungen von dieser Kraft ab. Abb. 1.9 zeigt die Schwingweite einer Amplitude.

Die Anzahl der von der Schallquelle pro Sekunde erzeugten vollständigen Schwingungen heißt Frequenz und sie wird mit dem Buchstaben f bezeichnet. Die während einer Periode von der Wellenbewegung zurückgelegte Entfernung ist die Wellenlänge λ (Lambda). Demnach ist der in einer Sekunde von der Wellenbewegung zurückgelegte Weg $f \cdot \lambda$. Bekanntlich ist die Fortpflanzungsgeschwindigkeit von Schall in Luft 330 m/s, und folglich gilt $f \cdot \lambda = 330$ m/s. Schall von höherer Frequenz (hoher Ton) hat eine kleinere Wellenlänge als Schall von niedriger Frequenz (tiefer Ton).

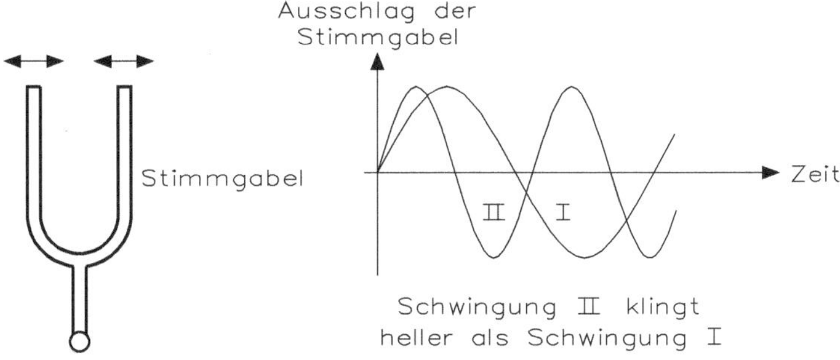

Abb. 1.8 Je schneller die Stimmgabel schwingt, desto heller klingt der Ton

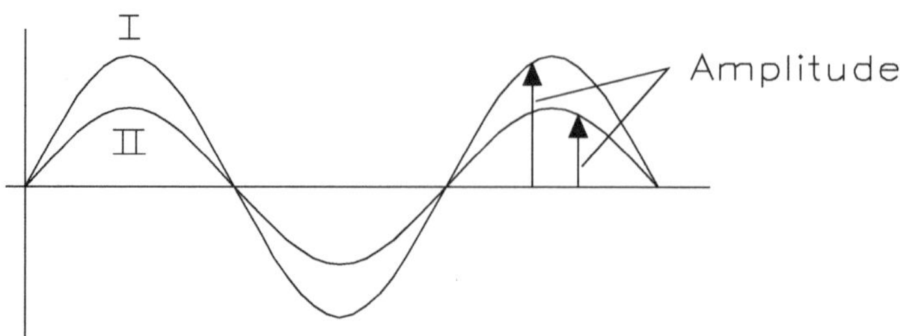

Abb. 1.9 Die Schwingweite (Amplitude) der Stimmgabelenden und damit die Lautstärke des entstehenden Tons hängt von der Kraft ab, mit der die Stimmgabel angeschlagen wird (die Schwingungen haben die gleiche Frequenz)

Beispiel: Ein Ton von 33 Hz hat eine Wellenlänge von 330/33 = 10 m. Die Wellenlänge eines Tons von 3,3 kHz beträgt 330/3300 = 0,1 m oder 10 cm.

1.1.5 Das menschliche Ohr

Letztlich ist es das menschliche Ohr, das den Schall auffangen muss und dem Menschen die im Schall enthaltene Information übermitteln soll. Daher soll kurz auf den Aufbau und die physiologischen Elemente des menschlichen Ohres eingegangen werden. Das Ohr besteht aus drei Teilen:

- dem sichtbaren oder äußeren Ohr
- dem Mittelohr
- dem eigentlichen Gehörorgan oder inneren Ohr

Das äußere Ohr wird von der Ohrmuschel gebildet, die den Schall auffängt. Die Schwingungen gelangen über den Gehörgang zum Trommelfell, das über einen rahmenförmigen Knochen gespannt ist und so den Gehörgang abschließt. Die bei einer Luftverdichtung auftretende Druckerhöhung wölbt das Trommelfell nach innen, während es bei einer Verminderung des Luftdrucks nach außen gewölbt wird. Auf diese Weise werden die Luftschwingungen in mechanische Schwingungen umgewandelt, die über die Gehörknöchelchen und die Gehörnerven zum Gehirn geleitet werden, wo die eigentliche Schallwahrnehmung erfolgt. Wird lauter gesprochen, so sind die Luftdruckschwankungen entsprechend heftiger. Die Schwingungen haben stärkere Druckänderungen am Trommelfell zur Folge, sodass man den über die Gehörnerven an das Gehirn gemeldeten Schall als lauter empfindet.

Ein Pascal ist der Druck, der von der Kraft 1 N (Newton) auf eine Fläche von 1 m^2 ausgeübt wird (dies ist der Druck, der etwa gleich dem hunderttausendsten Teil des Atmosphärendrucks ist).

Der Schalldruck schwankt um etwa 1 μbar, wenn zwei Personen in einem Abstand von 1 m ein ruhiges Gespräch miteinander führen. Um über eine praktische Norm zu verfügen, anhand derer man von Fall zu Fall den Schalldruck bestimmen kann, hat man experimentell den durchschnittlichen Wert des Schalldrucks ermittelt, den normal hörende Personen gerade noch wahrnehmen können. Diese Hörschwelle liegt äußerst niedrig und sie beträgt nämlich nur $2 \cdot 10\ \mathrm{N/m^2} = 2 \cdot 10^{-4}$ μbar für eine Frequenz von 1000 Hz.

Nach oben hin wird das Gehör durch die sogenannte Schmerzschwelle begrenzt. Dies ist die Grenze des Schalldrucks, bei der gerade noch kein Schmerz empfunden wird. Die Schmerzgrenze liegt (für die Bezugsfrequenz von 1000 Hz) bei 200 μbar, d. h. bei einem Schalldruck, der 1.000.000 mal größer ist als derjenige, welcher der Hörschwelle zuzuordnen ist.

Betrachtet man nun den Nullpegel (Hörschwelle) für andere Frequenzen, so zeigt sich, dass er stark frequenzabhängig ist, und zwar müssen tiefere Töne entsprechend mehr Energie enthalten, um noch hörbar zu sein. Wenn z. B. in einem Orchester die Trommeln und Flöten den Schall mit der gleichen Intensität erzeugen, so sind die Flöten wegen ihrer höheren Frequenz über eine viel größere Entfernung zu hören als die Trommeln. Diese Erscheinung ist in Abb. 1.10, der sogenannten Hörschwellenkennlinie wiedergegeben. Das zwischen Hörschwelle und Schmerzschwelle liegende Gebiet heißt Hörfeld oder Hörbereich.

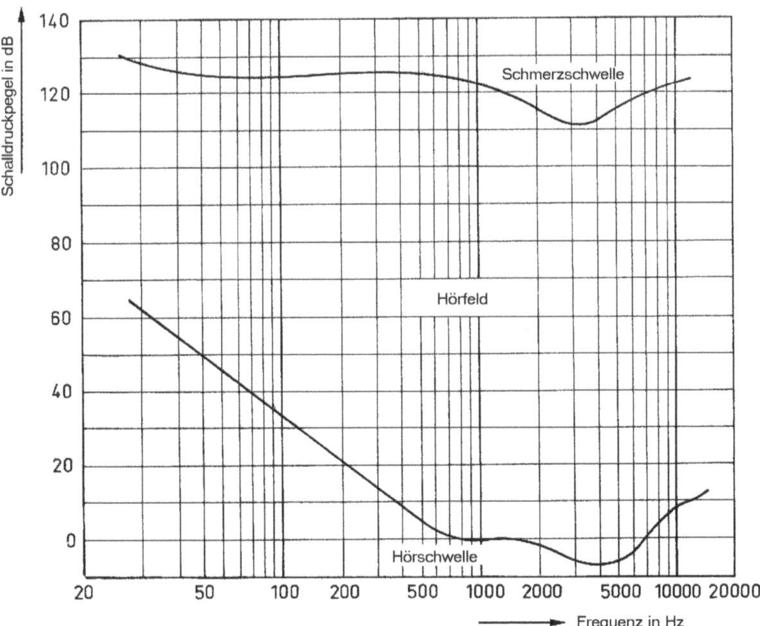

Abb. 1.10 Hörschwellen- und Schmerzschwellenkennlinie. Im Gegensatz zur Schmerzschwelle ist die Hörschwelle stark frequenzabhängig. Das Schalldruckpegelverhältnis von 120 dB zwischen Schmerz- und Hörschwelle entspricht einem Schallintensitätsverhältnis von $1/10^{-12}\ \mathrm{W/m^2}$

1.1.6 Begriffe der Elektroakustik

In der Elektroakustik begegnet man speziellen Begriffen und sie können den Nichteingeweihten beim Studium elektroakustischer Themen leicht in Schwierigkeiten bringen. Deshalb werden im Folgenden diese Begriffe ausführlich erläutert.

Einer Schallschwingung wohnt eine bestimmte Leistung inne, d. h. sie stellt eine bestimmte Energiemenge pro Zeiteinheit dar. Der an einem bestimmten Punkt herrschende Schalldruck hängt direkt mit der Energiemenge zusammen, die man pro Sekunde auf einer Fläche von $1\ m^2$ auffangen kann. Dies ist die Schallintensität und diese beträgt beim internationalen Nullpegel $10^{-12}\ W/m^2$. Dies entspricht einem Schalldruck (mittlere Amplitude der Luftdruckänderung) von $2 \cdot 10^{-5}\ N/m^2 = 2 \cdot 10^{-4}\ \mu bar$. Aus der Physik ist bekannt, dass die Intensität dem Quadrat der Amplitude proportional ist. Verdopplung der Amplitude einer Luftdruckänderung bedeutet also Vervierfachung der Energie pro Zeiteinheit usw. Das Hörfeld umfasst einen Intensitätsbereich von $10^{-12}\ W/m^2$ (Hörschwelle) bis $1\ W/m^2$ (Schmerzgrenze).

Den Schalldruck empfindet das Ohr als Lautstärke. Bei der Angabe des Schalldrucks als relative Größe (in dB) verwendet man die Ausdrücke Schallpegel und Schalldruckpegel.

Wie bereits erwähnt wurde, ist die Empfindlichkeit des Ohres im Bereich der Hörschwelle stark frequenzabhängig. Aus diesem Grund hat man den Begriff „Lautheit“ eingeführt. Man versteht darunter den (subjektiven) Lautstärkeeindruck, den ein Schallreiz bestimmter Stärke beim Hörer auslöst. Da man in der Akustik im Allgemeinen einen Bezugston von 1000 Hz zugrunde legt, versteht man unter der Lautheit eines beliebigen Tons den Schalldruckpegel eines Tons von 1000 Hz, der ebenso laut gehört wird wie der zu beurteilende beliebige Ton. Hieraus geht bereits deutlich der subjektive Charakter des Begriffs „Lautheit“ hervor.

Angenommen, man befindet sich in einem Raum, in dem ein Lautsprecher einen Ton von 20.000 Hz abstrahlt und damit eine gewisse Schallintensität liefert. Obgleich dieser Ton nicht gehört werden kann (seine Frequenz liegt ja außerhalb des Hörbereichs), ist auf jeden Fall eine gewisse Schallenergie vorhanden. Man spricht in diesem Fall von Schallintensität (ausgedrückt in W/m^2). Infolge dieser Schallintensität ist das Ohr auch einem bestimmten Schalldruck (in µbar) ausgesetzt. Da die Frequenz des betreffenden Tons jedoch zu hoch ist, nimmt unser Ohr nichts wahr. Das gleiche gilt für einen Ton von beispielsweise 12 Hz. Möglicherweise ist dieser Ton mit einer beachtlichen Energie vorhanden (sodass er einen bestimmten Schalldruck am Trommelfell aufbaut), aber trotzdem hört man nichts. Handelt es sich dagegen um hörbare Töne, so können wir die wahrgenommene Schallempfindung durch den Begriff „Lautheit“ ausdrücken.

Man drückt den Lautstärkegrad durch die Einheit „Phon“ aus. Der Nullwert des Phons liegt auf der Hörschwelle und gilt für einen Ton von 1000 Hz. Für diese Frequenz ist die Anzahl Phon (wegen der Definition des Begriffs Lautheit) immer gleich der Anzahl dB. Unterschiede ergeben sich erst für andere Frequenzen. In Abb. 1.10 ist die Schallintensität als Funktion der Frequenz fur verschiedene Lautheitswerte (Phon) aufgetragen. Kurven mit konstanter Lautheit bezeichnet man auch als Isophonen. Aus diesen Kennlinien geht deutlich hervor, dass das Hören von Bässen mit einer bestimmten Lautheit viel mehr Energie erfordert als die Wahrnehmung der höheren Töne im mittleren Frequenzbereich. Es ist vielleicht interessant zu wissen, dass die Lautheit eines 1000-Hz-Tons, die einem Schalldruck von 1 µbar entspricht, gleich 74 Phon ist. Aus Abb. 1.11 kann man ferner entnehmen, dass das gesamte Gebiet zwischen dem gerade noch wahrnehmbaren Schall und der Schmerzschwelle sehr groß ist. Bei 1000 Hz beispielsweise sind die Hörschwelle und die Schmerzschwelle 120 dB voneinander entfernt.

Die von verschiedenen Schallquellen abgestrahlte mittlere Leistung kann sehr unterschiedlich sein. Auch bei ein und derselben Schallquelle kann die abgestrahlte Leistung in den leisesten und lautesten Passagen sehr verschieden sein. Man bezeichnet diese Erscheinung als Dynamik. In Abb. 1.12 ist Abb. 1.11 in etwas anderer Weise dargestellt. Hier sind nämlich innerhalb des gesamten Hörbereichs die Frequenzbereiche von Sprache und eines 75-Personen-Orchesters durch verschiedene Grauwerte angegeben. Es zeigt sich, dass sowohl Orchestermusik als auch Sprache nur einen begrenzten Teil des gesamten Hörbereichs in Anspruch nehmen. Der Frequenzbereich des Orchesters entspricht zwar weitgehend dem Frequenzumfang des Hörbereichs, doch ist seine Dynamik auf etwa 80 dB begrenzt. Für Sprache sind sowohl der Frequenzbereich als auch die Dynamik noch weitaus kleiner.

Im Interesse der Sprachverständlichkeit ist es erwünscht, dass der Nutzschallpegel oberhalb des Störschallpegels (Hintergrundgeräusch) liegt. Als Richtwert gilt im Allgemeinen, dass der Sprachpegel 8 bis 10 dB über dem Störpegel liegen soll. Wenn wir beispielsweise den Störpegel in einem Restaurant mit 70 dB ansetzen, so muss die

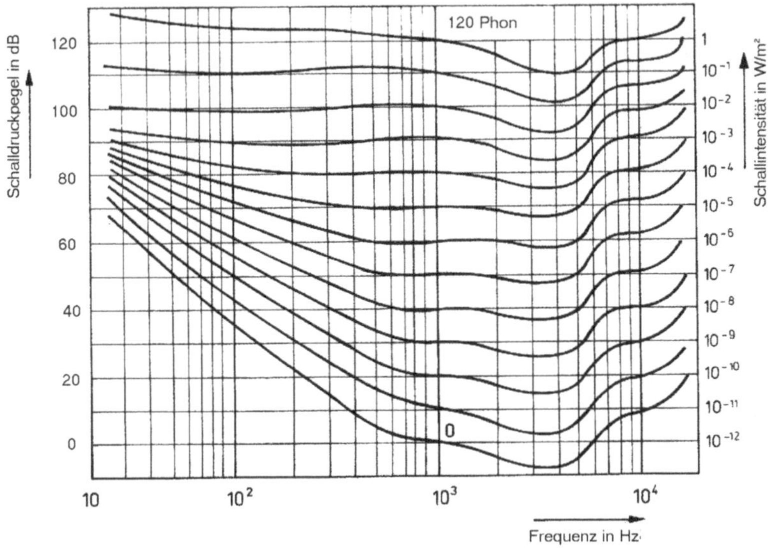

Abb. 1.11 Schallintensität als Funktion der Frequenz für verschiedene Lautheitswerte

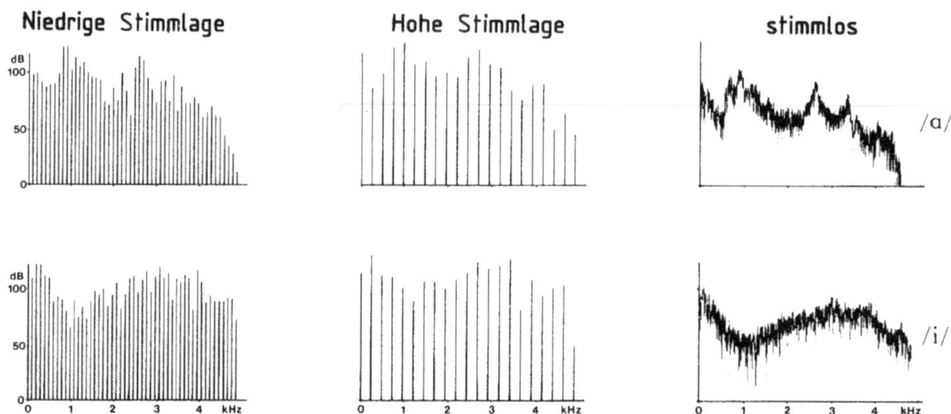

Abb. 1.12 Frequenz- und Dynamikbereiche von Sprache und Orchestermusik innerhalb des gesamten Hörbereichs

Schallintensität der Lautsprecher auf 70 + 10 = 80 dB eingestellt werden, wenn die Anlage für Personenrufzwecke benutzt wird.

Das Ansprechen des Gehörs auf Schwingungen verschiedener Stärke und verschiedener Frequenz hat einen logarithmischen Charakter. Dies soll nun anhand eines einfachen Versuchs gezeigt werden. Man verwendet dafür zwei gleiche Lautsprecher, die jeweils über einen Verstärker an einen Tongenerator angeschlossen sind. Die Ausschläge der parallel zu den Lautsprechern liegenden Messinstrumente sind ein Maß für die Leistung, die den Lautsprechern zugeführt wird, wie Abb. 1.13 zeigt.

Man beginnt damit, dass beiden Lautsprechern die gleiche Leistung zugeführt wird. Schaltet man die Lautsprecher jetzt abwechselnd ein, so sind Töne von gleicher Lautstärke zu hören. Vergrößert man nun schrittweise die Leistungszufuhr an einem der Lautsprecher, so ist zunächst kein Lautstärkeunterschied zu bemerken. Erst nach einer

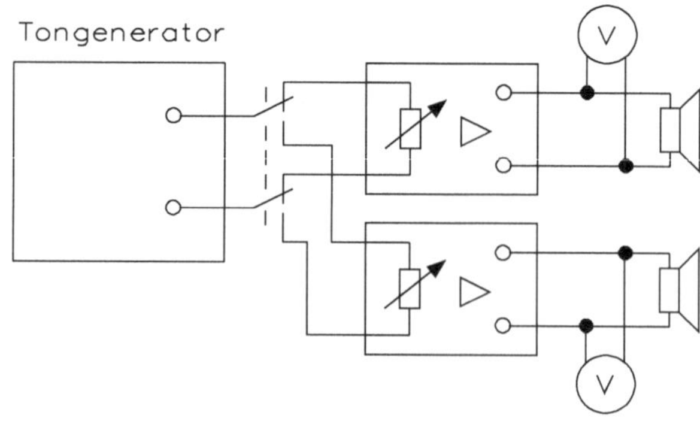

Abb. 1.13 Versuchsschaltung zur Ermittlung der Hörempfindlichkeit

bestimmten Leistungserhöhung klingt der eine Lautsprecher lauter als der andere. In der Regel ist erst dann eine Differenz zu bemerken, wenn der lauter klingende Lautsprecher 26 % mehr Leistung zugeführt bekommt als der andere.

Man erhöht nun auch die Leistung des anderen Lautsprechers auf den gleichen Wert und beginnen dann die Leistung des ersten Lautsprechers nochmals zu erhöhen. Wieder tritt die gleiche Erscheinung auf, dass nämlich erst nach einer Leistungsvergrößerung von 26 % eine Lautstärkedifferenz zwischen beiden Lautsprechern wahrnehmbar wird. Beginnt man beispielsweise mit einer Leistung von 100 mW je Lautsprecher und erhöht sodann die Leistung des einen Lautsprechers um 26 %, so arbeitet dieser folglich mit 126 mW. Die Leistungserhöhung beträgt in diesem Fall also 26 mW. Führt man nun beiden Lautsprechern eine Leistung von 126 mW zu und erhöhen sie dann abermals bei dem einen Lautsprecher um 26 %, so arbeitet dieser mit einer Leistung von 126 mW + 32 mW = 158 mW. Die Leistungserhöhung beträgt also 32 mW.

Hieraus geht hervor, dass nicht eine bestimmte Leistung hinzugefügt werden muss, um eine wahrnehmbare Lautstärkevergrößerung zu erreichen, sondern dass die Leistung in einem bestimmten Verhältnis erhöht werden muss. Man muss also nicht addieren, sondern multiplizieren!

In unserem Zahlenbeispiel erwies sich zunächst eine Leistungserhöhung von 26 mW als ausreichend, um eine größere Lautstärke feststellen zu können. Für den nächstfolgenden Schritt waren jedoch 32 mW erforderlich, um abermals eine Lautstärkevergrößerung bemerken zu können. Wenn man nun die Leistungsvergrößerung von 26 % in zehn Schritten ausführt, so zeigt sich, dass die Gesamtleistung auf das Zehnfache der ursprünglichen Leistung angewachsen ist. Die Lautstärkeänderung des Schalls infolge dieser zehnfachen Leistungsvergrößerung heißt ein „Bel". Jeder dieser 26 % Leistungszuwachsschritte ist ein zehntel Bel und heißt darum Dezibel (dB). Das Dezibel ist jedoch keine Maßeinheit im üblichen Sinn, sondern gibt lediglich das Größenverhältnis zweier Werte zueinander an.

Setzt man die gerade noch wahrnehmbare Lautstärke als Nullpegel an, so kann man Tab. 1.6 aufstellen.

Hieraus geht deutlich die bereits erwähnte Erscheinung hervor, dass das Ohr nicht auf eine lineare, sondern auf eine exponentielle Zunahme der Schallintensität reagiert. Man kann sagen, dass der Lautstärkeeindruck des vom Ohr wahrgenommenen Schalls mit dem Logarithmus der Schallleistung zunimmt.

Dies erklärt also die bereits erwähnte Tatsache, dass unser Ohr logarithmisch hört oder anders ausgedrückt, dass die Lautheit mit dem Logarithmus der Reizkonstanten wächst. Dies ist auch der Grund, dass alle Angaben, die sich auf Verstärkung, Dämpfung oder Lautstärkepegel beziehen, durch die logarithmische Einheit dB ausgedrückt werden.

Aus Tab. 1.7 sind für einige Werte von Leistungs-, Spannungs-, Strom- und Druckverhältnissen die dazugehörigen dB-Werte angegeben. Für die Werte größer als 1, d. h. für Verstärkung (in den beiden linken Spalten), haben die dB-Werte ein positives Vorzeichen. Für die Werte kleiner als 1, d. h. für Dämpfung (in den beiden rechten Spalten), haben die dB-Werte ein negatives Vorzeichen.

Tab. 1.6 Leistungseinheit und Schalldruckpegel

1	Leistungseinheit entspricht einem Schalldruckpegel von	0 dB
1,26	Leistungseinheiten verursachen einen Schalldruckpegel von	1 dB
1,58	Leistungseinheiten verursachen einen Schalldruckpegel von	2 dB
2	Leistungseinheiten verursachen einen Schalldruckpegel von	3 dB
2,52	Leistungseinheiten verursachen einen Schalldruckpegel von	4 dB
3,17	Leistungseinheiten verursachen einen Schalldruckpegel von	5 dB
4	Leistungseinheiten verursachen einen Schalldruckpegel von	6 dB
5	Leistungseinheiten verursachen einen Schalldruckpegel von	7 dB
6,3	Leistungseinheiten verursachen einen Schalldruckpegel von	8 dB
8	Leistungseinheiten verursachen einen Schalldruckpegel von	9 dB
10	Leistungseinheiten verursachen einen Schalldruckpegel von	10 dB
100	Leistungseinheiten verursachen einen Schalldruckpegel von	20 dB
1000	Leistungseinheiten verursachen einen Schalldruckpegel von	30 dB

Eine 1000-fache Intensitätsverstärkung entspricht + 20 dB. Eine 1000-fache Dämpfung, d. h. Faktor 0,01, entspricht −20 dB. Auf das soeben Behandelte zurückkommend, kann man der Tab. 1.7 entnehmen, dass eine Verdopplung der Schallleistung einem 3-dB-Verhältnis der Lautstärkeempfindung entspricht, während eine Verdopplung des Schalldrucks eine 6-dB-Erhöhung dieser Lautheit bedeutet.

Um die Tabelle nicht zu umfangreich werden zu lassen, steigen die Werte in der dB-Spalte von der Zahl 20 an um jeweils 10. Trotzdem ist es sehr einfach, beispielsweise den Wert 64 dB in das entsprechende Intensitätsverhältnis oder Druckverhältnis umzuwandeln. Der Logarithmus eines Produkts ist nämlich gleich der Summe der Logarithmen der Faktoren:

$$\log (A \cdot B) = \log A + \log B$$

Im vorigen Beispiel von 64 dB kann man eine Aufteilung in 60 und 4 vornehmen. 60 dB entspricht einem Intensitätsverhältnis von 10^6 und einem Druckverhältnis von 10^3. 4 dB entspricht einem Intensitätsverhältnis von 2,5 und einem Druckverhältnis von 1,585. Der Pegel von 64 dB ist also gleich einem Intensitätsverhältnis von $2{,}5 \cdot 10^6$ und einem Druckverhältnis von $1{,}585 \cdot 10^3$.

1.1.7 Formeln der Elektroakustik

Der Schall breitet sich mit einer für das Medium und dessen Zustand (Temperatur, Druck usw.) charakteristischen und konstanten Schallgeschwindigkeit c aus. Bei einer Temperatur von 20° C beträgt diese in Luft 343 m/s und in Wasser 1484 m/s. Die Wellenlänge

Tab. 1.7 dB-Werte für Leistungs-, Strom-, Spannungs- und Druckverhältnisse

Intensitäts- bzw. Leistungsverhältnis	Druck-, Spannungs- bzw. Stromverhältnis	dB $\Leftarrow +$ $- \Rightarrow$	Intensitäts- bzw. Leistungsverhältnis	Druck-, Spannungs- bzw. Stromverhältnis
1	1	0	1	1
1,26	1,122	1	0,79	0,89
1,585	1,26	2	0,63	0,79
2	1,413	3	0,5	0,7
2,5	1,585	4	0,4	0,63
3,162	1,778	5	0,32	0,56
3,98	2	6	0,25	0,5
5	2,24	7	0,2	0,45
6,31	2,5	8	0,16	0,4
7,943	2,82	9	0,13	0,355
10	3,162	10	0,1	0,32
12,6	3,55	11	0,08	0,28
15,9	3,98	12	0,063	0,25
20	4,47	13	0,05	0,224
25,1	5	14	0,04	0,2
31,6	5,62	15	0,032	0,18
39,8	6,31	16	0,025	0,16
50,1	7,08	17	0,02	0,14
63,1	7,943	18	0,016	0,126
79,4	8,91	19	0,013	0,112
100	10	20	0,01	0,1
1000	31,6	30	0,001	0,316
10^4	100	40	10^{-4}	10^{-2}
10^5	316	50	10^{-5}	$0,316 \cdot 10^{-3}$
10^6	10^3	60	10^{-6}	10^{-3}
10^7	$31,6 \cdot 10^3$	70	10^{-7}	$31,6 \cdot 10^{-4}$
10^8	10^4	80	10^{-8}	10^{-4}
10^9	$31,6 \cdot 10^4$	90	10^{-9}	$31,6 \cdot 10^{-5}$
10^{10}	10^5	100	10^{-10}	10^{-5}
10^{11}	$31,6 \cdot 10^5$	110	10^{-11}	$31,6 \cdot 10^{-6}$
10^{12}	10^6	120	10^{-12}	10^{-6}
10^{13}	$31,6 \cdot 10^6$	130	10^{-13}	$31,6 \cdot 10^{-7}$
10^{14}	10^7	140	10^{-14}	10^{-7}

λ der Schallwelle kann bei gegebener Frequenz f und Schallgeschwindigkeit c berechnet werden aus

$$\lambda = \frac{c}{f}$$

- Der Schalldruck ist die Kraft je Fläche, die der Schall auf Atome und Moleküle seiner Umgebung ausübt. Er wird in Mikrobar (μbar) gemessen nach

$$1\,\mu\text{bar} = 10^{-1}\,\frac{\text{N}}{\text{m}^2} = 1\,\frac{\text{g}}{\text{cm}\cdot\text{s}^2} = 10^{-1}\,\text{Pa}$$

Abb. 1.14 zeigt einen Lautsprecher. Als Schalldruck werden die Druckschwankungen eines Schallübertragungsmediums (Luft) bezeichnet, die bei der Ausbreitung von Schall auftreten. Diese Druckschwankungen werden vom Trommelfell als Empfänger in Bewegung zur Hörempfindung umgesetzt, Der Schalldruck p ist die Wechselgröße, der dem statischen Druck p_0 (Luftdruck) des umgebenen Mediums überlagert ist. Daraus resultiert ein Schallwechseldruck, der auf die Fläche A wirkende Kraft F je Flächeninhalt von A ist.

$$p = \frac{F}{A}$$

Für den gesamten Druck p_{ges} gilt:

$$p_{\text{ges}} = p_0 \cdot p$$

Abb. 1.14 Aufbau eines Lautsprechers

- Schallwelle ist die Molekularverschiebung, die eine Schallquelle auf das sie umgebende Medium bewirkt. Schallwellen breiten sich normalerweise kugelförmig aus.
- Schallkennimpedanz, auch akustische Feldimpedanz oder spezifische akustische Impedanz ist der Widerstand, den ein Medium der Schallwelle entgegensetzt. Sie ist

$$Z = c \cdot p = \frac{p}{v} = \frac{I}{v^2} = \frac{p^2}{I}$$

Z Schallkennimpedanz in (N · s)/m^3
C Schallgeschwindigkeit in m/s
ρ Dichte in kg/m^3

- Schallgeschwindigkeit ist die Geschwindigkeit, mit der sich eine Schallwelle in einem Medium fortpflanzt

$$c = \sqrt{\frac{E}{\rho}} = \lambda \cdot f$$

c Schallgeschwindigkeit in m/s
E Elastizitätsmodul in kg/(c · s^2)
ρ Dichte in kg/m^3

- Schallschnelle ist die Geschwindigkeit, mit der die Atome des Mediums unter der Einwirkung des Schalldrucks ihre Lage ändern. Sie ist

$$v = \omega \cdot \mathrm{s}$$

v Teilchengeschwindigkeit (Schallschnelle in m/s)
ω Kreisfrequenz ($\omega = 2 \cdot \pi \cdot f$) in s^{-1}
s Schwingungsweg der Schallquelle in m

Sie ist ferner:

$$v = \frac{\rho}{W_0}$$

p Schalldruck in μbar $= p = \frac{F}{A}$ in $\frac{\mathrm{N}}{\mathrm{m}^2} = \mathrm{Pa}$
Z Schallkennimpedanz in $\frac{\mathrm{kg}}{\mathrm{m}^2 \cdot \mathrm{s}}$

- Schallintensität ist das Produkt aus Schallschnelle und Schalldruck

$$J = v \cdot p$$

J Schallintensität in $\frac{\mathrm{bar} \cdot \mathrm{m}}{\mathrm{s}}$
V Schallschnelle in m/s

- Schallleistung ist das Produkt aus Schallintensität und Fläche

$$P_{\mathrm{ak}} = I \cdot A$$

P_{ak} Schallleistung in μW
J Schallintensität in $\frac{\mathrm{W}}{\mathrm{m}^2}$
A Fläche in m^2

- Schallpegel: $L = 20 \cdot \log \frac{p_1}{p_0}$ in dB
  L logarithmisches Verhältnis des tatsächlichen Schalldrucks p_1 zum Schalldruck der Hörschwelle

$$p_0 = 2 \cdot 10^{-4}\,\mu\mathrm{bar} = 20\,\mu\mathrm{Pa}$$

- Gesamtlautstärke mehrerer Schallquellen mit gleicher Lautstärke:

$$\Lambda_g = \Lambda + 10 \cdot \mathrm{In} \cdot n \quad \Lambda_g \text{ in Phon}$$

n Anzahl der Schallquellen
Λ Lautstärke der Einzelschallquelle in Phon

- Elektroakustischer Übertragungsfaktor
  a) für Schallsender (Fernhörer, Lautsprecher)

$$B_S = \frac{p}{U} \quad \text{in Pa/V}$$

B_S Schalldruck von 1 Pa in 1 m Entfernung (Mittelachse) bei einer Betriebswechselspannung von 1 V_{eff}

b) für Schallempfänger (Mikrofon)

$$B_E = \frac{U}{p} \quad \text{in V/Pa}$$

B_E ist die im Mikrofon erzeugte Wechselspannung bei Beschallung mit einem Schalldruck von 1 Pa in 1 m Entfernung (Mittelachse).

- Elektroakustisches Übertragungsmaß in dB
  a) für Schallsender (Fernhörer, Lautsprecher)

B_S elektroakustischer Übertragungsfaktor in Pa/V
B_{SO} 1 Pa/V = absoluter elektroakustischer Übertragungsfaktor

$$G_S = 20 \cdot \log \cdot \frac{B_S}{B_{SO}}$$

b) für Schallempfänger (Mikrofon)

$$G_E = 20 \cdot \log \cdot \frac{B_E}{B_{EO}}$$

B_E elektroakustischer Übertragungsfaktor in V/Pa
B_E 20 lg
B_{EO} 1 V/Pa = absoluter elektroakustischer Übertragungsfaktor

- Mikrofonempfindlichkeit

$$E_M = \frac{\sqrt{P}}{p}$$

E_M Mikrofonempfindlichkeit in $\frac{\sqrt{VA}}{Pa}$
P abgegebene elektrische Scheinleistung in VA
p Schalldruck in N/m^2 bzw. Pa

- Lautsprecherempfindlichkeit

$$E_L = \frac{r}{r_0} \cdot B_S \cdot \sqrt{Z}$$

E_L Lautsprecherempfindlichkeit in $\frac{Pa}{\sqrt{VA}}$
B_S elektroakustischer Übertragungsfaktor (Mittelwert)
R Abstand Messstelle → Lautsprecher in m
r_0 1 m

- Reichweite von Lautsprechern in m

$$r_L = \frac{E_L}{B_S \cdot \sqrt{Z}} = \frac{E_L \cdot \sqrt{P}}{p}$$

p gewünschter Schalldruck in Pa
P aufgenommene elektrische Scheinleistung in VA
Z Scheinwiderstand des Lautsprechers in Ω

- Silbenverständlichkeit

$$S = \frac{S_{IS}}{S_{OS}} \cdot 100\%$$

S_I Silbenverständlichkeit → sie entspricht dem Verhältnis der verstandenen Silben (Logatome) S_I zu den gesendeten Silben S_O. Angabe erfolgt in Prozent
Logatome: brin, pram, ver, fit, birr, sub, tet, spek, map…
S Satzverständlichkeit → sie entspricht dem Verhältnis der richtig verstandenen Sätze S_{IS} zu den gesendeten Sätzen S_{OS} und die Angabe erfolgt in Prozent

Je höher die Silbenverständlichkeit, umso höher ist die Satzverständlichkeit, wie Tab. 1.8 zeigt.

Tab. 1.8 Silben- und Satzverständlichkeit

Silbenverständlichkeit in %	5	10	15	20	25	30	35	40	50	80	100
Satzverständlichkeit in %	20	40	60	73	82	88	92	94	96	99	100

Die elektrische Leistung (Sprechleistung) ist die Leistung, die der Verstärker an die Lautsprecher liefern muss. Sie hängt von der erforderlichen akustischen Leistung und vom Wirkungsgrad der Lautsprecher ab.

$$P_{\text{el}} = \frac{P_{\text{ak}}}{\eta} \cdot 100\%$$

P_{el} erforderliche Ausgangsleistung des Verstärkers in W
P_{ak} akustische Leistung in W
η Wirkungsgrad
($\eta = 0{,}01$ bei Konuslautsprechern)
($\eta = 0{,}12\ldots\ 0{,}25$ bei Hornlautsprechern)

- Lautstärke ist der Logarithmus aus dem Verhältnis zwischen vorhandenem Schalldruck und demjenigen der Hörschwelle P_0.

$$L = 20 \cdot \log \cdot \frac{P_1}{P_0}$$

L Lautstärke in Phon
P_1 vorhandener Schalldruck in µbar
P_0 Schalldruck der Hörschwelle ($P_0 = 2 \cdot 10^{-4}$ µbar)

Die bei der Schallmessung üblichen Dezibelangaben sind gleichwertig mit der bei 1000 Hz angegebenen Lautstärke in Phon.

- Die Frequenzabhängigkeit der Lautstärke ist durch die Eigenschaften des menschlichen Ohres bestimmt, das Schalldrücke mit einer Frequenz zwischen 1000 und 2000 Hz wesentlich lauter empfindet als die gleichen Schalldrücke bei sehr tiefen oder sehr hohen Frequenzen. Diese Abhängigkeit geht aus der Ohrenempfindlichkeitskurve hervor.
- Der Störschall ist Schall, der von der Umwelt unerwünscht aber unvermeidlich produziert wird. Er darf bestimmte genormte Werte nicht überschreiten.
- Die Lautheit *N* ist das psychologische Empfinden des Menschen, das sich durch keine mathematischen Gesetzmäßigkeiten erfassen lässt. Die Lautheit weicht erheblich von der Lautstärke ab und wurde durch Versuche ermittelt. Die internationale Einheit der Lautstärke ist „Sone“.

1 Sone = 40 Phon

Die Definition der Lautheit N in „Sone" basiert auf der Definition des Lautstärkepegels L_N in Phon. Einem Lautstärkepegel von 40 Phon wird die Lautstärke „1 Sone" zugeordnet und 40 Phon kann man als Lautstärke eines Sinustons mit der Frequenz $f = 1$ kHz und einem Schalldruckpegel von 40 dB zuordnen. Für Lautheiten >1 Sone, also für Lautstärkepegel über 40 Phon führt jede Zunahme des Lautstärkepegels um 10 Phon zu einer Verdopplung des Lautheitwerts in Sone.

- Die Nachhallzeit ist die Zeit, die innerhalb eines Raumes vom Abschalten einer Schallquelle bis zu dem Augenblick vergeht, da der Schalldruck um 60 dB zurückgegangen ist. Sie ist der wichtigste raumakustische Kennwert

$$T = \frac{0{,}161 \cdot \mathrm{V}}{A \cdot \alpha}$$

T Nachhallzeit in s
A schallabsorbierende Fläche in m^2
α Schallabsorptionsgrad
V Volumen des Raumes in m^3

- Der Schallabsorptionsgrad ist das Verhältnis zwischen nicht reflektierter und einfallender Schallleistung

$$\alpha = \frac{P_{\text{ges}} - P_{\text{refl}}}{P_{\text{ges}}}$$

α Schallabsorptionsgrad
P_{ges} einfallende Schallleistung in µW
P_{refl} reflektierte Schallleistung in µW

- Die Schallabsorption erhöht die erforderliche akustische Leistung. Sie verbessert andererseits die Silbenverständlichkeit in einem Raum, da sie die Nachhallzeit verringert. Zu kurze Nachhallzeiten, wie sie durch große Schallabsorptionsgrade entstehen, schaffen akustisch „trockene" Räume, die sich psychologisch ungünstig auf Menschen auswirken.
- Optimale Nachhallzeiten ergeben sich nach Tab. 1.9 und 1.10 zeigt die Verhältniswerte für andere Frequenzen. Es handelt sich dabei um Nachhallzeiten, bei denen die Silbenverständlichkeit noch nicht nennenswert gesunken ist, der Raumeindruck vom Menschen aber als wesentlich günstiger empfunden wird.
- Schallschluckende Flächen benutzt man, um zu lange Nachhallzeiten zu reduzieren. Die Größe der erforderlichen Fläche geht aus dem Diagramm hervor. Die beste Silbenverständlichkeit erhält man bei Lautstärken zwischen 60 und 80 Phon. In Räumen mit Störschall sind die optimalen Werte um die Störlautstärke zu erhöhen.

Abb. 1.15 zeigt die erforderlichen schallschluckenden Flächen bei verschiedenen Raumvolumen.

Tab. 1.9 Optimale Nachhallzeiten

Raumvolumen m^3	Optimale Nachhallzeiten bei 500 Hz		
	Tonfilm und Sprache s	Oper, Schauspiel, Konzert, Kanzelrede s	Choral- und Orgelmusik s
200	0,9...1,1	1,0...1,25	1,25...1,55
500	0,92...1,12	1,02...1,27	1,27...1,58
700	0,95... 1,15	1,04...1,29	1,19...1,6
1000	0,97...1,2	1,08...1,34	1,34...1,65
2000	1,05...1,3	1,2...1,5	1,5...1,85
3000	1,15...1,4	1,25...1,55	1,55...1,95
5000	1,26...1,55	1,4...1,7	1,7...2,2
10.000	1,45...1,8	1,6...2,0	2,0...2,5
20.000	1,7...2,1	1,9...2,4	2,4...3,0

Tab. 1.10 Verhältniswerte für andere Frequenzen

125 Hz	250 Hz	500 Hz	1000 Hz	2000 Hz	4000 Hz
1,4	1,16	1	0,9	0,9	0,9

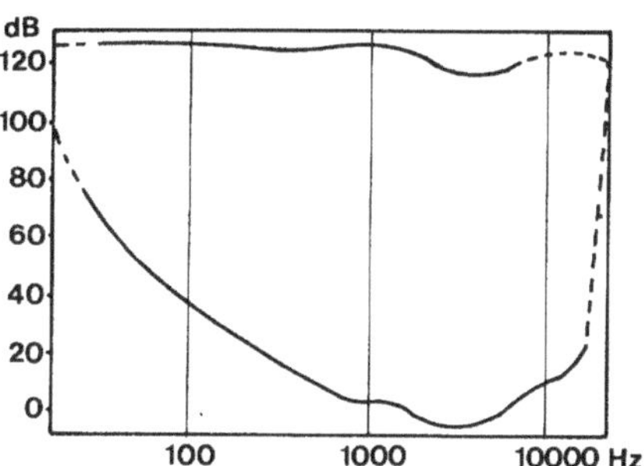

Abb. 1.15 Erforderliche schallschluckende Flächen bei verschiedenen Raumvolumen

1.2 Grundlagen von Mikrofonen

Die wichtigsten Kenngrößen der Mikrofone sind Übertragungskoeffizient, Übertragungsmaß, Übertragungskurve, Richtcharakteristik, Klirrfaktor, Dynamik, Eingangs- und Nennabschlussimpedanz. Bei den Mikrofonen unterscheidet man zwischen

- Kohlekörnermikrofone: Sie werden in der Fernsprechtechnik und bei den Handys verwendet, da sie sehr preiswert sind und große Spannungen liefern. Nachteile ist ihr großer Klirrfaktor, der eingeschränkte Frequenzbereich und starkes Eigenrauschen. Bei diesen Kohlekörnermikrofonen presst der Schalldruck Kohlekörner zusammen und verändert den Widerstand zwischen diesen.

- Kristallmikrofone: Diese nutzen den piezoelektrischen Effekt aus, d. h. sie geben unter Krafteinwirkung elektrische Ladung ab. Gegenüber dem Kohlekörnermikrofon besitzen sie einen größeren und ausgeglichenen Frequenzbereich und sind damit für anspruchslose Anwendungen geeignet. Von Nachteil ist der hohe Klirrfaktor, ihre Anfälligkeit gegen elektrostatische Einstreuungen sowie die Empfindlichkeit gegenüber Wärme und Luftfeuchtigkeit.
- Bändchenmikrofone: Diese Mikrofone nutzen das elektrodynamische Prinzip aus, d. h. ein kleines Metallbändchen von einer Dicke von 2 µm und einer Breite von 4 mm wird durch den Schalldruck im Luftspalt eines Magneten bewegt. Dadurch wird im Bändchen eine Spannung induziert, die dann noch verstärkt werden muss. Bändchenmikrofone genügen höchsten Ansprüchen, besitzen einen großen Frequenzbereich, einen sehr geringen Klirrfaktor und sind sehr beständig gegenüber Temperaturschwankungen. Bändchenmikrofone sind jedoch schwer und stoßempfindlich. Sie erzeugen nur eine sehr geringe Spannung.
- Tauchspulmikrofone: Diese nutzen ebenfalls das elektrodynamische Prinzip aus. Der Schall bewegt hier aber eine Spule im Luftspalt eines Topfmagneten. Sie geben mehr Spannung als das Bändchenmikrofon ab, weisen ebenfalls einen geringen Klirrfaktor auf und arbeiten in einem breiteren Frequenzbereich, der aber nicht so ausgeglichen ist wie der des Bändchenmikrofons. Tauchspulmikrofone werden für Studioaufnahmen verwendet und sind für sehr anspruchsvolle Anwendungen geeignet.
- Elektromagnetische Mikrofone: Sie werden für anspruchslose Anwendungen eingesetzt. Bei diesen Mikrofonen ändert der Schalldruck über die Membran einen Luftspalt, der sich in einem magnetischen Kreis befindet. Die dadurch entstehende Flussänderung induziert in einer Spule eine elektrische Spannung. Gegenüber den Kohlekörnermikrofonen besitzen sie kleinere Abmessungen, einen geringeren Klirr- und Rauschfaktor, größere klimatische Beständigkeit und einen breiten Frequenzbereich, ohne höhere Ansprüche zu erfüllen.
- Kondensatormikrofone: Sie sind die hochwertigsten Mikrofone. Bei ihnen ändert der Schalldruck den Abstand einer sehr leichten Membran, die sich gegenüber einer Gegenelektrode befindet und beeinflussen damit die dazwischen herrschende Kapazität. Kondensatormikrofone besitzen einen sehr geringen Klirrfaktor und einen breiten, ausgewogenen Frequenzbereich. Der Nachteil ist, dass ihr Schaltungsaufwand für die erforderliche Spannungsversorgung und dem Vorverstärker, der in die Mikrofonkapsel eingebaut werden muss, beträchtlich ist.
- Hochfrequenz-Kondensatormikrofone: Dieses Mikrofon besitzt hinsichtlich des Stromversorgungsteils einen geringeren Schaltungsaufwand. Hier ändert die Kapazität die Membran und damit die Resonanzfrequenz eines Generatorschwingkreises.
- Elektret-Kondensatormikrofone: Diese verwenden einen eingebauten elektrostatischen Spannungserzeuger und ermöglichen eine wirtschaftliche Verwendung des Kondensatormikrofons auch außerhalb von Musikstudios.

Ein wichtiges Kriterium ist die Empfindlichkeit eines Mikrofons in Abhängigkeit vom Schalleinfallswinkel. Durch konstruktive Maßnahmen erhält man Kugel-, Achter- und Nierencharakteristik. Es ergeben sich folgende Unterschiede:

- Kugelcharakteristik: Mikrofone, deren Empfindlichkeit unabhängig von der Einwirkrichtung des Schalls ist, werden als Kugelcharakteristik definiert. Bei ihnen ist der Raum hinter der Membran abgeschlossen und bildet ein Luftpolster. Der Schalldruck kann nur von außen auf die Membran einwirken und wird aus allen Richtungen nahezu gleich gut empfangen.
- Achtercharakteristik: Mikrofone, die ihre größte Empfindlichkeit für Schallwellen besitzen, die senkrecht zur Membranfläche einwirken und zwar unabhängig, ob von vorn oder von hinten, verwenden eine Achtercharakteristik. Bei ihnen ist der Raum hinter der Membran perforiert, sodass sie auf das Druckgefälle (Druckgradient) zwischen Membranvorder- und -rückseite ansprechen.
- Nierencharakteristik: Mikrofone, bei denen die Empfindlichkeit für Schallwellen groß ist, wirken von vorn senkrecht auf die Membranfläche ein und daher die Nierencharakteristik. Diese Nierenmikrofone eignen sich besonders gut als Rednermikrofon und unterdrücken rückwertigen Störschall. Die Nierencharakteristik erhält man durch Überlagerung von Kugel- und Achtercharakteristik.
- Kardioide-Charakteristik: Ähnlich der Nierencharakteristik, aber diese unterdrücken den rückwertigen Störschall weniger.
- Keulen-Charakteristik: Mikrofone, bei denen die Empfindlichkeit der Schallwellen am größten ist, wenn sie von vorn senkrecht auf die Membranfläche einwirken und daher diese schmale, ausgeprägte Charakteristik.

Abb. 1.16 zeigt die Richtcharakteristiken von Mikrofonen. Zur Beschreibung der Eigenschaften gibt es wichtige Kenngrößen.

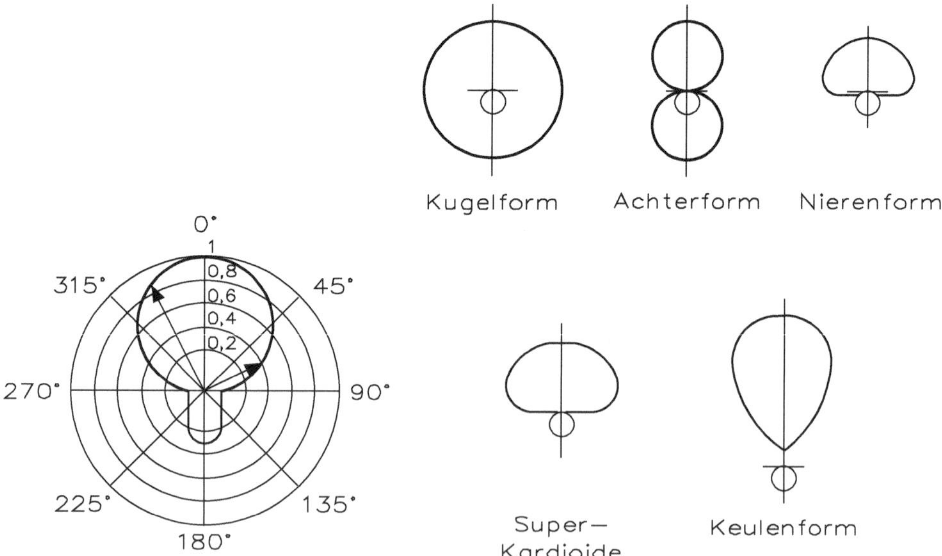

Abb. 1.16 Richtdiagramm und Richtcharakteristiken von Mikrofonen

Der Übertragungskoeffizient T oder der Übertragungsfaktor B_E ist als das Verhältnis der vom Mikrofon abgegebenen effektiven Wechselspannung U_0 zum einwirkenden Schalldruck p definiert. Als Einheit ergibt sich somit V/Pa oder auch mV/µbar. Meist wird der Schalldruck $p = 1$ Pa mit der Frequenz $f = 1$ kHz als Basis definiert. Bezieht man den Übertragungskoeffizienten T auf einen konstanten Referenzwert $T_0 = 1$ V/Pa und bildet von diesem Verhältnis den 20 fachen dekadischen Logarithmus, erhält man das Übertragungsmaß a_M oder G_E als Pegelangabe in Dezibel (dB mit dem Index „M" für Mikrofon!). Es gilt:

$$T = \frac{U_0}{p} \quad \text{in} \quad \frac{\text{V}}{\text{Pa}} \quad \text{bzw.} \quad \frac{\text{mV}}{\mu\text{Pa}} \qquad a_M = 20 \cdot \lg\left(\frac{T}{T_0}\right) \quad \text{in} \quad \text{dB}$$

Früher wurde der Übertragungskoeffizient auch als Empfindlichkeit bezeichnet. Um bereits bei geringem Schalldruck eine hohe Spannung zu erhalten, sollte der Übertragungsfaktor möglichst groß sein.

Die bisherigen Ausführungen gelten für eine Frequenz $f = 1$ kHz. Trägt man das Übertragungsmaß in Abhängigkeit von der Frequenz auf, erhält man die Übertragungskurve und man definiert diesen Zusammenhang von dem Frequenzgang des Mikrofons bzw. von dem Frequenzgang der Empfindlichkeit. Generell soll das Übertragungsmaß über den gesamten nutzbaren Frequenzbereich (Übertragungsbereich) konstant sein, um unabhängig von der Frequenz bei gleichem Schalldruck die gleiche Spannung U_0 zu erhalten. Dies lässt sich allerdings in der Praxis nicht erreichen. So bewirkt beispielsweise die Massenträgheit einen Abfall von a_M bei höheren Frequenzen, während es bei der Resonanzfrequenz zu einer unerwünschten Erhöhung von a_M kommt.

Zur Bestimmung der Richtcharakteristik, dem Richtungsfaktor und dem Richtungsmaß bewegt man die Schallquelle kreisförmig um das Mikrofon. Dadurch kann sich an jedem Ort ein anderer Wert für den Übertragungskoeffizienten bzw. das Übertragungsmaß ergeben. Es liegt also eine Abhängigkeit der Spannung U_0 vom Winkel zwischen Schallquelle und Membran bzw. von der Richtung der Schallquelle zum Mikrofon vor und man spricht von der Richtcharakteristik des Mikrofons. Diese ist frequenzabhängig und wird, meist für die Frequenz von $f = 1$ kHz, grafisch in einem Richtdiagramm dargestellt.

In Abhängigkeit vom Winkel φ zur Bezugsachse bzw. zur Hauptrichtung (0°-Achse) wird der sogenannte Richtungsfaktor aufgetragen. Dieser ist gleich dem Verhältnis der vom Mikrofon an einem bestimmten Winkel erzeugten Spannung U_0 zur Spannung U_{0H} der Hauptrichtung. Das Richtungsmaß in dB ist der 20-fache dekadische Logarithmus des Richtungsfaktors. Häufig wird anstelle des Richtungsfaktors diese Größe eingetragen. Der 0°-Punkt ist der Ort der Schallquelle, dort ist der Richtungsfaktor gleich 1 und das Richtungsmaß 0 dB, d. h. $U_0 = U_{0H}$. Nach der Gleichung

$$T = \frac{U_0}{p}$$

hängt U_0 vom Schalldruck p ab.

Beispiel: Mithilfe der Richtcharakteristik von Abb. 1.16 sind diejenigen Winkel φ anzugeben, unter denen eine Schallquelle mit dem Schalldruck $p = 10$ Pa jeweils aufzustellen ist, um bei einem Mikrofon mit dem Übertragungskoeffizienten $T = 1$ mV/Pa die folgenden Spannungen hervorzurufen: $U_{01} = 10$ mV, $U_{02} = 7$ mV und $U_{03} = 1$ mV.

Zunächst wird die Spannung der Hauptrichtung durch Umstellen der Gleichung berechnet:

$$\frac{U_{01}}{U_{0\mathrm{H}}} = \frac{10\,\mathrm{mV}}{10\,\mathrm{mV}} = 1$$

$$U_{0\mathrm{H}} = \frac{1\,\mathrm{mV}}{P_\mathrm{a}} \cdot 10\,P_\mathrm{a} = 10\,\mathrm{mV}$$

Die erforderlichen Richtungsfaktoren sind:

$$\frac{U_{01}}{U_{0\mathrm{H}}} = \frac{10\,\mathrm{mV}}{10\,\mathrm{mV}} = 1 \qquad \frac{U_{01}}{U_{0\mathrm{H}}} = \frac{7\,\mathrm{mV}}{10\,\mathrm{mV}} = 0,7 \qquad \frac{U_{01}}{U_{0\mathrm{H}}} = \frac{1\,\mathrm{mV}}{10\,\mathrm{mV}} = 0,1$$

Aus Abb. 1.16 sind nun die zu den Richtungsfaktoren bzw. Spannungen gehörenden Winkel φ abzulesen:

$$U_{01} = 10\,\mathrm{mV} \Rightarrow \varphi = 0$$

$$U_{02} = 7\,\mathrm{mV} \Rightarrow \varphi = 45^\circ \text{ oder } 315^\circ$$

$$U_{03} = 1\,\mathrm{mV} \Rightarrow \varphi = 90^\circ \text{ oder } 270^\circ$$

Dies bedeutet gleichzeitig, dass unerwünschte Schallquellen durch entsprechende Positionierung des Mikrofons ganz oder teilweise unterdrückt werden können. Die wichtigsten Richtcharakteristiken sind in Abb. 1.16 schematisch zu erkennen.

Der Klirrfaktor k gibt die nicht linearen Verzerrungen an und sein Wert soll möglichst klein sein (unter 1 % bei guten Mikrofonen). Die Dynamik ist gleich der Differenz zwischen dem höchsten übertragbaren Schalldruck und dem niedrigsten übertragbaren Schalldruck. Der Wert wird normalerweise in dB angegeben. Als Grenzschalldruck bzw. Aussteuerungsgrenze bezeichnet man den Schalldruck, bei welchem der Klirrfaktor 0,5 % beträgt.

Mikrofone besitzen einen komplexen und frequenzabhängigen Eingangswiderstand, dessen Betrag (Scheinwiderstand) die Eingangsimpedanz (Impedanz) ist. Häufig findet man auch die Bezeichnung „Innenwiderstand". Der Wert wird meist für eine Frequenz $f = 1$ kHz angegeben und ist von der Mikrofonausführung abhängig. Als Nennabschlussimpedanz bezeichnet man den Wert des Scheinwiderstands, mit dem das Mikrofon belastet werden darf. Der Wert muss deutlich höher sein als die Impedanz, da Mikrofone im Leerlauf betrieben werden sollen.

1.3 Grundlagen von Lautsprechern

Die wichtigsten Kenngrößen von Lautsprechern sind Übertragungskoeffizient, Übertragungsmaß, Übertragungskurve, Übertragungsbandbreite, Richtcharakteristik, Nenn- und Grenzbelastbarkeit, Nennimpedanz, Wirkungsgrad und Klirrfaktor.

Lautsprecher wandeln elektrische Energie in Schallenergie um. Prinzipiell setzt hierbei das sogenannte Erregersystem eine elektrische Wechselspannung u in mechanische Schwingungen um. Eine mit dem Erregersystem gekoppelte Membran gibt die mechanischen Bewegungen an die Luftumgebung weiter, sodass ein Schall wahrnehmbar ist. Lautsprecher nehmen also eine Spannung auf und geben einen Schalldruck ab. Lautsprecher werden deshalb auch als Schallsender bezeichnet.

Der Übertragungskoeffizient T (Übertragungsfaktor) eines Lautsprechers gibt das Verhältnis zwischen dem abgegebenen Schalldruck p und der angelegten Wechselspannung u (meist mit einer Frequenz von $f = 1$ kHz) bzw. deren Effektivwert U in der Einheit Pa/V an. Bezieht man den Übertragungskoeffizienten 1 auf einen konstanten Referenzwert $T_0 = 1$ Pa/V und bildet dann den 20-fachen dekadischen Logarithmus, erhält man das Übertragungsmaß a_L in dB (Index „L" für den Lautsprecher). Es gilt:

$$T = \frac{p}{U} \quad \text{in} \quad \frac{\text{V}}{\text{Pa}} \qquad a_\text{L} = 20 \cdot \lg\left(\frac{T}{T_0}\right) \quad \text{in} \quad \text{dB}$$

Die Übertragungskurve von Lautsprechern zeigt, wie bei Mikrofonen, die Abhängigkeit des Übertragungsmaßes von der Frequenz (Frequenzgang). Generell soll das Übertragungsmaß über den gesamten nutzbaren Frequenzbereich konstant sein, um unabhängig von der Frequenz bei gleicher Spannung U den gleichen Schalldruck p zu erhalten. Die Übertragungsbandbreite bzw. der Übertragungsbereich ist gleich der Differenz zwischen der oberen Grenzfrequenz f_{go} und der unteren Grenzfrequenz f_{gu}. Dabei reduziert sich an den Grenzfrequenzen der Schalldruck um 6 dB bis 9 dB gegenüber dem Mittelwert des Schalldrucks der Frequenzen von 100 Hz bis 4 kHz. Der Übertragungsbereich bei HiFi-Lautsprechern muss gemäß DIN 45.500 zwischen $f_{gu} = 50$ Hz bis $f_{go} = 12{,}5$ kHz liegen.

Betrachtet man anstatt der elektrischen Spannung U_0 den Schalldruck p, so entspricht die Bedeutung dieser Größen bei Lautsprechern jeweils derjenigen bei den Mikrofonen. Zu beachten ist, dass bei tiefen Schallfrequenzen bis zu 200 Hz eine nahezu kugelförmige Abstrahlung erfolgt. Mit steigender Schallfrequenz geht diese Abstrahlcharakteristik in eine Keulenform über. Abb. 1.17 zeigt dieses Verhalten für einen dynamischen Lautsprecher, wobei das Übertragungsmaß aufgetragen ist.

Die Nennbelastbarkeit bzw. die Nennleistung gibt diejenige maximale elektrische Leistung P_{el} an, mit welcher der Lautsprecher ständig betrieben werden darf, ohne dabei Schaden zu erleiden. Die Grenzbelastbarkeit ist diejenige elektrische Leistung P_{el}, welche für zwei Sekunden anliegen kann, ohne dass ein hörbares Anschlagen der Spule oder Membran erfolgt. Die Grenzbelastbarkeit wird auch als Musikbelastbarkeit bezeichnet.

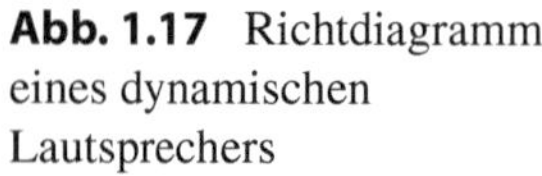

Abb. 1.17 Richtdiagramm eines dynamischen Lautsprechers

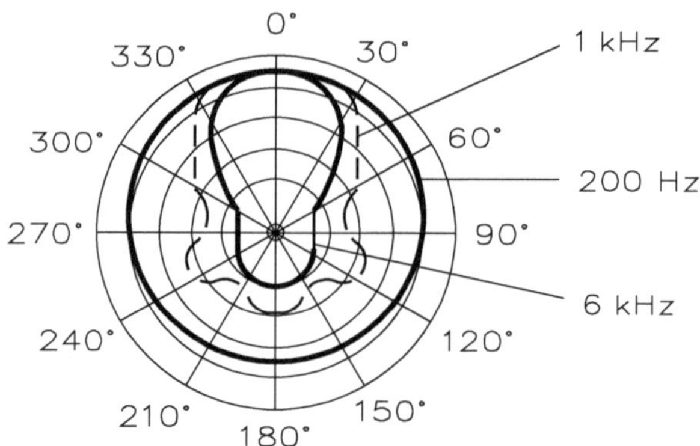

Als Nennimpedanz (Impedanz) oder Nennscheinwiderstand Z_N bezeichnet man den Betrag des komplexen Widerstands des Lautsprechers bei einer Bezugsfrequenz von $f = 1$ kHz bzw. $f = 400$ Hz (Tieftöner). Bemerkenswert ist, dass in Abb. 1.18 die Impedanz Z bei der Eigenresonanzfrequenz auf ein Vielfaches des Nennimpedanzwertes ansteigt.

Die Kenntnis der Impedanz ist für die Anpassung von Lautsprechern an den Verstärker sowie die Zusammenschaltung von Lautsprechern von Bedeutung.

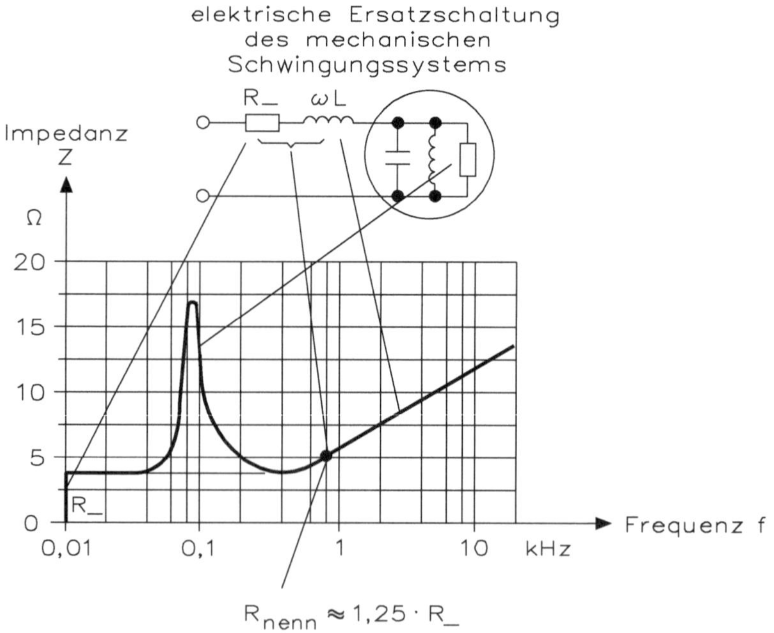

Abb. 1.18 Impedanzverlauf eines freistehenden Lautsprechersystems

Der Wirkungsgrad η ist entsprechend der allgemein gültigen Definition gleich dem Verhältnis der abgegebenen akustischen Leistung P_a zur zugeführten elektrischen Leistung P_{el}. Der Wirkungsgrad wird meist in Prozent angegeben.

Der Klirrfaktor beschreibt wieder den Anteil der nicht linearen Verzerrungen.

Beispiel: Die Nennbelastung eines Lautsprechers mit dem Wirkungsgrad $\eta = 0{,}25$ ist mit 100 W angegeben. Welche akustische Leistung P_a kann der Lautsprecher im Dauereinsatz maximal abgeben?

Die Nennbelastung ist gleich derjenigen elektrischen Leistung P_{el} welche dem Lautsprecher im Dauereinsatz maximal zugeführt werden darf. Mit dem angegebenen Wert ergibt sich die maximal abgebbare akustische Leistung P_a:

$$P_{\mathrm{a}} = \eta \cdot P_{\mathrm{el}} = 0{,}25 \cdot 100\,\mathrm{W} = 25\,\mathrm{W}$$

Bei den Schallsendern (Lautsprecher) unterscheidet man in der Bauform zwischen

- Konuslautsprechern: Sie bewegen eine großflächige Membran, die ihrerseits die sie umgebende Luft zu Schallschwingungen anregt.
- Kalottenlautsprechern: Sie bewegen eine kleinflächige, halbkugelförmige Membran und werden für hohe Frequenzen verwendet.
- Hornlautsprechern: Sie sind Kalottenlautsprecher mit vorgesetztem Exponentialtrichter. Mit ihnen können mittlere und hohe Frequenzen bei gutem Wirkungsgrad abgestrahlt werden. Für tiefe Frequenzen muss man einen Trichter mit sehr großem Austrittsquerschnitt verwenden.

  Die Antriebssysteme der Lautsprecher setzen elektrische Energie in mechanische Bewegung um und treiben die Membran an. Man unterscheidet bei den Lautsprechern zwischen
- Lautsprechern mit elektromagnetischen Systemen: Sie bewegen einen Anker im Luftspalt eines Dauermagneten, aber diese werden seit Jahren nicht mehr hergestellt bzw. verwendet.
- Lautsprechern mit elektrodynamischen Systemen: Sie bewegen eine Spule im Luftspalt eines topfförmigen Elektromagneten.
- Lautsprechern mit permanentdynamischen Systemen: Sie bewegen eine Spule im Luftspalt eines topfförmigen Dauermagneten. Diese Systeme verwendet man sehr häufig in der Praxis.
- Lautsprechern mit elektrostatischen Systemen: Sie bewegen die Membran unter dem Einfluss einwirkender elektrischer Felder. Sie benötigen außer der Sprechwechselspannung eine gleich hohe überlagerte Gleichspannung und werden nur selten für tiefe Frequenzen verwendet. Man verwendet diese idealen Hochtöner ab einer Frequenz von 5 kHz.
- Lautsprechern mit Kristallsystemen: Sie bewegen die Membran mithilfe des piezoelektrischen Effekts und werden vorwiegend als Hochtonlautsprecher verwendet.

Eine wichtige Rolle bei Lautsprechern stellt die Richtcharakteristik dar, denn sie kennzeichnet den Schalldruck eines Lautsprechers in Abhängigkeit des Winkels gegenüber der Hauptstrahlrichtung. Sie ist bei tiefen Frequenzen kugelförmig und verengt sich bei hohen Frequenzen zu einer Keule.

Die Schallwand wird bei Konuslautsprechern benötigt, um bei tiefen Frequenzen einen direkten Druckausgleich über den Membranrand hinweg zu vermeiden, da ein akustischer Kurzschluss die Folge ist. Bei zentraler Montage des Lautsprechers hält sich dieses Problem jedoch in Grenzen.

Lautsprecherboxen sind geschlossene Gehäuse, die in ihrer Wirkung unendlich großen Schallwänden sehr nahe kommen und die Abstrahlung sehr tiefer Frequenzen ermöglicht. Da das Luftpolster einer solchen Box die Eigenfrequenzen der eingebauten Lautsprecher heraufsetzt, muss man sie tiefer als tatsächlich benötigt wählen.

Strahlergruppen (Tonsäulen) verwendet man zur Beschallung großer Räume und Freiflächen. Sie haben den Vorteil, dass der Schall gebündelt wird und dass die Hauptstrahlachse in den hinteren Teil der zu beschallenden Fläche gelegt werden kann. Damit ist der Lautheitseindruck über die gesamte Länge des Raumes konstant, die Reflexion an der Rückwand des Raumes gering und die Schallleistung direkt auf die zuhörenden Menschen konzentriert. In nächster Nähe der Strahlergruppe erhält man eine Lautstärkeabsenkung, sodass über die dort aufgestellten Mikrofone keine akustische Rückkopplung auftritt. Die Bündelung der Schallkeule ist frequenzabhängig.

Die Anpassung von Lautsprechern ist erforderlich, um dem Lautsprecher von der verfügbaren Verstärkerausgangsleistung eine entsprechende Menge zuzuführen. Die Lautsprecher weisen eine Impedanz (Scheinwiderstand) von $Z = 4$ bis $8\ \Omega$ auf.

Der Lautsprecheranschluss erfolgt bei der HiFi-Technik über passive Frequenzweichen. Durch diese Weichen hat man bei Tieftonlautsprechern eine Grenzfrequenz für den Tiefpass beispielsweise von <300 Hz und für den Hochtonlautsprecher eine Grenzfrequenz für den Hochpass von >5 kHz. Über einen Bandpass ergibt sich für den Mitteltonlautsprecher ein Frequenzbereich zwischen 200 Hz und 8 kHz. Damit arbeiten aber die Lautsprecher nicht in günstigsten Frequenzbereichen und daher bleiben die Intermodulationsverzerrungen gering.

1.4 Phasenverzerrung und Klangverfälschung

Phasenverzerrungen liegen vor, wenn die Phase zwischen dem eingespeisten elektrischen Signal und dem vom Lautsprecher abgestrahlten akustischen Signal von der Tonfrequenz abhängig ist. Zwischen dem Phasen- und dem Amplitudenverlauf von Übertragungskennlinien besteht ein unmittelbarer Zusammenhang: Maxima und Minima in der Amplitudenkennlinie äußern sich nämlich in einem Umbiegen der Phasenkennlinie und umgekehrt. Zum Beispiel entspricht einer Änderung der Amplitude um 6 dB/Oktave eine Phasenverschiebung von 90°, eine Abnahme der Amplitude um 12 dB/Oktave hat eine Phasenverschiebung von 180° und 18 dB/Oktave von 270° und um 24 dB/Oktave von 360° zur Folge.

Bei der Lautsprecherwiedergabe können Phasenverzerrungen aus sehr verschiedenen Gründen zustande kommen. Zum Beispiel hat man bei einer Lautsprecherkombination, die aus Tief-, Mittel- und Hochtönern besteht, die akustischen Zentren der drei Lautsprecher nicht in der gleichen akustischen Ebene liegen (Abb. 1.19a). Diese Position der drei Lautsprecher entspricht der üblichen Anordnung der Schallwände von Lautsprecherboxen. Bei dieser Anordnung weist die Kombination jedoch Phasenverzerrungen auf, denn die von den einzelnen Lautsprechern ausgehenden Signale durchlaufen verschieden lange Wegstrecken zum Ort des Hörers. Es entstehen also Laufzeitunterschiede, die sich im Phasenverhalten äußern. Die Phasenkennlinie hat dann keinen linearen Verlauf mehr. Die Lautsprecherkombination würde – vorausgesetzt, dass die Lautsprecher selbst und die Frequenzweiche keine Phasenfehler ausweisen – phasenlinear, wenn die drei Lautsprecher vertikal so übereinander auf der Schallwand montiert werden, dass deren akustische Zentren in der gleichen Ebene liegen (Abb. 1.19b).

Unter diesen Voraussetzungen würde die Phasenkennlinie linear verlaufen. Leider lässt sich dieser Idealfall in der Praxis kaum verwirklichen, da sowohl die Lautsprechersysteme selbst als auch die Frequenzweiche Phasenverzerrungen aufweisen. Die in Werbeschriften angegebene Bezeichnung „Phasenlineare Lautsprecherbox“ bleibt ein unerfüllbarer Wunschtraum.

Dass Phasenverzerrungen zu hörbaren Klangverfälschungen Anlass sein können, soll ein einfaches Beispiel erklären. Treffen beispielsweise die Bässe einer Kesselpauke bei der Lautsprecherwiedergabe früher ein als die mittleren Tonfrequenzen, hat man den Eindruck einer „bumsenden“ Wiedergabe. Treffen umgekehrt die mittleren Frequenzen zuerst am Hörerort ein, entsteht der Eindruck eines „scharfen“ oder „spitzen“ Klangbildes. Es liegt eine Klangverfärbung vor.

Technisch ist es möglich, eine Frequenzweiche so auszulegen, dass ihre Phasenverzerrung diejenigen von Lautsprecherchassis und Lautsprechergehäuse exakt kompensiert. Frequenzweichen mit dieser Eigenschaft bezeichnet man als „akustische Frequenzweichen“ bzw. „akustische Butterworth-Filter“.

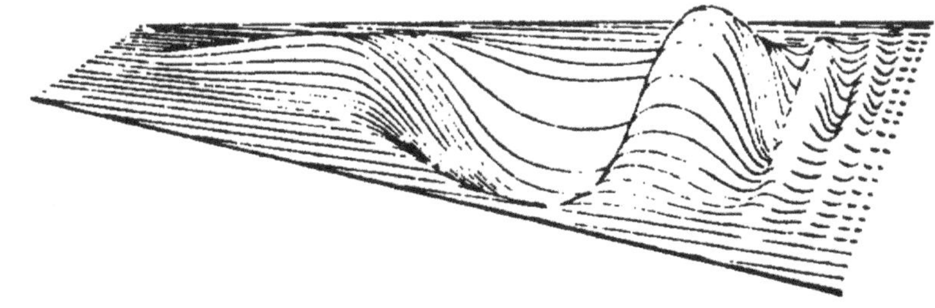

Abb. 1.19 Vergleich zwischen den akustischen Ebenen. **a)** Ungünstiger Phasen-Frequenzverlauf für übliche Anordnungen von Lautsprecherchassis auf einer Schallwand **b)** Verbesserung des Phasengangs durch Versetzen der Lautsprecherchassis

Am schnellsten lässt sich das Übertragungsverhalten eines Lautsprechers aus dessen Wasserfalldiagramm (kumulatives Zerfallsspektrum) erkennen, das das Frequenz- und Zeitverhalten bei impulsförmiger Anregung in dreidimensionaler Darstellung liefert. Hierbei werden kurzzeitige Rechteckimpulse, die also sämtliche Frequenzen beinhalten, von dem zu untersuchenden Lautsprecher abgestrahlt und von einem Messmikrofon aufgenommen. Die einzelnen Impulse werden in gleichförmigen Zeitabständen wiederholt, gespeichert und dann von einem PC unter Excel ausgewertet. Aus dem sich ergebenden kumulativen Zerfallsspektrum lässt sich das Ausschwingverhalten des Lautsprechers in Bezug auf Amplitude, Zeit und Frequenz in drei Dimensionen schnell und eindeutig entnehmen. Diese Methode eignet sich nicht nur zur Untersuchung einzelner Chassis, sondern auch von Lautsprecherboxen. Abb. 1.20 zeigt das Wasserfalldiagramm eines Mitteltonlautsprechers innerhalb eines optimalen Chassis.

Die Wasserfalldiagramme gestatten nicht nur qualitative Aussagen über einzelne Lautsprecher und Lautsprecherchassis, es lassen sich mit ihnen auch interne Reflexionen in den Boxen analysieren.

Einen wesentlichen Einfluss hat auf die Lautsprecherwiedergabe der Vorgang der Beugung und Interferenz. Im Prinzip handelt es sich darum, dass Schallwellen der gleichen Frequenz unterschiedlich lange Wege zum Hörer zurücklegen, wobei sich je nach Phase die eintreffenden Wellenzüge dort entweder verstärken oder schwächen. Beispielsweise werden bei einem Lautsprechergehäuse an Kanten und Ecken die vom Chassis ausgehenden Primärwellen angeregt, die sich gegenseitig überlagern und je nach Phase am Hörerort verstärken oder schwächen. Abb. 1.21 zeigt die Schallbeugung an Gehäuseecken von Lautsprecherboxen.

Am Ort des Hörers ergeben sich je nach Gangunterschied frequenz-selektive Überhöhungen und Einbrüche in der Übertragungskennlinie des Lautsprechers. Gleichzeitig wird durch diesen Mechanismus das Ein- und Ausschwingverhalten (transient response) des Lautsprechers verschlechtert, indem die vom Chassis ausgehenden Primärwellen

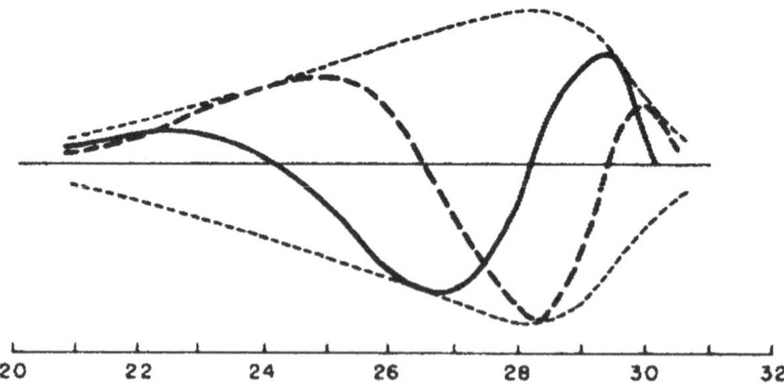

Abb. 1.20 Wasserfalldiagramm eines (guten) Mitteltonlautsprechers innerhalb eines optimalen Chassis

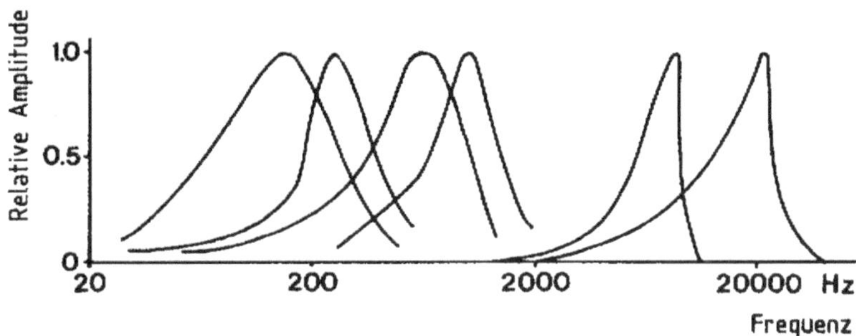

Abb. 1.21 Schallbeugung an Gehäuseecken von Lautsprecherboxen

etwas früher eintreffen als die zeitlich später angeregten Sekundärwellen. Dadurch wird die Wiedergabe impulsförmiger Töne, um die es sich bei Musikwiedergabe in der Regel handelt, „verschmiert". Beugung und Interferenzeffekte an den Kanten von Lautsprecherboxen sind daher eine häufige Ursache für Klangverfälschungen und ungünstiges Impulsverhalten. Durch Abrundung der Gehäusekanten oder Abschrägen lässt sich diese Störung mildern und die Übertragungskennlinie linearisieren. Auch durch eine schallschluckende Gehäuseoberfläche lässt sich die Übertragungskennlinie linearisieren und das Impulsverhalten der Lautsprecherbox verbessern.

Wie sich Beugung und Interferenz auf die Übertragungskennlinie einer punktförmigen Schallquelle in einem kugel- und in einem kastenförmigen Gehäuse auswirken, zeigt Abb. 1.22. Man sieht, dass die Übertragungskurve für die Kugelbox glatt verläuft, weil hier die Schallwellen gleichförmig um die Kugel herum gebeugt werden, während die Übertragungskurve der Kastenbox unregelmäßig mit wechselnden Überhöhungen und Einbrüchen des Schalldrucks verläuft infolge ausgeprägter Interferenzeffekte an den

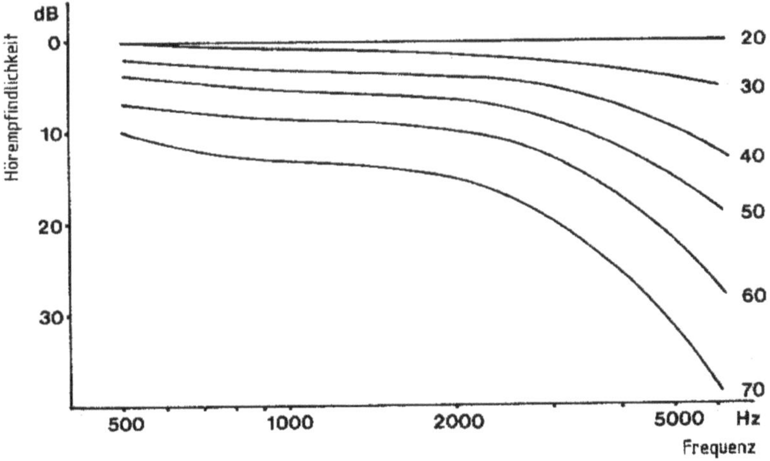

Abb. 1.22 Schallbeugung an Kugel und Würfel

Gehäusekanten. Eine Kugelbox ist in der Praxis schwieriger zu bauen als ein Gehäuse mit abgeschrägten und/oder abgerundeten Kanten. Zwar sind sie nicht so gut wie Kugelboxen, jedoch besser als kastenförmige Gehäuse.

Interferenz kommt auch zustande, wenn die gleiche Frequenz von zwei oder mehreren Lautsprechern gleichzeitig abgestrahlt wird. Wenn die beiden Schallquellen dabei horizontal nebeneinander liegen, kommt es in der Horizontalebene zu ausgeprägten Interferenz-Einbrüchen des Schalldruckverhaltens am Ort des Hörers, sobald der Gangunterschied zwischen den Schallwellen gleichen Frequenz von den beiden Chassis eine halbe Wellenlänge oder ein ungeradzahlig Vielfaches hiervon beträgt. Ein Beispiel zeigt Abb. 1.23.

Abb. 1.23 zeigt Übertragungskurven für eine Zweiwegbox mit einem horizontal nebeneinander montierten Tief- und Mitteltonchassis und einem Hochtonchassis in horizontaler Ebene im Abstand von 1 m gemessen. Im Frequenzbereich zwischen 2 kHz und 3 kHz, also im Bereich der Übernahmefrequenz, kommen ausgeprägte Einbrüche in den Übertragungskurven zustande. Diese verursachen Klangverfälschungen bei der Lautsprecherwiedergabe. Ähnliche Wirkungen erzeugen auch Phasenverschiebungen, die durch falsch ausgelegte Frequenzweichen verursacht werden.

Wenn die einzelnen Chassis einer Lautsprecherkombination, die die gleichen Frequenzen abstrahlen, nicht horizontal nebeneinander, sondern vertikal übereinander angeordnet sind, sind die Interferenzstörungen nur in der vertikalen Ebene, nicht aber in der für das Hören wichtigeren Horizontalebene bemerkbar, außer Sie liegen auf der Couch. Der Hörer soll in einer solchen Höhe sitzen oder stehen, dass die von den beiden Chassis ausgehenden Wellen zu ihm gleich lange Wege durchlaufen.

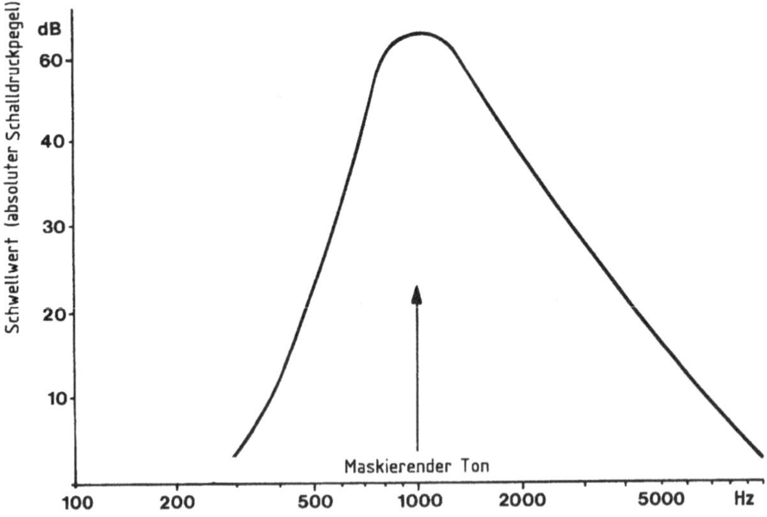

Abb. 1.23 Übertragungskurven einer Zweiwegbox unter verschiedenen Messwinkeln in horizontaler Ebene im Abstand von 1 m gemessen

Bei der Montage zweier Chassis, die die gleichen Frequenzen abstrahlen, spielt auch der Abstand zwischen ihnen eine Rolle. Nach Möglichkeit soll dieser Abstand so klein als möglich sein. Abb. 1.24 zeigt, wie sich das Strahlungsdiagramm ändert, wenn a) ein einzelnes Chassis, b) zwei Chassis im Abstand der Größe der Wellenlänge ($d = \lambda$) und c) zwei Chassis im Abstand von vier Wellenlängen ($d = 4 \cdot \lambda$) nebeneinander gesetzt werden. Mit zunehmendem Abstand der beiden Chassis spaltet sich das Strahlungsdiagramm in immer mehr Zipfel auf.

Einbrüche und Überhöhungen in den Übertragungskurven von Lautsprecheranlagen kommen durch Interferenz auch bei der Schallreflexion an Wänden und anderen Objekten des Abhörraumes zustande. Es ist daher nicht zweckmäßig, Lautsprecher mit diffus strahlenden Lautsprechern (Kalottenlautsprecher) zu verwenden, wenn der Abhörraum akustisch harte Wände aufweist. Die durch Reflexionen an den Wänden verursachten Interferenzstörungen unterbinden eine gute HiFi-Wiedergabe. Auch zeigt es sich, dass unter solchen Abhörbedingungen verschiedene Instrumente, wie beispielsweise Geigen „hart" klingen.

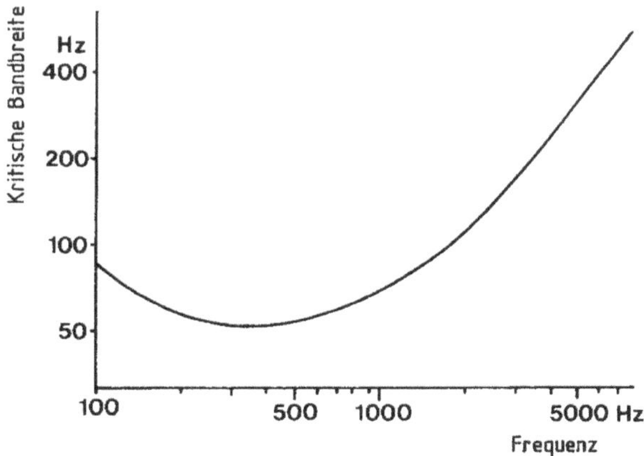

Abb. 1.24 Polare Richtdiagramme für Lautsprecher, die alle gleiche Frequenzen aussenden. **a)** Einzellautsprecher **b)** zwei Lautsprecher im Abstand $d = \lambda$ **c)** zwei Lautsprecher im Abstand $d = 4 \cdot \lambda$

2 Spracherzeugung und Wahrnehmung

In einem Zeitraum von einigen zehntausend Jahren hat sich die menschliche Sprache als wesentlichstes Mittel der Kommunikation zwischen den Menschen entwickelt. Da die Entwicklung der menschlichen Sprache und die des Menschen Hand in Hand fortschritten, ist es naheliegend anzunehmen, dass der menschliche Mechanismus zur Erzeugung der Sprache und das resultierende akustische Signal optimal an den Prozess der menschlichen Sprachaufnahme angepasst sind.

Dagegen hat das zunehmende Zusammenspiel zwischen Mensch und Computer über die Sprache wohl noch keinen Einfluss auf den Charakter des Sprachsignals gehabt. Für alle, die von den schnell wachsenden Anwendungen der Mikroelektronik auf die Sprachverarbeitung unmittelbar betroffen sind, mag es daher nützlich sein, den Prozess der menschlichen Kommunikation besser zu verstehen.

Dieser Kommunikationsprozess als Ganzes umfasst alle Stufen von der Entstehung eines Gedankens im Gehirn des Sprechers bis zur Wahrnehmung im Gehirn des Zuhörers. Er beginnt mit der Wahl geeigneter Worte oder Ausdrücke, die die Gedanken des Sprechers wiedergeben, führt über die Bildung einer angemessenen Wortfolge mit einer dem Sinn entsprechenden grammatikalischen Form und führt schließlich zur Artikulation, um sie der physischen Umgebung als akustische Schwingung zu vermitteln.

Die Umkehrung dieses Vorgangs soll dem Hörer ermöglichen, den Sinn der gesprochenen Worte zu verstehen und daraus einen Einblick in die Gedanken des Sprechers zu gewinnen.

Der Zusammenhang zwischen Gedanken, Sinn und Wahl der Wörter und den Regeln für die Form und Reihenfolge der Wörter soll hier nicht im Einzelnen behandelt werden. Obgleich diese Faktoren den gesamten Prozess der Spracherzeugung und -aufnahme beeinflussen, soll man sich soweit wie möglich auf das gesprochene Wort und sein Verhältnis zum akustischen Signal beschränken.

H. Bernstein, *Elektroakustik,* https://doi.org/10.1007/978-3-658-25174-1_2

2.1 Akustische Signale

Das Sprachsignal erreicht das Ohr des Hörers als eine Druckmodulation der Luft. Abb. 2.1 zeigt als Beispiel den Verlauf der mehrfachen Aussprache der englischen Ziffer: „six“. Obgleich man eine Folge einzelner Worte hört, ist zwischen den Worten keine eindeutige Trennung feststellbar. Der einzige Abschnitt mit Stille tritt in der Tat nur dann auf, wenn die Zunge gegen das Gaumensegel stößt, um den /k/-Laut in der Mitte jedes Wortes zu bilden.

Anfang der sechziger Jahre, als Computer auf dem Markt erschienen, wuchs die Hoffnung, dass auch eine automatische Schreibmaschine mit akustischer Eingabe, zumindest einer phonetischen Ausgabe möglich ist. Dabei wurde angenommen, dass relativ einfache Entscheidungen genügen, um jeden Abschnitt der empfangenen Wellenform zu identifizieren und diese dann umsetzen.

Heute ist dank der elektronischen Messtechnik viel mehr über das komplexe Zusammenspiel bekannt, wie das Zusammenspiel der einzelnen Teile eines akustischen Signals untereinander. Es ist unmöglich, einfache Strategien zur Worterkennung anzuwenden.

Abb. 2.2 zeigt die akustische Wellenform des englischen Wortes „slit“ (Schlitz). Wird eine Pause von ca. 100 ms an der durch den Pfeil markierten Stelle – zwischen /s/ und /l/ eingefügt, dann wird aus „slit“ ein deutliches „split“ (Spalte). Die Wahrnehmung von Lauten – einschließlich eines Stilleintervalls – hängt folglich von der Umgebung ab, in der die Laute auftreten.

Auch wenn in diesem Beispiel das Einfügen eines Stilleintervalls das Hören eines /p/-Lautes bewirkt, kann man nicht einfach annehmen, dass ein „p-Detektor“ immer bei einem kurzen Stilleintervall anspricht. In anderen Fällen muss man dann das Nichtansprechen bei anderen Stilleperioden begründen.

Derartige Abhängigkeiten vom Zusammenhang werden in allen Bereichen der menschlichen Wahrnehmung gefunden. Bei der menschlichen Sprache hängt die Wahrnehmung eines Lautes von den benachbarten Lauten im gleichen Wort oder selbst in benachbarten Wörtern ab.

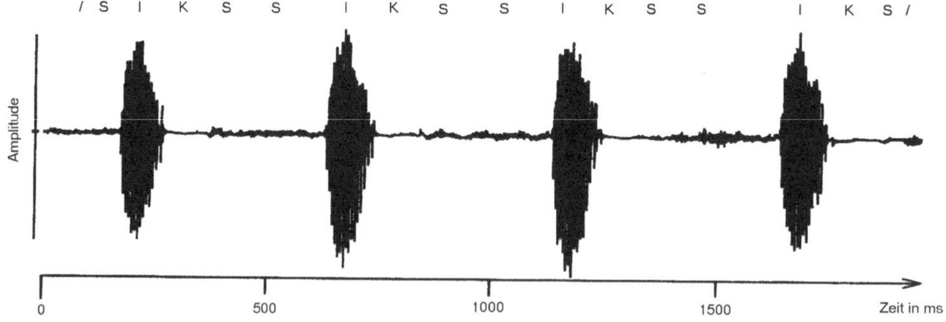

Abb. 2.1 Wiederholte Aussprache des englischen Wortes „six“ und man beachte die Pause beim /k/-Laut

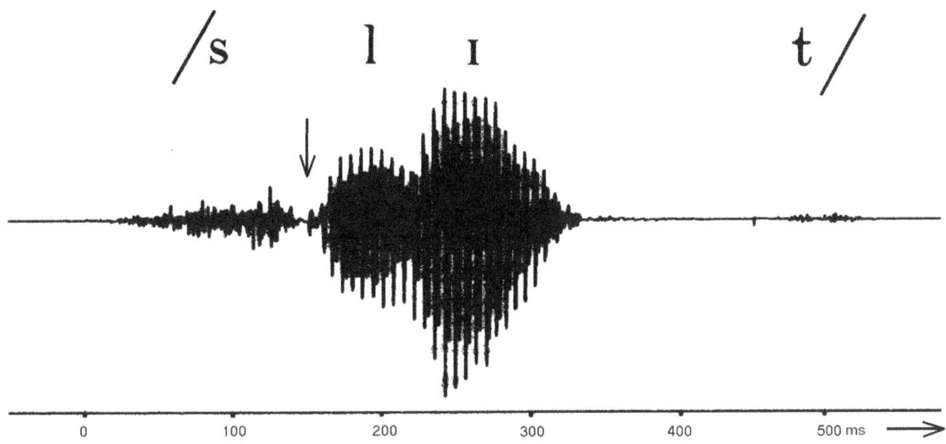

Abb. 2.2 An der markierten Stelle ist eine Pause eingeführt, die dann als /p/ wahrgenommen wird

2.1.1 Mechanismus der Spracherzeugung

Es ist einleuchtend, dass man deshalb nicht einfach eine „phonetische Schreibmaschine" bauen kann, die jeden Laut, ohne dabei auf den Zusammenhang zu sehen, umsetzt.

Nun soll der Mechanismus der Spracherzeugung behandelt werden. Abb. 2.3 zeigt ein Schema der Spracherzeugungsorgane. Bei normaler Sprache strömt die Luft aus der Lunge mit stimmhafter oder stimmloser Anregung durch eine Anzahl von Verengungen des Vokaltraktes. Es sollen die im Vokaltrakt wirkenden Resonatoren betrachtet werden, die das Spektrum der Anregung umformen, bevor es von den Lippen als Klang abgestrahlt wird.

Beim Sprechen sind die beteiligten Organe in schneller und nahezu ständiger Bewegung: Die erzeugten Laute weisen oft einen flüchtigen Charakter auf. Die Sprachwahrnehmung muss auch diese in einen gleichmäßigen Strom mit einbeziehen.

Der menschliche Vokaltrakt kann zwei große Klassen der Laute erzeugen: Vokale und Konsonanten.

Vokale werden in einem relativ offenen Vokaltrakt, ohne dass ein hörbares Hindernis den Luftstrom stört, erzeugt. Konsonanten entstehen in einem relativ geschlossenen Vokaltrakt, der den Luftstrom hörbar stört. Der Luftstrom kann sogar vorübergehend unterbrochen sein, wie bei den Verschlusslauten /b/, /p/, /t/, /k/ oder es tritt eine ausreichende Verengung für einen turbulenten Luftstrom wie bei den Reibelauten /f/, /s/ auf. Die Verengung kann auch nur zu einer kleineren Amplitude mit einer im Vergleich zu den Vokalen veränderten Charakteristik wie bei /r/, /l/ und /w/ führen.

Man kann die Vielfalt der Laute, die der menschliche Vokaltrakt erzeugen kann, besser verstehen, wenn man sich den Beitrag der verschiedenen Elemente des Vokaltraktes vom Kehlkopf bis zu den Lippen genauer betrachtet.

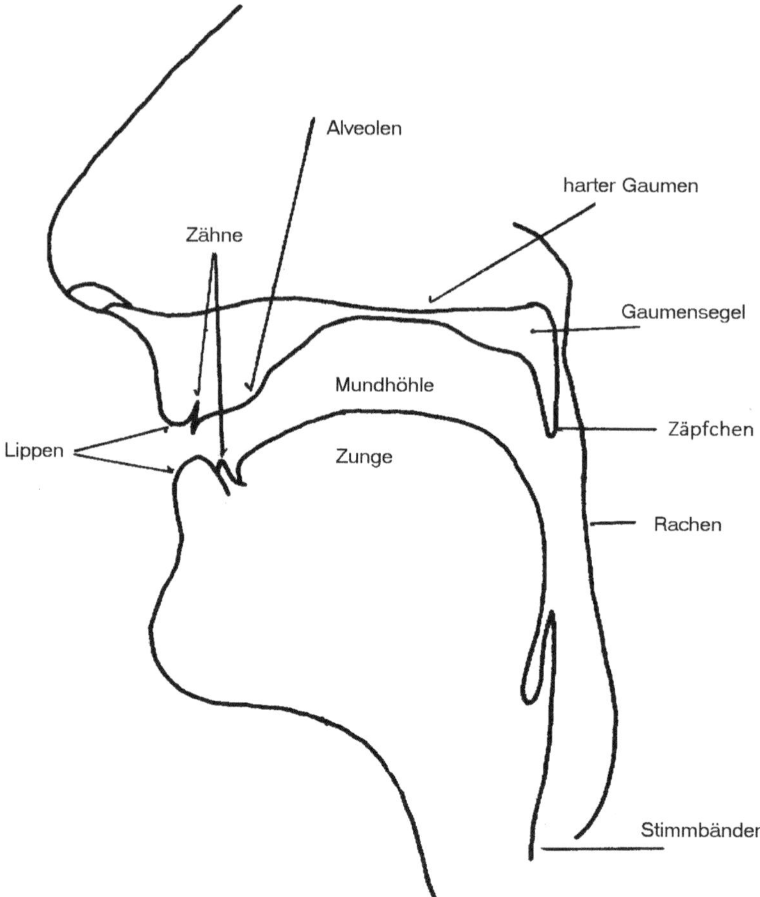

Abb. 2.3 Mechanismus der Spracherzeugung

2.1.2 Stimmbänder für stimmhafte und stimmlose Laute

Das erste Hindernis, das sich dem Luftstrom der Lungen entgegenstellt, sind die Stimmbänder, also kleine Muskelfalten im Kehlkopf. Sind sie dicht beieinander, die Luft regt sie zum Schwingen an, und man hört einen stimmhaften Laut. Die Frequenz der Schwingung hängt von der Spannung des Muskels ab und liegt im Allgemeinen zwischen 60 Hz und 400 Hz, mit einem Mittelwert von 100 Hz für männliche bzw. 180 Hz für weibliche Sprecher.

Liegen die Stimmbänder etwas weiter auseinander, dann entstehen Turbulenzen und keine periodischen Schwingungen. Man hört einen stimmlosen Laut.

Vergleicht man die Bildung der Laute „sss“ und „zzz“ oder „fff“ und „www“ im Wechsel: Der einzige Unterschied ist die Spannung der Stimmbänder und die stimmhafte Anregung des gebildeten Lautes. In geflüsterter Sprache sind die Stimmbänder entspannt, sodass alle Laute stimmlos gebildet werden.

Die Rachenhöhle ist der Hohlraum oberhalb des Hohlkopfes einschließlich einer kleinen Klappe, die, mit Ausnahme bei der Bildung von Kehllauten, immer geöffnet ist.

Das Zäpfchen ist der Ausläufer des weichen Teils des Gaumensegels. Wenn es gegen den Rücken der Kehle liegt, kann die Luft nur durch die Mundhöhle strömen. Bei gesenktem Gaumensegel kann die Luft auch durch die Nasenhöhle strömen und bildet nasale Konsonanten /m/ und /n/ und nasale Vokale.

Das Gaumensegel ist am Gaumen befestigt, der das Dach der Mundhöhle bildet. Der Übergang zwischen Gaumen und dem Gebiss wird als Zahndamm (Alveolen) bezeichnet.

Das erste Hindernis, das sich dem Luftstrom der Lungen entgegenstellt, sind die Stimmbänder und es handelt sich um kleine Muskelfalten im Kehlkopf. Sind sie dicht beieinander, dann regt die Luft sie zum Schwingen an, und man hört einen stimmhaften Laut.

Die Sprache wird im Wesentlichen durch die Zunge und die Lippen artikuliert. Starke Muskeln, die die Lippen umgeben, sind die Muskeln der Zunge und die Kiefermuskeln können die Stellung dieser Artikulatoren im Verhältnis zu den übrigen Elementen des Vokaltraktes schnell ändern. Ihre Rückwirkung auf den Luftstrom und die Resonanzen des Vokaltraktes bestimmen die Art und den Charakter des Klangbildes.

An den Verengungsstellen können verschiedene Formen der Artikulation vorgenommen werden und diese bestimmen die Artikulationsart. In der deutschen Sprache unterscheidet man:

- Verschlusslaute: Sie entstehen durch den vollständigen Verschluss des Vokaltraktes. Wenn das Gaumensegel gesenkt ist, entweicht die Luft durch den Nasenraum, wie bei den Nasalen /m/, /η/ und /n/. Ist der Nasenraum geschlossen, baut sich ein Druck auf, bis der Verschlusslaut freigegeben wird. Daraus ergibt sich eine Energiespitze mit der Charakteristik eines Verschlusslautes, wie bei den Plosiven /p/, /b/, /t/, /d/, /k/, /g/.
- Reiblaute: Eine Verengung an irgendeinem Punkt des Vokaltraktes führt zu einer Turbulenz im Luftstrom, wie in /f/, /s/, /z/.
- Affrikaten: Diese entstehen aus einem gleitenden Übergang zwischen einem Verschlusslaut und einem Reibelaut, wie in dem /ts/ des Wortes „Katze“.
- Seitenlaute: Die Luft entweicht auf einer oder auf beiden Seiten der Zunge, wie beim /l/.
- Schwinglaute und geschlagene Laute: Bei den schwingenden Varianten des „r“, /r/ und /R/ schwingt die Zunge gegen den entsprechenden Resonator. Bei der geschlagenen Version macht sie nur einen einzigen Schlag.
- Approximanten: Die Artikulatoren nähern sich einander, aber nicht ausreichend genug, um eine Turbulenz im Luftstrom zu erzeugen. Diese Laute werden auch als „Semivokale“ bezeichnet, da sie in ihrer Artikulation zwischen den Konsonanten und den Vokalen stehen.

Vokale werden, im Gegensatz zu den Konsonanten, mit einem relativ ungehinderten Luftstrom gebildet. Die Tönung des Vokals wird wie bei den Konsonanten durch die

Position des Artikulators – der Zunge, der Lippen, des Unterkiefers und des Kehlkopfes – bestimmt. Die verschiedenen Orte der Artikulatoren können folgendermaßen unterschieden werden:

- Zungenhöhe oder Öffnung des Vokaltraktes: Die Begriffe hoch, mittel und tief beziehen sich auf die relative Höhe der Zunge an der engsten Stelle. Entsprechend beschreiben die Begriffe geschlossen, halb offen und offen die Öffnung des Vokaltraktes. Der Vokaltrakt ist am weitesten geöffnet, wenn die Zunge am niedrigsten ist.
- Lage der Zunge: Vorne, Mitte oder hinten beschreiben die Stelle der größten Verengung im Vokaltrakt. Die Zunge kann annähernd zwei Stellungen für verschiedene Vokale annehmen, vorne-hinten und geschlossen-offen.
- Rundung der Lippen: Die Rundung der Lippen beeinflusst die wirksame Länge des Vokaltraktes. Im gleichen Sinn wirkt auch das Heben und Senken des Kehlkopfes. Entsprechend wird zwischen ungerundeten und gerundeten Vokalen unterschieden.
- Länge der Vokale: Vokale unterscheiden sich auch in ihrer Länge. Neben der unterschiedlichen Öffnung des Vokaltraktes unterscheiden sich die folgenden Vokalpaare auch in ihrer Dauer: /i/ und /I/ („Kiel“ und „Mitte“), /e/ und /ɛ/ („wegen“ und „Mette“) und /a/ und /ɑ/ („Wagen“ und „schlaff“). In der deutschen Sprache wird die Vokallänge nicht allein durch ihre physikalische Dauer, sondern auch durch spektrale Änderungen bestimmt.

Außerdem können auch Gleitbewegungen von Zunge und Lippen und auch die Ankopplung des Nasenraums durch Senken des Gaumensegels den Charakter des Vokals beeinflussen. Diphthonge (Gleitlaute) sind stimmhafte Laute mit einem gleichmäßigen Übergang von einem Vokal zu einem andern.

Die deutsche Sprache kennt die Diphthonge /ao/ („Tau“), /ae/ („Teig“) und /oo/ („Heu“).

Nasale Vokale entstehen oft unmittelbar vor einem nasalen Konsonanten, wie bei den Lauten /ɛ̃/ („Teint“), /ã/ („Restaurant“) und /œ/ („Verdun“).

2.1.3 Frequenzanalyse

Die verschiedenen Formen der Artikulation verändern die Resonanzen im Rachenraum und in der Mundhöhle und die mehr oder minder starke Ankopplung der Nasenhöhlenresonanz. Wird ein Sprachsignal mit einem Frequenz-Zeit-Spektrogramm dargestellt, dann werden diese Resonanzen deutlich sichtbar. Abb. 2.4 zeigt als Beispiel ein derartiges Spektrogramm für einen kurzen Ausspruch.

Die Amplitude der verschiedenen Frequenzanteile wird durch eine unterschiedliche Schwärzung dargestellt.

- Formanten: Augenfällig in diesem Diagramm sind einige diskrete Energiebänder. Sie lassen sich den wesentlichen Resonanzen des Vokaltraktes, den Formanten, zuordnen.

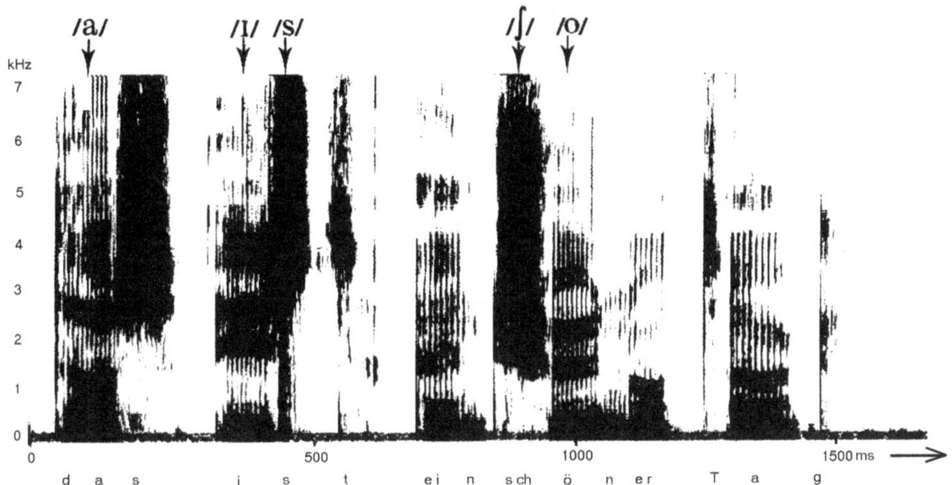

Abb. 2.4 Frequenz-Zeit-Spektrogramm für „das ist ein schöner Tag"

Ein vollständiges und deutliches Muster für die einzelnen Formanten bildet sich nur bei Lauten aus, die alle Resonanzen des Vokaltraktes anregen.

Wenn die Lautanregung im Wesentlichen durch eine Verengung im vorderen Abschnitt des Vokaltraktes gebildet wird, wie z. B. bei der Explosion eines Verschlusslautes oder bei stimmlosen Konsonanten, dann ist der Resonanzraum in diesem Teil des Vokaltraktes klein und deshalb die Resonanzfrequenz hoch.

Abb. 2.5 zeigt einige Frequenz-Amplituden-Diagramme für besonders gekennzeichnete Segmente aus Abb. 2.4 und die einzelnen Formanten sind markiert und nummeriert.

Jeder Formant lässt sich durch seine Resonanzfrequenz, seiner Amplitude und seine Bandbreite beschreiben. Im Allgemeinen reichen drei bis fünf Formanten aus, um die Sprache ausreichend zu beschreiben, die unteren zwei oder drei charakterisieren den Laut selber, während die übrigen Resonanzen zusätzlich seine Beschreibung verbessern und bei der Synthese des Lautes aus seinen Formanten die Natürlichkeit der Sprache verbessern.

Sprache wird durch schnelle Bewegungen zwischen den einzelnen für den jeweiligen Laut typischen artikulatorischen Positionen erzeugt. Abb. 2.6 zeigt Spektrogramme der Lautäußerungen „ba" und „da". Man sieht, dass zwar der Vokal durch die gleichen Formanteinstellungen charakterisiert wird, dass aber andererseits die Veränderungen der Formanten zu ihrem Endwert zu verschiedenen Formant-Trajektorien führen, da die einleitenden Konsonanten mit verschiedenen Vokaltraktstellungen beginnen.

Im Falle von „ba" ist dies ein großer Hohlraum während und unmittelbar nach dem Verschluss, sodass tiefere Formantfrequenzen entstehen, im Anschluss steigt der zweite Formant an. Im Fall des „da" dagegen findet der Verschluss weiter hinten im Mund statt

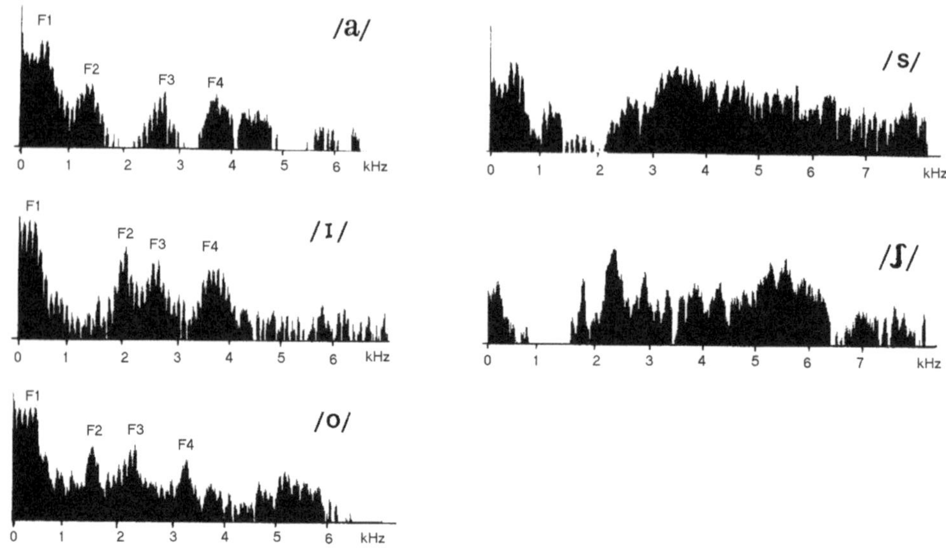

Abb. 2.5 Frequenz-Amplituden-Diagramme der markierten Zeitpunkte aus Abb. 2.4

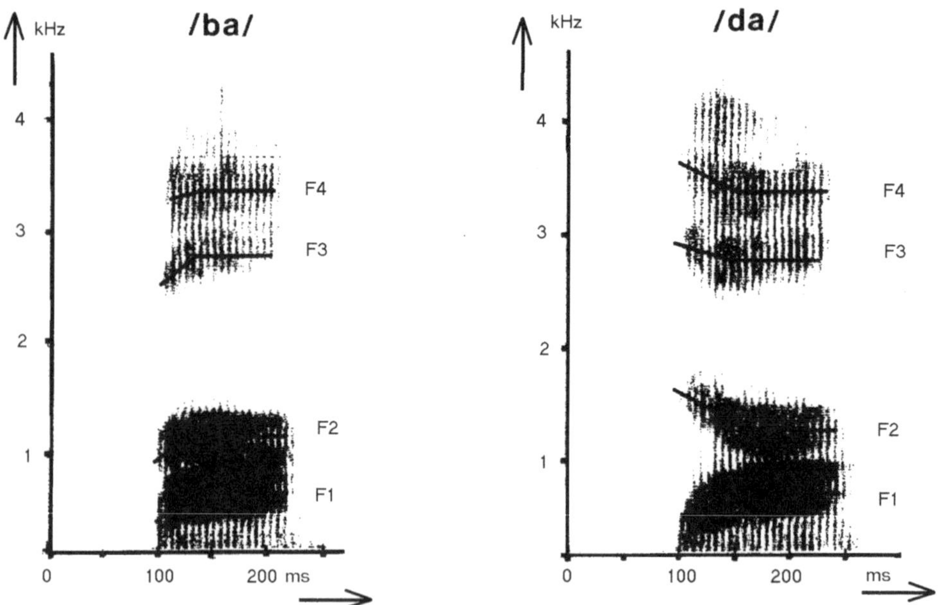

Abb. 2.6 Spektogramme für „ba" und „da" mit den ansteigenden und abfallenden Formant-Trajektorien von den beiden verschiedenen Konsonanten zu dem gleichen Vokal

und wegen des entsprechend kleineren Hohlraums mit einer höheren Resonanzfrequenz fällt der zweite Formant zu seinem endgültigen Wert für den Vokal ab.

Es könnte der Eindruck entstehen, als tritt ein Unterschied zwischen /b/ und /d/ generell in einer ansteigenden Spracherzeugung und Wahrnehmung als Kommunikation oder in einem abfallenden zweiten Formanten nieder. In den Spektrogrammen für „di" und „du" in Abb. 2.7 kann man sehen, dass dies nicht der Fall ist. Hier ist der einleitende Konsonant in beiden Fällen der gleiche.

Wie im vorigen Beispiel steigt F2 bei „di" wieder an. Für „du" fällt F2 allerdings zu seinem tiefen Wert für den Vokal /u/ ab. Tatsächlich stellt man fest, dass der Plosivlaut /d/ selbst durch einen Eingangswert für F2 von 1900 Hz gekennzeichnet ist, der F2-Resonanz des Vokaltraktes für diesen Sprecher bei vollständigem Verschluss mit der Zunge gegen den Zahndamm. Da an diesem Punkt keine Luft vorbeiströmen kann, entsteht auch kein Laut, bis die Zunge sich aus dieser Position in Richtung auf den gewünschten Vokal gelöst hat. Deshalb weisen die F2-Trajektorien in Abb. 2.7 nur zurück in Richtung auf diesen Eingangswert von 1900 Hz, wie man anhand der gepunkteten Linie sieht.

Es gibt über solche Formantenverschiebungen noch weitere Hinweise auf die Eigenschaften von Stoppkonsonanten, die auch in Abb. 2.7 zu erkennen sind. Das Abfallen des im Vokaltrakt aufgebauten Drucks führt zu einer Energiespitze, deren Frequenzcharakteristik einen Hinweis auf den Ort des Verschlusses gibt. Die Zeitspanne zwischen diesem Druckimpuls und dem Auftreten einer periodischen Anregung im Sprachsignal ist ein entscheidender Faktor, wenn man bestimmen will, ob ein Plosivlaut als stimmhaft oder stimmlos empfunden wird. Auf die Explosion eines stimmlosen Plosivlautes folgt eine Zeitspanne von etwa 50 ms, in der relative Ruhe herrscht, bevor die Stimmritze

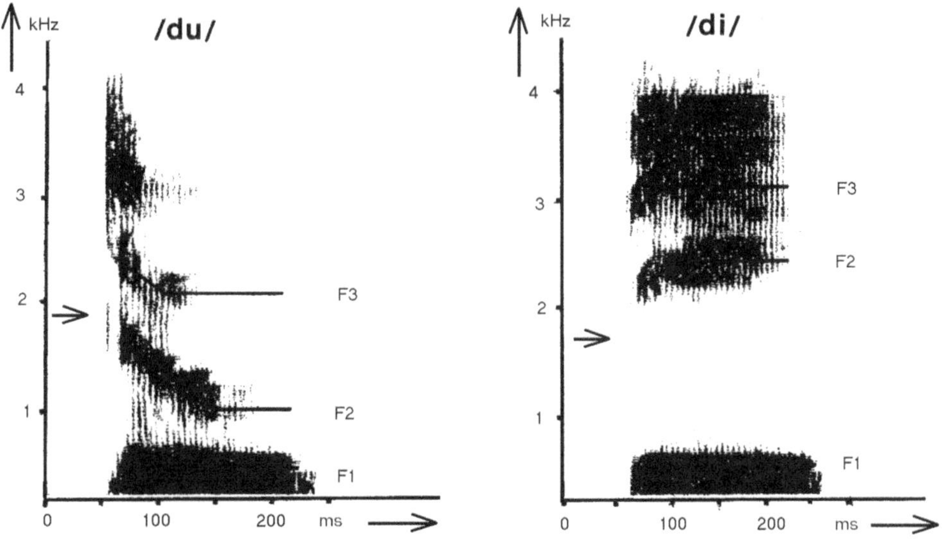

Abb. 2.7 Der Konsonant /d/ kann durch einen ansteigenden oder abfallenden Formantverlauf gekennzeichnet sein, je nachdem welcher Vokal folgt

zu schwingen beginnt, während stimmhafte Plosivspitzen unmittelbar danach oder sogar davor eine Stimmbandaktivität aufweisen. Obwohl Formanten zur Synthese einigermaßen verständlicher und natürlicher Sprache verwendet werden können, kann das Spektrum tatsächlicher Sprache durch solch eine kleine Anzahl diskreter Maxima nur näherungsweise beschrieben werden. Die Bestimmung und Kennzeichnung der Formantwerte wird am zuverlässigsten anhand einer Betrachtung von Spektrogrammen und bei voller Kenntnis der dargestellten Wörter und Laute durchgeführt. Die perzeptive Eignung der entsprechenden Werte kann durch eine Resynthese der Sprache anhand dieser Parameter überprüft werden.

2.1.4 Lautübergänge und phonetische Lauteinheiten

Zunächst mag die Erkennung von Vokalen etwas einfacher als die von Konsonanten erscheinen, denn ihre Formantstruktur ist einerseits klarer und andererseits weniger durch einen Übergang gekennzeichnet.

Abb. 2.8 zeigt die Werte von F1 und F2 für isoliert gesprochene englische Vokale. Zwischen diesen Formantwerten und dem im artikulatorischen Vokaldiagramm herrscht eine gute Übereinstimmung – man muss lediglich die Achsen invertieren, um nahezu das gleiche Diagramm wie bei dem artikulatorischen Vokal-Viereck zu erhalten. Abb. 2.8 wird allerdings durch verschiedene Phänomene verändert, welche als Folge der effizienten Codierung und der schnellen Informationsübertragung in zusammenhängender Sprache auftreten. Während normaler, schneller Sprache gestattet es die physikalische Trägheit der Artikulatoren nämlich nicht, dass solche idealisierten artikulatorischen Positionen erreicht werden. Stattdessen überlappen sich die Artikulationen

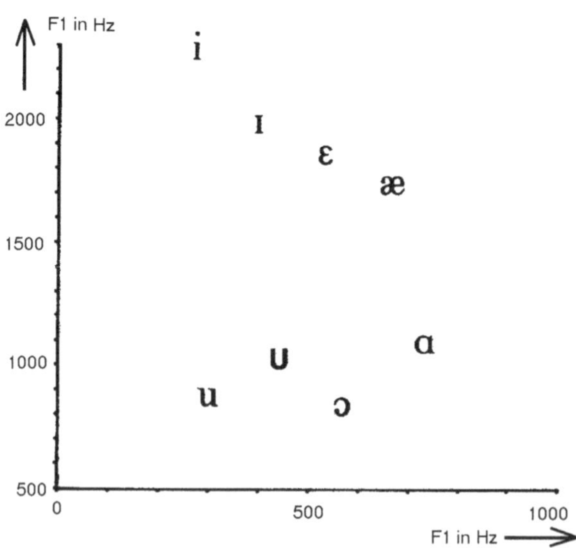

Abb. 2.8 Formantfrequenzen von F1 und F2 für Vokale im Englischen

aufeinanderfolgender Laute zeitlich, und diese Positionen werden nur näherungsweise realisiert. Diese gegenseitige Beeinflussung aufeinanderfolgender Laute wird als Koartikulation bezeichnet. Abb. 2.9 zeigt dies in einer schematischen Darstellung.

Das linke Diagramm zeigt die Formant-Trajektorien für eine langsame Sprechweise, während das rechte Diagramm zeigt, wie eine tatsächliche Realisierung aussehen könnte. Die Formant-Einstellungen für den Vokal werden nie erreicht, und der Vokal wird in seiner Qualität eher reduziert, wobei unterschiedliche Vokale einander akustisch ähnlicher werden. Dieses Phänomen wird als Vokalreduktion bezeichnet.

Koartikulation und Vokalreduktion weisen einen dramatischen Effekt im Hinblick auf die Beziehung zwischen der artikulatorischen Beschreibung und den akustischen Parametern der tatsächlich produzierten Laute auf.

Der menschliche Spracherzeugungsapparat kann sehr viel mehr unterscheidbare Laute erzeugen. Auch wenn man verschiedene, noch nicht erwähnte artikulatorische Stellungen nicht einbezieht, gibt es Artikulationskombinationen, die zu Lauten führen, die im Deutschen nicht vorkommen. Diese Konsonanten und Vokale stellen die Phoneme der hochdeutschen Sprache dar und sind die kleinsten Einheiten, anhand derer zwischen Wörtern und anderen Lautfolgen unterschieden werden kann.

Als formale Definition gilt: „Wenn Phoneme für einheimische Sprecher verständliche Einheiten der Muttersprache sind", so werden sie doch nicht isoliert als verständliche Einheiten erfahren. Sie treten normalerweise als Elemente von Wörtern oder Sätzen auf. Phoneme sind verständliche Einheiten in dem Sinne, dass der Einheimische solche Wörter als verschieden erkennen kann, die sich in einem der Phonembestandteile unterscheiden. So sind /b/ und /d/ verschiedene Phoneme, weil „Bank" und „Dank" als unterschiedliche Wörter verstanden werden, ebenso /ɑ/ und /ɛ/, die Laute, die zur Unterscheidung von „danken" und „denken" führen.

Das /k/ in „ki" ist deutlich anders als in „ku", der Verschluss für das erstere wird viel weiter vorn im Mund hergestellt. Da diese beiden Formen des /k/ jedoch im Deutschen nicht zur Unterscheidung zwischen Wörtern dienen, sind sie als ein und dasselbe

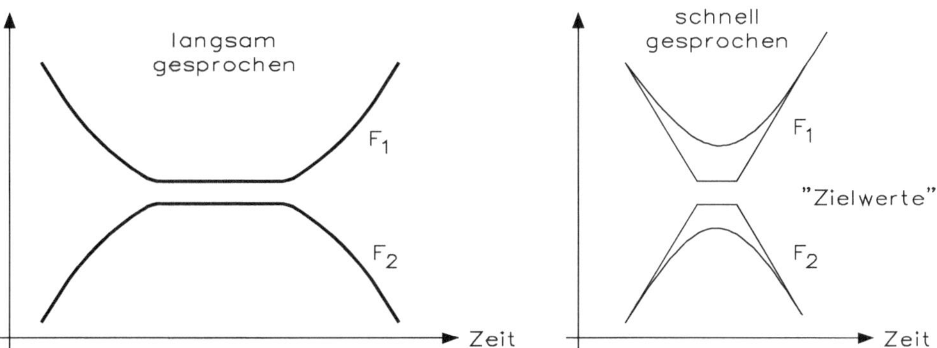

Abb. 2.9 Bei schneller Sprechweise erreichen die Artikulatoren nicht immer die Zielposition eines Lautes, wie sie bei langsamer Sprechweise eingenommen wird

Phonem anzusehen. Im Gegensatz dazu sind sie im Arabischen verschiedene Phoneme, denn dort gibt es Wörter, die sich nur dadurch unterscheiden, dass sie entweder das eine oder das andere /k/ enthalten.

Die Schreibweise /…/ wird allgemein verwendet, um darauf hinzuweisen, dass es sich bei der Folge von Symbolen um eine Phonem-Transkription handelt. Eine Phonem-Transkription erfordert eine Kenntnis der Sprache, damit der Klang jedes Symbols richtig interpretiert wird. Sie steht damit im Gegensatz zu einer genauen phonetischen Transkription, die mithilfe von detaillierteren und komplexeren Symbolen alle Laute durch die allgemeinen artikulatorischen Möglichkeiten des menschlichen Vokaltraktes beschreibt. Diese komplexeren Symbole werden üblicherweise in eckige Klammern eingeschlossen.

Der Leser wird bemerken, dass die Beziehung zwischen Phonemen und dem akustischen Signal nicht einfach zu treffen ist. So können je nach dem lokalen Zusammenhang verschiedene Allophone, alternative Formen eines gegebenen Phonems, erzeugt werden, und der tatsächlich erzeugte Laut entsteht noch als Ergebnis der Koartikulation zwischen benachbarten Phonemen.

Die akustischen Parameter, welche die phonemische Kennzeichnung eines Lautes beeinflussen, sind Gegenstand vieler Untersuchungen in der Sprachforschung gewesen. In diesen Experimenten wurde meistens ein Lautpaar betrachtet, das sich nur in einer artikulatorischen Dimension unterschied, wie etwa in der Stimmhaftigkeit (z. B. /d/ – /t/), dem Ort der Artikulation (z. B. /b/ – /d/) oder der Vokalposition (z. B. /ɑ/ – /a/). Dabei wurde einer der entsprechenden akustischen Einflussgrößen dieser artikulatorischen Dimension schrittweise von einem deutlichen Beispiel für den einen Laut bis hin zu einem deutlichen Beispiel des anderen verändert. Üblicherweise werden diese Veränderungen realisiert, indem man mithilfe eines Sprachsynthetisators eine angenäherte Darstellung der Formantparameter normaler Sprache simuliert und modifiziert. Frühere Entwicklungen deuteten auf einen grundlegenden Unterschied zwischen der Hörempfindung von Konsonanten und Vokalen hin. Sie stellten ein abruptes „Umkippen" der Interpretation bei der Beurteilung von Veränderungen der akustischen Parameter für Konsonanten in synthetischer Sprache fest, während sich bei Vokalen eher ein allmählicher Übergang ergab wie Abb. 2.10 zeigt.

Seit 2000 ist jedoch die These vertreten worden, dass diese Effekte auf dem Lautübergangscharakter der Konsonantinformation – verglichen mit der länger andauernden Vokalinformation – beruhen. Diese Übergangsinformation klingt schnell im Gedächtnis ab und muss deshalb nahezu unmittelbar codiert werden, im Gegensatz zu der verhältnismäßig gleichförmigen Vokalinformation.

Auch wenn Effekte wie Koartikulation und Vokalreduktion die Sachlage verkomplizieren, so wird doch deutlich, dass es zwischen einer phonemischen Beschreibung und den artikulatorischen Bewegungsabläufen viel eher direkte Entsprechungen gibt, als zu dem akustischen Signal gefunden werden können. Zusammen mit einer Betonung der Forschung auf dem Gebiet der Phonemwahrnehmung gegenüber der Wortwahrnehmung hat diese Beobachtung zu der Schlussfolgerung veranlasst, dass ein Zuhörer Sprache

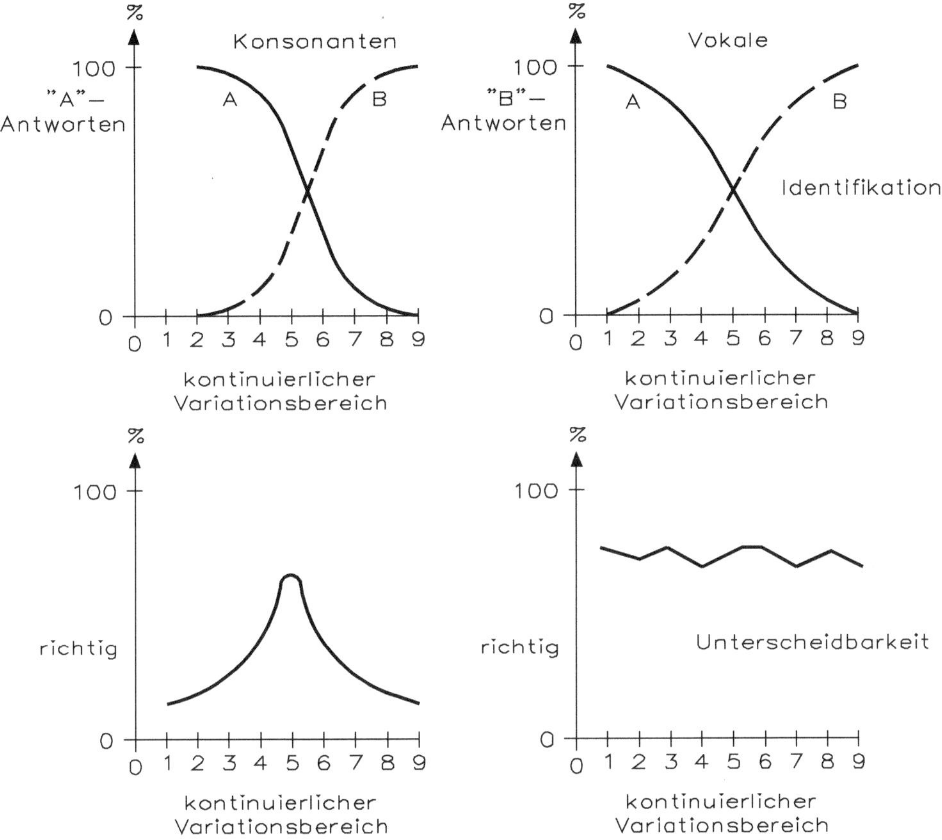

Abb. 2.10 Identifikations- und Unterscheidungsleistung für Folgen von synthetisierten Lauten, die zwischen zwei Konsonanten oder Vokalen (hier mit „A" und „B" bezeichnet) variieren. Die Unterscheidbarkeit zwischen benachbarten Konsonantenpaaren zeigt ein ausgeprägtes Maximum bei der „Grenze" zwischen der Identifikation als „A" oder „B". Für die Unterscheidbarkeit von Vokalen kann ein solches Maximum nicht festgestellt werden

verstehe, indem er die artikulatorischen Bewegungsabläufe des Sprechers nachvollzieht. Aus seinen eingeprägten artikulatorischen Bewegungsabläufen, die nicht unbedingt zur tatsächlichen Artikulation führen müssen, erkennt er, welche Laute er selbst erzeugt haben würde, und damit wisse er, was der Sprecher gesagt hat.

Über diese Artikulations-Theorie (motor theory) ist viel diskutiert worden, aber am Ende ist die grundlegende Motivation für ihre Formulierung auch ein guter Grund, sie abzulehnen – denn wie kann der Zuhörer die Artikulation des Sprechers aus der akustischen Information heraus nachvollziehen, wenn der Zusammenhang zwischen dem akustischen Signal und der Artikulation tatsächlich so komplex ist? Wenn er hierzu in der Lage ist, dann hat er wahrscheinlich schon genügend Information zur Erkennung des Gesagten, ohne zu einem solchen Hilfsmittel zu greifen. Hiermit soll selbstverständlich nicht die enge Beziehung zwischen Spracherzeugung und -erkennung beachtet werden. Normalerweise wächst unsere Fähigkeit zur Benutzung und zum Verstehen der Sprache dadurch, dass man sowohl sprechen als auch zuhören kann, und man gewinnt die Fähigkeit aus der Koordination dieser beiden Aktivitäten.

Viele der Experimente zur Sprachwahrnehmung sind auf die Wahrnehmung von Phonemen ausgerichtet worden. In jüngerer Zeit ist allerdings die Rolle der Phoneme bei der Sprachwahrnehmung umstritten geworden. Zweifellos sind sie ein Hilfsmittel für den geübten Phonetiker bei der Beschreibung der einzelnen Laute eines Wortes. Auch zur Auswertung der Typen von Lauten, die man überzeugt und in der Sprache zu benutzen imstande sind, sind sie sehr wertvoll. Allerdings gibt es immer mehr Anzeichen, die darauf hindeuten, dass sie weder notwendigerweise wahrgenommen werden, noch dass sie während der normalen Sprachwahrnehmung im menschlichen Zuhörer als solche dargestellt werden. In frühen Entwicklungsphasen zur automatischen Spracherkennung wurde fast immer versucht einen Phonem-Erkenner aufzubauen mit verschiedenen Stufen und man hatte einen begrenzten Erfolg erreicht. In jüngerer Zeit haben einige Forscher mit beachtlichem Erfolg Systeme untersucht, die eine direkte Beziehung zwischen dem akustischen Signal (oder einer bestimmten direkten parametrischen Beschreibung davon, wie etwa dem Leistungsdichtespektrum) und dem gesprochenen Wort herstellen, anstatt eine dazwischenliegende Stufe in Form einer Beschreibung durch Phoneme zu verwenden. Es ist vielleicht ratsam, den letzten Teil der Definition nochmals zu lesen, bevor man versucht, notwendigerweise Phonem-Erkenner als untergeordnete Einheiten im Prozess der Erkennung gesprochener Wörter zu bauen.

2.1.5 Diphone und Morpheme

Die kleinste Einheit mit einer relativ direkten Beziehung zum akustischen Signal ist das Diphon oder die Dyade. Sie ist einfach ein Paar von Phonemen, von der Mitte des einen zur Mitte des folgenden. Da die akustischen Veränderungen eines Phonems hauptsächlich auf die Koartikulation am Übergang zwischen benachbarten Phonemen zurückzuführen sind, ist die entsprechende akustische Repräsentation eines Diphons besser definiert als diejenige eines Phonems selbst.

Solch eine akustische Invarianz wird durch eine Erweiterung der Liste von etwa 40 Phonemen auf ungefähr 1000 solcher Diphone erkauft – nicht alle möglichen Phonemkombinationen und ihre Allophone kommen vor –, aber die Verwendung von Diphonelementen bei der Synthese und der Erkennung von Sprache mag sich als nützlich erweisen, insbesondere in Anbetracht der schnell sinkenden Kosten und ansteigenden Geschwindigkeit von Mikroprozessoren und Speicherbausteinen.

Die Silbe ist ein weiterer Baustein eines Wortes, wobei ein Wort aus einer oder mehreren Silben besteht. Ihre Grenzen sind naturgemäß oft Punkte mit geringer akustischer Energie und deshalb im akustischen Signal schlecht definiert. Eine oder mehrere Silben in einem gegebenen Wort werden betont, und dies führt zu einer klareren Artikulation seiner Lautbestandteile. Ein Wort in einem gegebenen Satz kann auch betont werden, um seine Bedeutung hervorzuheben, wodurch die Klarheit der Artikulation des gesamten Wortes, insbesondere aber der betonten Silbe, verbessert wird. Normalerweise besteht eine Silbe aus einem Vokal oder Diphthong und einem oder mehreren Konsonanten. Allerdings können auch die Konsonanten /m/, /n/, /ŋ/, /l/, /r/ als Silben gesprochen werden, wie z. B. in „Sieben". Diese Silbifizierung wird in der phonetischen Lautschrift durch eine kleine Betonung unter dem Konsonanten gekennzeichnet: /zi:bn̩/.

Die Verwendung von Silben für eine automatische Spracherkennung ist problematisch angesichts des großen Vorrats einer Sprache an diesen Einheiten. Eine weitere Aufspaltung in Halbsilben kann durch Teilung der Silben an den Energiemaxima der vokalischen Silbenkerne erfolgen. Trennt man dann den stationären vokalischen Teil der Halbsilben ab, verbleiben im Deutschen etwa 50 Konsonantengruppen für den Silbenanfang und etwa 150 für das Silbenende. Diese Einheiten werden bereits erfolgreich für die Spracherkennung verwendet.

Die Morpheme sind die kleinsten bedeutungstragenden Einheiten, in die ein Wort zerlegt werden kann. Als solche könnten sie wichtige Elemente in einem System zur Sprachinterpretation sein. Ein Wort kann aus einem einzelnen Morphem bestehen, wie beispielsweise „Hund", oder es kann aus einem oder mehreren Wurzel-Morphemen aufgebaut sein, die durch grammatische Präfixe und Suffixe modifiziert sein können. Solch eine Kombination kann in einer einfachen Beziehung zu der ursprünglichen Wurzelform stehen, wie in „klein" – „kleiner" oder „nehm" – „genehmigen", oder es treten gewisse Veränderungen in Betonung und Aussprache auf, wie in „Mechanik" → „Mechanismus" oder „groß" → „größer". In anderen Fällen kann die neue Form sehr unregelmäßig sein, etwa in „sein" → „war". Solche Beziehungen in Sprachsynthese- und -erkennungssystemen sind realisiert worden und man sollte doch ein Gefühl für die Beziehungen zwischen diesen Einheiten bewahren, die man als menschliche Sprecher und Zuhörer erfährt.

Ebenso wie jedes Wort mehr ist als eine Folge von Sprachlauten, die hintereinander auftreten, so ist fließende Sprache mehr als eine Folge von aneinandergehängten Wörtern. Die Koartikulationseffekte, die zwischen einzelnen artikulatorischen Stellungen innerhalb eines Wortes auftreten, treten ebenso zwischen aufeinanderfolgenden Wörtern auf. Der Laut, mit dem ein Wort beginnt, wird von dem Laut am Ende des vorangegangenen Wortes beeinflusst und umgekehrt. Zusätzlich zu diesen lokalen Effekten an den Wortgrenzen sind die zeitliche Abfolge und die Melodie einzelner Wörter Teil eines prosodischen Musters für die gesamte Sprachäußerung.

Versuche, Sprachäußerungen durch einfaches Aneinanderfügen von gespeicherten Wellenformen isoliert oder in anderem Zusammenhang gesprochener Wörter zu erzeugen, zeigen, was passiert, wenn ein solches korrektes Prosodiemuster fehlt. Die entstehende Sprache wird als unregelmäßig und unzusammenhängend empfunden.

Schlimmstenfalls scheinen die Laute noch nicht einmal als eine Sprachäußerung zusammenzugehören und die vollständige Folge kann weniger verständlich sein als die einzelnen, isoliert gesprochenen Wörter. Dies steht im Gegensatz zu normaler zusammenhängender Sprache, bei der Wörter, die in einer sinnvollen Folge gesprochen werden, sehr viel leichter erkannt werden, als wenn sie aus diesem Satzzusammenhang genommen und isoliert angeboten werden.

Hier wirken dann viele Faktoren zusammen. Zunächst betrachtet man den Wortzusammenhang, den man als Bedeutung eines Wortes und seine Beziehung zu benachbarten Wörtern definiert. Dieser Wortzusammenhang hat Einfluss auf die Wahrscheinlichkeit, dass das Wort richtig verstanden wird. So wird beispielsweise das Wort „Baum" viel einfacher in einem Satz wie „Äpfel wachsen an einem Baum" verstanden werden als in einem Satz wie „der Junge sah einen Baum".

Experimente aus Zeit haben gezeigt, dass die Einflüsse von Grammatik und Bedeutung (Semantik) schon innerhalb von wenigen hundert Millisekunden nach dem Wortanfang wirksam werden. Dies liegt deutlich vor dem Ende der meisten Wörter, denn die mittlere Wortdauer beträgt etwa 300 bis 500 ms. Deshalb kann der Vorgang des Sprachverstehens offenbar nicht in eine stufenweise Erkennung immer größerer Einheiten zerlegt werden. Stattdessen hängt die Erkennung der Laute innerhalb eines Wortes von möglichen sinnvollen Alternativen für dieses Wort im Satzzusammenhang ab.

Allerdings sind sowohl der Satz als auch seine Wortbestandteile schwer zu verstehen, wenn die Laute jedes einzelnen Wortes nicht eine geschlossene Einheit mit ihren Nachbarwörtern bilden, auch wenn die Wörter einen sinnvollen Satz ergeben. Solch eine „geschlossene Einheit" ist gegeben durch die relative Sprechgeschwindigkeit jeder einzelnen Silbe, die Stimmbandgrundfrequenz und die Amplitude, mit der sie gesprochen wird. Sprache kann mit veränderlicher Sprechgeschwindigkeit erzeugt werden. Da jedoch bestimmte artikulatorische Bewegungen eher beschleunigt werden können als andere, führt eine Veränderung in der Sprechgeschwindigkeit zu nicht linearen Veränderungen in der Dauer der einzelnen Laute. Die Vokalreduktion, die bei schneller Sprechweise auftritt und Änderungen der Sprechweise entsprechen weder in zeitlicher noch in spektraler Hinsicht einer einfachen linearen Transformation des Sprachsignals. Ein einfacher Parameter für die Sprechgeschwindigkeit, ausgedrückt etwa als Silben pro Sekunde, mag zwar zur Untersuchung des übergeordneten Sprachrhythmus üblich sein, aber man muss jedoch auch die auftretenden feineren Änderungen der relativen Lautdauer berücksichtigen.

Eine Charakteristik normaler, fließender Sprache ist der Melodieverlauf, der die Worte verbindet und ganze Sätze und Redewendungen erfasst. Dieser Melodieverlauf besteht im Prinzip aus Veränderungen der Stimmbandgrundfrequenz des Sprechers und kann den Unterschied zwischen Aussage- und Fragesatz, Betonung bestimmter Wörter in der Äußerung und feine Veränderungen im Gemütszustand des Sprechers anzeigen. Es ist diese Satzmelodie, die bei Wörtern fehlt, die ursprünglich isoliert oder in anderem Zusammenhang gesprochen wurden, und sie ist es auch, die der Sprache viel von ihrer empfindungsmäßigen Klarheit gibt.

Der gesamte Verlauf einer Äußerung ist durch einen gleichmäßigen Abfall der Grundfrequenz gekennzeichnet. Diesem Abfall überlagern sich verschiedene ansteigende und abfallende Verläufe. Ein abschließender Anstieg, der auf einem hohen Wert der Stimmbandgrundfrequenz endet, wird oft verwendet, um eine Frage auszudrücken oder um dem Zuhörer mitzuteilen, dass der Sprecher mit seiner Rede noch nicht fertig ist. Innerhalb eines Satzes werden sowohl ansteigende als auch abfallende Verläufe zur Betonung von Worten und Silben verwendet. Um diese Funktion zu erfüllen, müssen sie zeitlich genau bezüglich der Vokaleinsätze abgestimmt sein.

2.1.6 Unterschiede zwischen Sprechern

Verschiedene Sprecher erzeugen physikalisch unterschiedliche Vokaltrakte. Selbst wenn sie mit dem gleichen regionalen Akzent und mit den gleichen persönlichen Eigentümlichkeiten sprechen, werden diese physikalischen Unterschiede die akustische Qualität der produzierten Sprache beeinflussen. Auch die Unterschiede zwischen der Sprache von Männern und Frauen oder Erwachsenen und Kindern beruhen nicht einfach nur auf unterschiedlichen Stimmbandgrundfrequenzen, sondern auch auf der unterschiedlichen Größe des Vokaltraktes. Die größeren Vokaltrakte von männlichen und erwachsenen Sprechern bilden größere Resonanz-Hohlräume und erzeugen entsprechend tiefere Formantfrequenzen.

Einige dieser Abweichungen können einfach auf Unterschiede in der Länge des Vokaltraktes zurückgeführt werden, ebenso wie die äußere Erscheinung von Menschen von ihrer Körpergröße bestimmt wird, aber in genau der gleichen Weise verbleiben nach einer solchen groben Normierung noch weitere Unterschiede.

Wie die Praxis zeigt, nutzt man die Fähigkeit, die Sprache schnell an die Vokaltraktlänge eines Sprechers anzupassen. Sie synthetisierten ein Wort mit Formantwerten, die zwischen „bit“ und „bet“ liegen. Dann präsentierten sie dieses Wort gegenüber Testpersonen zur Erkennung, wobei der kurze einleitende Satz: „Bitte sagen Sie, welches Wort dies ist“ vorangestellt wurde. Der einleitende Satz wurde synthetisiert, indem alle Formantwerte entweder angehoben oder verringert wurden, entsprechend einem bezüglich des Testwortes kürzeren oder längeren Vokaltraktes. Die Beurteilung des Wortes als „bit“ oder „bet“ wurde durch diese Manipulation der wahrgenommenen Vokaltraktlänge deutlich beeinflusst, und dies passierte sogar für die wesentlich kürzere einleitende Frage „Was ist dies“.

Andere Unterschiede zwischen den Stimmen verschiedener Sprecher sind schwieriger zu erfassen. Unterschiede in der Vokaltraktform und individuelle Unterschiede in der Aussprache können dazu führen, dass gleichartige artikulatorische Gebärden sehr verschiedene akustische Ergebnisse erzeugen.

2.2 Spracherzeugung und Wahrnehmung

Bis zu einem gewissen Grad sind die zur Spracherzeugung benötigten Elemente und der Umfang ihrer artikulatorischen Möglichkeiten schon behandelt worden. Abb. 2.11 zeigt die Hauptbestandteile der Sprechwerkzeuge. Durch entsprechende Nervensignale wird erreicht, dass Luft aus den Lungen nach oben gepresst wird. Der Luftstrom passiert die Stimmlippen (Glottis), die ihn auf vielfältige Art und Weise beeinflussen können, und schließlich wird abhängig davon, wo und wie sich Mund- und Nasenhöhle verengen, um einen bestimmten Laut zu erzeugen. Es sollen an dieser Stelle die spezifischen Eigenschaften der Laute außer Acht gelassen werden und uns darauf konzentrieren, wie sich die Spracherzeugung vollzieht und welche Wege es gibt, sie zu beschreiben, zu modellieren und zu simulieren.

Der Druck, mit dem die Luft von den Lungen nach oben gepresst wird, hat eine entscheidende Wirkung auf die Intensität (Lautstärke) des erzeugten Lautes, und dies kann dazu benutzt werden, bestimmte Stellen einer Äußerung zu betonen. Der Kehlkopf und die Muskelfalten der Stimmlippen haben, biologisch betrachtet, die Aufgabe, Nahrung daran zu hindern, in die Bronchialwege der Lunge zu gelangen. Man hat erkannt, das diese außerdem eine wichtige Funktion erfüllen, während des Sprechens verschiedene Arten der Lautanregung hervorzurufen, und die Anregung kann dabei entweder zufälliger Natur (Rauschen) oder periodischer Natur sein. Die spektralen Merkmale der Anregung werden dann durch die Resonanz- und Widerstandseigenschaften von Mund- und Nasenhöhle verändert, und als Endergebnis wird eine Druckwelle vom Mund abgestrahlt. Während ein Laut erzeugt wird, strömt Luft normalerweise aus der Lunge. Außerdem verändert sich der Kopplungsgrad zwischen den Hohlräumen oberhalb und unterhalb der Stimmlippen sowie auch zwischen den Bereichen vor und hinter jeder größeren Verengung innerhalb des Mundes. Die Lautanregung muss nicht notwendigerweise an den Stimmlippen erzeugt werden, sondern kann auch an den größeren Verengungen geschehen.

2.2.1 Lineare Filter für Spracherzeugung

Das Gesamtbild der Spracherzeugung, so wie es eben dargestellt wurde, ist sehr komplex, obwohl noch nicht einmal die zeitliche Koordination bei der Bewegung der einzelnen Sprechwerkzeuge (Artikulatoren) berücksichtigt wurde. Als wertvolle Hilfe hat sich eine vereinfachende Annahme, das Quelle-Filter-Modell, für Spracherzeugung erwiesen.

Die Spracherzeugung könnte durch eine Anzahl von unabhängigen Elementen hinreichend angenähert werden: Eine Anregungsquelle, ein akustisches Filter, das das Frequenzverhalten des Vokaltraktes wiedergibt, sowie die Abstrahlcharakteristik vom Mund in die Umgebung. Diese Komponenten des sogenannten Quelle-Filter-Modells (source-filter model) sind in Abb. 2.12 dargestellt. Die Quelle liefert eine Anregungsfunktion, die entweder periodisch ist oder aus einem Rauschsignal besteht, und sie enthält viele Spektral-

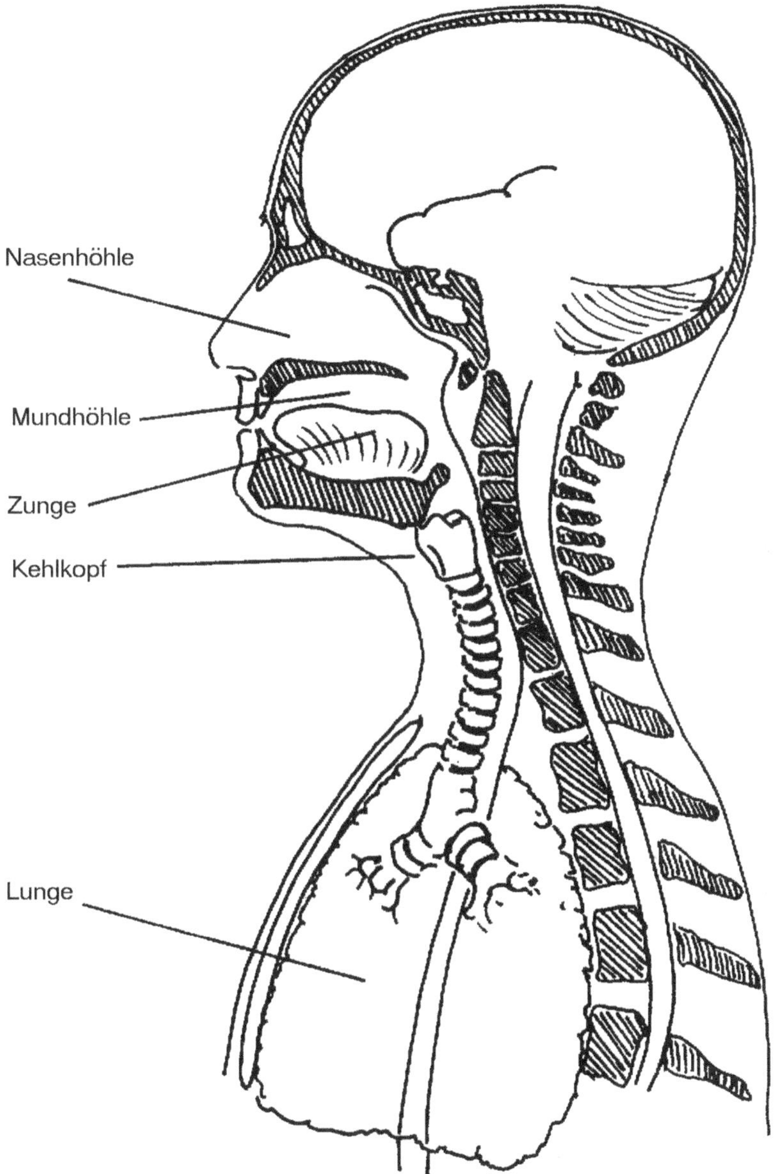

Abb. 2.11 Hauptbestandteile der Sprechwerkzeuge

komponenten, von denen angenommen wird, dass sie unabhängig von dem sich anschließenden Filter sind. Veränderungen in der Periode der Anregungsfunktion äußern sich als ein Wechsel der Stimmbandgrundfrequenz. Das Filter ändert sich mit der Stellung der Artikulatoren im Vokaltrakt. Die verschiedenen Filterdurchlasskurven charakterisieren

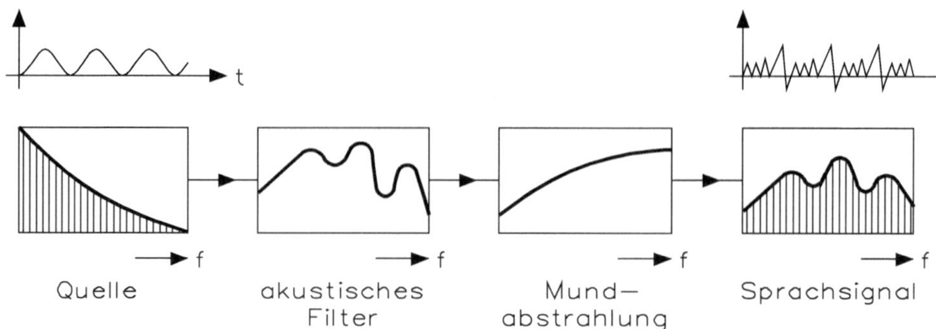

Abb. 2.12 Quelle-Filter-Modell für Spracherzeugung

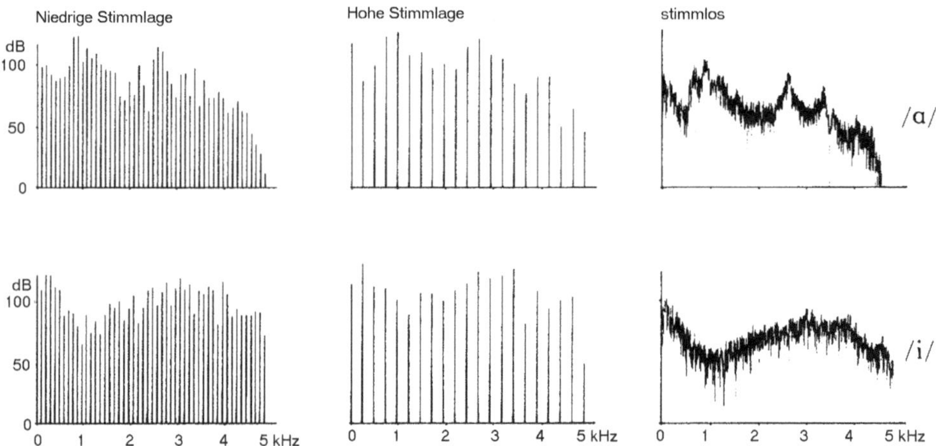

Abb. 2.13 Vokale /a/ und /i/, jeweils in niedriger Tonlage, hoher Tonlage und stimmlos gesprochen

dabei unterschiedliche Laute und wie man sieht, die Filterkurven für Vokale und Konsonanten unterscheiden sich sehr stark. Es wird jedoch vorausgesetzt, dass die Durchlasskurve des akustischen Filters, d. h. die Übertragungsfunktion des Vokaltraktes, sich nicht ändert, wenn sich Tonhöhe oder Stimmhaftigkeit eines Lautes ändern, und dies ist in Abb. 2.13 dargestellt.

Die Abstrahlcharakteristik wird normalerweise durch ein einfaches, fest eingestelltes Filter nachgebildet, das die Dämpfung bei niedrigeren Frequenzen, die durch die Mundöffnung hervorgerufen wird, simuliert. Man beachte, dass mit höherer Stimmbandgrundfrequenz das resultierende Signal nicht so gut definiert ist, da die Harmonischen weiter auseinander liegen, und dies ist der Grund dafür, warum im Vergleich zu erwachsenen männlichen Sprechern bei der Analyse und Resynthese von Frauen- und Kinderstimmen relativ größere Schwierigkeiten auftreten.

Obwohl das Quelle-Filter-Modell eine starke Vereinfachung der physikalischen Wirklichkeit darstellt, erlaubt es doch eine hinreichend gute Approximation der für die Wahrnehmung wichtigen Sprachmerkmale. Um ein funktionierendes Modell erstellen zu können, müssen allerdings noch einige Annahmen berücksichtigt werden, die die Natur von Quelle und Filter betreffen.

2.2.2 Anregungsquelle und Filter

Einige Laute, wie z. B. die stimmhaften Frikative /z/ und /v/, weisen unzweifelhaft eine sowohl periodische als auch rauschhafte Anregung auf. Die von der Quelle ausgehende Signalform wird jedoch normalerweise auf entweder periodische oder rauschhafte Signale beschränkt. In diesem Sonderfall würde man die stimmhaften Frikative mit einem periodischen Anregungssignal erzeugen, und die entsprechenden stimmlosen Frikative /s/ und /f/ würden dagegen mit einem Rauschsignal erzeugt, wobei für beide Lautklassen das gleiche Filter benutzt würde.

Die üblichen Quellenmodelle für periodische Signale liefern im Allgemeinen einfache Signalformen, normalerweise sind sie einfache Impulsfolgen. Die Signalform ändert sich dabei nicht mit der Grundfrequenz. Durch die Digitaltechnik ist es möglich geworden, anspruchsvollere Systeme zu entwickeln, die komplexe Signalformen gestatten, obwohl das von der Quelle erzeugte Signal dazu neigt, sich bei Veränderungen von Stimmbandgrundfrequenz und Amplitude nicht zu verändern.

Die Struktur des akustischen Filters kann durch eine einfache Beschreibungsform wiedergegeben werden, und zwar durch die geringe Anzahl von Formantresonanzen. Fünf Formanten reichen aus, um ein Sprachsignal guter Qualität zu erzeugen. Die beiden höchsten Formanten steuern wenig zur Verständlichkeit bei, verbessern aber die Natürlichkeit der resultierenden Sprache. Stimmlose Frikative, bei denen die Anregung in erster Linie von Luftwirbeln verursacht wird, die am Verschlusspunkt ziemlich weit vorn im Vokaltrakt entstehen, können hinreichend gut durch eine Filtercharakteristik nachgebildet werden, die nur eine einzige breite Überhöhung bei hohen Frequenzen hat. Um diese Laute zu generieren, benötigt man in Synthesizern, die in analoger Technik aufgebaut sind, ein separates Filter. Die Anwendung der Digitaltechnik erlaubt dagegen einen viel größeren Bereich von individuellen Filtercharakteristiken, und daher können Frikative mit dem gleichen Filtersatz, der auch für die anderen Laute benutzt wird, synthetisiert werden. Abb. 2.14a zeigt die Reihenschaltung eines einfachen Sprachsynthesizers.

Die Lage eines Formanten, und damit das dazugehörige Filter, verändert sich in Bezug auf Frequenz, Amplitude und Bandbreite. Ein Satz von Formantfiltern kann z. B. parallel geschaltet werden, wie dies in Abb. 2.14b dargestellt ist.

In dieser Anordnung kann – und muss – die Amplitude jedes Formanten separat eingestellt werden. Im Gegensatz dazu stellt der Vokaltrakt jedoch kein entkoppeltes System dar. In der Praxis hat sich gezeigt, dass durch eine Reihenschaltung, wie sie Abb. 2.14a

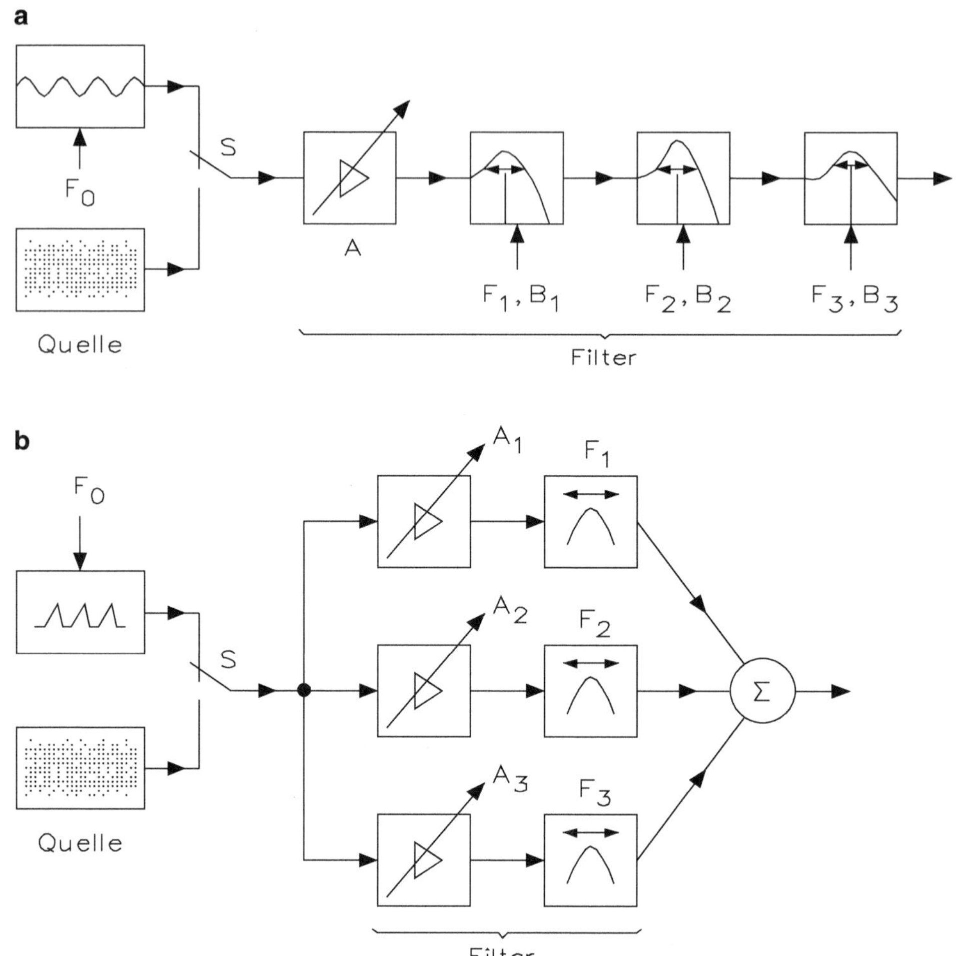

Abb. 2.14 Blockschaltbild eines einfachen Sprachsynthesizers mit drei Formanten für die Reihenschaltung (**a**) und für die Parallelschaltung (**b**)

zeigt, eine zufriedenstellende Approximation an die empirisch ermittelten Filtercharakteristiken erreicht werden kann. Die einzelnen Filter in Abb. 2.14a weisen eine unsymmetrische Durchlasskurve auf. Sie zeigt für tiefe Frequenzen weit unterhalb der Formantfrequenz eine Verstärkung von 1, eine Überhöhung an der Stelle der Formantfrequenz, einen Abfall zu hohen Frequenzen hin und die Flankensteilheit des Abfalls hängt von der Bandbreite des Formanten ab. Bei der Reihenschaltung wird die Amplitude jedes Formanten sowohl durch seine eigene Bandbreite als auch durch die Frequenz und Bandbreite der darunter liegenden Formanten gesteuert, und eine unabhängige Einstellung der Amplitude ist weder notwendig noch möglich.

Sowohl die Reihen- als auch die Parallelschaltung benötigen einige Modifikationen für eine zufriedenstellende Erzeugung von nasalen Konsonanten und genäselten Lauten.

Die gezeigten Konfigurationen enthalten Allpol-Filter, die nur spektrale Anhebungen liefern. Der Nasaltrakt ist aber eine mit Haaren versehen, stark dämpfende und verlustbehaftete Höhle und liefert eine breite Absenkung des Spektrums bei etwa 1,5 kHz. Dies kann durch das Einfügen von Nullstellen in die Übertragungsfunktion der Filter simuliert werden, und eine andere, oft angewandte Methode ist es, einen zusätzlichen „Nasalformanten“ mit niedriger Frequenz und großer Bandbreite vorzusehen. Durch ein Verschieben der spektralen Verhältnisse des normalen Teils eines Synthesizers zu höheren Frequenzen hin und durch das Hinzufügen dieser beiden Signale in einem Parallelzweig kann eine wirksame Absenkung des Spektrums erreicht werden. Aber auch ohne diese Vervollkommnung haben einige Synthesizer eine mehr oder weniger nasale Grundcharakteristik und produzieren ein akzeptables Sprachsignal, genau wie auch unterschiedliche menschliche Sprecher im Grad ihres Näselns differieren können.

Wie noch gezeigt wird, ist die Beschreibung mithilfe der Formanten nur eine von vielen möglichen Darstellungsformen der Übertragungsfunktion des Vokaltraktes. Da sie aber die unterschiedlichen Resonanzen modelliert, die in Bezug auf die Wahrnehmung die wichtigsten Merkmale des Sprachsignals sind, ist sie wirkungsvoll. Obwohl Formant-Synthesizer ihrem Aufbau nach relativ unkompliziert sind, ist es jedoch heute leider noch sehr schwierig, automatisch ihre Parameter aus einem realen Sprachsignal zu gewinnen. Die Beschreibung durch Formanten und ihre Synthese sind aber beim Studium der menschlichen Sprachwahrnehmung von grundlegender Wichtigkeit gewesen, und außerdem haben sie geholfen, einen Einblick in die spektralen Parameter zu bekommen, die Hinweise auf die verschiedenen phonetischen Unterscheidungen enthalten.

Die Formanten bleiben ein effizienter Satz von Parametern sowohl für die Codierung als auch für die Resynthese von Sprache.

2.2.3 Akustische Filter

Es gibt noch andere Beschreibungsformen für das akustische Filter, die eine gute Annäherung an die beobachteten Charakteristika der menschlichen Sprache darstellen und die für die Modellbildung und für den Aufbau praktischer Systeme zum Codieren, Decodieren und Synthetisieren von Sprache nützlich sind. An dieser Stelle soll nur kurz das akustische Röhrenmodell (Röntgenaufnahmen) erwähnt werden, mit dem versucht wird, den Vokaltrakt des Körpers durch eine feste Anzahl von röhrenförmigen Abschnitten darzustellen. Die einzelnen Querschnittsflächen können einfach aus dem akustischen Signal berechnet werden und sie liefern in guter Übereinstimmung mit der Beschreibung durch Formanten eine Anzahl von spektralen Spitzen. Trotz der großen Unterschiede zwischen den hartwandigen symmetrischen Röhren des Modells und den weichen und ungleichmäßigen Querschnitten des Vokaltraktes ist diese Art der Approximation wohl in der Lage, eine hinreichend gute Darstellung des Originalsprachsignals zu liefern. Abb. 2.15 zeigt eine Röntgenaufnahme der errechneten Querschnitte des menschlichen Vokaltraktes.

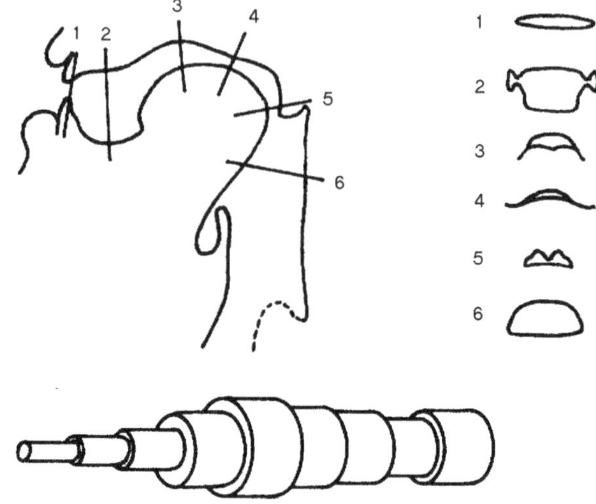

Abb. 2.15 Aus Röntgenaufnahmen werden die errechneten Querschnitte des menschlichen Vokaltraktes gezeigt und die unterschiedliche Stellen (1 bis 6) sind die Veränderungen in Querschnitte. Im Vergleich dazu das symmetrische Röhrenmodell

Für das Studium, die Analyse und die Synthese des Sprachsignals ist das Quelle-Filter-Modell in der Vergangenheit und auch heute noch von großem theoretischen und praktischen Wert. Letztendlich ist es natürlich aber nur eine Approximation, die Feinstruktur der Beziehungen und Wechselwirkungen zwischen der Quelle und den Filtercharakteristiken bei realer Sprache wird noch untersucht. Diese Untersuchungen beziehen sich auf die Resonanzeigenschaften der Höhlen unterhalb der Stimmlippen und deren Kopplung mit den Resonanzen im Vokaltrakt, die man bis jetzt ausschließlich betrachtet hat. Der Grad der Kopplung verändert sich mit dem momentanen Öffnen der Stimmlippen und ist daher nicht unabhängig von der Anregungsfunktion der Stimmlippen. Wenn die Stimmlage gehoben wird, bewegt sich der Kehlkopf nach oben, wie man selbst fühlen kann, wenn man seine Hand auf den Kehlkopf legt und singt oder so tut, als ob man singt, indem man einen Vokal von niedriger zu hoher Tonlage hin verändert. Wenn sich der Kehlkopf nach oben bewegt, wird der Vokaltrakt effektiv verkürzt und die Höhlen unterhalb der Stimmlippen werden gestreckt, und auch hier kann man wiederum ein Versagen der vereinfachenden Annahme feststellen, dass zwischen der Grundfrequenz der Anregungsfunktion der Quelle und den Resonanzeigenschaften des Vokaltraktfilters Unabhängigkeit besteht.

Um Sprache zu synthetisieren oder zu resynthetisieren, die von der eines menschlichen Sprechers nicht mehr unterscheidbar ist, müssen viele Aspekte dieses Gesamtzusammenhangs betrachtet werden. Trotzdem behalten die vereinfachenden Annahmen, die beschrieben worden sind, ihren großen praktischen Wert bei der Approximation derjenigen Parameter, die für die Wahrnehmung der Sprache wichtig sind.

2.2.4 Gehör

Das Ohr ist ein bemerkenswert komplexes Organ und dadurch werden folgende Eigenschaften der akustischen Wahrnehmung ermöglicht:

- hohe Frequenzauflösung und ausgezeichnete Frequenzempfindlichkeit, d. h. Töne mit nur 0,3 % Frequenzunterschied sind noch unterscheidbar.
- große Dynamik von über 120 dB, eine hohe zeitliche Auflösung d. h. Unterschiede von nur 10 μs Zeitverzögerung zwischen „Klicks" sind bei zweiohrigem Hören noch wahrnehmbar.
- schnelle zeitliche Adaptierung d. h. leise Laute sind schon 10 ms nach dem Ende eines lauten Schallsignals wahrnehmbar.

Abb. 2.16 zeigt die Hörschwelle als Funktion der Frequenz. Der Schalldruckpegel ist ausgedrückt in dB-Einheiten und ist bezogen auf den Bezugsschalldruck mit

$$0{,}002\frac{\text{dyn}}{\text{cm}^2} = 20\frac{\mu\text{N}}{\text{m}^2}$$

Die gestrichelte Kurve ist typisch für einen jugendlichen Menschen, und die ausgezogene Kurve ist eine konservative Schätzung des Hörschwellenverlaufs für einen Menschen mit durchschnittlichem Hörvermögen. Die ausgezogene obere Kurve gibt die Grenze an, oberhalb derer der Mensch den Schalldruck als schmerzhaft empfindet (Schmerzschwelle). Der Bereich zwischen der Hörschwelle und der Fühlschwelle überdeckt nahezu den gesamten Bereich, für den die Luft als Übertragungsmedium des Schalls infrage kommt: Am unteren Ende liegt die Hörschwelle um 20 bis 30 dB über dem Rauschpegel, der durch das thermische Rauschen der Luftmoleküle bedingt ist, und bei einem Schalldruck von 160 dB treten nicht lineare Effekte bei der Schallausbreitung in Luft auf.

Der Aufbau des Ohres ist in Abb. 2.17 dargestellt. Über den äußeren Gehörgang gelangt die Schallwelle zum Trommelfell. Die Schwingungen des Trommelfells werden über die Kette der drei Gehörknöchelchen (Hammer, Amboss, Steigbügel) an das

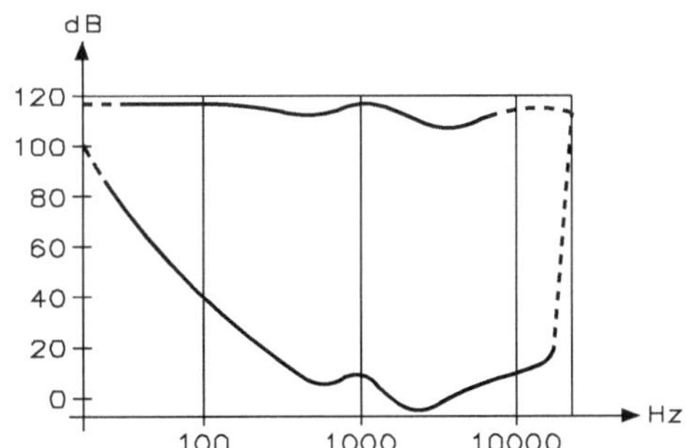

Abb. 2.16 Empfindlichkeit des Ohres. Unterhalb der unteren Linie sind Töne nicht wahrnehmbar, oberhalb der oberen Linie werden sie als schmerzhaft empfunden

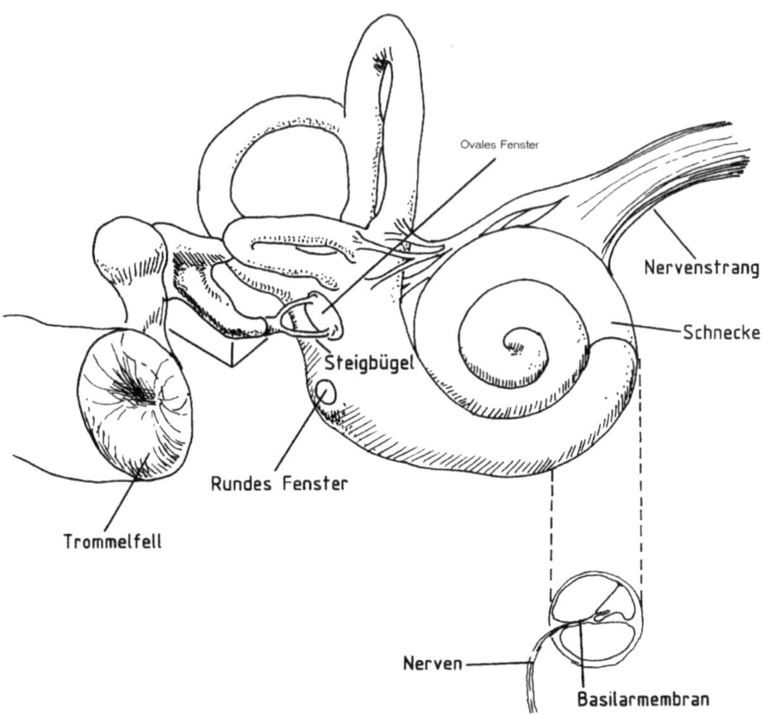

Abb. 2.17 Aufbau des menschlichen Ohres

ovale Fenster übertragen, dessen Membran die mit Flüssigkeit gefüllte Schnecke (Cochlea) abschließt. Die Cochlea ist ein schneckenförmiger Kanal, der in das überaus harte Felsenbein eingebettet ist und die Basilarmembran enthält. Schallschwingungen erregen eine längs dieser Membran entlang fortschreitende Welle. Durch diese Auslenkung der Basilarmembran werden die Haarzellen angesprochen, die in einem geometrischen Muster längs der Basilarmembran angeordnet sind und das Muster der Anregung an das Gehirn übertragen. Die exakte Natur des Anregungsmusters auf der Basilarmembran ist immer noch Gegenstand der Forschung und das gleiche gilt für die Frage, wie diese Anregung zu der hohen Empfindlichkeit des Gehörs führt.

Das Außenohr (oder der äußere Gehörgang) bildet einen Resonanzhohlraum mit einer Resonanzfrequenz von etwa 3 kHz. Dies erklärt das Maximum der Hörempfindlichkeit bei 2 bis 4 kHz in Abb. 2.16. Oberhalb von 1 kHz zeigt sich für den Gehörgang eine Richtungsabhängigkeit, welche das zweiohrige Hören für die Lokalisierung einer Schallquelle unterstützt.

Die drei Gehörknöchelchen im Mittelohr vermitteln eine Impedanzanpassung zwischen dem Wellenwiderstand der Luft und der viel höheren Eingangsimpedanz des ovalen Fensters und der Flüssigkeit des Innenohrs. Das Impedanzverhältnis beträgt ungefähr 4000, und ohne die Impedanzanpassung würde es einen Verlust von 30 dB in der Schallintensität geben. Ein derartiger Verlust wird tatsächlich in klinischen Fällen beobachtet, wenn die Kette der Gehörknöchelchen entweder durch einen harten Schlag auf den Kopf oder durch einen chirurgischen Eingriff unterbrochen wurde. Die Gehörknöchelchen reduzieren diesen Verlust auf nahezu Null, und sie arbeiten wie eine Anordnung von Hebeln, die die Schwingungen des Trommelfells in Schwingungen kleinerer Amplituden gegen das ovale Fenster umformen. Dies wird auch unterstützt durch die unterschiedlichen Kontaktflächen des Trommelfells und des ovalen Fensters. Die beiden kleinen, an den Gehörknöchelchen befestigten Muskeln reduzieren die Empfindlichkeit um etwa 20 dB bei lang andauernden höheren Schallpegeln und schützen das empfindliche Innenohr gegen Beschädigung. Dieser Mittelohrreflex hat eine Ansprechzeit (Latenzzeit) von ungefähr 100 ms und bietet somit keinen Schutz bei plötzlich einsetzendem Schall von hoher Intensität. Die Abb. 2.18 zeigt den Aufbau der Cochlea mit den längs der Basilarmembran angeordneten Haarzellen.

Das Innenohr besteht aus der gewundenen Struktur der Cochlea und ähnelt dem Inneren einer Schneckenschale. Es hat ungefähr 2,5 Windungen und eine durchschnittliche Länge von 35 mm. Die Cochlea ist ihrer Länge nach in zwei Teile geteilt durch zwei dünne Membranen, wie Abb. 2.19 zeigt Die feinen Haarzellen zwischen diesen beiden Membranen sprechen auf ihre eigene Bewegung an und geben diese Information in geeigneter Form an die Hörnerven und damit zum Gehirn weiter. Die untere Membran wird als Basilarmembran bezeichnet und bildet zusammen mit der oberen Membran ein dünnes Band, das sich in dem mit Flüssigkeit gefüllten Hohlraum der Cochlea bewegt und diesen Hohlraum auf beiden Seiten in zwei Teile trennt.

Abb. 2.19 ist eine schematische Darstellung der aufgerollten Cochlea. Das Bild zeigt das ovale Fenster, durch das der Schall in den oberen Hohlraum übertragen wird, und verdeutlicht die Verengung der Cochlea und die gleichzeitige Verbreiterung der

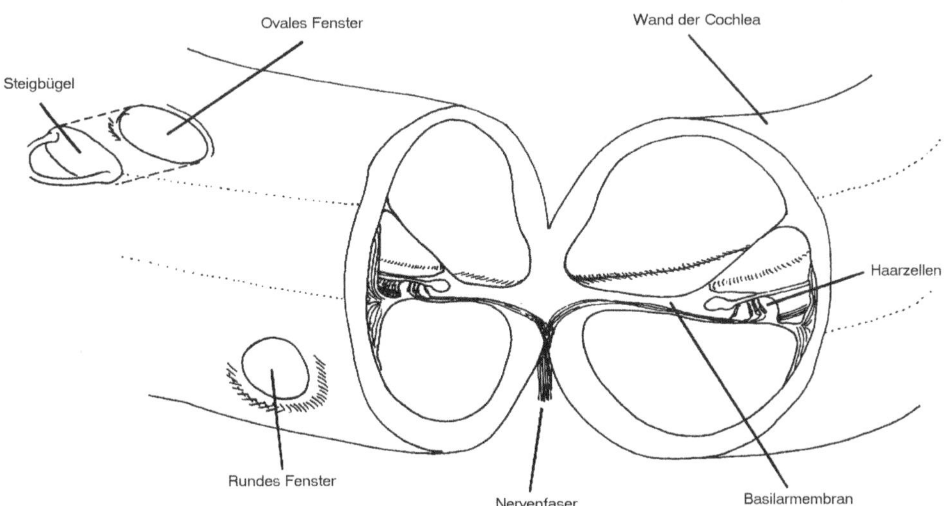

Abb. 2.18 Aufbau der Cochlea mit den längs der Basilarmembran angeordneten Haarzellen

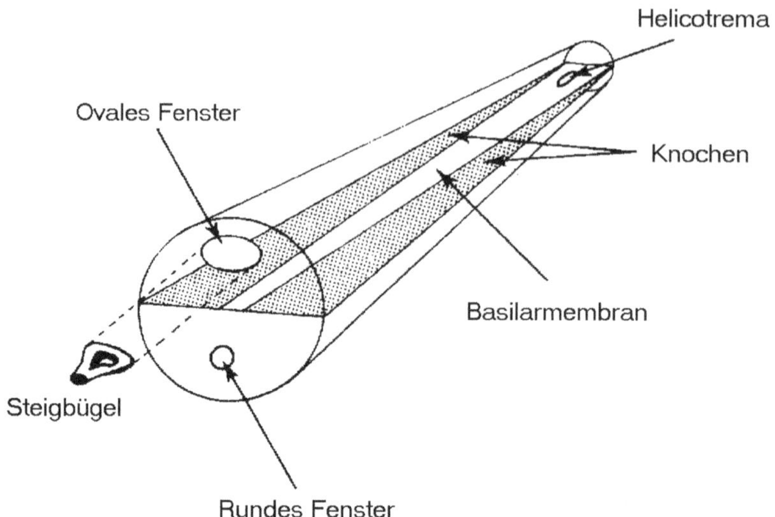

Abb. 2.19 Schematische Darstellung der aufgerollten Cochlea (Schnecke): die Basilarmembran verbreitert sich, während der sie umgebende Knochen sich verengt

Basilarmembran: Die Basilarmembran verbreitert sich, während die Cochlea enger wird. Eine kleine Öffnung in der Nähe des spitzen Endes der Cochlea (Helicotrema) ermöglicht den Austausch von Flüssigkeit zwischen dem oberen und dem unteren Hohlraum. Eine zweite mit einer Membran versehene Öffnung, das sogenannte runde Fenster, dient zum Ausgleich der Druckänderungen, die an das ovale Fenster übertragen werden.

Die Wellenlänge der Schallwellen in der Cochlea-Flüssigkeit ist lang im Vergleich mit der Länge der Cochlea. Sogar bei 10 kHz macht die Länge der Cochlea nicht mehr als 1/5 der Wellenlänge aus. Die Basilarmembran wird daher nahezu gleichzeitig in ihrer ganzen Länge durch eine Schallschwingung angeregt, ganz gleich, ob diese vom ovalen Fenster herrührt oder durch direkte Knochenleitung im Kopf (was der Fall ist, wenn man seine eigene Stimme hört). Die Basilarmembran selbst zeigt eine verzögerte mechanische Reaktion auf diese Anregung. Diese Welle geht von dem ovalen Fenster aus und breitet sich zu dem spitzen Ende der Cochlea hin aus, wie Abb. 2.20 zeigt.

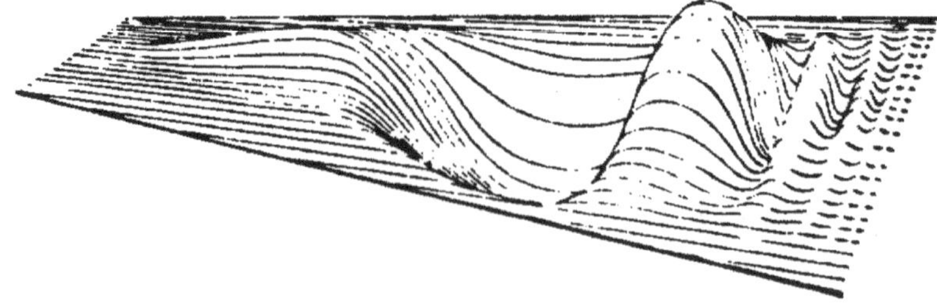

Abb. 2.20 Darstellung einer fortschreitenden Welle auf der Basilarmembran

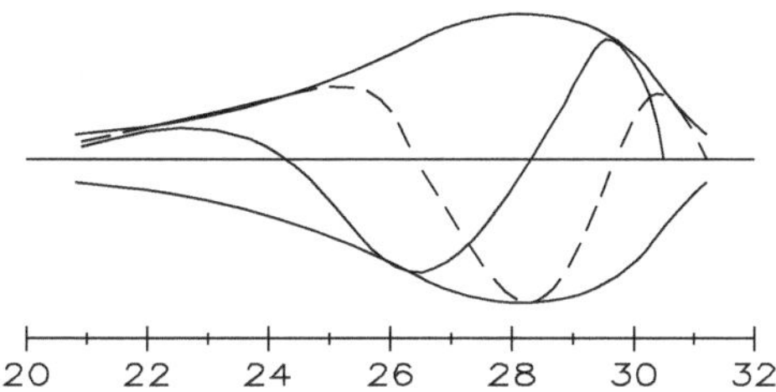

Abb. 2.21 Augenblickliche Auslenkung der Basilarmembran für zwei aufeinanderfolgende Zeitpunkte. Die Auslenkung bewegt sich von links nach rechts und fällt hinter dem Ort der maximalen Auslenkung rasch ab. Die dünn gestrichelte Linie zeigt die Amplitudenumhüllende der fortschreitenden Welle

Für eine sinusförmige Anregung beträgt die Laufzeit der Welle weniger als eine Periode der anregenden Welle. Die Welle auf der Basilarmembran wird langsamer, je weiter sie fortschreitet, und ist auf Null abgeklungen, gerade wenn sie das Helicotrema (Öffnung am Ende der Cochlea) erreicht. Die Welle wird nicht reflektiert. Die Anfangsgeschwindigkeit der Welle ist viel geringer als die des Schalls in der Cochlea-Flüssigkeit.

Eine typische Anfangsgeschwindigkeit von 150 m/s ist weniger als ein Zehntel der Schallgeschwindigkeit in der Flüssigkeit. Abb. 2.21 zeigt Momentaufnahmen vom Fortschreiten solch einer Welle und Amplitudenumhüllende. Man beobachtete, dass, obwohl jeder Punkt längs der Basilarmembran mit der Frequenz der sinusförmigen Anregung schwingt, der Ort maximaler Erregung von der Anregungsfrequenz abhängt. Der Ort des Maximums verschiebt sich mit wachsender Frequenz vom Helicotrema in Richtung auf das ovale Fenster.

Man führte die Experimente mit einem optischen Mikroskop und stroboskopischer Beleuchtung durch, wobei man notwendigerweise hohe Schallpegel verwenden musste. In mehreren Experimenten verwendete man die Doppler-Verschiebung von Gammastrahlen, um die Geschwindigkeit der Membranbewegung zu messen. Auf diese Weise konnten auch niedrigere Schallpegel verwendet werden, wenn auch nur für die hohen Frequenzen, bei denen das Maximum der Erregung in der zugänglichen äußersten Windung der Cochlea liegt.

Abb. 2.22 zeigt die gemessenen Amplitudenumhüllenden als Funktion der Frequenz für verschiedene Orte auf der Basilarmembran. Einige der Kurven weisen ein hohes Frequenzauflösungsvermögen auf und man fand Flankensteilheiten von 200 dB/Oktave für die höherfrequente Flanke. Diese Beobachtungen geben erste Hinweise darauf, wie das hohe Auflösungsvermögen des menschlichen Gehörs auf die physikalischen Eigenschaften der Basilarmembran zurückgeführt werden kann. Die Bewegung der Basilarmembran wird von dem empfindlichen System der Haarzellen registriert, die längs der Basilarmembran angeordnet sind. Diese Zellen sind Nervenzellen, und wie alle Nervenzellen regenerieren sie sich nicht, wenn sie einmal abgestorben sind. Zusätzlich zum Verlust dieser Zellen mit fortschreitendem Alter können auch sehr hohe und lang

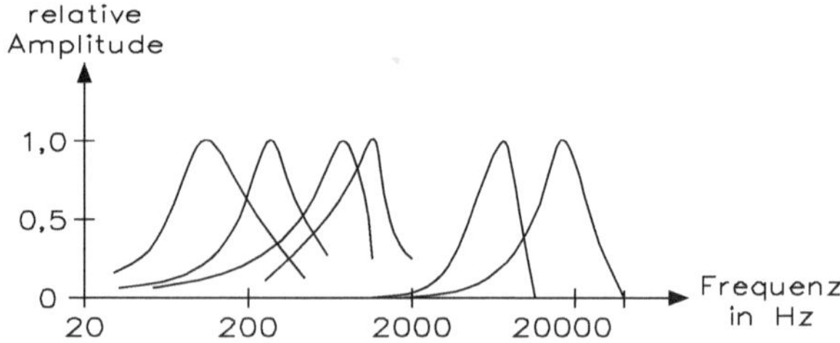

Abb. 2.22 Maximale Auslenkung an verschiedenen Punkten auf der Basilarmembran als Funktion der Frequenz

andauernde Schallpegel die Zellen auf dem entsprechenden Teil der Basilarmembran schädigen und damit zu einer bleibenden Beeinträchtigung des Hörvermögens bei dieser Frequenz führen. Wegen der erhöhten Empfindlichkeit des Ohres im Bereich 2 bis 5 kHz sind Schädigungen der entsprechenden Teile der Basilarmembran (in der Nähe des ovalen Fensters) besonders verbreitet.

2.2.5 Empfindungsgrößen des Gehörs

Abb. 2.16 zeigt den absoluten Bereich der Schallintensitäten und Frequenzen, die von einem durchschnittlichen jungen Erwachsenen wahrgenommen werden können. Zwischen den einzelnen Testpersonen kann es beträchtliche Schwankungen in der Empfindlichkeit geben, aber ungefähr 90 % der Testpersonen fallen in den ±12-dB-Bereich. Sehr junge Menschen besitzen allgemein eine um 10 dB höhere Empfindlichkeit, und ab 25 Jahren verschlechtert sich allmählich die Empfindlichkeit bei hohen Frequenzen, da die Haarzellen absterben. Abb. 2.23 vermittelt einen Eindruck von der Größe dieser Verschlechterung des Hörvermögens.

Die Messungen der absoluten Hörempfindlichkeit werden anhand von reinen Sinustönen ohne Nebengeräusche vorgenommen. Wir leben in einer Welt, die durch ständige Veränderung und nahezu fortwährenden Umgebungsschall gekennzeichnet ist. Solcher Schall ist in komplexer Weise aus Sinusschwingungen aufgebaut, und man muss die Beziehung zwischen der Wahrnehmung dieses komplexen Schalls und der Wahrnehmung

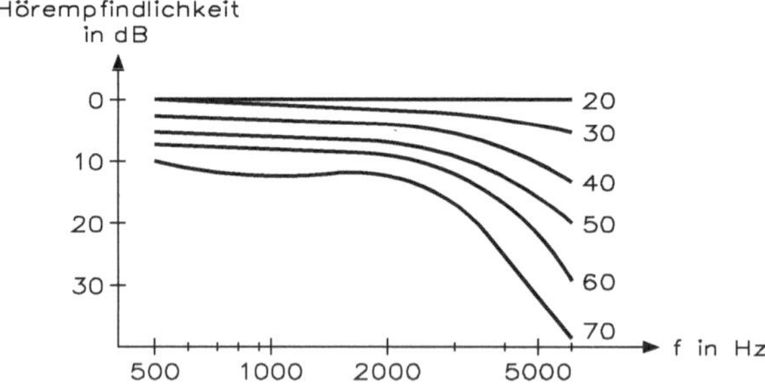

Abb. 2.23 Hörempfindlichkeit als Funktion der Frequenz für verschiedene Lebensalter

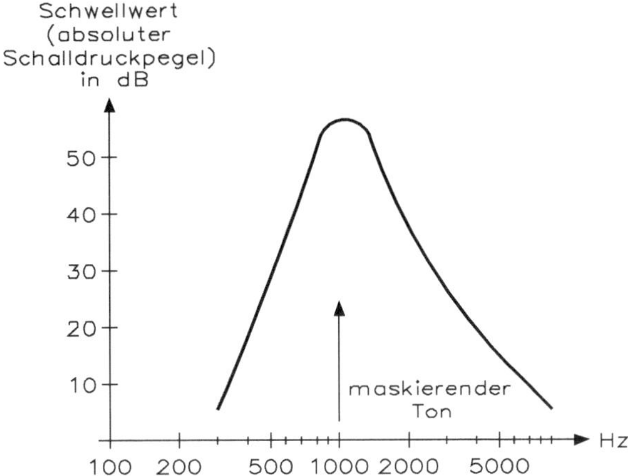

Abb. 2.24 Darstellung des Verdeckungseffektes mit einem Ton von 80 dB und 1 kHz: Erhöhung der Hörschwelle des Testtones als Funktion seiner Frequenz

reiner Töne untersuchen. Ein erster Schritt in Richtung auf eine experimentelle Untersuchung der Zusammenhänge ist die Untersuchung der Wahrnehmung von Tönen, die durch reine Töne verdeckt (maskiert) werden.

Abb. 2.24 zeigt das typische Ergebnis eines derartigen Experiments. Der verdeckende Ton war ein reiner Sinuston mit der Frequenz 1 kHz und dem Schallpegel 80 dB, und die Kurve zeigt die Erhöhung der Hörschwelle als Funktion der Frequenz im Vergleich zu der Hörschwelle ohne verdeckenden Ton. Diese Erhöhung der Hörschwelle wird als Verdeckungseffekt (Maskierungseffekt) des 1-kHz-Tones für die verschiedenen Frequenzen bezeichnet. Eine derartige Messmethode ist nicht unproblematisch, und so gibt es beispielsweise eine hörbare Schwebung durch die Überlagerung der beiden Töne. Die Schwierigkeiten können jedoch durch verfeinerte Messmethoden behoben werden, indem man z. B. als verdeckenden Schall schmalbandgefiltertes Rauschen verwendet. Solche Experimente führten zur Entdeckung eines Systems von Frequenzgruppen, die einer Filterbank aus mehreren Bandpässen entspricht, wobei die Bandpässe den hörbaren Frequenzbereich lückenlos überdecken und benachbarte Bandpässe sich überlappen.

Man geht davon aus, dass Töne in dem Maße unterscheidbar sind, in dem sie wahrnehmbar verschiedene Anregungen in den verschiedenen Filtern hervorrufen und dass sie sich dann gegenseitig verdecken, wenn sie in dieselbe Frequenzgruppe fallen. Schätzwerte für die sogenannte kritische Bandbreite in Abhängigkeit von der Frequenz sind in Abb. 2.25 dargestellt. Neuere Experimente haben eine Vielfalt von Messverfahren für die kritische Bandbreite ergeben, es kann jedoch als sicher angenommen werden, dass Bandpassfilter mit einer Bandbreite von 1/4 bis 1/3 Oktave eine ausreichende Näherung für das Frequenzauflösungsvermögen des menschlichen Gehörs liefern.

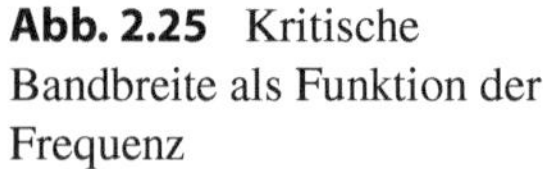

Abb. 2.25 Kritische Bandbreite als Funktion der Frequenz

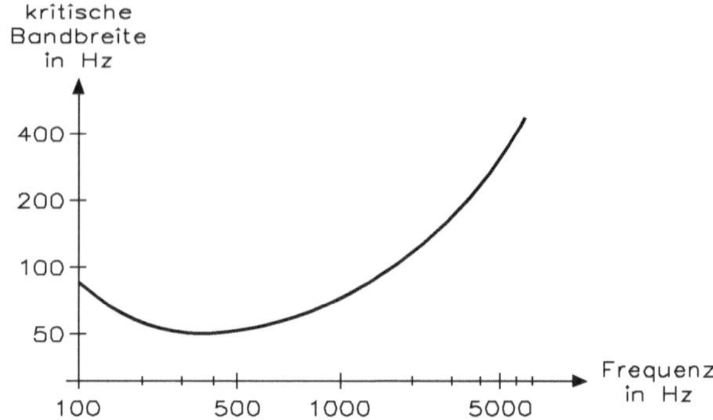

2.2.6 Lautstärkemessung

Die Experimente beschäftigen sich mit dem Auflösungsvermögen des Gehörs bezüglich der Intensität und Frequenz von gerade wahrnehmbaren Schallsignalen und von gerade wahrnehmbaren Veränderungen dieser Größen. In dem täglichen Leben hat man jedoch nicht nur mit derartigen Grenzbedingungen zu tun, sondern auch mit den relativen Veränderungen in Signalen, die deutlich innerhalb der unteren und oberen Wahrnehmungsgrenzen liegen. In derartigen Fällen interessiert die Beziehung zwischen der subjektiven Empfindung und der physikalisch messbaren Größe des Reizsignals. Die Lautstärke ist eine dieser subjektiven Empfindungsgrößen. Der Schalldruckpegel eines reinen Tones mit einer bestimmten Frequenz ist einfach zu messen, und sein Wert als solcher gibt kaum eine Vorstellung von der subjektiv empfundenen Intensität zweier Töne mit unterschiedlichen Frequenzen oder unterschiedlicher harmonischer Struktur. Dies ist von großer praktischer Bedeutung, da man oft sehr unterschiedliche Signale miteinander vergleicht, beispielsweise Sprache und Musik bzgl. der (subjektiv empfundenen) Lautstärke oder des Maßes der Störung.

Ein erster Schritt in diese Richtung ist der subjektive Hörvergleich: Versuchspersonen werden aufgefordert, die Intensität eines reinen Tones einzuregeln und mit einem zweiten Ton zu vergleichen, sodass sie beide Töne gleich laut hören. Eine beträchtliche Schwankung der Ergebnisse ist von Versuch zu Versuch zu beobachten, und daher ist es notwendig, die Ergebnisse über viele Experimente und viele Versuchspersonen zu mitteln, um zuverlässige Resultate zu erhalten. Abb. 2.26 zeigt Kurven gleicher Lautstärke als Funktion der Frequenz für unterschiedliche Werte des Schalldruckpegels. Jede Kurve stellt den Verlauf des Schalldruckpegels reiner Töne über der Frequenz dar, die subjektiv als gleichlaut empfunden werden.

Die Lautstärke irgendeines Schallereignisses kann nun analog definiert werden. Die Einheit der Lautstärke ist das Phon. Das Phon ist definiert als der absolute Schalldruckpegel (d. h. bezogen auf $P_0 = 2 \cdot 10^{-4}$ µbar) des gleichlaut empfundenen 1000-Hz-Tones. In der Praxis ist die Schwankungsbreite in der individuellen Beurteilung der Lautstärke von beliebigen Schallereignissen, wie z. B. das Geräusch eines Kraftfahrzeugmotors oder eines

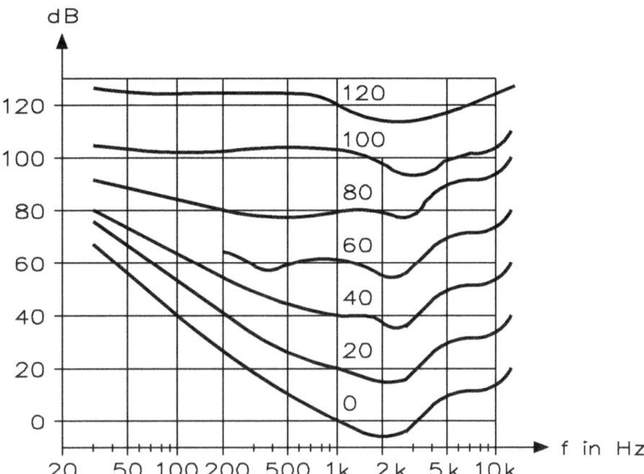

Abb. 2.26 Jede Kurve stellt eine Kontur gleicher subjektiver Lautstärke dar

Abzugslüfters, deutlich größer als bei reinen Tönen. Dementsprechend ist eine sehr große Anzahl von Messungen notwendig für brauchbare Ergebnisse. Daher wurden auch alternative Messmethoden entwickelt, die in der Praxis die subjektiv empfundene Lautstärke eines Schallereignisses aus seiner spektralen Zusammensetzung zu berechnen gestatten.

Für die Praxis bietet ein Lautstärkemessgerät eine einfache, aber ausreichende Methode, die Lautstärke eines Schallereignisses näherungsweise zu bestimmen. Der Schalldruck wird dabei mit einem Mikrofon aufgenommen und durchläuft ein geeignetes Filter, das den frequenzabhängigen Übertragungsfaktor des menschlichen Gehörs, d. h. eine Kurve gleicher Lautstärke, nachbildet. Das Messgerät ist in dB geeicht und so kalibriert, dass ein reiner Ton der Frequenz 1000 Hz und des absoluten Schallpegels 40 dB einen Messwert von 40 dB ergibt. Die am häufigsten verwendete Frequenzbewertung ist das A-Bewertungsfilter, das den Frequenzgang einer Kurve gleicher Lautstärke von 40 Phon annähert, und die entsprechenden Messwerte der Lautstärke erhalten die Bezeichnung „dB(A)". Für den praktischen Einsatz hat eine derartige Methode eine große Bedeutung, da die Messausrüstung einfach, leicht transportierbar und relativ preiswert ist, im Vergleich zu den früher erwähnten Berechnungsverfahren.

Nachdem man geeignete Messverfahren für die Lautstärke von Schallereignissen definiert hat, kann man nun auch die Lautstärke von Sprache unter verschiedenen Bedingungen messen. Ein Wert von 65 dB (absoluter Schalldruckpegel) ist typisch für den absoluten Schalldruck in einem Abstand von 1 m bei Sprache. Diese Zahl kann jedoch deutlich schwanken; und sie beträgt 40 dB bei leisem Flüstern, 70 dB in einem lauten Büro, 80 dB bei Schreien und etwa 90 dB bei lautem Gebrüll.

Von größerer Bedeutung für die Übertragung von Sprachsignalen ist die Dynamik, d. h. die Schwankungsbreite des Signals und das Signal-Rausch-Verhältnis, auch Störabstand genannt, die eingehalten werden müssen, damit die Sprache verständlich bleibt. Es gibt eine sehr große Schwankung zwischen dem lautesten Vokallaut und dem leisesten Konsonantenlaut, aber eine Dynamik von 30 dB kann in der Praxis als ausreichend angesehen werden, um die relevante Information beizubehalten. Abb. 2.27 zeigt die

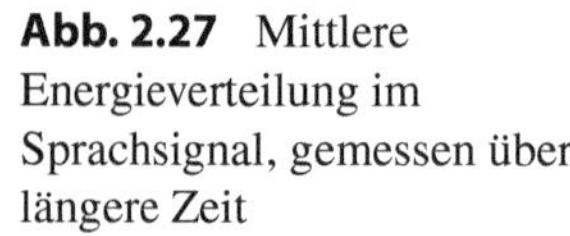

Abb. 2.27 Mittlere Energieverteilung im Sprachsignal, gemessen über längere Zeit

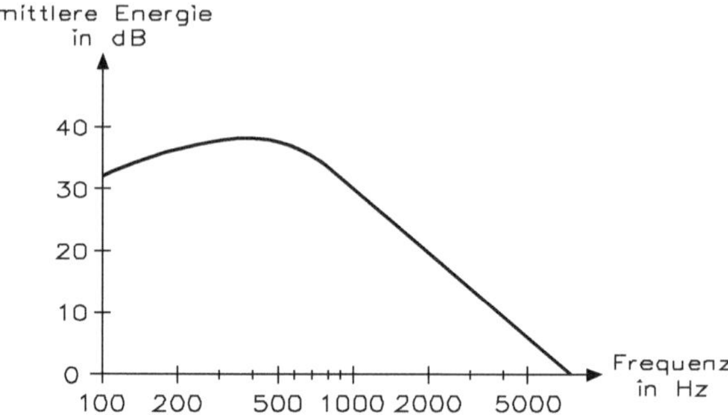

Verteilung der im Sprachsignal enthaltenen Energie über der Frequenzachse. Die Messwerte wurden durch Mitteilung über lang andauernde Sprachsignale und viele Sprecher gewonnen.

Wenn das Störgeräusch eine relativ flache Verteilung der Energie über der Frequenz hat, gilt die Faustregel, dass ein Signal-Rausch-Verhältnis von mehr als 20 dB eine gute sprachliche Kommunikation erlaubt, bei einer Verringerung auf etwa 6 dB eine noch ausreichende Kommunikation möglich ist und die Sprache bei einem Signal-Rausch-Verhältnis unter −6 dB nicht mehr verständlich ist, obwohl die Sprache als solche noch wahrnehmbar ist bis zu −16 dB. Die Verschlechterung der Kommunikation ist natürlich ein kontinuierlicher Vorgang: Wenn sich das Signal-Rausch-Verhältnis verschlechtert, verschwinden nach und nach immer mehr Sprachlaute im Rauschen.

Wichtige Faktoren, die bei einer genaueren Analyse berücksichtigt werden müssen, sind die Energieverteilungen des Sprachsignals und des Rauschens über der Frequenz, d. h. ihre Amplitudenspektren, sowie die Tatsache, dass die einzelnen Bereiche des Spektrums ganz unterschiedlich zur Verständlichkeit der Sprache beitragen. Eine derartige Untersuchung führte man durch und erhielt den sogenannten Artikulationsindex. Man unterteilte den Frequenzbereich von 200 bis 6100 Hz in 20 Bänder, die sich je als gleichbedeutend für die Sprachverständlichkeit erwiesen hatten.

Diese Frequenzbänder sind in Abb. 2.28 dargestellt; die relative Höhe der Bänder vermittelt einen Eindruck von der Bedeutung eines jeden Bandes für die

Abb. 2.28 Relativer Beitrag der einzelnen Frequenzkomponenten zur Sprachverständlichkeit, gemessen nach dem Artikulationsindex

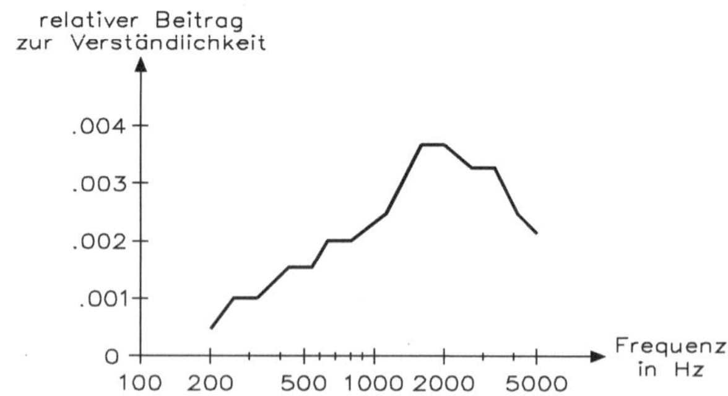

Sprachverständlichkeit und sollte mit der spektralen Energieverteilung in Abb. 2.27 verglichen werden. Insbesondere ist zu bemerken, dass der Frequenzbereich oberhalb 1 kHz den größten Beitrag zur Sprachverständlichkeit liefert, obwohl nur ein Fünftel der Gesamtenergie auf ihn entfällt. Der eingeführte Artikulationsindex beruht auf dem relativen Signal-Rausch-Verhältnis, wie es für jedes einzelne Frequenzband gemessen wird, und berücksichtigt so die beiden genannten Faktoren, nämlich die frequenzabhängige Energieverteilung des Sprachsignals und dessen frequenzabhängiger Beitrag zur Sprachverständlichkeit.

Eine interessante Alternative zur Messung der Sprachverständlichkeit ist der Sprachübertragungsindex und dieser basiert auf rein physikalischen Messungen, die erfassen, in welchem Maße sich die dynamische Struktur des Sprachsignals durch Rauschen und Nachhall (infolge der Raumakustik) verändert. Das Verfahren beruht darauf, die Übertragung eines amplitudenmodulierten Rauschsignals über eine Übertragungsstrecke oder innerhalb einer bestimmten akustischen Umgebung zu bestimmen. Solche Messungen werden für alle Modulationsfrequenzen durchgeführt, die im Amplitudenspektrum des Sprachsignals vorkommen können, und werden anschließend zusammengefasst. Diese Methode gestattet es auch, die Verständlichkeit für komplizierte wirkliche oder theoretische Situationen zu berechnen, wenn nur das Signal-Rausch-Verhältnis und die Nachhall-Charakteristik des Raumes bekannt sind.

2.2.7 Tonhöhenempfindung

Die Tonhöhe (pitch) ist wie die Lautstärke eine subjektiv empfundene Größe, die sich in mehr oder weniger komplexer Weise aus dem akustischen Signal ableitet. Im Falle eines reinen Tones entspricht die empfundene Tonhöhe der Frequenz der Sinusschwingung. Bei periodischen Schallvorgängen, etwa Klängen oder auch stimmhaften Sprachlauten, entspricht die Wiederholungsfrequenz, die Grundfrequenz, der subjektiv empfundenen Tonhöhe. Für komplexere akustische Signale kann man bei der Definition der Tonhöhe ähnlich vorgehen wie bei der Definition der Lautstärke: In subjektiven Hörvergleichen wird das akustische Signal mit einem reinen Ton verglichen und dessen Frequenz so lange variiert, bis beide Signale als Signale gleicher Tonhöhe empfunden werden. Dem akustischen Signal wird dann als Tonhöhe die Frequenz des entsprechenden Tones zugeordnet. Für Sprache findet man, dass die Tonhöhenangaben auch dann zuverlässig und reproduzierbar sind, wenn die entsprechende Frequenz im Sprachspektrum überhaupt nicht vorhanden ist. Dies ist in der Regel der Fall, wenn das Sprachsignal über eine Telefonverbindung oder einen anderen schmalbandigen Kanal übertragen wird, sodass das übertragene Signal keine oder nur wenig Energie im Frequenzbereich unterhalb 500 Hz enthält. Noch bezeichnender ist die Beobachtung, dass eine Tonhöhe von beispielsweise 100 Hz bei einem Signal empfunden wird, dessen Spektrum nur aus wenigen Harmonischen (=Vielfachen) von 100 Hz im Frequenzbereich oberhalb 1000 Hz besteht, also z. B. 1100, 1200, 1300, 1400 Hz.

Diese subjektive Wahrnehmung des objektiv fehlenden Grundtones (missing fundamental) bezeichnet man als Residuum oder Periodizitätstonhöhe (periodicity pitch). Dieser Effekt wurde zunächst mit der Nichtlinearität des Gehörs erklärt und den daraus folgenden Intermodulationsprodukten zwischen den im Signal vorhandenen höheren Harmonischen. Darüber hinaus fand man, dass wenn die Harmonischen um 100 Hz differierten, aber keine exakten Vielfachen von 100 Hz waren (die tatsächlich verwendeten Signale waren amplitudenmodulierte Sinusschwingungen von 100 Hz), die empfundene Tonhöhe eine systematische Abweichung von 100 Hz zeigte. Man beobachtete, dass der fehlende Grundton auch wahrnehmbar blieb, wenn dem Signalrauschen mit einer Bandbreite von 0 bis 600 Hz und genügend hoher Intensität zugesetzt wurde, um jedes mögliche Verzerrungsprodukt zu überdecken.

Andere Theorien gehen davon aus, dass das Ohr die fehlende Grundfrequenz durch Bestimmung der Periodizität im Zeitbereich wahrnehmen kann, ohne dass eine physikalische Energie bei der Grundfrequenz selbst vorausgesetzt wird. Ein derartiger Wahrnehmungsmechanismus sollte jedoch empfindlich auf die relative Phase der verschiedenen Frequenzkomponenten ansprechen.

Abb. 2.29 vergleicht die sich ergebenden Wellenformen des Zeitsignals, wenn die Frequenzkomponenten in Cosinus-Phase und in stochastischer Phase addiert werden. Wie zu sehen ist, ergibt sich im ersten Fall eine wesentlich deutlicher ausgeprägtere Periodizität im Zeitsignal. Obwohl Versuchspersonen feine Unterschiede zwischen den beiden Signalen hören können, ist die Tonhöhe der beiden Signale gleich gut wahrnehmbar. Das Ohr scheint demzufolge relativ unempfindlich bzgl. der Phaseninformation im Spektrum des Schallsignals zu sein, und dies wird in vielen praktischen Systemen zur Sprachcodierung ausgenutzt, indem die Phaseninformation nicht übertragen wird.

Bis heute gibt es keine einheitliche Theorie, die alle im Zusammenhang mit der Tonhöhenempfindung auftretenden Phänomene zu erklären vermag, und dies schlägt sich vielleicht auch nieder in der Komplexität der verschiedenen Verfahren zur automatischen Grundfrequenzbestimmung. Diese automatischen Verfahren lassen sich grob auf zwei

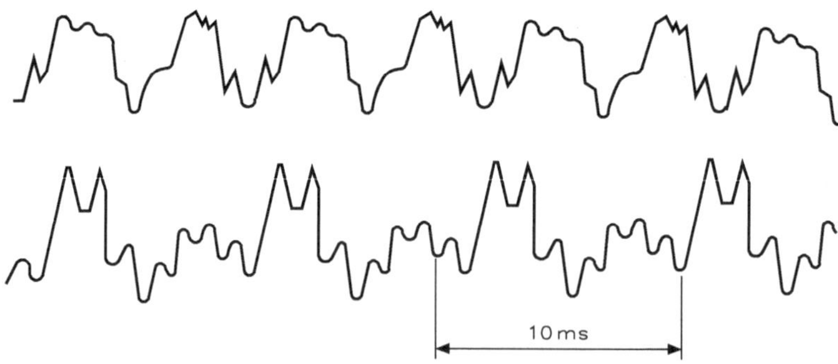

Abb. 2.29 Die obere Kurve zeigt das Zeitsignal für ein Segment auf natürlicher Sprache, in dem die verschiedenen Frequenzkomponenten in stochastischer Phasenbeziehung stehen. Die untere Kurve ergibt sich, wenn allen Frequenzkomponenten eine Cosinus-Phase zugeordnet wird

theoretische Ansätze zurückführen: Sie beruhen entweder auf einer Analyse des Signals im Frequenzbereich oder im Zeitbereich. Die Analyse im Frequenzbereich kann man so interpretieren, dass das Spektrum des Signals mit einem „harmonischen Sieb" verglichen wird und dessen Grundfrequenz so lange variiert, bis man die beste Übereinstimmung mit der harmonischen Spektralstruktur des Signals erhält. Die Analyse im Zeitbereich benutzt letztlich den Ansatz, das Sprachsignal durch eine Bank von speziellen Filtern passieren zu lassen und aus dem Vergleich der Ausgangssignale der einzelnen Filter eine Entscheidung über die Grundfrequenz zu treffen.

Messgeräte für Audioanlagen

3

Zur Analyse der aufgebauten Schaltungen stellt das Simulationsprogramm MultiSim eine Reihe von Instrumenten zur Verfügung, die in ihrem Aussehen und ihrer Funktionalität mit den realen Instrumenten in einem herkömmlichen Elektroniklabor vergleichbar sind. Durch die virtuellen Messgeräte ergibt sich eine Art von Mensch-Maschine-Schnittstelle. Dem Anwender von MultiSim stehen zahlreiche Messgeräte zur Verfügung, die normalerweise nur im technisch-wissenschaftlichen Forschungslabor zu finden sind. Wenn man das Messgeräte-Symbol in der horizontalen bzw. vertikalen Leiste anklickt, erscheinen die Symbole der einzelnen Messgeräte. Insgesamt stehen elf Messgeräte zur Verfügung und damit ergeben sich optimale Analysemöglichkeiten für ein schaltungstechnisches Problem.

3.1 Funktionsgenerator und Multimeter

Für die Spannungsmessung steht ein Multimeter und ein Funktionsgenerator dient als Spannungserzeuger. Abb. 3.1 zeigt den Aufbau.

Der Funktionsgenerator erzeugt Sinus-, Dreieck- und Rechtecksignale mit Frequenzen zwischen 0,1 Hz und 999 MHz. Die Amplitude lässt sich von 0,01 μV bis 999 kV stufenlos einstellen. Mithilfe des Tastverhältnisses kann man die unterschiedlichen Anstiegs- und Abfallzeiten der Sägezahnsignale und die Impulsdauer bzw. die Impulspause für Impulssequenzen einstellen. Die Offset-Vorgabe ermöglicht das Anheben bzw. Absenken der Nulllinie des Signals. Für das Rechtecksignal können außerdem die Flankenzeiten exakt spezifiziert werden.

Mit dem Funktionsgenerator werden die Schaltungen einfach und praxisgerecht mit Signalspannung bzw. Frequenz versorgt. Die Signalform lässt sich ändern, ebenso die Frequenz, die Amplitude und das Tastverhältnis lassen sich stufenlos einstellen.

H. Bernstein, *Elektroakustik*, https://doi.org/10.1007/978-3-658-25174-1_3

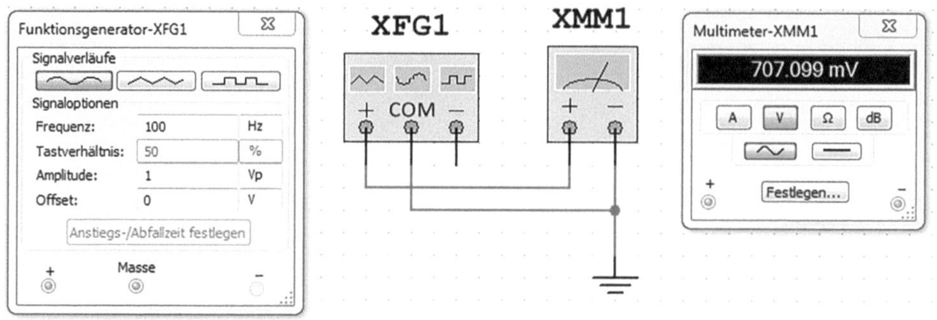

Abb. 3.1 Simulierter Funktionsgenerator und Multimeter

Der Frequenzbereich des Funktionsgenerators ist so groß, dass nicht nur normale Signalwerte der analogen und digitalen Schaltungstechnik, sondern auch Audio- und Radiofrequenzen erzeugt werden können.

Der Funktionsgenerator besitzt drei Anschlüsse, über die die Signale in die Schaltung eingespeist werden. Der Anschluss „Masse“ stellt den Bezugspegel für das Signal bereit. Wenn die Masse den Bezug für ein Signal bilden soll, verbindet man den Anschluss „Masse“ mit dem Bauteil „Masse“. Der positive Anschluss speist eine bezogen auf den Bezugsanschluss in positiver Richtung verlaufende Kurvenform in die nachfolgende Schaltung ein. Der negative Anschluss speist eine entsprechend in negativer Richtung verlaufende Kurvenform ein.

Um eine Kurvenform zu wählen, klickt man auf die entsprechende Sinus-, Dreieck- oder Rechteckschaltfläche. Das Tastverhältnis des Dreieck- und Rechtecksignals können Sie zwischen 1 % und 99 % ändern. Mit dieser Option stellt man das Verhältnis aus ansteigendem zum abfallenden Kurventeil (Dreiecksignal) bzw. positivem zum negativen Impulsanteil (Rechtecksignal) ein. Die Tastverhältniseinstellung wirkt sich nicht auf ein Sinussignal aus. Über das Schaltfeld „Frequenz“ verändert man die Periodenanzahl des vom Funktionsgenerator erzeugten Signals zwischen 0,1 Hz und 999 MHz. Abb. 3.2 zeigt die Einstellmöglichkeiten des Funktionsgenerators.

Über das Schaltfeld „Amplitude“ bestimmt man den Betrag der Signalspannung vom Nulldurchgang bis zum Spitzenwert. Wenn die Einspeisungspunkte der Schaltung mit dem Anschluss „Masse“ und dem positiven oder negativen Anschluss des Funktionsgenerators verbunden sind, beträgt der Spitze-Spitze-Wert das zweifache der Amplitude. Wenn das Ausgangssignal dagegen über den negativen und positiven Anschluss eingespeist wird, beträgt der Spitze-Spitze-Wert das vierfache der Amplitude.

Über das Schaltfeld „Offset“ lässt sich der Gleichspannungspegel, der den Nulldurchgang für das Signal bildet, verschieben. Bei einem Offset von 0 alterniert die Signalkurve um die x-Achse des Oszilloskops (vorausgesetzt, dessen Y-Position ist auf 0 eingestellt). Ein positiver Offsetwert verschiebt die Kurve nach oben, ein negativer nach unten. Der Offsetwert besitzt die Einheit, die für die Amplitude eingestellt wurde.

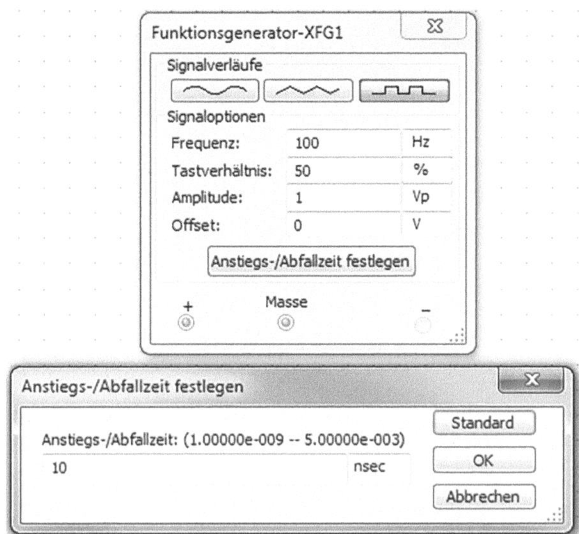

Abb. 3.2 Einstellmöglichkeiten des Funktionsgenerators

Das Multimeter ermöglicht die Messung von Strom (A), Spannung (V), Widerstand (Ω) und Dämpfung (dB) von Gleich- (DC) und Wechselstromsignalen (AC). Alle internen Eigenschaften wie z. B. die Innenwiderstände lassen sich verändern. Das Multimeter besitzt eine Autorange-Funktion, d. h. der Messwert wird in der Anzeige automatisch auf den richtigen Messwert eingestellt. Abb. 3.3 zeigt die Einstellmöglichkeiten des Multimeters.

Mit dem Multimeter (Vielfachmessgerät) können Sie den Gleich- oder Wechselstrom, die Gleich- oder Wechselspannung, den Widerstand und den Dämpfungsfaktor zwischen zwei Punkten in einer Schaltung messen. Da das Multimeter eine automatische Messbereichsumschaltung (Autorange) besitzt, ist es nicht erforderlich, einen Messbereich anzugeben. Der Innenwiderstand und der Messstrom sind auf annähernd ideale Werte voreingestellt und lassen sich durch Klicken auf „Setting" (Einstellungen) ändern.

Mit der Strommessung lässt sich der Strom durch die Schaltung an einem Knoten messen. Klickt man auf „A" und dann auf Wechsel- oder Gleichstrom. Das Multimeter muss hierzu wie ein reales Amperemeter in Reihe mit der Last geschaltet werden. Um den Strom an einem anderen Punkt in der Schaltung zu messen, müssen Sie das Multimeter neu in Serie anschließen und die Schaltung erneut aktivieren. Beim Einsatz des Multimeters als Amperemeter ist dessen Innenwiderstand sehr klein. Mit der Schaltfläche „Setting" können Sie diesen Widerstandswert entsprechend ändern.

Mit der Spannungsmessung können Sie die Spannung zwischen zwei Punkten messen. Klicken Sie auf „V" und schließen Sie das Voltmeter parallel zur Last an. Nachdem die Schaltung aktiviert wurde, können Sie die Voltmeteranschlüsse beliebig verschieben, um die Spannung zwischen weiteren Punkten zu messen. Beim Einsatz des Multimeters

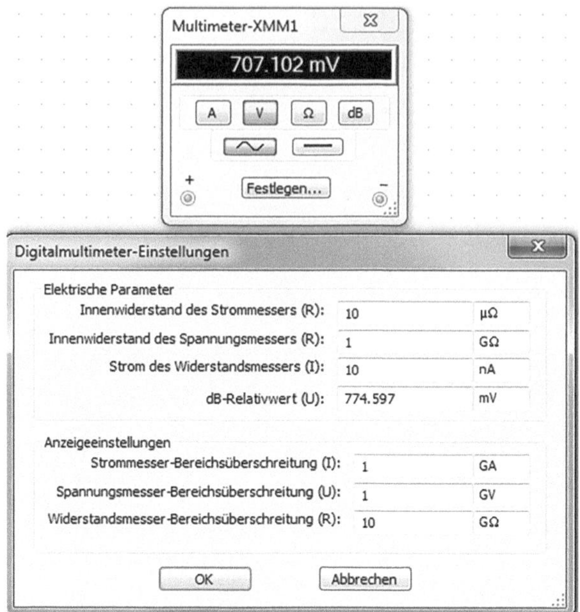

Abb. 3.3 Einstellmöglichkeiten des Multimeters

als Voltmeter ist dessen Innenwiderstand sehr hoch (1 MΩ). Klicken Sie auf die Schaltfläche „Setting“, um diesen Widerstandswert zu ändern.

Durch die Widerstandsmessung lässt sich ein Widerstand zwischen zwei Punkten erfassen. Die Messpunkte und alles was zwischen den Messpunkten liegt, wird als Netzwerk bezeichnet. Um ein genaues Messergebnis zu erzielen, stellt man sicher, dass

- sich keine Quelle (Spannung, Strom, Gleich- bzw. Wechselsignale) im Netzwerk befindet
- das Bauteil oder Netzwerk mit Masse verbunden ist
- das Multimeter auf DC eingestellt ist
- kein anderes Bauteil parallel mit dem zu messenden Bauteil oder Netzwerk geschaltet ist

Das Ohmmeter erzeugt für die angeschlossenen Bauteile einen Messstrom von 1 mA. Sie können den Messstrom über die Schaltfläche „Setting“ einstellen. Nachdem man das Ohmmeter an andere Messpunkte angeschlossen hat, muss man die Schaltung erneut aktivieren, um eine Anzeige zu erhalten.

Mit der Dezibelmessung kann man den Dämpfungsfaktor zwischen zwei Punkten in einer Schaltung messen. Die Standardbasis für die Dezibelmessung ist auf 1 V voreingestellt. Man kann diesen Wert über die Schaltfläche „Setting" einstellen. Der Dämpfungsfaktor wird wie folgt berechnet:

$$a_{\text{dB}} = 20 \cdot \log \frac{U_1}{U_2}$$

Wichtig bei der Messung von Strom- und Spannung ist die Einstellung der Stromart. Mit der AC-Schaltfläche lässt sich die Effektivspannung oder der Effektivstrom eines Wechselspannungssignals messen. Die evtl. im Signal vorhandenen DC-Anteile werden automatisch unterdrückt, sodass nur der AC-Signalanteil gemessen wird. Mit der DC-Schaltfläche wird der Strom- oder Spannungswert eines DC-Signals gemessen.

Um die Effektivspannung U in einer Schaltung mit AC- und DC-Anteilen zu messen, schließt man ein AC-Voltmeter und zusätzlich ein DC-Voltmeter zwischen die zu messenden Knoten an. Die Effektivspannung errechnet man mit der Gleichung:

$$U = \sqrt{U_{\text{DC}}^2 + U_{\text{AC}}^2}$$

Dies ist keine allgemein gültige Gleichung, wird aber in MultiSim für die Simulation verwendet.

Ein Multimeter in einer Schaltung, das sich nicht auf den gesamten Schaltungsbereich auswirkt, bezeichnet man als ideal. Im Voltbereich ist ein unendlich hoher Innenwiderstand vorhanden, damit kein Strom hindurchfließt. Ein ideales Amperemeter hat keinen Innenwiderstand und es fällt daher auch keine Spannung ab. Da diese Eigenschaften in der Praxis nicht erreichbar sind, weichen alle Messergebnisse immer von den theoretischen bzw. rechnerischen Werten einer Schaltung geringfügig ab. Abb. 3.4 zeigt die Dezibelmessung des Multimeters.

Jedes Übertragungssystem stellt einen Vierpol dar, denn dieser besteht aus zwei Eingangs- und zwei Ausgangspolen. An den Eingangsklemmen werden Leistung, Spannung und der Strom zugeführt, während man an den Ausgangsklemmen dann die Ausgangswerte abnimmt. Ist das Verhältnis Ausgang zu Eingang größer als 1, spricht man von

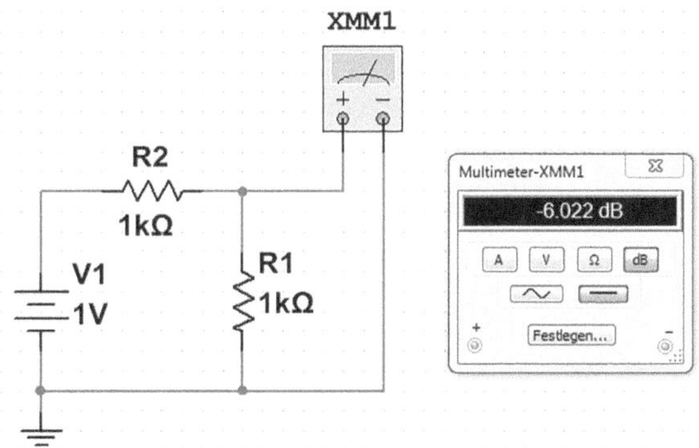

Abb. 3.4 Dezibelmessung des Multimeters

Tab. 3.1 Einstellbereiche des Multimeters

Formelzeichen	Multimeter-Einstellungen	Standard	Wertebereich
R	Amperemeter-Shunt-Widerstand	1 Ω	pΩ bis Ω
R	Voltmeter Innenwiderstand	1 GΩ	Ω bis TΩ
I	Ohmmeter-Messstrom	10 µA	µA bis kA
U	Dezibel-Standard	1 V	µV bis kV

einem aktiven Vierpol (Verstärkung), ist dieses Verhältnis aber kleiner als 1, hat man einen passiven Vierpol (Dämpfung). Die Angabe erfolgt in Dezibel (dB).

Dämpfung in Dezibel:

$$-a_{\mathrm{dB}} = 20 \cdot \lg \frac{U_1}{U_2} = 20 \cdot \lg \frac{I_1}{I_2} = 10 \cdot \lg \frac{P_1}{P_2}$$

Verstärkung in Dezibel:

$$a_{\mathrm{dB}} = 20 \cdot \lg \frac{U_2}{U_1} = 20 \cdot \lg \frac{I_2}{I_1} = 10 \cdot \lg \frac{P_2}{P_1}$$

Am Eingang des Spannungsteilers von Abb. 3.4 liegt eine Spannung von $U_1 = 1$ V und am Ausgang wird $U_2 = 0{,}5$ V gemessen. Wie groß ist die Dämpfung?

$$-a_{\mathrm{dB}} = 20 \cdot \lg \frac{U_1}{U_2} = 20 \cdot \lg \frac{1\,\mathrm{V}}{0{,}5\,\mathrm{V}} = 20 \cdot \lg 2 = 20 \cdot 0{,}301 = 6{,}0206\,\mathrm{dB}$$

In der Anzeige des Multimeters steht der Wert −6,021 dB, denn die Anzeige im Multimeter erfolgt nach der Verstärkung! Durch die Änderung des Spannungsteilers lassen sich Übungen mit der Dämpfung durchführen.

Um die Multimeter-Einstellungen anzuzeigen, klickt man auf die Schaltfläche „Setting“. Damit ergeben sich die Einstellungen in Tab. 3.1.

Wichtig! Ein sehr niedriger Amperemeter-Shunt-Widerstand in einer hochohmigen Schaltung kann zu mathematischen Rundungsfehlern führen.

3.2 Funktionsgenerator und 2-Kanal-Oszilloskop

Die Hauptteile eines Elektronenstrahl-Oszilloskops sind

- Elektronenstrahlröhre
- Y-Verstärker (Vertikalverstärker) mit Abschwächer
- X-Verstärker (Horizontalverstärker) mit Abschwächer
- Zeitablenkschaltung

Die Elektronenstrahlröhre besteht aus einem trichterförmigen, evakuierten Glaskolben. Im Kolbenhals ist das Elektrodensystem untergebracht, während der Kolbenboden von einer meist plan ausgeführten Glasplatte gebildet wird, die auf ihrer Innenseite eine Lumineszenzschicht trägt. Dieser sogenannte Leuchtschirm wird jeweils dort, wo Elektronen auftreffen, zum Leuchten angeregt. Die Farbe des Leuchtflecks ist vielfach grün, aber bisweilen auch blau oder andersfarbig. Die Helligkeit des Leuchtflecks hängt jeweils von der Menge und von der Geschwindigkeit der auf den Leuchtschirm prallenden Elektronen ab. Die Elektronen werden ihrerseits durch thermische Emission aus der Katode freigemacht, die von einem Heizfaden erwärmt wird. Unmittelbar vor der Katode befindet sich ein metallischer Hohlzylinder – der sogenannte Wehneltzylinder –, der an eine niedrige, gegen Katode negative Spannung gelegt wird. Durch Veränderung dieser Spannung mithilfe eines Widerstands werden die (negativen) Elektronen mehr oder weniger stark abgestoßen. Je größer diese negative Vorspannung ist, desto kleiner ist also die Anzahl Elektronen, die den Wehneltzylinder passieren können. Man stellt auf diese Weise die Helligkeit des Leuchtflecks auf dem Bildschirm ein (Helligkeitseinsteller an der Front des Oszilloskops). Außerdem kann man die Helligkeit von außen beeinflussen. Dies geschieht über den mit „Z“ bezeichneten Anschluss. Ist die Z-Spannung eine Wechselspannung, so ändert sich die Helligkeit in Abhängigkeit der Frequenz dieser Spannung (sogenannte Strahl- oder Helligkeitsmodulation).

Auf den Wehneltzylinder folgen drei zylindrische Elektroden, die an einer hohen, gegen Katode positiven Spannung liegen. So werden die Elektronen durch die Öffnung des Wehneltzylinders „gesaugt“ und beschleunigt. Die Anoden selbst werden wegen ihrer Zylinderform nicht von den Elektronen getroffen, die mit großer Geschwindigkeit hindurchfliegen. Die einzelnen Anoden weisen nicht die gleiche positive Spannung auf und die Spannung von a_2 ist einige hundert Volt niedriger als die von a_1 und a_3. Diese Spannungsdifferenz beeinflusst die Bahn der Elektronen derart, dass diese ziemlich genau durch einen einzigen Punkt fliegen. Die Kombination a_1, a_2 und a_3 wirkt wie eine Elektronenlinse. Durch Veränderung der Spannungsdifferenz zwischen a_2 und a_1 bis a_3 mithilfe von Widerständen kann man den Brennpunkt dieser „Linse“ so legen, dass auf dem Leuchtschirm ein scharfer Leuchtfleck sichtbar wird (Schärfeeinsteller oder Fokussierung an der Front des Oszilloskop).

Die mittlere Spannung an den Ablenkplatten X und X' ist etwa die gleiche wie an a_3, wodurch die Geschwindigkeit der Elektronen unverändert bleibt. Eine etwaige Spannungsdifferenz zwischen den beiden Platten eines Plattenpaars bestimmt die Ablenkung des Elektronenstrahls in X- bzw. in Y-Richtung. Üblicherweise wird die horizontale Richtung als X-Richtung, die vertikale Richtung als Y-Richtung bezeichnet. Diese Festlegung stimmt mit der in der Mathematik üblichen überein. Ist weder zwischen X und X' noch zwischen Y, und Y' eine Spannungsdifferenz vorhanden, so erscheint der Leuchtfleck in der Mitte des Leuchtschirms. Ist Y, positiv gegen Y', so wird der Elektronenstrahl beispielsweise nach oben abgelenkt: Je größer diese Spannungsdifferenz ist, desto weiter verschiebt sich der Leuchtfleck nach oben (die Ablenkung des Leuchtflecks ist der Spannungsdifferenz proportional). Ist Y dagegen negativ gegen Y', so wird der Leuchtfleck nach unten abgelenkt. Sinngemäß verschiebt eine Spannungsdifferenz zwischen X und X' den Leuchtfleck nach rechts oder links, wenn X positiv bzw. negativ gegen X' ist. Wird zwischen X und X' eine Wechselspannung angelegt, so schwingt der Leuchtfleck vertikal auf und ab. Bei schnellen Spannungsänderungen ist diese Bewegung derart rasch, dass man wegen der Trägheit des Auges und des Nachleuchteffektes des Leuchtschirmmaterials eine stillstehende, vertikale Linie sieht. Eine horizontale Linie nimmt man wahr, wenn eine Wechselspannung mit entsprechender Frequenz zwischen Y und Y' angelegt wird. Der Leuchtfleck lässt sich also bei gleichzeitiger Einwirkung zweier Spannungen nahezu trägheitslos über die gesamte Schirmfläche verschieben; in X-Richtung durch die eine Spannung (X-Spannung) und in Y-Richtung durch die andere (Y-Spannung). Auf diese Weise können zwei Spannungen miteinander verglichen werden. Mit anderen Worten: Man kann die Y-Spannung als Funktion der X-Spannung darstellen.

Der Ablenkkoeffizient (hierunter versteht man die Spannungsdifferenz eines Plattenpaars, die zur Auslenkung des Leuchtflecks um 1 Teil – meist 10 mm – erforderlich ist) hängt u. a. von der Geschwindigkeit ab, mit der die Elektronen die Ablenkplatten passieren. Bei geringer Geschwindigkeit sind die Elektronen relativ lange den Ablenkkräften ausgesetzt, was einen günstigen Ablenkkoeffizienten zur Folge hat. Allerdings ist dies mit einer entsprechend geringeren Leuchtfleckhelligkeit gepaart. Um nun die Bildhelligkeit zu erhöhen, ohne dass dabei eine starke Verschlechterung des Ablenkkoeffizienten auftritt, ist eine Nachbeschleunigungsanode a_4 vorgesehen, die an eine Spannung von einigen tausend Volt gelegt wird. Infolge dieser hohen Spannung prallen die Elektronen mit erhöhter Geschwindigkeit auf den Leuchtschirm. Da die Nachbeschleunigung erst nach Passieren des Ablenksystems stattfindet, tritt praktisch keine Beeinträchtigung des Ablenkkoeffizienten auf. Die Nachbeschleunigungsanode besteht meistens aus einer wendelförmigen Bahn aus schlecht leitendem Material an der Innenseite des Glaskolbens. Das schirmnahe Ende dieser Spirale liegt an der vollen Hochspannung, während das entgegengesetzte Ende eine Spannung aufweist, die etwa der von a_3 entspricht. Infolge des allmählichen Spannungsfalls entlang der Widerstandsbahn bleibt die Richtung der Elektronen während der Nachbeschleunigung unverändert. Die beim Aufprall der Elektronen auf den Schirm frei werdende Energie wird nicht nur in Licht umgewandelt, sondern verursacht auch sogenannte Sekundäremission. Diese vom Leuchtschirm emittierten Elektronen werden von a_4 abgefangen. Es liegt also ein geschlossener Stromkreis vor: Katode – Elektronenstahl – Leuchtschirm – Sekundäremission – Nachbeschleunigungsanode (a_4).

Für die Auslenkung des Leuchtflecks auf dem Bildschirm um 10 mm ist an einem Ablenkplattenpaar eine Spannung in der Größenordnung von 20 V bis 30 V erforderlich. In der Regel liegen die zu messenden Spannungen nicht in dieser Größenordnung, sodass eine Vorverstärkung notwendig ist. Eine solche Vorverstärkung, die bereits bei 100 mV eine Auslenkung von 10 mm bewirkt, kann verhältnismäßig leicht verwirklicht werden. Sind andererseits die zu messenden Spannungen derart groß, dass der Verstärker übersteuert wird, so muss man sie zunächst abschwächen. Ein Abschwächer ist ein Spannungsteiler, bestehend aus einer Kombination von Widerständen und/oder Kondensatoren. Mithilfe eines Stufenschalters oder Potentiometers kann man die gewünschte Spannungsteilung stufenförmig oder stetig einstellen, wobei dann ein bestimmter Bruchteil des den Y-Klemmen zugeführten Signals an den Verstärkereingang gelangt. Auf diese Weise kann die Verstärkung in Y-Richtung bestimmt werden. In diesem Zusammenhang wird als Maß der Ablenkkoeffizient angegeben. Dieses ist der Quotient aus der Ablenkspannung und der Auslenkung des Bildpunktes (Leuchtfleck) bei definierten Betriebsbedingungen. Bei Wechselspannung ist dieses die Spannung von Scheitel zu Scheitel.

Die Angabe erfolgt in Volt je Zentimeter, wenn nicht aufgrund der möglicherweise anders gearteten Teilung des Messrasters andere Teillängen zugrunde liegen. In solchen Fällen ist die Angabe Volt je Teil, wobei dann die Teillänge erwähnt wird. Vielfach wird dem einstellbaren Abschwächer noch ein fester Spannungsteiler von beispielsweise 1:10 vorgeschaltet, untergebracht in einem Tastkopf, der über ein Messkabel an dem Oszilloskop angeschlossen wird. Bei der Messung wird der Tastkopf mit dem Messobjekt in Verbindung gebracht, sodass die abgeschwächte Spannung über das Messkabel an das Oszilloskop gelangt. Auf diese Weise wird das Messobjekt weniger mit der Eingangsimpedanz (Parallelschaltung aus Eingangswiderstand und Eingangskapazität) des Y-Verstärkers belastet. Der Eingangswiderstand handelsüblicher Oszilloskope beträgt etwa 1 MΩ, die Eingangskapazität etwa 20 pF bis 50 pF.

Mithilfe eines Oszilloskops kann man den Ablauf der verschiedensten Erscheinungen sichtbar darstellen. Dabei kommt es darauf an, jede beliebige Spannung (mit beliebiger Frequenz, Amplitude und Kurvenform) möglichst „naturgetreu" zu verstärken. Demzufolge sind an die Übertragungseigenschaften des Y-Verstärkers hohe Anforderungen zu stellen. Die naturgetreue Verstärkung rasch veränderlicher Spannungen macht eine entsprechend schnell ansprechende Schaltung erforderlich. Dieses wird durch Verwendung von Bauteilen mit möglichst geringer Parasitärkapazität und -induktivität sowie durch kapazitäts- und induktionsarme Montage der Schaltung erreicht. Ein Maß für die Ansprechgeschwindigkeit des Y-Verstärkers ist der sogenannte Frequenzbereich. Man versteht hierunter den Bereich, in dem sich der Ablenkkoeffizient um nicht mehr als ± 3 dB (etwa ± 30 %), bezogen auf den waagerechten Teil der Frequenzkennlinie, ändert, und zwar einschließlich etwa vorhandener Signalverzögerungseinrichtungen. Letztere findet man bereits in einer Reihe von Oszilloskopen.

Die Qualität eines Verstärkers kann man durch das Produkt aus Verstärkung und Frequenzbereich ausdrücken. Hohe Verstärkung und großer Frequenzbereich sind einander widersprechende Eigenschaften. Es ist nämlich äußerst schwierig, einen Breitbandverstärker zu konstruieren, der sich außerdem noch durch eine hohe Verstärkung auszeichnet. Oszilloskope mit einem Ablenkkoeffizienten von 10 mV/cm und einem Frequenzbereich von 10 MHz gehören zur normalen Mittelklasse. Es gibt jedoch auch Oszilloskope, deren Frequenzbereich beim genannten Ablenkkoeffizienten das Drei- oder Vierfache beträgt.

Der Y-Verstärker soll nicht nur Spannungen von hoher Frequenz naturgetreu verstärken, sondern es müssen auch langsam veränderliche Spannungen unverzerrt wiedergegeben werden. Moderne Oszilloskope sind daher mit sogenannten Gleichspannungsverstärkern ausgestattet. Dieses sind Verstärker, bei denen die Kopplung zwischen den einzelnen Stufen „galvanisch“, d. h. direkt, geschieht, – dies im Gegensatz zu Wechselspannungsverstärkern, deren Stufen mit Kondensatoren (die den Gleichstrom sperren) gekoppelt sind. Das Fehlen von Kopplungskondensatoren in einem Gleichspannungsverstärker bringt es jedoch mit sich, dass neben den zu messenden Gleichspannungen auch die im Verstärker selbst auftretenden Gleichspannungsänderungen mit verstärkt werden. Dies kann zu fehlerhaften Messungen führen. Diese sogenannte Gleichspannungsdrift im Verstärker kann beispielsweise durch eine vorübergehende Veränderung der Speisespannung des Verstärkers entstehen; letztere als Folge unvermeidlicher Netzspannungsschwankungen.

Bei Verwendung von Gleichspannungsverstärkern ist dieser Umstand zu beachten. Bei den meisten Oszilloskopen kann man den Y-Verstärker wahlweise als Gleichspannungsverstärker (Schalterstellung DC bzw. =) oder als Wechselspannungsverstärker (Schalterstellung AC bzw. ~) betreiben. Man schaltet den Y-Verstärker als Gleichspannungsverstärker, wenn man Gleichspannungen, niederfrequente Wechselspannungen oder Wechselspannungen mit einer Gleichspannungskomponente zu messen wünscht. In allen anderen Fällen empfiehlt es sich, den Y-Verstärker als Wechselspannungsverstärker zu schalten.

Der Ausgang des Y-Verstärkers ist mit den Ablenkplatten praktisch immer „gleichspannungsgekoppelt“. Dadurch wird die Möglichkeit geboten, neben dem zu messenden Signal auf dem gleichen Weg eine interne Gleichspannung an die Platten zu legen. Durch Veränderung dieser Gleichspannung kann man das Oszillogramm vertikal verschieben (Y-Verschiebung).

Die für den Y-Verstärker geltenden Grundsätze in Bezug auf „naturgetreue“ Übertragung haben naturgemäß auch für den X-Verstärker einschließlich Abschwächer Gültigkeit. Mithilfe des X-Abschwächers stellt man den Ablenkkoeffizienten in X-Richtung ein. Ferner ist eine sogenannte X-Verschiebung vorhanden, die es gestattet, das Oszillogramm in horizontaler Richtung zu verschieben. Bei einigen Oszilloskopen sind die Eigenschaften von X- und Y-Verstärker gleich. In vielen Fällen ist jedoch die Qualität des Y-Verstärkers (Produkt aus Verstärkung und Frequenzbereich) bedeutend besser als die des X-Verstärkers, da dieser bei den meisten Messungen ohnehin mit einer hohen „internen“ Spannung gesteuert wird, sodass ein weniger günstiger Ablenkkoeffizient hier völlig ausreicht. Aus dem eingangs wiedergegebenen Blockschaltbild des Oszilloskops ist ersichtlich, dass der Eingang von X-Verstärker und X-Abschwächer mithilfe eines Schalters umgeschaltet werden kann. In Stellung 1 wird die Ausgangsspannung der Zeitablenkschaltung an den X-Abschwächer gelegt.

Die Zeitablenkschaltung liefert eine linear mit der Zeit verlaufende Spannung. In dieser Schalterstellung erfolgt die X-Ablenkung also zeitproportional. Dabei wird der Verlauf einer an den Y-Eingang geführten Spannung als Funktion der Zeit abgebildet. Befindet sich der Schalter in Stellung 2, ist der X-Abschwächer mit dem externen

X-Eingang (X extern) verbunden. Legt man an diesen Anschluss keine Spannung, erfolgt auch keine X-Ablenkung. Diese Stellung des Schalters benutzt man auch dann, wenn man zwei beliebige Größen miteinander vergleichen will. Die der einen Größe entsprechende Spannung legt man an den Y-Eingang, die der anderen Größe entsprechende Spannung an den X-Eingang. Es erscheint dann auf dem Leuchtschirm ein Diagramm, das die Beziehung zwischen den beiden Größen wiedergibt. Erwähnt sei, dass man durchweg die X- und Y-Spannungen so anlegt, dass jeweils der eine Pol an einem gemeinsamen Punkt (Massepunkt) liegt. Schließlich kann S_2 noch in Stellung 3 gebracht werden. In diesem Fall liegt am X-Abschwächer eine aus der Netzspannung abgeleitete Sinusspannung mit der Netzfrequenz (zumeist 50 Hz), und es wird demnach die jeweilige Y-Spannung mit der Netzspannung verglichen.

Häufig wünscht man, den Verlauf eines Vorgangs oder einer Größe in Abhängigkeit von der Zeit sichtbar zu machen. Man legt dann die Spannung, die der betreffenden Größe proportional ist, über den Y-Verstärker und Y-Abschwächer an die Y-Ablenkplatten. Gleichzeitig beaufschlagt man die X-Ablenkplatten mit einer Spannung, die den Elektronenstrahl mit konstanter Geschwindigkeit von links nach rechts über den Schirm bewegt.

Nachdem der Leuchtfleck den rechten Schirmrand erreicht hat, muss er rasch wieder an seinen Ausgangspunkt, d. h. zum linken Schirmrand, zurückspringen. Unmittelbar anschließend kann dann ein neuer Zyklus beginnen. Die an der X-Ablenkplatte, liegende Spannung muss – bezogen auf X′ – also „allmählich“ und gleichförmig von einem bestimmten negativen Wert auf einen ebenso großen positiven Wert ansteigen und sodann „schnell“ wieder auf den Anfangswert zurückgehen usw. Eine solche Spannung nennt man Sägezahnspannung. Die Zeit, die der ansteigende Teil einer Sägezahnspannung in Anspruch nimmt, nennt man Hinlaufdauer, die des abfallenden Teils Rücklaufdauer. Jedes Oszilloskop enthält eine Schaltung zur Erzeugung von Sägezahnspannungen, die sogenannte Zeitablenkschaltung. Schaltungen dieser Art beruhen praktisch immer auf dem Prinzip, dass sich die Spannung an einem Kondensator zeitlinear ändert, wenn dieser Kondensator mit konstantem Strom geladen oder entladen wird. Während des Rücklaufs gibt der Zeitablenkgenerator einen negativen Impuls an den Wehneltzylinder ab, sodass der Leuchtschirm während dieser Zeit dunkel bleibt.

Damit auf dem Leuchtschirm ein stillstehendes Bild erscheint, muss die Periodendauer der Sägezahnspannung gleich der Periodendauer der zu messenden Spannung oder einem Vielfachen davon sein. Aus diesem Grund ist im Oszilloskop die Möglichkeit einer stufenweisen und/oder stetigen Änderung der Periodendauer des Sägezahns vorhanden. Man verändert damit die Ablenkgeschwindigkeit des Elektronenstrahls in horizontaler Richtung. So erhält man in Verbindung mit dem Messraster einen Zeitmaßstab, der auch Zeitablenkkoeffizient genannt wird. Dieser gibt an, welcher Zeitdauer eine Längeneinheit auf dem Schirm entspricht. Da aber weder die Frequenz der Y-Spannung noch die der Sägezahnspannung völlig stabil ist, beginnt das Oszillogramm früher oder später doch wieder zu „wandern“, sodass der Zeitmaßstab abermals nachgestellt werden muss. Um diese umständlichen Korrekturen von Hand zu vermeiden, geht man folgendermaßen vor: man

„startet“ die Zeitablenkschaltung mithilfe der Y-Spannung. Es erfolgt dann automatisch ein einzelner Hin- und Rücklauf der Zeitablenkung, worauf diese erneut gestartet werden muss. Auf diese Weise ist die Y-Spannung mit der Sägezahnspannung phasenstarr „verriegelt“, wodurch ein völliger Stillstand des Bilds gewährleistet ist. Man spricht in diesem Fall vom getriggerten Betrieb der Zeitablenkung. Erwähnt sei, dass bei der heute weitverbreiteten getriggerten Zeitablenkung der Schirm normalerweise durch entsprechende Vorspannung des Wehneltzylinders verdunkelt ist. In diesem Fall wird der Hinlauf hellgetastet. Im Übrigen ist zu beachten, dass das Triggersignal nicht zu groß sein darf (maximal etwa 10 V). Aus dem Blockschaltbild des Oszilloskops ist ersichtlich, dass das Triggersignal auf verschiedene Weise zugeführt werden kann. Befindet sich der Schalter in Stellung 1, so wird die Zeitablenkschaltung „intern“ mit der verstärkten Y-Spannung getriggert. Dieser Fall ist der gebräuchlichste. (In den nachstehenden Experimenten wird fast immer „intern getriggert“, wenn nicht anderslautende Hinweise gegeben werden.) In Stellung 2 des Schalters kann man ein „externes“ Triggersignal an den Zeitablenkgenerator legen. Bringt man den Schalter in Stellung 3, wird mit der Netzspannung getriggert.

Durch Verwendung eines sogenannten elektronischen Schalters kann man zwei oder mehr Diagramme gleichzeitig auf ein und demselben Bildschirm sichtbar machen. Die Wirkungsweise ist kurz wie folgt. Mithilfe des (elektronischen) Schalters S werden die Ausgänge der Kanäle Y_A und Y_B mit dem Y-Eingang eines Oszilloskops verbunden. Dieses geschieht abwechselnd mit einer Umschaltfrequenz, die mindestens so hoch sein muss, dass das menschliche Auge beide Darstellungen scheinbar gleichzeitig wahrnimmt, die jede für sich ja nur während einer bestimmten Zeitspanne auf dem Schirm erscheinen (Es sei angenommen, dass der X-Verstärker des betreffenden Oszilloskops auf INTERN geschaltet ist und von der Zeitablenkung gesteuert wird.). Sind die Spannungen an Y_A und Y_B niederfrequent (maximal etwa 200 Hz), so arbeitet man mit einer Schaltfrequenz von etwa 2000 Hz oder mehr. Die beiden Einzelbilder bestehen dann allerdings nicht mehr aus einer zusammenhängenden Kurve, sondern aus einzelnen Bildelementen. Ist die Schaltfrequenz 10-mal größer als die Frequenz des zu messenden Signals, so wird jede Periode durch zehn Bildelemente wiedergegeben, was als Minimum zu betrachten ist. Nach Möglichkeit empfiehlt sich eine höhere Anzahl von Bildelementen, weil dann weniger Bilddetails verlorengehen.

Für Signale mit höheren Frequenzen (etwa ab 200 Hz) verwendet man eine Schaltfrequenz, die niedriger als die Frequenz der Messspannung ist. Jetzt werden eine oder mehrere vollständige Perioden sichtbar. Diese Art der Umschaltung ist bei Frequenzen unterhalb 200 Hz nicht anwendbar, da bei Schaltfrequenzen unter 25 Hz Flimmererscheinungen aufzutreten beginnen. Damit möglichst wenig Bilddetails verlorengehen, muss der eigentliche Umschaltvorgang sehr rasch erfolgen. Das Verspringen des Elektronenstrahls vom einen auf das andere Bild bleibt dann praktisch unsichtbar. Zumeist sind mechanische Schalter für diesen Zweck viel zu träge. Man benutzt daher Elektronenröhren oder Transistoren als Schalter. Die Kanäle Y_A und Y_B enthalten jeder einen Abschwächer zur Einstellung der Ablenkkoeffizienten. Beide Kanäle besitzen überdies einen gemeinsamen Massepunkt. Ferner sind Vorkehrungen getroffen, dass die beiden Bilder in vertikaler Richtung gegeneinander verschoben werden können; man kann dazu die mittlere Ausgangsspannung in den beiden Kanälen verändern.

Sind die zu messenden Spannungen derart niedrig, dass die resultierende Auslenkung trotz der im Oszilloskop vorgenommenen X- bzw. Y-Verstärkung noch unzureichend ist, so ist eine zusätzliche Verstärkung vor dem Oszilloskop notwendig. Für diesen Zweck sind Vorverstärker erhältlich, mit deren Hilfe niedrige Spannungen (1 mV und darunter) auf den gewünschten Pegel gebracht werden können. Selbstverständlich ist in solchen Verstärkern eine möglichst niedrige Brumm- und Rauschspannung anzustreben, weil diese Störspannungen in der gleichen Größenordnung wie die zu messenden Spannungen liegen. Es hat sich gezeigt, dass ein gutes Oszilloskop den Verlauf der zu messenden Größe naturgetreu wiederzugeben vermag. Folglich ist es von größter Bedeutung, dass jede Schaltung, die zwischen dem Messobjekt und dem Oszilloskop eingefügt ist, ebenfalls eine verzerrungsfreie Wiedergabe ermöglicht. Ein Universal-Vorverstärker muss daher unbedingt eine große Bandbreite besitzen. Ein weiterer Vorteil des Oszilloskops ist es, dass er selbst das Messobjekt nur in sehr geringem Ausmaß belastet, sodass er den Betriebszustand des Messobjektes nicht nennenswert stört. Diese Eigenschaft muss bei Verwendung eines Vorverstärkers erhalten bleiben, d. h. der Eingangswiderstand des Verstärkers muss groß sein (z. B. 2 MΩ), die Eingangskapazität klein (z. B. 20 pF). Die meisten Vorverstärker sind mit einem einfachen Abschwächer zur Einstellung des Verstärkungsgrads – in Verbindung mit dem nachgeschalteten Oszilloskop – zur Einstellung des Ablenkkoeffizienten ausgerüstet.

Abb. 3.5 zeigt einen Funktionsgenerator und ein 2-Kanal-Oszilloskop, das im Einkanalbetrieb arbeitet. Der Funktionsgenerator liefert eine Spitzenspannung von $U_S = 1$ V bei einer Frequenz von $f = 100$ Hz. Diese Spannung liegt am Oszilloskop und an dem Multimeter an. Während man im Oszilloskop eine Spannung von $U_S = 1$ V ablesen kann, ergibt sich am Multimeter eine effektive Spannung von $U = 707$ mV.

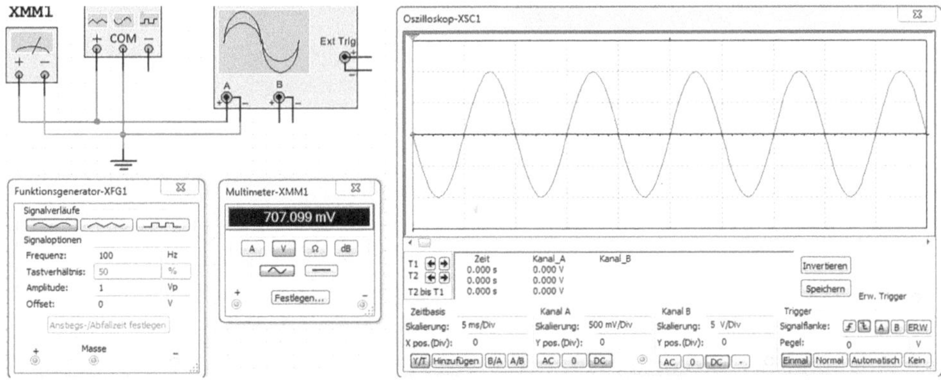

Abb. 3.5 Funktionsgenerator und 2-Kanal-Oszilloskop im Einkanalbetrieb

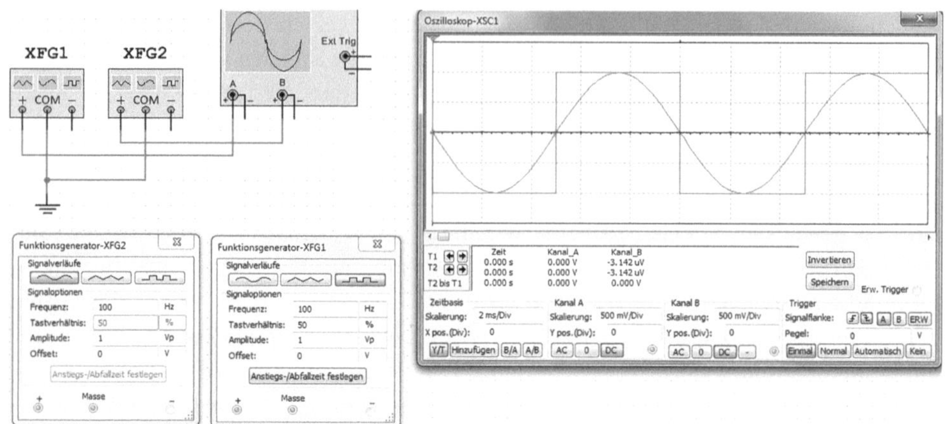

Abb. 3.6 Zwei Funktionsgeneratoren und ein 2-Kanal-Oszilloskop im Zweikanalbetrieb

Der Funktionsgenerator liefert seine symmetrische Sinusspannung und über das Tastverhältnis lässt sich die Sinusspannung nicht einstellen. Erst wenn man auf die Dreieck- und Rechteckfunktion umschaltet, kann man das Tastverhältnis zwischen 1 % und 99 % stufenlos einstellen.

In Abb. 3.6 sind zwei Funktionsgeneratoren parallel geschaltet und das Oszilloskop erhält eine Sinusspannung am Kanal A und eine symmetrische Rechteckspannung am Kanal B. Das Tastverhältnis wurde auf 50 % eingestellt, d. h. der Impuls hat eine Dauer von 50 % und die Pause von 50 %.

3.3 Spannungserzeuger und 4-Kanal-Oszilloskop

Das 4-Kanal-Oszilloskop von Abb. 3.7 hat vier Eingänge und die einzelnen Einstellungen werden über den Drehkopf bestimmt.

Die Spannungsquelle V1 ist eine einstellbare FM-Quelle. Die FM-Quelle (Singularfrequenz-Frequenzmodulationsquelle) erzeugt ein frequenzmoduliertes Signal. Diese Quelle kann zum Aufbau und zur Analyse von nachrichtentechnischen Schaltungen verwendet werden.

Es lassen sich Amplitudenspitzenwert (Voreinstellung: 5 V), Trägerfrequenz (Voreinstellung: 1 kHz), Modulationsindex (Voreinstellung: 5), Modulationsfrequenz (Voreinstellung: 100 Hz) und Offset (Voreinstellung: 0 V) einstellen. Die FM-Quelle lässt sich nur intern betreiben und programmieren. Das Verhalten der FM-Quelle kann mit der charakteristischen Gleichung wie folgt beschrieben werden:

$$U_A = u_a \cdot \sin\,(2 \cdot \pi \cdot f_C \cdot \text{Zeit} + m \cdot \sin(2 \cdot \pi \cdot f_m \cdot \text{Zeit}))$$

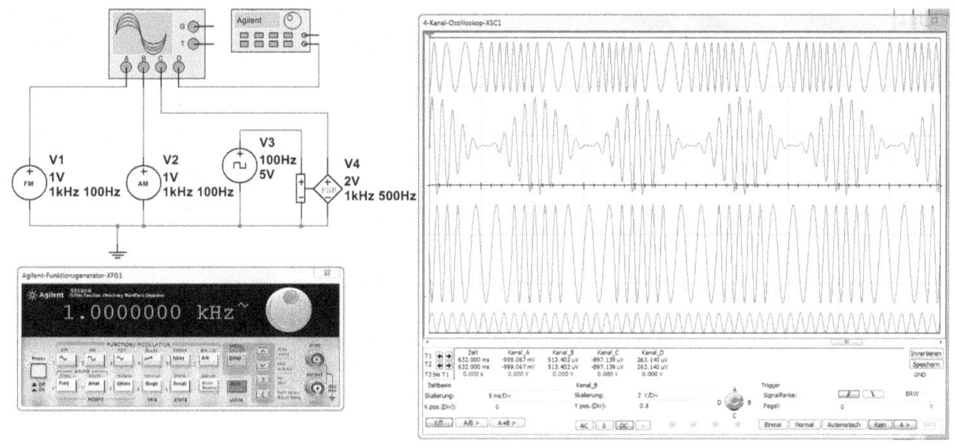

Abb. 3.7 Vier Spannungserzeuger und 4-Kanal-Oszilloskop

u_a = Spitzenamplitude in V
f_C = Trägerfrequenz in Hz
m = Modulationsindex
f_m = Modulationsfrequenz in Hz

Die Spannungsquelle V2 ist eine einstellbare AM-Quelle. Die AM-Quelle (Singularfrequenz-Amplitudenmodulationsquelle) erzeugt ein amplitudenmoduliertes Signal. Diese Quelle kann zum Aufbau und zur Analyse von nachrichtentechnischen Schaltungen verwendet werden. Die AM-Quelle lässt sich intern bzw. extern betreiben und programmieren.

Es lassen sich Trägeramplitude (Voreinstellung: 1 V), Trägerfrequenz (Voreinstellung: 1 kHz), Modulationsindex (Voreinstellung: 1) und Modulationsfrequenz (Voreinstellung: 100 Hz) einstellen. Das Verhalten der AM-Quelle kann mit der charakteristischen Gleichung wie folgt beschrieben werden:

$$U_A = u_C \cdot \sin(2 \cdot \pi \cdot f_C \cdot \text{Zeit}) \cdot (1 + m \cdot \sin(2 \cdot \pi \cdot f_m \cdot \text{Zeit}))$$

u_C = Trägeramplitude in V
f_C = Trägerfrequenz in Hz
m = Modulationsindex
f_m = Modulationsfrequenz in Hz

Mit der FSK-Spannungsquelle (Frequency Shift Keying) oder Frequenzumtastung werden für die Umtastung von Fernschreibverbindungen bzw. Computernetzwerke benötigt, indem die Trägerfrequenz in einem Bereich von wenigen hundert Hertz umgeschaltet wird. Die FSK-Quelle erzeugt die Anschaltfrequenz f_1, wenn am Eingang die binäre

1 erkannt wird, und die Raumübertragungsfrequenz f_2, wenn eine 0 erkannt wird. Die FSK-Quelle lässt sich intern bzw. extern betreiben und programmieren.

Die Spannungsquelle, die am Kanal D angeschlossen ist, ist ein Arbiträrgenerator. Der Arbiträrgenerator ist eine Besonderheit, denn es handelt sich um einen frei programmierbaren Funktionsgenerator. Mithilfe des Shift-Balkens kommt man in das Untermenü und erhält eine Liste von vorgegebenen Funktionskurven, z. B. NEG-RAMP. Dabei handelt es sich um eine negative Rampe, die sich nach Wünschen entsprechend abändern lässt.

Hochgenaue Messfrequenzen (relativer Frequenzfehler unter etwa 10^{-7}) können nicht durch freischwingende RC- oder LC-Oszillatoren erzeugt werden, sondern müssen durch sogenannte Frequenzaufbereitungsverfahren von einer hochkonstanten Referenzfrequenz abgeleitet werden, z. B. von der Schwingfrequenz eines sehr hochwertigen Quarzoszillators. Geräte dieser Art nennt man Synthesizer, wegen ihrer im Allgemeinen dekadischen Einstellbarkeit auch Frequenzdekaden. Der 15-MHz-Funktionsgenerator 33120 A basiert auf der Synthesizertechnik.

Bei dem Frequenzsyntheseverfahren wird die gewünschte Ausgangsfrequenz aus einer Reihe von Einzelfrequenzen, die alle ganzzahlige Vielfache oder Teile einer Referenzfrequenz sind, in entsprechend vielen Mischstufen zusammen addiert, subtrahiert, multipliziert und dividiert. Das zu synthetisierende Signal durchläuft eine Reihenschaltung von Mischstufen mit zwischengeschalteten Bandpässen und Frequenzteilern. In jeder Mischstufe wird die Frequenz um einen hinzugemischten Wert vergrößert oder verkleinert. Die hinzugemischten Frequenzen werden durch umschaltbare Bandpässe aus den Oberschwingungen der Referenzfrequenz ausgefiltert. Durch die zwischen den Mischstufen liegenden Frequenzteiler wird erreicht, dass für alle Dekaden dieselben Harmonischen der Referenzfrequenz benutzt werden können. Die Bandpässe zwischen den Mischstufen blenden jeweils die gewünschten Mischprodukte aus und nach der letzten Umsetzung ist nur noch ein Tiefpass erforderlich.

Wie dieses Verfahren nun im Einzelnen arbeitet, kann am 15-MHz-Funktionsgenerator 33120 A erklärt werden. Hier ist eine Dekadenschalter-Stellung „1.0000000 kHz" gezeigt, wie diese Ausgangsfrequenz aus dem Bereich der 45-ten bis 54-ten Harmonischen von 100 kHz zusammengemischt wird. Die Bandpässe müssen jeweils unmittelbar hinter den Mischstufen liegen und bei diesem Beispiel jeweils den Bereich 5 MHz bis 6 MHz passieren lassen, der Ausgangstiefpass den Bereich 0 Hz bis 100 kHz.

Wenn gewünscht, kann bei einem solchen Verfahren von einer beliebigen Dezimalstelle an auf kontinuierliche Abstimmung umgeschaltet werden, wenn man den entsprechenden Mischereingang auf den vorgesehenen Interpolationsgenerator umschaltet. Legt man z. B. den ersten Schalter (erste Stelle vor dem Dezimalpunkt) um, so kann zwischen 90,055…90,056 kHz interpoliert werden, legt man den zweiten Schalter (erste Stelle nach dem Dezimalpunkt) um, so kann zwischen 90,050…90,060 kHz interpoliert werden, usw., legt man den letzten Schalter um, so hat man eine freie kontinuierliche Abstimmbarkeit über den gesamten Bereich von 0…100 kHz, wobei die präzise dekadische Ablesbarkeit und Stabilisierung nicht verloren geht. Man erkennt, dass man auf diese Weise auch Teil- oder Ganzbereiche wobbeln kann, und man erkennt, dass man eine Frequenzmodulation einspeisen kann, aber auch eine Amplitudenmodulation da die Mischstufen bei geeigneter Dimensionierung auch Amplitudenschwankungen weitergeben.

Zusammenfassend ist erkennbar, dass das Verfahren der Frequenzsynthese ganz offensichtlich hinsichtlich der Umschaltbarkeit und der Modulierbarkeit große Freiheiten offen lässt. Da der 15-MHz-Funktionsgenerator 33120 A nicht mit vielen benötigten Filtern (analoges Verfahren mit Widerständen, Kondensatoren und Spulen) arbeitet, sondern mit einem elektronischen Filter ausgestattet ist, ergibt sich ein kompakter Aufbau.

Beim anderen Verfahren der Frequenzanalyse wird die Ausgangsspannung nicht über Mischstufen, sondern direkt von einem Oszillator erzeugt, der über einen Phasenregelkreis mit einer Referenzfrequenz phasensynchronisiert und damit frequenzstarr verbunden wird. Nun liegt die Referenzfrequenz in der Regel um einige Dekaden tiefer als die Ausgangsfrequenz. Um den für die Phasenregelung notwendigen Phasenvergleich in einem Phasendiskriminator vornehmen zu können, muss deshalb die Oszillatorfrequenz entweder durch Zusetzen einer weiteren quarzstabilen Frequenz auf die Referenzfrequenz heruntergemischt werden oder sie muss durch einen Frequenzteiler heruntergeteilt werden.

Das Analyseverfahren kommt mit wesentlich geringerem Aufwand aus, da man nicht so viele Filter benötigt, und auch, da man einige Systemteile mithilfe von integrierten Schaltungen der Digitaltechnik realisieren kann, ist aber hinsichtlich der Frequenzumschaltung und hinsichtlich Modulationsmöglichkeiten von mancherlei Problemen begleitet. Der optimierte Synthesizer benutzt daher im Allgemeinen zweckmäßige Kombinationen des Frequenzsynthese- und -analyseverfahrens. Moderne Synthesizerkonzepte sind deshalb nicht mehr einfach zu überblicken, zumal gute Standardgeräte heute einen Dezimalstufenbereich von der 10-Hz-Stelle bis 10 MHz aufweisen.

Die relative Frequenzkonstanz eines derartigen Synthesizers ist gleich der Konstanz der Referenzfrequenz. Mit hochwertigen Quarzoszillatoren werden z. B. bei den Werten von $<2 \cdot 10^{-9}$/°C, $<2 \cdot 10^{-9}$/Tag und $<5 \cdot 10^{-8}$/Monat erreicht. Stabilere Frequenzen können von entsprechend stabileren externen Frequenznormalen abgeleitet werden.

Der Funktionsgenerator entspricht dem realen Messinstrument 33120 A von Agilent (früher Hewlett Packard). Wie beim Original-Messinstrument 33120 A muss dieses Gerät eingeschaltet werden und erzeugt dann die Spannungen, über die Schaltfläche „POWER On/Off". Danach wählt man die Impulsform aus: Sinus, Rechteck, Dreieck und Sägezahn. Die Frequenz stellt man mit der Schaltfläche „Freq" ein und zwar mit der Schaltfläche „∧" für höher und mit „∨" kleiner. Wenn man die Stellen nach dem Dezimalpunkt ändert, drückt man „>" die Stellen wandern nach links und bei „<" nach rechts. Damit lässt sich die Frequenz nach dem Dezimalpunkt mit sieben Stellen justieren.

Die Ausgangsspannung wird über „Ampl" eingestellt und der Wert ist U_{PP}. Man kann mit den Schaltflächen „∧" die Ausgangsspannung erhöhen oder mit „∨" verkleinern. Eine sehr schnelle Einstellung kann man vornehmen, wenn man den Drehknopf virtuell mit der Maus dreht. Bei 20 V_{PP} ist eine Begrenzung in positiver und negativer Richtung möglich. Mit der Schaltfläche „Offset" verschiebt man das Gleichstromverhältnis in positive und negative Richtung.

Wenn man das Oszilloskop anschließt und die Simulation startet, kann man alle Funktionen und Einstellungen testen. Man kann das Gerät über die Schaltfläche „POWER" ein- und ausschalten. Die Messung wird über die Simulation gestartet.

Der Funktionsgenerator erzeugt Sinus- und Rechteckfrequenzen bis 15 MHz. Die Ausgabe erfolgt im 12-Bit-Format für Sinus, Dreieck, Rampe, Rauschen und mehr. Die Frequenzerzeugung erfolgt nach DDS (Direct Digital Synthesis) und damit ist eine hervorragende Frequenzstabilität gewährleistet.

Durch einen Funktionsgenerator lassen sich Sinus-, Dreieck- und Rechtecksignale erzeugen, wobei man Amplitude, Frequenz, Tastverhältnis und Offset (Verschiebung des Gleichspannungsanteils in positiver bzw. negativer Richtung) einstellen kann.

Durch Anklicken einer der Tasten erhält man die Signalform für die Grundfrequenzen: Sinus, Dreieck und Rechteck. Die Frequenz lässt sich auf verschiedene Weisen ändern. Die erste Möglichkeit besteht darin, die Drehknöpfe (Spin-Controls) anzuklicken. Bei dieser Methode erhöht sich der Frequenzwert um jeweils 1. Diesen Vorgang kann man auch durch die Verwendung der beiden Pfeiltasten (Cursor-Tasten) der PC-Tastatur realisieren. Wenn man den Frequenzwert über die Tastatur eingibt, lässt sich der Frequenzwert mit einer Kommastelle (Dezimalpunkt) eingeben, z. B. 3.5 kHz. Klicken Sie hierzu mit der Maus in die Frequenzwertanzeige des Funktionsgenerators.

Die Frequenz bei einer sinusförmigen Wechselspannung gibt die Anzahl der Perioden pro Sekunde an. Die Frequenz und die Kreisfrequenz berechnen sich aus

$$f = \frac{1}{T} \qquad \omega = 2 \cdot \pi \cdot f$$

Der Funktionsgenerator erzeugt eine Wechselspannung mit 1 kHz. Berechnen Sie die Periodendauer und die Kreisfrequenz!

$$T = \frac{1}{f} = \frac{1}{1\,\text{kHz}} = 1\,\text{ms} \qquad \omega = 2 \cdot \pi \cdot f = 2 \cdot 3{,}14 \cdot 1\,\text{kHz} = 6280\,\text{s}^{-1}$$

Die Wellenlänge λ ist der Abstand zwischen zwei Stellen gleichen Schwingungszustandes, d. h. zweier Verdichtungsstellen. Die Berechnung erfolgt nach

$$\lambda = \frac{c}{f}$$

c = Ausbreitungsgeschwindigkeit (diese beträgt in Luft und Vakuum 300.000 km/s und in Kupferleitungen 240.000 km/s).

Bei den Wechselgrößen unterscheidet man zwischen Augenblickswert, Scheitelwert, Effektivwert, Gleichrichtwert, Scheitelfaktor und Formfaktor.

- Der Augenblickswert ist der Wert einer Wechselgröße zu einem bestimmten Zeitpunkt. Die Kennzeichnung erfolgt durch Kleinbuchstaben mit „*u*" für den Augenblickswert der Spannung oder „*i*" für den Strom.

- Der Scheitelwert ist der größte Betrag des Augenblickswertes einer Wechselgröße. Die Kennzeichnung erfolgt durch ein Dach über den Buchstaben mit „$\hat{u}$" für die Spannung oder „$\hat{i}$" für den Strom.
- Der Effektivwert ist der zeitliche quadratische Mittelwert einer Wechselgröße. Die Kennzeichnung erfolgt durch Großbuchstaben oder mit dem Index „eff", also U bzw. U_{eff} für die Spannung oder „I" bzw. I_{eff} für den Strom.
- Der Gleichrichtwert ist der arithmetische Mittelwert des Betrags einer Wechselgröße über eine Periode. Die Kennzeichnung erfolgt durch Betragsstriche und Überstrich wie $|\bar{u}|$ für die Spannung oder „$|i|$" für den Strom, wobei man in der Praxis auf die Betragsstriche verzichtet.
- Der Scheitelfaktor einer Wechselgröße ist das Verhältnis von Scheitelwert zum Effektivwert. Es gilt

$$S = \frac{\hat{u}}{U} = \frac{\hat{i}}{I}$$

Der Scheitelfaktor ist von der entsprechenden Schwingungsform abhängig. Tab. 3.2 zeigt die einzelnen Scheitelfaktoren.

- Der Formfaktor einer Wechselgröße ist das Verhältnis von Effektivwert zum Gleichrichtwert:

$$F = \frac{U}{\bar{u}} = \frac{I}{\bar{i}} \qquad F \geq 1$$

Tab. 3.3 zeigt die einzelnen Formfaktoren, wobei man die Schwingungsform berücksichtigen muss.

Die Amplitude, also die Ausgangsspannung, kann man wieder mittels mehrerer Methoden einstellen. Die erste Möglichkeit besteht darin, die Drehknöpfe (Spin-Controls) anzuklicken. Bei dieser Methode wird der Amplitudenwert jeweils um 1 erhöht bzw. verringert.

Tab. 3.2 Scheitelfaktoren in Abhängigkeit der Schwingungsform

Schwingungsform	Scheitelfaktor
Sinus	$\sqrt{2} = 1{,}414$
Dreieck	$\sqrt{3} = 1{,}732$
Sägezahn	$\sqrt{3} = 1{,}732$
Rechteck	1,00

Tab. 3.3 Formfaktoren in Abhängigkeit der entsprechenden Schwingungsform

Schwingungsform	Formfaktor
Sinus	$\frac{\pi}{2\sqrt{2}} = 1{,}111$
Dreieck	$\frac{2}{\sqrt{3}} = 1{,}155$
Rechteck	1,00

Dieser Vorgang lässt sich auch durch die Verwendung der Pfeiltasten (Cursortasten) auf der PC-Tastatur realisieren. Auch kann man eine direkte Eingabe des Amplitudenwertes über die Tastatur vornehmen. Hierbei wird der Amplitudenwert mit einer Nachkommastelle (Dezimalpunkt) eingegeben, z. B. 7.2 V. Klicken Sie hierzu mit der Maus in die Amplitudenwertanzeige des Funktionsgenerators. Mit dem Offset verschiebt man den Gleichspannungsanteil des erzeugten Signals in positive bzw. negative Richtung.

3.4 Leistungs- oder Wattmeter

Unter Leistungsmessung versteht man ohne besonderen Hinweis die Messung der Wirkleistung P eines Verbrauchers oder einer Gruppe von Verbrauchern. Im Gleichstromnetz oder bei reinen ohmschen Widerständen ist keine Phasenverschiebung vorhanden. In diesem Falle ist die Leistung gleich dem Produkt aus Strom und Spannung und kann durch Messung von Strom und Spannung bestimmt werden.

Ist ein Blindanteil vorhanden, wird mit der gleichen Schaltung bei Wechselstrom die Scheinleistung ermittelt. Wenn es sich nur um informatorische Messung handelt, mit geringen Ansprüchen an die Genauigkeit, dann kann ein Amperemeter in Watt justiert werden, unter Voraussetzung von konstanter Netzspannung. Auf der Skalenbeschriftung sind die Stromwerte bereits mit der Nennspannung multipliziert. Auch hier wird natürlich bei Wechselstrom die Scheinleistung gemessen.

Die Blindleistung Q kann aus Wirkleistung und Scheinleistung errechnet werden. Die Wirkleistung wird von einem elektrodynamischen Wattmeter angezeigt, die Scheinleistung aus Strom- und Spannungsmessung bestimmt, wie Abb. 3.8 zeigt. Die Blindleistung ist die geometrische (vektorielle) Differenz aus Schein- und Wirkleistung. Außerdem kann aus diesen Messungen der Leistungsfaktor berechnet werden. cos φ ist das Verhältnis von Wirkleistung zu Scheinleistung.

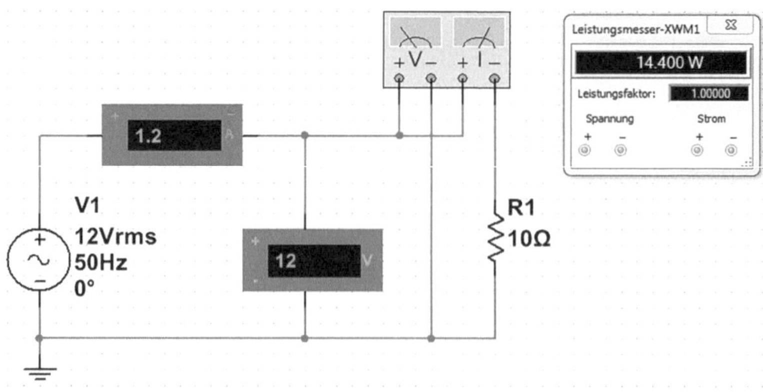

Abb. 3.8 Leistungsmessung an Wechselspannung

Die Blindleistung Q errechnet sich aus

$$Q = \sqrt{S^2 - P^2} = \sqrt{(U \cdot I)^2 - P^2} \qquad \cos\varphi = \frac{P}{S} = \frac{P}{U \cdot I}$$

In Abb. 3.8 ist ein Wattmeter, ein Voltmeter und ein Amperemeter gezeigt. Die Lampe ist auf 12 V/10 W eingestellt und das Wattmeter zeigt direkt die Leistung an. Mit dem Volt- und Amperemeter kann man die Leistung berechnen:

$$P = U \cdot I = 12\ \text{V} \cdot 1{,}2\ \text{A} = 14{,}4\ \text{W}$$

Der Leistungsfaktor zeigt einen Wert von $\cos\varphi = 1$ an, da mit Gleichstrom gearbeitet wird und eine Lampe einen ohmschen Verbraucher darstellt.

Abb. 3.9 zeigt die Leistungsmessung an einer Spule und der Gleichstromwiderstand soll 1 Ω betragen, den man durch Anklicken des Symbols einstellen kann. Der induktive Blindwiderstand ist

$$X_{\text{L}} = 2 \cdot \pi \cdot f \cdot L = 2 \cdot 3{,}14 \cdot 50\ \text{Hz} \cdot 10\ \text{mH} = 3{,}14\ \Omega$$

Der Gleichstromwiderstand beträgt $R = 1\ \Omega$. Damit lässt sich der Scheinwiderstand berechnen mit

$$Z = \sqrt{R^2 + X_{\text{L}}^2} = \sqrt{(1\ \Omega)^2 + (3{,}14\ \Omega)^2} = 3{,}29\ \Omega$$

Der Wechselstrom ist dann

$$I = \frac{U}{Z} = \frac{12\ \text{V}}{3{,}29\ \Omega} = 3{,}64\ \text{A}$$

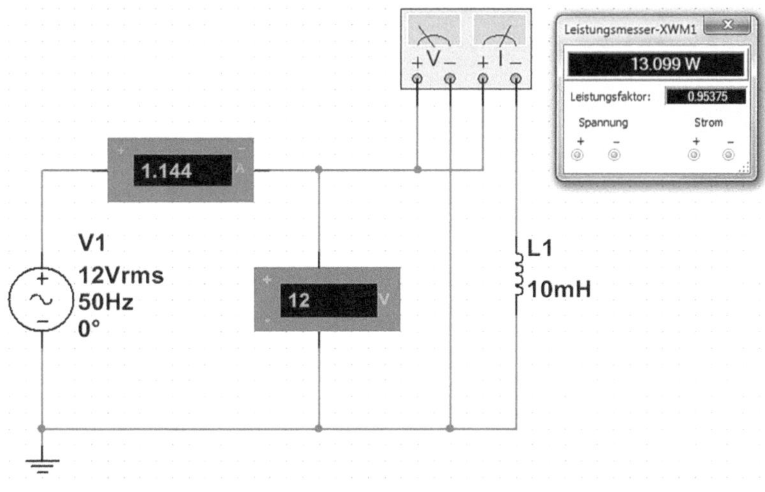

Abb. 3.9 Leistungsmessung an einer Spule

Die Spannungsfälle an dem ohmschen und an dem induktiven Blindwiderstand berechnen sich aus

$$U_R = I \cdot R = 3{,}64\,\text{A} \cdot 1\,\Omega = 3{,}64\,\text{V}$$

$$U_L = I \cdot X_L = 3{,}64\,\text{A} \cdot 3{,}14\,\Omega = 11{,}42\,\text{V}$$

$$U = \sqrt{U_R^2 + U_L^2} = \sqrt{(3{,}64\,\text{V})^2 + (11{,}42\,\text{V})^2} = 12\,\text{V}$$

Ein Wattmeter misst die Spannung und den Strom einer Schaltung und bildet das Produkt „Wirkleistung“ und den Leistungsfaktor „cos φ“. Abb. 3.10 zeigt eine Schaltung mit dem Wattmeter für die Leistungsmessung einer RL-Schaltung.

Mit einem Wattmeter kann man die Wirkleistung und den Leistungsfaktor (Power Factor) messen. Das Messinstrument zeigt eine Wirkleistung von $P = 4{,}13$ W und einen Leistungsfaktor von cos $\varphi = 0{,}535$. Das Amperemeter hat einen Wert von $I = 0{,}64$ A. Es gilt für die Schein- und Wirkleistung

$$S = U \cdot I = 12\,\text{V} \cdot 0{,}64\,\text{A} = 7{,}68\,\text{VA}$$

$$P = U \cdot I \cdot \cos\varphi = 12\,\text{V} \cdot 0{,}64\,\text{A} \cdot 0{,}535 = 4{,}1\,\text{W}$$

Da die Wirkleistung von $P = 4{,}1$ W bekannt ist, kann man die Blindleistung berechnen aus

$$Q = \sqrt{S^2 - P^2} = \sqrt{(7{,}68\,\text{VA})^2 - (4{,}07\,\text{W})^2} = 6{,}5\,\text{var}$$

Aus der Messung mit dem Volt- und Amperemeter und Wattmeter erhält man die Blindleistung. Durch eine Rechnung kommt man auf den Leistungsfaktor:

$$\cos\varphi = \frac{P}{S} = \frac{4{,}07\,\text{W}}{7{,}68\,\text{VA}} = 0{,}53 \Rightarrow \varphi = 57{,}6^\circ$$

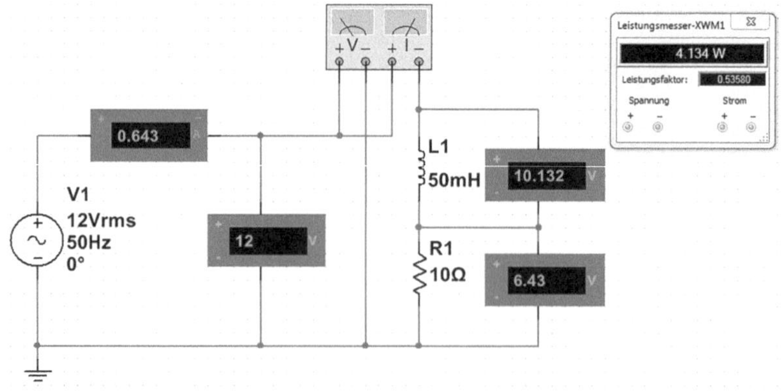

Abb. 3.10 Messschaltung mit Wattmeter für die Leistungsmessung einer RL-Schaltung

Die Spule hat einen induktiven Blindwiderstand von

$$X_\mathrm{L} = 2 \cdot \pi \cdot f \cdot L = 2 \cdot 3{,}14 \cdot 50\,\mathrm{Hz} \cdot 50\,\mathrm{mH} = 15{,}7\,\Omega$$

Der Spannungsfall an Widerstand und Spule berechnet sich aus

$$U_\mathrm{R} = I \cdot R = 0{,}64\,\mathrm{A} \cdot 10\,\Omega = 6{,}4\,\mathrm{V}$$
$$U_\mathrm{L} = I \cdot X_\mathrm{L} = 0{,}64\,\mathrm{A} \cdot 15{,}7\,\Omega = 10\,\mathrm{V}$$

Aus den Spannungen lässt sich die Phasenverschiebung berechnen

$$\cos\varphi = \frac{U_\mathrm{R}}{U} = \frac{6{,}4\,\mathrm{V}}{12\,\mathrm{V}} = 0{,}53 \Rightarrow \varphi = 57{,}7^\circ$$

Damit beträgt der Leistungsfaktor 0,537 (Berechnung) und 0,537 (Messung).

Aus der Schaltung lassen sich noch einige Werte errechnen. Die einzelnen Spannungen sind

$$U = \sqrt{U_\mathrm{R}^2 + U_\mathrm{L}^2}; \quad U_\mathrm{R} = \sqrt{U^2 - U_\mathrm{L}^2}; \quad U_\mathrm{L} = \sqrt{U^2 + U_\mathrm{R}^2}$$

Werden für die Phasenverschiebung die Winkelfunktionen definiert, ergibt sich

$$\sin\varphi = \frac{U_\mathrm{L}}{U} \quad \Rightarrow \quad U = \frac{U_\mathrm{R}}{\sin\varphi}; \quad U_\mathrm{L} = U \cdot \sin\varphi$$
$$\cos\varphi = \frac{U_\mathrm{R}}{U} \quad \Rightarrow \quad U = \frac{U_\mathrm{R}}{\cos\varphi}; \quad U_\mathrm{R} = U \cdot \cos\varphi$$
$$\tan\varphi = \frac{U_\mathrm{L}}{U_\mathrm{R}} \quad \Rightarrow \quad U_\mathrm{R} = \frac{U_\mathrm{L}}{\tan\varphi}; \quad U_\mathrm{L} = U_\mathrm{R} \cdot \tan\varphi$$

Bei den Voltmetern ist der Innenwiderstand auf 1 MΩ voreingestellt, der sich in der Regel nicht auf die Schaltung auswirkt. Wenn Sie jedoch in einer Schaltung messen, die selbst einen sehr großen Eigenwiderstand besitzt, können Sie durch die Erhöhung des Innenwiderstands genauere Messergebnisse erzielen. Wenn jedoch ein Voltmeter mit einem extrem hohen Innenwiderstand in einer Schaltung mit geringem Eigenwiderstand eingesetzt wird, kann dies zu einem Rundungsfehler bei der Messwertberechnung führen. Den Innenwiderstand kann man zwischen 1 Ω und 999,99 TΩ einstellen, wenn man das Symbol anklickt.

Das Voltmeter kann Gleichspannung (DC-Betrieb) oder Wechselspannung (AC-Betrieb) messen. Bei der Einstellung auf „DC" werden eventuell vorhandene Wechselspannungsanteile unterdrückt, sodass der DC-Anteil gemessen wird. Im Modus „AC" zeigt das Voltmeter den Effektivwert des Spannungssignals an.

Man schließt das Voltmeter parallel zur messenden Last an. Nachdem die Schaltung aktiviert wurde, wird deren Verhalten simuliert und das Voltmeter zeigt die Spannung über die Messpunkte an. Das Voltmeter zeigt gegebenenfalls Zwischenwerte an, die bis zum Erreichen der konstanten Betriebsspannung auftreten. Wenn man das Voltmeter nach der Simulation verschiebt, aktiviert man die Schaltung erneut, um einen Anzeigenwert zu erhalten.

Bei den Amperemetern ist der Innenwiderstand auf 1 nΩ voreingestellt, der sich in der Regel nicht auf die Schaltung auswirkt. Wenn man jedoch in einer Schaltung misst, die selbst einen geringen Eigenwiderstand hat, kann man durch die Verringerung des Innenwiderstands genauere Messergebnisse erzielen. Wenn jedoch ein Amperemeter mit einem extrem geringen Innenwiderstand in einer Schaltung mit einem sehr kleinen Eigenwiderstand eingesetzt wird, kann dies zu einem Rundungsfehler bei der Messwertberechnung führen. Den Innenwiderstand kann man zwischen 1 pΩ und 999,99 Ω einstellen, wenn man das Symbol anklickt.

Das Amperemeter kann Gleichspannung (DC-Betrieb) oder Wechselspannung (AC-Betrieb) messen. Bei der Einstellung auf „DC" werden eventuell vorhandene Wechselstromanteile unterdrückt, sodass der DC-Anteil gemessen wird. Im Modus „AC" zeigt das Amperemeter den Effektivwert des Stromsignals an.

Man schließt das Amperemeter in Reihe zur Last an. Nachdem die Schaltung aktiviert wurde, wird deren Verhalten simuliert und das Amperemeter zeigt den Strom zwischen den Messpunkten an. Das Amperemeter zeigt gegebenenfalls Zwischenwerte an, die bis zum Erreichen des konstanten Betriebsstroms auftreten. Wenn das Amperemeter nach der Simulation verschoben wird, aktiviert man die Schaltung erneut, um einen Anzeigewert zu erhalten.

3.5 Bode-Plotter

Der Bode-Plotter erzeugt ein Diagramm des Frequenzverhaltens einer Schaltung und ist nützlich für die Analyse von Filterschaltungen. Mit dem Bode-Plotter lässt sich die Spannungsverstärkung bzw. -abschwächung und die Phasenlage eines Signals messen. Der angeschlossene Bode-Plotter analysiert auch das Frequenzspektrum einer Schaltung. Abb. 3.11 zeigt Symbol und das geöffnete Fenster für einen Bode-Plotter, wobei ein RC-Hochpass gemessen wird. Die Wechselspannung arbeitet als Stimulus für den Bode-Plotter und die Spannung bzw. Frequenz kann beliebig gewählt werden.

Der Bode-Plotter erzeugt Frequenzen, die einen vorgegebenen Frequenzbereich abdecken. Die Frequenz der erforderlichen AC-Quelle in der Schaltung wirkt sich in keiner Weise auf den Bode-Plotter aus, es muss jedoch mindestens eine AC-Quelle in der Schaltung vorhanden sein.

Der Anfangswert *I* und der Endwert *F* ist für die horizontale und vertikale Skala auf den Minimal- bzw. Maximalwert voreingestellt. Diese Werte können jederzeit geändert werden, um das Diagramm mit einer anderen Skala anzeigen zu lassen. Möchte man nach Abschluss einer Simulation die Skala oder die Skalierungsbasis ändern, kann es erforderlich sein, die Schaltung erneut zu aktivieren, um das Diagramm detailgetreuer neu zeichnen zu lassen. Wenn man den Bode-Plotter an andere Messpunkte anschließt

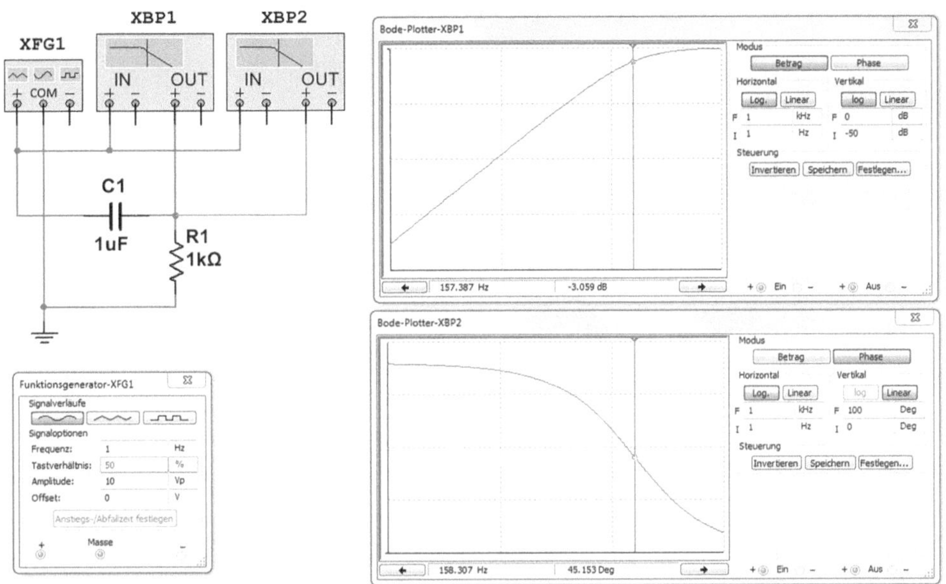

Abb. 3.11 RC-Hochpass-Schaltung, gemessen mit einem Bode-Plotter

(umklemmen), sollte die Schaltung stets erneut aktiviert werden, damit korrekte Ergebnisse angezeigt werden.

- Betrag und Phase: Wählen Sie „Betrag", um die Spannungsverstärkung (in Dezibel) zwischen den beiden Punkten $U+$ und $U-$ zu messen. Wählt man „Phase", um die Phasenverschiebung (in Grad) zwischen zwei Punkten zu messen. Sowohl die Spannungsverstärkung als auch die Phasenverschiebung wird über die Frequenz (in Hz) dargestellt.

Wenn $U+$ und $U-$ einzelne Punkte in einer Schaltung sind:

- Verbindet man den positiven Anschluss IN und den positiven Anschluss OUT mit den Verbindungspunkten $U+$ und $U-$.
- Verbindet man die negativen Anschlüsse IN und OUT mit Masse.

Wenn $U+$ (oder $U-$) der Betrag oder die Phase über ein Bauteil ist, schließt man beide IN-Anschlüsse (oder beide OUT-Anschlüsse) parallel zu dem Bauteil an.

- Einstellung der Basis: Die logarithmische Skalierung wird verwendet, wenn die zu vergleichenden Werte in einem sehr großen Wertebereich liegen. Dies ist bei der Analyse des Frequenzverhaltens der Regelfall. Der Dezibelwert für beispielsweise die Spannungsverstärkung eines Signals wird wie folgt berechnet:

$$a_{\mathrm{dB}} = 20 \cdot \log_{10}\left(\frac{U_{\mathrm{a}}}{U_{\mathrm{e}}}\right)$$

Man kann zwischen der logarithmischen (LOG) zur linearen (LIN) Basis umschalten, ohne die Schaltung erneut zu aktivieren. Definitionsgemäß gilt jedoch nur ein logarithmisches Diagramm als Bode-Diagramm.

- Horizontale Achse (1,0 MHz bis 10,0 GHz): Auf der horizontalen bzw. x-Achse ist die Frequenz dargestellt. Die Skala wird von den vorgegebenen Werten für I (Anfangswert) und F (Endwert) festgelegt. Aufgrund des großen Frequenzbereichs, der für Frequenzverhaltensanalysen charakteristisch ist, wird in der Regel eine logarithmische Skaleneinteilung verwendet.
- Vertikale Achse: Die Einheit und die Skalierung für die vertikale Achse hängen von der gemessenen Größe und der gewählten Basis ab. Die Parameter sind in Tab. 3.4 zusammengestellt.
- Einheiten und Wertebereiche für die vertikale Achse des Bode-Plotters

Bei Messung der Spannungsverstärkung gibt die vertikale Achse das Verhältnis der Ausgangs- zur Eingangsspannung der Schaltung an. Bei logarithmischer Skala wird der Betrag in der Einheit „Dezibel" angegeben. Bei der linearen Skala zeigt die vertikale Achse das Verhältnis der Ausgangs- zur Eingangsspannung. Bei Messung der Phase zeigt die vertikale Achse den Phasenwinkel in Grad an. Anfangswert (I) und Endwert (F) kann man ungeachtet der Einheit mit den Steuerelementen des Bode-Plotters einstellen.

- Anzeigefelder: Sie können für einen beliebigen Diagrammpunkt den Wert der Frequenz, des Betrags oder der Phasenlage anzeigen lassen, indem man den vertikalen Cursor an den gewünschten Punkt verschiebt. Der vertikale Cursor befindet sich anfangs am linken Rand des Bode-Plotter-Bildschirms.

Um den vertikalen Cursor zu verschieben,

- klickt man auf die Pfeile unten im Bode-Plotter
- zieht man den vertikalen Cursor vom linken Rand des Bode-Plotter-Bildschirms zu dem zu messenden Punkt der Kennlinie.

Tab. 3.4 Einheiten und Wertebereiche für die vertikale Achse

Gemessene Größe	Basis	Minimaler Anfangswert	Maximaler Endwert
Betrag (Spannungsverstärkung)	Logarithmisch	−200 dB	200 dB
Betrag (Spannungsverstärkung)	Linear	0	10e + 09
Phase	Logarithmisch	−720°	720°
Phase	Linear	−720°	720°

Der Betrag (oder die Phase) und die Frequenz im Schnittpunkt des vertikalen Cursors mit der Kennlinie wird in den Feldern neben den Pfeilen angezeigt.

Die Hochpass-Schaltung von Abb. 3.11 hat eine Grenzfrequenz f_g von

$$f_g = \frac{1}{2 \cdot \pi \cdot R \cdot C} = \frac{1}{2 \cdot 3{,}14 \cdot 1\,\mathrm{k}\Omega \cdot 1\,\mu\mathrm{F}} \approx 160\,\mathrm{Hz}$$

Dabei ist die Bedingung erfüllt mit $R = X_C$ (ohmscher Widerstand = kapazitiver Blindwiderstand). Die Phasenverschiebung ist

$$\tan\varphi = \frac{X_C}{R} = \frac{1\,\mathrm{k}\Omega}{1\,\mathrm{k}\Omega} = 1 \Rightarrow \varphi = 45^\circ$$

Die logarithmische Skalierung wird verwendet, wenn die zu vergleichenden Werte in einem sehr großen Wertebereich liegen. Dies ist bei der Analyse des Frequenzverhaltens der Regelfall. Der Dezibelwert für die Spannungsverstärkung eines Signals wird wie folgt berechnet:

$$a_{\mathrm{dB}} = 20 \cdot \log\left(\frac{U_e}{U_a}\right)$$

Bei der Grenzfrequenz von $f_g = 160$ Hz tritt eine Dämpfung von $a = 3$ dB auf.

Man kann für einen beliebigen Diagrammpunkt den Wert der Frequenz, des Betrags oder der Phasenlage anzeigen lassen, indem Sie den vertikalen Cursor an den gewünschten Punkt verschieben. Der vertikale Cursor befindet sich anfangs am linken Rand des Bode-Plotter-Bildschirms. Um den vertikalen Cursor zu verschieben,

- klickt man auf die Pfeile unten im Bode-Plotter oder
- zieht man den vertikalen Cursor vom linken Rand des Bode-Plotter-Bildschirms an den zu messenden Punkt der Kennlinie.

Das Messergebnis lautet 160 Hz bei −3 dB.

Auch die Messung der Phasenverschiebung wird im Frequenzbereich von 1 Hz bis 1 kHz ausgeführt. Führt man die Messung durch, ergibt sich bei der Einstellung des Messcursors eine Frequenz von $f = 160$ Hz und eine Phasenverschiebung von $\varphi = 45^\circ$. Bei der Grenzfrequenz tritt zwischen dem Widerstand R und dem Kondensator C eine Phasenverschiebung von 45° auf.

Der Amplituden-Frequenzgang $|G(j\omega)|$ ist der Betrag der komplexen Übertragungsfunktion in Abhängigkeit der Frequenz. Der Phasen-Frequenzgang ist der Phasenwinkelverlauf $\varphi(\omega) = \mathrm{arc}G(j\omega)$ der komplexen Übertragungsfunktion in Abhängigkeit von der Frequenz. Das Bode-Diagramm ist der Verlauf des Dämpfungsmaßes $a(\omega)$ oder auch des Phasenmaßes $b(\omega)$ über einer logarithmischen Frequenzachse.

Bei einem passiven RC-Tiefpass-Filter benötigt man einen Widerstand und einen Kondensator, wie Abb. 3.12 zeigt.

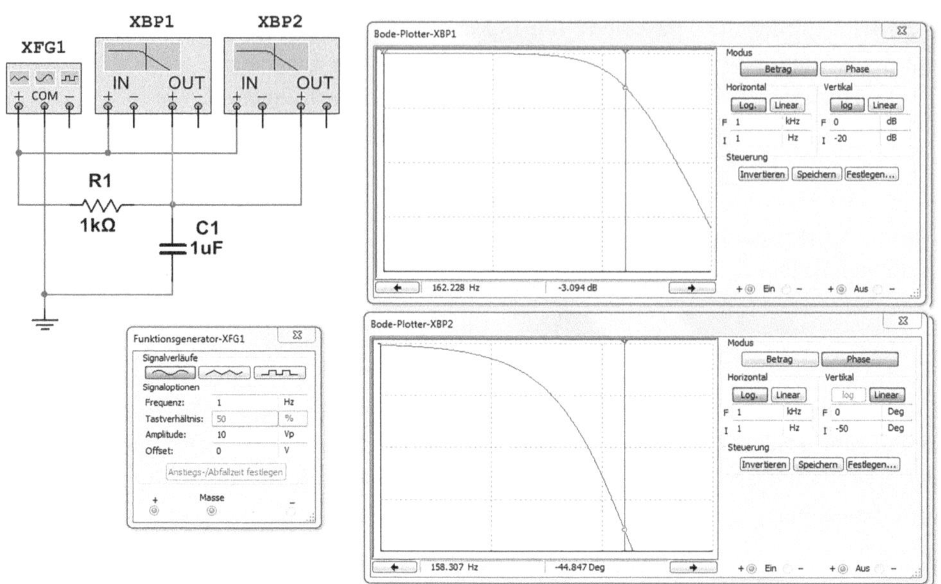

Abb. 3.12 Frequenzverhalten eines passiven RC-Tiefpass-Filters

Die Tiefpass-Schaltung von Abb. 3.12 hat eine Grenzfrequenz von $f_g = 1{,}58$ kHz, denn bei dieser Frequenz verringert sich die Ausgangsspannung um 3 dB. Die Grenzfrequenz lässt sich berechnen mit

$$f_g = \frac{1}{2 \cdot \pi \cdot R \cdot C} = \frac{1}{2 \cdot 3{,}14 \cdot 4{,}7\,\mathrm{k\Omega} \cdot 22\,\mathrm{nF}} \approx 1{,}54\,\mathrm{kHz}$$

Dabei ist die Bedingung erfüllt mit $R = X_C$ (ohmscher Widerstand = kapazitiver Blindwiderstand). Die Phasenverschiebung ist

$$\tan\varphi = \frac{X_C}{R} = \frac{1\,\mathrm{k\Omega}}{1\,\mathrm{k\Omega}} = 1 \Rightarrow \varphi = 45°$$

Man muss ein Diagramm zeichnen, damit man die Phasenverschiebung in negativer Richtung erkennt. Bei der Einstellung des Bode-Plotters für die Phasenverschiebung ist der Anfang auf 0° und der Endpunkt auf –90° einzustellen, andernfalls erhält man keine Kurve.

Bei einem Reihenschwingkreis liegen der Kondensator und die Spule an einer sinusförmigen Wechselspannung. Für den Resonanzfall gilt die Widerstandsbedingung

$$X_C = X_L$$

mit den Größen für den Kondensator und Spule

$$\frac{1}{2 \cdot \pi \cdot f \cdot C} = 2 \cdot \pi \cdot f \cdot L$$

oder

$$f_{\text{res}} = \frac{1}{2 \cdot \pi \cdot \sqrt{C \cdot L}} \quad \text{bzw.} \quad f_{\text{res}} = \frac{1}{(2 \cdot \pi)^2 \cdot C \cdot L}$$

d. h. mit kleinen Werten für den Kondensator und/oder der Spule erreicht man die entsprechend hohen Resonanzfrequenzen.

Bei einem Parallelschwingkreis liegen Kondensator und Spule parallel an einer sinusförmigen Wechselspannung.

Der obere Bode-Plotter zeigt die Ausgangsspannung über der Frequenz an. Die Frequenzanzeige mit $f = 24{,}69$ kHz zeigt die Ausgangsspannung mit einer Dämpfung von $-30{,}659$ dB an. Das gleiche gilt auch für den unteren Bode-Plotter mit der Phasenverschiebung von $-88{,}958°$. Welche Resonanzfrequenz ergibt sich für die Schaltung von Abb. 3.13?

$$f_{\text{res}} = \frac{1}{2 \cdot \pi \cdot \sqrt{C \cdot L}} = \frac{1}{2 \cdot 3{,}14 \cdot \sqrt{22\,\text{nF} \cdot 1\,\text{mH}}} = 34\,\text{kHz}$$

Mittels des Bode-Plotters lässt sich diese Frequenz überprüfen und es ergibt sich nur eine geringfügige Abweichung. Bei der Resonanzfrequenz ist $X_C = X_L$ und damit tritt der größte Spannungsfall am Widerstand R auf. Die Dämpfung liegt bei gemessenen -78 dB und dabei tritt eine Phasenverschiebung von 0° auf. Die Eingangsspannung beträgt 10 V und die Ausgangsspannung liegt bei 1 mV (angenommener Spannungswert). Es ergibt sich

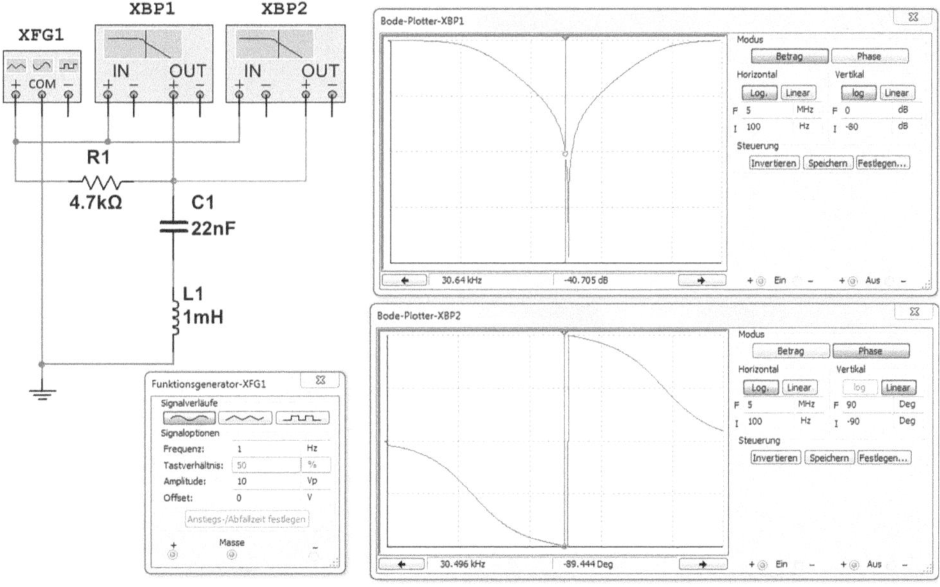

Abb. 3.13 Schaltung zur Untersuchung eines idealen Reihenschwingkreises

$$20 \cdot \lg \frac{U_\mathrm{e}}{U_\mathrm{a}} = 20 \cdot \lg \frac{10\,\mathrm{V}}{1\,\mathrm{mV}} = 20 \cdot 4 = 80\,\mathrm{dB}$$

Mit dem Bode-Plotter kann man messen, wann sich die Phasenverschiebung von $-90°$ auf $+90°$ ändert.

Die Berechnung der Windungszahl für die Spule erfolgt nach

$$N = k \cdot \sqrt{L}$$

Der Faktor k ist die Spulenkonstante mit $k=3$ bis $k=8$, je nach den Angaben des Herstellers.

Bei einem Parallelschwingkreis liegen Kondensator und Spule parallel an einer sinusförmigen Wechselspannung des Bode-Plotters.

Welche Resonanzfrequenz ergibt sich für die Schaltung von Abb. 3.14?

$$f_\mathrm{res} = \frac{1}{2 \cdot \pi \cdot \sqrt{C \cdot L}} = \frac{1}{2 \cdot 3{,}14 \cdot \sqrt{68\,\mathrm{nF} \cdot 15\,\mathrm{mH}}} = 4{,}98\,\mathrm{kHz}$$

Mittels des Bode-Plotters lässt sich diese Frequenz überprüfen und es ergibt sich nur eine geringfügige Abweichung.

Ein realer Kondenstor besteht aus einem idealen Kondensator und einem parallel geschalteten Verlustwiderstand R_v. Hieraus berechnet sich der Verlustfaktor $\tan\delta$

$$\tan\delta = \frac{X_C}{R_\mathrm{v}} \qquad d = \tan\delta$$

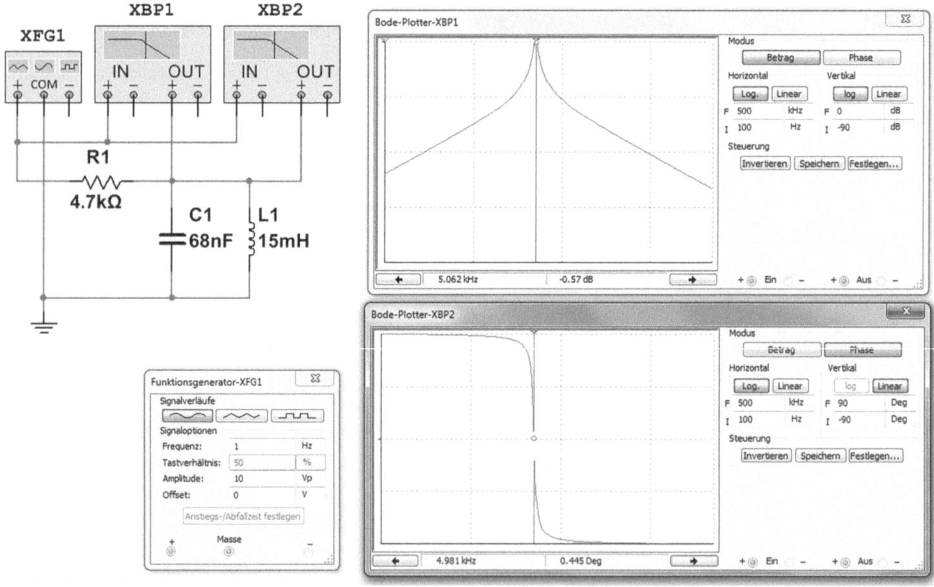

Abb. 3.14 Schaltung zur Untersuchung eines idealen Parallelschwingkreises

Die Güte Q (Gütefaktor) ist

$$Q = \frac{R_\mathrm{v}}{X_\mathrm{C}} = \frac{1}{d}$$

Eine reale Spule besteht aus einer idealen Induktivität und einem in Reihe geschalteten Verlustwiderstand R_v. Hieraus berechnet sich der Verlustfaktor tan δ

$$\tan\delta = \frac{R_\mathrm{v}}{X_\mathrm{L}} \qquad d = \tan\delta$$

Die Güte Q (Gütefaktor) ist

$$Q = \frac{X_\mathrm{L}}{R_\mathrm{v}} = \frac{1}{d}$$

Ein LC-Filter besteht aus einer Reihenschaltung einer Spule und einem Kondensator. Abb. 3.15 zeigt die Schaltung eines LC-Filters.

Die Eingangsspannung U_e liegt an der Spule und die Ausgangsspannung U_a wird an der Spule und dem Kondensator abgegriffen. Es ergeben sich folgende Berechnungen:

$$U_\mathrm{a} = U_\mathrm{e}\cdot\frac{X_\mathrm{C}}{Z} = U_\mathrm{e}\cdot\frac{X_\mathrm{C}}{X_\mathrm{L} - X_\mathrm{C}} = U_\mathrm{e}\cdot\frac{\frac{1}{\omega\cdot C}}{\omega\cdot L - \frac{1}{\omega\cdot C}} = U_\mathrm{e}\cdot\frac{U_\mathrm{e}}{\omega\cdot C\left(\omega\cdot L - \frac{1}{\omega\cdot C}\right)} = \frac{U_\mathrm{e}}{\omega^2\cdot L\cdot C - 1}$$

$$X_\mathrm{C} = \frac{1}{\omega\cdot C}; \quad X_\mathrm{C} = Z\cdot\frac{U_\mathrm{a}}{U_\mathrm{e}} = \frac{Z}{s}; \quad \omega\cdot C = \frac{U_\mathrm{e}}{U_\mathrm{a}\cdot Z} = \frac{s}{Z}$$

$$X_\mathrm{L} = \omega\cdot L = 2\cdot\pi\cdot f\cdot L \qquad f = \frac{U_\mathrm{e}}{U_\mathrm{a}\cdot\omega\cdot C\cdot Z}$$

$$Z = X_\mathrm{L} - X_\mathrm{C} = \omega L - \frac{1}{\omega\cdot C}; \quad Z = X_\mathrm{C}\cdot\frac{U_\mathrm{e}}{U_\mathrm{a}} = s\cdot X_\mathrm{C}$$

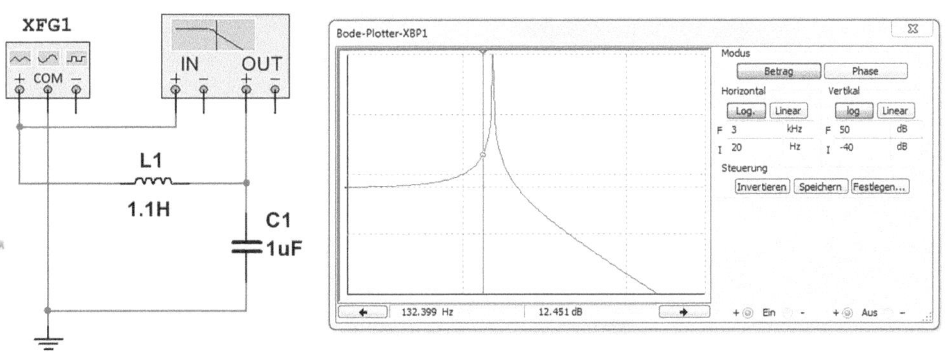

Abb. 3.15 Schaltung eines LC-Filters

$$s = \frac{U_\text{e}}{U_\text{a}} = \frac{Z}{X_\text{C}}$$

Die LC-Schaltung liegt an $U_\text{e} = 10\,\text{V}$ und die Frequenz beträgt $f = 200\,\text{Hz}$. Wie groß ist U_a und der Siebfaktor s?

$$U_\text{a} = \frac{U_\text{e}}{\omega^2 \cdot L \cdot C - 1} = \frac{10\,\text{V}}{(2 \cdot 3{,}14 \cdot 200\,\text{Hz})^2 \cdot 1\,\text{H} \cdot 1\,\mu\text{F} - 1} = 6{,}3\,\text{V}$$

$$s = \frac{U_\text{e}}{U_\text{a}} = \frac{10\,\text{V}}{6{,}3\,\text{V}} = 1{,}6$$

Ein T- und π-Filter sind im Prinzip ein LC-Glied mit einem

Durchlassbereich: $f < f_\text{g}$
Sperrbereich: $f > f_\text{g}$

Voraussetzung für die Arbeitsweise eines T- und π-Filters ist die richtige Anpassung, d. h.

$$Z_\text{e} = Z_\text{a} = Z = \sqrt{\frac{L}{C}}$$

Die Grenzfrequenz ist die Resonanzfrequenz für L und C:

$$f_\text{g} = \frac{1}{2 \cdot \pi \cdot \sqrt{L \cdot C}} \qquad L = \frac{Z}{2 \cdot \pi \cdot f} \qquad C = \frac{1}{2 \cdot \pi \cdot f \cdot Z}$$

Die gleichen Formeln gelten für das T-Glied mit zwei Einzelspulen von je einem Wert einer Spule und einem Kondensator von $2 \cdot C$ (Farad) und ein π-Glied mit einer Spule von $2 \cdot L$ (Henry) und zwei Einzelkondensatoren von je einem Wert von C.

Abb. 3.16 zeigt die Schaltung eines T-Filters. Die Anpassung errechnet sich aus

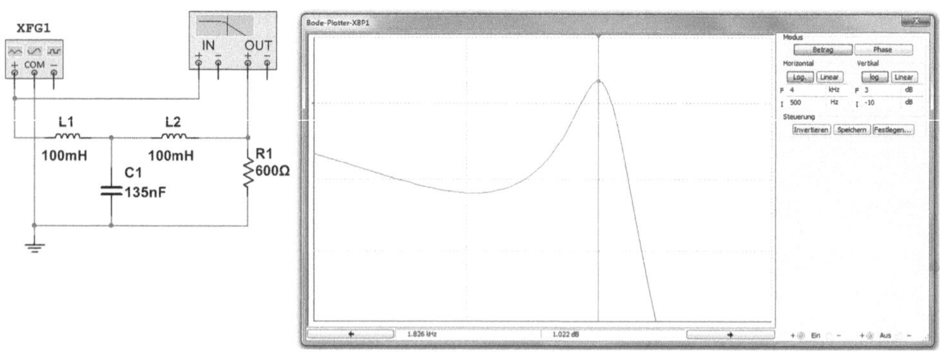

Abb. 3.16 Schaltung eines T-Filters

$$Z = \sqrt{\frac{L}{C}} = \sqrt{\frac{0,1\,\mathrm{H}}{270\,\mathrm{nF}}} = 608\,\Omega$$

Die Grenzfrequenz ist die Resonanzfrequenz von

$$f_{\mathrm{g}} = \frac{1}{2 \cdot \pi \cdot \sqrt{L \cdot C}} = \frac{1}{2 \cdot 3{,}14 \cdot \sqrt{0{,}1\,\mathrm{H} \cdot 270\,\mathrm{nF}}} = 970\,\mathrm{Hz}$$

Die Spule hat einen errechneten Wert von

$$L = \frac{Z}{2 \cdot \pi \cdot f} = \frac{608\,\Omega}{2 \cdot 3{,}14 \cdot 970\,\mathrm{Hz}} = 0{,}1\,\mathrm{H}$$

Der Kondensator hat einen errechneten Wert von

$$C = \frac{1}{2 \cdot \pi \cdot f \cdot Z} = \frac{1}{2 \cdot 3{,}14 \cdot 970\,\mathrm{Hz} \cdot 608\,\Omega} = 270\,\mathrm{nF}$$

Es kommt ein Kondensator mit $C = 135$ nF zur Anwendung.

Abb. 3.17 zeigt die Schaltung eines π-Filters. Die Anpassung errechnet sich aus

$$Z = \sqrt{\frac{L}{C}} = \sqrt{\frac{0,1\,\mathrm{H}}{270\,\mathrm{nF}}} = 600\,\Omega$$

Die Grenzfrequenz ist die Resonanzfrequenz von

$$f_{\mathrm{g}} = \frac{1}{2 \cdot \pi \cdot \sqrt{L \cdot C}} = \frac{1}{2 \cdot 3{,}14 \cdot \sqrt{0{,}1\,\mathrm{H} \cdot 270\,\mathrm{nF}}} = 970\,\mathrm{Hz}$$

Die Spule hat einen errechneten Wert von

$$L = \frac{Z}{2 \cdot \pi \cdot f} = \frac{600\,\Omega}{2 \cdot 3{,}14 \cdot 970\,\mathrm{Hz}} = 0{,}1\,\mathrm{H}$$

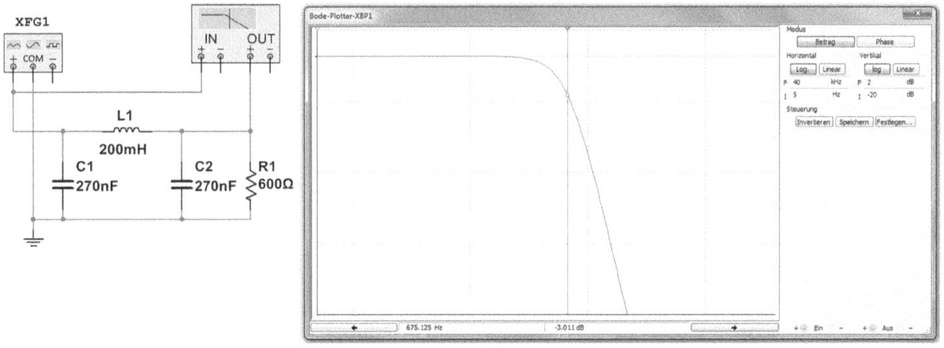

Abb. 3.17 Schaltung eines π-Filters

Der Kondensator hat einen errechneten Wert von

$$C = \frac{1}{2 \cdot \pi \cdot f \cdot Z} = \frac{1}{2 \cdot 3{,}14 \cdot 970\,\text{Hz} \cdot 600\,\Omega} = 270\,\text{nF}$$

Die steile Flanke des Tiefpass-Doppelsiebes erhält man durch einen Längssperrkreis, der auf die Frequenz f_1 abgestimmt ist. Der Kondensator und die Induktivität müssen auf die Resonanz bei der Grenzfrequenz f_g abgestimmt sein. Zur Berechnung wird das Verhältnis f_g:f_2 gewählt, zweckmäßiger mit etwa 0,95 bis 0,8. Ist R der bei Z_a angeschlossene Abschlusswiderstand, so wird der Nennwiderstand der Schaltung $Z = 1{,}25 \cdot R$ gewählt. Abb. 3.18 zeigt die Schaltung.

Aus der Abb. 3.18 lassen sich die Grenzfrequenz mit $f_g = 684$ Hz und die Sperrkreisfrequenz mit $f_2 = 975$ Hz bestimmen. Der Abschlusswiderstand beträgt $R = 600\ \Omega$.

Der Nennwiderstand Z berechnet sich aus

$$Z = 1{,}25 \cdot R = 1{,}25 \cdot 600\,\Omega = 750\,\Omega$$

Der Filterkennwert m lässt sich ermitteln aus

$$m = \sqrt{1 - \left(\frac{f_g}{f_2}\right)^2} = \sqrt{1 - \left(\frac{684\,\text{Hz}}{975\,\text{Hz}}\right)^2} = 0{,}71$$

Die Sperrkreisinduktivität hat

$$L = m \cdot \frac{Z}{2 \cdot \pi \cdot f_g} = 0{,}71 \cdot \frac{750\,\Omega}{2 \cdot 3{,}14 \cdot 684\,\text{Hz}} = 175\,\text{mH}$$

Die Sperrkreiskapazität berechne sich nach

$$C_1 = \frac{1 - m^2}{m} \cdot \frac{1}{2 \cdot \pi \cdot f_g \cdot Z} = \frac{1 - 0{,}71^2}{0{,}71} \cdot \frac{1}{2 \cdot 3{,}14 \cdot 684\,\text{Hz} \cdot 750\,\Omega} = 220\,\text{nF}$$

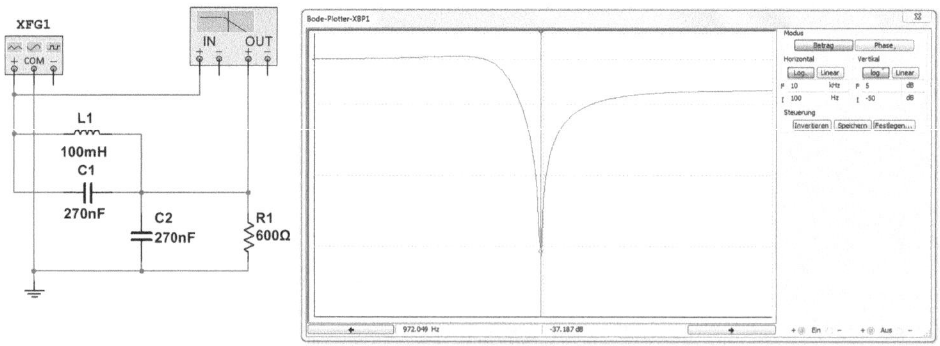

Abb. 3.18 Untersuchung eines Tiefpass-Doppelsiebgliedes

Die Querkapazität ist

$$C_2 = m \cdot \frac{1}{2 \cdot \pi \cdot f_\mathrm{g} \cdot Z} = 0{,}71 \cdot \frac{1}{2 \cdot 3{,}14 \cdot 684\,\mathrm{Hz} \cdot 750\,\Omega} = 220\,\mathrm{nF}$$

Die errechnete Grenzfrequenz ist

$$f_\mathrm{g} = \frac{m \cdot Z}{2 \cdot \pi \cdot L} = \frac{0,71 \cdot 750\,\Omega}{2 \cdot 3{,}14 \cdot 100\,\mathrm{mH}} = 850\,\mathrm{Hz}$$

Messung und Rechnung stimmen weitgehend überein.

Verwendet wird die Wienbrücke als Rückkopplung in einem RC-Sinusgenerator. Dabei ergibt sich der Vorteil, dass die Frequenz sich mit C und nicht wie bei einem Schwingkreis mit $\sqrt{2}$ ändert, sodass sich große Frequenzbereiche ergeben. Abb. 3.19 zeigt die Schaltung für einen RC-Bandpass.

Die Resonanzfrequenz errechnet sich aus

$$f_0 = \frac{1}{2 \cdot \pi \sqrt{R_1 \cdot C_1 \cdot R_2 \cdot C_2}}$$

Die Ausgangsspannung ist

$$\frac{U_\mathrm{e}}{U_\mathrm{a}} = \frac{1}{1 + \frac{R_1}{R_2} + \frac{C_2}{C_1}}$$

Wenn $R_1 = R_2 = R$ und $C_1 = C_2 = C$ ist, dann gilt

$$f_0 = \frac{1}{2 \cdot \pi \cdot R \cdot C} = \frac{1}{2 \cdot 3,14 \cdot 1\,\mathrm{k}\Omega \cdot 270\,\mathrm{nF}} = 590\,\mathrm{Hz}$$

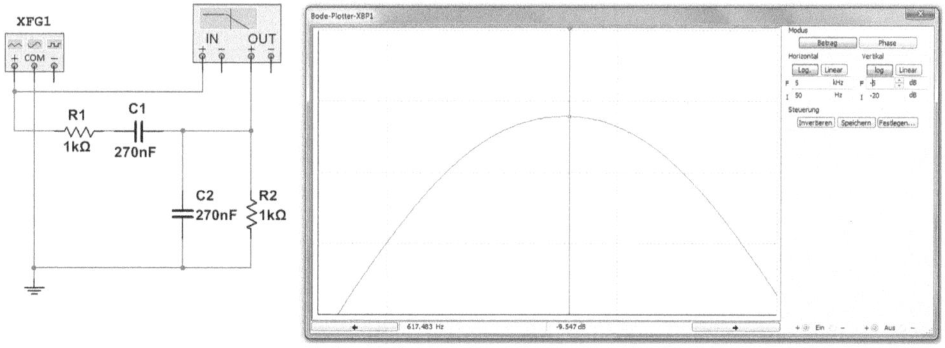

Abb. 3.19 Schaltung für einen RC-Bandpass nach Wien

Dabei wird

$$\frac{U_a}{U_e} = \frac{1}{3}$$

3.6 Klirrfaktormessgerät

Die Grundform der Wechselspannung verläuft sinusförmig, d. h. ihre Augenblickswerte steigen und fallen entsprechend einer mathematischen Sinusfunktion. In einem rechtwinkligen Dreieck ist der Sinus des Winkels φ

$$\sin\varphi = \frac{a}{c}$$

Zeichnet man dieses Dreieck in einen Kreis mit dem Radius $r = 1$ (Einheitskreis) ein und lässt den Radius oder Zeiger gleichmäßig herumkreisen, dann entspricht die Seitenlänge a dem zahlenmäßigen Sinuswert. Überträgt man die Werte für a aus diesem Kreisdiagramm und verbindet die Punkte in dem Liniendiagramm, erhält man die charakteristische Sinuskurve. Eine Umdrehung um 360° oder um $2 \cdot \pi$ ergibt eine volle Sinusschwingung oder eine Periode. Die Zahl der Perioden pro Sekunde entspricht der Frequenz.

Während einer Umdrehung in einem Einheitskreis mit $2 \cdot r$ legt die Zeigerspitze im Kreisdiagramm den Weg $2 \cdot \pi$ zurück. Innerhalb einer Sekunde dreht sie sich f-mal und der gesamte Drehwinkel beträgt $2 \cdot \pi \cdot f$. Diesen Wert bezeichnet man als Winkelgeschwindigkeit oder Kreisfrequenz ω.

Die Zeit für eine Schwingungsperiode ist die Periodendauer T. In einer Sekunde werden f Perioden durchlaufen, d. h.:

$$f = \frac{1}{T} \qquad T = \frac{1}{f}$$

Mit Rücksicht auf andere Schwingungsformen (Rechteckschwingungen, Impulsreihen, Sägezahnschwingungen) wird die Abszisse im Liniendiagramm vorzugsweise mit $t =$ Zeit bezeichnet, da keine Winkelfunktionen, sondern Zeitabläufe vorliegen.

Abb. 3.20 zeigt ein Klirrfaktormessgerät und Oszilloskop an einer Sinusspannung. Das Klirrfaktormessgerät hat einen Wert von 0,000 %.

Gehen zwei Schwingungen gleicher Frequenz zum gleichen Zeitpunkt und in gleicher Richtung durch Null, sind diese phasengleich oder „in Phase“. Eine Sinuskurve kann gegen den Nullpunkt oder gegen eine andere Sinuskurve um den Phasenwinkel φ verschoben sein. Die vor- oder nacheilende Kurve für den Wert „i“ geht später durch die Nulllinie, d. h. sie eilt vor oder nach. Eine solche Phasenverschiebung zwischen den Nulldurchgängen kann auch bei andersartigen periodischen Kurven vorliegen, z. B. bei Rechteck- oder Sägezahnschwingungen.

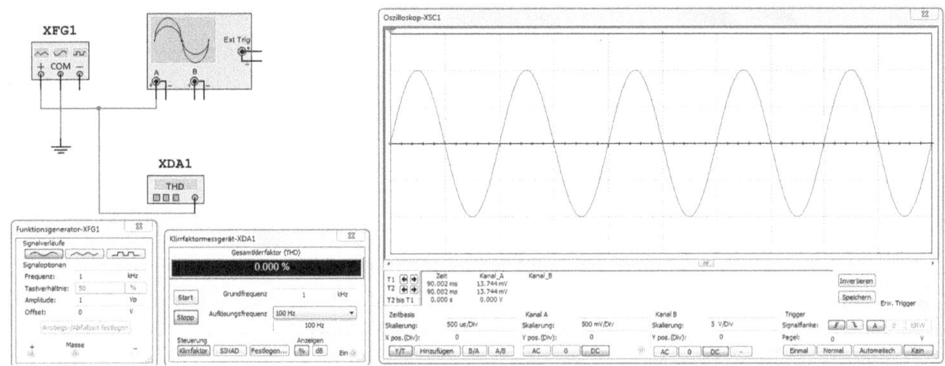

Abb. 3.20 Klirrfaktormessgerät und Oszilloskop an einer Sinusspannung

Um phasenverschobene Sinusschwingungen gleicher Frequenz darzustellen, wäre es aufwendig, stets das vollständige Liniendiagramm zu zeichnen. Es genügt, wenn man den Zeigerwert ihrer Amplituden im richtigen Winkel in das Kreisdiagramm einträgt. Da definitionsgemäß diese Zeiger bzw. Vektoren links herumkreisen, eilt der Zeiger vom Wert „u_1“ (Eingangsspannung) vor. Man sagt, diese Spannung ist voreilend oder hat einen voreilenden Phasenwinkel, während „u_2“ nacheilt. Abb. 3.21 zeigt eine Addition von zwei verschiedenen Spannungen und zwei unterschiedlichen Frequenzen.

Um zwei Sinusschwingungen zu addieren, muss man die einzelnen Momentanwerte vorzeichenrichtig addieren. Sind die Frequenzen der beiden Sinusspannungen gleich, dann ist das Ergebnis wieder eine Sinuslinie von derselben Frequenz. Das Klirrfaktormessgerät hat einen Wert von 11,145 %.

Die Addition zweier oder mehrerer Spannungen oder Ströme gleicher Frequenz kann zu einem beliebigen Zeitpunkt auch im Zeigerdiagramm durchgeführt werden. Dazu verschiebt man den zweiten Zeiger so weit (Parallelverschiebung), dass er mit seinem

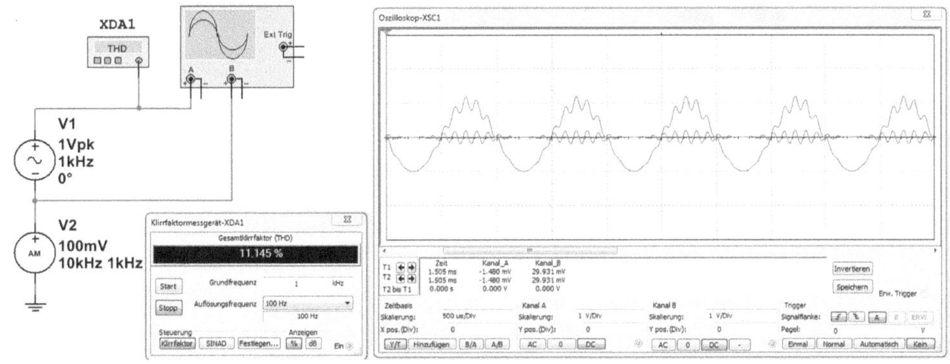

Abb. 3.21 Addition von zwei Spannungen mit Klirrfaktormessgerät und Oszilloskop

Fußpunkt an die Spitze des ersten Zeigers zu liegen kommt. Ein dritter Zeiger würde entsprechend mit seinem Fußpunkt an die Spitze des zweiten Zeigers angesetzt usw. Zeichnet man einen Pfeil vom Fußpunkt des ersten Pfeils zum Endpunkt des letzten Pfeils, stellt diese Größe und Phasenlage die Summenspannung oder den Summenstrom dar.

Die Addition sinusförmiger Wechselgrößen unterschiedlicher Frequenz ergeben keine reinen Sinuskurven, sodass eine Darstellung im Zeigerdiagramm entfällt.

- Frequenz. Die Höhe eines Tons ist durch die Frequenz festgelegt. Sie ist von der Schnelligkeit abhängig, mit der Luftverdichtungen und -verdünnungen aufeinander folgen. Je geringer Wellenlänge, desto höher die Frequenz des Tons (Tonhöhe).
- Schallereignisse. Die große Vielfalt und Verschiedenartigkeit der Schalläußerungen Schallereignisse und Schallempfindungen teilt man in vier Hauptarten ein, in Töne (reine sinusförmige Schwingungen), Klänge, Geräusche und Knall.
- Töne: Ein reiner Ton im physikalischen Sinn ist eine sinusförmige Schwingung. In Wirklichkeit sind Schallwellen Längswellen, doch lassen sich die Eigenschaften einer Schwingung leichter darstellen, wenn sie als Querwelle gezeichnet werden.
- Klänge: Reine Töne kommen in der Natur praktisch nicht vor und sie lassen sich nur elektronisch erzeugen. Was umgangssprachlich als Ton bezeichnet wird, ist fast immer ein Klang, d. h. aus mehreren Tönen zusammengefasst.
- Geräusche: Geräusche sind unregelmäßig verlaufende Luftverdichtungen und -verdünnungen. Sie entstehen aus einem Durcheinander von starken und schwachen, langen und kurzen Schallwellen.
- Knall: Ein Knall ist eine kurze, unregelmäßige Erschütterung der Luft, bei der starke Luftverdichtung und -verdünnung kurzzeitig aufeinander folgen.
- Grundton und Oberwellen: Wenn der gleiche Ton z. B. der Grundton (Kammerton) 440 Hz, auf verschiedenen Instrumenten gespielt wird, klingt er sehr unterschiedlich. Das kommt daher, dass ein Musikinstrument keine reinen Töne erzeugt, sondern gemischte (Klänge). Der Grundton ist überall gleich; dazu kommen jedoch Töne meist der doppelten, dreifachen, vierfachen usw. Frequenz (Oberwellen) mit sehr unterschiedlicher Intensität, wie Abb. 3.22 zeigt. Dadurch erhalten die Musikinstrumente ihre charakteristischen Klangfarben. Wenn die Oberwellen eines Klangs durch Filter unterdrückt werden, bleibt nur der Grundton übrig. Durch ihn kann man das Musikinstrument nicht mehr erkennen, denn die charakteristische Klangfarbe ist verloren gegangen.

Für periodisch wiederkehrende Schaltvorgänge benötigt der Elektrotechniker häufig eine rechteckig verlaufende Wechselspannung. In Fernsehgeräten und Elektronenstrahloszilloskopen dient eine sägezahnförmig verlaufende periodische Wechselspannung zur Ablenkung des Elektronenstrahls. Alle nicht sinusförmigen, periodisch verlaufenden Wechselgrößen lassen sich nach einem mathematischen Verfahren (dem Fourier-Prinzip)

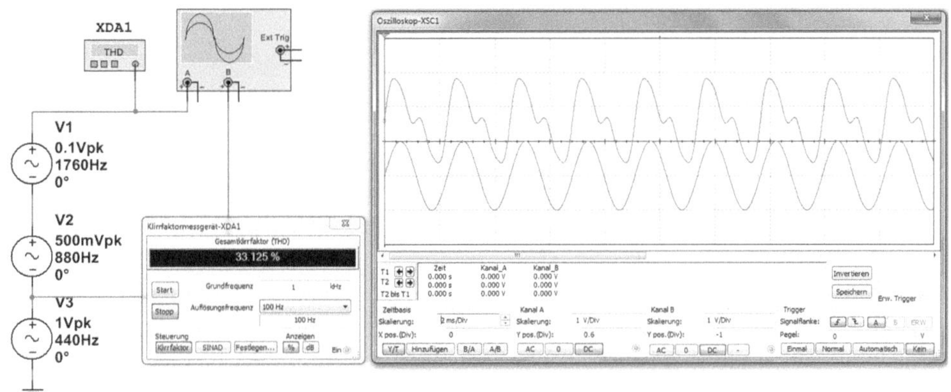

Abb. 3.22 Entstehung eines Klangs durch Grundton und Oberwellen

durch Addition sinusförmiger Wechselgrößen erzeugen. Nach diesem Verfahren überlagert (addiert) man der Grundschwingung eine Wechselspannung oder eines Wechselstroms mit bestimmten Oberschwingungen (Schwingungen, deren Frequenzen ganzzahlige Vielfache der Grundfrequenz sind) zu einer Summenschwingung. Im gleichen Verhältnis, wie die Frequenzen der Oberschwingung zunehmen (und entsprechend die Periodendauern abnehmen), werden die Amplituden der Oberschwingung verkleinert (die 1. Oberschwingung hat die doppelte Frequenz, also die halbe Periodendauer und damit die halbe Amplitudenhöhe der Grundschwingung).

Durch Amplitudenbegrenzer oder durch Übersteuern von Verstärkern werden die Maximal- und die Minimalspannungen von Sinuskurven abgeschnitten. Durch dieses Abschneiden oder Begrenzen entstehen zusätzliche Sinusschwingungen höherer Frequenz. Wird diese zur Grundschwingung addiert, dann entsteht dort durch die Abschneidungen eine weiteren Schwingung oder umgekehrt: Eine Kurve mit Abschneiden der Maximal- und der Minimalspannung muss aus mehreren reinen Sinusschwingungen bestehen. Diese beim symmetrischen Abkappen unerwünscht auftretenden Oberschwingungen oder Harmonische sind stets ungeradzahlige Vielfache der Grundfrequenz. Eine unsymmetrische Abschneidung erzeugt auch geradzahlige Vielfache der Grundfrequenz. Ihre Amplituden nehmen mit höherer Frequenz ab. Man unterscheidet

f Grundschwingung
2f 2. Harmonische
3f 3. Harmonische
4f 4. Harmonische

oder

f Grundschwingung
2f 1. Oberschwingung
3f 2. Oberschwingung
4f 3. Oberschwingung

Bei Verwendung des Begriffes „Harmonische“ ist die Frequenzangabe eindeutiger. Der alte Ausdruck „Oberwellen“ ist möglichst zu vermeiden.

Nicht sinusförmige Schwingungen bestehen aus einer Summe von Sinusschwingungen verschiedener Frequenz, Phasenlage und Amplitude. Ungeradzahlige Harmonische schneiden die Maximal- und die Minimalspannung der Grundschwingung ab und formen diese in Flanken. Daher enthalten Rechteckschwingungen vorwiegend ungeradzahlige Harmonische. Geradzahlige Harmonische verursachen spitzzackige Summenkurven und im Extremfall Sägezahnschwingungen.

Eine verzerrte Sinusschwingung klingt in der Wiedergabe unsauber. Man definiert diese Verzerrungen durch den Klirrgrad oder Klirrfaktor. Bei guten Verstärkeranlagen sollen die Verzerrungen so klein sein, dass der Effektivwert aller entstandenen Harmonischen weniger als 1 % des gesamten Effektivwertes beträgt. Der Klirrfaktor ist dann kleiner als 1 %.

Bei einem Klirrfaktormessgerät wird ebenfalls der Effektivwert des gesamten Eingangssignals gemessen und die Anzeige auf eine Vollausschlagsmarke (100 %) eingestellt. Das Klirrfaktormessgerät ist jedoch nicht mit einem Bandpass, sondern mit einer Bandsperre versehen, die anschließend auf die Grundschwingung des Messvorgangs abgestimmt wird. Dadurch wird die Grundschwingung unterdrückt, während das gesamte Oberschwingungsspektrum die Bandsperre passieren kann. Der Effektivwert zeigt also jetzt den eigentlichen Effektivwert des vorher erfassten gesamten Frequenzgemisches an. Dieses Verhältnis entspricht der Definition des Klirrfaktors (Oberschwingungsgehaltes) nach DIN 40110.

Verzerrungen nicht sinusförmiger werden gegenüber rein sinusförmigen Wechselspannung durch den Klirrfaktor k beschrieben. Der Klirrfaktor ist das Verhältnis der Effektivwerte (quadratische Mittelwerte) der Oberschwingung zum Gesamtwert der Wechselgröße. Der Klirrfaktor k lässt sich errechnen aus

$$k = 100\,\% \cdot \sqrt{\frac{U_2^2 + U_3^2 + \cdots + U_n^2}{U_1^2 + U_2^2 + U_3^2 + \cdots + U_n^2}}$$

1…2: Index für Schwingungen (laufende Nummern)

Der Klirrfaktor wird meistens in % angegeben:

U_1 = Effektivwert der 1. Harmonischen (Grundwelle)
U_2 = Effektivwert der 2. Harmonischen (1. Oberwelle)

Der Teilklirrfaktor ist

$$k_\mathrm{m} = \frac{U_\mathrm{m}}{\sqrt{U_1^2 + U_2^2 + U_3^2 + \cdots + U_\mathrm{n}^2}}$$

Das Klirrdämpfungsmaß errechnet sich aus

$$a_\mathrm{k} = 20 \cdot \lg \frac{1}{k}\ \mathrm{dB}$$

Das Teilklirrdämpfungsmaß ist

$$a_\mathrm{km} = 20 \cdot \lg \frac{1}{k_\mathrm{m}}\ \mathrm{dB}$$

Die Grundschwingung ist $f = 1$ kHz mit ihren vier Oberwellen $f_1 = 2$ kHz, $f_2 = 3$ kHz, $f_3 = 4$ kHz und $f_4 = 5$ kHz mit passend verkleinerter Amplitude. Je mehr bestimmte Oberwellen zur Grundschwingung addiert werden, desto mehr nähern sich die entstehenden Summenkurven der idealen Rechteck- bzw. Sägezahnschwingung. Die Verzerrungen gegenüber „reinen" Sinusgrößen beschreibt man durch den Klirrfaktor. Der Klirrfaktor ist das Verhältnis der Effektivwerte (quadratische Mittelwerte) der Oberschwingung zum Gesamtwert der Wechselgröße. Der Klirrfaktor kann durch die entsprechenden Anteile berechnet werden.

Gesucht wird der Klirrfaktor einer Rechteckschwingung.

Die Amplitude der Grundschwingung von 1 kHz beträgt $u_0 = 4$ V,
die der 2. Oberschwingung von 3 kHz $u_2 = 1{,}33$ V
die der 4. Oberschwingung von 5 kHz $u_4 = 0{,}8$ V
die der 6. Oberschwingung von 7 kHz $u_6 = 0{,}57$ V
die der 8. Oberschwingung von 9 kHz $u_8 = 0{,}44$ V
die der 10. Oberschwingung von 11 kHz $u_{10} = 0{,}36$ V

$$k = \sqrt{\frac{1{,}33^2 + 0{,}8^2 + 0{,}57^2 + 0{,}44^2 + 0{,}36^2}{4^2 + 1{,}33^2 + 0{,}8^2 + 0{,}57^2 + 0{,}44^2 + 0{,}36^2}} = 0{,}4 \quad \text{oder } 40\,\%$$

Der Klirrfaktor einer Rechteckschwingung beträgt ca. 40 %. Das ist gleichzeitig der größte Wert eines Klirrfaktors, der durch Verzerrungen einer sinusförmigen Schwingung entstehen kann.

Intermodulation (Störsignale) entstehen durch unerwünschte Modulationseffekte. Eine Intermodulation liegt vor, wenn zwei Störsignale (f_{S1} und f_{S2}) durch Mischung ein nicht vorhandenes Netzsignal (f_N) vortäuschen. Der Intermodulationsabstand ist der Abstand zwischen Stör- und dem Nutzsignal in *dB*. Bei der Messung von f_{S1} und f_{S2} ist darauf zu achten, dass die gleich großen Signale f_{S1} und f_{S2} nicht als vorgetäuschte Störsignale auftreten. Die Intermodulation errechnet sich aus

Intermodulation 2. Ordnung: $f_N = |f_{S1} \pm f_{S2}|$
Intermodulation 3. Ordnung: $f_N = |f_{S1} \pm 2f_{S2}|$ oder $|2f_{S1} \pm f_{S2}|$.

Ein Klirrfaktormessgerät dient zur Messung der Intermodulations-Verzerrungen und der nicht linearen Verzerrung von Signalen. Die Einstellungen erfolgen nach:

- IEEE-Norm:

$$\text{Gesamtklirrgrad} = \text{sqrt}(f_1 \cdot f_1 + f_2 \cdot f_2 + f_3 \cdot f_3 + \ldots)/\text{abs}(f_0)$$

- ANSI-, CSA- und IEC-Norm:

$$\text{Gesamtklirrgrad} = \text{sqrt}(f_1 \cdot f_1 + f_2 \cdot f_2 + f_3 \cdot f_3 + \ldots)/\text{abs}(f_0 \cdot f_0 + f_1 \cdot f_1 + f_2 \cdot f_2 + \ldots)$$

Bei beiden Normen arbeitet das Klirrfaktormessgerät in der Grundeinstellung mit zehn Oberwellen und 1024 FFT-Punkten. Man kann die Oberwellen ändern und bei den FFT-Punkten nach sechs Einstellkriterien arbeiten. Für die Einstellungen muss man nur das Fenster „Definieren“ anklicken.

Der Klirrfaktor k ist das Verhältnis des Oberwelleneffektivwerts zum Gesamteffektivwert, einschließlich Grundwellenanteil. In der Messschaltung erzeugt eine AM-Quelle eine Amplitudenmodulation mit 1 MHz und 100 kHz. Diese AM-Quelle lässt sich einstellen, wenn man das Symbol anklickt. Die AM-Quelle speist ein Kabel mit den Werten von der Länge mit $l = 1$ m, einem Leitungswiderstand von $R = 0{,}1\ \Omega$, einer Leitungskapazität mit $C = 1$ pF und einer Leitungsinduktivität von $L = 1$ µH Wenn man das Symbol anklickt, öffnet sich ein Fenster und die einzelnen Werte lassen sich einstellen. Das Ende der Leitung ist mit dem Klirrfaktor-Messgerät und mit dem Oszilloskop verbunden und man erkennt die Verzerrungen.

Mit einem Klirrfaktormessgerät kann man nicht lineare Verzerrungen (Klirrfaktor) messen und die Erhöhung der Aussteuerbarkeit durch eine Linearisierung der Kennlinie eines Verstärkers korrigieren. Es gilt die Formel nach der ANSI-, CSA- und IEC-Norm

$$k = 100\,\% \cdot \sqrt{\frac{U_2^2 + U_3^2 + \ldots}{U_1^2 + U_2^2 + U_3^2 + \ldots}}$$

Der Klirrfaktor wird in % angegeben.

Elektronische Musikinstrumente 4

Schon früh, nachdem die elektronische Nachrichten- und Verstärkertechnik einen gewissen Stand erreicht hatte, versuchte man, deren Möglichkeiten auch zur elektronischen Tonerzeugung und zum Bau elektronischer Musikinstrumente auszunutzen. Von der Art leicht zu gewinnender Tonsignale her lag es nahe, zunächst Musikinstrumente mit orgelähnlichem Klangcharakter zu entwickeln und zu bauen. Im Laufe der Entwicklung gelang es, nahezu jeden gewünschten Ton- und Klangcharakter nachzubilden und in elektronische Musikinstrumente einzusetzen. Trotzdem hat sich aus der ersten Zeit (um 1970) der Name für die elektronischen Orgeln als Oberbegriff für elektronische Musikinstrumente allgemein durchgesetzt.

4.1 Elektronische Orgeln

Die Entwicklung der Schaltungstechnik elektronischer Orgeln in diskreter, analoger und digitaler Schaltungstechnik hat inzwischen einen gewissen Abschluss erreicht. Die damit verbundene Standardisierung erlaubt es heute, einen Großteil der Schaltungen dieser Orgeln in integrierter Technik auszuführen und damit weiter zu vereinfachen. Nach dem heutigen Stand kann man die elektronischen Orgeln in folgende Hauptbaugruppen unterteilen:

- Mutteroszillator
- Frequenzteiler
- Tastenkontakte
- Klangformung
- Endverstärker
- Lautsprecher

H. Bernstein, *Elektroakustik*, https://doi.org/10.1007/978-3-658-25174-1_4

Die mit diesen Baugruppen bereits voll funktionsfähige Orgel wird meistens mit folgenden Zusatzeffekten erweitert;

- Vibrato
- Nachhall
- Sustain
- Perkussion

Weitere Effekte wie Kontrakussion, Mandolineneffekt, Pianoforte und andere können hinzukommen. Daraus ergibt sich das in Abb. 4.1 wiedergegebene Blockschaltbild. Die Funktionen der einzelnen Baugruppen gehen aus diesem Blockschaltbild hervor.

Die Tonerzeugung in einer elektronischen Orgel beginnt mit der Erzeugung der Tonfrequenzen der höchsten Oktave. Dazu enthält die herkömmlich konzipierte Orgel zwölf Mutteroszillatoren. Noch eleganter ist die Lösung, alle zwölf Töne der höchsten Oktave von einem auf einer Frequenz im MHz-Bereich schwingenden Taktgenerator digital abzuleiten. Zur Erzielung eines Vibrato-Effektes können die Mutteroszillatoren mit einer niederfrequenten Steuerspannung frequenzmoduliert werden. Alle übrigen in der Orgel benötigten Töne lassen sich mittels fortgesetzter Frequenzteilung durch den Divisor zwei aus der höchsten Oktave ableiten mit TTL- oder CMOS-Bausteinen realisiert, wobei man in der integrierten Digitaltechnik arbeitet.

Üblicherweise sind alle Tonfrequenzen über je eine Leitung ständig in der Orgel präsent und können über Tastenkontakte oder über integrierte Orgelgatter sowie über die Registerschalter an die verschiedenen Klangfilter und den nachfolgenden Verstärkern durchgeschaltet werden. In einer speziell für Spielzeuginstrumente interessanten Schaltung werden dagegen die Tonfrequenzen erst dann erzeugt, wenn sich entsprechende Tastenkontakte schließen. Durch Mehrfachausnützung der integrierten Oszillatoren kann in diesem Fall auf einen Frequenzteiler verzichtet werden.

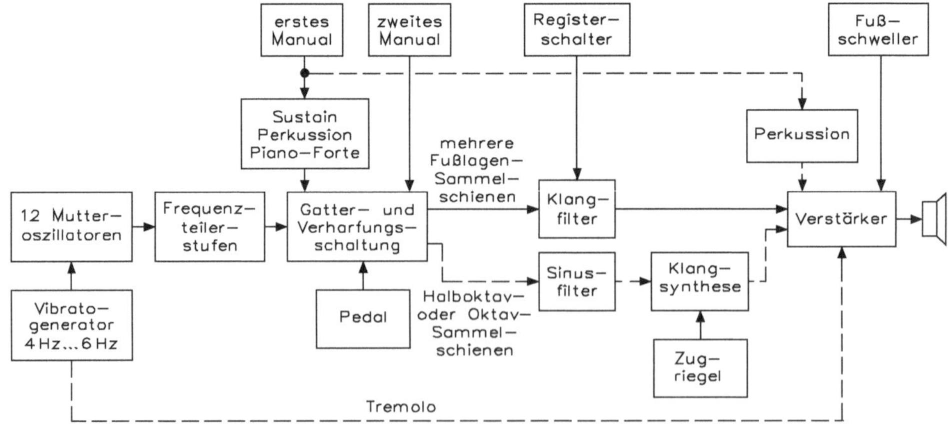

Abb. 4.1 Blockschaltbild für eine elektronische Orgel

Das Durchschalten der Frequenzteilerausgangssignale an die Klangfilter erfolgte früher ausschließlich durch eine Vielzahl von Tastenkontakten. Seit 1980 werden die mechanischen Kontakte weitgehend durch integrierte Gatterschaltungen in TTL- oder CMOS-Technik verdrängt.

Die Klangformung lässt sich prinzipiell auf zwei verschiedene Arten vornehmen: Die Verwendung fest abgestimmter Filter wie Tief-, Band- oder Hochpass führten zu festen Formanten. Unter Formanten versteht man die Anhebung bestimmter Spektralbereiche derart, dass die absolute Frequenzlage dieser Bereiche invariant ist. Das zweite Verfahren, die Klangsynthese, erzeugt mitlaufende Formanten durch geeignete Mischung von Grundwelle und bestimmten nach Amplitude und Frequenz wählbare Oberwellen. Hierbei erzielt man Anhebungen in Spektralbereichen, deren relative Frequenzlage zum Grundton invariant ist. Der Aufwand für die Klangformung durch Synthese ist jedoch groß – nicht zuletzt wegen der unentbehrlichen Sinusfilter, die aus den meist rechteckförmigen Frequenzteilerausgangsspannungen die Grundwelle aussieben.

Gerade diese rechteckigen Spannungen sind bei den elektronischen Orgeln ein Problem, da ein Ton mit einer rechteckfürmigen Hüllkurve erzeugt wird. Die Lautstärke ist dabei unabhängig von der Art des Tastenanschlages. Das so entstehende Klangbild erscheint dem Ohr unnatürlich, da alle mechanischen Musikinstrumente diverse Ein-und Ausschwingvorgänge aufweisen, die die Rechteckform erheblich verändern. So ist zum Beispiel ein von einem rückwärts laufenden Tonband oder Kassettenrekorder wiedergegebenes Klavierspiel nicht leicht als solches zu erkennen. Um natürliche Klangbilder besser annähern zu können, rüstet man elektronische Orgeln meist mit den Effekten Perkussion, Sustain, Kontrakussion und Pianoforte aus.

Als Perkussion bezeichnet man einen Effekt, bei dem ein angeschlagener Ton nur kurz anklingt und danach allmählich verklingt wie bei Schlag- oder Zupfinstrumenten, z. B. Xylophon, Zither, Spinett oder beim Pizzikato-Spiel. Die Zeitkonstante des Ausklingvorgangs sollte bei einem elektronischen Musikinstrument in weiten Grenzen einstellbar sein.

Beim Sustain-Effekt klingt der Ton mit voller Amplitude, solange die Taste gedrückt ist. Nach Loslassen der Taste klingt der Ton allmählich aus, wie z. B. bei der Pfeifenorgel und bei Streich- und Blasinstrumenten. Auch hier sollte die Ausklingzeit einstellbar sein.

Mit dem Kontrakussion-Effekt wird erreicht, dass nach Drücken der Taste der Ton nicht schlagartig, sondern allmählich einsetzt, eventuell mit einstellbarer Zeitkonstante.

Weiterhin ist es möglich, die Lautstärke eines Tones von der Schnelligkeit, der Kraft oder dem Hub des Tastenanschlags abhängig einzustellen, sodass elektronische Musikinstrumente auch mit dem Vorzug des Klaviers ausgestattet werden können, die Lautstärke durch den Anschlag zu beeinflussen. Man bezeichnet diesen Effekt als Pianoforte.

4.1.1 Mutter- oder Hauptoszillatoren

Das Herz der elektronischen Orgel bilden die Mutter- oder Hauptoszillatoren. Aus ihnen werden alle Töne des Instrumentes abgeleitet. An die Frequenzkonstanz der

Mutteroszillatoren müssen aus mehreren Gründen besonders hohe Ansprüche gestellt werden. Das menschliche Ohr ist gegen Tonhöhenunregelmäßigkeiten sehr empfindlich. Ein Abgleich der Oszillatoren ist aufwendig, d. h. teuer, und sollte daher während der Lebensdauer einer Orgel nur einmal erforderlich sein. Auch sollte die Orgel mit anderen Musikinstrumenten zusammen konzertieren können. Zur Anpassung der Stimmung an andere Instrumente ist daher eine Einstellmöglichkeit erforderlich, die es erlaubt, alle Oszillatoren gleichsinnig um gleiche Relativwerte der Frequenz zu verstellen.

Schwankungen von der Betriebsspannung und Umgebungstemperatur, Alterung der Bauelemente und mechanische Stöße können die Oszillatorfrequenz verändern. Der Schaltung und dem Aufbau der Oszillatoren muss daher besondere Aufmerksamkeit gewidmet werden. Außer einer unter Umständen gewünschten Frequenzmodulation, im Folgenden als Vibrato bezeichnet, darf kein hörbarer Phasenjitter auftreten. Unter Jitter versteht man ein Zittern des Tones.

Bei RC-Generatoren ist ein geringer Temperaturkoeffizient der Frequenz nur durch Einsatz teurer Metallschichtwiderstände erzielbar. Allerdings kann man mit einem integrierten Schaltkreis, der die aktiven und die nicht frequenzbestimmenden passiven Bauelemente für die RC-Rechteckgeneratoren in einem Gehäuse vereint, den Aufwand einer Oszillator-Platine weitgehend reduzieren.

Die Digitaltechnik mit den TTL- und CMOS-Bausteinen eröffnet eine weitere interessante Lösung, bei der die Zahl der für eine Orgel erforderlichen Oszillatoren von zwölf auf eins reduziert wird. Ein TTL- oder CMOS-Baustein erzeugt auf digitalem Wege aus der Frequenz eines Taktgenerators alle zwölf Halbtöne einer Oktave mit praktisch exakt gleichtemperierter Stimmung der Töne untereinander. Durch ändern der Frequenz des Taktgenerators lässt sich eine so aufgebaute Orgel leicht nachstimmen oder auf die Tonhöhe anderer Instrumente bringen.

Abb. 4.2 zeigt die Tonleiter in C-Dur mit allen Bezeichnungen für eine elektronische Orgel. Die Bezeichnungen Oktave, Quinte usw. werden verständlich, wenn man bedenkt, dass bei den üblichen Tonleitern und Dur in Moll der 8. Ton (gezählt ab Grundton als 1. Ton) die doppelte Frequenz dieses Grundtons erreicht und dass ein 2. bis 7. Ton, also sechs Töne eingeschoben werden. Für die Dur-Tonleiter, beginnend mit c' (somit C-Dur) ergeben sich die Bezeichnungen und Intervalle aus Abb. 4.2.

Abb. 4.3 zeigt die Zuordnung der Tastenkontakte bei einer elektronischen Orgel. Orgeln in konventioneller Bauart verwenden zwölf autonom schwingende Mutteroszillatoren und damit ergeben sich einige Nachteile. Temperaturabhängigkeit, Spannungsabhängigkeit, Alterung und Veränderung durch mechanische Stöße werden im Allgemeinen die Frequenzen der einzelnen Oszillatoren beeinflussen, sodass sich dadurch die Orgel verstimmen kann. Außerdem lässt sich bei der Frequenzmodulation durch eine Vibratospannung bei den einzelnen Oszillatoren ein unterschiedlicher Frequenzhub erzeugen.

Oszillatoren sind Schaltungen, die ungedämpft elektrische Schwingungen bestimmter Kurvenform und Frequenz mit konstanter Amplitude erzeugen. Die Schwingungserzeugung

Bezeichnung des Tones innerhalb der Leiter	I	II	III	IV	V	VI	VII	VIII
	Grundton	Sekunde	Terz	Quarte	Quinte	Sexte	Septime	Oktave
Intervall zum Grundton	1	$\frac{9}{8}$	$\frac{5}{4}$	$\frac{4}{3}$	$\frac{3}{2}$	$\frac{5}{3}$	$\frac{15}{8}$	2
Intervall zum Nachbarton		$\frac{9}{8}$	$\frac{10}{9}$	$\frac{16}{15}$	$\frac{9}{8}$	$\frac{10}{9}$	$\frac{9}{8}$	$\frac{16}{15}$
Frequenz bei reiner Stimmung	264	297	330	352	396	440	495	528
Frequenz bei gleichschwebender Stimmung	261,6	293,7	329,6	349,2	392,0	440	493,9	523,25
musikalische Bezeichnung	c^1	d^1	e^1	f^1	g^1	a^1	h^1	c^2
Notenbild	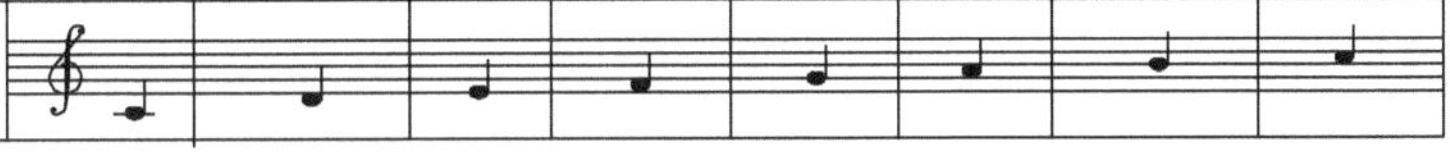							

Abb. 4.2 Tonleiter in C-Dur

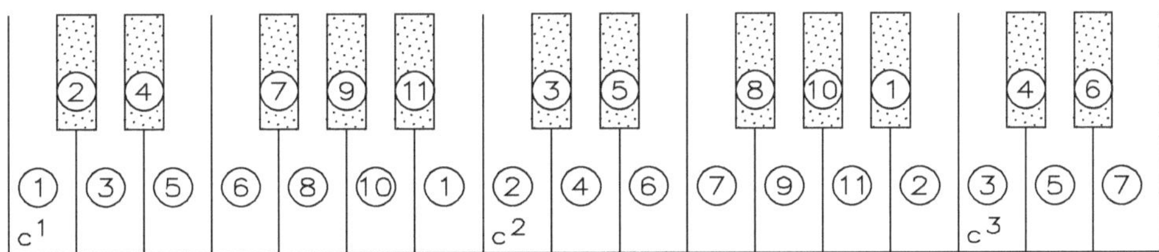

Abb. 4.3 Zuordnung der Tastenkontakte bei einer elektronischen Orgel

beruht auf der Entdämpfung einer schwingungsfähigen Schaltung. In der Praxis unterscheidet man zwischen vier Prinzipien:

- Zweipoloszillator: Hier wird die Entdämpfung durch negative dynamische Widerstände erzeugt. Diese entstehen bei den fallenden U-I-Kennlinien aktiver Bauelemente.
- Vierpoloszillator: Hier wird durch eine Rückkopplung die Entdämpfung durch Mitkopplung bewirkt.
- Sinusoszillator: Bei Sinusoszillatoren ist eine stetige Amplitudenbegrenzung durch zusätzliche Schaltungsmaßnahmen erforderlich, damit der Verstärker beim Anschwingen nicht übersteuert wird.
- Impulsoszillator: Hier wird der Verstärker während des Schwingvorgangs übersteuert. Die Amplitudenbegrenzung erfolgt unstetig durch die nicht linearen Kennlinien der aktiven Bauelemente.

Für das Prinzip der Schwingungserzeugung müssen folgende Bedingungen erfüllt sein:

- Amplitudenbedingung: Die Amplitudenbedingung der zurückgeführten Spannung muss so groß sein, dass alle Verluste ausgeglichen werden.
- Phasenbedingung: Die Phasenlage der zurückgeführten Spannung muss so groß sein, dass nach der Verstärkung die Phasenlage von der Ausgangsspannung U_a wieder erreicht wird.

Die Schwingungsbedingung ist

$$v \cdot k = 1$$

mit dem Verstärkungsfaktor v und dem Rückkopplungsfaktor k. Komplexe Größen, Amplituden- und Phasenlage spielen bei Oszillatoren eine große Rolle.

Bei Orgeln verwendet man beispielsweise einen Sinusoszillator nach Meißner, aber es sind für die D-Dur-Tonleiter acht Schaltungen nach Abb. 4.4 erforderlich. Es ergeben sich keine Zwischentöne!

Die Mitkopplung erfolgt über einen Übertrager mit gegensinniger magnetischer Kopplung. Das frequenzbestimmende Glied ist der Kondensator C_1 und die Teilwicklung L_1 vom Übertrager und die Frequenz berechnet sich aus

$$f = \frac{1}{2 \cdot \pi \cdot \sqrt{L_1 \cdot C_1}}$$

Durch die gegensinnige Kopplung des Übertragers (wird durch die Punkte am Symbol des Übertragers gekennzeichnet) tritt eine Phasenverschiebung von $\varphi = 180°$ auf. Es wird eine Parallelresonanz durch die Schaltung von L_1 und C_1 erzeugt. Der Rückkopplungsfaktor ist

$$K = \frac{N_1}{N_2} = \sqrt{\frac{L_1}{L_2}}$$

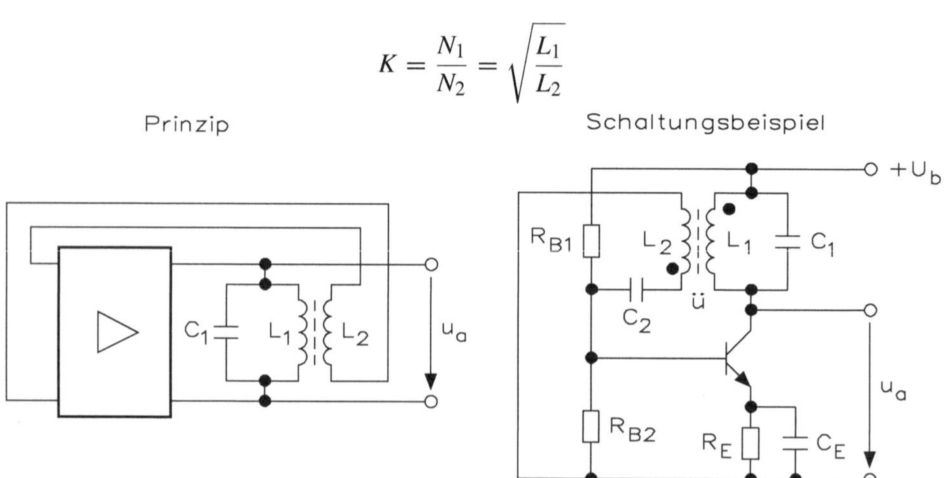

Abb. 4.4 Prinzip und Schaltung des Sinusoszillators nach Meißner

Als Verhältnis der Spulen wird L_1 mit 1200 Windungen und L_2 mit 600 Windungen gewählt. Mit dem Basisspannungsteiler R_{B1} und R_{B2} stellt man die Spannung U_{BE} ein und kann damit den Basisstrom für den Transistor bestimmen. Mit dem Widerstand R_E und dem Kondensator C_E ergibt sich eine Wechselstromgegenkopplung und man erhält einen stabilen Arbeitspunkt. Durch die Amplitudenbegrenzung wird die Verstärkung des Transistors beeinflusst. Wählt man U_{BE} zu groß und der Transistor hat eine hohe Verstärkung, ergibt sich eine Oszillatorverstärkung von $k \cdot v = 1$ und die Ausgangsspannung übersteuert. Mit zunehmender Wechselspannungsamplitude steigt die mittlere Gleichspannung am Kondensator C_2, da die Basis-Emitter-Diode als Gleichrichter für die Spannung u_{L2} wirkt. Zusammen mit der Gleichspannung an R_{B2} ergibt sich eine mittlere Basisspannung, die den Arbeitspunkt des Transistors in den Bereich niedriger Kollektorströme verschiebt. Die Verstärkung des Transistors nimmt ab. Ein stabiler Betrieb der Schaltung ist erreicht, wenn die Verstärkung $k \cdot v = 1$ wird.

Der Hartley-Oszillator von Abb. 4.5 ist eine induktive Dreipunktschaltung und der Rückkopplungsübertrager des Meißner-Oszillators lässt sich zu einer Spule mit Anzapfung zusammenfassen. Die Anzapfung wird wechselspannungsmäßig geerdet. Die Spannung zwischen der Anzapfung und den beiden Spulenenden sind gegeneinander um 180° phasengedreht, sodass die Phasenbedingung der Emitterschaltung erfüllt ist. Die Induktivität ist

$$L = L_1 + L_2$$

Die Ausgangsfrequenz berechnet sich nach

$$f = \frac{1}{2 \cdot \pi \cdot \sqrt{L \cdot C}}$$

Wegen der drei Spulenanschlüsse bezeichnet man den Hartley-Oszillator auch als induktive Dreipunktschaltung. Der Schwingkreiskondensator C_1 liegt parallel zur

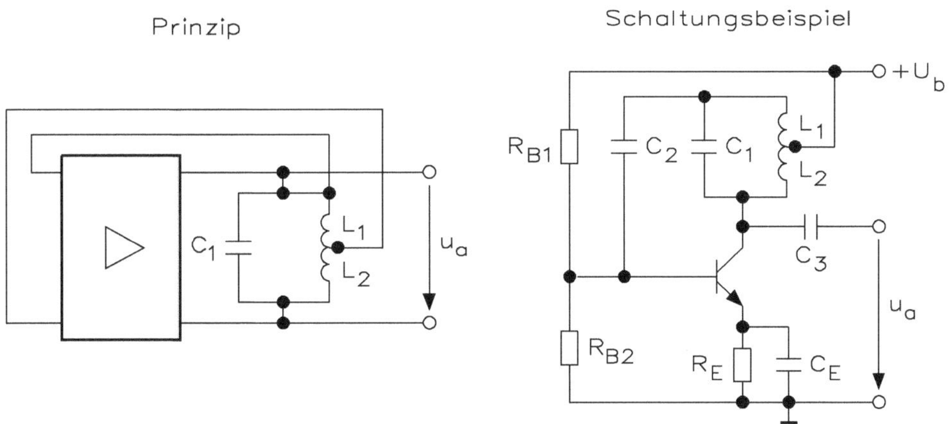

Abb. 4.5 Prinzip und Schaltung des Sinusoszillators nach Hartley

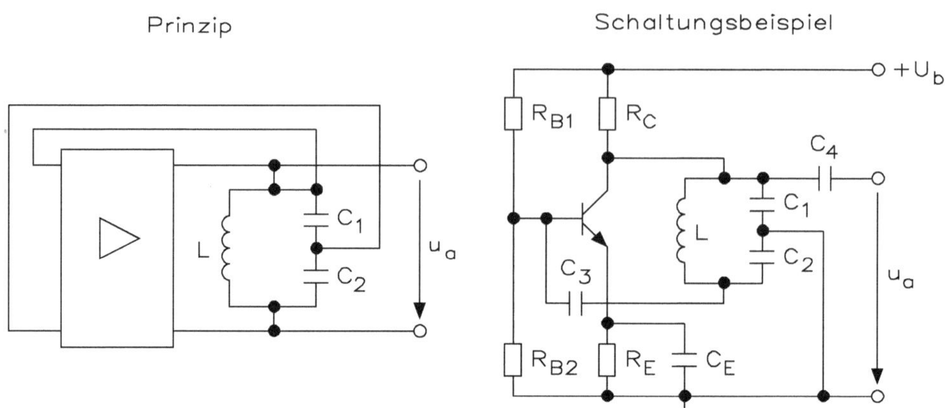

Abb. 4.6 Prinzip und Schaltung des Sinusoszillators nach Colpitts

Gesamtspule. Der Kondensator C_2 trennt den Gleich- und Wechselstromkreis und bewirkt eine Amplitudenbegrenzung.

Beim Colpitts-Oszillator von Abb. 4.6 hat man eine kapazitive Dreipunktschaltung. Die Spannungsteilung zwischen Ausgangs- und Rückkoppelsignal erfolgt durch die Kondensatoren, deren Teilspannungen proportional zu den Blindwiderständen sind. Man benötigt nur eine Spule. Beim Colpitts-Oszillator in Emitterschaltung (Abb. 4.6 zeigt eine Basisschaltung) wird die Mitte zwischen den beiden Kondensatoren geerdet, sodass wie beim Hartley-Oszillator die nötige Phasendrehung erzeugt wird. Die Gesamtkapazität errechnet sich nach

$$C = \frac{C_1 \cdot C_2}{C_1 + C_2}$$

Die Frequenz beträgt

$$f = \frac{1}{2 \cdot \pi \cdot \sqrt{L \cdot C}}$$

Beim Colpitts-Oszillator in Basisschaltung wird eine Seite der Schwingkreisspule wechselspannungsmäßig geerdet, da hier keine Phasendrehung auftreten darf. Die Kondensatoren wirken nur als Wechselspannungsteiler.

Der Sinusoszillator von Abb. 4.7 zeigt eine dreistufige Schaltung mit Tiefpässen und die Frequenz berechnet sich nach

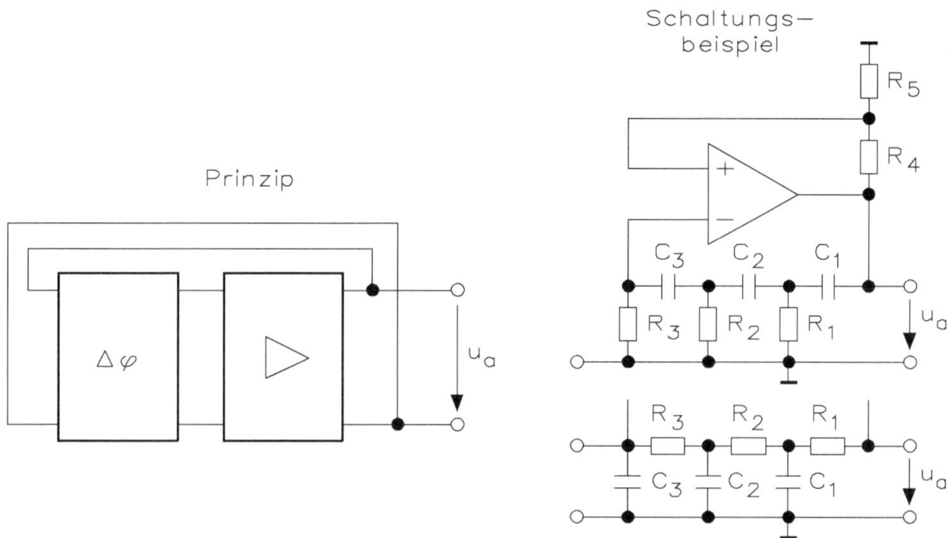

Abb. 4.7 Prinzip und Schaltung des Sinusoszillators mit RC-Phasenschieber

$$f = \frac{\sqrt{6}}{2 \cdot \pi \cdot R \cdot C}$$

und eine dreistufige Schaltung mit Hochpässen, die sich berechnet nach

$$f = \frac{1}{2 \cdot \pi \cdot \sqrt{6} \cdot R \cdot C}$$

Die erforderliche Verstärkung ist $v = 29$.

Der Phasenschieber-Generator lässt sich realisieren, wenn im Rückkopplungszweig drei RC-Glieder vorhanden sind. Bei diesem Generator schaltet man in die Rückkopplung drei RC-Glieder ein und erreicht 180°, da ein belastetes RC-Glied nur eine Phasenverschiebung von $\varphi = 60°$ hat. Gleichzeitig findet eine Spannungsteilung zwischen Ausgangs- und Eingangsspannung im Verhältnis 1:29 statt, sodass der Oszillator nur schwingen kann, wenn der Transistor eine Verstärkung von $v = 29$ hat. Ein Emitterwiderstand bewirkt nach dem Einschwingen die notwendige Verstärkungsbegrenzung. Das Ausgangssignal ist stark verzerrt, da der Arbeitspunkt einen großen Teil der gekrümmten Eingangskennlinie durchläuft. Mit einem sorgfältigen Abgleich des Arbeitspunktes mit dem Basisspannungsteiler und durch Einstellen der Verstärkung mit dem Emitterwiderstand lassen sich gute Ergebnisse erreichen.

Die Schaltung von Abb. 4.8 errechnet sich aus

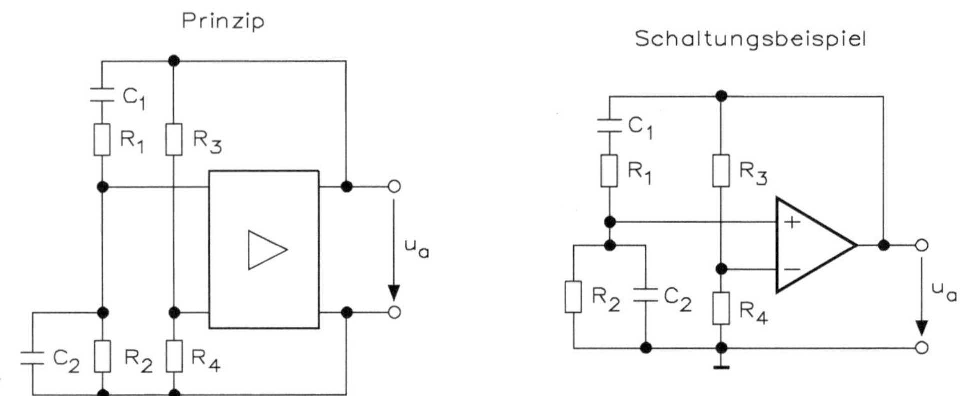

Abb. 4.8 Prinzip und Schaltung des Sinusoszillators mit Wienbrücke

$$f = \frac{1}{2 \cdot \pi \cdot \sqrt{R_1 \cdot C_1 \cdot R_2 \cdot C_2}}$$

Da die Widerstände und Kondensatoren der Wienbrücke gleich sind, ergibt sich

$$f = \frac{1}{2 \cdot \pi \cdot \sqrt{R \cdot C}}$$

Der Operationsverstärker hat eine Phasenverschiebung von $\varphi = 0° = 360°$, ebenso das Wienglied, das aus einer RC-Reihen- und RC-Parallelschaltung besteht. Aus diesem Grund ist die Ausgangsspannung des Wiengliedes 1/3 der Eingangsspannung. Realisiert man diesen Oszillator mit Transistoren, müssen zwei Emitterschaltungen aufgebaut werden, denn jede Emitterschaltung erzeugt eine Phasenverschiebung von 180°.

Eine hohe Frequenzstabilität erreicht man nur mit dem Schwingquarz von Abb. 4.9. Der Quarz ist ein SiO_2-Kristall, an dessen Seiten zwei Kontaktflächen angebracht sind.

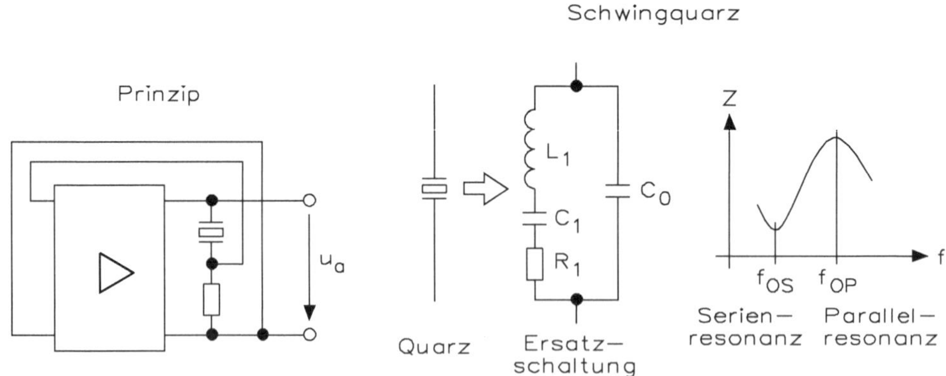

Abb. 4.9 Prinzip und Schaltung eines Schwingquarzes

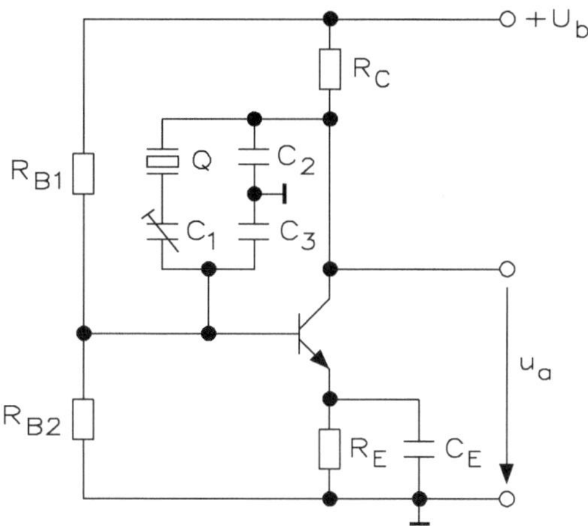

Abb. 4.10 Schaltung des Sinusoszillators mit Schwingquarz nach Pierce

Liegt eine Spannung an, verformt er sich und Spannungsimpulse versetzen ihn in mechanische Schwingungen, die sich an den Anschlüssen wieder als abklingende Wechselspannung mit hoher Frequenzkonstanz bemerkbar machen. Elektrisch verhält sich der Quarz wie ein Schwingkreis hoher Güte. Aus dem Ersatzbild erkennt man, dass er zwei Resonanzfrequenzen hat und er lässt sich als Serien- und Parallelschwingkreis verwenden:

Reihenschwingkreis: $f = \frac{1}{2 \cdot \pi \cdot \sqrt{R_1 \cdot C_1}}$ hohe Konstanz.

Parallelschwingkreis: $f = \frac{1}{2 \cdot \pi} \cdot \sqrt{\frac{C_1 + C_0}{L_1 \cdot C_1 \cdot C_0}}$ geringe Konstanz, Fehlereinfluss von parasitären Kapazitäten

Die Pierce-Schaltung von Abb. 4.10 ist eine kapazitive Dreipunktschaltung. Die Frequenz lässt sich durch den Kondensator C_1 etwas „ziehen". Die korrigierte Serienresonanz ist

$$f* = f_S \cdot \sqrt{1 + \frac{C_1}{C_2 + C_3}}$$

Durch die Kapazität C_1 in Reihe zum Quarz kann die Frequenz geringfügig korrigiert werden.

4.1.2 Frequenzteilung

Es liegt nahe, nach einer Möglichkeit zu suchen, die zwölf Muttertöne starr miteinander zu koppeln, sodass keine interne Verstimmung auftreten kann.

Eine Möglichkeit der starren Kopplung bietet das Prinzip des Phase-Locked-Loop-Oszillators, wie Abb. 4.11 zeigt. Man geht davon aus, dass das Frequenzverhältnis zweier benachbarter Halbtöne die gleichtemperierte Tonskala $\sqrt[12]{2}$ beträgt. Dieser Wert lässt sich

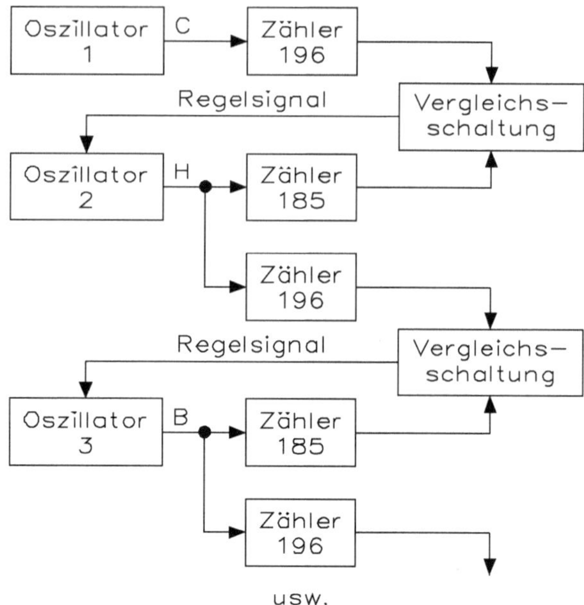

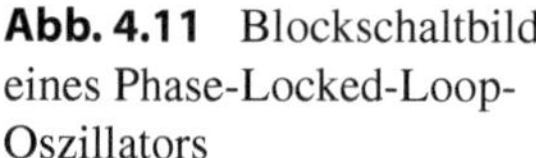
Abb. 4.11 Blockschaltbild eines Phase-Locked-Loop-Oszillators

durch einen Bruch 196/185 bis auf einen Fehler von $3 \cdot 10^{-6}$ annähern. Es werden nun je zwei Oszillatoren auf folgende Weise miteinander gekoppelt: Man zählt die Schwingungen der Oszillatoren mit je einem Zähler der Endstellung 196 bzw. der Endstellung 185. Erreichen die beiden gleichzeitig gestarteten Zähler ihre Endstellung zur gleichen Zeit, so weisen die Frequenzen der beiden Oszillatoren exakt das Verhältnis 196/185 auf. Erreichen die Zähler die Endstellung nicht gleichzeitig, so wird ein Regelsignal erzeugt, das einen der Oszillatoren nachstimmt. Auf diese Weise lassen sich die zwölf Mutteroszillatoren miteinander koppeln.

Durch die Verwendung von TTL- und CMOS-Schaltkreisen ergeben sich weitaus interessantere Möglichkeiten als mit nur einem einzigen Taktgenerator, bei denen die zwölf Töne durch Teilung oder Addition erzeugt werden.

An einen hochfrequenten Oszillator werden in Abb. 4.12 zwölf Frequenzteiler angeschlossen. Die Ausgangsfrequenzen dieser Teiler bilden die Töne der obersten Oktave. Da sich nur ganzzahlige Frequenzteiler verwirklichen lassen, sind gute Ergebnisse, d. h. kleine Abweichungen von der temperierten Tonskala, erzielbar, wenn die Teilerverhältnisse genügend groß gewählt werden – etwa zwischen 500 und 1000.

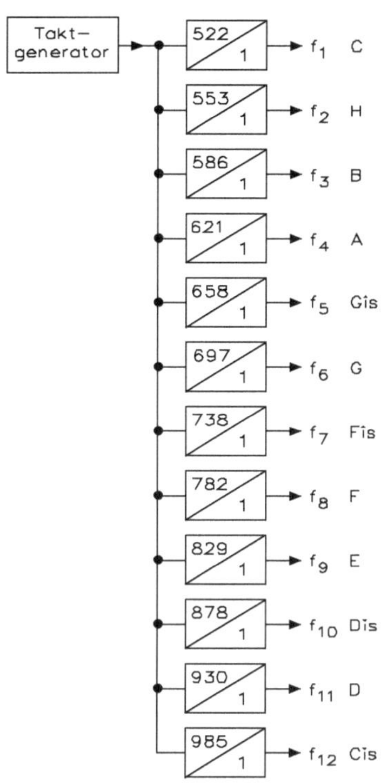

Abb. 4.12 Taktgenerator mit zwölf Frequenzteilern

Abb. 4.13 zeigt das Blockschaltbild einer Anordnung, die die zwölf Töne der obersten Oktave durch Frequenzsynthese erzeugt. Die Frequenz eines Oszillators wird durch eine Teilerkette mehrfach durch zwei geteilt. Die Zahl der erforderlichen Binärteiler hängt ab vom zulässigen Frequenzfehler gegenüber der temperierten Tonskala. Die einzelnen Ausgänge werden zu elf Verknüpfungsschaltungen geführt, dass jeweils am Ausgang einer Verknüpfungsschaltung die Summe der auf den Eingang gegebenen Frequenzen entsteht. Die Periodendauer der so erzeugten Frequenzen ist allerdings nicht konstant, sondern „zittert" um einen Mittelwert. Dieser Effekt wird als Jitter bezeichnet und macht sich unter Umständen als störendes Nebengeräusch bemerkbar. Mit einer nachzuschaltenden Binärteilerkette lässt sich der Jitter verringern. Der Jitter ist nach sieben Teilerstufen genügend abgeschwächt, d. h. nicht mehr hörbar.

Wird in einer periodischen Impulsfolge der Frequenz f jeder zehnte Impuls unterdrückt, so weisen die verbleibenden Impulse – über längere Zeit ermittelt – die Frequenz von $9/10 \cdot f$ auf. Diese Art der Herstellung eines festen Verhältnisses zwischen zwei Frequenzen bezeichnet man als Ausblendprinzip. Abb. 4.14 zeigt das Blockschaltbild eines Tongeneratormodells, das nach diesem Prinzip arbeitet.

Die Impulse eines Taktgenerators werden sowohl einem Frequenzteiler T als auch einer Unterdrückungsschaltung 11 aus 196 zugeführt. Diese blendet jeweils 11 von 196 ankommenden Impulsen aus. Die restlichen Impulse werden wieder einem Teiler T und

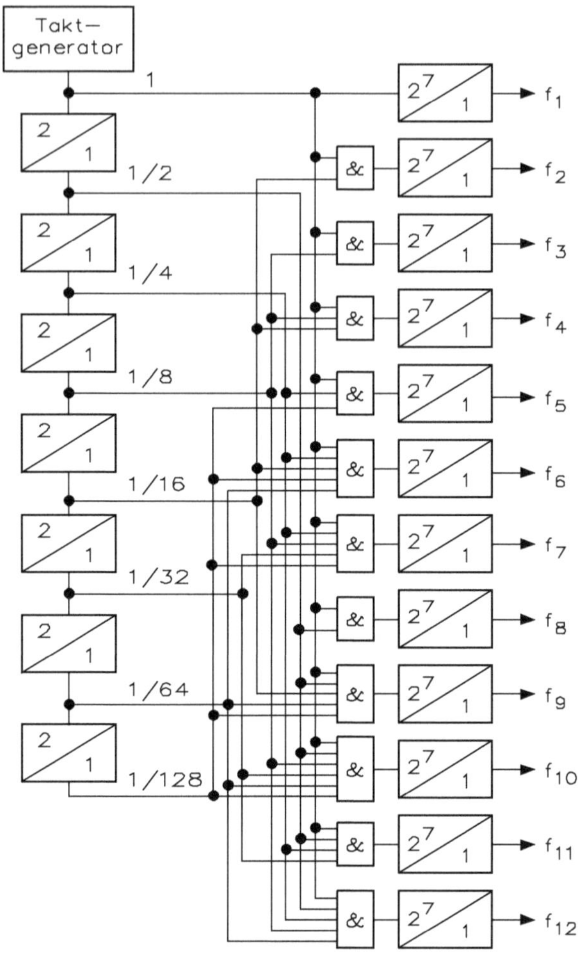

Abb. 4.13 Blockschaltung für die Tonerzeugung durch Frequenzsynthese

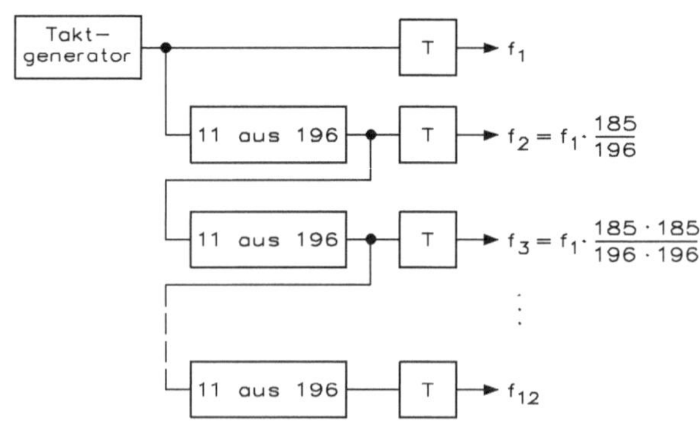

Abb. 4.14 Tonerzeugung nach dem Ausblendprinzip

der nächsten Unterdrückungsschaltung zugeführt. Die Ausgangsfrequenzen der Teiler *T* unterscheiden sich jeweils um 185/196, was sehr genau einem Halbtonschritt entspricht.

Die Signale an den Ausgängen der Teiler *T* haben, ebenso wie bei der Frequenzsynthese, keine konstante Periodendauer. Die Frequenz f_2 hat zwei verschiedene Periodendauern, f_3 hat drei Periodendauern usw. Die einzelnen Periodendauern unterscheiden sich um eine Periodendauer der Frequenz des Taktgenerators. Die Differenz zwischen längster und kürzester Periodendauer wird als Jitter definiert und in Vielfachen der Periodendauer der Taktfrequenz angegeben.

Eine Wertung der beschriebenen Möglichkeiten ergibt, dass beim Phase-Locked-Loop der Frequenzteiler klein und das Ausgangssignal jitterfrei ist. Das Verfahren ist wegen des großen und komplizierten Schaltungsaufwandes zu teuer. Frequenzteilung und -synthese ergeben einen Quantisierungsfehler, der nur dann hinreichend klein wird, wenn man mit einer hohen Taktfrequenz arbeitet. Dadurch ergibt sich ein hohes Teilerverhältnis. Auch diese Verfahren sind wegen des großen Schaltungsaufwandes zu teuer, und das Syntheseverfahren erfordert zusätzlichen Aufwand zur Verringerung des Jitters. Beim Ausblendprinzip nach Abb. 4.14 erreicht man zwar eine hervorragende Genauigkeit der Frequenz, aber der Jitter der letzten Teilerstufe ist unzulässig hoch, denn bei einer Reihenschaltung der zwölf Ausblendschaltungen wird der Jitter von Stufe zu Stufe größer.

Bei der Entwicklung eines Teilerverhältnisses muss man die hohe Genauigkeit des Ausblendprinzips ausnutzen – die maximale Abweichung eines Tones von der gleichtemperierten Tonskala beträgt nur 0,03 ‰.

Bei einer Anordnung nach Abb. 4.15 ergibt sich ein hoher Jitter, der durch den Aufbau nach Abb. 4.14 dadurch auf tragbare Werte verkleinert wurde. Anstelle einer direkten Reihenschaltung von zwölf Ausblendstufen findet man nur maximal fünf Ausblendschaltungen aufeinander folgend. Im Blockschaltbild der Gesamtanordnung zur Erzeugung der zwölf Töne der obersten Oktave erkennt man drei Ketten von hintereinander geschalteten Frequenzteilern. Jede der Ketten wird durch einen Teiler realisiert und der erste Teiler jeder Kette wird von dem gemeinsamen Taktgenerator angesteuert.

Die Kette A besteht in Abb. 4.16 aus vier gleiche hintereinander geschaltete Teiler und der Teiler hat eine Doppelfunktion. Er teilt einmal die Eingangsfrequenz durch 44 und steuert mit dieser Frequenz einen Ausgangsteiler an. Weiterhin teilt er die Eingangsfrequenz mithilfe der weiter unten geschilderten Unterdrückungsschaltung durch 44/37 und steuert mit der durch 44/37 geteilten Eingangsfrequenz den nächsten, gleich aufgebauten Teiler an.

Ein Teiler besteht aus zwei Zählern, A und B, und aus einer Unterdrückungsschaltung U. Der Zähler A zählt die Taktimpulse und gibt jedes Mal, wenn er in seine Ausgangsstellung zurückspringt, einen Impuls an die Unterdrückungsschaltung und an den Zähler B ab.

Zähler B hat bei der Endstellung den Wert „7“. Er zählt die Rückstell- bzw. Ausgangsimpulse des Zählers A und steuert außerdem dessen Endstellung. Ist Zähler B in den Positionen 1, 2, 3, 5 oder 6, zählt der Zähler A bis „6“. In den Positionen 4 und 7

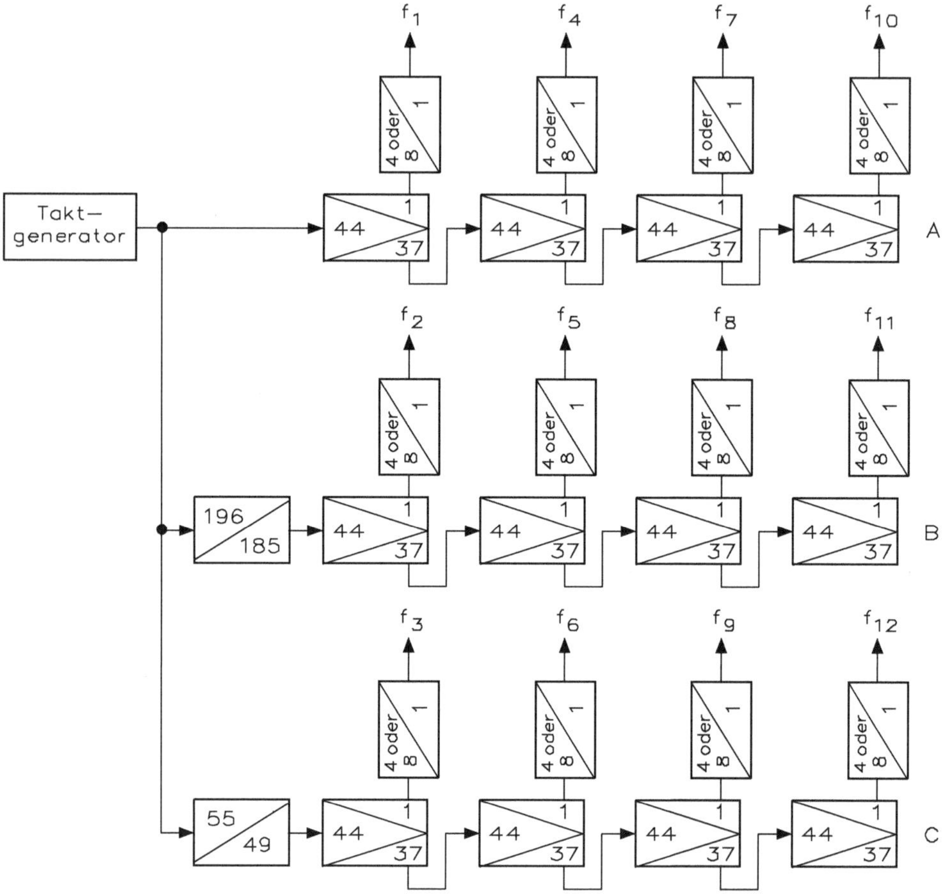

Abb. 4.15 Erweitertes Verfahren der Tonerzeugung nach dem Ausblendprinzip

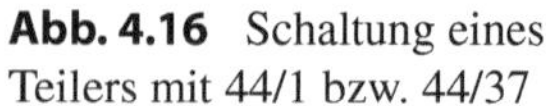

Abb. 4.16 Schaltung eines Teilers mit 44/1 bzw. 44/37

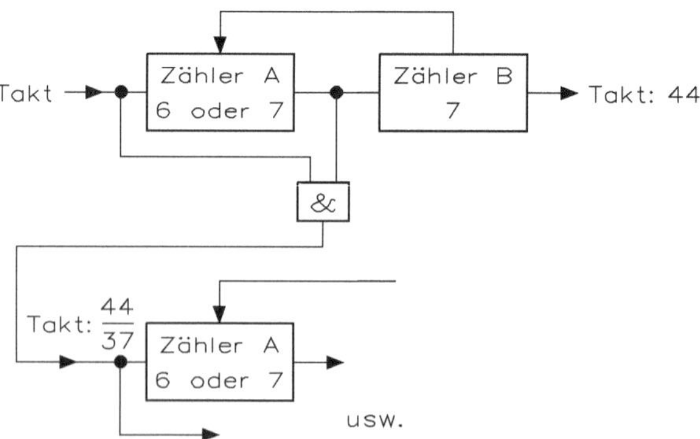

von Zähler B zählt Zähler A bis „7“. Zähler B gibt also bei jedem 44. Taktimpuls einen Rückstell- bzw. Ausgangsimpuls ab. Jeder Rückstell- bzw. Ausgangsimpuls von Zähler A blendet in der Unterdrückungsschaltung einen Taktimpuls aus. Am Ausgang der Unterdrückungsschaltung, der zum Eingang des nächsten Teilers führt, erscheinen also von 44 Taktimpulsen nur 37 Ausgangsimpulse. Die Pulsfrequenz am Ausgang der Unterdrückungsschaltung des zweiten Teilers ist ebenfalls wieder um den Faktor 44/37 niedriger als diejenige am Ausgang der Unterdrückungsschaltung des ersten Teilers. Der Bruch 44/37 ist eine gute Näherung für das Frequenzverhältnis von $\sqrt[12]{2^3}$.

Das ist der Abstand von drei Halbtönen, die man als eine kleine Terz bezeichnet.

Von den Ausgängen der Zähler B werden umschaltbare Ausgangsteiler angesteuert. Je nachdem, ob als höchste Oktave die vier- oder die fünfgestrichene Oktave gewünscht wird, stellt man ein Teilerverhältnis von 8 oder 4 ein. Diese umschaltbaren Ausgangsteiler geben ein Rechtecksignal mit dem Tastverhältnis 1:2 ab, dessen Jitter ausreichend klein ist.

Die Teilerkette A in Abb. 4.15 erzeugt also vier Töne im Abstand von jeweils einer kleinen Terz, z. B. die Töne C, A, Fis und Dis. Die Töne II, Gis, F und D werden in der Teilerkette B erzeugt. Diese Kette enthält ebenfalls vier Teiler 44/37, denen hier ein Teiler 196/185 vorgeschaltet ist, der die Taktfrequenz und damit alle Ausgangsfrequenzen der Teilerkette B um einen Halbtonschritt absenkt. Die nun noch fehlenden Töne B, G, E und Cis erzeugt die Teilerkette C. Hier wird ein Vorteiler benötigt, der die Taktfrequenz und damit die vier Ausgangsfrequenzen der Teilerkette C um einen Ganztonschritt absenkt. Das entspricht einem Frequenzverhältnis von $\sqrt[12]{2^2}$.

Der Bruch 55/49 ist eine gute Näherung für diesen Wert. Die Vorteiler arbeiten ebenfalls nach dem von Abb. 4.15 erklärten Ausblendprinzip.

Die Aufteilung des Teilersystems in drei Einheiten, von denen jede vier Töne erzeugt, lässt sich einfach realisieren. Durch einen programmierbaren Teiler ergibt sich eine Einheit von vier Teilern 44/37 mit den zugehörigen umschaltbaren Ausgangsteilern sowie die beiden Vorteiler 55/49 und 196/185.

Durch die äußere Umschaltung von Abb. 4.17 ist es möglich, einen der beiden Vorteiler zu wählen oder beide Vorteiler außer Betrieb zu setzen.

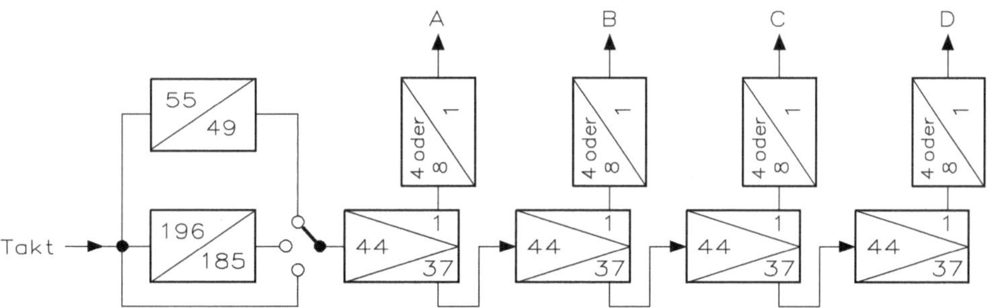

Abb. 4.17 Schaltbild mit umschaltbaren Vorstufen

4.1.3 Tonleiter

Die meisten Musikinstrumente sind in der Lage, ihre Tonhöhe kontinuierlich ändern zu können. Damit ist man in der Lage, unendlich viele Töne zu erzeugen, jedoch beschränkt sich die Musik auf eine bestimmte Auswahl von Tönen. Bei Tasteninstrumenten hat man eine beschränkte Zahl von Einzeltönen und aufgrund der Musik hat sich im Laufe der Jahrhunderte ein abendländisches Tonsystem entwickelt, die sogenannte Tonleiter. Gegenüber der ostasiatischen Tonleiter kennt unsere Tonleiter eine Vielzahl von Obertönen der jeweiligen Grundtonart und konsonant klingende Intervalle. Die abendländische Tonleiter geht auf die phythagoräische Philosophie der rationalen Verhältnisse zurück. Ein ähnliches Tonsystem ist die gleichmäßig temperierte chromatische Tonleiter und enthält beinahe die selben Töne wie das phythagoräische. Sie ist nicht durch rationale Zahlenverhältnisse definiert, sondern wird durch harmonische Teilung durch 12 eines Oktavintervalls bestimmt. Das hat den Vorteil, dass ein nach ihr gestimmtes Musikinstrument in allen Tonarten gespielt werden kann, ohne dass sich die relativen Frequenzverhältnisse der Töne innerhalb der verschiedenen Tonarten ändern. Das Frequenzverhältnis zweier benachbarter Halbtöne ist dabei stets konstant. Abb. 4.18 zeigt die Tastenanordnung bei einem Klavier für die chromatische Tonleiter.

Die harmonische (diatonische) Tonleiter besteht aus acht Tönen und je zwei Töne stehen in bestimmten Frequenzverhältnissen zueinander, wie Tab. 4.1 zeigt.

Bei Tab. 4.1 für die diatonische Tonleiter ist zu beachten, dass in der 2. Zeile die Frequenzverhältnisse von je zwei Nachbartönen gezeigt sind. Die 3. Zeile stellt die Frequenzverhältnisse dar, bezogen auf den Grundton c. Das Frequenzverhältnis 9/8 bzw. 10/9 entspricht einem ganzen Intervall, das Verhältnis 16/15 einem halben Intervall.

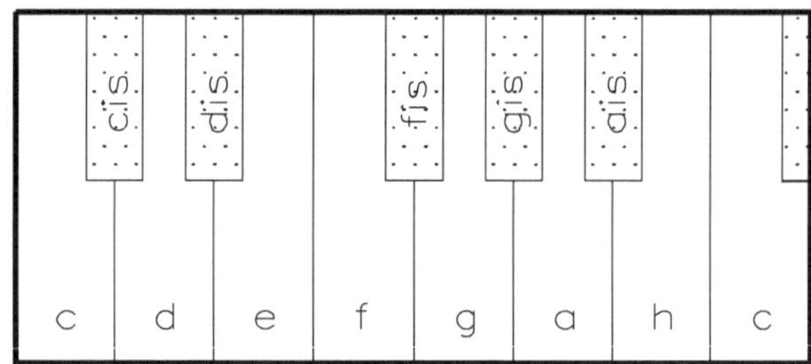

Abb. 4.18 Chromatische Tonleiter

Tab. 4.1 Diatonische Tonleiter

Prime	Sekunde	Terz	Quarte	Quinte	Sexte	Septime	Oktave
c	d	e	f	g	a	h	c
	9/8	10/9	16/15	9/8	10/9	9/8	16/15
1	9/8	5/4	4/3	3/2	5/3	15/8	2/1

Tab. 4.2 Chromatische Tonleiter

c	d	e	f	g	a	h	c
	cis	dis		fis	gis	ais	
	des	es		ges	as	b	

Die diatonische Dur-Tonleiter (chromatische Tonleiter) beginnt mit dem Grundton c. Um auch auf anderen Tönen Tonleitern aufbauen zu können, muss man die ganzen Intervalle in je zwei halbe Intervalle aufteilen. Entweder wird der tiefere Ton eines Intervalls mit dem Faktor 25/24 multipliziert (das gibt die höheren Töne cis, dis, fis, gis, ais) oder die höhere Frequenz wird durch 25/24 dividiert (das ergibt die tieferen Töne des, es, ges, as, b). Die in beiden Fällen entstehenden Frequenzen stimmen nicht überein, was man beim Spiel von Streichinstrumenten beachten muss. Für Instrumente mit fester Stimmung dagegen (Klavier, Orgel usw.) ist dieses Verfahren nicht einsetzbar, obwohl sie die klangreinsten Intervalle (reine Stimmung) erzeugen. Für die chromatische Tonleiter gilt Tab. 4.2.

Die zwölf Halbtonintervalle besitzen kein einheitliches Frequenzverhältnis. Bei einer Dur-Tonleiter liegen die Halbtonintervalle zwischen dem 3. und 4. bzw. 7. und 8. Ton (z. B. C-Dur: c, d, e, f, g, a, h, c). Bei einer Moll-Tonleiter liegen dagegen die Halbtonintervalle zwischen dem 2. und 3. bzw. 5. und 6. Ton (z. B. c-Moll: c, d, es, f, g, as, b, c).

Gegenüber der reinen Stimmung besitzt bei der gleichmäßig temperierten Stimmung jedes der zwölf Halbtonintervalle das gleiche Frequenzverhältnis. Bei der Aufteilung der Oktave (Frequenzverhältnis 2:1) in zwölf gleiche Intervalle hat man wegen $x^{12}=2$ ein Halbtonintervall:

$$\sqrt[12]{2^2} = 1{,}0594631$$

Daher ist es möglich, auf jedem der zwölf Töne einer Oktave sowohl eine Dur- als auch eine Moll-Tonleiter zu erzeugen.

In den einzelnen Tonleitersystemen sind nur die Frequenzverhältnisse angegeben. Für das Stimmen von Musikinstrumenten müssen aber auch die absoluten Frequenzen festliegen. Bei der physikalischen Stimmung geht man von einem eingestrichenen c aus und setzt $f_C'=2^8\,\text{Hz}=256\,\text{Hz}$. Der internationalen Stimmung liegt der Normstimmton (Kammerton a) zugrunde. Seine Frequenz wurde international festgelegt auf $f_C'=440\,\text{Hz}$. Die Frequenzen aller anderen Töne lassen sich daraus berechnen wie Tab. 4.3 zeigt.

Reiht man zwölf derartige Halbtonschritte hintereinander, so ist die Frequenz des zwölften Tones gerade doppelt so hoch wie die des ersten. Diese Frequenzverdopplung entspricht wiederum gerade dem Intervall einer Oktave. Aus dieser relativen Tonleiter ergeben sich die Frequenzverhältnisse der verwendeten Töne wieder. Um die im gleichmäßig chromatischen Tonsystem verwendeten Töne absolut zu normieren, muss man die absolute Frequenz eines Tones festlegen, wie Tab. 4.4 zeigt.

Tab. 4.3 Internationale Stimmung

Ton	Relative Schwingungszahlen		Absolute Schwingungszahlen in Hz
	Stimmung		
	Rein	Gleichmäßig temperiert	International, gleichmäßig temperiert
c′	1,00000	1,00000	261,63
cis′	1,04166	1,05946	277,18
des′	1,08000		
d′	1,12500	1,12246	293,67
dis′	1,17187	1,18921	311,13
es′	1,20000		
e′	1,25000	1,25992	329,63
f′	1,33333	1,33484	349,23
fis′	1,38889	1,41421	369,99
ges′	1,44000		
g′	1,50000	1,49831	392,00
gis′	1,56250	1,58740	415,30
as′	1,60000		
a′	1,66667	1,68179	440,00
ais′	1,73611	1,78180	466,16
b′	1,80000		
h′	1,87500	1,88775	493,88
c″	2,00000	2,00000	523,25

Tab. 4.4 Tonsystem nach dem Kammerton a′. Die Zahlenangaben sind in Hz angegeben

c	cis	d	dis	e	f	fis	g	gis	a	b	c
Subkontra											
16,3	17,3	18,3	19,4	20,6	21,8	23,1	24,5	25,5	27,5	29,1	30,8
Contra											
32,7	34,7	36,7	38,9	41,2	43,1	46,2	48,9	51,9	55	58,3	61,7
Großes											
65,4	69,3	73,2	77,8	82,4	87,3	92,5	97,5	103	110	116	123
Kleines											
130	138	146	155	165	174	185	196	207	220	233	246
Eingestrichenes											
261	277	293	311	329	349	370	391	415	440	466	493
Zweigestrichenes											
523	554	587	622	659	698	740	783	830	880	932	987

Fortsetzung

Tab. 4.4 Fortsetzung

Dreigestrichenes											
1146	1108	1175	1245	1318	1367	1480	1568	1661	1760	1865	1975
Viergestrichenes											
2093	2217	2349	2489	2637	2794	2960	3136	3322	3520	3729	3951
Fünfgestrichenes											
4186	4445	4699	4978	5274	5587	5920	6272	6645	7040	7458	7902

4.2 Tonintervalle

Je zwei Töne einer Tonleiter bilden ein Intervall. Die meisten der möglichen Kombinationen besitzen besondere Bezeichnungen wie Tab. 4.5 zeigt, je nach Anzahl der eingeschlossenen Halbtonintervalle.

Eine Dur-Tonart besteht aus folgenden auf den jeweiligen Grundton bezogenen Intervallen: Prime, große Sekunde, große Terz, Quarte, Quinte, große Sexte, große Septime und Oktave. Davon unterscheidet sich die entsprechende Moll-Tonart durch die kleine Terz, kleine Sexte und kleine Septime.

Auf das gleichzeitige Erklingen zweier Töne reagiert der Mensch mit Wohlklang (Konsonanz) oder Missklang (Dissonanz). Ob Konsonanz und Dissonanz hängt vom Frequenzverhältnis beider Töne ab. Konsonanz liegt vor, wenn sich das Frequenzverhältnis durch ganze Zahlen nicht größer als acht ausdrücken lässt. Tab. 4.6 zeigt die Intervalle in der Reihenfolge abnehmender Konsonanz bzw. zunehmender Dissonanz.

Tab. 4.5 Bezeichnungen der eingeschlossenen Halbtonintervalle

Intervall	Zeit der eingeschlossenen Halbtonintervalle	Frequenzverhältnis
Prime	0	1:1
Kleine Sekunde	1	16:15
Große Sekunde	2	9:8 bzw. 10:9
Kleine Terz	3	6:5
Große Terz	4	5:4
Quarte	5	4:3
Quinte	6	3:2
Kleine Sexte	7	8:5
Große Sexte	8	5:3
Kleine Septime	9	9:5 bzw. 16:9
Große Septime	11	15:8
Oktave	12	2:1

Tab. 4.6 Intervalle abnehmender Konsonanz bzw. zunehmender Dissonanz

Konsonanz, Intervall	Frequenzverhältnis	Dissonanz, Intervall	Frequenzverhältnis
Prime	1:1	Kleine Septime	9:5
Oktave	2:1	Große Sekunde	9:8
Quinte	3:2	Große Septime	15:8
Quarte	4:3	Kleine Sekunde	16:15
Große Sexte	5:3		
Große Terz	5:4		
Kleine Terz	6:5		
Kleine Sexte	8:5[a]		

[a]vielfach zu den Dissonanzen gezählt

Vergleicht man den Ton auf einem Klavier angeschlagenes c mit dem einer Geige, so erkennt man den Unterschied sofort am Oberwellenspektrum. Ein Ton besteht in der Regel nicht nur aus einer einzigen Sinusschwingung, sondern aus einer Überlagerung zahlreicher Wellen mit verschiedenen Frequenzen. Wenn dabei die Frequenzen der einzelnen Wellen in einem rationalen Verhältnis zueinander stehen, spricht man von einem harmonischen Klang. Ist dies nicht der Fall, handelt es sich um ein Geräusch.

Harmonische Klänge bestehen aus einer Grundfrequenz und den harmonischen Oberschwingungen. Die Grundfrequenz ist die tiefste im Frequenzspektrum vorkommende Frequenz und sie bestimmt die subjektiv empfundene Tonhöhe. Die harmonischen Oberschwingungen weisen Frequenzen auf, die ein ganzzahliges Vielfaches der Grundfrequenz sind. Sie bestimmen durch das Verhältnis ihrer Intensität die charakteristische Klangfarbe eines Musikinstrumentes.

Bei den Tonleitern ist der Ausgangswert der „Kammerton a" mit 440 Hz. Die chromatische Tonleiter ist in gleichschwebender (temperierter) Stimmung. Damit ergibt sich

Frequenzverhältnis je Intervall: $\frac{1}{\sqrt[12]{2}} = \frac{1}{1{,}059463}$

Frequenzverhältnis je Oktave (12 Halbtöne): $\frac{1}{2}$

Frequenzverhältnis für ein Ganztonintervall: $\frac{1}{\sqrt[6]{2}} = \frac{1}{1{,}222462}$

Tab. 4.7 zeigt die diatonische Dur-Tonleiter und Tab. 4.8 die melodische Moll-Tonleiter

Die harmonischen Oberschwingungen weisen Frequenzen auf, die ganzzahlige Vielfache der Grundfrequenz sind. Sie bestimmen durch das Verhältnis ihrer Intensität die charakteristische Klangfarbe eines Musikinstrumentes. Enthält ein Klang zahlreiche Oberschwingungen mit hoher Intensität, so klingt der Ton hell und scharf, z. B. Geige oder Trompete. Enthält ein Ton nur wenige Oberschwingungen mit geringer Intensität, klingt der Ton weich und matt, z. B. Flöte und Horn. Die Klangfarbe wird im Wesentlichen durch die 1., 2., 3., 4., 6. und 8. Harmonische geprägt. Die höheren Oberschwingungen beeinflussen den Klang dagegen nur geringfügig. Die 7., 9., 11. und 13. Oberschwingung klingen dissonant und werden daher, wenn möglich, nicht zur Klangsynthese verwendet.

Tab. 4.7 Diatonische Dur-Tonleiter

Intervall	Note	Verhältnis zu Grundton	Verhältnis der benachbarten Töne
Prime	c		
Sekunde	d	$\frac{d}{c} = \frac{9}{8} = 1{,}125$	$\frac{d}{c} = \frac{9}{8} = 1{,}125$
Große Terz	e	$\frac{e}{c} = \frac{5}{4} = 1{,}250$	$\frac{e}{c} = \frac{10}{9} = 1{,}111$
Quarte	f	$\frac{f}{c} = \frac{4}{3} = 1{,}333$	$\frac{f}{e} = \frac{16}{15} = 1{,}067$
Quinte	g	$\frac{g}{c} = \frac{3}{2} = 1{,}500$	$\frac{g}{f} = \frac{9}{8} = 1{,}125$
Große Sexte	a	$\frac{a}{c} = \frac{5}{3} = 1{,}667$	$\frac{a}{g} = \frac{10}{9} = 1{,}111$
Große Septime	h	$\frac{h}{c} = \frac{15}{8} = 1{,}875$	$\frac{h}{a} = \frac{9}{8} = 1{,}125$
Oktave	c′	$\frac{c'}{c} = \frac{2}{1} = 2{,}000$	$\frac{c'}{h} = \frac{16}{15} = 1{,}067$

Tab. 4.8 Melodische Moll-Tonleiter

Intervall	Note	Verhältnis zu Grundton	Verhältnis der benachbarten Töne
Prime	c		
Sekunde	d	$\frac{d}{c} = \frac{9}{8} = 1{,}125$	$\frac{d}{c} = \frac{9}{8} = 1{,}125$
Kleine Terz	es	$\frac{e}{c} = \frac{6}{5} = 1{,}200$	$\frac{es}{d} = \frac{16}{15} = 1{,}067$
Quarte	f	$\frac{f}{c} = \frac{4}{3} = 1{,}333$	$\frac{f}{es} = \frac{10}{9} = 1{,}111$
Quinte	g	$\frac{g}{c} = \frac{3}{2} = 1{,}500$	$\frac{g}{f} = \frac{9}{8} = 1{,}125$
Kleine Sexte	as	$\frac{as}{c} = \frac{8}{5} = 1{,}600$	$\frac{as}{g} = \frac{16}{15} = 1{,}067$
Kleine Septime	b	$\frac{b}{c} = \frac{16}{9} = 1{,}778$	$\frac{b}{as} = \frac{10}{9} = 1{,}111$
Oktave	c′	$\frac{c'}{c} = \frac{2}{1} = 2{,}000$	$\frac{c'}{b} = \frac{10}{9} = 1{,}111$

4.3 Klangsynthese

Der Klang eines Tones wird aber nicht nur durch das Frequenzspektrum, sondern auch durch das Anschwell- und Abklingverhalten bestimmt. So hat ein Klavier ein ähnliches Frequenzspektrum wie der Klang einer Geige. Der gravierende Unterschied zwischen den beiden Musikinstrumenten kommt dadurch zustande, dass der Ton eines Klaviers schlagartig einsetzt und dann relativ rasch wieder abschwillt. Der Geigenklang schwillt dagegen langsam an, und der Bogen wird so lange gestrichen, bis sich eine konstante Lautstärke einstellt und beibehalten wird.

4.3.1 Frequenzspektrum

In der Praxis unterscheidet man zwischen zwei Grundtypen von Musikinstrumenten. Die Perkussionsinstrumente werden kurzzeitig zum Schwingen angeregt und anschließend klingen sie mehr oder weniger rasch aus. Klavier, Gitarre, Vibraphon und Bass sind Perkussionsinstrumente. Zu der anderen Gruppe gehören die Dauertoninstrumente. Sie schwingen mehr oder weniger rasch an, erzeugen dann für die gesamte Dauer einen Ton mit konstanter Lautstärke und klingen in letzter Phase erst rasch ab. Orgel, Geige, Akkordeon und sämtliche Blasinstrumente zählt man zu dieser Gruppe.

Der zeitliche Verlauf der Lautstärke wird als Hüllkurve bezeichnet und gemäß den beiden Instrumentengruppen hat man zwei Typen von Hüllkurven. Abb. 4.19 zeigt die Perkussionshüllkurve, die Dauertonhüllkurve, Hüllkurve mit Tremelo und Repeat.

Die Perkussionshüllkurve lässt sich am Klavier erklären. In der Phase a, der Einschwingzeit, schlägt der Klavierhammer durch einen Tastendruck auf eine Seite des Klaviers und regt diese somit zur Eigenschwingung an. Diese baut sich rasch auf, sodass der Ton nach einer Einschwingzeit von 2 ms bis 20 ms seine maximale Lautstärke erreicht hat. Danach schwingt die Saite selbstständig, aber die Luftreibung einer Saite dämpft ihr Verhalten, sodass die Amplitude langsam abnimmt, d. h. die erzeugte Lautstärke reduziert sich laufend. Dies ist die Perkussionsphase b. Lässt man die Taste wieder los, wird die Saite durch ein Filzpolster des Klavierhammers berührt und stark gedämpft. Die Lautstärke geht in der als Sustain c bezeichnete Phase sehr schnell wieder auf Null zurück.

Die Dauertonhüllkurve besitzt zwar auch eine Einschwing- und eine Sustainphase, jedoch keine Perkussionsphase. Der Ton wird nach dem Einschwingen angehalten und daher wird die Einschwingphase als Contracussionsphase bezeichnet. Diese hat einen empfindlichen Einfluss auf den Klang eines Instruments. Die kurze Contracussionsphase einer Trompete gibt ihr einen scharfen, klaren Klang und die lange Contracussionsphase einer Flöte prägt dem Klang einen weichen, sanften Charakter auf.

Die Hüllkurve muss nicht aperiodisch verlaufen. Bei elektronischen Orgeln und Synthesizern wird die Laufstärke auch oft mit einer sinusförmigen, niederfrequenten Schwingung moduliert und man hat eine Hüllkurve mit Tremelo. Das dabei entstehende Tremelo lässt sich mit klassischen Instrumenten nur schwer realisieren.

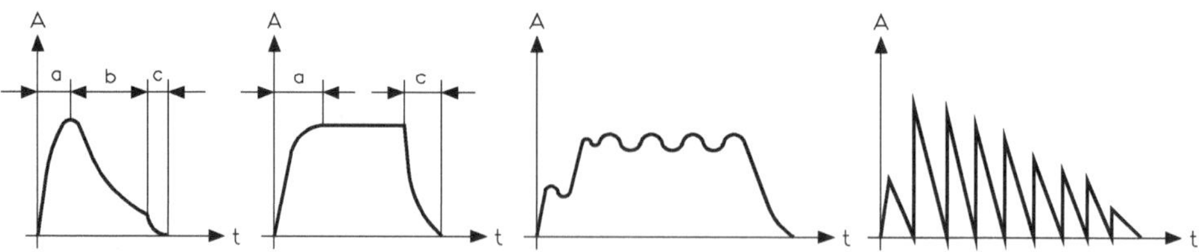

Abb. 4.19 Perkussionshüllkurve, Dauertonhüllkurve, Hüllkurve mit Tremelo und Repeat

Verwendet man eine Sägezahnschwingung, kommt man zu einem Mandolineneffekt (Repeat). Wenn man eine Sinusschwingung zwischen 5 Hz und 10 Hz für eine Frequenzmodulation verwendet, hat man einen Vibratoeffekt. Dieser Effekt ist das wesentliche Element des „Hammond-Sound". Die Frequenz des Tones ändert sich dabei im Rhythmus des Modulationssignals um seine Mittelfrequenz und verleiht dem Ton dabei einen eigentümlichen, röhrenden Vibratoklang.

Die Klangformung kann prinzipiell auf zwei verschiedene Arten vorgenommen werden: Die Verwendung fest abgestimmter Filter wie Tief-, Band- oder Hochpässe führt zu festen Formanten. Man versteht darunter die Anhebung bestimmter Spektralbereiche derart, dass die absolute Frequenzlage dieser Bereiche invariant ist. Das zweite Verfahren, die Klangsynthese, erzeugt mitlaufende Formanten durch geeignete Mischung von Grundwelle und bestimmten, nach Amplitude und Frequenz wählbaren Oberwellen. Hierbei erzielt man Anhebungen in Spektralbereichen, deren relative Frequenzlage zum Grundton invariant ist. Der Aufwand für die Klangformung durch Synthese ist jedoch groß – nicht zuletzt wegen der unentbehrlichen Sinusfilter, die aus den meist rechteckförmigen Frequenzteilerausgangsspannungen die Grundwelle aussieben.

Abb. 4.20 zeigt die Hüllkurve eines Klavierspiels mit Pedal, wobei mehrere Töne mit verschiedener Geschwindigkeit angeschlagen sind.

Die erzielte Hüllkurve von Abb. 4.20 entspricht der Arbeitsweise „Klavierspiel ohne Pedal", wie Abb. 4.21 zeigt.

Liegt die Steuerleitung für den Hüllkurvengenerator nicht an 0 V, sondern wird an eine positive Spannung gelegt, so verkürzt sich die Ausklingzeit. Das Signal klingt dann allerdings nicht mehr nach einer Exponentialfunktion aus. Schaltet man anstatt der positiven Spannung eine gegen Null negative Rechteckspannung mit veränderlichem Tastverhältnis auf die Steuerleitung, so verlängert sich die Ausklingzeit, wobei der Exponentialverlauf erhalten bleibt. Bei niedriger Taktfrequenz von etwa 3 bis 10 Hz erhält man ein Auskling-Tremolo wie im Oszillogramm von Abb. 4.22 gezeigt.

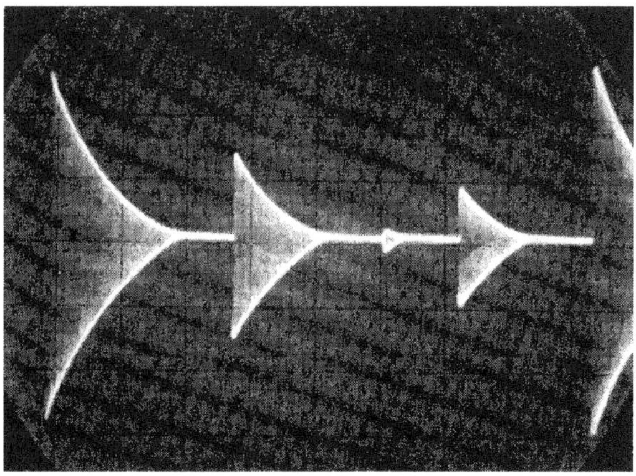

Abb. 4.20 Hüllkurve eines Klavierspiels mit Pedal

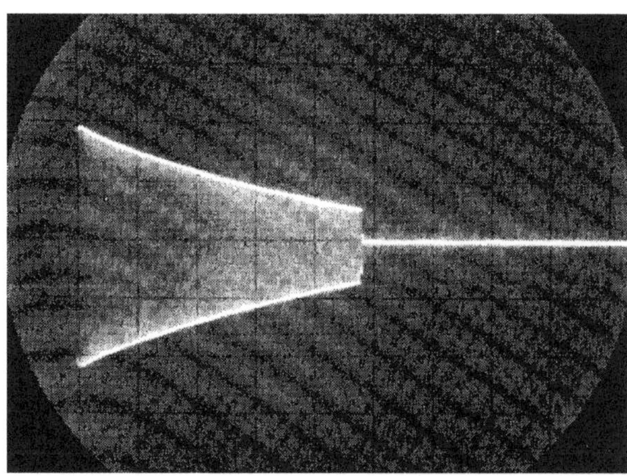

Abb. 4.21 Hüllkurve eines Klavierspiels ohne Pedal

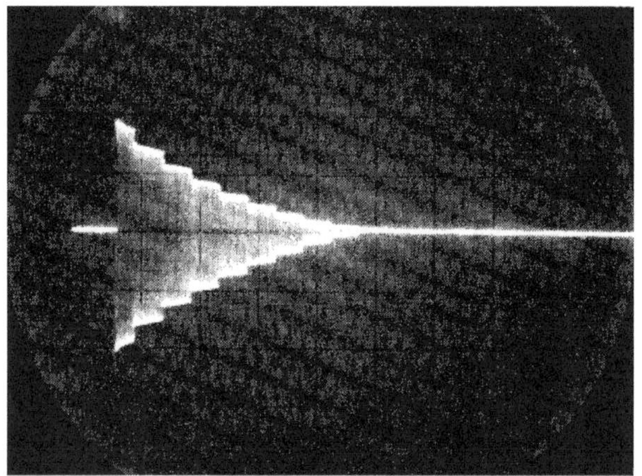

Abb. 4.22 Hüllkurve eines Klavierspiels ohne Pedal mit Auskling-Tremolo

Lässt man das Tastverhältnis der an der Steuerleitung liegenden negativen Rechteckspannung gegen den Wert 1 ansteigen, sodass dann an der Steuerleitung eine negative Gleichspannung liegt. Ist die dadurch bedingte Zeitkonstante größer als etwa 10 s, so ist ein Orgelspiel mit anschlagabhängiger Lautstärke möglich, da dann erst nach 1 bis 2 s ein merklicher Lautstärkefall eintritt.

Die beschriebene Hüllkurvenschaltung ist auch für normales Orgelspiel geeignet. Dazu erhält die Steuerleitung eine kleine positive Spannung von 1 V bis 2 V, und die Steuerleitung wird an eine negative Spannung von etwa −6 V geschaltet. Durch Umschalten der Steuerleitungen kann man also von Stakkato- auf Sustainspiel übergehen. Durch kontinuierliches Verändern der Spannungen an den Steuerleitungen lassen sich Übergänge von normalem Orgelspiel zum Klavierspiel erzeugen, Abb. 4.23 zeigt das Oszillogramm für ein Orgelspiel mit verstärktem Einsatz und langem Nachklang.

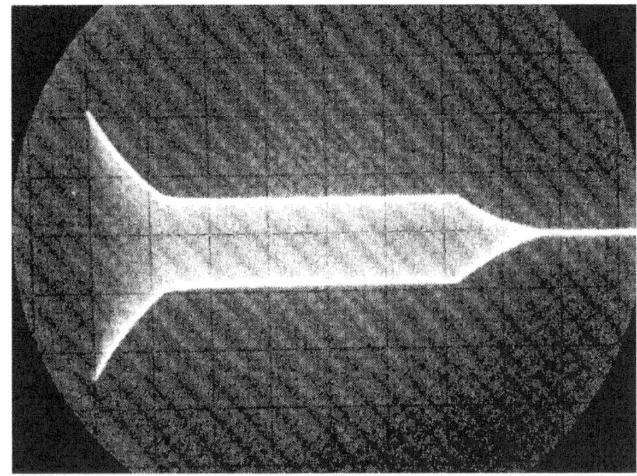

Abb. 4.23 Orgelspiel mit verstärktem Einsatz und langem Nachklang

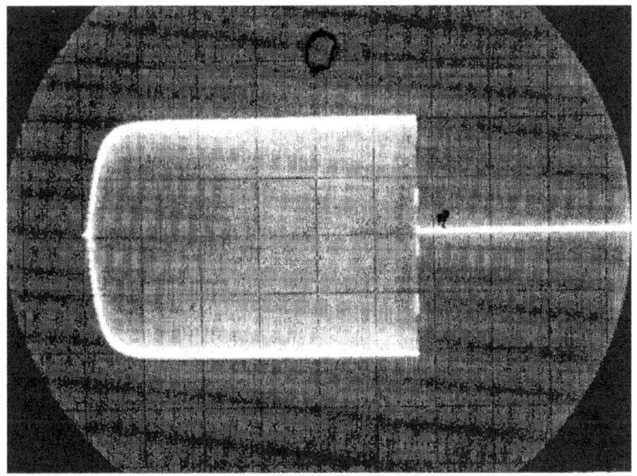

Abb. 4.24 Orgelspiel mit sehr langer An- und extrem kurzer Ausklingdauer

Eine weitere Variationsmöglichkeit für die Hüllkurve besteht in der Änderung der Anstiegsgeschwindigkeit des Signals „Kontrakussion" von Abb. 4.24. ein Kondensator wird iterativ aufgeladen, und eine Variation des Tastverhältnisses bewirkt eine Veränderung der Anstiegsflanke der Hüllkurve. Die Frequenz der Rechteckspannung ist unkritisch ein günstiger Wert beträgt 20 kHz.

4.3.2 Hüllkurvenschaltung

Die Dimensionierung der passiven Bauelemente der Hüllkurvenschaltung ist weitgehend von der Konstruktion der Tastenkontakte und dem subjektiven Klangempfinden des Entwicklers abhängig. Die Werte ergaben in einer Experimentierorgel mit Umschaltkontakten eigener Konstruktion und mit der anschließend beschriebenen Steuerschaltung einen angenehmen Klangeindruck.

Wenn die Hüllkurvenschaltung in der beschriebenen Form einheitlich für alle Tasten eines Instruments dimensioniert wird, ist auch die Ausklingdauer beim Spiel mit Perkussion oder Sustain für alle Töne gleich. Bei einem echten Saiteninstrument klingen die hohen Töne aber viel schneller aus als die tiefen. Das lässt sich nachbilden, indem man den für das Ausklingverhalten maßgebenden Widerstand annähernd umgekehrt proportional zur Tonhöhe dimensioniert. Für jeweils zehn bis zwölf Halbtöne kann der gleiche Widerstandswert gewählt werden.

Für universellen Einsatz der beschriebenen Hüllkurvenschaltungen wurde der Steuergenerator entwickelt, dessen Ausgangskurven in den Abb. 4.25, 4.26, 4.27, 4.28 und 4.29 gezeigt werden. Abb. 4.30 zeigt einen Querschnitt durch das Manual einer Orgel.

Die Vielfalt der beschriebenen Einstellmöglichkeiten ist für ein Experimentierinstrument von Vorteil, die Reproduzierbarkeit der einzelnen Einstellungen ist jedoch ungünstig. Für ein Instrument zum Musizieren wird man die Potentiometer zweckmäßi-

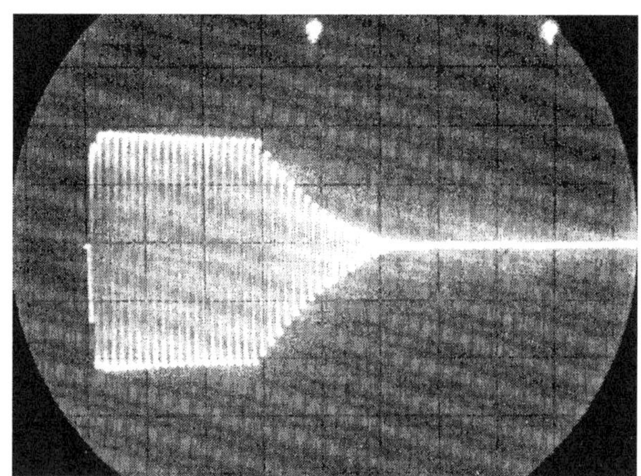

Abb. 4.25 Hüllkurve Orgelspiel mit sehr kurzer An- und Ausklingdauer

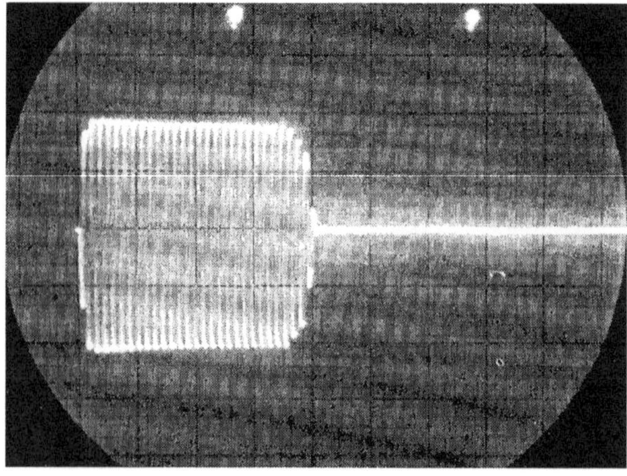

Abb. 4.26 Orgelspiel mit sehr kurzer An- und extrem kurzer Ausklingdauer

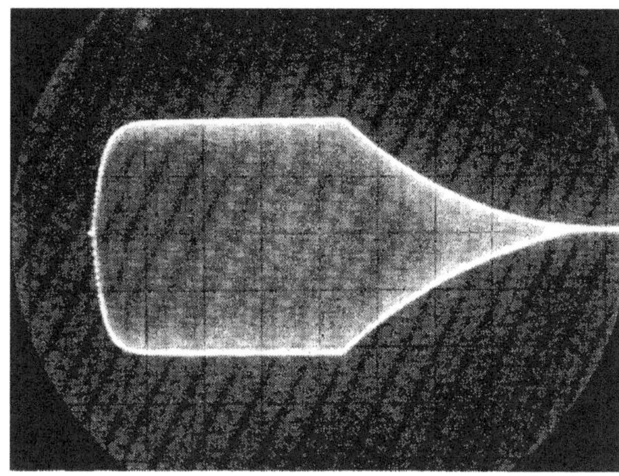

Abb. 4.27 Orgelspiel mit sehr langer An- und Ausklingdauer

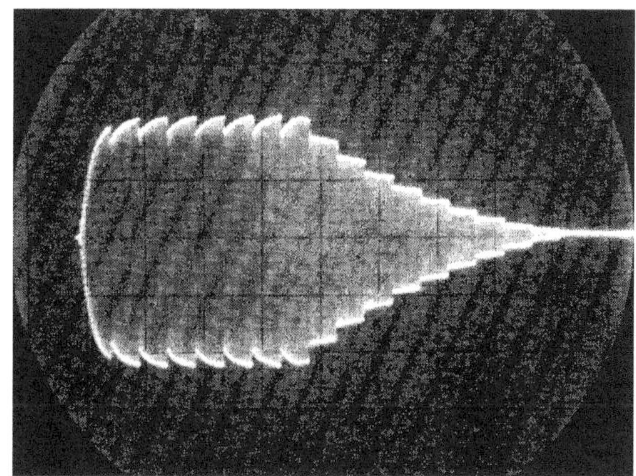

Abb. 4.28 Orgelspiel mit sehr langer Anklingdauer und Auskling-Tremolo

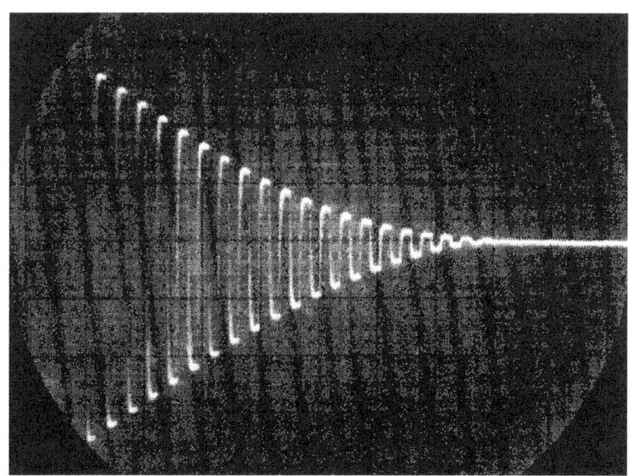

Abb. 4.29 Sehr kurzer Perkussionsklang mit anschlagabhängiger Lautstärke

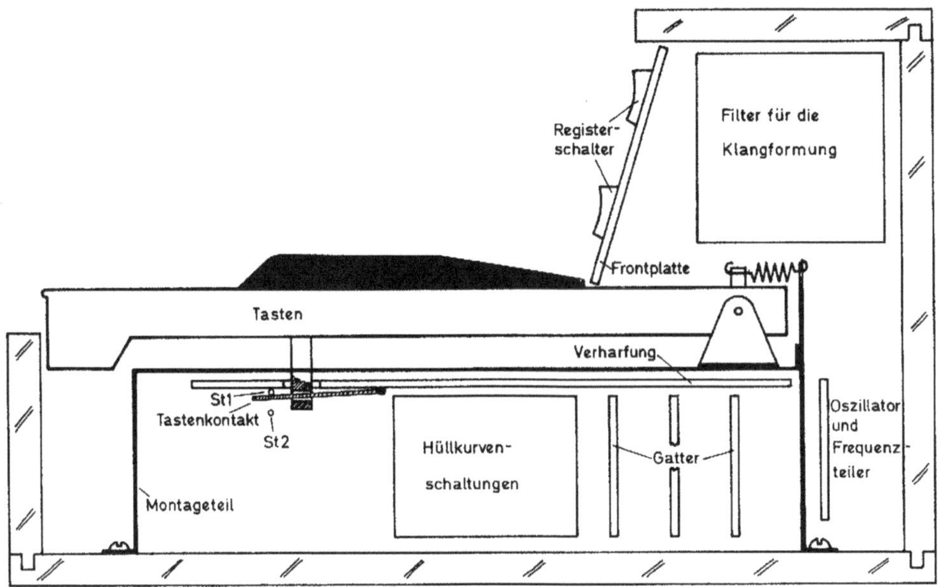

Abb. 4.30 Querschnitt durch das Manual einer Orgel

gerweise als Widerstandsketten ausbilden und die für gewünschte Hüllkurven erforderlichen Anzapfungen über einen Vierfach-Stufenschalter mit fünf bis zwölf Stellungen oder über ein entsprechendes Drucktastenaggregat anwählen. Mit der vierten Ebene des Stufenschalters werden über einen Spannungsteiler die unerwünschten Lautstärkeunterschiede ausgeglichen. Auf diese Weise können fünf bis zwölf verschiedene Hüllkurven vorprogrammiert werden.

Es wird empfohlen, die Hüllkurvenplatinen mit den Tastenkontakten und Steuerleitungen unterhalb des Manuals, die Gatter, Frequenzteiler und Filter dagegen hinter dem Manual anzubringen. Dadurch werden eventuelle Einstreuungen der Steuersignale auf die Nutzsignale vermindert.

Mit elektronischen Orgeln ist im Allgemeinen kein echtes „chorisches" Spiel möglich, d. h., beim Drücken einer Taste erklingt in jeder Fußlage nur ein Ton. Dieser Nachteil wird durch Zusatzeffekte wie Vibrato, Tremolo und Ausklingtremolo gemildert, aber nicht beseitigt. Tasteninstrumente herkömmlicher Art sind meist für chorisches Spiel eingerichtet, beim Drücken einer Taste werden mehrere gleiche, aber nicht miteinander synchronisierte Töne erzeugt. Beim Klavier werden zwei oder drei Saiten gleicher Stimmung mit einem Hammer angeschlagen, beim Akkordeon werden zwei oder mehr Zungen angeblasen, und bei der Pfeifenorgel sind meistens mehrere Pfeifen einer Stimmung vorhanden.

Um bei einer elektronischen Orgel echtes chorisches Spiel zu ermöglichen, müssen Mutteroszillatoren, Frequenzteiler, Gatter und Sammelschienen mehrfach vorhanden sein. Die Sammelschienen St1 und St2 der einzelnen Chöre werden über

Trennwiderstände beliebig zusammengeschaltet. Das Summensignal wird dann den Filtern zugeführt.

Der Hawaii-Effekt beruht darauf, dass die Frequenz des gespielten Tones während der Anschwellzeit um einen halben Ton gesenkt wird, um anschließend wieder zu seinem ursprünglichen Wert langsam emporzugleiten. Ein weiteres akustisches Phänomen ist die Schwebung. Überlagert man zwei Sinusschwingungen mit voneinander geringfügigen abweichenden Frequenzen, entsteht eine neue Schwingung mit der Frequenz gleich dem arithmetischen Mittel von

$$\frac{f_1 + f_2}{2}$$

Die Ursprungsfrequenzen und deren Amplitude ändern (schwanken) sich im Rhythmus einer Sinusschwingung, deren Frequenz gleich der halben Differenz zwischen den Frequenzen der beiden Ursprungsschwingungen ist. Dies scheint nun das gleiche Ergebnis zu sein, wie dies bei der Amplitudenmodulation erzeugt wird. Verwendet man aber keine Sinusschwingungen, sondern Schwingungen, die neben der Grundschwingung noch zahlreiche harmonische Oberschwingungen aufweisen, ist die Frequenz amplitudenmoduliert. Dies führt dazu, dass sich das Oberwellenspektrum und somit auch der Klang ständig ändern. Es entsteht ein chorartiger, singender Klang.

Elektronische und perkussive Musikinstrumente können ihre Klangfarbe aperiodisch ändern. Ein Klavier klingt kurz nach dem Anschlag hell und in der Folge dumpf. Das liegt daran, dass die schwingende Saite kurz nach dem Anschlagen zahlreiche, auch dissonante Oberschwingungen erzeugt. Der Dämpfungsfaktor der höherfrequenten Oberschwingung ist aber höher als der der tieferen, sodass sich mit der Zeit die tieferen Partialtöne immer mehr durchsetzen und die Klangfarbe dadurch immer tiefer und ruhiger wird. Bei Synthesizern kann die Klangfarbe durch spannungsgesteuerte Filter zeitlich variiert werden. Es lässt sich ein Wah-Wah-Effekt erzielen und damit kann man auch zahlreiche ungewohnte „Weltraumklänge“ erzeugen.

Die Lage der Phase, bei denen die einzelnen Oberschwingungen relativ zueinander liegen, hat keinen Einfluss auf die Klangfarbe, solange sich die Phasenlage nicht ändert. Werden die einzelnen Schwingungen aber gegeneinander in der Phase verschoben, kommt es zu Interferenzen und dadurch wiederum zu Klangfarbenänderungen. Die Phasenverschiebung der Oberwellen ist ein akustisches Phänomen, das sich mit herkömmlichen mechanischen Musikinstrumenten nicht erzeugen lässt. Sie kann lediglich mit elektronischen Mitteln in Synthesizern erzeugt werden und dient dort zur Nachahmung von Doppler-Effekten.

Die von den Musikinstrumenten abgestrahlten Schallwellen gelangen nicht auf direktem Weg zum Ohr des Zuhörers. Die Schallwellen werden an den Wänden und Decken des Raumes reflektiert und dadurch ergibt sich eine gewisse zeitliche Verzögerung. Auf diese Weise entsteht der Nachhall, der ein wesentliches Element des natürlichen Klangbildes darstellt. Ist kein Nachhall vorhanden, klingt die Musik matt und leer. Erst durch den Hall wird der Klang als raumfüllend empfunden.

Neben der Grundfrequenz, dem Oberwellenspektrum, der Hüllkurve, den Schwebungs- und Phasenverschiebungseffekten, der zeitlichen Veränderung des Klangspektrums und dem Nachhall, gibt es für den Schall noch einen weiteren Freiheitsgrad, nämlich räumliche Richtungsintensität. Mit elektronischen Mitteln ist es möglich, eine fiktive Schallquelle zwischen zwei realen Schallquellen hin und her wandern zu lassen. Dies wird als Leslie-Effekt bezeichnet. Durch den Phasing-Rotor-Effekt kann man auch den Eindruck von rotierenden Schallquellen erwecken.

Die zahlreichen Erscheinungseffekte des Schalls lassen sich durch die Kombination aller genannten Effekte erklären und beschreiben. Beherrscht man alle Freiheitsgrade des Schalls mit elektronischen Mitteln (Synthesizer), lassen sich mit ihnen alle realen oder virtuellen Klänge auch künstlich erzeugen. Dies ist die Aufgabe der Musikelektronik.

4.3.3 Schallausbreitung

In der Akustik kennt man Longitudinalwellen (Längswellen) und Transversalwellen (Schubwellen). Bei Längswellen ist die Schwingungsrichtung der Teilchen identisch mit der Ausbreitungsrichtung des Schalls. Bei Schubwellen schwingen diese quer zur Ausbreitungsrichtung des Schalls. Der Schall stellt eine mechanische Schwingung mit den Frequenzen 16 Hz bis 16 kHz dar. Die Einheit N/m^2 bezeichnet man als Pascal (Pa).

$$1\,\text{Pa} = 1\,\text{N/m}^2 = 10\,\mu\text{bar}$$

Der Schalldruck ist der Effektivwert des vom Schall hervorgerufenen Wechseldrucks:

$$p = \frac{\Delta F}{2 \cdot \sqrt{2 \cdot A}}$$

p = Schalldruck [p]
ΔF = Krafthub (Änderung der Kraft) [N]
A = wirksame Fläche [m^2]

Beispiel: Einer Lautsprechermembran mit der wirksamen Fläche von 200 cm^2 wird eine sinusförmig wechselnde Kraft mit $\Delta F = 10$ mN zugeführt. Verluste bleiben unberücksichtigt. Welcher Schalldruck ergibt sich?

$$p = \frac{\Delta F}{2 \cdot \sqrt{2 \cdot A}} = \frac{10\,\text{mN}}{2 \cdot \sqrt{2 \cdot 200\,\text{cm}^2}} = 0{,}0177\,\text{mN/cm}^2 = 0{,}177\,\text{N/m}^2$$

Die Ausbreitung des Schalls erfolgt in Form mechanischer Longitudinalwellen. Die Phasengeschwindigkeit dieser Wellen hängt nur von den mechanischen Eigenschaften des Mediums, nicht aber von der Frequenz der Welle ab. Die Schallgeschwindigkeit in trockener Luft bei 0° C errechnet sich aus

$$c_0 = \sqrt{\kappa \cdot R \cdot T} = \sqrt{1{,}4 \cdot 287 \frac{\text{J}}{\text{kg} \cdot \text{k}} \cdot 273\,\text{K}} = 331{,}2\,\frac{\text{m}}{\text{s}}$$

κ = Kompressibilität [1/Pa]
R = Gaskonstante [J/(kg · k)]
T = absolute Temperatur [K]

In Versuchen wurden experimentell 331,6 m/s ermittelt. Wenn die Schallgeschwindigkeit in Luft bei der Temperatur t (in °C), die Lufttemperatur in Celsius und die absolute Temperatur definiert sind, gilt

$$\frac{c}{331{,}6\,\text{m/s}} = \frac{\sqrt{\kappa \cdot R \cdot T}}{\sqrt{\kappa \cdot R \cdot 273\,\text{K}}}$$

Daraus folgt

$$c = 331{,}6\frac{\text{m}}{\text{s}} \cdot \sqrt{\frac{T}{273\,\text{K}}}$$

und mit $T = t + T_0$, sowie $T_0 = 273$ K, ist die Schallgeschwindigkeit

$$c = 331{,}6\,\frac{\text{m}}{\text{s}} \cdot \sqrt{1 + \frac{t}{273\,\text{K}}}$$

Diesen Ausdruck kann man mit hinreichender Genauigkeit vereinfachen zu

$$c = \left(331{,}6\frac{\text{m}}{\text{s}} + 0{,}6\frac{1}{^\circ\text{C}}\right)\frac{\text{m}}{\text{s}}$$

Durch den Gehalt an Wasserdampf ändert sich die Schallgeschwindigkeit (gegenüber trockener Luft) nur unmerklich.

4.3.4 Doppler-Effekt

Besteht zwischen einer Schallquelle (Sender) und dem Schallempfänger eine Relativbewegung, und man vergrößert oder verkleinert den gegenseitigen Abstand, nimmt der Empfänger E eine andere Frequenz wahr, als der Sender S abgestrahlt hat. Für die Berechnung des Doppler-Effektes hat man folgende Bezeichnungen:
c = Schallgeschwindigkeit
v_S = Geschwindigkeit des Senders
v_E = Geschwindigkeit des Empfängers
f_S = abgestrahlte Frequenz des Senders
f_E = aufgenommene Frequenz des Empfängers
λ = Wellenlänge der abgestrahlten Welle
Damit ist die abgestrahlte Frequenz des Senders: $f_S = \frac{c}{\lambda}$

Bei der Bestimmung von der aufgenommenen Frequenz des Empfängers f_E muss zwischen einer Bewegung des Senders und einer des Empfängers unterschieden werden. Beide wirken sich folgendermaßen verschiedenartig aus.

- Entfernt sich der Empfänger vom Sender, entspricht dies einer Verkleinerung der Relativgeschwindigkeit c zwischen Schallquelle (Lautsprecher) und Empfänger (Mikrofon). In die Beziehung ist $c - v_E$ anstelle von c einzusetzen.
- Bewegt sich der Sender auf den Empfänger zu, entspricht dies einer Verkürzung der Wellenlänge um den Weg, den der Sender während der Dauer einer Schwingung zurücklegt. Die Wellenlänge λ ist die Geschwindigkeit des Senders dividiert durch die abgestrahlte Frequenz des Senders:

$$\lambda = \frac{v_S}{f_S}$$

Setzt man die so erhaltenen Ausdrücke in $f_S = c/\lambda$ ein, erhält man für die Geschwindigkeit des Empfängers:

$$f_E = \frac{c - v_E}{\lambda - \frac{v_S}{f_S}} = \frac{c - v_E}{\frac{c - v_S}{f_S}}$$

Es erfolgt eine Vereinfachung und die Bedingung für den Doppler-Effekt ist

$$f_E = f_S \cdot \frac{c - v_E}{c - v_S}$$

Dies ergibt die Bedingungen für den Doppler-Effekt von Abb. 4.31.

Die Wellenlänge für den Empfänger errechnet sich aus

$$\lambda_E = \lambda_S \cdot \frac{c - v_S}{c - v_E}$$

Für das Vorzeichen von der Geschwindigkeit des Senders v_S und der Geschwindigkeit des Empfängers v_E gilt, dass bei Bewegung in Richtung der Schallwelle die Geschwindigkeiten positiv sind und umgekehrt. Bei ruhendem Sender ist $v_S = 0$, bei ruhendem Empfänger ist $v_E = 0$. Für den Fall, dass die Geschwindigkeit des Senders $v_S \ll c$ und die Geschwindigkeit des Empfängers $v_E \ll c$ ist, kann die Formel vereinfacht werden:

$$f_E = f_S \cdot \left(1 + \frac{\Delta v}{c}\right)$$

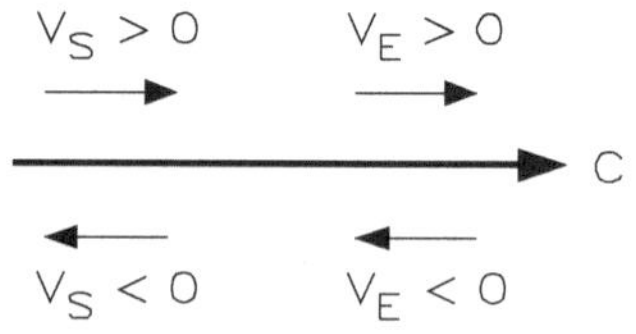

$V_S > 0$ $V_E > 0$

C

$V_S < 0$ $V_E < 0$

Abb. 4.31 Bedingungen für den Doppler-Effekt

Δv ist die relative Geschwindigkeit zwischen Sender und Empfänger. Unter Berücksichtigung der Vorzeichenregel ergibt sich

$$\Delta v = v_S - v_E$$

Wird die Sendergeschwindigkeit groß, das gilt auch, wenn die Geschwindigkeit des Empfängers $v_S = c$ ist, kann man die Wellenlänge $\lambda_E = 0$ annehmen. In dem Punkt, in dem sich der Sender zur Zeit befindet, berühren sich die Fronten aller zu den verschiedenen Zeiten abgestrahlten Wellen. Gleichzeitig addieren sich dort die Drücke der einzelnen Wellen und die „Schallmauer" ist erreicht. Bei noch größerer Geschwindigkeit des Senders, er bewegt sich dann mit Überschallgeschwindigkeit $v_S > c$, überlagern sich die zu den verschiedenen Zeiten abgestrahlten Wellen in einer kegelförmigen Wellenfront. Der gesamte Kegel bewegt sich mit der Geschwindigkeit des Senders v_S. Ein Empfänger, der von dieser Wellenfront getroffen wird, registriert einen Knall, den „Überschallknall". Diesen Kegel bezeichnet man als „Machschen" Kegel. Abb. 4.32 zeigt die drei Zusammenhänge zwischen Schallmauer, Überschallknall und Berechnung der Mach-Zahl.

Für den Öffnungswinkel α des Kegels in der unteren Abbildung ergibt sich die Gleichung

$$\sin\frac{\alpha}{2} = \frac{c}{v} = \frac{1}{M}$$

Der Wert „M" ist die Mach-Zahl. Rechnet man mit $M = 2$, bewegt sich der Körper mit doppelter Schallgeschwindigkeit. Der Machsche Kegel bildet sich auch, wenn es sich um keine Schallquelle handelt. Bei jedem Körper, dessen Geschwindigkeit größer als die des Schalls in dem jeweiligen Medium ist, entsteht durch Verdichtung des Mediums eine „Kopfwelle".

Für elektromagnetische Wellen ist die Akustik nicht anwendbar, da kein Medium vorhanden ist, auf das man die Geschwindigkeit beziehen kann. Bei Schallwellen bezieht man dies auf die Geschwindigkeit des Senders v_S und der Geschwindigkeit des Empfängers v_E

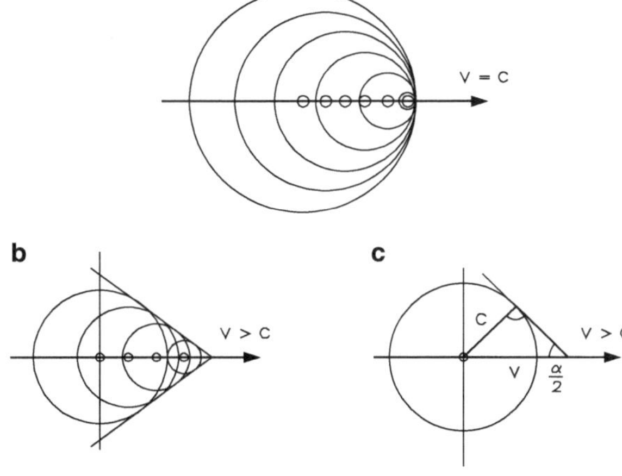

Abb. 4.32 Zusammenhang zwischen Schallmauer (**a**), Überschallknall (**b**) und Berechnung der Mach-Zahl (**c**)

auf das Medium Luft. Bei elektromagnetischen Wellen hängt die Frequenzänderung nur von der Relativgeschwindigkeit v zwischen Sender und Empfänger ab.

Mit folgender Formel lässt sich die aufgenommene Frequenz der Relativgeschwindigkeit berechnen:

$$f_{\mathrm{E}} = f_{\mathrm{S}} \cdot \frac{1 + \frac{v}{c_0}}{\sqrt{1 - \frac{v^2}{c_0^2}}}$$

Da im Normalfall $v \ll c_0$ ist, gilt in erster Näherung

$$f_{\mathrm{E}} = f_{\mathrm{S}} \cdot \left(1 + \frac{v}{c_0}\right)$$

Die Frequenzänderung errechnet sich aus

$$\Delta f = f_{\mathrm{S}} \cdot \frac{v}{c_0}$$

Für die Wellenlängenänderung gilt

$$\Delta\lambda = -\lambda_{\mathrm{S}} \cdot \frac{v}{c_0}$$

Beim Überschallknall entsteht die Cerenkov-Strahlung, wenn sich z. B. ein Elementarteilchen in einem Medium schneller als elektromagnetische Wellen bewegt. Das setzt voraus, dass die Lichtgeschwindigkeit in diesem Medium kleiner als die im Vakuum ist, $c < c_0$.

4.3.5 Überlagerung von Schallwellen

Für die Überlagerung (Interferenz) von Schallwellen gelten die Gesetzmäßigkeiten wie für alle anderen Wellenarten. In der Akustik treten folgende drei Sonderfälle auf:

- Auslöschung: Zwei Schallwellen gleicher Ausbreitungsrichtung, Frequenz und Amplitude heben sich auf, wenn zwischen den Wellen ein „Gangunterschied" besteht:

$$g = (2 \cdot k + 1) \cdot \frac{\lambda}{2} \text{ mit } k = 0, 1, 2, \ldots$$

Bei ungleichen Amplituden ergibt sich unter den gleichen Bedingungen eine Schwächung.

- Verstärkung: Zwei Schallwellen gleicher Ausbreitungsrichtung, Frequenz und Amplitude verstärken sich zu doppelt so großen Elongationen bei einem Gangunterschied:

$$g = k \cdot \lambda \quad \text{mit}\, k = 0, 1, 2, \ldots$$

Bei ungleichen Amplituden ergibt sich unter den gleichen Bedingungen eine Addition der Elongationen.

- Schwebung: Die Überlagerung zweier Schallwellen gleicher Ausbreitungsrichtung ergibt bei geringer Frequenzdifferenz eine Schwebung. Die Amplitude der resultierenden Welle nimmt periodisch zu und ab. Abb. 4.33 zeigt die Simulation einer Schwebung.

Die Schwebung errechnet sich aus

$$f_S = f_1 - f_2 \text{ und } T_S = \frac{1}{f_2 - f_1}$$

f_1 = Frequenz der ersten Schallwelle
f_2 = Frequenz der zweiten Schallwelle
f_S = Schwingungsfrequenz, Zahl der Lautstärkemaxima bzw.-minima je Zeit (Einheit)
T_S = Schwebungsdauer $= 1/f_S$

Bei einer Schwebungsfrequenz größer 16 Hz nimmt das menschliche Ohr keine Schwankung der Lautstärke mehr wahr, sondern registriert den dieser Frequenzdifferenz entsprechenden Ton.

4.3.6 Schallmessung

Die von einer Schallquelle abgestrahlte Energie wird in Form von Schallwellen durch das Schallfeld transportiert. Im Gegensatz zum allgemeinen Wellenfeld weisen die Größen des Schallfeldes spezielle Definitionen auf, wie Schallschnelle, Schalldruck, Schallintensität, Schallpegel und relativer Schallpegel.

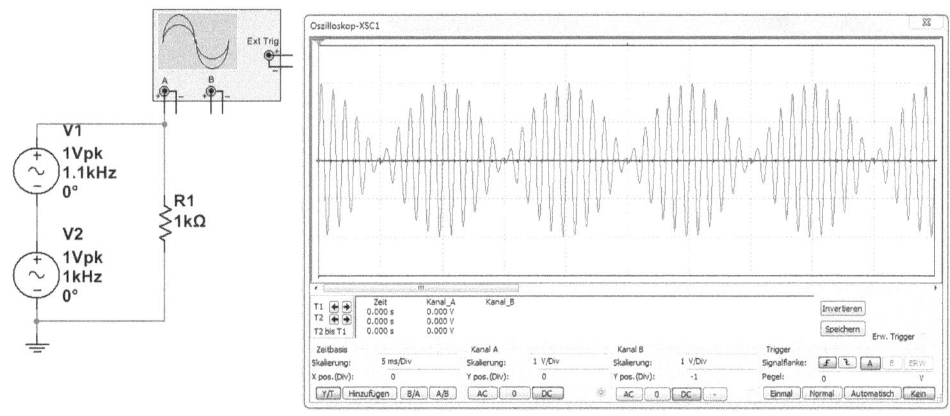

Abb. 4.33 Simulation einer Schwebung

Als Schallschnelle v bezeichnet man die Schwingungsgeschwindigkeit der Teilchen des Mediums (Wechselgeschwindigkeit). Diese berechnet sich aus

$$v = \hat{y} \cdot \omega \cdot \cos \omega \cdot t$$

Daraus folgt die maximale Schnelle (Geschwindigkeitsamplitude):

$$\hat{v} = \omega \cdot \hat{c} = 2 \cdot \pi \cdot f \cdot \hat{y}$$

Der Effektivwert der Schnelle ist

$$v = \frac{\hat{v}}{\sqrt{2}} = \sqrt{2} \cdot \pi \cdot f \cdot \hat{y}$$

In der Akustik wird die Schallschnelle nicht gemessen, sondern aus dem Schalldruck berechnet.

Als Schalldruck p bezeichnet man die in einer Schallwelle auftretenden periodischen Druckabweichungen (Über- und Unterdruck, Wechseldruck). In gasförmigen Medien ist der Schalldruck p dem vorhandenen Gasdruck p_G überlagert. Die SI-Einheiten des Schalldruckes:

$$[p] = \text{Pascal(Pa)} = \frac{\text{N}}{\text{m}^2} = \frac{\text{kg}}{\text{m} \cdot \text{s}^2}$$

Früher arbeitete man mit der Einheit „Mikrobar“, 1 µbar = 0,1 Pa = $1 \frac{\text{g}}{\text{cm} \cdot \text{s}^2}$

Die Gleichung für jede Schallwelle ist

$$y = \hat{y} \cdot \sin \cdot 2 \cdot \pi \cdot \left(\frac{t}{T} - \frac{x}{\lambda}\right)$$

$\hat{y}$ = Schwingungsamplitude
T = Schwingungsdauer
x = Abstand vom Wellenzentrum
λ = Wellenlänge

Die von Ort x und Zeit t abhängige Elongation verursacht eine entsprechende Druckänderung, den örtlich und zeitlich schwankenden Schalldruck p. Der Schalldruck errechnet sich nach

$$p = \omega \cdot \rho \cdot c \cdot \hat{y} \cdot 2 \cdot \pi \cdot \left(\frac{t}{T} - \frac{x}{\lambda}\right)$$

Unter Berücksichtigung von $\omega \cdot \hat{y} = \hat{v}$ ergibt sich der maximale Schalldruck (Druckamplitude) nach

$$\hat{p} = \rho \cdot c \cdot \hat{y} = \rho \cdot c \cdot \hat{v}$$

Für den Effektivwert des Schalldrucks gilt

$$p = \frac{\hat{p}}{\sqrt{2}} = \frac{p \cdot c \cdot \hat{v}}{\sqrt{2}}$$

Das menschliche Ohr kann einen minimalen Schalldruck von etwa 20 µPa wahrnehmen.

Da das Produkt $\rho \cdot c$ der Wellenwiderstand Z ist, lässt sich auch die spezifische Schallimpedanz Z_a berechnen. Mit $Z_a = \rho \cdot c$ ergibt sich

$$Z_a = \frac{\hat{p}}{\hat{v}}$$

Als Schallintensität J oder Schallstärke bezeichnet man das Verhältnis der auf eine Fläche A treffenden Schallleistung P. Es gilt

$$J = \frac{P}{A}$$

Die Schallintensität J oder Schallstärke ist identisch mit der Energie in dem Volumen $V = A \cdot l$, worin l der Weg ist, den die Energie in der Zeit t zurücklegt. Die Schallintensität ist

$$J = \frac{\rho \cdot c \cdot \hat{v}^2}{2} = \rho \cdot c \cdot v^2 \text{ oder mit } \hat{\rho} = \rho \cdot c \cdot \hat{v}$$

$$J = \frac{\hat{\rho}^2}{2 \cdot \rho \cdot c} = \frac{\hat{\rho} \cdot \hat{v}}{2} = p \cdot v = \frac{p^2}{\rho \cdot v}$$

4.3.7 Schallintensität

Der Vergleich zweier Schallintensitäten bzw. Schalldrücke erfolgt durch Angabe des Schallpegels. Als Schallintensitätspegel L_J bezeichnet man den 10-fachem dekadischen Logarithmus vom Verhältnis zweier Schallintensitäten. Den Schalldruckpegel L_p definiert man aus 20-fachem dekadischen Logarithmus vom Verhältnis zweier Schalldrücke. Der Schallintensitätspegel L_J errechnet sich aus

$$L_J = 10 \cdot \lg \frac{J}{J_0} \text{ in dB}$$

L_J = Schallintensitätspegel
J = Schallintensität
J_0 = Bezugsschallintensität $= 1$ pW/m^2

Grundsätzlich ist der Pegel L als Logarithmus einer Verhältnisgröße dimensionslos und besitzt demzufolge keine Einheit. Jedoch fügt man zur Kennzeichnung der Logarithmierung dem Zahlenwert des Logarithmus die Bezeichnung Dezibel (dB) zu und verwendet sie wie eine Einheit. Zur Angabe des absoluten Schallpegels führt man die Hörschwelle des menschlichen Ohres für $f = 1$ kHz als Bezugsschallintensität $J_0 = 10^{-12}$ W/m$^2 = 1$ pW/m^2 ein. Analog bestimmt man den absoluten Schalldruckpegel unter Verwendung des Bezugsschalldruckes $p_0 = 2 \cdot 10^{-5} = 20$ µPa mit. Dieser errechnet sich aus

$$L_P = 20 \cdot \lg \frac{p}{p_0} = 20 \cdot \lg \frac{\hat{p}}{\sqrt{2} \cdot p_0} \text{dB}$$

L_P = Schalldruckpegel
p = effektiver Schalldruck
p_0 = Bezugsschalldruck = 20 μPa = 20 μN/m²
Beispiel: Eine Lautsprechermembran gibt einen Schalldruck von 0,177 N/m² ab. Berechne den Schalldruckpegel des Lautsprechers.

$$L_P = 20 \cdot \lg \frac{p}{p_0} = 20 \lg \frac{0{,}177\,\mathrm{N/m^2}}{20\,\mu\mathrm{N/m^2}} = 78{,}9\,\mathrm{dB}$$

Die Lautstärke Λ (Lambda) ist die Einheit in Phon und errechnet sich aus

$$\Lambda = 20 \cdot \lg \frac{p}{p_0}$$

Der Hörvergleich mit dem Normschall von 1000 Hz, stimmt mit dem Schalldruck L überein.

Beispiel: Wie groß ist der Schalldruck L bei einem effektiven Schalldruck von $p = 6$ mPa?

$$L = 20 \cdot \lg \frac{p}{p_0} = 20 \cdot \lg \frac{6\,\mathrm{mPa}}{20\,\mu\ \mathrm{Pa}} = 20 \cdot \lg 300 = 20 \cdot 2{,}477 = 49{,}5\,\mathrm{dB}$$

Beispiel: Welche Lautstärke wird bei Normalschall (1000 Hz) bei einem Schalldruck von 200 mPa erreicht?

$$\Lambda = 20 \lg \frac{p}{p_0} = 20 \cdot \lg \frac{200\,\mathrm{mPa}}{20\,\mu\mathrm{Pa}} = 20 \cdot \lg 10.000 = 20 \cdot 4{,}000 = 80\,\mathrm{Phon}$$

Der Hörvergleich ergibt für eine Schallquelle eine Lautstärke von $\Lambda = 35$ Phon.

Beispiel: Wie hoch ist der Schalldruck p der Normalschallquelle?

$$p = p_0 \cdot \text{anti } \lg \frac{\Lambda}{20} = 20\,\mu\mathrm{Pa} \cdot \text{anti } \lg 1{,}75 = 20\,\mu\mathrm{Pa} \cdot 56{,}20 = 1{,}125\,\mathrm{mPa}$$

Die Bezugsschallintensität J_0 und der Bezugsschalldruck p_0 sind proportional mit

$$\frac{1}{\rho \cdot c} = \frac{1}{Z_a}$$

Der Proportionalitätsfaktor hängt allerdings von den Eigenschaften des Mediums ab. Da der Bezugsschalldruck p_0 gesetzlich festgelegt ist, gilt $J_0 \approx 1$ pW/m² nur für „normale" Luft. Für die anderen Medien muss man J_0 erst errechnen. Schallpegelangaben sind objektiv und lassen die frequenzabhängige Empfindlichkeit des menschlichen Hörvermögens unberücksichtigt. Der Summenschallpegel mehrerer Schallquellen errechnet sich aus der Summe der Schallintensitäten bzw. aus der Wurzel der Summe der Schalldruckquadrate mit

$$\sqrt{p_1^2 + p_2^2 + p_3^2 + \ldots}$$

Die Rechnung zeigt, dass eine zweite Schallintensität gleicher Größe den Schallpegel um 3 dB vergrößert. Bei n-Schallquellen gleicher Schallintensität gilt für den Gesamtschallpegel

$$L_{\text{ges}} = L + 10 \cdot \lg n$$

Hieraus erhält man das Diagramm von Abb. 4.34.

Der Summenschallpegel zweier ungleicher Schallintensitäten kann mit dem Diagramm bestimmt werden. Es zeigt, um wie viel Dezibel (ΔL) der größere Pegel L_1 in Abhängigkeit von der Differenz beider Pegel (L_1–L_2) wächst. In der Tonfrequenztechnik werden Leistungs- und Spannungspegel ebenfalls in Dezibel angegeben:

$$L_{\text{P}} = 10 \cdot \lg \frac{P}{P_0} \text{dB} \quad \text{mit } P_0 = 1 \text{ mW}$$

$$L_{\text{U}} = 20 \cdot \lg \frac{U}{U_0} \text{dB} \quad \text{mit } U_0 = 0{,}775 \text{ V}$$

Tab. 4.9 zeigt die Bezugsgrößen und Beziehungen von Pegelgrößen.

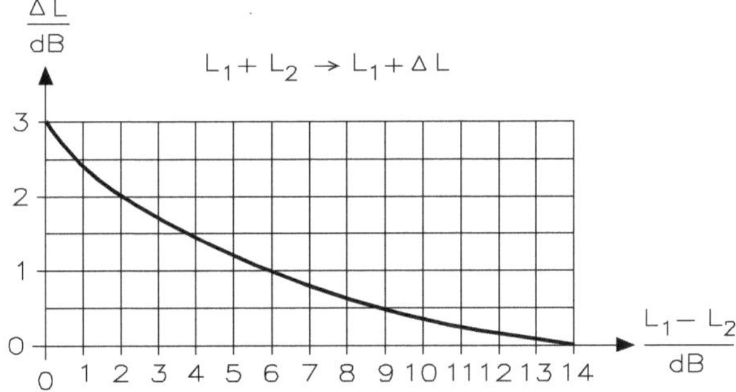

Abb. 4.34 Summenschallpegel zweier ungleicher Schallintensitäten

Tab. 4.9 Bezugsgrößen und Beziehungen von Pegelgrößen

Pegel in dB	Bezugsgröße	Beziehung
Schallintensitätspegel L_J	$1 \text{ pW/m}^2 = J_0$	$J = 10^{0,1L_P} \text{pW/m}^2$
Schalldruckpegel L_P	$20 \text{ µPa} = p_0$	$p = 20 \cdot 10^{0,05L_P} \mu\text{Pa}$
Elektrischer Leistungspegel L_P	$1 \text{ mW} = P_0$	$p = 10^{0,1L_P} \text{mW}$
Elektrischer Spannungspegel L_U	$0{,}775 \text{ V} = U_0$	$U = 0{,}775 \cdot 10^{0,01L_U} \text{V}$

Der Druckübertragungsfaktor ist das Verhältnis der Ausgangsspannung zum einwirkenden Schalldruck:

$$B_\mathrm{E} = \frac{U}{p} \quad \text{in} \ \frac{V}{\mu\text{bar}} \quad \text{oder} \ \frac{\text{mV}}{\mu\text{bar}}$$

B ist der Übertragungsfaktor bei einer bestimmten Frequenz. Der Index *E* ist ein Schallempfänger und *p* ist ein auf das Mikrofon wirkender Schalldruck in µbar. *U* stellt die Ausgangsspannung des Mikrofons in V oder mV dar. Aus den Werten kann man das Druckübertragungsmaß G_E bestimmen und der Bezugswert ist

$$B_{\mathrm{E}0} = \frac{V}{\mu\text{bar}} \quad \text{in dB} \qquad G_\mathrm{E} = 20 \cdot \lg \frac{B_\mathrm{E}}{B_{\mathrm{E}0}}$$

Beispiel: Welcher Druckübertragungsfaktor B_E und welches Druckübertragungsmaß G_E ergibt sich für ein Mikrofon, das bei einem Schalldruck von $2 \cdot 10^{-2}$ µbar eine Spannung von 30 µV abgibt?

$$B_\mathrm{E} = \frac{U}{p} = \frac{30 \cdot 10^{-6}\text{V}}{2 \cdot 10^{-2}\mu\text{bar}} = 1{,}5\,\text{mV}/\mu\ \text{bar}$$

$$G_\mathrm{E} = 20 \cdot \lg \frac{B_\mathrm{E}}{B_{\mathrm{E}0}} = 20 \cdot \lg \frac{1{,}5 \cdot 10^{-3}\text{V}}{1 \frac{\text{V}}{\mu\text{bar}}} = 20 \cdot \lg 1{,}5 \cdot 10^{-3} = -56{,}48\,\text{dB}$$

Die Empfindlichkeit E_E des Mikrofons ist das Verhältnis der abgegebenen elektrischen Leistung zum Schalldruck.

$$E_\mathrm{E} = \frac{\sqrt{P_\mathrm{el}}}{p} = \frac{U}{p \cdot \sqrt{R_\mathrm{n}}} = \frac{B_\mathrm{E}}{\sqrt{R_\mathrm{n}}} \ \text{in} \ \frac{\sqrt{W}}{\mu\text{bar}}$$

E ist die Empfindlichkeit und der Index *E* bezieht sich auf den Schallempfänger (Mikrofon). R_n ist der Nennabschlusswiderstand in Ohm und P_el die abgegebene elektrische Leistung in U^2/R_n.

Beispiel: Welche Empfindlichkeit hat ein Mikrofon, bei dem eine Spannung von 60 µV an einem Widerstand von 200 Ω bei einem Schalldruck von $p = 0{,}2$ µbar abgegeben wird?

$$E_\mathrm{E} = \frac{U}{p \cdot \sqrt{R_\mathrm{n}}} = \frac{60 \cdot 10^{-6}\text{V}}{0{,}2\,\mu\text{bar} \cdot \sqrt{200\Omega}} = 21{,}2 \cdot 10^{-6}\ \frac{\sqrt{W}}{\mu\text{bar}}$$

Das Verhältnis von Schalldruck p_r in µbar im Radius von *r* in m zur angelegten Spannung *U* in *V* bei einer bestimmten Frequenz ist der Übertragungsfaktor B_S.

$$B_\mathrm{S} = \frac{U_\mathrm{r}}{U} \quad \text{in} \ \frac{\mu\text{bar}}{V}$$

B ist der Übertragungsfaktor bei einer bestimmten Frequenz und der Index S definiert einen Schallsender (Lautsprecher). p_r ist der Schalldruck im Abstand r (Radius in Metern) in µbar und U die angelegte Spannung. Das Übertragungsmaß G_S ist der Logarithmus von B_S zum Bezugswert

$$B_{S_0} = 1 \frac{V}{\mu\text{bar}} \quad \text{in dB} \quad G_S = 20 \cdot \frac{B_S}{B_{S_0}} \quad \text{in dB}$$

Die Kennempfindlichkeit E_k ist der Mittelwert des Übertragungsfaktors in einem Frequenzbereich bezogen auf den Abstand von $p_0 = 1$ m multipliziert mit der Wurzel aus der Impedanz.

$$E_k = B_S \cdot \sqrt{Z_n} \cdot \frac{r}{r_0} = \frac{p_r}{U} \cdot \sqrt{Z_n} \cdot r = \frac{p_r \cdot r \cdot \sqrt{Z_n}}{U} = \frac{p_r \cdot r}{\sqrt{P_{el}}} \text{ in } \frac{\mu\text{bar}}{\sqrt{\text{VA}}}$$

r_0 ist der Abstand (Radius) von 1 m und r der Abstand in m. Die elektrische Leistung $P_{el} = U^2/Z_n$ wird in Watt bzw. VA berechnet.

Beispiel: Bei einem Lautsprecher wurde im Abstand von 2 m in der Mittelachse bei einer Sprechspannung von 24 V an einer Lautsprecherimpedanz von $Z_n = 8\ \Omega$ ein Schalldruck von 0,2 µbar gemessen. Wie groß sind der Übertragungsfaktor, das Übertragungsmaß und die Kennempfindlichkeit?

$$B_S = \frac{p_r}{U} = \frac{0,2\,\text{bar}}{24\,\text{V}} = 8,33 \cdot 10^{-3} \mu\text{bar/V in einem Abstand von 2 m.}$$

$$G_S = 20 \cdot \lg \frac{B_S}{B_{S_0}} = 20 \cdot \lg \frac{8,33 \cdot 10^{-3} \mu\text{bar/V}}{1\text{V}/\mu\text{bar}} = -41,58\,\text{dB}$$

$$E_k = \frac{p_r \cdot r \cdot \sqrt{Z_n}}{U} = \frac{0,2\mu\text{bar} \cdot 2\text{m} \cdot \sqrt{8\Omega}}{24\text{V}} = 0,047\mu\text{bar/V}$$

Die akustische Leistung P_{ak} an der Kugeloberfläche eines Lautsprechers berechnet sich aus

$$P_{ak} = \frac{4 \cdot \pi \cdot r^2 \cdot P_{0r}^2}{\rho \cdot r \cdot \gamma} \quad \text{in } W$$

Der relative Schalldruck P_{0r} ist der Schalldruck auf der Bezugsachse im Radius (Abstand) in µbar, ρ ist die mittlere Luftdichte g/cm³ oder kg/dm³, c die Schallgeschwindigkeit und γ der Bündelungsgrad. Mit dem Bündelungsgrad γ eines Lautsprechers wird die gerichtete Abstrahlung berücksichtigt. Bei Kugelstrahler gilt $\gamma = 1$. Für die Luft bei 20 °C und 1000 mbar gilt

$$P_{ak} = \frac{4 \cdot \pi \cdot r^2 \cdot P_{0r}^2}{\rho \cdot r \cdot \gamma} \approx 0,3 \cdot P_{0r}^2 \cdot r^2$$

Der Nennwirkungsgrad η_n ist das Verhältnis der abgestrahlten akustischen Leistung P_{ak} zur zugeführten elektrischen Leistung:

$$\eta_n = \frac{P_{ab}}{P_{el}} = \frac{4 \cdot \pi \cdot r^2 \cdot P_{0r}^2 \cdot Z_n}{p \cdot r \cdot \gamma \cdot U^2} \cdot 100\,\% \quad \text{in } \%$$

Für einen Rundstrahler in Luft von 20 °C und 1000 mbar ist

$$\eta_n = \frac{300 \cdot r^2 \cdot p_{0r}^2 \cdot Z_n}{\rho \cdot U^2} \cdot 100\,\% \quad \text{in } \%$$

Beispiel: Wie groß sind akustische Leistung und Nennwirkungsgrad eines Kugelstrahlers in Luft bei 20 °C und normalem Luftdruck, wenn im Abstand von 3 m ein Schalldruck von $50 \cdot 10^{-2}$ µbar gemessen wurde? Die Sprechwechselspannung ist 5 V an 4,5 Ω.

$$P_{ab} = 0,3 \cdot P_{0r}^2 \cdot r^2 = 0,3 \cdot (50 \cdot 10^{-2}\mu\text{bar})^2 \cdot (3\text{m})^2 = 0{,}675 \text{ W}$$

$$P_{el} = \frac{U^2}{Z_n} = \frac{(5\text{V})^2}{4{,}5\Omega} = 5{,}55\text{W}$$

$$\eta_n = \frac{P_{ab}}{P_{el}} = \frac{0{,}675 \text{ W}}{5{,}55 \text{ W}} \cdot 100\,\% = 12\,\%$$

4.3.8 Relativer Schallpegel

Als relativen Schallpegel bezeichnet man die Differenz zweier absoluter Schallpegel:

$$\Delta L = L_1 - L_2$$

Es ergibt sich für den relativen Schallintensitätspegel

$$L_{J1} - L_{J2} = 10 \cdot \left(\lg \frac{J_1}{J_0} - \lg \frac{J_2}{J_0}\right)$$

Die Vereinfachung lautet

$$L_J = 10 \cdot \lg \frac{J_1}{J_0} \quad \text{dB}$$

Für den relativen Schalldruckpegel gilt

$$\Delta L_P = 20 \cdot \lg \frac{p_1}{p_2} \text{dB} = 20 \cdot \lg \frac{\hat{p}_1}{\hat{p}_2} \text{dB}$$

Auch bei elektrischen Leistungs-, Spannungs-, Strom- und Leistungspegeln werden Differenzen gebildet.

Abb. 4.35 zeigt die Messschaltung für einen Schallpegelmesser und die Bewertungskurve. Der Schall wird ähnlich dem menschlichen Gehör bewertet und das Messergebnis entspricht dem Schallempfinden des Menschen.

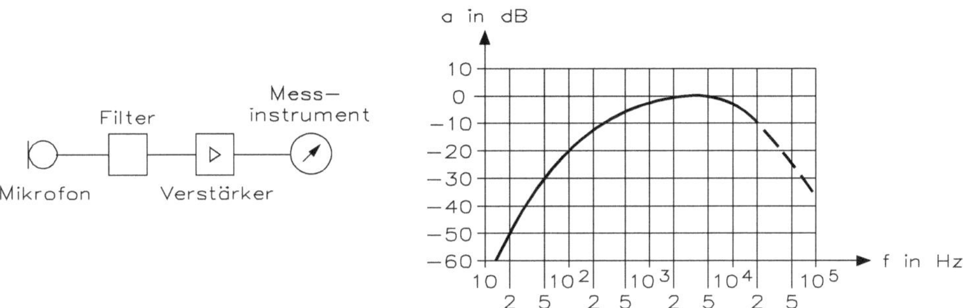

Abb. 4.35 Messschaltung und Bewertungskurve für einen Schallpegelmesser

Das in der Tontechnik verwendete Schalldämmmaß R kennzeichnet die Schwächung der Schallwellen beim Durchgang durch Bau- und Dämmstoffe. Als Dämmzahl bezeichnet man die Differenz der Schallintensitätspegel vor und hinter dem dämmenden Material:

$$R = L_{J1} - L_{J2}$$

Daraus folgt

$$R = 10 \cdot \lg \frac{J_1}{J_2}\,\text{dB} = 20 \cdot \lg \frac{p_1}{p_2}\,\text{dB}$$

4.3.9 Hörvermögen

Eine Übersicht über die vom menschlichen Ohr wahrnehmbaren Intensitäts- und Frequenzbereiche bietet die Hörfläche. Hörbar ist für ein „normales" Ohr nur das, was innerhalb dieser Fläche liegt. Die untere Begrenzungskurve zeigt den Schwellwert (Hörschwelle, Reizschwelle) in Abhängigkeit von der Frequenz, die obere Kurve stellt die Schmerzgrenze dar, ebenfalls als Funktion der Frequenz. Man erkennt, dass bei gleichem Schalldruck (und damit auch gleicher Schallintensität), die Töne unterschiedlicher Frequenzen vom Ohr verschieden laut wahrgenommen werden. Da das Ohr für 1 kHz den größten Intensitätsbereich wahrnehmen kann (die Hörfläche besitzt bei 1 kHz ihren größten senkrechten Durchmesser), werden Lautstärken auf diese Frequenz bezogen. Abb. 4.36 zeigt das Hörvermögen des menschlichen Ohres zwischen der Reizschwelle und der Schmerzgrenze.

Die Schallfeldgrößen sind physikalische Größen, also objektiv vorhanden und deshalb messbar. Die Lautstärke dagegen, mit der der Mensch eine Schallstärke subjektiv empfindet, ist abhängig vom Gehörsinn und stellt eine physiologische Größe dar. Sie wird in Phon (phon) definiert. Diese Bezeichnung ist ebenso wie Dezibel keine Einheit, sondern kennzeichnet nur den 20-fachen Logarithmus eines Schalldruckverhältnisses:

$$L_{\text{N}} = 20 \cdot \lg \frac{p_1}{p_0}\,\text{phon} = 20 \cdot \lg \frac{\hat{p}_1}{\sqrt{2} \cdot p_2}\,\text{dB}$$

Abb. 4.36 Hörvermögen des menschlichen Ohres zwischen der Reizschwelle und der Schmerzgrenze

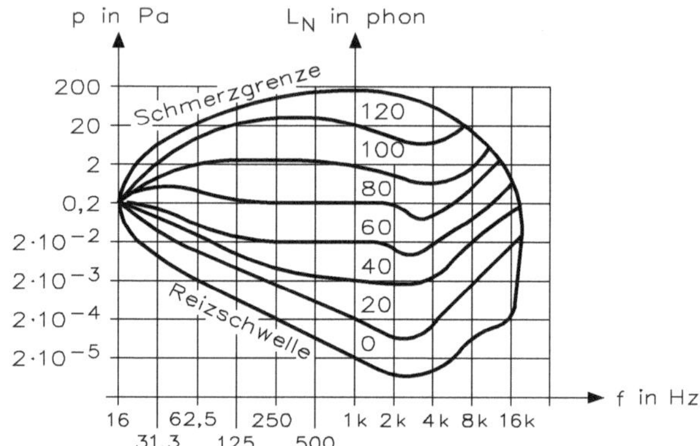

L_N = Lautstärkepegel
p = effektiver Schalldruck eines konstanten 1-kHz-Tones
p_0 = Bezugsschalldruck = 20 µPa
Es ergibt sich das Schalldruckdiagramm von Abb. 4.37.
Für einen Ton von 1 kHz stimmen Schalldruckpegel L_p und Lautstärkepegel L_N überein. Der Lautstärkepegel eines Tones beliebiger Frequenz errechnet sich aus dem Schalldruck eines als konstant angenommenen 1-kHz-Tones.

Es ist zu berücksichtigen, dass die Schallempfindlichkeit (Empfindungsstärke) mit dem Logarithmus der Schallintensität (Reizstärke) wächst. Dies ergibt dann das „Weber-Fechnersche Gesetz“. Bei mehreren Schallquellen errechnet sich der gesamte Lautstärkepegel aus der Wurzel der Summe der Schalldruckquadrate.

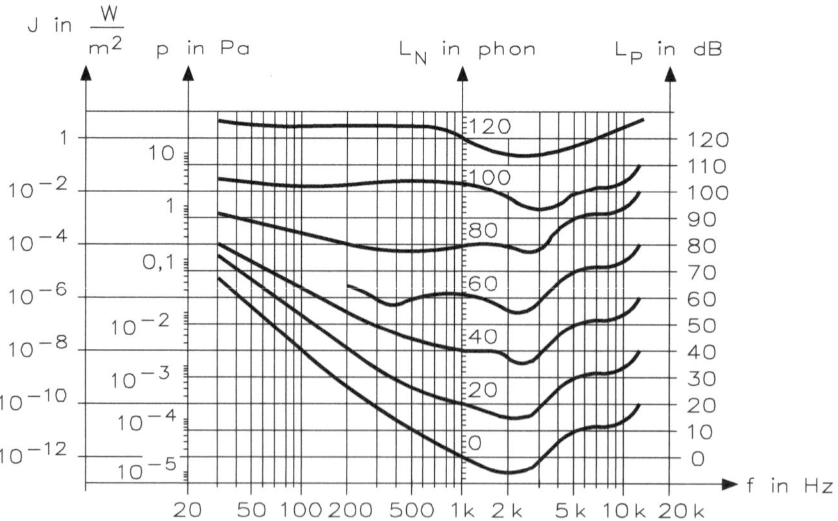

Abb. 4.37 Diagramm für den Schalldruck

Mit dem Diagramm von Abb. 4.37 lässt sich der Lautstärkepegel nur von Tönen, also sinusförmigen Schallwellen bestimmen. Auch die Vergleichsmessung und Rechnung ist schwierig, wenn es sich um Frequenzgemische, also nicht sinusförmige Schallwellen handelt. Statt des Lautstärkepegels bestimmt man den sogenannten bewerteten Schallpegel. Man misst ihn mit Schallpegelmessern, bestehend aus Messmikrofon, Verstärker und Anzeige. Dabei wird durch zusätzliche Korrekturglieder die frequenzabhängige Empfindlichkeit der des Ohres angenähert. Dafür gibt es international festgelegte Bewertungskurven, deren Bezeichnung angeführt wird, z. B. bedeutet 60 dB(A) einen nach IEC-Kurve A bewerteten Schalldruckpegel von 60 dB.

Der bewertete Schalldruckpegel ist die Summe aus Schalldruckpegel und einer Korrektur, entsprechend der Empfindlichkeit s_A bzw. s_B des Ohres. Der bewertete A-Pegel L_A wird durch Anhang von dB(A) gekennzeichnet. In gleicher Weise ergibt sich ein P-Pegel in dB(B) und ein C-Pegel in dB(C). Man bezeichnet die entsprechende Größe auch als Lautstärkepegel mit der Bezeichnung „Phon“. Der meist verwendete A-Pegel entspricht annähernd dem Lautstärkepegel. Bei 1 kHz ist der Lautstärkepegel so groß wie der Schalldruckpegel.

$$L_A = L_P + s_A \quad L_B = L_P + s_B$$

L_A, L_B = bewerteter Schalldruckpegel [dB(A) oder dB(B)]
L_P = Schalldruckpegel [dB]

s_A bzw. s_B = Korrektur

4.3.10 Elongation

Gedämpft ist eine Schwingung, wenn die Amplitude mit der Zeit abnimmt, d. h. die Elongation (Auslenkung) nimmt über die Zeit t ab. In der Regel wird die Amplitude nach einer Exponentialfunktion kleiner. Die Schwingungsdauer ist bei einer harmonischen Schwingung von der Amplitude unabhängig und deshalb von der Dämpfung nicht beeinflusst.

Abb. 4.38 zeigt eine Elongation y zur Zeit t, und der Ausgangswert $\hat{y}_0$ stellt den Anfangswert der Amplitudenhüllkurve dar, bei $t=0$. Der Wert $\hat{y}_0$ ist die Amplitude, φ der Phasenwinkel mit $\omega_d t+\varphi_0$, ω_d ist die Kreisfrequenz der ungedämpften Schwingung, ω_0 ist der Nullphasenwinkel und δ der Abklingkoeffizient (β/2 m). Die Elongation errechnet sich aus

$$y = \hat{y}_0 \cdot e^{-\delta \cdot t} \cdot \sin \phi$$

y = Elongation zur Zeit t
$\hat{y}_0$ = Anfangswert der Amplitudenhüllkurve zur Zeit $t=0$
δ = Abklingkoeffizient

In der Fachliteratur wird die Dämpfungskonstante β und der Abklingkoeffizient δ nicht einheitlich verwendet.

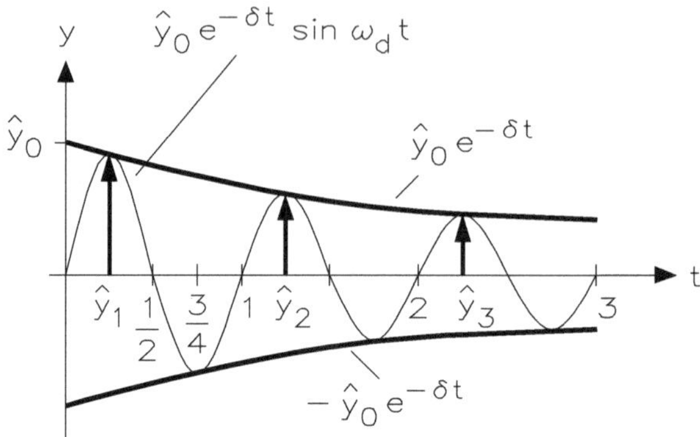

Abb. 4.38 Amplitudenhüllkurve

Die Energie bei einem sinusförmigen Ton wird durch die innere und äußere Reibung, Luftwiderstand usw. beeinflusst. Da die Energie E ungefähr der Amplitude y oder des Auslenkungsmaximums im Quadrat ist, nimmt auch die Amplitude bis Null ab. Ein reales Schwingungssystem errechnet sich aus

$$E = \hat{y}^2$$

Dabei unterscheidet man zwischen der fallenden arithmetischen und einer fallenden geometrischen Reihe. Wird die Dämpfungsgröße konstant, ergibt sich eine fallende arithmetische Reihe, da $\Delta\hat{y}=$konstant ist. Die Differenz zweier benachbarter Amplituden gleichen Vorzeichens ($\hat{y}_i$–$\hat{y}_{i+1}$) ist konstant. Ist die Dämpfungsgröße nicht linear, sondern hängt nur von der inneren Reibung ab, entsteht ein exponentieller Verlauf. Der Quotient zweier benachbarter Amplituden gleichen Vorzeichens ($\hat{y}_i/\hat{y}_{i+1}$) ist konstant. Die Hüllkurve der Amplituden ergibt sich dann aus einer Überlagerung beider Hüllkurven.

Beim Start der Sinuskurve hat der Nulldurchgang folgende Anfangsbedingungen: $t=0$, $y_0=0$, $v_0=\hat{v}$ und φ_0. Der Verlauf der oberen und unteren Hüllkurve ist:

$$\hat{y}_0 \cdot e^{-\delta \cdot t} \quad \text{bzw.} \quad -\hat{y}_0 \cdot e^{-\delta \cdot t}$$

Im Umkehrpunkt hat man die Anfangsbedingungen: $t=0$, $y_0=0$, $v_0=\hat{v}$ und $\varphi_0=90° = \pi/2$ rad. Danach errechnet sich die Amplitude nach

$$y = \hat{y}_0 \cdot e^{-\delta \cdot t} \cdot \cos \omega_d t$$

Der Quotient zweier aufeinanderfolgender Amplituden gleichen Vorzeichens wird als konstant angenommen und damit ist das Amplitudenverhältnis q:

$$q = \frac{\hat{y}_i}{\hat{y}_{i+1}}$$

Für die n-te Amplitude gilt

$$q^n = \frac{\hat{y}_i}{\hat{y}_{i+1}}$$

Die Amplituden nehmen exponentiell mit der Zeit ab. Die für den Rückgang auf den e-ten Teil des Anfangswertes erforderliche Zeit bezeichnet man als Abklingzeit τ mit

$$\tau = \frac{1}{\delta}$$

In der Praxis hat man ein ungedämpftes und ein gedämpftes Verhalten, einen aperiodischen Grenzfall und den Kriechfall. Der aperiodische Grenzfall und Kriechfall sind im Sinne der Akustik eine Schwingung, da ihnen die Periodizität fehlt.

4.3.11 Schallquellen

Schwingende Körper (aller Aggregatszustände), die Schallwellen abstrahlen, werden als Schallquellen definiert. Als Schallquellen bezeichnet man Saiten, Stäbe, Luftsäulen, Membranen usw.

Schwingende Saiten findet man bei Klavier, Geige und anderen Musikinstrumenten. Sie lassen sich durch Anzupfen, Anstreichen oder Schlagen zum Schwingen bringen. Mit der Gleichung kann man eine Grundschwingung einer Saite erzeugen:

$$f = \frac{1}{2 \cdot l} \cdot \sqrt{\frac{F}{\rho \cdot A}}$$

f = Frequenz der schwingenden Saite [Hz = 1/s]
l = Länge der Saite [m]
F = Kraft, mit der die Saite gespannt wird [N]
p = Dichte des Saitenmaterials [kg/m^3]
A = Querschnittsfläche der Saite [m^2]

Beispiel: Eine Saite hat eine Länge von 1 = 1 m, ist mit 10 N gespannt, die Dichte ist 1 kg/m^3 und die Querschnittsfläche beträgt 1 mm^2. Welchen Ton gibt die Saite ab?

$$f = \frac{1}{2 \cdot l} \cdot \sqrt{\frac{F}{\rho \cdot A}} = \frac{1}{2 \cdot 1\,\mathrm{m}} \cdot \sqrt{\frac{10\mathrm{N}}{1\,\mathrm{kg/m} \cdot 1 \cdot 10^{-4}\mathrm{m}^2}} = 158\,\mathrm{Hz}$$

Die Anzahl der Schwingungen pro Sekunde wird als Frequenz bezeichnet und die Maßeinheit ist Hertz (Hz). Viele Schwingungen bedeuten hohe, wenige dagegen tiefe Töne. Für die Schallwellenlänge gilt die Gleichung

$$\lambda = \frac{c}{f} = \frac{343\ \mathrm{m/s}}{158\,\mathrm{Hz}} = 2{,}17\,\mathrm{m}$$

λ = Schallwellenlänge [m]
c = Schallgeschwindigkeit [m/s]
f = Schallwellen [Hz = 1/s]

Die Schallwellenlänge beträgt 2,17 m.

Die Schallgeschwindigkeit ist vom Übertragungsmaterial bei einer Temperatur von 20 °C abhängig, wie Tab. 4.10 (typische Werte) zeigt.

Beispiel: Welche Wellenlänge hat eine Schallschwingung von 600 Hz in Eisen?

$$\lambda = \frac{c}{f} = \frac{5100\,\text{m/s}}{600\ 1/\text{s}} = 8{,}5\,\text{m}$$

Beispiel: Welche Wellenlänge hat eine Schallschwingung der gleichen Frequenz von 600 Hz in Luft?

$$\lambda = \frac{c}{f} = \frac{343\,\text{m/s}}{600\ 1/\text{s}} = 0{,}572\,\text{m}$$

Beispiel: Wie groß ist die Schalllaufzeit von einem Sänger auf der Bühne der gleichen Frequenz bis zu einem 48 m entfernten Sitzplatz?

$$\tau = \frac{r}{f} = \frac{48\text{m}}{343\ \text{m/s}} = 0{,}14\,\text{s}$$

τ = Laufzeit [s]
r = Radius [ml]

Die Schallgeschwindigkeit in einem festen Körper berechnet sich nach

$$c_K = \sqrt{\frac{E}{\rho}}$$

c_K = Schallgeschwindigkeit [m/s]
E = Elastizitätsmodul [Pa = kg/(m · s^2)]
ρ = Dichte [kg/in^3]

Tab. 4.10 Schallgeschwindigkeit, abhängig vom Übertragungsmaterial, bei einer Temperatur von 20 °C

Luft	c ≈ 343 m/s
Wasser	c ≈ 1470 m/s
Beton	c ≈ 1660 m/s
Mauerwerk	c ≈ 3500 m/s
Glas	c ≈ 5200 m/s
Eisen	c ≈ 5100 m/s
Nadelholz	c ≈ 4100 m/s
Hartholz	c ≈ 3400 m/s

Die Schallgeschwindigkeit ist von der Temperatur der Dichte abhängig. Die Schallgeschwindigkeit in Flüssigkeiten berechnet sich nach

$$c_F = \frac{1}{\sqrt{\kappa \cdot \rho}} = \sqrt{\frac{K}{\rho}}$$

c_F = Schallgeschwindigkeit (Flüssigkeiten) [m/s]
κ = Kompressibilität [Pa = kg/(m · s²)]
K = Kompressionsmodul [l/κ]
ρ = Dichte [kg/m³]

Die Schallgeschwindigkeit in Gasen berechnet sich nach

$$c_{\mathrm{G}} = \sqrt{\frac{\kappa \cdot \rho}{\rho_0}} \quad oder \quad c_{\mathrm{G}} = \sqrt{\kappa \cdot R \cdot T}$$

c_{G} = Schallgeschwindigkeit (Gase) [m/s]
p = Gasdruck [Pa = kg/(m · s²)]
ρ = Dichte [kg/in³]
κ = Isentropenexponent [c_p/c_v]
R = Gaskonstante [J/(kg · K)]
T = Gastemperatur [K]

Der Wechsel von Über- und Unterdruck an einer bestimmten Stelle des Gases erfolgt so schnell, dass er als isentroper Vorgang angesehen werden kann. Die Schallgeschwindigkeit in Gasen hängt innerhalb weiter Grenzen nur von der Temperatur ab, nicht aber vom Druck des Gases.

Bei den schwingenden Luftsäulen erzeugen die eingeschlossenen Luftsäulen in den Pfeifen immer eine stehende Welle. Am Mundstück befindet sich dann ein Wellenbauch. Es gibt offene und geschlossene Pfeifen, wie Abb. 4.39 zeigt. Dadurch entstehen folgende Unterschiede:

Pfeife	am Ende befindet sich	Pfeifenlänge gleich
Offen	Wellenbauch	halbe Wellenlänge ($\lambda/2$)
Geschlossen	Wellenknoten	viertel Wellenlänge ($\lambda/4$)

Mit der folgenden Formel lässt sich die offene und geschlossene Pfeife berechnen:

$$f = \frac{c}{2 \cdot l} \quad \text{bzw.} \quad f = \frac{c}{4 \cdot l}$$

f = Frequenz der Pfeife [Hz = l/s]
c = Schallgeschwindigkeit in Luft [m/s]
l = Länge der schwingenden Luftsäule [m]

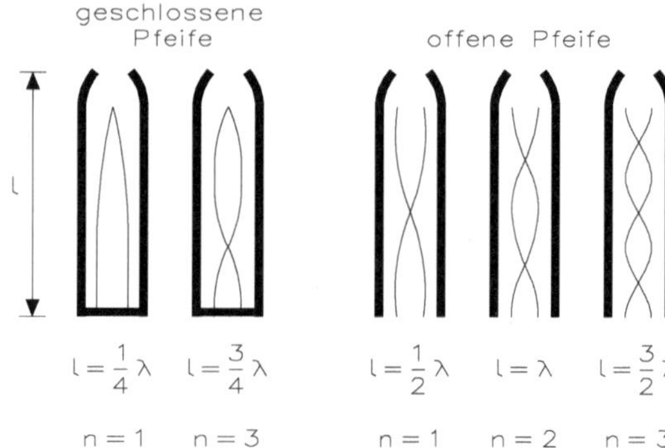

Abb. 4.39 Offene und geschlossene Luftsäule

Der Ton einer offenen Pfeife hat die doppelte Frequenz des Tones einer geschlossenen Pfeife.

Beispiel: Welcher Ton ergibt sich bei einer offenen Pfeife, wenn die Länge 0,4 m beträgt?

$$f = \frac{c}{2 \cdot l} = \frac{343\ \text{m/s}}{2 \cdot 0{,}4\ \text{m}} = 427{,}75\,\text{Hz}$$

Beispiel: Welcher Ton ergibt sich bei einer geschlossenen Pfeife, wenn die Länge 1 m beträgt?

$$f = \frac{c}{4 \cdot l} = \frac{343\ \text{m/s}}{4 \cdot 1\ \text{m}} = 85{,}75\,\text{Hz}$$

Mikrofone

5

Mikrofone dienen in elektroakustischen Übertragungssystemen als Umformer der Schallenergie in elektrische Energie. Hierzu wird prinzipiell eine Membran dem Schalldruck ausgesetzt, welcher die Membran zu Schwingungen anregt. Diese Membranschwingungen werden dann in eine elektrische Leerlaufwechselspannung (Ausgangsspannung mit dem Effektivwert U_0) umgeformt. Tab. 5.1 zeigt technische Daten der verschiedenen Mikrofone.

5.1 Richtcharakteristiken

Die Richtcharakteristik eines Mikrofons, das allen Seiten gleich gut anspricht, wäre die Kugeloberfläche. Da sie ungünstig darzustellen ist, zeichnet man im Diagramm einen Kreis als Schnittkurve der Kugeloberfläche. Dieses Diagramm gilt allerdings nur für die Frequenzen von 1 kHz. Das Mikrofon nimmt nicht Frequenzen aus allen Richtungen gleich gut auf. Bei höheren Frequenzen (z. B. 4 kHz) spricht es besser auf Schallschwingungen an, die von vorne kommen; für die Frequenz von 8 kHz ergibt sich eine andere Kurve. Deshalb misst man die verschiedenen Frequenzen und bringt sie als Kurvenschar in ein gemeinsames Koordinatensystem. Bei symmetrischen Kennlinien stellt man meist nur eine Kurvenhälfte dar. Die wichtigsten Richtcharakteristiken haben Kugel-, Achter-, Nieren- oder Herzform (Kardioide), Super-Kardioide- und Keulenform, wie Abb. 5.1 zeigt.

Es ist nicht immer richtig, Mikrofone mit gleichen Empfindlichkeiten von allen Seiten zu verwenden (Kugel-Kreis-Charakteristik). Für die Übertragung musikalischer Darbietungen aus einem mit Publikum gefüllten Saal z. B. eignen sich Mikrofone mit einseitiger Richtcharakteristik besser (Nieren- oder Super-Kardioide-Charakteristik).

H. Bernstein, *Elektroakustik*, https://doi.org/10.1007/978-3-658-25174-1_5

Tab. 5.1 Technische Daten für die Mikrofone

Typ	Eingangsgrößen	Übertragungssystem in mV/Pa	Frequenzgang	Klirrfaktor in %	Anwendungen, Besonderheiten
Kohle	100 Ω bis 500 Ω	1000	700 Hz…4 kHz	25	Telefon, Sprachübertragung, Betriebsspannung erforderlich
Elektromagnetisch	≈2 kΩ	20	700 Hz…6 kHz	10	Telefon, Sprechanlagen
Tauchspul	200 Ω	2	50 Hz…14 kHz	1	Tonaufzeichnung und Tonübertragung
Bändchen	0,1 Ω mit Übertrager 200 Ω	0,1	50 Hz…18 kHz	0,4	Hochwertige Tonaufzeichnung und Tonübertragung
Kristall	1 MΩ…5 MΩ $C_e \approx 1$ nF	1	30 Hz…10 kHz	1…2	Tonaufzeichnung und Tonübertragung
Kondensator	50 MΩ (ohne Verstärkung) $C_e \approx 100$ pF	10	20 Hz…20 kHz	0,1	Hochwertige Tonaufzeichnung und Tonübertragung, Betriebsspannung erforderlich

Die Kugelcharakteristik verwenden die Mikrofone, deren Empfindlichkeit unabhängig von der Einwirkrichtung des Schalles ist. Bei ihnen ist der Raum hinter der Membran abgeschlossen und bildet ein Luftpolster. Der Schalldruck kann nur von außen auf die Membran einwirken und wird aus allen Richtungen nahezu gleich gut empfangen.

Die Achtercharakteristik besitzen die Mikrofone, die ihre größte Empfindlichkeit für Schallwellen besitzen, die senkrecht zur Membranfläche einwirken und zwar unabhängig ob von vorn oder von hinten. Bei ihnen ist der Raum hinter der Membran perforiert, sodass sie auf das Druckgefälle (Druckgradient) zwischen Membranvorder- und -rückseite ansprechen.

Die Nierencharakteristik besitzen solche Mikrofone, deren Empfindlichkeit für die Schallwellen am größten ist, die von vorn senkrecht auf die Membranfläche einwirken. Sie eignen sich besonders gut als Rednermikrofone und unterdrücken rückwärtigen

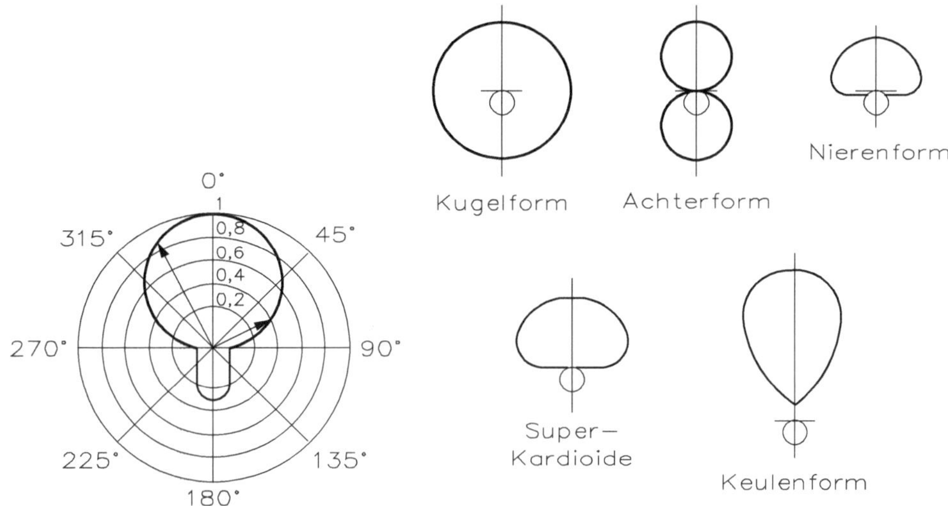

Abb. 5.1 Richtcharakteristiken

Störschall. Nierencharakteristik erhält man durch Überlagerung von Kugel- und Achtercharakteristik.

Das Diagramm zeigt die Empfindlichkeit des Mikrofons in Abhängigkeit des Schalleinfallswinkels. Hierbei sind die verschiedenen Koordinatenwerte als Prozentsätze der maximalen Empfindlichkeit aufgetragen. Wie bereits erklärt wurde, hat die Empfindlichkeit des Ohres für Lautstärkeeindrücke einen logarithmischen Charakter. Deshalb werden Angaben wie Verstärkung und Abschwächung durch das logarithmische Verhältnismaß „dB" ausgedrückt. Aus dem gleichen Grund wird auch das Richtdiagramm eines Mikrofons in dB aufgetragen.

In Abb. 5.2 ist die Abschwächung als Funktion des Einfallswinkels in dB gezeigt. Man muss berücksichtigen, dass sogenannte ideale Richtcharakteristiken in Abb. 5.2 dargestellt werden. Die wahren Charakteristiken können größere oder kleinere Abweichungen zeigen, vor allem infolge der Frequenzabhängigkeit. Die Ausbreitung der Tiefen wird von Hindernissen (z. B. Tischen und Stühlen) nur wenig beeinflusst, sodass für diesen Bereich nur eine geringe Richtungsempfindlichkeit gegeben ist. Demgegenüber haben die Höhen eine viel ausgeprägtere Richtwirkung und werden daher auch stärker von Hindernissen beeinflusst. Schon das Mikrofongehäuse kann in dieser Beziehung einen nicht zu vernachlässigenden Einfluss haben. Deshalb werden die Richtcharakteristiken häufig für verschiedene Frequenzen angegeben, wie Abb. 5.3 zeigt. Dies kann vor allem zur Beurteilung des Einflusses der Tiefen im Hinblick auf eine etwaige akustische Rückkopplung wichtig sein.

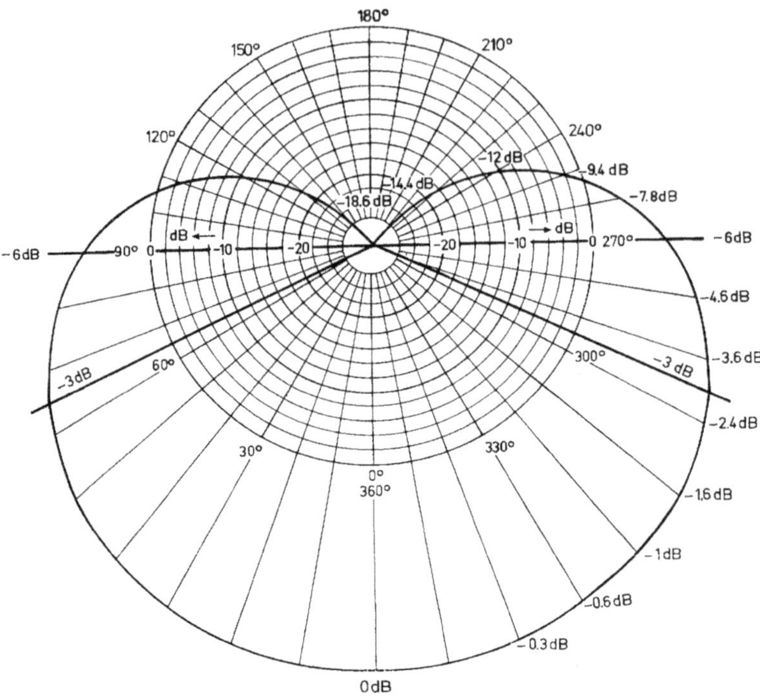

Abb. 5.2 Richtkennlinie mit Angabe der Abschwächung als Funktion des Einfallwinkels in dB-Werten

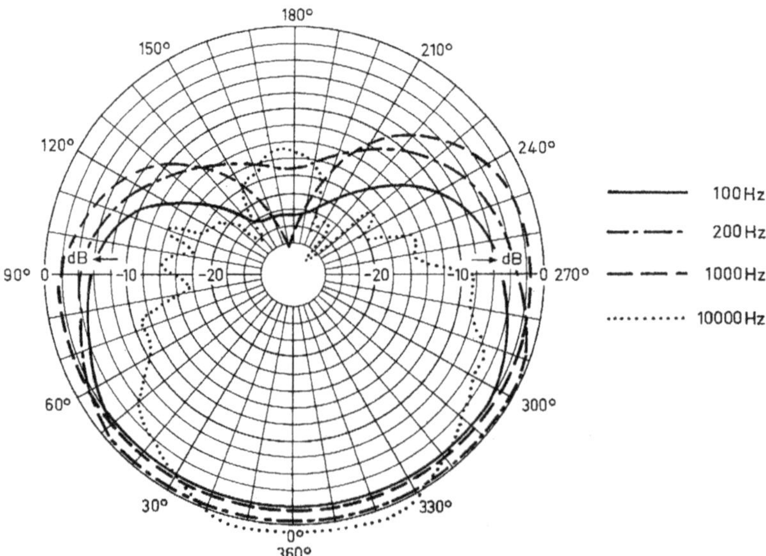

Abb. 5.3 Richtkennlinien für verschiedene Frequenzen

Die Richtwirkung eines Mikrofons ist vor allem aus folgenden Gründen von Bedeutung:

- Wegen der akustischen Rückwirkung zwischen Lautsprecher und Mikrofon (akustische Rückkopplung)

Aus diesem Grund muss immer die unempfindliche Seite des Mikrofons dem Lautsprecher zugewandt sein.

- Zur Einschränkung von störendem Nachhall.

In der Regel kommt der Nachhall aus anderen Richtungen als der Nutzschall. Aus diesem Grund sollte die empfindliche Seite des Mikrofons der Nutzschallquelle zugewandt sein.

- Zur Herabsetzung des Umgebungsgeräusches.

Hieraus folgt mehr oder weniger zwangsläufig, welche drei Anforderungen ein richtungsempfindliches Mikrofon erfüllen muss.

Es gilt für die Voraussetzungen der hohen Richtempfindlichkeit:

- Der maximale Aufnahmewinkel muss groß sein.

Unter maximal zulässigem Aufnahmewinkel versteht man den Winkel, bei dem die Empfindlichkeit des Mikrofons maximal 3 dB kleiner ist als bei Schalleinfall in der Bezugsrichtung (d. h. genau von vorn). Ist der zulässige Einfallswinkel klein, so ist die Mikrofonaufstellung kritisch. Bei einem reinen Druckdifferenzmikrofon beträgt dieser Winkel sowohl an der Vorder- als auch der Rückseite 90°.

- Der diffus einfallende Schall musst weitgehend gedämpft werden.

Unter diffusem Schall versteht man jeden nicht gerichteten Schall, wie beispielsweise die Gesamtwirkung von Nachhall, Hintergrundgeräusch des Publikums, Umgebungsgeräusch usw.

Man drückt diese Forderung durch das sogenannte Front-zu-Raum-Verhältnis aus (Abb. 5.4a). Es bezeichnet das Verhältnis der Empfindlichkeit für den vorderseitig in der Mittelachse auf das Mikrofon einfallenden Schall, bezogen auf den Mittelwert des im diffusen Schallfeld allseitig auf das Mikrofon einfallenden Schalls.

Ein günstiges Front-zu-Raum-Verhältnis ist besonders für große „harte" Räume, wie Kirchen mit starkem unerwünschtem Nachhall, von besonderer Bedeutung, denn in solchen Räumen fällt Schall aus allen Richtungen auf das Mikrofon. Für ein Kardioidmikrofon beträgt dieses Verhältnis etwa 4,8 dB.

- Die Empfindlichkeit für den von hinten einfallenden Schall muss gering sein im Vergleich zur Empfindlichkeit für den von vorn einfallenden Schall.

Man drückt dies durch das Front-Raum-zu-Rück-Raum-Verhältnis aus (im Englischen gebräuchlich als „front-random-rear-random").

Für ein normales Kardioidmikrofon beträgt dieses Verhältnis etwa 8,4 dB. Diese Richtwirkung ist vor allem für Beschallungsanlagen im Freien von Bedeutung. Im deutschen Sprachgebrauch wird auch der Begriff Rückschalldämpfung oder Löschung verwendet. Dieser Begriff bezeichnet das Verhältnis der axialen Empfindlichkeit an der Vorderseite des Mikrofons zur axialen Empfindlichkeit an der Rückseite (Abb. 5.4c). Damit erhält man zwar einen höheren und offenbar günstigeren Wert als durch Angabe des Front-Raum-zu-Rück-Raum-Verhältnisses, doch ist der praktische Wert dieser Angabe recht gering.

Wie man bereits kennt, wird der Widerstand des akustischen Filters durch die Richtcharakteristik eines Mikrofons bestimmt. Die Kardioid-Richtcharakteristik nach Abb. 5.5 wurde durch eine solche Wahl des akustischen Widerstands gewonnen, dass sich eine Kombination von 50 % Druck- und 50 % Druckdifferenzmikrofon ergab.

Setzt man den Widerstand so weit herab, dass das Verhältnis Druck- zu Druckdifferenzmikrofon 37 %:63 % wird, so entsteht das Diagramm nach Abb. 5.5. Das Vor-/Rück-Verhältnis ist ungünstiger, aber man hat ein besseres Front-Raum-zu-Rück-Raum-Verhältnis (11,6 dB) und ein besseres Front-zu-Raum-Verhältnis (5,8 dB) erzielt, d. h. das Mikrofon besitzt eine stärkere Richtwirkung, sodass der Einfluss von störendem Hintergrundgeräusch geringer geworden ist. Allerdings ist der maximale Einfallswinkel ebenfalls kleiner geworden, nämlich 1050 (–3 dB gegenüber der Mittelachse). Man spricht in diesem Fall von einem Hyperkardioid- oder auch Supernierenmikrofon.

Zur Erzielung eines sehr ausgeprägten Richteffektes benutzt man auch Sonderkonstruktionen, wie beispielsweise die Mikrofongruppe. Hierbei werden mehrere

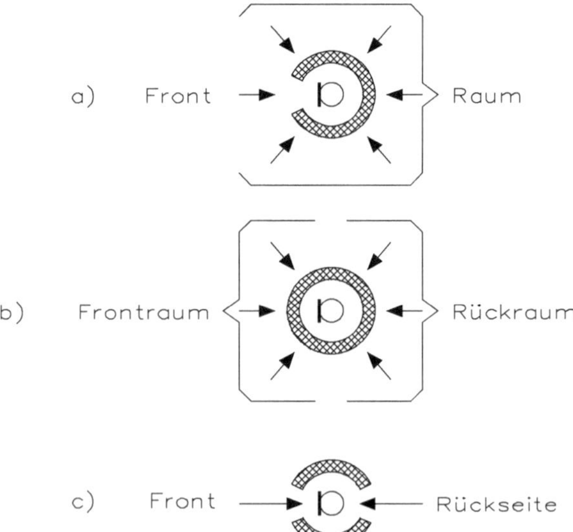

Abb. 5.4 Front-zu-Raum-Verhältnis (**a**), Front-Raum-zu-Rück-Raum-Verhältnis (**b**) und Rückschalldämpfung bzw. Löschung (**c**)

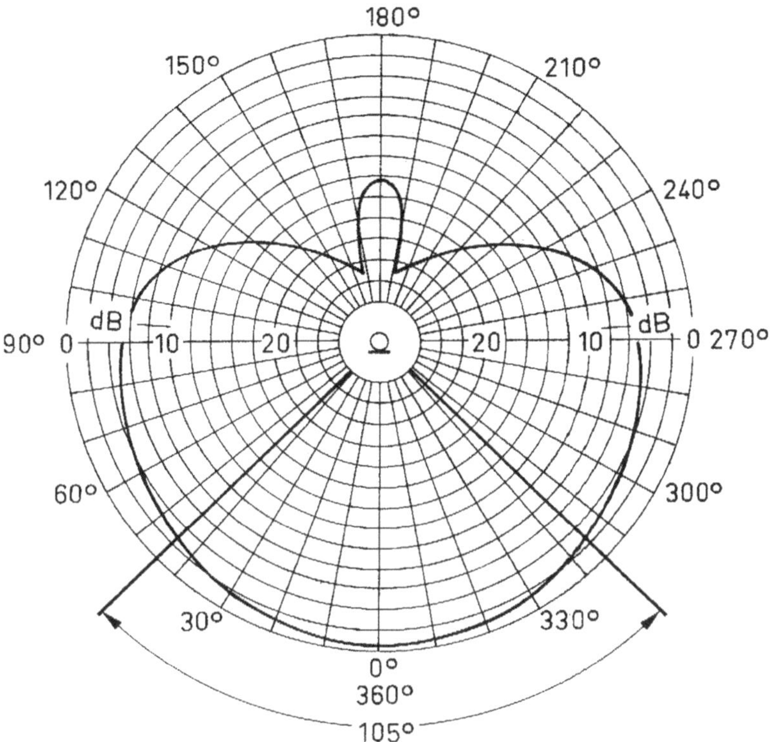

Abb. 5.5 Richtkennlinie eines Kardioidmikrofons mit einem Verhältnis Druck- zu Druckdifferenzmikrofon von 37 %:63 %

Mikrofonelemente dicht aneinander in einer Reihe angeordnet, wie Abb. 5.6. zeigt. Man erhält dann gewissermaßen den umgekehrten Effekt wie bei einer Lautsprecher-Strahlergruppe.

In vielen Broschüren und anderen Veröffentlichungen über Mikrofone findet man häufig eine Vor-/Rück-Kennlinie. Die Kurve gibt den Frequenzgang wieder, wenn sich die Schallquelle axial vor dem Mikrofon befindet; die andere Kurve gilt für eine axial hinter dem Mikrofon befindliche Schallquelle. Aus dem Abstand der beiden Kurven kann sofort das Vor-/Rück-Verhältnis (Rückschalldämpfung) abgeleitet werden; es ist somit der Empfindlichkeitsunterschied bei Einfall des Schalls von vorn oder von hinten. Dieses Verhältnis kann in dB auf der vertikalen Achse abgelesen werden.

Besonders hingewiesen sei noch auf die Tatsache, dass die beiden Kurven in der Regel nicht parallel laufen. Die Kennlinie weist häufig an einer Stelle ein Maximum auf. An diesem Punkt ist also die Rückschalldämpfung bedeutend kleiner als für andere Frequenzen. In der Regel besteht im Bereich dieses Maximums die Gefahr einer akustischen Rückkopplung, da wie gesagt, die Rückschalldämpfung in diesem Punkt am geringsten ist.

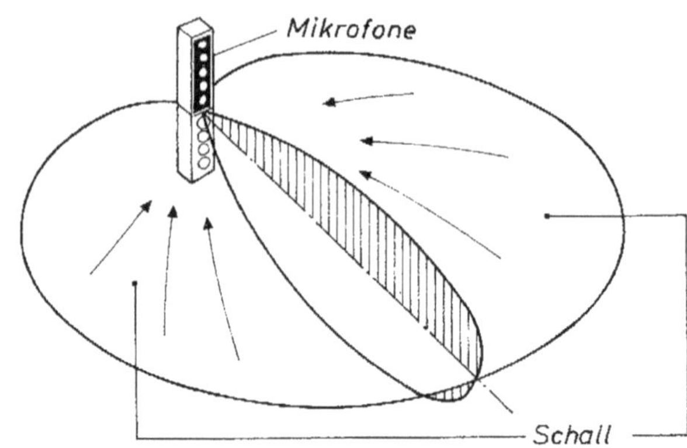

Abb. 5.6 Richtcharakteristik einer Mikrofongruppe

5.2 Kohlemikrofon

Kohlemikrofone werden hauptsächlich im Fernsprechwesen verwendet, da sie preiswert sind und relativ hohe Spannungen liefern. Der Nachteil ist der große Klirrfaktor, der geringe Frequenzbereich von 700 Hz bis 4 kHz und starkes Eigenrauschen. Bei den Kohlemikrofonen presst der Schalldruck die Kohlekörner zusammen und verändert den Widerstand zwischen ihnen.

Abb. 5.7 zeigt den Aufbau und die Wirkungsweise eines Kohlemikrofons (Kohlekörnermikrofon) im Ruhezustand, bei einer Druckwelle und Sogwelle. Um möglichst eine große Spannungsverstärkung zu erreichen, besteht eine HiFi-Anlage aus mehreren Verstärkerstufen. Der Grund sind die physikalischen Grenzen der einzelnen Verstärkerstufen und deren Bauelemente. In der Eingangsstufe erfolgt die eigentliche Spannungsverstärkung sowie die Signalbeeinflussung (im Wesentlichen die Klangeinstellung). Die Treiberstufe(n) erzeugen die für die Ansteuerung der Endstufe erforderliche Steuerleistung, wobei zwischen den beiden Stufen eine Leistungsanpassung vorliegt. Mit der Endstufe soll eine hohe Leistungsverstärkung erreicht werden und diese wird bereits von der Treiberstufe mit einer hohen Spannung angesteuert, sodass keine hohe Stromverstärkung gefordert wird.

In einem Gehäuse aus nicht leitendem Material befinden sich locker angeordnete Kohlekörner (Kohlegrieß) zwischen der jeweils als Elektrode wirkenden Kontaktplatte und der Membran. Die Kohlekörner leiten den Strom, sodass der Stromkreis von der Spannungsquelle über das Amperemeter sowie das Mikrofon geschlossen ist und ein mittlerer Ruhestrom fließt, wie Abb. 5.8 zeigt.

Bei einer Schalleinwirkung auf die Membran werden die Kohlekörner entweder stärker zusammengedrückt oder ihre Anordnung zueinander wird lockerer. In Abhängigkeit vom Schalldruck ändert sich somit die Leitfähigkeit bzw. der Übergangswiderstand zwischen den beiden Elektroden und es fließt ein gegenüber dem Ruhestrom größerer bzw.

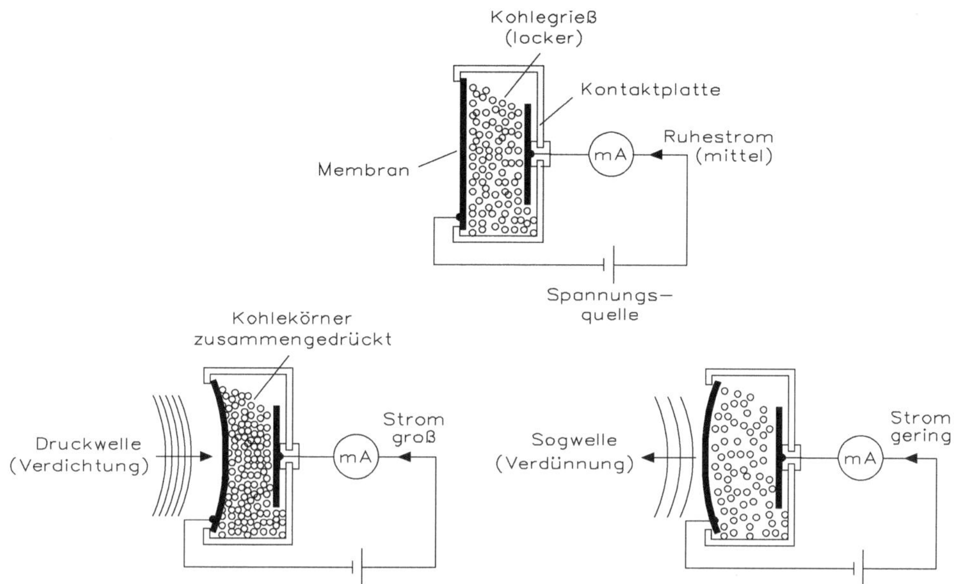

Abb. 5.7 Aufbau und die Wirkungsweise eines Kohlemikrofons

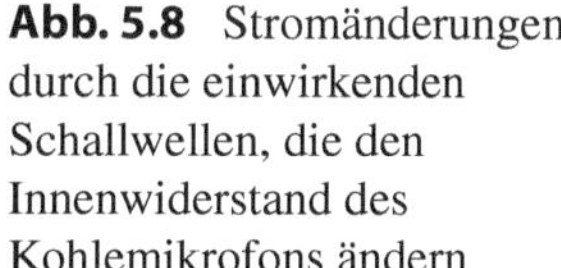

Abb. 5.8 Stromänderungen durch die einwirkenden Schallwellen, die den Innenwiderstand des Kohlemikrofons ändern

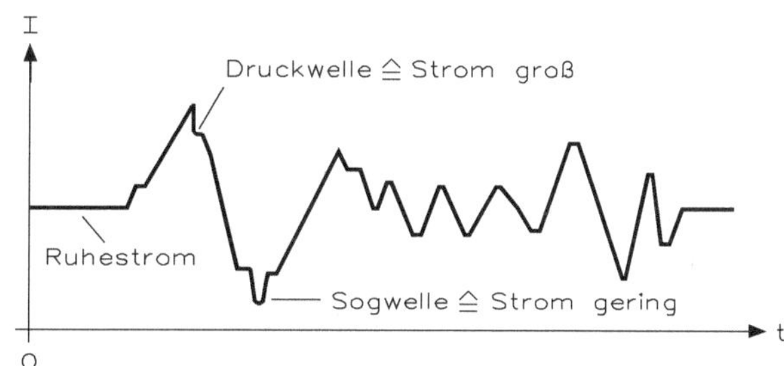

geringerer Strom. Kohlemikrofone verwenden das Prinzip der Strom-Kohlesteuerung in einem Spannungsteiler und man bezeichnet sie wegen der Arbeitsweise auch als Kontaktmikrofone. Sie werden in der Praxis meist an einen Übertrager angeschlossen, wodurch die Stromänderung in der Primärseite dann auf der Sekundärseite eine entsprechende Wechselspannung verursacht. Die Vorteile der Kohlemikrofone sind eine robuste und preiswerte Bauform sowie ein hoher Übertragungskoeffizient (Empfindlichkeit). Nachteilig sind ein großer Klirrfaktor, der ungünstige Frequenzgang, starkes Eigenrauschen und die zusätzliche Spannungsquelle. Kohlemikrofone werden aufgrund ihrer ungünstigen Übertragungseigenschaften ausschließlich in der Fernsprechtechnik verwendet.

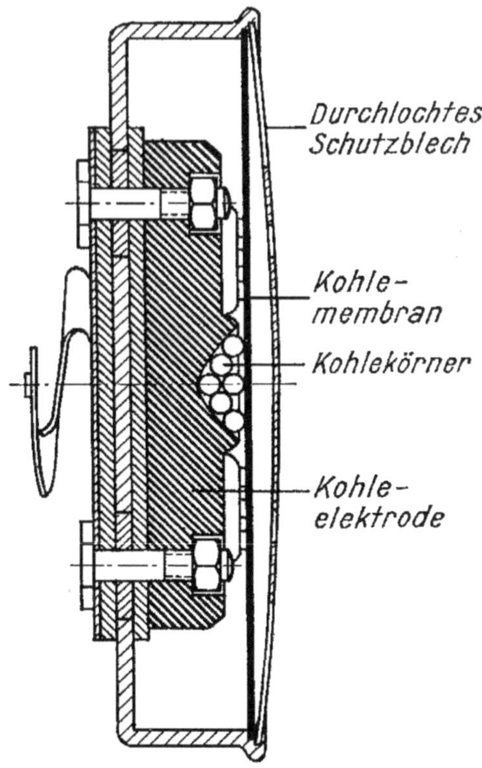

Abb. 5.9 Schnitt durch ein hochwertiges Kohlemikrofon

Abb. 5.9 zeigt einen Schnitt durch ein hochwertiges Kohlemikrofon und Abb. 5.10 den Anschluss eines Kohlemikrofons.

Die Arbeitsweise eines Kohlemikrofons kann man durch die Simulation von Abb. 5.10 erkennen. Das simulierte Mikrofon V2 hat eine AM-Spannung von 50 mV und wird einer Gleichspannung von 2 V überlagert. Da die AM-Spannung sehr klein gegenüber der Gleichspannung ist, muss das Oszilloskop auf AC gestellt werden. Ist DC eingeschaltet, wird DC und AC gemessen, aber die Messung kann nicht ordnungsgemäß durchgeführt werden.

Abb. 5.11 zeigt die Ansicht eines Kohlemikrofons, wie es in alten Telefongeräten zu finden ist.

5.3 Kristallmikrofon

Das Kristallmikrofon nutzt den piezoelektrischen Effekt aus, d. h. es gibt unter Krafteinwirkung elektrische Ladung ab. Gegenüber dem Kohlekörnermikrofon weist das Kristallmikrofon einen größeren und ausgeglicheneren Frequenzbereich auf und ist

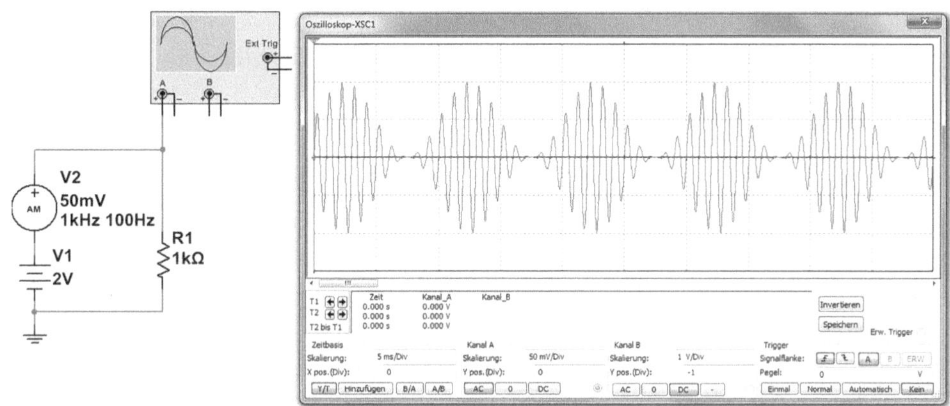

Abb. 5.10 Simulation eines Kohlemikrofons

Abb. 5.11 Ansicht eines Kohlemikrofons

damit für den anspruchslosen Amateur geeignet. Von Nachteil sind der hohe Klirrfaktor, die Anfälligkeit gegen elektrostatische Einstreuungen sowie die Empfindlichkeit gegenüber Wärme und Luftfeuchtigkeit.

Der piezoelektrische Effekt beruht auf bestimmten Kristallen, die eine Spannung erzeugen, wenn durch die Schallwellen Zug-, Druck- oder Biegebeanspruchung an der Oberfläche des Kristallmikrofons entstehen. Abb. 5.12 zeigt das Schaltzeichen und einen Querschnitt durch ein Kristallmikrofon. Der einwirkende Schalldruck setzt die Aluminium-Membran und damit über eine mechanische Verbindung die Kristallzelle in Schwingung, sodass über die Anschlüsse eine dem Schalldruck proportionale Signalspannung abgenommen werden kann. Gegenüber dem Kohlemikrofon weist das Kristallmikrofon einen ausgeglichenen Frequenzgang auf, wie Abb. 5.13 zeigt.

Als Vorteil sind die robuste und kleine Bauform sowie der geringe Preis anzusehen. Als Nachteil hat man einen extrem hohen Eingangswiderstand (>2 MΩ), da für den geforderten Leerlaufbetrieb der Eingangswiderstand des Vorverstärkers, gegenüber den Verstärkern bei den anderen Mikrofontypen, deutlich höher sein muss. Auch zählt zu den Nachteilen der relativ hohe Klirrfaktor (geringer als beim Kohlemikrofon, aber größer als bei den dynamischen Mikrofonen), die Empfindlichkeit gegenüber Wärme, Feuchtigkeit sowie äußere elektrische Felder. Anwendungen finden Kristallmikrofone praktisch nur für Sprachaufnahmen (überwiegend als Kleinstmikrofone in Sprechanlagen geeignet).

Abb. 5.14 zeigt einen Schnitt durch ein hochwertiges Kristallmikrofon und Abb. 5.15 zeigt die Ansicht eines Kristallmikrofons.

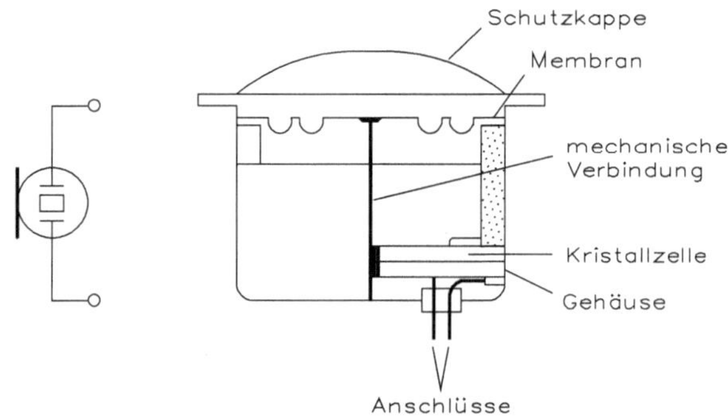

Abb. 5.12 Schaltzeichen und Querschnitt durch ein Kristallmikrofon

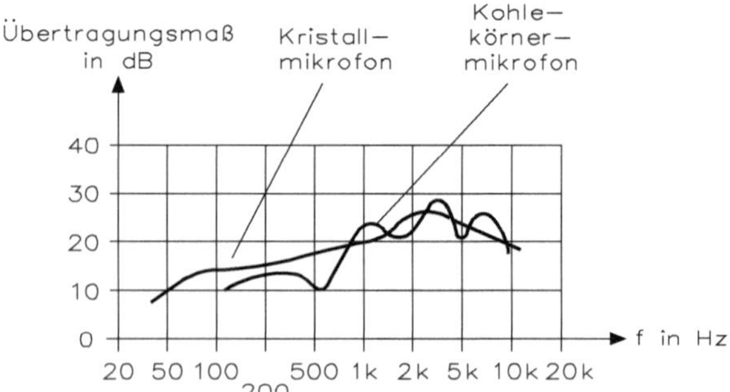

Abb. 5.13 Übertragungsmaß (Empfindlichkeit) in Abhängigkeit der Frequenz bei Kohle- und Kristallmikrofonen

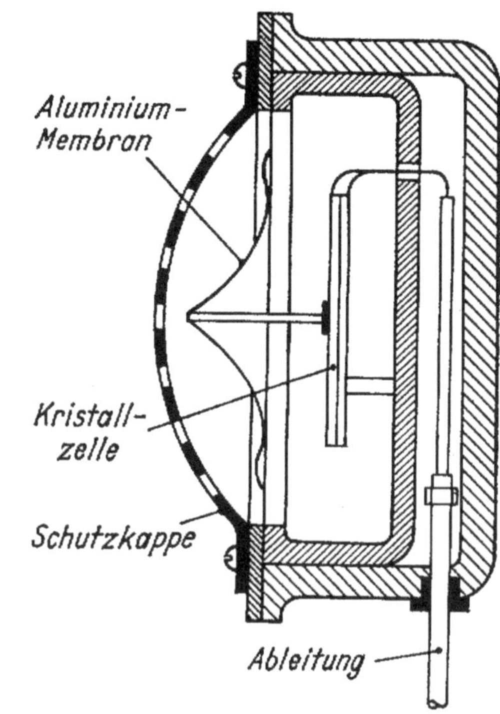

Abb. 5.14 Schnitt durch ein hochwertiges Kristallmikrofon

Abb. 5.15 Ansicht eines Kristallmikrofons

5.4 Bändchenmikrofon

Dynamische Mikrofone (Bändchenmikrofone) nutzen das elektrodynamische Prinzip aus, d. h. ein kleines und leichtes Metallbändchen von 2 µm Dicke und 4 mm Breite wird durch den Schalldruck im Luftspalt eines Magneten bewegt. Dadurch wird im Bändchen eine Spannung induziert. Bändchenmikrofone genügen höchsten Ansprüchen, weisen einen großen Frequenzbereich auf, einen sehr geringen Klirrfaktor und sind sehr beständig. Bändchenmikrofone sind jedoch sehr schwer, stoßempfindlich und erzeugen nur eine geringe Spannung. Abb. 5.16 zeigt das Prinzip des Bändchenmikrofons (dynamisches Mikrofon).

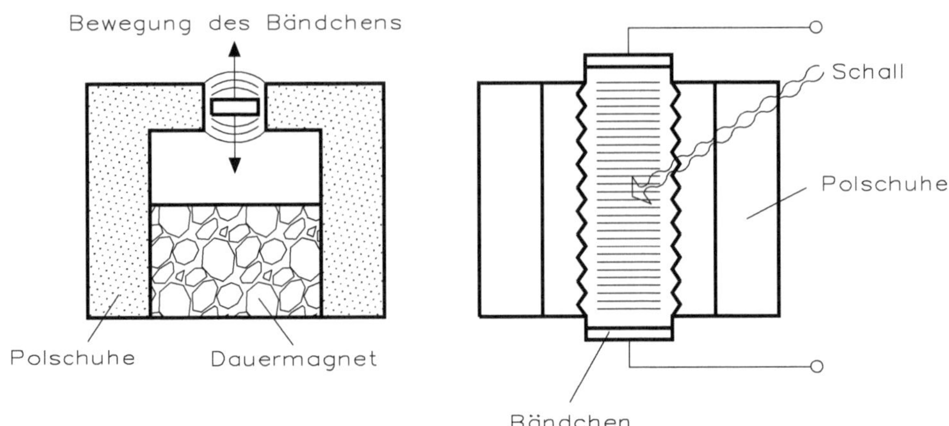

Abb. 5.16 Prinzip des Bändchenmikrofons (dynamisches Mikrofon)

Die Wirkungsweise dieses Mikrofons beruht darauf, dass ein elektrischer Leiter, beispielsweise in Form eines in spezieller Weise gefalteten metallenen Bändchens oder einer Spule, durch den Schalldruck in einem magnetischen Feld bewegt wird. Hierdurch wird im Leiter eine elektrische Spannung induziert, deren Frequenz den Schalldruckänderungen entspricht. Je nach Ausführungsform des Leiters spricht man entweder von einem Bändchenmikrofon oder Tauchspulenmikrofon. Das Bändchenmikrofon wird heute noch in Studios und Konzertsälen verwendet, wo höchste Anforderungen an die Wiedergabequalität gestellt werden. Der Aufbau dieses Mikrofontyps ist jedoch weniger robust, sodass er sehr empfindlich auf Stöße und Erschütterungen reagiert.

Zwischen den Polschuhen eines Dauermagneten ist ein schmales, nur wenige µm dickes Metallbändchen (meist Aluminium) gespannt, welches gleichzeitig als Leiter und Membran wirkt. Bei Schalleinwirkung bewegt sich das Bändchen im Magnetfeld und an den Anschlüssen wird eine dem Schalldruck proportionale Spannung induziert. Diese ist allerdings sehr klein und muss deshalb verstärkt werden. Die Höhe der induzierten Spannung ist von der Länge des Anschlusskabels abhängig, denn das Bändchen stellt nur eine Windung, also einen extrem kurzen Leiter, dar. Ebenso ist der Innenwiderstand sehr gering, sodass auch dieser mit dem Vorverstärker vergrößert werden muss. Bändchenmikrofone zeichnen sich durch einen weiten Frequenzbereich, sowie ein relativ konstantes Übertragungsmaß und damit einen geringen Klirrfaktor aus. Sie sind außerdem unempfindlich gegen Temperatur- und Feuchtigkeitseinflüsse sowie elektrischen Störfeldern. Allerdings ist der Übertragungsfaktor sehr klein und sie sind vergleichsweise schwer und stoßempfindlich. Aufgrund der guten Übertragungseigenschaften werden sie für hochwertige Sprach- und Musikaufnahmen eingesetzt.

5.5 Tauchspulmikrofon

Tauchspulmikrofone (dynamisches Mikrofon) nutzen ebenfalls das elektrodynamische Prinzip aus. Der Schall bewegt hier aber eine Spule im Luftspalt eines Topfmagneten. Tauchspulmikrofone geben mehr Spannung als das Bändchenmikrofon ab, weisen ebenfalls einen geringen Klirrfaktor auf und verfügen über einen breiten Frequenzbereich, der aber selten so ausgeglichen ist, wie der des Bändchenmikrofons. Tauchspulmikrofone werden für Studioaufnahmen ebenso verwendet wie bei anspruchsvollen Amateursystemen. Abb. 5.17 zeigt den Schnitt durch ein Tauchspulmikrofon.

Die Tauchspule ist mit der Membran verbunden. Der auf die Membran wirkende Schalldruck bedingt eine entsprechende Bewegung der Tauchspule im Magnetfeld und es wird eine dem Schalldruck proportionale Spannung induziert. Diese ist aufgrund der größeren Länge des Leiters höher als beim Bändchenmikrofon, d. h. das Tauchspulmikrofon besitzt ein höheres Übertragungsmaß. Auch der Frequenzgang ist, verglichen mit dem Kohle- oder Kristallmikrofon relativ konstant, d. h. geringerer Klirrfaktor. Abb. 5.18 zeigt das Übertragungsmaß in Abhängigkeit von der Frequenz beim Bändchen- und Tauchspulmikrofon.

Weitere Vorteile sind die mechanische Stabilität, die Unempfindlichkeit gegenüber elektrischen Störfeldern sowie lange Lebensdauer. Als Nachteil ist die geringe Empfindlichkeit gegenüber magnetischen Störfeldern zu nennen. Aufgrund der gegenüber dem Kohle- und Kristallmikrofon deutlich besseren Übertragungseigenschaften werden Tauchspulmikrofone außer im Sprachbereich auch für hochwertige Musikaufnahmen (Studioqualität) eingesetzt. In Wechselsprechanlagen dienen sie als Mikrofon und Lautsprecher.

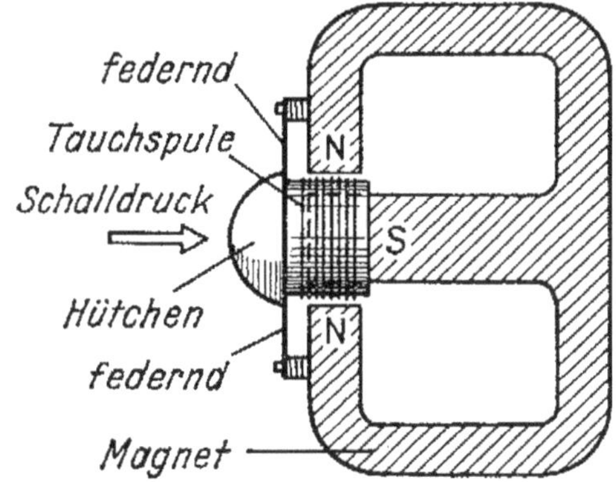

Abb. 5.17 Schnitt durch ein Tauchspulmikrofon (dynamisches Mikrofon)

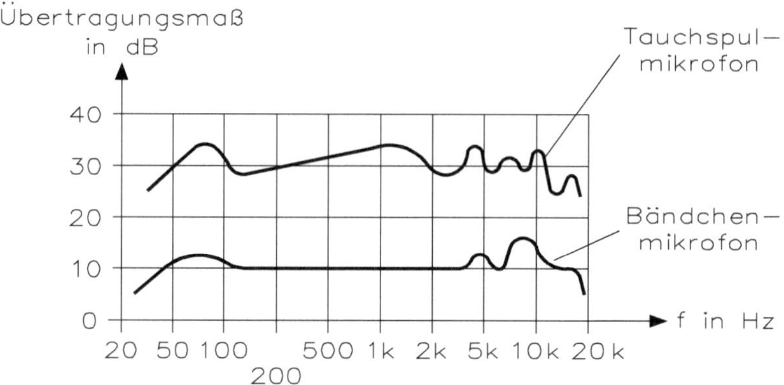

Abb. 5.18 Übertragungsmaß (Empfindlichkeit) in Abhängigkeit von der Frequenz beim Bändchen- und Tauchspulmikrofon

5.6 Elektromagnetisches Mikrofon

Bei diesem Mikrofon wird der Luftspalt eines magnetischen Kreises mit festsitzenden Spulen durch die dem Schalldruck entsprechende Bewegung einer metallisierten Membran verändert. In den Spulen ergibt sich dadurch eine Flussdichteänderung und es wird eine dem Schalldruck proportionale Spannung induziert. Elektromagnetische Mikrofone weisen gegenüber den Kohlemikrofonen einen geringeren Klirrfaktor, ein niedriges Eigenrauschen, eine kompaktere Bauweise sowie einen breiteren Frequenzbereich auf. Sie eignen sich dennoch nur für den Sprachbereich und können bei den dortigen Anwendungen die Kohlemikrofone ersetzen, wobei keine Hilfsspannungsquelle erforderlich ist. Abb. 5.19 zeigt einen Querschnitt durch ein elektromagnetisches Mikrofon.

5.7 Kondensatormikrofon

Elektrostatische Mikrofone sind kapazitive Wandler, da ihre Ausgangswechselspannung von der durch den Schalldruck hervorgerufenen Änderung der Mikrofonkapazität abhängt.

Die Metallmembran wirkt bei dem Kondensatormikrofon von Abb. 5.19 als Elektrode und bildet mit der fest angeordneten Gegenelektrode einen Kondensator mit der zwischen beiden Elektroden liegenden Luft als Dielektrikum.

Bewegt sich die Membran infolge einer Schalldruckeinwirkung, so ändert sich der Abstand zwischen Membran und Gegenelektrode, d. h. es ändert sich die Kapazität. Abb. 5.20 zeigt das Übertragungsmaß (Empfindlichkeit) in Abhängigkeit von der Frequenz bei einem Kondensatormikrofon.

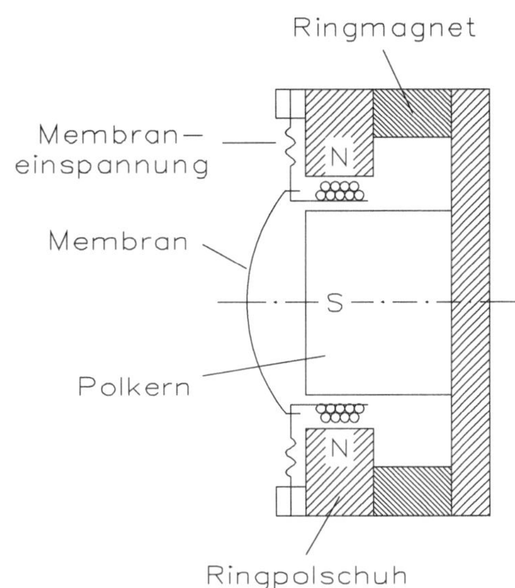

Abb. 5.19 Querschnitt durch ein elektromagnetisches Mikrofon

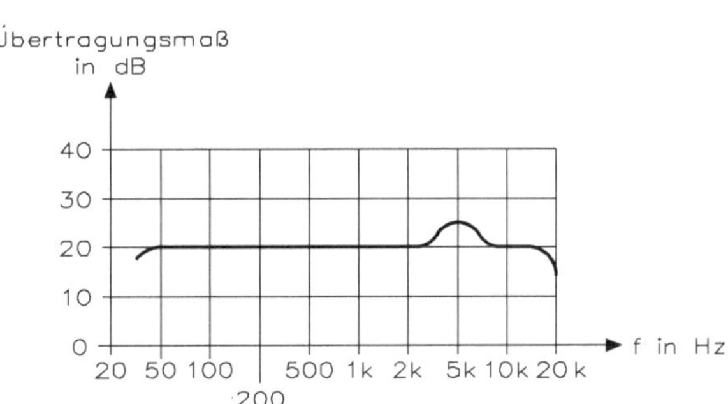

Abb. 5.20 Übertragungsmaß (Empfindlichkeit) in Abhängigkeit von der Frequenz bei einem Kondensatormikrofon

Bei der NF-Schaltung wird die Kapazität des Mikrofons ($C \approx 100\,\text{pF}$) durch die Spannungsquelle U_b über einen hochohmigen Widerstand ($R_i \approx 10\,\text{M}\Omega$) auf die Gleichspannung U_M aufgeladen. Aufgrund der großen Zeitkonstanten bleibt die Ladung Q der Mikrofonkapazität nahezu konstant und die Berechnung erfolgt nach

$$\tau = R \cdot C = 10\,\text{M}\Omega \cdot 100\,\text{pF} = 1\,\text{ms}$$

Durch den generellen Zusammenhang von $Q = C \cdot U$ bzw. $U = Q/C$ ist die Mikrofonspannung U_M und die Spannung U_R bzw. die Eingangsspannung am Verstärker nur von der Kapazitätsänderung und somit vom Schalldruck abhängig. Kondensatormikrofone besitzen gemäß Abb. 5.21 einen gleichbleibenden Frequenzgang und somit einen geringen Klirrfaktor und Abb. 5.22 zeigt die Ansicht eines Kondensatormikrofons mit Achtercharakteristik.

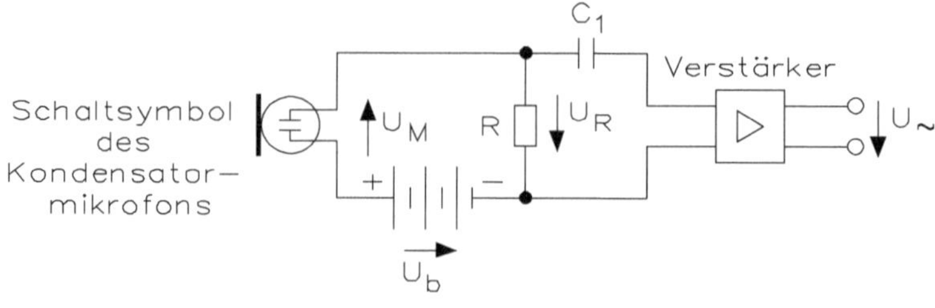

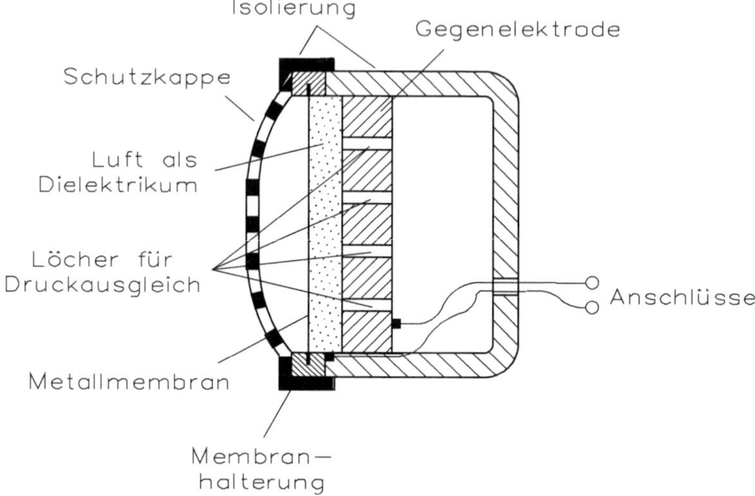

Abb. 5.21 Schnitt durch ein Kondensatormikrofon und der Anschluss in einer NF-Schaltung (Übertragungsmaß)

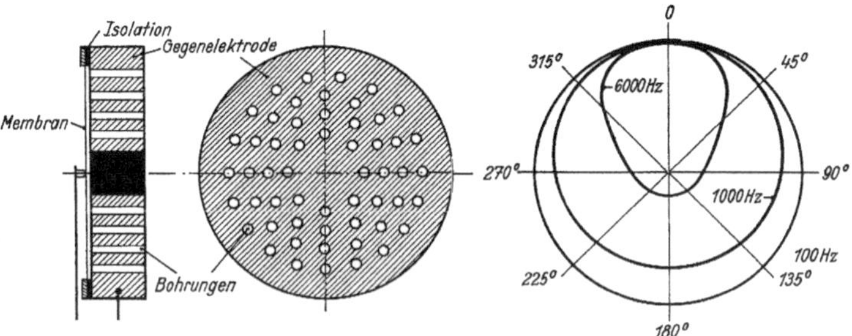

Abb. 5.22 Ansicht eines Kondensatormikrofons mit Achtercharakteristik

In der Mikrofontechnik spielt der Richtfaktor eine wichtige Rolle. Die Richtcharakteristik ist – von wenigen Ausnahmen abgesehen – frequenzabhängig. Bei Mikrofonen, die unmittelbar auf Schalldrücke ansprechen, erhält man eine kreis- bzw. kugelförmige Charakteristik, vorausgesetzt die Abmessungen der Membran, bzw. des eigentlichen Systems sind nicht zu groß. In allen Fällen werden die senkrecht zur Membran auftreffenden Schallwellen bevorzugt aufgenommen. Abb. 5.22 zeigt die Richtwirkungskurve eines Mikrofons, aufgetragen für drei verschiedene Frequenzen. Wenn beide Seiten der Membran dem Schallfeld ausgesetzt sind, wie z. B. bei dem Kondensatormikrofon nach Abb. 5.22, bei dem die Gegenelektrode und ihre Unterlage durchbohrt sind, ergibt sich eine Achtercharakteristik. Die Form einer Kardioide in (Herzformcharakteristik) ergibt sich z. B. bei dem Kondensatormikrofon eine einseitige Richtkurve. Jedenfalls hat man es durch konstruktive Maßnahmen in der Hand, die gewünschten Richtwirkungen zu erzielen.

Nachteilig ist der relativ hohe Preis, die Notwendigkeit einer Hilfsspannung, sowie der sehr große Innenwiderstand. Dieser bedingt eine hohe Störempfindlichkeit, weshalb der nachgeschaltete Verstärker meist in die Mikrofonkapsel miteingebaut wird. Aufgrund des hervorragenden Übertragungsverhaltens werden Kondensatormikrofone außer für hochwertige Studioaufnahmen auch für Schallmessungen in Messgeräten eingesetzt.

5.8 Elektret-Kondensatormikrofon

Das Elektret-Kondensatormikrofon ist eine Sonderform mit einer metallisierten Elektretmembran. Was ist ein Elektret? Ein herkömmlicher Dauermagnet besteht aus magnetischen Dipolen (Molekularmagnet), die ausgerichtet sind in eine Nord- und Südrichtung. Aus diesen magnetischen Dipolen entsteht ein konstantes Magnetfeld. Elektret ist die Umkehrung des Magnetismus und arbeitet nach dem elektrostatischen Prinzip. Elektret hat elektrische Dipole (Ionenverbindungen) und die Dipole werden „eingefroren“. Elektrete sind Stoffe, die ein ständiges elektrisches Feld erzeugen und dieses vorhandene elektrische Feld ist mit dem konstanten Magnetfeld eines Dauermagneten vergleichbar. Abb. 5.23 zeigt den Querschnitt eines Elektret-Kondensatormikrofons.

Statt der Metallmembran eines Kondensatormikrofons verwendet man eine Elektret-Membran und so kann auf die Hilfsspannungsquelle verzichtet werden. Der einwirkende Schall ändert den Plattenabstand a des ständig geladenen Kondensators, welcher aus der Elektretmembran und der metallischen Gegenelektrode gebildet wird. Die Ladung der Elektretmembran ist konstant, sodass die Wechselspannung mit dem Effektivwert U_{NF} wie beim Kondensatormikrofon praktisch nur von der Kapazitätsänderung abhängig ist. Vorteilhaft bei Elektret-Kondensatormikrofonen sind der mögliche Betrieb ohne Hilfsspannungsquelle, der günstige Preis, die kompakte, kleine Bauweise sowie die guten Übertragungseigenschaften. Die Elektret-Kondensatormikrofone werden für Studio- und als Messmikrofone eingesetzt, wie Abb. 5.24 zeigt.

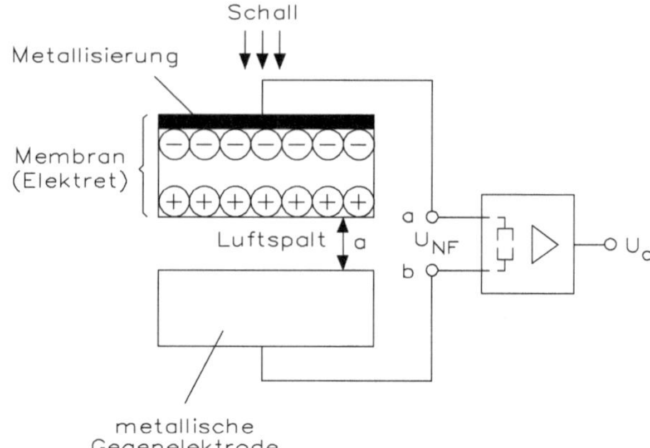

Abb. 5.23 Querschnitt durch ein Elektret-Kondensatormikrofon

Abb. 5.24 Ansicht eines Elektretmikrofons

Das normale Kondensatormikrofon benötigt für die Kondensatorkapsel eine Ladevorspannung von etwa 150 V, damit durch den Widerstand *R* der erforderliche Lade- und Entladestrom fließen kann. Das Elektretmikrofon benötigt diese Spannungsquelle nicht. Die Membran dieses Mikrofons besteht aus einer Kunststofffolie, die mit einer Elektretschicht bedampft ist. Im Prinzip ist diese Elektretschicht ein Dielektrikum, das geschmolzen und danach in einem starken elektrischen Feld wieder zur Erstarrung gebracht wurde. Dabei wird die im Feld erzeugte Polarisation sozusagen eingefroren und bleibt für lange Zeit erhalten. Diesen Effekt kann man in etwa mit dem Magnetisieren eines Eisenstabs vergleichen.

Unverändert erforderlich bleibt auch beim Elektretmikrofon der nachfolgende Verstärker, er benötigt jedoch nur noch eine Spannung von etwa 1,5 V und wird entweder durch eine im Mikrofongehäuse eingesetzte 1,5-V-Mignonzelle oder aus dem nachfolgenden Verstärker gespeist. Bei dem geringen Stromverbrauch des Verstärkers hat die Batterie eine Lebensdauer von etwa einem Jahr und braucht deshalb nicht abgeschaltet zu werden.

5.9 Druck- und Druckdifferenzmikrofone

Bezüglich der Richtcharakteristik muss man sich zunächst mit zwei grundsätzlich verschiedenen Systemen vertraut machen:

- Druckmikrofon
- Druckdifferenzmikrofon

Bei diesem Druckmikrofon ist die Rückseite völlig geschlossen, sodass die Luftschwingungen die Membran nur an der Vorderseite treffen (Abb. 5.25). Die Membranschwingungen werden daher ausschließlich von den an der Vorderseite herrschenden Schalldruckänderungen beeinflusst und daher die Bezeichnung Druckmikrofon.

In diesem Zusammenhang erscheint es angebracht, darauf hinzuweisen, dass eine Schallwelle überall im Raum (infolge von Rückwürfen) einen Schalldruck verursacht, und zwar unabhängig von ihrer Position in diesem Raum. Ein an der Rückseite des Mikrofons erzeugter Ton übt auch an der Vorderseite, also auf die Membran des Mikrofons, einen bestimmten Schalldruck aus. Das Druckmikrofon ist also allseitig empfindlich. Es reagiert auf die Stimme eines Sprechers, der sich vor dem Mikrofon befindet, in gleicher Weise wie auf den Umgebungsschall des Publikums, auf Nachhall, Echos usw.

Die Richtungsempfindlichkeit wird in einem sogenannten Polardiagramm oder auch Richtdiagramm dargestellt, wie Abb. 5.26 zeigt. Man geht hierbei von einem Koordinatensystem aus, dessen Achsen senkrecht zueinander stehen, wobei der Achsenschnittpunkt zugleich Mittelpunkt einiger konzentrisch und in regelmäßigem Abstand voneinander liegender Kreise ist. Der Abstand jedes Kreises vom Mittelpunkt, d. h. der Radius, ist ein Maß für die vom Mikrofon abgegebene Spannung. Man ordnet nun das Mikrofon im Mittelpunkt an und lassen Schallwellen aus verschiedenen Richtungen, jedoch in konstanter Stärke, in das Mikrofon einfallen. Die von Fall zu Fall auftretende Spannung wird im Polardiagramm aufgetragen. Verbindet man die einzelnen Spannungswerte miteinander, so entsteht eine annähernd kreisförmige Linie. Das Druckmikrofon ist also offenbar nicht richtungsempfindlich, man spricht daher auch von einem allseitig empfindlichen Mikrofon oder von einem Typ mit kugelförmiger Richtcharakteristik.

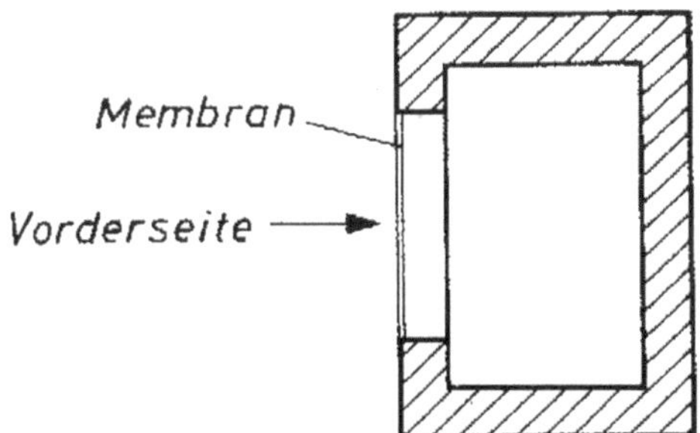

Abb. 5.25 Das Druckmikrofon hat nur an der Vorderseite eine Öffnung

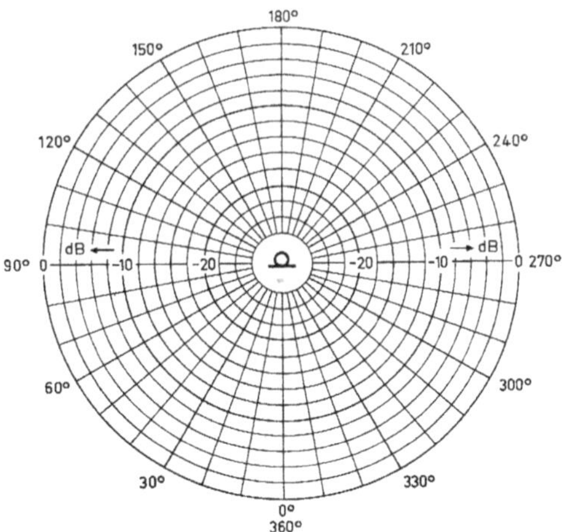

Abb. 5.26 Polar- oder auch Richtdiagramm

Da die Richtkennlinie des Druckmikrofons im Prinzip kreisförmig ist, wird sie einfachheitshalber nicht in die Datenblätter aufgenommen. Es sei jedoch erwähnt, dass die Kennlinie für hohe Frequenzen stark von der Kreisform abweichen kann.

Bei den Druckdifferenz- oder Druckgradientmikrofonen können die Schallschwingungen das druckempfindliche Element (d. h. die Membran einschließlich der Spule) sowohl an der Vorderseite als auch an der Rückseite beeinflussen, wie Abb. 5.27 zeigt.

Der Gesamteinfluss auf die Membran hängt von der Differenz der auf die Vorder- und Rückseite der Membran ausgeübten Drücke ab. Dies erklärt die Bezeichnung Druckdifferenzmikrofon. Manchmal wird auch die Bezeichnung Druckgradientmikrofon verwendet, d. h. das Druckgradientmikrofon ist mit dem Druckdifferenzmikrofon identisch.

Untersucht man auch bei diesem Mikrofon die abgegebene Spannung als Funktion des Schalleinfallwinkels, und zwar bei konstantem Schalldruck, so zeigt sich folgendes: Befindet sich die Schallquelle in der gleichen Ebene wie die Membran (90° und 270°-Positionen in Abb. 5.28), so entstehen an der Vorder- und Rückseite der Membran gleiche Drücke. Diese Drücke wirken einander entgegen und heben sich auf; in diesem Fall tritt also keine Membranbewegung und somit keine Ausgangsspannung auf.

Eine Schallquelle, die sich genau vor der Membran befindet (also in der Position 0°, Abb. 5.29), wird zwar auch einen gewissen Druck an der Rückseite der Membran bewirken, doch überwiegt der an der Vorderseite herrschende Druck in so starkem Maße, dass sich eine maximale Druckdifferenz ergibt, wobei eine bestimmte Spannung, z. B. 1 mV, entsteht. Das gleiche gilt für eine Schallquelle in der Position 180°, wenn auch mit entgegengesetzter Wirkung.

Für eine Schallquelle, die schräg zur Membranebene angeordnet ist, wird die Sache etwas komplizierter. Für die Membranbewegung zählt nämlich ausschließlich der senkrecht zur Membranebene wirkende Druck. Bei schrägem Druckeinfall auf die Membran kommt also nur ein Teil dieses Drucks zur Wirkung, dieser Teil ist umso kleiner, je kleiner der Winkel zwischen Druckrichtung und Membran ist. Zur Verdeutlichung dieser Erscheinung

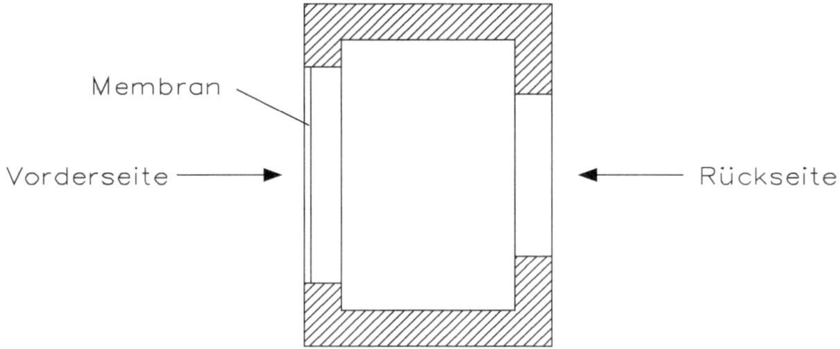

Abb. 5.27 Das Druckdifferenzmikrofon hat an der Vorderseite und an der Rückseite Öffnungen

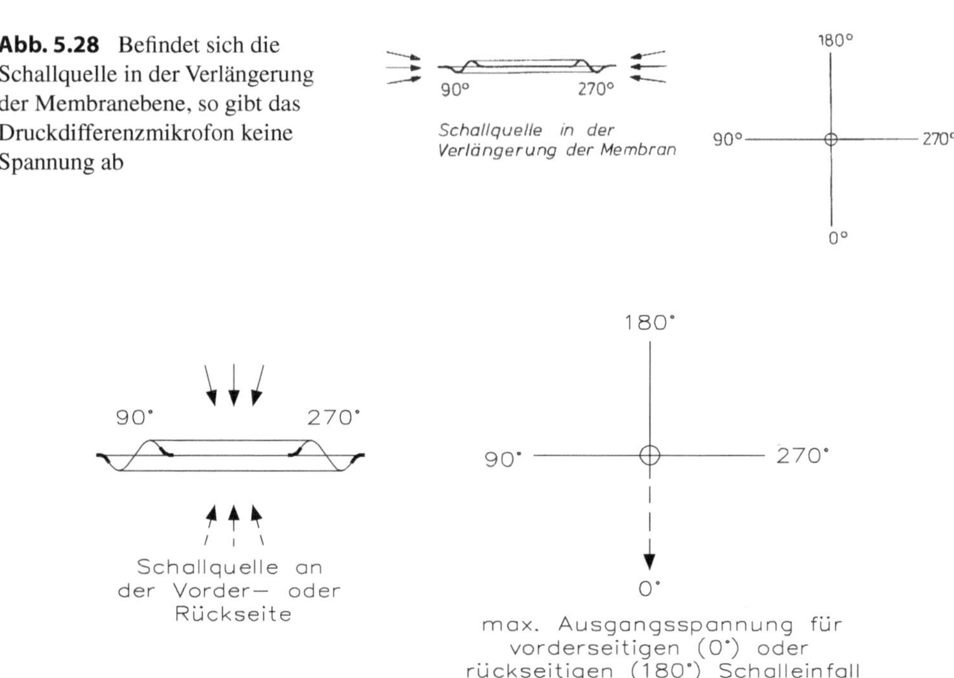

Abb. 5.28 Befindet sich die Schallquelle in der Verlängerung der Membranebene, so gibt das Druckdifferenzmikrofon keine Spannung ab

Abb. 5.29 Befindet sich die Schallquelle genau vor bzw. hinter der Membran, so gibt das Druckdifferenzmikrofon maximale Spannung ab

sind in Abb. 5.30 zwei Situationen dargestellt. In dieser Zeichnung stellt die Linie AB den Schalldruck dar, der die Membran unter einem Winkel α trifft. Die tatsächlich auf die Membran einwirkende Kraft ist durch die Linie AB angegeben. Diese Kraft ist kleiner als die durch OB angegebene ursprüngliche Kraft. Mit kleiner werdendem Einfallswinkel des Schalldrucks verringert sich auch der wirksame Druck. So hat sich für den Winkel β der effektive Schalldruck auf A′B′ verringert.

Auf diese Weise kann man für jede Position der Schallquelle, bezogen auf das Mikrofon, den Spannungswert im Richtdiagramm auftragen: es entsteht dann eine 8-förmige Richtkennlinie nach Abb. 5.31. Diese Darstellung lässt deutlich eine bestimmte Richtungsempfindlichkeit des Mikrofons erkennen, nämlich: maximale Empfindlichkeit an der Vorder- und Rückseite, „tote Zone" in der Querebene.

Abb. 5.30 Bei schräg zur Membranebene angeordneter Schallquelle kommt nur der senkrecht zur Membran gerichtete Druck zur Wirkung

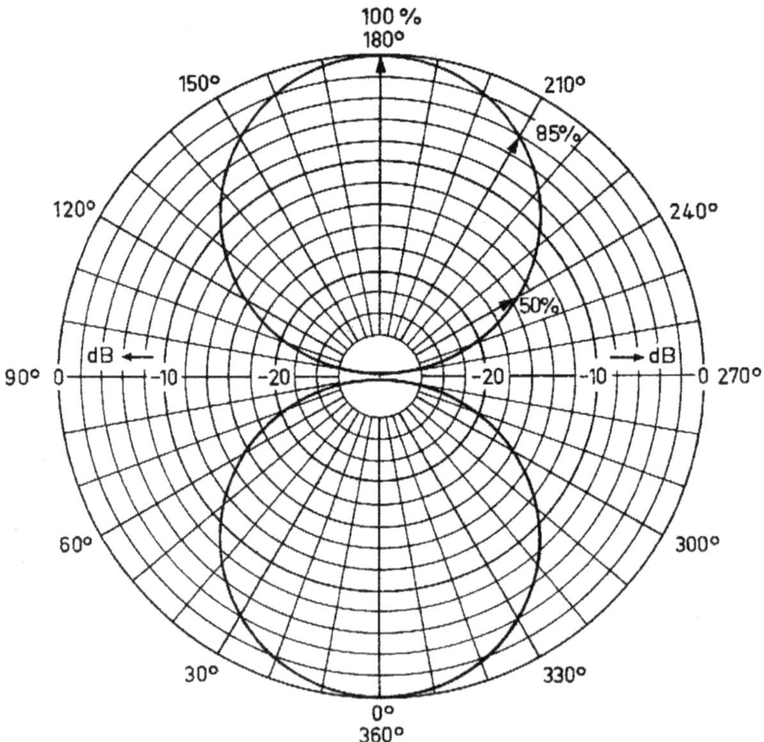

Abb. 5.31 8-förmige Richtkennlinie eines Druckdifferenzmikrofons

Eine bedeutende Erweiterung (sprich Verbesserung) des Richteffektes erhält man, wenn man ein Druckmikrofon mit einem Druckdifferenzmikrofon kombiniert, wie Abb. 5.32 zeigt.

Bei dieser Schaltung kann man mithilfe der Potentiometer R_1 und R_2 den Beitrag jedes Mikrofons zur Gesamtspannung einstellen. Wählt man z. B. die Kombination „50 % Druckmikrofon + 50 % Druckdifferenzmikrofon", so entsteht bei richtiger Phasenlage der Spannungen eine Richtcharakteristik gemäß Abb. 5.33. Man sieht, dass die Richtungsempfindlichkeit bedeutend verbessert ist – es könnte jetzt sogar von einer „einseitigen Richtungsempfindlichkeit" gesprochen werden.

Die Kombination zweier Mikrofone ist naturgemäß recht kostspielig, sodass sie in dieser Form nicht angewandt wird. Den gleichen Effekt kann man mit einem Druckdifferenzmikrofon erreichen, dessen Rückseite mit einem sogenannten akustischen Filter versehen ist (Abb. 5.34). Hat dieses Filter einen hohen akustischen Widerstand (kleine Öffnung, Abb. 5.34a), so überwiegt der Charakter des Druckmikrofons. Hat das Filter einen niedrigen akustischen Widerstand (große Öffnung, Abb. 5.34b), so gewinnt das Druckdifferenzprinzip mehr Einfluss, und es entsteht eine erhöhte Richtungsempfindlichkeit.

Wie bereits erwähnt, kommt das Diagramm durch eine bestimmte akustische Ausgestaltung des Filters zustande; in diesem Fall wirkt das Mikrofon zu 50 % allseitig und zu 50 % zweiseitig. Da diese Charakteristik mehr oder weniger herzförmig ist, spricht man auch von einem Kardioidmikrofon oder auch Nierenmikrofon.

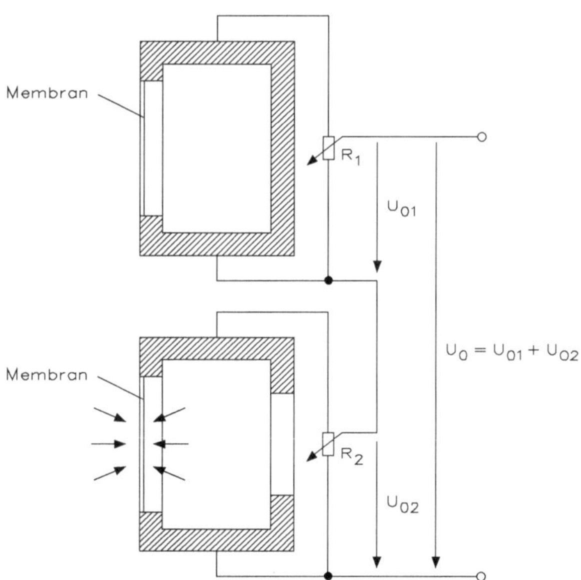

Abb. 5.32 Kombination zweier Druckmikrofone zu einem Druckdifferenzmikrofon

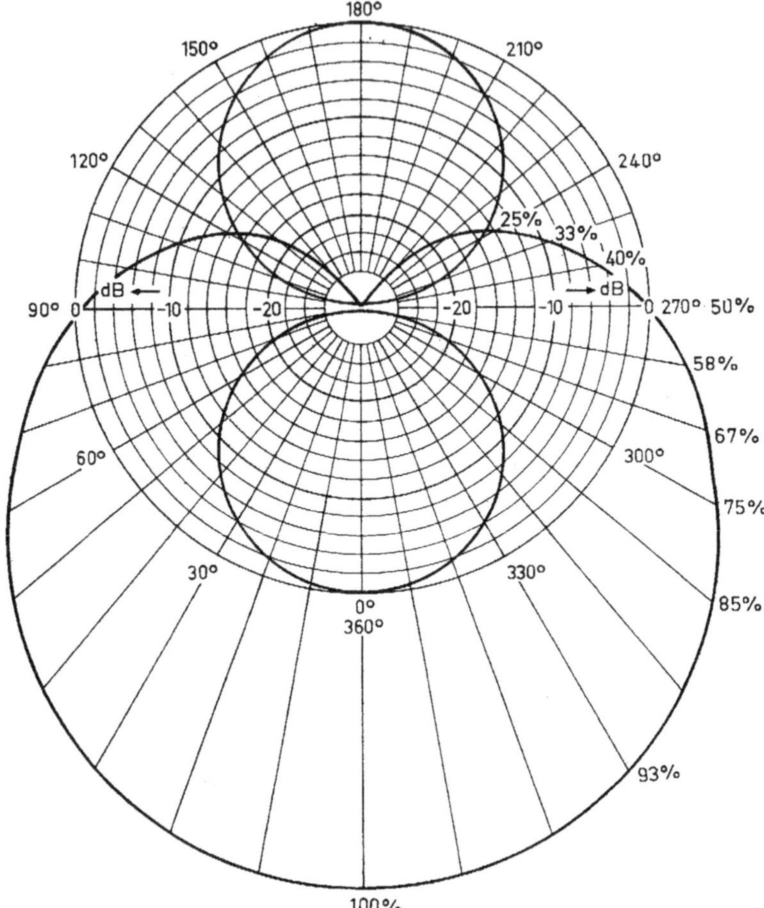

Abb. 5.33 Richtkennlinie bei Kombination eines Druckmikrofons mit einem Druckdifferenzmikrofon

5.10 Richtmikrofone

Zur Erzielung eines sehr ausgeprägten Richteffektes benutzt man auch folgende Sonderkonstruktionen:

- Das Richtrohrmikrofon (gunmicrophone) besteht im Wesentlichen aus einem langen Rohr, zum Teil mit Querschlitzen verschiedener Länge. Am Ende des Rohres befindet sich ein Parabolspiegel, in dessen Brennpunkt ein Kardioidmikrofon angeordnet ist, wie Abb. 5.35 zeigt. Derartige Richtrohre können bis zu 2 m lang sein und sind manchmal sogar mit Kimme und Korn ausgestattet.

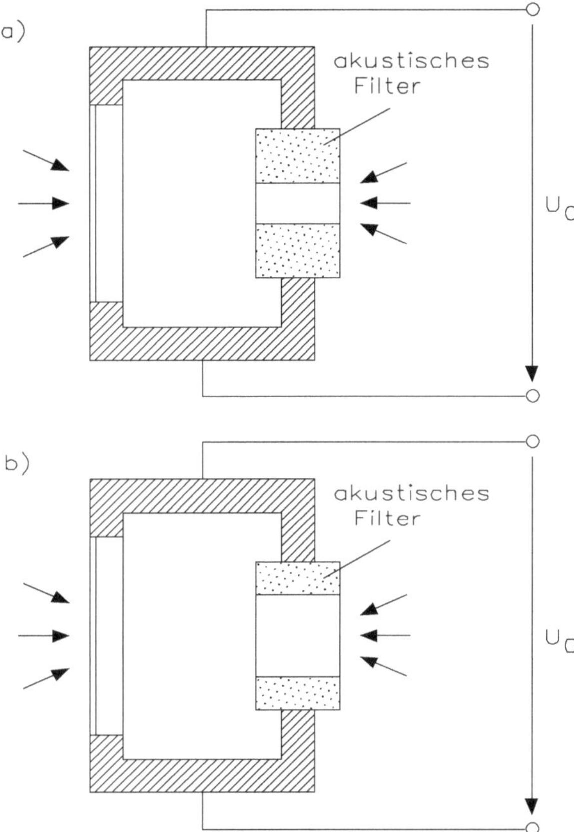

Abb. 5.34 Druckdifferenzmikrofon mit akustischem Filter in der rückseitigen Öffnung. Je nach Ausgestaltung des Filters kann der akustische Widerstand hoch (**a**) oder niedrig (**b**) sein

- Verwendung zweier Kardioidmikrofonsysteme, die derart geschaltet sind, dass sich ihre Richtdiagramme addieren. Man bezeichnet eine solche Kombination als Kardioidmikrofon zweiten Grades, wie Abb. 5.36 zeigt.

5.11 Lavalier-Mikrofon

Dieser Typ ist speziell für Sprachwiedergabe vorgesehen. Um dem Sprecher eine größere Bewegungsfreiheit zu geben, sind die Abmessungen und das Gewicht besonders klein gehalten. Daher eignet sich dieses Mikrofon besonders für Konferenzen, Interviews und dergleichen. Dank seiner schlanken Form kann das Mikrofon ohne jede Behinderung des Sprechers auf der Brust hängend getragen werden. Die Aufnahme-Empfindlichkeit für

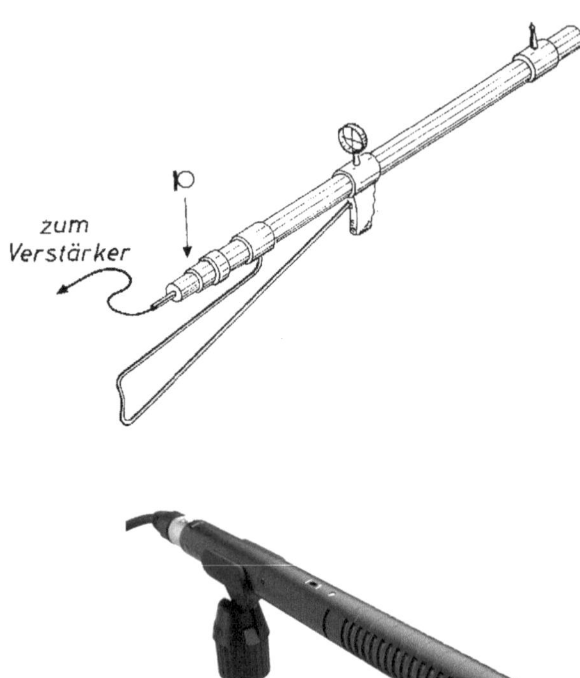

Abb. 5.35 Aufbau eines Richtrohrmikrofons

Abb. 5.36 Ansicht eines Richtrohrmikrofons

hohe Frequenzen ist bei diesem Mikrofontyp besonders ausgeprägt,. um die Hochtonverluste durch die Absorption der Kleidung zu kompensieren.

Bei sehr starkem Umgebungsgeräusch fängt ein Mikrofon so viel unerwünschten Störschall auf, dass die Sprachverständlichkeit leidet. In einem solchen Fall ist ein geräuschkompensiertes Mikrofon am Platze. Es handelt sich dabei im Prinzip um ein Kardioidmikrofon, bei dem der Frequenzgang zu den tiefen Frequenzen hin sehr stark beschnitten ist. Umgebungsstörgeräusche liegen meist auf diesem niedrigen Frequenzgebiet, sodass diese vom Mikrofon nur noch in ganz geringem Maße aufgenommen werden.

Die Sprachverständlichkeit wird durch diese starke Beschneidung der Tiefen nicht beeinträchtigt, da ein Kardioidmikrofon die Eigenschaft hat, bei Nahbesprechung (etwa 5 cm) die Tiefen stark überzubetonen. Der Sprachfrequenzgang ist dadurch wieder nahezu geradlinig. Man bezeichnet diese Mikrofone daher auch häufig als Nahbesprechungsmikrofone.

5.12 Drahtloses Mikrofon

Soll dem Sprecher oder Sänger noch mehr Bewegungsfreiheit geboten werden als es das Lavalier-Mikrofon zulässt, so ist das drahtlose Mikrofon am Platze. Ein solches Mikrofon ist mit einem kleinen Sender kombiniert, der in der Tasche getragen wird oder in das Mikrofongehäuse eingebaut ist. Ein hinter der Bühne oder hinter dem Podium aufgestellter, auf die Senderfrequenz abgestimmter Empfänger, demoduliert das aufgenommene Hochfrequenzsignal und gibt die Tonfrequenz an die Verstärkeranlage weiter. Der Vorteil dieses Systems besteht darin, dass der Sprecher bzw. Sänger durch keine Mikrofonleitung behindert wird und sich frei auf dem Podium bewegen kann, wie Abb. 5.37 zeigt.

5.13 Parabolmikrofon

Bei dieser Anordnung befindet sich das Mikrofon im Brennpunkt eines Parabolspiegels. Selbstverständlich ist die empfindliche Seite des Mikrofons dem Spiegel zugewandt, wie Abb. 5.38 zeigt. Der Parabolspiegel reflektiert und konzentriert die aus großer Entfernung einfallenden Schallwellen auf die Mikrofonmembran. Damit wird erreicht, dass man Schall aus sehr großer Entfernung auffangen kann, während das Mikrofon für Umgebungsgeräusche weitgehend unempfindlich ist. In der Regel wird hierfür ein Lavalier-Mikrofon eingesetzt. Nur bei besonderen akustischen Bedingungen wählt man ein Kardioidmikrofon mit Richtcharakteristik.

Abb. 5.39 zeigt die Ansicht eines Parabolmikrofons.

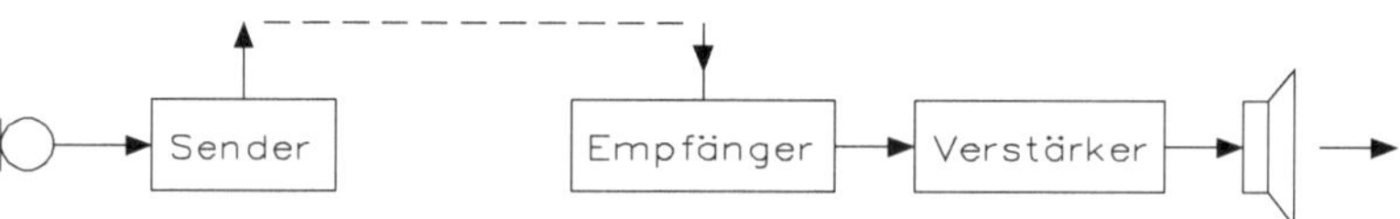

Abb. 5.37 Aufbau einer drahtlosen Mikrofonanlage

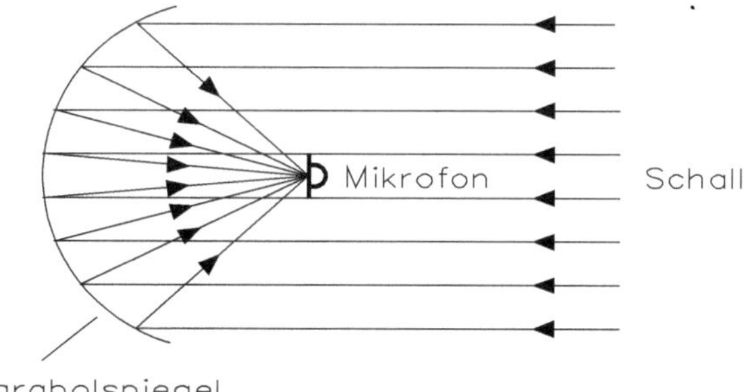

Abb. 5.38 Beim Parabolmikrofon befindet sich das Mikrofon im Brennpunkt eines Parabolspiegels, wobei die empfindliche Seite des Mikrofons dem Spiegel zugewandt ist

Abb. 5.39 Ansicht eines Parabolmikrofons

5.14 Verbindungen von Mikrofonen zu den Vorverstärkern

Für den Studiobetrieb, aber auch für längere Leitungen, verwendet man die störfreie Übertragung nach Abb. 5.40.

Für die Übertragung wird eine abgeschirmte Leitung (Koaxialkabel) verwendet. Als Bezeichnung wird folgendes Beispiel gewählt:

Bei einen Koaxialkabel handelt es sich um radialhomogene Strömungsfelder. Der zwischen Innenleiter (Seele) und Außenleiter (metallisches Schirmgeflecht) eines Koaxialkabels quer durch die Isolierung fließende Strom I bildet ein inhomogenes Strömungsfeld. Die vom Strom durchsetzten Flächen weisen die Form von Zylindermänteln der Oberfläche $A = 2 \cdot r \cdot 1$ auf. Der Betrag der Stromdichte J ergibt sich aus

$$\mathrm{J} = \mathrm{I}/\mathrm{A}$$

Die Stromdichte J nimmt von innen nach außen mit zunehmendem Achsabstand r ab.

Für den unsymmetrischen Anschluss gibt es zwei Variationen, wie Abb. 5.41 zeigt. Die Schaltungen werden hauptsächlich für Tauchspulmikrofone eingesetzt. Die linke Schaltung eignet sich für störungsfreie Übertragungen, wenn die Leiterlängen nicht sehr lang (<5 m) sind und arbeitet als Standardleitung. Die rechte Schaltung setzt man für hochohmige Mikrofone ein und wenn Leiterlängen über 10 m vorhanden sind.

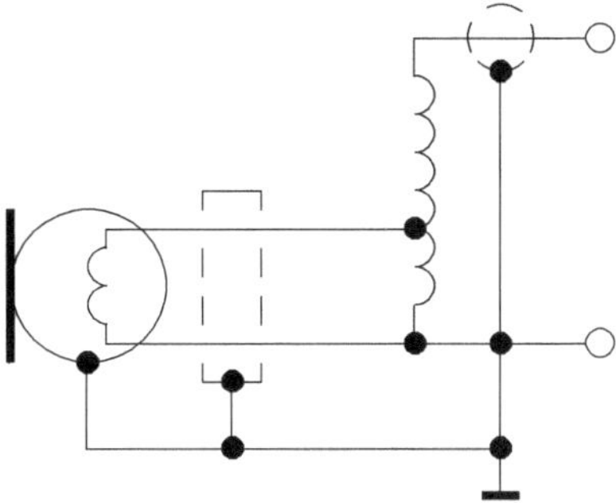

Abb. 5.40 Symmetrischer Anschluss des Mikrofons für den Studiobetrieb

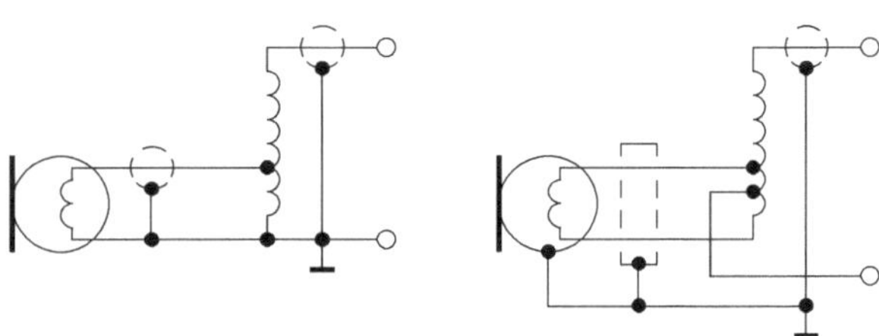

Abb. 5.41 Unsymmetrischer Anschluss des Mikrofons für den Studiobetrieb

Kleinsignalvorverstärker

6

Bei der Klassifizierung von Verstärkern unterscheidet man zwischen folgenden Kriterien:

- Signalart: Je nachdem, welche Art eines Signals verstärkt wird, kennt man Spannungs-, Strom- und Leistungsverstärker.
- Frequenz: In Abhängigkeit von der Amplitude der verstärkbaren Frequenz unterteilt man in Gleichspannungs-, Differenz-, Niederfrequenz- (NF) und Hochfrequenzverstärker (HF).
- Bandbreite: Je nachdem, wie groß der zu verstärkende Frequenzbereich ist, spricht man von Breitband-, Schmalband- und Selektivverstärkern.
- Aussteuerbereich: Bezüglich der Signalgröße bei der An- und Aussteuerung differenziert man zwischen Klein- und Großsignalverstärkern. Als Kleinsignalverstärker definiert man Leistungen bis zu 1 W, darüber als Großsignalverstärker.
- Aufbau: Je nach Art der Realisierung erhält man diskrete, hybride oder integrierte Verstärker.

6.1 Kenndaten von Verstärkern

Um das Verhalten von Verstärkern zu beschreiben gibt es verschiedene Kenngrößen und von diesen werden nur die wichtigsten behandelt.

H. Bernstein, *Elektroakustik,* https://doi.org/10.1007/978-3-658-25174-1_6

6.1.1 Verstärkungsfaktor, Verstärkungsmaß und Leerlaufverstärkung

Die Begriffe Verstärkungsfaktor, Verstärkungsmaß und Leerlaufverstärkung gelten für die Nachrichtentechnik, werden aber auch für allgemeine Verstärker verwendet, wenn man diese als Vierpol betrachtet.

Für einen Wechselspannungsverstärker gilt der Vierpol von Abb. 6.1. Anstelle der Indizes „1" und „2" sind auch „e" bzw. „E" sowie „a" bzw. „A" für die Kennzeichnung der Eingangs- und Ausgangssignale üblich. Gemäß den Ausführungen der Verstärkertechnik spricht man im Allgemeinen von einer Verstärkung, wenn das Ausgangssignal größer als das Eingangssignal ist. Eine Dämpfung (in der Praxis meistens eine Schaltung mit passiven Bauelementen) liegt vor, wenn das Eingangssignal größer als das Ausgangssignal ist. Der Verstärkungsfaktor ist gleich dem Verhältnis zwischen Ausgangs- und Eingangsgröße, während das in Dezibel (dB) angegebene Verstärkungsmaß als dessen 20-facher (bei Spannungen und Strömen) bzw. 10-facher (bei Leistungen) dekadischer Logarithmus definiert ist. Der Dämpfungsfaktor ist gleich dem Verhältnis zwischen Ausgangs- und Eingangsgröße, während das in dB angegebene Dämpfungsmaß als dessen 20-facher (bei Spannungen und Strömen) bzw. 10-facher (bei Leistungen) dekadischer Logarithmus definiert ist. Bezogen auf Abb. 6.1 ist der Spannungsverstärkungsfaktor V_U bzw. das Spannungsverstärkungsmaß v_U.

$$V_\mathrm{U} = \frac{U_2}{U_1} \quad v_\mathrm{U}[\mathrm{dB}] = 20 \cdot \log\left(\frac{U_2}{U_1}\right)$$

Für Ströme und Leistungen gilt

$$V_\mathrm{I} = \frac{I_2}{I_1} \quad v_\mathrm{I}[\mathrm{dB}] = 20 \cdot \log\left(\frac{I_2}{I_1}\right)$$

$$V_\mathrm{P} = \frac{P_2}{P_1} \quad v_\mathrm{P}[\mathrm{dB}] = 10 \cdot \log\left(\frac{P_2}{P_1}\right)$$

Der Leistungsverstärkungsfaktor kann auch berechnet werden nach

$$V_\mathrm{P} = V_\mathrm{U} \cdot V_\mathrm{I}$$

Von besonderer Bedeutung bei den Operationsverstärkern ist die Leerlaufverstärkung v_0. Die Leerlaufverstärkung gilt nur für den unbelasteten Fall.

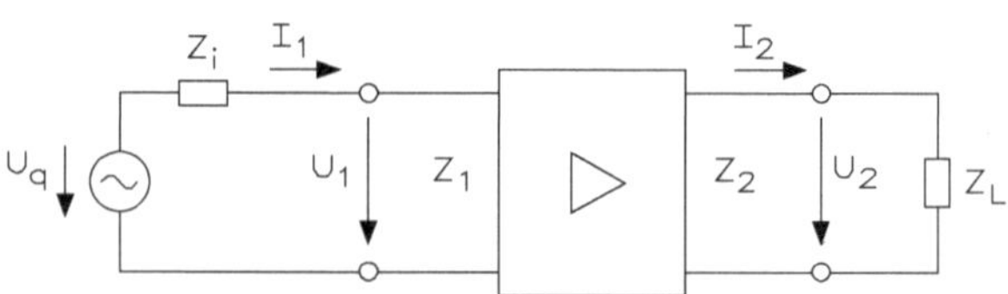

Abb. 6.1 Verstärker als Vierpol mit den Ein- und Ausgangsgrößen

Infolge interner Kapazitäten bei den aktiven Verstärkereinheiten (Transistoren bzw. Operationsverstärker) sowie deren Beschaltung mit frequenzabhängigen Bauelementen (Kondensator bzw. Spule) ergibt sich nicht nur ein frequenzabhängiger Eingangs- bzw. Ausgangswiderstand, sondern die Verstärkung jeder einzelnen Schaltung wird frequenzabhängig. Der Betrag dieser Bauelemente stellt jeweils die entsprechende Impedanz Z_1 und Z_2 für den Ein- und Ausgang dar. Die Kenntnis beider Größen ist für die signalmäßige Kopplung von mehreren Verstärkerstufen wichtig, da sie in der Audiotechnik bei der Anpassung eine entscheidende Rolle spielt. Die Eingangsimpedanz Z_1 stellt außerdem die Belastung der Signalquelle dar und ist maßgebend für die aufgenommene Steuerleistung des Verstärkers. Während die Eingangsimpedanz Z_1 bei Verstärkern mit FET- und MOSFET-Transistoren sowie Operationsverstärkern üblicherweise sehr hoch ist (geringe Belastung der Signalquelle) kann bei Transistorverstärkern infolge des relativ geringen statischen bzw. dynamischen Eingangswiderstands die Signalquelle deutlich höher belastet werden. Die Ausgangsimpedanz Z_2 ist bezüglich der an einen Lastwiderstand Z_L abgegebenen Verstärkerleistung von Bedeutung.

Der Verstärkungsfaktor bzw. das Verstärkungsmaß eines idealen Verstärkers ist von der Frequenz unabhängig, d. h. alle Frequenzen von $f = 0$ Hz (Gleichspannung) bis $f = \infty$ Hz (praktisch im GHz-Bereich) würden gleich groß und ohne Verzerrungen verstärkt werden. Ebenso wie die Dämpfung bei den Filtern, ist aber die Verstärkung eines realen Verstärkers frequenzabhängig. Ursache hierfür ist zum einen die Beschaltung des aktiven Verstärkerbauelementes mit frequenzabhängigen Bauelementen und zum anderen das aktive Verstärkerelement selbst. Der Frequenzgang gibt die Abhängigkeit des Verstärkungsfaktors bzw. des Verstärkermaßes von der Frequenz an. Häufig wird die Frequenzabhängigkeit der Amplitude und des Phasenwinkels (Bode-Plotter oder Bode-Diagramm) getrennt dargestellt und man spricht von Amplitudengang bzw. Phasengang. In der Praxis wird dennoch oftmals bei einer bloßen Betrachtung der Amplituden einfach vom Frequenzgang gesprochen und dies liegt auch daran, dass bei gewissen Frequenzwerten, wie z. B. den Grenzfrequenzen, der Amplitudengang der Phasenlage bekannt ist. Bei Wechselspannungsverstärkern ist meist der Amplitudengang der Ausgangsspannung von Interesse. Abb. 6.2 zeigt den Amplitudengang eines NF-Verstärkers.

Ebenso ist die normierte Form nach Abb. 6.3 üblich, wobei der Verstärkungsfaktor V auf die Leerlaufverstärkung v_0 bezogen wird.

Bei der unteren Grenzfrequenz f_{gu} sowie der oberen Grenzfrequenz f_{go} ist die Verstärkung V um $1/\sqrt{2} = 0{,}707$ geringer, d. h. um 70,7 % kleiner als die Leerlaufverstärkung v_0, also $V = 0{,}707 \cdot v_0$. Dies entspricht einer Dämpfung von

$$a = 20 \cdot \log \left(\frac{0{,}707 \cdot v_0}{v_0} \right) \approx -3\,\mathrm{dB}$$

Als Arbeitsbereich oder Übertragungsbereich eines Verstärkers wird der Frequenzabschnitt zwischen den beiden Grenzfrequenzen festgelegt, deren Differenz wie bei den Schwingkreisen bzw. Filtern als Bandbreite Δf (früher: b) bezeichnet wird.

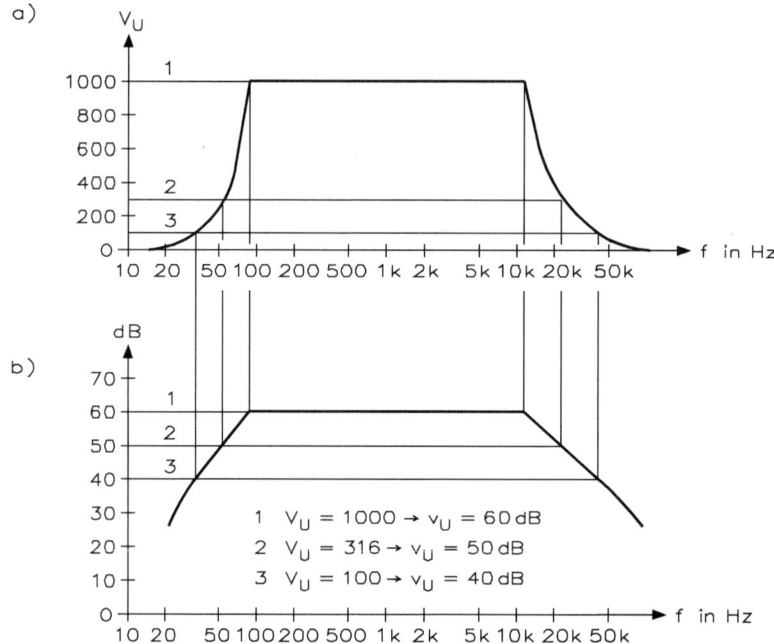

Abb. 6.2 Amplitudengang eines NF-Verstärkers. **a** Einfache Darstellung, **b** doppelt-logarithmische Darstellung

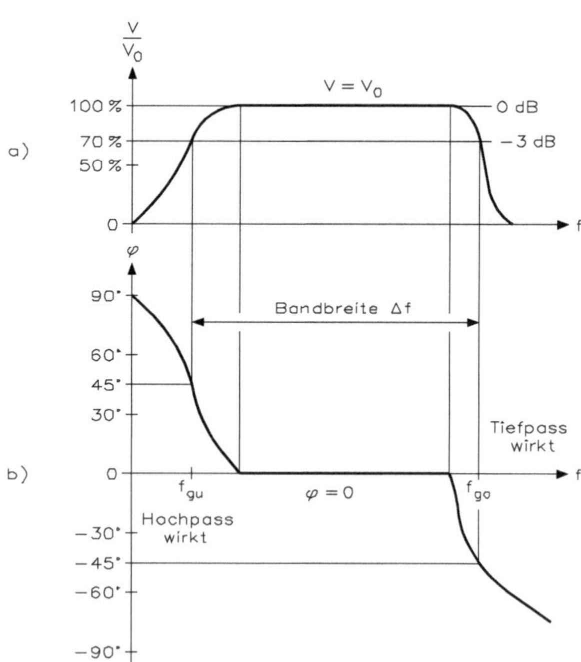

Abb. 6.3 Amplitudengang eines NF-Verstärkers. **a** Normierte Darstellung, **b** normierte Darstellung des Phasengangs

$$\Delta f = f_{go} - f_{gu}$$

Der Phasengang steht eng im Zusammenhang mit dem Amplitudengang. Ist die Verstärkung konstant, so gilt dies weitgehend auch für die Phasenverschiebung zwischen Aus- und Eingangssignal. Eine Änderung der Verstärkung bewirkt ebenfalls eine Änderung der Phasenlage. Bei den Frequenzen beträgt die durch die Verringerung der Verstärkung hervorgerufene zusätzliche Phasenverschiebung +45° (Hochpasswirkung) bei f_{gu} bzw. −45° (Tiefpasswirkung) bei f_{go}.

Bei den Grenzfrequenzen ist die Verstärkung gegenüber ihrem Maximalwert um den Faktor 0,707 (−3 dB) geringer. Außerdem ist das Ausgangssignal gegenüber dem Eingangssignal um zusätzlich ±45° phasenverschoben. Der Arbeitsbereich eines Verstärkers liegt zwischen den beiden Grenzfrequenzen, deren Differenz als Bandbreite Af bezeichnet wird.

6.1.2 Rausch- und Störabstand

Neben der Signalspannung erscheinen am Ausgang eines Nachrichtenübertragungssystems auch eine Reihe unerwünschter Störsignale. Diese treten jedoch statistisch auf und werden allgemein als Rauschen bezeichnet. Das Rauschen wird einerseits in aktiven und passiven Bauteilen (Transistoren, Widerstände usw.) verursacht, gelangt andererseits aber auch über Signalleitungen (z. B. durch einen Sender oder ein Handy) in den Übertragungsweg. Die Netzstromversorgung verursacht ebenfalls Störspannungen mit einer Frequenz von 50 Hz bei der Einweggleichrichtung und 100 Hz bei der Brückengleichrichtung, welche als Brummspannung bezeichnet wird und im engeren Sinne nicht dem Rauschen zuzuordnen ist.

Ein Kriterium zur Unterscheidung der Rauscharten ist das Amplitudenspektrum. Im zeitlichen Verlauf des sogenannten weißen Rauschens sind alle Frequenzen (von der untersten Grenzfrequenz $f_{gu} = 0$ Hz bis zur höchsten Grenzfrequenz $f_{go} = \infty$ Hz) mit gleichen Amplituden enthalten. Die Bandbreite des weißen Rauschens ist praktisch unendlich und man spricht in diesem Zusammenhang auch vom Breitbandrauschen. Alle Amplituden kommen über den gesamten Frequenzbereich kontinuierlich vor, d. h. sie sind unabhängig von der Frequenz. Diese Eigenschaft wird sowohl vom Widerstandsrauschen als auch vom Schrotrauschen erfüllt, sodass beide Rauscharten unter dem Oberbegriff „weißes Rauschen" geführt werden.

Als Rauschen definiert man statistisch auftretende Störsignale. Beim weißen Rauschen sind im Amplitudenspektrum alle Frequenzen mit gleichen Amplituden enthalten. Zum weißen Rauschen gehören sowohl Widerstandsrauschen als auch Schrotrauschen.

An den freien Enden eines ohmschen Widerstands entsteht eine Rauschspannung U_R und man spricht vom Widerstandsrauschen, welches auch als thermisches Rauschen (Johnson noise) bezeichnet wird. Als Ursache für das Widerstandsrauschen sind thermische Schwingungen und somit unregelmäßige Bewegungen der Elektronen und

Atome sowie Moleküle bei Wärme anzusehen. Legt man den Widerstand an eine Gleichspannungsquelle, so können nicht an allen Stellen gleichzeitig die Elektronen mit gleicher Geschwindigkeit transportiert werden, d. h. die Leitfähigkeit des Widerstands ändert sich unregelmäßig. Aus diesem Grund fließt auch der unregelmäßig, statistisch schwankende Strom und man spricht auch vom Stromrauschen. Mit der Gleichung lässt sich die Rauschspannung U_R und die Rauschleistung P_R berechnen:

$$U_R = \sqrt{4 \cdot k \cdot T \cdot \Delta f \cdot R} \qquad P_R = \frac{U_R^2}{R} = 4 \cdot k \cdot T \cdot \Delta f$$

k = Boltzmann-Konstante [$1{,}38 \cdot 10^{-23}$ Ws/K]
T = absolute Temperatur des Widerstands [K]
Δf = Bandbreite des anliegendes Signals [Hz]
R = Ohmwert des Widerstands [Ω]

Beispiel: Welche Rauschspannung U_R ist am Eingang eines Verstärkers bei einer Temperatur von 25 °C wirksam, wenn sein Eingangswiderstand $R = 1$ MΩ und die Bandbreite $\Delta f = 20$ kHz hat?

$$U_R = \sqrt{4 \cdot k \cdot T \cdot \Delta f \cdot R} = \sqrt{4 \cdot 1{,}38 \cdot 10^{-23}\,\mathrm{Ws/K} \cdot 298\,\mathrm{K} \cdot 20\,\mathrm{kHz} \cdot 1\,\mathrm{M\Omega}} \approx 18{,}1\,\mu\mathrm{V}$$

Beispiel: Welche Rauschleistung P_R tritt auf?

$$P_R = 4 \cdot k \cdot T \cdot \Delta f \cdot R = 4 \cdot 1{,}38 \cdot 10^{-23}\,\mathrm{Ws/K} \cdot 298\,\mathrm{K} \cdot 20\,\mathrm{kHz} \cdot 1\,\mathrm{M\Omega} \approx 328\,\mathrm{pW}$$

Ein rauschender Widerstand R_R kann auch als Rauschersatzquelle nachgebildet werden, wie Abb. 6.4 zeigt.

Die Rauschersatzquelle entspricht prinzipiell einer Spannungsquelle mit Innenwiderstand. Deren Quellenspannung ist die Rauschspannung U_R, welche im Leerlauf gleich der Rauschspannung U_R zwischen den Klemmen A und B ist. Man beachte, dass nur der Widerstand als rauschfrei betrachtet wird und deshalb ohne Index R bezeichnet wird.

Wird an die Anschlüsse des rauschenden Widerstands R_R ein als rauschfrei angenommener Widerstand R_2 angeschlossen, erhält man eine Darstellung nach c. Die Rauschspannung U_{RAB} lässt sich allgemein über die Formel des Spannungsteilers berechnen. In der Nachrichten- und Verstärkertechnik liegt häufig eine Leistungsanpassung vor, d. h. $R_{R1} = R_2 = R$. In diesem Fall ergibt sich für die Rauschspannung U_{RAB} und die von R_{R1} an $R_2 = R = R_{R1}$ abgegebene bzw. in R_2 umgesetzte Rauschleistung P_{R2}.

$$U_{RAB} = \sqrt{4 \cdot k \cdot T \cdot \Delta f \cdot R} \qquad P_{R2} = k \cdot T \cdot \Delta f$$

Ist der Widerstand R_2 nicht rauschfrei, lässt sich auch dieser durch seine Rauschersatzquelle darstellen. Man erhält dann prinzipiell eine Parallelschaltung zweier unterschiedlicher Spannungsquellen. Für den Fall, dass beide Widerstände die gleiche Temperatur aufweisen und außerdem das Signal jeweils die gleiche Bandbreite hat, ergibt sich bei

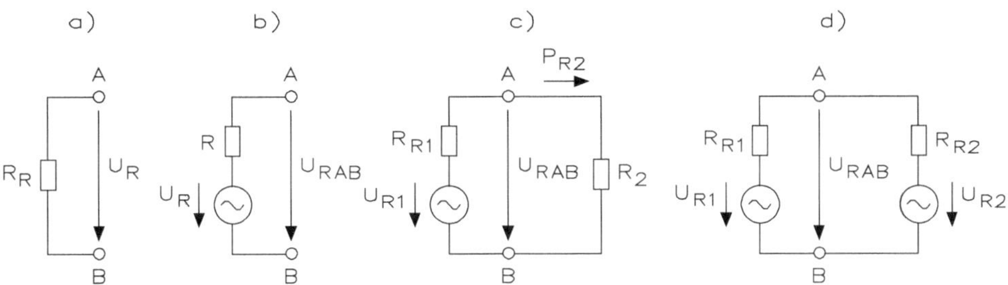

Abb. 6.4 Ersatzschaltung eines rauschenden Widerstands R_R. **a** rauschender Widerstand, **b** Rauschersatzquelle, **c** Zusammenschaltung mit rauschfreiem Widerstand und **d** mit ebenfalls rauschendem Widerstand

Leistungsanpassung für U_{RAB} gerade der $\sqrt{2}$-fache Wert der obigen Formel. Beide Widerstände erzeugen dann die gleich große Rauschleistung $P_{R1} = P_{R2} = P_R$. Es findet dabei keine Rauschleistungsübertragung statt, da P_{R2} von R_{R2} nach R_{R1} und P_{R1} von R_{R1} nach R_{R1} schaltet, also beide Rauschleistungen entgegengesetzt, gerichtet sind.

Das Schrotrauschen wird heute überwiegend den Halbleitern zugeschrieben und entsteht infolge von Unregelmäßigkeiten im Ladungsträgerfluss. Die exakte physikalische Ursache dieses Rauschens lässt sich mithilfe der Quantentheorie erklären. An dieser Stelle wird nur festgehalten, dass auch beim Schrotrauschen die Amplituden im Spektrum frequenzunabhängig sind.

Das Kreisrauschen tritt bei Schwingkreisen auf, wenn diese in Resonanz sind. Ursache hierfür ist, dass Schwingkreise bei der Resonanzfrequenz wie ohmsche Widerstände wirken und somit ein Eigenrauschen aufweisen.

Das Rauschen bei Antennen wird als Antennenrauschen bezeichnet und setzt sich aus zweierlei Komponenten zusammen. Einerseits wirken Antennen ähnlich wie Schwingkreise und besitzen somit ein Eigenrauschen. Andererseits nimmt eine Antenne diverses Fremdrauschen auf und hierzu zählen atmosphärische Störungen (Gewitter, Strahlung von atmosphärischem Sauer- und Wasserstoff), Störungen aus dem Weltall (galaktisches Rauschen, z. B. Rauschen der Sonne) und von technischen Geräten des Menschen verursachte Störungen (z. B. Zündfunken, EMV [elektro-magnetische Verträglichkeit] usw.).

Im NF-Bereich (üblicherweise $f \leq 1$ kHz) wird das Schrotrauschen vom $1/f$-Rauschen bzw. Funkelrauschen überdeckt. Es entsteht einerseits durch Rekombinations- und Generationsprozesse und andererseits durch spontane Widerstands- sowie Temperaturänderungen im Sperrschichtbereich von Halbleitern. Man spricht deshalb auch vom Halbleiterrauschen. Kennzeichnend ist, dass die Höhe der Amplitude im Spektrum umgekehrt proportional zur Frequenz (deshalb $1/f$-Rauschen) verläuft, d. h. mit zunehmender Frequenz werden die Amplituden kleiner. Bei Halbleitern (z. B. Transistoren) treten sowohl das Schrot- als auch das $1/f$-Rauschen zusammen auf. Dabei dominiert unterhalb von $f \approx 1$ kHz das Funkelrauschen, welches die im Bereich $f \approx 1$ kHz bis $f \approx 10$ kHz allein wirkende Summe von Widerstands- und Schrotrauschen überdecken.

Zur allgemeinen Beurteilung der Störgrößen bildet man das Verhältnis der Signalnutzspannung U_{Nutz} (Bezugsgröße) zur Störspannung $U_{\text{stör}}$ und bezeichnet diesen Wert als Störabstand oder Fremdspannungsabstand. Filtert man aus den Störspannungen den Anteil der Brummspannung heraus, erhält man die dem Rauschen zugeordneten Rauschspannungen U_{R}. Der Rauschabstand a_{R} ergibt sich aus dem Verhältnis von Nutzsignal zu Rauschsignal und wird in dB angegeben.

$$a_{\text{R}} = 20 \cdot \log\left(\frac{U_{\text{Nutz}}}{U_{\text{R}}}\right) = 10 \cdot \log\left(\frac{P_{\text{Nutz}}}{P_{\text{R}}}\right)$$

In einem Pegeldiagramm ist der Rauschabstand als Pegeldifferenz zwischen dem minimalen Spannungspegel L_{umin} und dem Rauschpegel L_{UR} eingezeichnet. Durch den Zusammenhang zwischen Pegel und absoluten Werten kann man feststellen, dass für eine gewisse Übertragungsqualität der minimale Spannungs- bzw. allgemeine Signalwert um den Rauschabstand größer sein muss als die Rauschspannung bzw. das Rauschsignal. Für eine ausreichende Musikwiedergabe ist z. B. $a_{\text{R}} \geq 30$ dB erforderlich, während die Grenze der Sprachverständlichkeit bei $a_{\text{R}} = 10$ dB liegt. Bei $a_{\text{R}} = 0$ dB ist das Nutzsignal gerade so groß wie das Rauschsignal, d. h. beide lassen sich nicht mehr voneinander unterscheiden und die Information ist nicht mehr verständlich (Grenze der Wahrnehmbarkeit). Man beachte, dass durch eine Nutzsignalverstärkung der Rauschabstand nicht vergrößert werden kann, weil das Rauschen mitverstärkt wird. Außerdem kommt noch das Eigenrauschen des Verstärkers hinzu. Die Rauschzahl F errechnet sich aus der Eingangsnutzleistung P_{NutzE} Ausgangsnutzleistung P_{NutzA} Eingangsrauschleistung P_{RE} und Ausgangsrauschleistung P_{RA}:

$$F = \frac{\frac{P_{\text{NutzE}}}{P_{\text{RE}}}}{\frac{P_{\text{NutzA}}}{P_{\text{RA}}}} = \frac{P_{\text{NutzE}} \cdot P_{\text{RA}}}{P_{\text{NutzA}} \cdot P_{\text{RE}}}$$

Dies bedeutet, dass z. B. in Rundfunk- und Fernsehempfängern der Rauschabstand am Ausgang überwiegend von der ersten Verstärkerstufe (z. B. Antennenverstärker oder Eingangsstufe des Empfängers) bestimmt wird. Daraus folgt die generelle Forderung nach einem geringen Eigenrauschen der ersten Stufe.

Zur Beurteilung der Rauschverhältnisse an einer Übertragungsstrecke oder an einem Verstärker ist die Rauschzahl F bzw. das in dB angegebene Rauschmaß, wobei man normalerweise die Leistungen betrachtet (Index „E“ für Eingang und „A“ für Ausgang). Das Rauschmaß errechnet sich aus

$$F = 10 \cdot \log(F) = 10 \cdot \log \frac{\frac{P_{\text{NutzE}}}{P_{\text{RE}}}}{\frac{P_{\text{NutzA}}}{P_{\text{RA}}}} = a_{\text{RE}} - a_{\text{RA}}$$

Man beachte, dass für beide Rauschkenngrößen der gleiche Buchstabe verwendet wird. Die Rauschzahl in der obigen Gleichung ist als dimensionaler Faktor aufzufassen, während sich für die letzte Gleichung ein Dezibel-Maß ergibt.

Die Ausgangsrauschleistung P_{RA} ist die Summe aus der mit dem Leistungsverstärkungsfaktor V_P verstärkten (bei einem Verstärker) bzw. mit dem Leistungsdämpfungsfaktor D_P gedämpften Eingangsrauschleistung P_{RE} und das durch den Übertragungskanal oder das durch den Verstärker selbst bzw. zusätzlich verursachten Rauschens P_{RZ}, also

$$P_{RA} = P_{RE} \cdot V_P + P_{RZ} \quad \text{bzw.} \quad P_{RA} = P_{RE} \cdot D_P + P_{RZ}$$

Die Nutzleistung P_{NutzA} am Ausgang A ergibt sich als verstärkte bzw. abgeschwächte Eingangsnutzleistung P_{NutzE}, d. h.

$$P_{NutzA} = P_{NutzE} \cdot V_P \quad \text{bzw.} \quad P_{NutzA} = P_{NutzE} \cdot D_P$$

Ein Maß für die vom Verstärker oder Übertragungskanal im Inneren zusätzlich erzeugte Rauschleistung ist die sogenannte Zusatzrauschzahl F_Z. Diese ist als das Verhältnis der zusätzlich erzeugten Rauschleistung P_{RZ} zur verstärkten bzw. gedämpften Eingangsrauschleistung definiert, d. h.

$$F_Z = \frac{P_{RZ}}{P_{RE} \cdot V_P} \quad \text{bzw.} \quad F_Z = \frac{P_{RZ}}{P_{RE} \cdot D_P}$$

Die Zusatzrauschzahl ist im Idealfall Null, d. h. es würde dann durch den Verstärker oder den Übertragungskanal keine zusätzliche Rauschleistung P_{RZ} erzeugt. Mit dieser Größe kann man die Rauschzahl F neu formulieren:

$$F = 1 + F_z$$

Geht man von den Spannungen aus, lässt sich mit der zusätzlich erzeugten Rauschspannung U_{RZ} die Rauschzahl bzw. das Rauschmaß berechnen:

$$\text{Rauschzahl: } F = \frac{\frac{P_{NutzE}}{P_{RE}}}{\frac{P_{NutzA}}{P_{RA}}} = \frac{P_{NutzE} \cdot P_{RA}}{P_{NutzA} \cdot P_{RE}}$$

$$\text{Rauschmaß: } F = 10 \cdot \log(F) = 10 \cdot \log \frac{\frac{U_{NutzE}}{U_{RE}}}{\frac{U_{NutzA}}{U_{RA}}} = a_{RE} - a_{RA}$$

Dabei ist entsprechend zur leistungsmäßigen Betrachtung:

$$U_{RA} = U_{RE} \cdot V_U + U_{RZ} \quad \text{bzw.} \quad U_{RA} = U_{RE} \cdot D_U + U_{RZ}$$

Die wichtigsten Kenngrößen für die Beurteilung des Rauschens sind Rauschabstand, Rauschzahl und Rauschmaß. Der Wert D_U ist der Spannungsdämpfungsfaktor von U_1/U_2.

Beispiel: Bei einem Verstärker sind bekannt das Eingangsnutzsignal $U_{NutzE} = 1{,}5$ mV, das Rauscheingangssignal $U_{RE} = 1{,}5$ µV, das Ausgangsrauschsignal $U_{RA} = 50$ µV und die Verstärkung $V_U = 15$. Es sind die Rauschabstände a_{RE} am Eingang und a_{RA} am Ausgang des Verstärkers sowie das Rauschmaß F und die Rauschzahl F [dB] zu berechnen.

Mit $U_{NutzA} = U_{NutzE} \cdot V_U = 1{,}5\text{ mV} \cdot 15 = 22{,}5$ mV ergeben sich die Rauschabstände

$$a_{RE} = 20 \cdot \log \frac{U_{NutzE}}{U_{RE}} = 20 \cdot \log \frac{1{,}5\,\text{mV}}{1{,}5\,\mu\text{V}} = 60\,\text{dB}$$

$$a_{\mathrm{RA}} = 20 \cdot \log \frac{U_{\mathrm{NutzA}}}{U_{\mathrm{RA}}} = 20 \cdot \log \frac{22{,}5\,\mathrm{mV}}{50\,\mu\mathrm{V}} \approx 53{,}1\,\mathrm{dB}$$

Das Rauschmaß erhält man mit den Rauschabständen

$$F = a_{\mathrm{RE}} - a_{\mathrm{RA}} = 60\,\mathrm{dB} - 53{,}1\,\mathrm{dB} = 6{,}9\,\mathrm{dB}$$

Die Rauschzahl ist dann

$$F[\mathrm{dB}] = 10^{\frac{F[\mathrm{dB}]}{20}} = 10^{\frac{6{,}9\,\mathrm{dB}}{20}} \approx 2{,}2$$

Durch die Gleichungen wird ersichtlich, dass bei Widerständen das Rauschen von der Bandbreite Δf, dem Widerstandswert und der Temperatur abhängig ist. Sofern es die Bedingungen zulassen, ist also für ein möglichst niedriges Rauschen ein kleiner Widerstand, eine entsprechende Kühlung sowie eine geringe Bandbreite erforderlich. Neben diesen elementaren Methoden gibt es eine Reihe von Maßnahmen bzw. Schaltungen zur Rauschverminderung. Bei der Rauschanpassung wird der Widerstand der Eingangsstufe empirisch (d. h. durch Messung bzw. Versuche) so eingestellt, dass sich ein minimales Rauschen ergibt. Die Rauschanpassung weicht meistens von der Leistungsanpassung ab.

Zur Rauschunterdrückung werden im NF-Bereich häufig Rauschfilter eingesetzt. Diese vermindern durch eine Absenkung (Dämpfung) der Tonfrequenzen oberhalb von 8 kHz das Rauschen um etwa 50 %. Dabei wird jedoch auch das Nutzsignal gedämpft, wodurch sich die Höhenwiedergabe und damit die Qualität verschlechtert. Dieser Nachteil lässt sich aber durch ein dynamisches Rauschfilter vermeiden. So bewirkt z. B. das DNL-Verfahren (dynamic noise limiter = dynamischer Rauschbegrenzer), dass die Grenzfrequenz von der Lautstärke gesteuert wird. Bei leisen Musikpassagen liegt die Grenzfrequenz bei 4 kHz und das Rauschen wird praktisch vollständig unterdrückt. Mit zunehmender Lautstärke steigt die Grenzfrequenz an, d. h. die Rauschminderung verringert sich zunehmend.

Ebenfalls in der NF-Technik setzt man das Dolby-Rauschunterdrückungssystem NR (noise reduction) ein. Prinzipiell wird dabei auf der Sendeseite (Rundfunk und Fernsehen) bzw. bei der Aufnahme (Tonband und Kassettenrekorder) das Signal durch eine starke Anhebung der hohen Frequenzen vorverzerrt. Während der anschließenden Entzerrung werden die Rauschanteile durch ein entsprechendes Filter praktisch vollständig gedämpft und der Netzsignalanteil auf seinen ursprünglichen Wert zurückgeführt. Das Dolby-System *B* wirkt nur bei leiseren Signalen ab einer Frequenz von 5 kHz, wodurch sich z. B. bei Kassettenrekordern das Bandrauschen um ca. 10 dB verringern lässt. Eine technische Weiterentwicklung ist das Dolby-System C. Es arbeitet bei Frequenzen ab 500 Hz und sorgt für eine gleichmäßige Rauschunterdrückung über den gesamten Hörbereich, wobei das Bandrauschen um bis zu 20 dB verkleinert werden kann.

Vor allem bei langsamen oder periodischen Signalen lässt sich das Rauschen prinzipiell durch „averaging“, d. h. durch Mittelwertbildung, reduzieren. Hierzu wird das Signal mehrfach übereinandergeschrieben, wodurch sich die Rauschanteile teilweise gegenseitig aufheben bzw. unterdrücken. Aktuelle Anwendung findet dieses Prinzip z. B. bei der Rauschreduktion im digitalen Fernsehen, wobei eine gewichtete und pixelweise Mittelung aufeinanderfolgender Halbbilder erfolgt.

6.1.3 Verzerrungen, Impulsverhalten und Klirrfaktor

Aus den Abb. 6.2 und 6.3 ist ersichtlich, dass es auch bei Verstärkern zu einer Bandbreitenbegrenzung sowie Phasenverzerrungen (Phasenverschiebung φ ist frequenzabhängig) kommt. Besonders zu beachten sind die Verzerrungen bei der Impulsansteuerung, das sind Impulse mit extrem steilen Flanken (ideale Anstiegszeit $t_r \rightarrow 0$). Ist die Anstiegszeit zu groß, kann bei einer Impulsansteuerung das Ausgangssignal nicht mehr die volle Höhe des Eingangssignals erreichen. In Übereinstimmung mit der entsprechenden Beziehung kann bei gegebener bzw. zulässiger Anstiegszeit t_r (rise time) die mindestens erforderliche obere Grenzfrequenz f_{go} des Verstärkers berechnet werden.

$$f_{\mathrm{go}} \geq \frac{1}{2 \cdot t_{\mathrm{r}}}$$

Gemäß der Fourier-Analyse bezeichnet man das Auftreten völlig neuer, zusätzlicher Teilschwingungen in dem Ausgangssignal infolge nicht linearer Übertragungskennlinien als nicht lineare Verzerrungen. In diesem Zusammenhang findet man auch den Klirrfaktor k als Maß für die nicht linearen Verzerrungen:

$$k = 100\,\% \cdot \sqrt{\frac{U_2^2 + U_3^2 + \ldots}{U_1^2 + U_2^2 + U_3^2 + \ldots}}$$

U_1 = Effektivwert der 1. Harmonischen (Grundwelle)
U_2 = Effektivwert der 2. Harmonischen (1. Oberwelle)
U_3 = Effektivwert der 3. Harmonischen (2. Oberwelle)
U_4 = Effektivwert der 4. Harmonischen (3. Oberwelle)

Für praxisnahe Berechnungen werden nur die beiden ersten Oberwellen ($U_2 + U_3$) eingesetzt, da der Anteil der übrigen Harmonischen meist vernachlässigbar ist. Der Klirrfaktor von Verstärkern hängt hauptsächlich von der Frequenz f des Eingangssignals sowie der Höhe der Aussteuerung und damit der Ausgangsleistung ab.

Beispiel: Welcher Klirrfaktor ergibt sich, wenn $U_1 = 5\,\mathrm{V}$, $U_2 = 50\,\mathrm{mV}$ und $U_3 = 10\,\mathrm{mV}$ ist?

$$k = 100\,\% \cdot \sqrt{\frac{U_2^2 + U_3^2 + \ldots}{U_1^2 + U_2^2 + U_3^2 + \ldots}} = 100\,\% \cdot \sqrt{\frac{(50\,\mathrm{mV})^2 + (10\,\mathrm{mV})^2}{(5\,\mathrm{V})^2 + (50\,\mathrm{mV})^2 + (10\,\mathrm{mV})^2}} \approx 1\%$$

6.1.4 Betriebsarten von Verstärkern

Bei den Verstärkern unterscheidet man zwischen Klein- und Großsignalverstärkern. Abb. 6.5 zeigt die beiden Betriebsarten.

Bei Kleinsignalbetrieb ist der Aussteuerungsbereich um den Arbeitspunkt *A, B* und *C* jeweils gering (meistens kleiner als 1 V). Trotz einer nicht linearen Eingangskennlinie des Verstärkers kann infolge der geringen Aussteuerung der Verlauf der Kennlinie in diesem Bereich als linear betrachtet werden. Dadurch erfolgt die Verstärkung nahezu verzerrungsfrei, d. h. der Klirrfaktor ist sehr gering. Den Kleinsignalbetrieb findet man bei Vorverstärkern und sie arbeiten am Eingang im µV- und mV-Bereich und bei den Antennenverstärkern (nur im µV-Bereich).

Liegt eine hohe Aussteuerung (über 1 V) um den Arbeitspunkt vor, spricht man von Großsignalbetrieb. In diesem Fall kann die nicht lineare Eingangskennlinie des Verstärkers im Aussteuerbereich als nicht mehr linear betrachtet werden. Es kommt im Gegensatz zur linearen A-Eingangskennlinie zu einer nicht linearen Verzerrung (B-Kennlinie) der Ausgangsspannung U_b. Daraus ist ersichtlich, dass die nicht linearen Verzerrungen mit größer werdender Eingangsspannung und damit steigender Ausgangsspannung

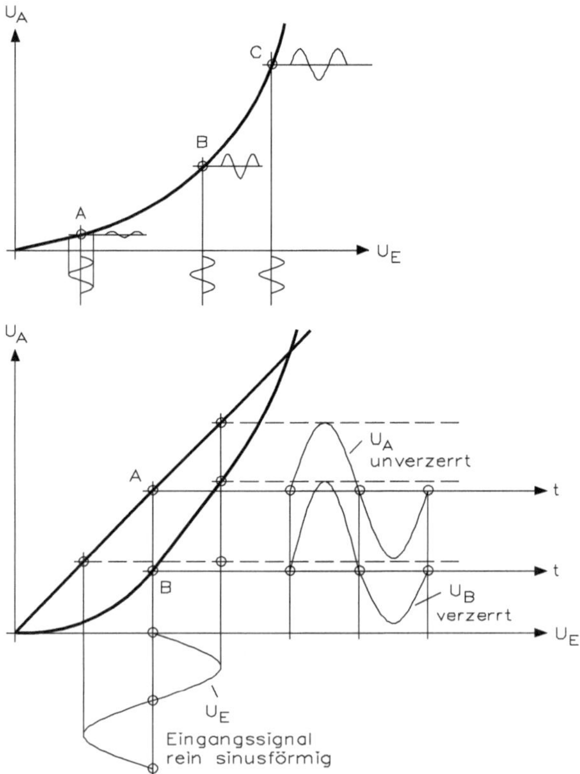

Abb. 6.5 Klein- und Großsignalverstärker

zunehmen. Je höher die Ausgangsspannung, desto größer ist die am Lastwiderstand R_L umgesetzte Leistung.

Bei Großsignal- oder Leistungsverstärkern werden prinzipiell eine hohe Ausgangs- bzw. Signalleistung sowie ein hoher Wirkungsgrad bei gleichzeitig möglichst geringen Verzerrungen angestrebt. Eine hohe Spannungsverstärkung ist nicht erforderlich.

In der Praxis gibt es drei Transistor-Grundschaltungen:

- Die Emitterschaltung wird in 98 % aller Fälle in der Hi-Fi-Verstärkertechnik eingesetzt.
- Die Basisschaltung gibt es nur im Antennenteil von Fernsehgeräten und Rundfunkgeräten.
- Die Kollektorschaltung eignet sich im Wesentlichen nur als Impedanzwandler und wird in der Hi-Fi-Verstärkertechnik eingesetzt.

Tab. 6.1 zeigt die Grundschaltungen mit ihren typischen Richtwerten. Aus dieser Gegenüberstellung der einzelnen Grundschaltungen sind die Vorteile des Emitterbetriebs ersichtlich.

Bei der Betrachtung der Eingangs- und Ausgangswiderstände muss zwischen dem statischen und dem dynamischen Widerstand unterschieden werden. In der Hi-Fi-Verstärkertechnik rechnet man immer mit dem dynamischen Widerstand bzw. mit der Impedanz und die Berechnung lautet:

$$Z_{ein} = \frac{\text{Eingangswechselspannung}}{\text{Eingangswechselstrom}} \qquad Z_{ein} = r_{ein} = \frac{\Delta U_{BE}}{\Delta I_B}$$

$$Z_{aus} = \frac{\text{Ausgangswechselspannung}}{\text{Ausgangswechselstrom}} \qquad Z_{aus} = r_{aus} = \frac{\Delta U_{CE}}{\Delta I_C}$$

Die einzelnen Spannungen und Ströme sind direkt an den Transistoren zu messen. Vergleicht man den Ein- bzw. Ausgangswiderstand eines Verstärkers im statischen und dynamischen Betrieb, stellt man fest, dass der dynamische Wert erheblich kleiner als der statische Wert ist.

Je nach Art des Verstärkers muss zwischen einer großen Stromverstärkung, Spannungsverstärkung und Leistungsverstärkung unterschieden werden. Bei der Emitterschaltung ist die Stromverstärkung mit β gekennzeichnet, bei der Basisschaltung mit α und bei der Kollektorschaltung mit γ. Zur Bestimmung der Stromverstärkung in der Emitterschaltung setzt man die Kollektorstromänderung ins Verhältnis zu der Basisstromänderung:

$$\beta = \frac{\Delta I_C}{\Delta I_B}$$

Tab. 6.1 Gegenüberstellung der drei Transistor-Grundschaltungen, wobei die angegebenen Werte nur Richtwerte darstellen

	Emitterschaltung	Basisschaltung	Kollektorschaltung
Transistor-grund-schaltungen	$+U_b$, U_e, U_a	$+U_b$, U_e, U_a	$+U_b$, U_e, U_a
Eingangs-impedanz Z_e	Mittel ca. 100 Ω bis 10 kΩ	Klein ca. 10 Ω bis 100 Ω	Groß ca. 10 kΩ bis 100 kΩ
Ausgangs-impedanz Z_a	Mittel ca. 1 kΩ bis 10 kΩ	Groß ca. 10 kΩ bis 100 kΩ	Klein ca. 10 Ω bis 100 Ω
Strom-verstärkung α β γ	Groß $\beta = \frac{\Delta I_C}{\Delta I_B}$ (10- bis 500fach)	<1 $\alpha = \frac{\Delta I_C}{\Delta I_E}$ (kleiner 1)	Groß $\gamma = \frac{\Delta I_E}{\Delta I_B}$ (10- bis 500fach)
Spannungs-verstärkung V_u	Groß $V_{uE} = \frac{\Delta U_{CE}}{\Delta U_{BE}}$ (100- bis 1000 fach)	Groß $V_{uB} = \frac{\Delta U_{BC}}{\Delta U_{BE}}$ (100- bis 1000 fach)	<1 $V_{uC} = \frac{\Delta U_{CE}}{\Delta U_{BC}}$ (kleiner 1)
Leistungs-verstärkung V_p	Sehr groß $V_{pE} = \beta \cdot V_{uE}$	Mittel $V_{pB} = \alpha \cdot V_{uB}$	Klein $V_{pC} = \gamma \cdot V_{uC}$
Phasenlage von U_e und U_a	$\varphi = 180°$	$\varphi = 0°$	$\varphi = 0°$
Grenz-frequenz	Mittel f_β bis ca. 10 MHz	Hoch f_α bis ca. 5 GHz $f_\alpha \approx \beta \cdot f_\beta$	Mittel f_γ bis ca. 10 MHz $f_\gamma \approx f_\beta$
Anwendung für	NF-Verstärker und HF-Verstärker, Leistungs-verstärker, Schaltfunktionen	HF-Verstärker für hohe Frequenzen	Anpassungs-stufen (sogenannte Impedanzwandler)

Ebenso ist bekannt, dass der Wechselstromverstärkungsfaktor β mit dem Gleichstromverstärkungsfaktor B fast identisch ist:

$$\beta = B$$

Während man bei der Emitter- und Kollektorschaltung eine große Stromverstärkung hat, ist bei der Basisschaltung $\alpha < 1$.

Die Spannungsverstärkung V_u ist das Verhältnis zwischen der Ausgangsspannung zur Eingangsspannung, wobei die jeweiligen Anschlüsse von Tab. 6.1 exakt betrachtet werden müssen. Emitter- und Basisschaltung weisen große Faktoren für die Spannungsverstärkung auf, während bei der Kollektorschaltung $V_{uC} < 1$ ist.

In der Praxis ist eine große Leistungsverstärkung wichtig, besonders bei den Endstufen einer Verstärkerschaltung. Da die Leistung das Produkt von Spannung und Strom ist, ergeben sich recht unterschiedliche Werte für die drei Grundschaltungen. Mit der Emitterschaltung erreicht man eine sehr große Leistungsverstärkung, da bereits die Strom- und die Spannungsverstärkung hoch sind.

Wichtig in der Verstärkertechnik ist nicht immer nur eine hohe Leistungsverstärkung, sondern auch die Berücksichtigung von geringen Verzerrungen (Klirrfaktor), geringer Temperatureinfluss und eine optimale Anpassung für die nächste Transistorstufe.

Bei der Emitterschaltung tritt zwischen Ein- und Ausgang eine Phasenverschiebung von $\varphi = 180°$ auf. In der Praxis ist die Phasenverschiebung kein Nachteil. Vergrößert sich die Eingangsspannung, fließt ein höherer Basisstrom, der dann einen entsprechend verstärkten Kollektorstrom erzeugt. Durch die Stromerhöhung wird der Spannungsfall an dem Arbeitswiderstand größer und die Ausgangsspannung geringer.

Das Frequenzverhalten eines Transistors wird im Wesentlichen durch die Kapazität zwischen Basis und Emitter bestimmt. Werden in einer Verstärkerschaltung diverse Kleinsignaltransistoren eingesetzt, treten nur geringe Kapazitäten durch die Transistoren auf. Speziell bei Leistungstransistoren muss man jedoch mit größeren Kapazitäten rechnen, die die Schaltung negativ beeinflussen. Diese Kapazitäten stellen einen Nebenschluss dar, der sich mit zunehmender Frequenz auf das Verhalten einer Schaltung auswirkt.

In der Verstärkertechnik findet man von den drei Grundschaltungen des Transistors nur den Emitter- und den Kollektorbetrieb. Die Basisschaltung hat in diesem Anwendungsgebiet keine Bedeutung erreicht. Die drei Grundschaltungen unterscheiden sich wesentlich in ihren Eigenschaften, wodurch sich ihre Anwendungen ableiten.

6.1.5 Universelle Verstärkerschaltung

Die Emitterschaltung stellt eine universelle Verstärkerschaltung dar. Man erreicht eine Spannungsverstärkung zwischen 100…1000, einen Eingangswiderstand von 100 Ω bis 10 kΩ und einen Ausgangswiderstand von 10 Ω bis 1 kΩ. Die Signalspannung liegt am Eingang U_e an und steuert über den Kondensator C die Basis des Transistors an. Der Transistor verstärkt den Basisstrom entsprechend und dadurch fließt ein Kollektorstrom, der über den Kollektorwiderstand einen Spannungsfall erzeugt. Als Ausgangsspannung U_a steht die Spannung U_{CE} vom Transistor zur Verfügung, die über den Kondensator C ausgekoppelt wird. Die Arbeitsgerade schneidet die Achsen in den Punkten:

$U_{CE} = U_b$, wenn $I_C = 0$ ist und $I_C = \frac{U_b}{R_C}$, wenn $U_{CE} = 0$ ist.

Die Gleich- und Wechselstromverstärkung des Transistors errechnet sich aus

$$B = \frac{I_C}{I_B} \text{ oder } \beta = \frac{\Delta I_C}{\Delta I_B}$$

Es gilt in der Verstärkertechnik immer $B \approx \beta$, d. h. Gleich- und Wechselstromverstärkung ist fast identisch!

Bei einem Kleinsignalverstärker lässt sich der Basiswiderstand R_B wie folgt berechnen:

$$R_B = \frac{U_b - U_{BE}}{I_{B0}} = \frac{B(U_b - U_{BE0})}{I_{C0}}$$

Beispiel: Für die Emitterschaltung sind folgende Werte gegeben: $+U_b = 12$ V (Betriebsspannung), $R_C = 1$ kΩ (Kollektorwiderstand), $B = 200$ (Stromverstärkung) und $U_{BE} = 0{,}6$ V (Basis-Emitter-Spannung). Wie groß ist der Basiswiderstand R_B, wenn die Ausgangsspannung $U_a = 6$ V beträgt?

$$I_C = \frac{U_a}{R_C} = \frac{6\,\text{V}}{1\,\text{k}\Omega} = 6\,\text{mA} \qquad I_B = \frac{I_C}{B} = \frac{6\,\text{mA}}{200} = 30\,\mu\text{A}$$

$$R_B = \frac{U_b - U_{BE}}{I_B} = \frac{12\,\text{V} - 0{,}6\,\text{V}}{30\,\mu\text{A}} = 380\,\text{k}\Omega$$

Der Basiswiderstand R_B muss einen Wert von 380 kΩ aufweisen.

Für eine analoge und verzerrungsfreie Verstärkung liegt der Arbeitspunkt AP etwa in der Mitte der Arbeitsgeraden. Durch einen Einsteller, der zwischen Basis und Masse eingeschaltet ist, lässt sich der Arbeitspunkt auf der Arbeitsgeraden verschieben, bis man die optimale Einstellung gefunden hat. Als Messgerät für die Einstellung des Arbeitspunktes eignet sich ein 2-Kanal-Oszilloskop.

In der Praxis setzt man keinen Basisvorwiderstand ein, sondern einen Spannungsteiler. Hat man nur einen Basisvorwiderstand, ergeben sich keine optimalen Abgleichbedingungen. Über den Widerstand R_B des Spannungsteilers fließt ein Vorstrom I_v der sich in den eigentlichen Basisstrom I_B und den Querstrom I_q aufteilt. Der Querstrom soll einen Wert von $3 \ldots 10 \cdot I_q$ aufweisen, damit im Verstärkerbetrieb nur eine kleine Spannungsänderung an der Basis des Transistors auftritt.

Beispiel: Für eine Verstärkerschaltung sind folgende Werte gegeben: $+U_b = 12$ V (Betriebsspannung), $R_C = 1$ kΩ (Kollektorwiderstand), $B = 200$ (Stromverstärkung). Wie groß sind die beiden Widerstände R_{B1} und R_{B2}, wenn die Ausgangsspannung $U_a = 6$ V ist, die Basis-Emitter-Spannung $U_{BE} \approx 0{,}6$ V beträgt und für den Querstrom $I_q = 5 \cdot I_q$ gewählt wird?

$$I_C = \frac{U_a}{R_C} = \frac{6\,\text{V}}{1\,\text{k}\Omega} = 6\,\text{mA} \qquad I_B = \frac{I_C}{B} = \frac{6\,\text{mA}}{200} = 30\,\mu\text{A}$$

$$I_q = 5 \cdot I_B = 5 \cdot 30\,\mu\text{A} = 150\,\mu\text{A} \qquad I_v = I_B + I_q = 30\,\mu\text{A} + 150\,\mu\text{A} = 180\,\mu\text{A}$$

$$R_{B1} = \frac{U_b - U_{BE}}{I_v} = \frac{12\,\text{V} - 0{,}6\,\text{V}}{180\,\mu\text{A}} = 63{,}33\,\text{k}\Omega \qquad R_{B2} = \frac{U_{BE}}{I_q} = \frac{0{,}6\,\text{V}}{150\,\mu\text{A}} = 4\,\text{k}\Omega$$

Für den Widerstand R_{B1} ist ein Wert von 63,33 kΩ und für R_{B2} ein Wert von 4 kΩ erforderlich. In der Verstärkertechnik setzt man $R_{B1} = 47$ kΩ und einen Einsteller von 10 kΩ für R_{B2} ein. Damit ist die Schaltung für die optimale Einstellung des Arbeitspunktes AP geeignet.

Der Nachteil der Emitterschaltung ist der thermische Einfluss von innen (Verlustleistung) und von außen (Umgebungstemperatur), wodurch sich der Arbeitspunkt entsprechend verändert. Mit jeder Temperaturänderung verschiebt sich der Arbeitspunkt auf der Geraden und es kommt zu Verzerrungen der Ausgangsspannung. Bei steigender Temperatur werden beispielsweise in einem Halbleiter zusätzliche Ladungsträger frei. Dadurch erhöht sich vor allem die Eigenleitfähigkeit, aber auch die Restströme verändern sich erheblich. Bei einer Temperaturerhöhung an der Sperrschicht eines Siliziumtransistors von 25 °C auf 150 °C steigen die Restströme über 2000 mal an.

Auf die Störstellenleitfähigkeit ist dagegen der Einfluss der Temperatur wesentlich geringer. Im Ausgangskennlinienfeld führt eine Temperaturerhöhung zu einer Verschiebung des Arbeitspunktes auf der Arbeitskennlinie nach oben, d. h. bei gleichen Spannungen fließen größere Ströme. Umgekehrt führt eine Temperaturerhöhung bei konstanten Strömen zu einer Verringerung der Spannungen. Bei konstanter Basis-Emitterspannung U_{BE} ändert sich der Kollektorstrom I_C bei Temperaturerhöhung um einen bestimmten Wert. Diese Änderung des Kollektorstroms bei einer Temperaturänderung führt zu einer Arbeitspunktverschiebung. Verschiebt sich der Arbeitspunkt auf der Arbeitsgeraden, kommt es zu einer Einengung der Signalspannung im positiven oder negativen Aussteuerungsbereich. Um dem entgegenzuwirken setzt man die stromgegengekoppelte Transistorstufe ein.

6.1.6 Stromgegengekoppelte Transistorstufe

Bei der stromgegengekoppelten Transistorstufe befindet sich zwischen dem Emitteranschluss und Masse der Emitterwiderstand R_E, der den Arbeitspunkt bei einer Temperaturänderung konstant hält. Erhöht sich die Temperatur am Transistor, nimmt der Kollektorstrom zu und an dem Emitterwiderstand fällt eine größere Spannung ab. Dies führt zu einer Verringerung der Spannung U_{BE}, wodurch sich der Basisstrom entsprechend verringert. Durch die Reduzierung des Basisstromes ergibt sich auch ein kleinerer Kollektorstrom und daher ein geringerer Spannungsfall an dem Emitterwiderstand. Die Spannung an der Basis verringert sich und es kann wieder ein größerer Basisstrom fließen. Für die Basis-Emitter-Spannung bei einer Stromgegenkopplung gilt

$$U_{BE} = U_{RB1} - I_E \cdot R_E$$

Bei steigender Temperatur nimmt der Emitterstrom zu und damit erhöht sich der Spannungsfall um den Faktor $I_E \cdot R_E$. Es kommt zur Stromgegenkopplung.

Die Bauteile der Schaltung lassen sich für eine Stromgegenkopplung folgendermaßen berechnen:

$$R_C = \frac{U_b - U_{CE0} - (I_{C0} \cdot R_E)}{I_{C0}} \qquad R_E = \frac{U_{RE}}{I_{C0} + I_{B0}} = \frac{U_{BE} \cdot B}{I_{C0}(B+1)}$$

$$R_{B1} = \frac{U_b - U_{CE0} - U_{RE}}{I_{B0} + I_q} = \frac{(U_b - U_{BE0} - U_{RE}) \cdot B}{(1+n)I_{C0}}$$

$$R_{B2} = \frac{U_{BE} - U_{RE}}{I_q} = \frac{(U_{BE0} - U_{RE}) \cdot B}{n \cdot I_{C0}}$$

$$I_q = n \cdot I_{B0} \text{ mit } n = 3 \ldots 10$$

Die Spannungsverstärkung dieser Transistorstufe in einer Stromgegenkopplung errechnet sich aus

$$V_U = \frac{R_C}{R_E}$$

Durch diese Tatsache lassen sich die Toleranzen der Verstärkungsfaktoren B eines Transistors über das Verhältnis von Kollektorwiderstand zu Emitterwiderstand ohne großen Aufwand bestimmen.

Bei der Spannungsgegenkopplung wird die Spannung für den Spannungsteiler nicht direkt an der Betriebsspannung abgegriffen, sondern am Kollektor des Transistors. Für die Basis-Emitter-Spannung gilt:

$$U_{BE} = U_{CE} \cdot \frac{R_{B1}}{R_{B1} + R_{B2}}$$

Mit steigender Temperatur am Transistor, vergrößert sich der Kollektorstrom und damit auch der Spannungsfall über den Widerstand R_C. Die Spannung U_{CE} sinkt und damit fließt über den Widerstand R_{B2} ein geringerer Teil für den Basisstrom. Durch die Reduzierung des Basisstroms verringert sich der Kollektorstrom und die Spannung U_{CE} vergrößert sich. Damit erhöht sich wieder der Basisstrom über den Widerstand R_{B2} und der Transistor verstärkt den Kollektorstrom entsprechend. Die Spannungsgegenkopplung wirkt der Eingangswechselspannung entgegen. Die Berechnung der einzelnen Bauelemente ergibt sich aus

$$R_C = \frac{U_b - U_{CE0}}{I_{C0} + I_{B0} + I_q} = \frac{B(U_b - U_{CE0})}{I_{C0}(1 + B + n)} \qquad R_{B1} = \frac{U_b - U_{BE0}}{I_{B0} + I_q} = \frac{B(U_{CE0} - U_{BE0})}{I_{C0}(1+n)}$$

$$R_{B2} = \frac{U_{BE0}}{I_q} = \frac{B \cdot U_{BE0}}{I_{C0} \cdot n} \qquad I_q = n \cdot I_{B0} \text{ mit } n = 3 \ldots 10$$

In der Verstärkertechnik arbeitet man mit einem Emitterkondensator C_E, denn neben einer Arbeitspunktstabilisierung soll auch die hohe Spannungsverstärkung erhalten bleiben. Die Kapazität des Emitterkondensators C_E errechnet sich aus

$$C_E = \frac{1}{2 \cdot \pi \cdot f_u \cdot R_E}$$

Der kapazitive Blindwiderstand X_C des Kondensators C_E soll bei der unteren Grenzfrequenz f_u nur 1/10 des ohmschen Emitterwiderstands aufweisen.

Der Blindwiderstand des Kondensators C_E ist frequenzabhängig. Mit zunehmender Frequenz wird der Blindwiderstand immer größer und die gegengekoppelte Wechselstromwirkung des Kondensators hebt sich auf. Ab der unteren Grenzfrequenz f_u bestimmt im Wesentlichen nur der Wert des ohmschen Widerstands R_E den Verstärkungsfaktor.

6.1.7 Emitterschaltung mit Stromgegenkopplung

Die Verstärkung einer Emitterschaltung mit Stromgegenkopplung errechnet sich aus $V_U = R_C/R_E$. Wird der Kollektor- und der Emitterwiderstand gleich groß gewählt, ergibt sich ein Sonderfall in der Verstärkertechnik. Die Spannungsverstärkung errechnet sich aus

$$V_U = \frac{R_C}{R_E}$$

Da der Kollektor- und der Emitterwiderstand gleich groß sind, erhält man eine Verstärkung von $V = 1$. Zwischen der Eingangsspannung U_e und den beiden Ausgängen ergibt sich keine Verstärkung, aber eine Phasenverschiebung. Während der Ausgang A_1 eine Phasenverschiebung von 180° hat, ist die Spannung am Ausgang A_2 mit der Eingangsspannung identisch.

Entfällt bei diesem Sonderfall der Kollektorwiderstand und damit der Ausgang A_1, kommt man zur Kollektorschaltung, die eine Spannungsverstärkung von $V_U < 1$ aufweist. Da die Ausgangsspannung am Emitter des Transistors der Eingangsspannung folgt, bezeichnet man diese Schaltung auch als „Emitterfolger". Der Arbeitspunkt für die Kollektorschaltung wird im Allgemeinen so festgelegt, dass $U_{RE} \approx 0{,}5 \cdot U_b$ ist. Für die Berechnung gilt

$$R_E = \frac{U_{RE}}{I_{C0} + I_{B0}} = \frac{B \cdot U_{RE}}{I_{C0}(1 + B)} \qquad R_{B1} = \frac{U_b - U_{BE0} - U_{RE}}{I_{B0} + I_q} = \frac{B \cdot (U_{CE} - U_{BE})}{I_{C0} \cdot (1 + n)}$$

$$R_{B2} = \frac{U_{RE} - U_{BE0}}{I_q} = \frac{B \cdot (U_{RE} - U_{BE0})}{I_{C0} \cdot n} \qquad I_q = n \cdot I_{B0} \,\text{mit}\, n = 3 \ldots 10$$

Die Kollektorschaltung zeichnet sich durch einen hochohmigen Eingangswiderstand und einen niederohmigen Ausgangswiderstand aus.

6.2 Mehrstufige Verstärker

Wenn man sich eine komplette Hi-Fi-Anlage betrachtet, verwendet man mehrere Verstärkerstufen, wie Abb. 6.6 zeigt.

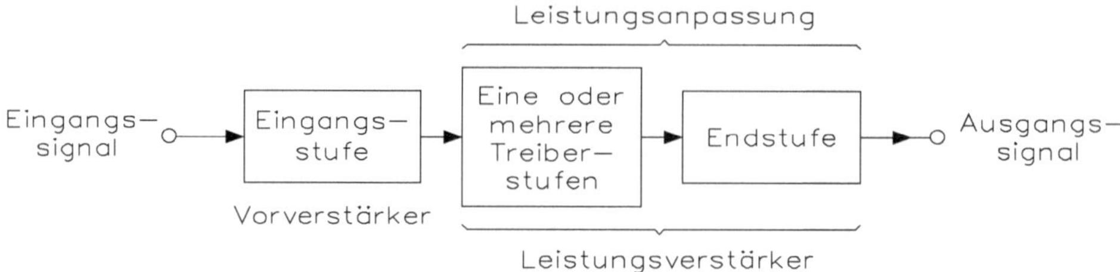

Abb. 6.6 Hi-Fi-Anlage mit mehreren Verstärkerstufen

Um möglichst eine große Spannungsverstärkung zu erreichen, besteht eine Hi-Fi-Anlage aus mehreren Verstärkerstufen. Der Grund sind die physikalischen Grenzen der einzelnen Verstärkerstufen und deren Bauelemente. In der Eingangsstufe erfolgt die eigentliche Spannungsverstärkung sowie die Signalbeeinflussung (im Wesentlichen die Klangeinstellung). Die Treiberstufe(n) erzeugen die für die Ansteuerung der Endstufe erforderliche Steuerleistung, wobei zwischen den beiden Stufen eine Leistungsanpassung vorliegt. Mit der Endstufe soll eine hohe Leistungsverstärkung erreicht werden und diese wird bereits von der Treiberstufe mit einer hohen Spannung angesteuert, sodass keine hohe Stromverstärkung gefordert wird.

6.2.1 Übertragungskopplung

Die elektrische Verbindung der einzelnen Verstärkerstufen bezeichnet man als Kopplung. Diese Kopplung ist jedoch von den Verstärkerstufen abhängig. Die klassische Kopplungsart ist die galvanische und die kapazitive Kopplung. Früher verwendete man auch die induktive Übertragungskopplung.

In Abb. 6.7 sind drei Verstärkerstufen hintereinander geschaltet und entsprechend reduziert sich der Frequenzgang der gesamten Spannungsverstärkung. Jede Verstärkerstufe erhält eine bestimmte Eingangsspannung und verstärkt diese. Der Betrag der Gesamtspannungsverstärkung V_{UG} ergibt sich mit den Spannungsverstärkungen V_{U1}, V_{U2} und V_{U3} der einzelnen Stufen:

$$V_{UG} = \frac{U_a}{U_e} = \frac{U_{a1}}{U_{e1}} \cdot \frac{U_{a2}}{U_{e2}} \cdot \frac{U_{a3}}{U_{e3}} = V_{U1} \cdot V_{U2} \cdot V_{U3} \qquad V_{UG} = V_{U1} + V_{U2} + V_{U3}$$

Bei der Hintereinanderschaltung mehrerer Verstärkerstufen ist der Betrag des Gesamtspannungsverstärkungsfaktors V_{UG} gleich dem Produkt der Spannungsverstärkungsfaktoren jeder einzelnen Stufe. Das Gesamtverstärkungsmaß in dB erhält man durch einfache Addition der Verstärkermaße der einzelnen Stufen.

Der Verstärkungsfall jedes Verstärkers ist -3 dB an den Grenzfrequenzen. Die Gleichung gilt für den gesamten Frequenzbereich und somit beeinflusst der Verstärkungsfall jeder einzelnen Stufe den Amplitudengang der Ausgangsspannung U_a bzw. der

Gesamtspannungsverstärkung V_{UG}. Abb. 6.7 zeigt die gleichen Grenzfrequenzen f_{gu}' und f_{go}' die gleiche Brandbreite $\Delta f'$ sowie die gleiche Spannungsverstärkung $V_{U1} - V_{U2} = V_{U3}$. Dargestellt ist der Amplitudengang der Spannungsverstärkung V_U bezogen auf die Nennspannungsverstärker V_{Nenn} (Nennspannungsverstärkung ist die Spannungsverstärkung bei einer bestimmten Nennfrequenz f_{Nenn} und für Verstärker gilt $f_{Nenn} = 1$ kHz). Jeder der drei identischen Verstärkerstufen weist durch die durchgezogene Linie den gekennzeichneten Frequenzgang auf. Es ist zu erkennen, dass bei den Grenzfrequenzen f_{gu}' und f_{go}' der einzelnen Verstärkerstufen der Betrag der Spannungsverstärkung V_U abgesunken ist auf

$$a_{ges} = \frac{1}{\sqrt{2}} \cdot \frac{1}{\sqrt{2}} \cdot \frac{1}{\sqrt{2}} = \left(\frac{1}{\sqrt{2}}\right)^3 \approx 0{,}35 = -9\,\text{dB}$$

Allgemein kann für eine mehrstufige Verstärkeranordnung mit n identischen Teilverstärkern $V_{U1} = V_{U2} = V_{U3} = V_{Un}$ an den Grenzfrequenzen f_{gu}' und f_{go}' der einzelnen Stufen gegenüber der Gesamtspannungsverstärkung V_{UGNenn} bei Nennfrequenz angegeben werden:

$$\frac{V_{UGG}}{V_{UGNenn}} = \frac{V_{UGG}}{V_{U1Nenn} \cdot V_{U2Nenn} \cdot V_{U3Nenn} \ldots V_{UnNenn}} = \frac{V_{UGG}}{V_{UnNenn}^n} = \left(\frac{1}{\sqrt{2}}\right)^n$$

V_{UGG} = Gesamtspannungsverstärkung an den Grenzfrequenzen der einzelnen Verstärkerstufen

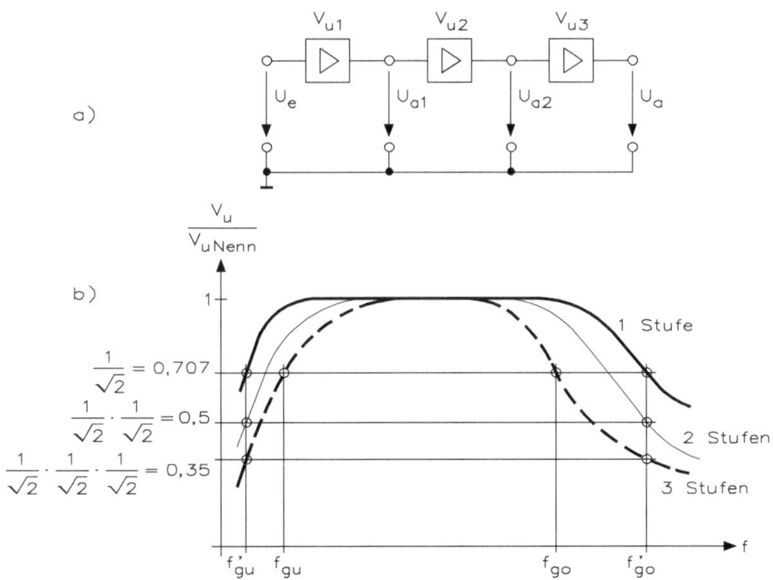

Abb. 6.7 Dreistufige Verstärkeranordnung mit normiertem Frequenzgang der Spannungsverstärkung

V_{UGNenn} = Gesamtspannungsverstärkung bei Nennfrequenz

$V_{UlNenn} = V_{U2Nenn} = V_{UnNenn}$ = jeweils gleiche Spannungsverstärkung der Stufen bei Nennfrequenz

n = Anzahl der identischen Verstärkerstufen

Der Arbeitsbereich des Gesamtverstärkers ist als Bereich zwischen den beiden Spannungsfällen auf jeweils $1/\sqrt{2}$ definiert, d. h. bei den Grenzfrequenzen. Aus Abb. 6.7 ist ersichtlich, dass dies bei den Frequenzen f_{gu} und f_{go} der Fall ist. Sie liegen näher zusammen als die Grenzfrequenzen der einzelnen Stufen f_{gu}' und f_{go}' d. h. die Bandbreite $\Delta f = f_{go} - f_{gu}$ des Gesamtverstärkers ist geringer als die Bandbreite $\Delta f = f_{go}'$ und f_{gu}' der einzelnen Teilverstärker. Für die Grenzfrequenzen des Gesamtverstärkers kann bei n identischen Verstärkerstufen mit deren Grenzfrequenzen f_{gu}' und f_{go}' angegeben werden:

$$f_{go} = \sqrt{n} \cdot f_{gu}' \quad \text{und} \quad f_{go} = \frac{f_{go}'}{\sqrt{n}}$$

Beispiel: Für eine Verstärkeranordnung nach Abb. 6.7 ist eine Gesamtspannungsverstärkung V_{UGNenn} des Gesamtverstärkers bei der Nennfrequenz f_{Nenn} und die Gesamtspannungsverstärkung V_{UGG} an den Grenzfrequenzen der identischen Teilverstärker zu berechnen, wenn diese jeweils die Spannungsverstärkung von $V_{UnNenn} = 100$ aufweisen.

Bei der Nennfrequenz V_{Nenn} ergibt sich die Nennspannungsverstärkung des Gesamtverstärkers zu

$$V_{UGNenn} = V_{U1Nenn} \cdot V_{U2Nenn} \cdot V_{U3Nenn} = (V_{U1Nenn})^3 = 100^3 = 1.000.000$$

An den Grenzfrequenzen der einzelnen Verstärkerstufen erhält man für die Gesamtspannungsverstärkung:

$$\frac{V_{UGG}}{V_{UGNenn}} = \left(\frac{1}{\sqrt{2}}\right)^n = \left(\frac{1}{\sqrt{2}}\right)^3 \approx 0{,}35 \Rightarrow V_{UGG} = 0{,}35 \cdot V_{UGNenn} = 0{,}35 \cdot 1.000.000 = 350.000$$

6.2.2 Kopplungsarten

Koppelt man zwei Verstärkerstufen zusammen, ergeben sich erhebliche Unterschiede in den schaltungstechnischen Kopplungsarten. Um möglichst eine große Spannungsverstärkung zu erreichen, besteht eine Hi-Fi-Anlage aus mehreren Verstärkerstufen. Der Grund sind die physikalischen Grenzen der einzelnen Verstärkerstufen und deren Bauelemente. In der Eingangsstufe erfolgt die eigentliche Spannungsverstärkung sowie die Signalbeeinflussung (im Wesentlichen die Klangeinstellung). Die Treiberstufe(n) erzeugen die für die Ansteuerung der Endstufe erforderliche Steuerleistung, wobei zwischen den beiden Stufen eine Leistungsanpassung vorliegt. Mit der Endstufe soll eine hohe Leistungsverstärkung erreicht werden und diese wird bereits von der Treiberstufe mit einer hohen Spannung angesteuert, sodass keine hohe Stromverstärkung gefordert wird.

Bei der Gleichstromkopplung von Abb. 6.8 ist zu erkennen, dass durch die direkte Verbindung der beiden Transistoren sowohl Gleich- (untere Grenzfrequenz $f_{gu} = 0$) als auch Wechselsignale übertragen und damit verstärkt werden. Außerdem liegt praktisch keine Beeinflussung der Signalspannung vor, d. h. die Gleichstromkopplung ist weder frequenzabhängig noch bewirkt sie eine Herabsetzung der Signalspannung zwischen dem Kollektor der ersten Stufe und der Basis des zweiten Verstärkers. Ein weiterer Vorteil der galvanischen Kopplung ist die Einsparung des Basisspannungsteilers bei dem zweiten Teilverstärker.

Ein erheblicher Nachteil der direkten Kopplung ist, dass das Basispotential der nachfolgenden Stufe auf das Kollektorpotential der vorausgehenden Stufe angehoben werden muss und dadurch mit zunehmender Stufenanzahl die Basisspannung gegenüber Masse immer größer wird. Dies hat zur Folge, dass bei einer mehrfachen Anwendung der galvanischen Kopplung die Betriebspannungsquelle hohe Werte annehmen muss, wenn der Aussteuerbereich erhalten bleiben soll. Ein weiterer Nachteil liegt darin, dass sich die Arbeitspunktverschiebung der vorhergehenden Stufe direkt auf den folgenden Teilverstärker auswirkt. Dies kann eine erhebliche Verringerung des Aussteuerbereiches nach sich ziehen und aus diesem Grund muss der Arbeitspunkt der einzelnen Teilverstärker gut stabilisiert sein.

Abb. 6.8 Gleichstrom- bzw. galvanische oder direkte Kopplung

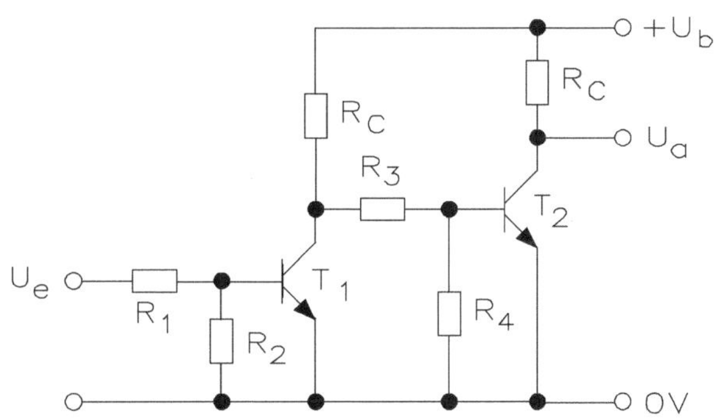

Man kann zwei Transistoren direkt koppeln, wie Abb. 6.9 zeigt und erhält eine npn- oder pnp-Darlingtonstufe oder koppelt npn- und pnp-Transistor zu einer komplementären Darlingtonstufe zusammen. Es gelten folgende Bedingungen:

Spannungsverstärkung:	$V_U \approx 1$
Stromverstärkung:	$V_I \approx \beta_{ges} = \beta_1 \cdot \beta_2$
Eingangsimpedanz:	$Z_1 \approx 2 \cdot r_{BE1}$
Ausgangsimpedanz:	$Z_2 \approx 2/3 \cdot r_{CE2}$ (Darlingtonstufe)
	$Z_2 \approx 1/2 \cdot r_{CE2}$ (komplementäre Darlingtonstufe)

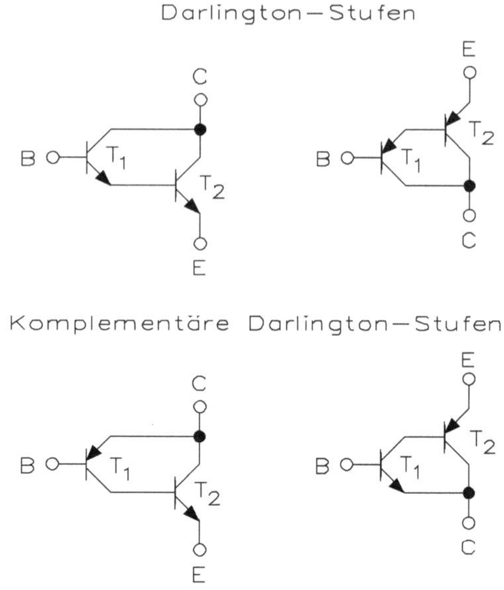

Abb. 6.9 Direkte Gleichstromkopplungen durch Darlingtonstufen

Bei der Endstufe einer mehrstufigen Verstärkeranordnung wird eine hohe Stromverstärkung angestrebt. Außerdem sollte die vorhergehende Stufe möglichst wenig belastet werden, was nur durch einen hohen Eingangswiderstand der Endstufe erreicht wird. Aus diesen Gründen wird häufig ein Emitterfolger (Kollektorschaltung) eingesetzt. Da aber die Stromverstärkung eines Transistors, vor allem bei hohen Kollektorströmen, bei vielen Anwendungen nicht ausreicht, koppelt man zwei oder drei Transistoren gleicher oder unterschiedlicher Zonenfolge zu einer Darlingtonstufe oder komplementären Darlingtonstufe zusammen.

Darlingtonstufen stellen einen Sonderfall der galvanischen Kopplung dar. Die Anordnung mit den Anschlüssen für die Basis, Kollektor und Emitter wirken wie ein einzelner npn- oder pnp-Transistor mit der Wechselstromverstärkung $\beta_{ges} = \beta_1 \cdot \beta_2$ bzw. der Gleichstromverstärkung $B_{ges} = B_1 \cdot B_2$. Der entscheidende Vorteil der Anordnung ist der hohe Wert der Wechsel- bzw. Gleichstromverstärkung vor $\beta_{ges} = B_{ges} > 1000$. Eine Darlingtonstufe findet aus diesem Grund bevorzugt in der Leistungselektronik ihre Anwendung, wobei sie infolge der direkten Kopplung auch als Gleichspannungsverstärker zu verwenden ist. Um möglichst eine große Spannungsverstärkung zu erreichen, besteht eine Hi-Fi-Anlage aus mehreren Verstärkerstufen. Der Grund sind die physikalischen Grenzen der einzelnen Verstärkerstufen und deren Bauelemente.

6.2.3 Kapazitive Kopplung

In der Eingangsstufe erfolgt die eigentliche Spannungsverstärkung sowie die Signalbeeinflussung (im Wesentlichen die Klangeinstellung). Die Treiberstufe(n) erzeugen die für die Ansteuerung der Endstufe erforderliche Steuerleistung, wobei zwischen den beiden Stufen eine Leistungsanpassung vorliegt. Mit der Endstufe soll eine hohe Leistungsverstärkung erreicht werden und diese wird bereits von der Treiberstufe mit einer hohen Spannung angesteuert, sodass keine hohe Stromverstärkung gefordert wird.

Die einfachste Art einer Kopplung von zwei Verstärkerstufen hat man durch die RC-Kopplung, wie Abb. 6.10 zeigt. Die Verbindung der zwei Transistorstufen erfolgt über den Koppelkondensator C_K. Dieser stellt für Gleichspannungen praktisch einen unendlich hohen Widerstand dar, d. h. die beiden Verstärkerstufen sind gleichspannungsmäßig unabhängig voneinander, also galvanisch getrennt. Die Arbeitspunkte beider Transistoren können somit individuell, z. B. auf den größtmöglichen Aussteuerbereich, eingestellt werden. Ein weiterer Vorteil ist, dass sich die Arbeitspunktverschiebung der vorhergehenden Stufe nicht auf die nächste Stufe auswirkt. Bei der kapazitiven Kopplung erfolgt die Verbindung der Teilverstärker durch den Koppelkondensator, wodurch die einzelnen Stufen gleichspannungsmäßig voneinander arbeiten.

Durch den Koppelkondensator C_K wird zwischen den einzelnen Stufen nur Wechselspannung übertragen. Dabei nimmt der Blindwiderstand $X_C = 1/(2 \cdot \pi \cdot f \cdot C)$ mit sinkender Frequenz zu, d. h. zur Übertragung tiefer Signalfrequenzen sind hohe Werte für C_K erforderlich. Ein weiterer Nachteil ist, dass der Koppelkondensator mit dem dynamischen Ausgangswiderstand r_a (=Ausgangwiderstand bei Kleinsignalbetrieb) der vorhergehenden bzw. mit dem dynamischen Eingangswiderstand r_e (=Eingangswiderstand bei Kleinsignalbetrieb) der nachfolgenden Stufe einen Hochpass bildet.

Bei der Hochpass-Ersatzschaltung werden die Größen $\beta \cdot i_B$ und r_a (Stromquelle) der vorhergehenden Stufe in eine Spannungsquelle mit $u_0 = \beta \cdot r_a$ umgewandelt (i_B = Signalbasisstrom des ersten Transistors, die Größen β, r_{CE} und r_{BE} umgewandelt sind Kleinsignalkenngrößen der Transistoren). Für die untere Grenzfrequenz lässt sich in prinzipieller Übereinstimmung der Gleichung für Kleinsignalverstärker berechnen mit

$$f_{gu} = \frac{1}{2 \cdot \pi \cdot (r_a + r_e) \cdot C_K}$$

Bei dieser Frequenz ist die Signaleingangsspannung u_e an der zweiten Stufe infolge der kapazitiven Kopplung auf den $1/\sqrt{2}$-fachen Wert (–3 dB) der Signalausgangsspannung

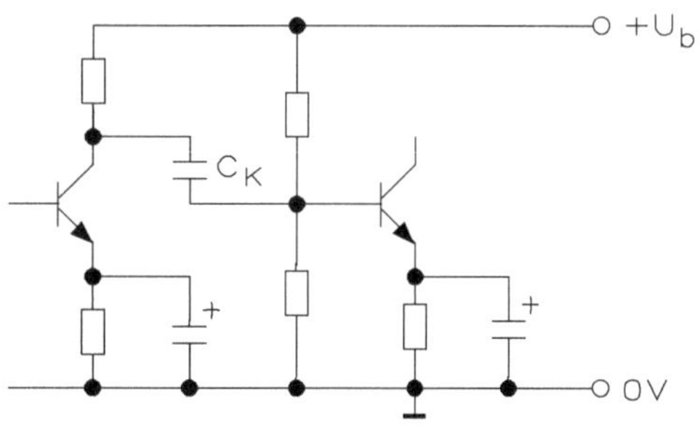

Abb. 6.10 Kapazitive Kopplung von zwei Verstärkerstufen

u_0 der ersten Stufe abgesunken, also: $u_e/u_0 = 1/\sqrt{2}$ In diesem Zusammenhang ist zu beachten, dass die untere Grenzfrequenz des Gesamtverstärkers immer größer ist als die unteren Grenzfrequenzen der einzelnen Verstärkerstufen.

Unterhalb und im Bereich der unteren Grenzfrequenz f_{gu} liegt infolge der Hochpasswirkung eine frequenzabhängige Beeinflussung der Signalspannungen vor. Stellt man obige Gleichung nach dem Koppelkondensator C_K um und bezeichnet diesen Punkt als $C_{K(3\,dB)}$, erhält man bei $u_e/u_0 = 1/\sqrt{2}(-3\text{ dB})$ die Formel

$$C_{K(3\,dB)} = \frac{1}{2 \cdot \pi \cdot f_{gu}(r_a + r_e)}$$

Bei der kapazitiven Kopplung bildet der Koppelkondensator mit den dynamischen Widerständen der einzelnen Verstärkerstufen einen Hochpass, sodass eine frequenzabhängige Beeinflussung der Signalspannung vorliegt.

Wird in der Schaltung von Abb. 6.10 die Signaleingangsspannung an den ersten Transistor über einen Kondensator eingekoppelt bzw. die Signalausgangsspannung von dem zweiten Transistor ebenfalls über einen Kondensator ausgekoppelt, liegen bereits zwei Hochpässe vor. In praktischen Schaltungen kommt es also nicht nur allein durch Koppelkondensator C_K zu einer Verringerung der Signalspannung und damit der Gesamtverstärkung. Dies bedeutet, dass bei der Grenzfrequenz des Gesamtverstärkers die durch die kapazitive Kopplung hervorgerufene Absenkung der Signalspannung kleiner als $1/\sqrt{2}$ sein muss. Aus diesem Grund ist Koppelkondensator C_K um einen Faktor K (für die Praxis ausreichend: $K = 10\ldots20$) größer als $C_{K(3\,dB)}$ zu wählen.

Die obere Grenzfrequenz des Gesamtverstärkers wird von der oberen Grenzfrequenz der Wechselstromverstärkung der Transistoren sowie durch die Belastung der Kollektoren und den ausgangsseitigen Schalt- bzw. Streukapazitäten bestimmt. Dadurch ergibt sich ein Tiefpassverhalten. Dabei ist die obere Grenzfrequenz des Gesamtverstärkers stets kleiner als die obere Grenzfrequenz der einzelnen Verstärkerstufen.

Beispiel: Ein zweistufiger NF-Kleinsignalverstärker hat die dynamischen Widerstände $r_e = 10\text{ k}\Omega$ und $r_a = 4\text{ k}\Omega$. Durch die Hochpasswirkung mit dem Koppelkondensator C_K und zwei weiteren Hochpässen wird die Signalspannung herabgesetzt. Welcher Wert für C_K ist erforderlich, wenn die untere Grenzfrequenz $f_{gu} = 50\text{ Hz}$ beträgt und der Faktor 15 gewählt wird?

$$C_{K(3\,dB)} = \frac{1}{2 \cdot \pi \cdot f_{gu}(r_a + r_e)} = \frac{1}{2 \cdot 3{,}14 \cdot 50\,\text{Hz}(4\,\text{k}\Omega + 10\,\text{k}\Omega)} = 0{,}23\,\mu\text{F}$$

Mit dem Faktor K 15 errechnet sich für den Kondensator der Wert von $C_K = K \cdot C_{K(3\,dB)} = 15 \cdot 0{,}23\,\mu\text{F} = 3{,}45\,\mu\text{F}$ (Normwert: 3,9 µF).

Wie bei der kapazitiven Kopplung werden auch bei der Übertragungskopplung von Abb. 6.11 nur die Wechselspannungssignale zwischen den beiden Verstärkern übertragen. Es liegt somit eine galvanische Trennung der beiden Stufen bzw. eine

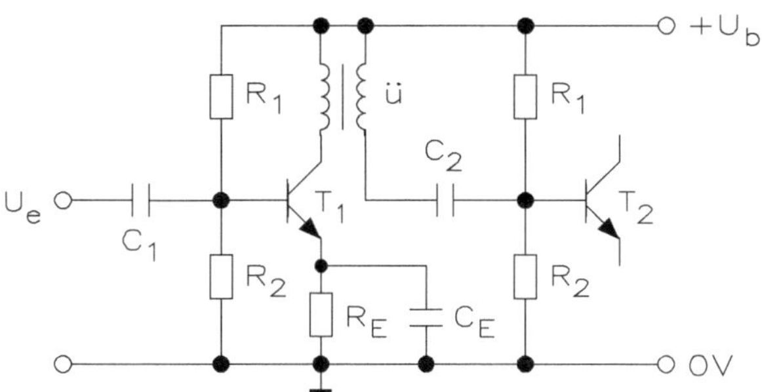

Abb. 6.11 Übertragungskopplung (induktive Kopplung)

frequenzabhängige Signalbeeinflussung vor. Der entscheidende Vorteil der Übertragungskopplung ist die Möglichkeit, den Verbraucher der Schaltung bzw. den Eingangswiderstand der zweiten Stufe an den Ausgangswiderstand der Schaltung bzw. der vorhergehenden Stufe anzupassen. Dabei werden die Widerstände r_e und r_a mit dem Übersetzungsverhältnis $ü = N_1/N_2$ (N_1 = Windungszahl der Primärseite und N_2 = Windungszahl der Sekundärseite) transformiert:

$$ü = \frac{N_1}{N_2} = \sqrt{\frac{r_e}{r_a}}, \text{also } r_a \frac{r_e}{ü^2} = r_e \cdot \left(\frac{N_2}{N_1}\right)^2$$

Trotz der Vorteile findet die Übertragungskopplung in der Elektronik nur geringe Anwendungen. Die Gründe hierfür sind:

- Übertrager können nicht in integrierter Bauform hergestellt werden. Sie benötigen relativ viel Platz und sind schwer.
- Übertrager verursachen durch ihre Eisenverluste sowie die nicht linearen Magnetisierungskennlinien unerwünschte Signalverzerrungen.
- Übertrager sind teuere Bauelemente.
- Die obere Grenzfrequenz ist wegen Streu- und Wicklungskapazitäten relativ niedrig.

6.3 Kleinsignalverstärker mit Transistoren

Wie bei allen Transistoren hängt auch bei den besonders rauscharmen Typen die Rauschzahl vom Arbeitspunkt und vom Innenwiderstand (Generatorwiderstand) der Eingangsspannung ab. In den Datenblättern für Transistoren werden hierzu ausführliche Kurven angegeben. Bei der Wechselwirkung von Rauschen und Generatorwiderstand ist auch noch von Bedeutung, ob der Generatorwiderstand reell oder imaginär ist, d. h. ist er induktiv, so verursacht er ein Ansteigen der Rauschzahl.

Je mehr Merkmale bei der Verstärkerbeschreibung genannt werden, desto eindeutiger sind die Einsatzmöglichkeiten des Verstärkers. In den nachfolgenden Teilkapiteln werden die einzelnen Verstärkerschaltungen mit Transistoren und Operationsverstärkern unter verschiedenen Gesichtspunkten betrachtet.

6.3.1 Emitterschaltung eines Kleinsignalverstärkers

In der analogen Verstärkertechnik findet man von den drei Grundschaltungen des Transistors nur den Emitter- und den Kollektorbetrieb. Die Basisschaltung hat auf diesem Anwendungsgebiet keine Bedeutung erlangt. Die drei Grundschaltungen unterscheiden sich wesentlich in ihren Eigenschaften woraus sich ihre Anwendungen ableiten.

Die Emitterschaltung von Abb. 6.12 stellt eine einfache und universelle Verstärkerschaltung dar. Man erreicht eine Spannungsverstärkung zwischen 100 bis 1000, einen Eingangswiderstand von 100 Ω bis 10 kΩ und einen Ausgangswiderstand von 100 Ω bis 10 kΩ. Die Signalspannung liegt am Eingang U_e an und steuert über den Kondensator C_1 die Basis des Transistors an. Der Transistor verstärkt den Basisstrom I_B entsprechend und dadurch fließt ein Kollektorstrom I_C, der über den Kollektorwiderstand R_C einen Spannungsfall erzeugt. Als Ausgangsspannung U_a steht die Spannung U_{CE} vom Transistor zur Verfügung, die über den Kondensator C_2 ausgekoppelt wird.

Die Eingangsspannung beträgt $U_e = 1\ \mathrm{mV_S}$ und die Ausgangsspannung $U_a = 15\ \mathrm{mV_S}$. Je niederohmiger der Widerstand R_1 ist, umso größer wird die Verstärkung.

Die Arbeitsgerade von Abb. 6.13 schneidet die Achsen in den Punkten:

$U_{CE} = +U_b$, wenn $I_C \approx 0$ ist und $I_{C\max} = \frac{+U_b}{R_C}$, wenn $U_{CE} \approx 0$ ist.

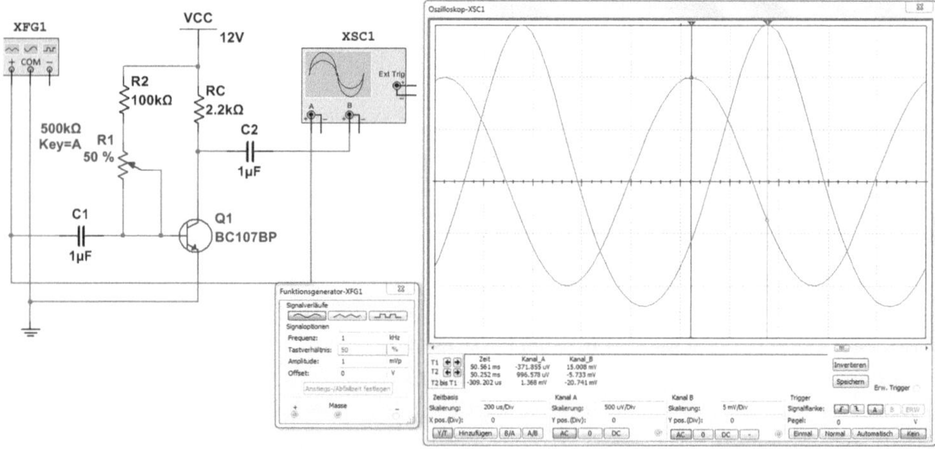

Abb. 6.12 Simulation einer Emitterschaltung

Die Gleichstrom- und Wechselstromverstärkung des Transistors errechnen sich aus $B = \frac{I_C}{I_B}$ oder $\beta = \frac{\Delta I_C}{\Delta I_B}$ mit $\beta \approx B$

Bei einem Kleinsignalverstärker lässt sich der Basiswiderstand R_2 wie folgt berechnen:

$$R_2 = \frac{+U_b - U_{BE0}}{I_{B0}} = \frac{B(U_b - U_{BE0})}{I_{C0}}$$

Beispiel: Für die Schaltung von Abb. 6.12 sind folgende Werte gegeben: $+U_b = 12$ V, $R_C = 1$ kΩ, $B = 200$ und $U_{BE} \approx 0{,}6$ V. Wie groß ist der Basiswiderstand R_2, wenn die Ausgangsspannung $U_a = 6$ V beträgt?

$$I_C = \frac{U_a}{R_C} = \frac{6\,\text{V}}{1\,\text{k}\Omega} = 6\,\text{mA} \qquad I_B = \frac{I_C}{B} = \frac{6\,\text{mA}}{200} = 30\,\mu\text{A}$$

$$R_2 = \frac{+U_b - U_{BE}}{I_B} = \frac{12\,\text{V} - 0{,}6\,\text{V}}{30\,\mu\text{A}} = 380\,\text{k}\Omega$$

Der Basiswiderstand R_2 muss einen Wert von 380 kΩ aufweisen. Mit dem Potentiometer lässt sich der Arbeitspunkt optimal einstellen.

Für eine analoge und verzerrungsfreie Verstärkung liegt der Arbeitspunkt AP etwa in der Mitte der Arbeitsgeraden. Durch den Einsteller lässt sich der Arbeitspunkt auf der Arbeitsgeraden verschieben, bis man die optimale Einstellung gefunden hat. Als Messgerät für die Einstellung des Arbeitspunktes eignet sich ein 2-Kanal-Oszilloskop.

Wie das Oszilloskop zeigt, liegt eine Eingangsspannung von $U_e = 1$ mV_S an der Schaltung. Die Ausgangsspannung wird mit $U_a = 15$ mV_S gemessen und dies ergibt eine Spannungsverstärkung von $v_U = 15$.

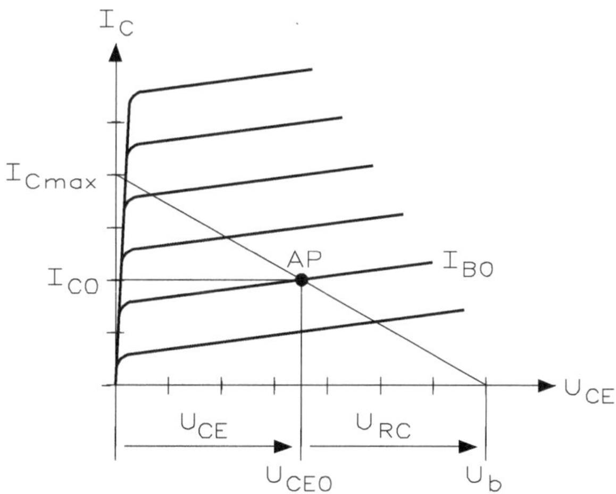

Abb. 6.13 Kennlinienfeld einer Emitterschaltung

In der Praxis setzt man keinen Basisvorwiderstand ein, sondern einen Spannungsteiler, wie Abb. 6.14 zeigt. Hat man nur einen Basisvorwiderstand, ergeben sich keine optimalen Abgleichbedingungen. Über den Widerstand R_2 des Spannungsteilers fließt ein Vorstrom I_v, der sich in den eigentlichen Basisstrom I_B für den Transistor und den Querstrom I_q durch den Widerstand R_1 aufteilt. Der Querstrom soll einen Wert von $(3\ldots10)\cdot I_B$ aufweisen, damit im Verstärkerbetrieb nur eine kleine Spannungsänderung an der Basis des Transistors auftritt.

Beispiel: Für die Schaltung von Abb. 6.14 sind folgende Werte gegeben: $+U_b = 12$ V, $R_C = 2{,}2$ kΩ, $U_{BE} \approx 0{,}6$ V und $B = 200$. Wie groß sind die beiden Widerstände R_{B1} und R_{B2}, wenn die Ausgangsspannung $U_a = 6$ V beträgt und für $I_q = 5 \cdot I_B$ gewählt wird?

$$I_C = \frac{U_a}{R_C} = \frac{6\,\text{V}}{2{,}2\,\text{k}\Omega} = 2{,}72\,\text{mA} \qquad I_B = \frac{I_C}{B} = \frac{2{,}72\,\text{mA}}{200} = 13{,}63\,\mu\text{A}$$

$$I_q = 5 \cdot I_B = 5 \cdot 13{,}63\,\mu\text{A} = 68{,}18\,\mu\text{A} \qquad I_v = I_B \cdot I_q = 13{,}63\,\mu\text{A} + 68{,}18\,\mu\text{A} = 81{,}81\,\mu\text{A}$$

$$R_{B1} = \frac{U_{BE}}{I_q} = \frac{0{,}6\,\text{V}}{68{,}18\,\mu\text{A}} = 8{,}8\,\text{k}\Omega \qquad R_{B2} = \frac{+U_b - U_{BE}}{I_v} = \frac{12\,\text{V} - 0{,}6\,\text{V}}{81{,}81\,\mu\text{A}} = 139\,\text{k}\Omega$$

Für den Widerstand R_{B1} ist ein Wert von 8,8 kΩ und für R_2 ein Wert von 139 kΩ erforderlich. In der Schaltungstechnik setzt man $R_{B1} = 10$ kΩ und einen Einsteller von 100 kΩ für R_{B2} ein. Damit ist die Schaltung für die optimale Einstellung des Arbeitspunktes AP geeignet.

Wie das Oszilloskop zeigt liegt eine Eingangsspannung von $U_e = 1$ mV$_S$ an der Schaltung. Die Ausgangsspannung wird mit $U_a = 135$ mV$_S$ gemessen und dies ergibt eine Spannungsverstärkung von $v_U = 135$. Wenn man den Klirrfaktor misst, ergibt sich ein Wert von 0,869 %.

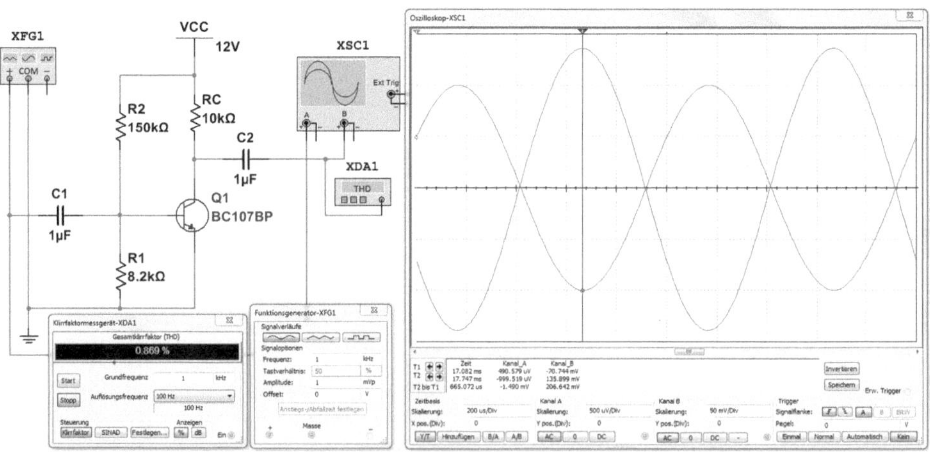

Abb. 6.14 Simulation eines Kleinsignalverstärkers in Emitterschaltung

6.3.2 Thermische Arbeitspunktstabilisierung

Der Nachteil der Emitterschaltung ist der thermische Einfluss, wodurch sich der Arbeitspunkt entsprechend verändert. Mit jeder Temperaturänderung verschiebt sich der Arbeitspunkt auf der Geraden, und es kommt zu Verzerrungen der Ausgangsspannung. Bei steigender Temperatur werden beispielsweise in einem Halbleiter zusätzliche Ladungsträger frei. Dadurch erhöht sich vor allem die Eigenleitfähigkeit, aber auch die Restströme verändern sich erheblich. Bei einer Temperaturerhöhung an der Sperrschicht eines Siliziumtransistors von 25 °C auf 150 °C steigen die Restströme auf das 2000 fache an.

Auf die Störstellenleitfähigkeit ist dagegen der Einfluss der Temperatur wesentlich geringer. Im Ausgangskennlinienfeld führt eine Temperaturerhöhung zu einer Verschiebung der Kennlinie nach oben, d. h., bei gleichen Spannungen fließen größere Ströme. Umgekehrt führt eine Temperaturerhöhung bei konstanten Strömen zu einer Verringerung der Spannung. Das Diagramm von Abb. 6.15 zeigt die Eingangskennlinie eines Transistors bei verschiedenen Temperaturen.

Wie aus dem Diagramm zu ersehen ist, steigt bei konstanter Basis-Emitter-Spannung U_{BE} der Kollektorstrom I_C bei Temperaturerhöhung um einen bestimmten Wert an. Diese Änderung des Kollektorstroms bei einer Temperaturschwankung führt zu einer Arbeitspunktverschiebung. Verschiebt sich der Arbeitspunkt auf der Arbeitsgeraden, kommt es zu einer Einengung der Signalspannung im positiven oder negativen Aussteuerungsbereich. Um dem entgegenzuwirken setzt man die stromgegengekoppelte Transistorstufe ein, wie die Schaltung von Abb. 6.16 zeigt.

Bei der stromgegengekoppelten Transistorstufe befindet sich zwischen dem Emitteranschluss und Masse der Emitterwiderstand R_E, der den Arbeitspunkt bei einer Temperaturänderung konstant hält. Erhöht sich die Temperatur am Transistor, nimmt der Kollektorstrom zu, und an dem Emitterwiderstand fällt eine größere Spannung ab. Dies führt zu einer Verringerung der Spannung U_{BE}, wodurch sich der Basisstrom entsprechend verringert. Durch die Reduzierung des Basisstroms ergibt sich auch ein

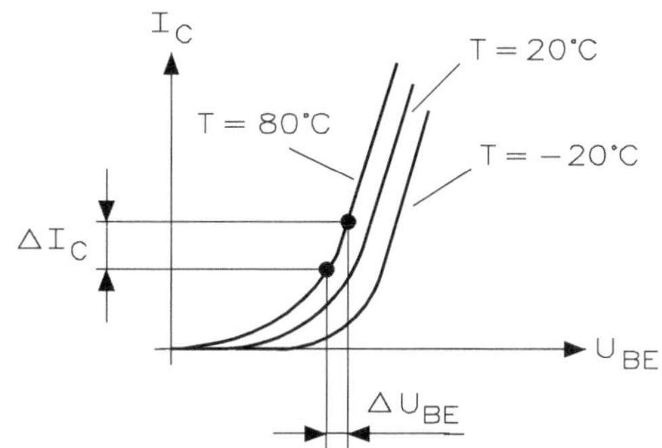

Abb. 6.15 Diagramm $I_C = f(U_{BE})$ der Eingangskennlinie eines npn-Transistors bei verschiedenen Temperaturen

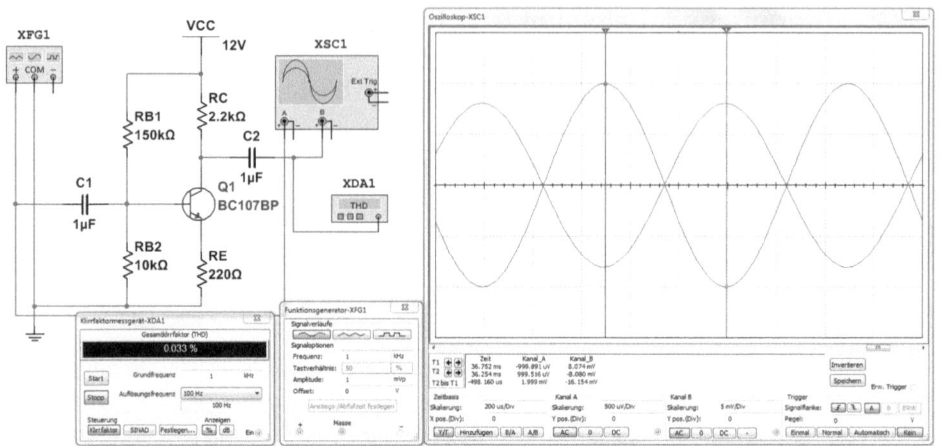

Abb. 6.16 Simulierte Transistorstufe mit Stromgegenkopplung

kleinerer Kollektorstrom und daher ein geringerer Spannungsfall an dem Emitterwiderstand R_E. Die Spannung an der Basis verringert sich, und es kann wieder ein größerer Basisstrom fließen. Für die Basis-Emitter-Spannung bei einer Stromgegenkopplung gilt

$$U_{BE} = U_{R2} - I_E \cdot R_E$$

Abb. 6.17 zeigt den Strom- und Spannungsverlauf einer Transistorstufe mit Stromgegenkopplung.

Bei steigender Temperatur nimmt der Emitterstrom zu, und damit erhöht sich der Spannungsfall um den Faktor $I_E \cdot R_E$. Es kommt zur Stromgegenkopplung eine Gleichstromgegenkopplung hinzu.

Die Bauteile der Schaltung lassen sich folgendermaßen berechnen:

$$R_C = \frac{U_b - U_{CE0} - (I_{C0} \cdot R_E)}{I_{C0}} \qquad R_E = \frac{U_{RE}}{I_{C0} + I_{B0}} = \frac{U_{RE} \cdot B}{I_{C0}(B+1)}$$

$$R_2 = \frac{U_b - U_{BE0} - U_{RE}}{I_{B0} + I_q} = \frac{(U_b - U_{BE0} - U_{RE}) \cdot B}{(1+n) \cdot I_{C0}}$$

$$R_1 = \frac{U_{BE} - U_{RE}}{I_q} = \frac{(U_{BE0} - U_{RE}) \cdot B}{n \cdot I_{C0}} \qquad I_q = n \cdot I_{B0} \quad \text{mit } n = 3 \ldots 10$$

Die Spannungsverstärkung dieser Transistorstufe errechnet sich aus $V_U = \frac{R_C}{R_E}$

Durch diese Tatsache lassen sich die Toleranzen der Verstärkungsfaktoren B eines Transistors über das Verhältnis von Kollektorwiderstand zu Emitterwiderstand ohne großen Aufwand bestimmen.

Abb. 6.17 Strom- und Spannungsverlauf einer Transistorstufe mit Stromgegenkopplung

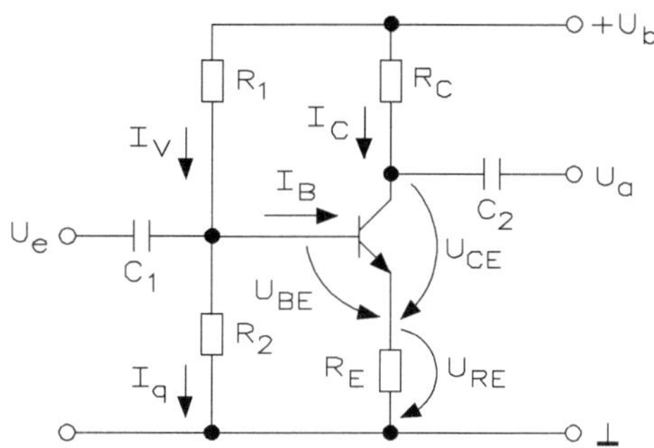

Wie das Oszilloskop zeigt liegt eine Eingangsspannung von $U_e = 1\ \mathrm{mV_S}$ an der Schaltung. Die Ausgangsspannung wird mit $U_a = 42\ \mathrm{mV_S}$ gemessen und dies ergibt eine Spannungsverstärkung von $V_U \approx 45$, also

$$V_U = \frac{10\,\mathrm{k\Omega}}{220\,\Omega} = 45$$

Bei der Spannungsgegenkopplung von Abb. 6.18 wird die Spannung für den Spannungsteiler nicht direkt an der Betriebsspannung abgegriffen, sondern am Kollektor des Transistors. Für die Basis-Emitter-Spannung gilt

$$U_{BE} = U_{CE} \cdot \frac{R_2}{R_1 + R_2}$$

Mit steigender Temperatur am Transistor vergrößert sich der Kollektorstrom und damit auch der Spannungsfall über den Widerstand R_E. Die Spannung U_{CE} sinkt, und damit fließt über den Widerstand R_1 ein geringerer Teil für den Basisstrom. Durch die Redu-

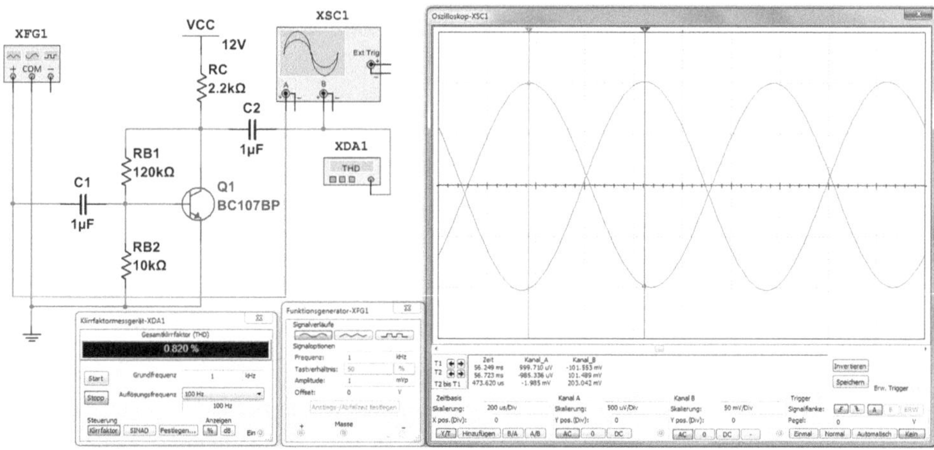

Abb. 6.18 Simulierte Schaltung einer Spannungsgegenkopplung

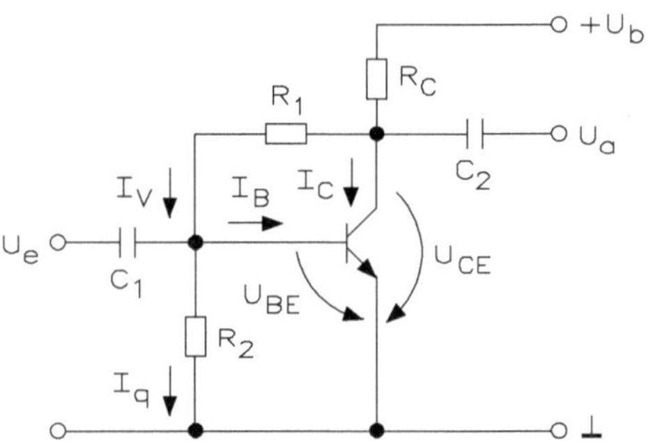

Abb. 6.19 Spannungs- und Stromverlauf einer Spannungsgegenkopplung

zierung des Basisstroms verringert sich der Kollektorstrom, und die Spannung U_{CE} vergrößert sich. Damit erhöht sich wieder der Basisstrom über den Widerstand R_1, und der Transistor verstärkt den Kollektorstrom entsprechend. Die Spannungsgegenkopplung wirkt der Eingangswechselspannung entgegen. Abb. 6.19 zeigt den Spannungs- und Stromverlauf einer Spannungsgegenkopplung.

Die Berechnung der einzelnen Bauelemente ergibt sich aus

$$R_C = \frac{U_b - U_{CE0}}{I_{C0} + I_{B0} + I_q} = \frac{B \cdot (U_b - U_{CE0})}{I_{C0} \cdot (1 + B + n)} \qquad R_2 = \frac{U_{CE0} - U_{BE0}}{I_{B0} + I_q} = \frac{B \cdot (U_{CE0} - U_{BE0})}{I_{C0} \cdot (1 + n)}$$

$$R_1 = \frac{U_{BE0}}{I_q} = \frac{U_{CE0} \cdot B}{n \cdot I_{C0}} \qquad I_q = n \cdot I_{B0} \quad \text{mit } n = 3 \ldots 10$$

Wie das Oszilloskop zeigt liegt eine Eingangsspannung von $U_e = 1\ \text{mV}_S$ an der Schaltung. Die Ausgangsspannung wird mit $U_a = 100\ \text{mV}_S$ gemessen und dies ergibt eine Spannungsverstärkung von 100.

In der Verstärkertechnik arbeitet man mit einem Emitterkondensator C_E, denn neben einer Arbeitspunktstabilisierung soll auch die hohe Spannungsverstärkung erhalten bleiben. Die Kapazität des Emitterkondensators C_E von Abb. 6.20 errechnet sich aus

$$C_E = \frac{10}{2 \cdot \pi \cdot f_u \cdot R_E}$$

Der kapazitive Blindwiderstand des Kondensators soll bei der unteren Grenzfrequenz nur 1/10 des ohmschen Emitterwiderstands aufweisen.

Wie groß ist die untere Frequenz f_u der Verstärkerstufe in Abb. 6.20?

$$f_u = \frac{10}{2 \cdot \pi \cdot R_E \cdot C_E} = \frac{10}{2 \cdot 3{,}14 \cdot 220\,\Omega \cdot 100\,\mu\text{F}} = 72{,}4\,\text{Hz}$$

Der Blindwiderstand des Kondensators C_E ist frequenzabhängig. Mit zunehmender Frequenz wird der kapazitive Blindwiderstand immer kleiner, und die gegengekoppelte Wechselstromwirkung des Kondensators hebt sich auf. Ab der unteren Grenzfrequenz f_u bestimmt im Wesentlichen nur der Wert des ohmschen Widerstands R_E den Verstärkungsfaktor.

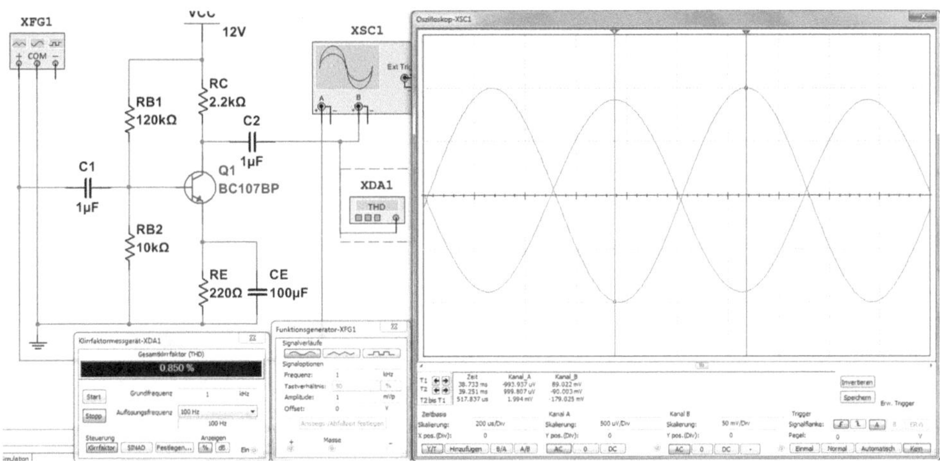

Abb. 6.20 Messung der unteren Frequenz f_u der Verstärkerstufe

6.3.3 Einstufiger Verstärker

Bei einem einstufigen Verstärker wird die Eingangsspannung über den Kondensator C_1 eingekoppelt und über den Kondensator C_2 ausgekoppelt. Ein Kondensator stellt für eine Gleichspannung einen unendlich hohen kapazitiven Blindwiderstand dar, weshalb externe Gleichspannungsanteile die eingestellten Gleichspannungswerte in einer Verstärkerstufe nicht beeinflussen. Die Signalspannung kann aber diese Koppelkondensatoren ungehindert passieren.

Über den Spannungsteiler R_1 und R_2 wird die Basisvorspannung erzeugt, und über den Einsteller lässt sich der Arbeitspunkt im Gleichstrombereich einstellen. Die Signalspannung U_e passiert den Koppelkondensator und überlagert sich der Gleichspannung. Dadurch entsteht ein Mischstrom, der durch den Transistor verstärkt wird.

Damit sich die internen Gleichspannungsverhältnisse am Ausgang nicht ändern, wird die Ausgangsspannung ebenfalls über einen Kondensator ausgekoppelt.

Bei der Ansteuerung eines Transistorverstärkers unterscheidet man zwischen der Basisspannungs- und der Basisstromansteuerung. Eine Spannungssteuerung liegt vor, wenn der Innenwiderstand des einspeisenden Generators kleiner ist als der Eingangswiderstand des Verstärkers. In diesem Fall hat man eine Spannungsanpassung, und die Ausgangsspannung des Generators ist identisch mit der Eingangsspannung des Verstärkers. Damit am Ausgang des Verstärkers eine unverzerrte Spannung entsteht, muss der Arbeitspunkt im geradlinigen Teil der Eingangskennlinie liegen.

Der Vergleich zwischen einer Spannungs- und Stromsteuerung ist in Abb. 6.21 gezeigt. Eine Stromsteuerung liegt vor, wenn der Innenwiderstand des angeschlossenen Generators groß ist gegenüber dem Eingangswiderstand der Verstärkerstufe. Damit hat man eine Stromanpassung.

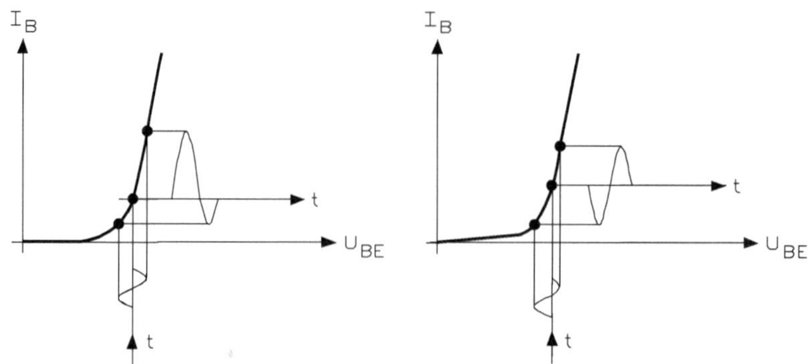

Abb. 6.21 Verzerrungen in der Eingangskennlinie $I_B = f(U_{BE})$ bei einer Spannungssteuerung (linke Kennlinie) und einer Stromsteuerung (rechte Kennlinie)

In der Praxis liegt die Ansteuerung einer Transistorstufe meistens zwischen der Spannungs- und Stromsteuerung. Dabei versucht man durch Messung der Eingangs- und Ausgangsspannung den Arbeitspunkt so einzustellen, dass die Verzerrungen am geringsten sind. Als Messgerät eignet sich ein 2-Kanal-Oszilloskop.

6.3.4 Kollektorschaltung

Die Verstärkung einer Emitterschaltung mit Stromgegenkopplung errechnet sich aus $V_U = R_C/R_E$. Werden der Kollektor- und der Emitterwiderstand gleich groß gewählt, ergibt sich ein Sonderfall in der analogen Schaltungstechnik, wie die Schaltung von Abb. 6.22 zeigt.

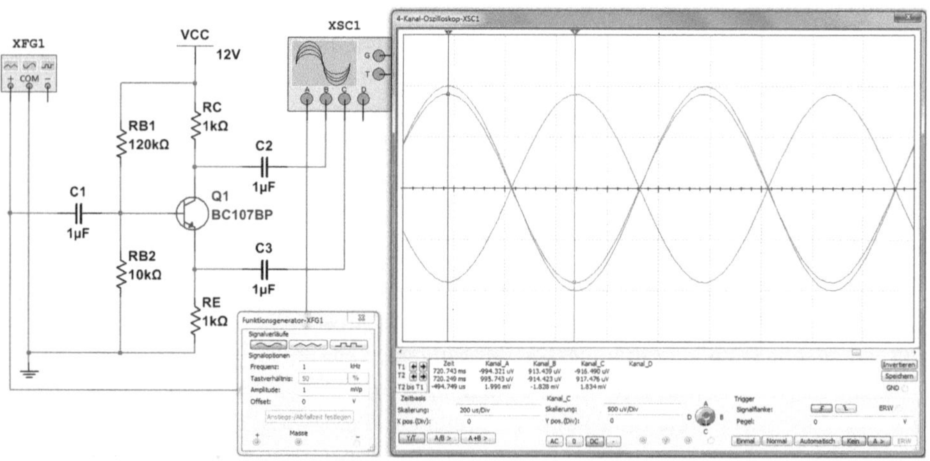

Abb. 6.22 Phasenumkehrstufe mit zwei Ausgängen und einer Verstärkung von $v_U = 1$ (bei $R_C = R_E$)

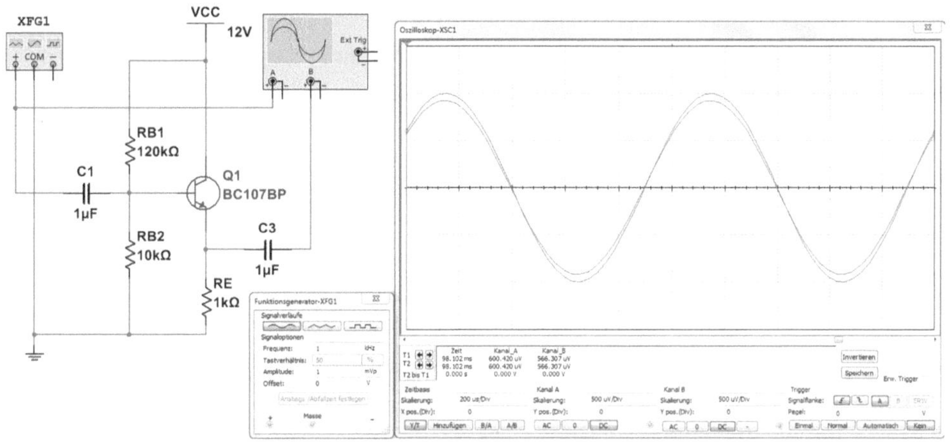

Abb. 6.23 Aufbau einer Kollektorschaltung (Emitterfolger)

Die Spannungsverstärkung errechnet sich aus $V_{\mathrm{U}} = \frac{R_{\mathrm{C}}}{R_{\mathrm{E}}}$.

Da der Kollektor- und der Emitterwiderstand gleich groß sind, erhält man eine Verstärkung von $V=1$. Zwischen der Eingangsspannung U_{e} und den beiden Ausgängen ergibt sich keine Verstärkung, aber eine Phasenverschiebung. Während der Ausgang A_1 eine Phasenverschiebung von 180° hat, ist die Spannung am Ausgang A, mit der Eingangsspannung identisch.

Entfällt bei diesem Sonderfall der Kollektorwiderstand und damit der Ausgang A_1, kommt man zur Kollektorschaltung, die eine Spannungsverstärkung von $V_0 < 1$ aufweist. Da die Ausgangsspannung am Emitter des Transistors der Eingangsspannung folgt, bezeichnet man diese Schaltung auch als „Emitterfolger".

Der Arbeitspunkt für die Kollektorschaltung von Abb. 6.23 wird im Allgemeinen so festgelegt, dass $U_{\mathrm{RE}} \approx 0{,}5 \cdot U_{\mathrm{b}}$ ist. Für die Berechnung gilt

$$R_{\mathrm{E}} = \frac{U_{\mathrm{RE}}}{I_{\mathrm{C0}} + I_{\mathrm{B0}}} = \frac{U_{\mathrm{RE}} \cdot B}{I_{\mathrm{C0}} \cdot (1 + B)} \qquad R_2 = \frac{U_{\mathrm{b}} - U_{\mathrm{RE}} - U_{\mathrm{BE0}}}{I_{\mathrm{B0}} + I_{\mathrm{q}}} = \frac{B \cdot (U_{\mathrm{CE}} - U_{\mathrm{BE0}})}{(1 + n) \cdot I_{\mathrm{C0}}}$$

$$R_1 = \frac{U_{\mathrm{BE0}} + U_{\mathrm{RE}}}{I_{\mathrm{q}}} = \frac{B \cdot (U_{\mathrm{BE0}} + U_{\mathrm{RE0}})}{n \cdot I_{\mathrm{C0}}} \qquad I_{\mathrm{q}} = n \cdot I_{\mathrm{B0}} \quad \text{mit } n = 3 \ldots 10$$

Die Kollektorschaltung zeichnet sich durch einen hochohmigen Eingangswiderstand und einen niederohmigen Ausgangswiderstand aus.

6.3.5 Mehrstufige Verstärker

Wenn die Verstärkung einer einfachen Transistorstufe nicht mehr ausreicht, müssen mehrere Verstärkerstufen hintereinander geschaltet werden. Die Eingangssignalspannung wird in der ersten Verstärkerstufe um einen bestimmten Faktor erhöht, und es entsteht eine Ausgangsspannung, die dann in der nächsten Verstärkerstufe weiter erhöht wird. Die Gesamtverstärkung errechnet sich aus

$$V_{ges} = V_1 \cdot V_2 \cdot V_3 \cdot \ldots \cdot V_n$$

Es gibt verschiedene Möglichkeiten, die Ausgangswechselspannung einer Verstärkerstufe der nächsten zuzuführen.

Die einfachste Art einer Kopplung von zwei Verstärkerstufen hat man durch die RC-Kopplung. In diesem Fall wird die Ausgangswechselspannung der ersten Stufe über den Koppelkondensator C_2 direkt der nächsten Stufe zugeführt. Der Koppelkondensator hat hier die Aufgabe, dass die Gleichspannungsanteile der ersten Stufe nicht die der zweiten Stufe beeinflussen und umgekehrt. Abb. 6.24 zeigt die Schaltung.

Die Kapazität des Koppelkondensators C_K (C_2) muss so groß sein, dass der kapazitive Blindwiderstand auch bei den niedrigsten zu übertragenden Frequenzen klein ist gegenüber dem dynamischen Eingangswiderstand r_{ein} der zweiten Stufe. Die untere Grenzfrequenz errechnet sich aus

$$f_u = \frac{1}{2 \cdot \pi \cdot C_K \cdot r_{ein}}$$

Bei der RC-Kopplung werden die einzelnen Verstärkerstufen zwar gleichspannungsmäßig getrennt, aber die Koppelkondensatoren beeinflussen die untere Grenzfrequenz des gesamten Verstärkers. Die untere Gesamtfrequenz f_u' errechnet sich aus den Grenzfrequenzen f_u der einzelnen Verstärkerstufen und die Gesamtzahl der Verstärkerstufen

$$f_u' = f_u \cdot \sqrt{2^{(n-1)}}$$

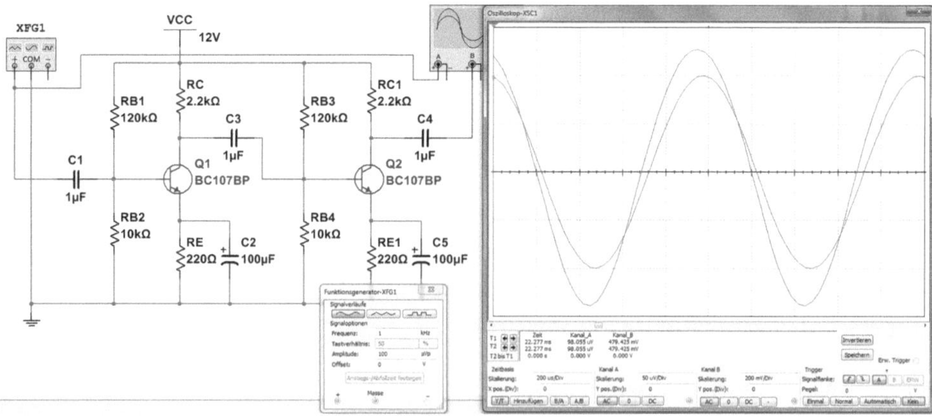

Abb. 6.24 RC-Kopplung zwischen zwei Transistorstufen

Hat man einen Verstärker, der aus vier Stufen mit jeweils einer Grenzfrequenz von $f_g = 20$ Hz besteht, ergibt sich eine untere Gesamtfrequenz von

$$f_u' = f_y \cdot \sqrt{2^{(n-1)}} = 20\,\text{Hz} \cdot \sqrt{2^{(n4-1)}} = 20\,\text{Hz} \cdot \sqrt{2^3} = 56\,\text{Hz}$$

Diese Berechnung gilt aber nur, wenn alle einzelnen Verstärkerstufen die Grenzfrequenz $f_g = 20$ Hz erreichen.

6.3.6 Direkte Gleichstromkopplung

Bei Gleichspannungsverstärkern lässt sich weder eine induktive Kopplung mittels Übertragers noch eine RC-Kopplung einsetzen. Die einfachste Art der Gleichstromkopplung ist die direkte Zusammenschaltung der Transistoren.

Arbeitet man mit npn-npn- oder pnp-pnp-Transistoren, spricht man von einer Darlingtonstufe. Bei einer Kombination von npn-pnp- oder pnp-npn-Transistoren hat man eine komplementäre Darlingtonstufe. Es gelten für die Berechnungen:

Spannungsverstärkung:	$V_U \approx 1$	
Stromverstärkung:	$V_I \approx \beta_{ges}$	$\beta_1 \cdot \beta_2$
*E*ingangsimpedanz:	$Z_1 \approx 2 \cdot r_{BE1}$	
Ausgangsimpedanz:	$Z_2 \approx 2/3 \cdot r_{CE2}$	Darlingtonstufe
	$Z_2 \approx 1/2 \cdot r_{CE2}$	komplementäre Darlingtonstufe

r_{BE} und r_{CE} sind die dynamischen Werte des Basis-Emitter- und des Kollektor-Emitter-Widerstands.

Bei einer Darlingtonstufe bestimmt der Eingangstransistor T_1 im Wesentlichen die Funktion, während der zweite Transistor den Strom verstärkt.

Bei den Darlingtonstufen liegt eine direkte Gleichstromkopplung vor. Eine direkte Gleichspannungskopplung ist in der Schaltung von Abb. 6.25 gezeigt.

Die Kaskadenschaltung wird meistens bei elektronischen Netzgeräten eingesetzt. Der Lastwiderstand R_E stellt den Verbraucher dar, und $+U_b$ ist die unstabilisierte Eingangsspannung. Damit sich eine stabile Ausgangsspannung ergibt, wird die Eingangsspannung über eine Z-Diode stabil gehalten.

Die Gleichspannung am Eingang der Kollektorschaltung beträgt $U_e = 9$ V und die Ausgangsspannung $U_a = 7{,}35$ V. Dieser Spannungsfall ergibt sich durch die beiden Basis-Emitter-Dioden ($\approx 1{,}4$ V) der Darlingtonstufe.

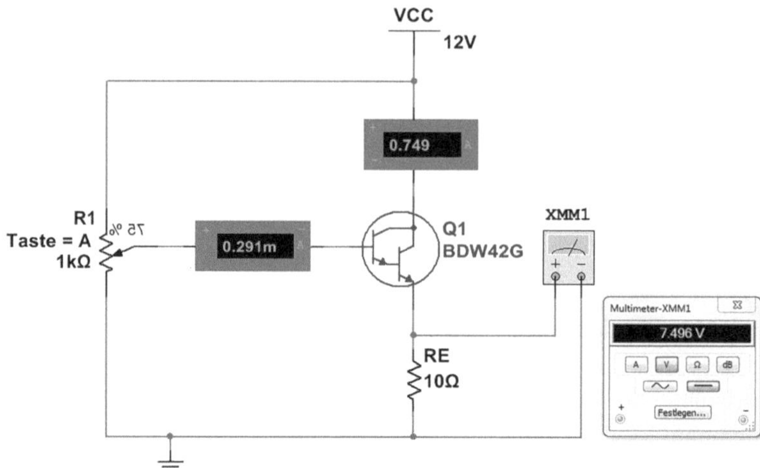

Abb. 6.25 Direkte Gleichspannungskopplung durch eine Kaskadenschaltung im Kollektorbetrieb

6.3.7 Zweistufiger Verstärker

Bei der Realisierung eines zweistufigen Verstärkers muss zuerst die Gesamtverstärkung betrachtet werden, und erst dann beginnt man mit der Realisierung der einzelnen Verstärkerstufen.

In der Ersatzschaltung von Abb. 6.26 hat man eine Eingangsspannung von $U_{e1} = 5$ mV und eine Ausgangsspannung von $U_{a2} = 1$ V. Man benötigt also eine Gesamtverstärkung von $V = 200$, wobei in der Ersatzschaltung die erste Stufe eine Verstärkung von $V = 20$ und die in der zweiten Stufe $V = 10$ aufweist. Da die einzelnen Verstärkungen von dem Verhältnis zwischen Kollektorwiderstand und Emitterwiderstand abhängig sind, lässt sich die Berechnung vereinfachen. Den Aufbau des zweistufigen Verstärkers zeigt Abb. 6.27.

Für die erste Verstärkerstufe wurde ein Verhältnis von R_C zu R_E von 1 kΩ zu 100 Ω gewählt, womit sich eine Verstärkung von $V_U = 10$ ergibt. In der zweiten Stufe hat man 1 kΩ zu 100 Ω und eine Verstärkung von $V_2 = 10$. Multipliziert man die beiden Einzelverstärkungen, ergibt sich $V_{ges} = 100$.

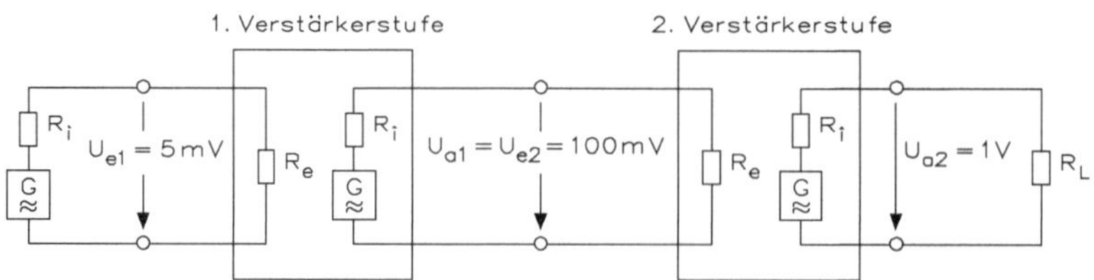

Abb. 6.26 Ersatzschaltbild eines zweistufigen Verstärkers

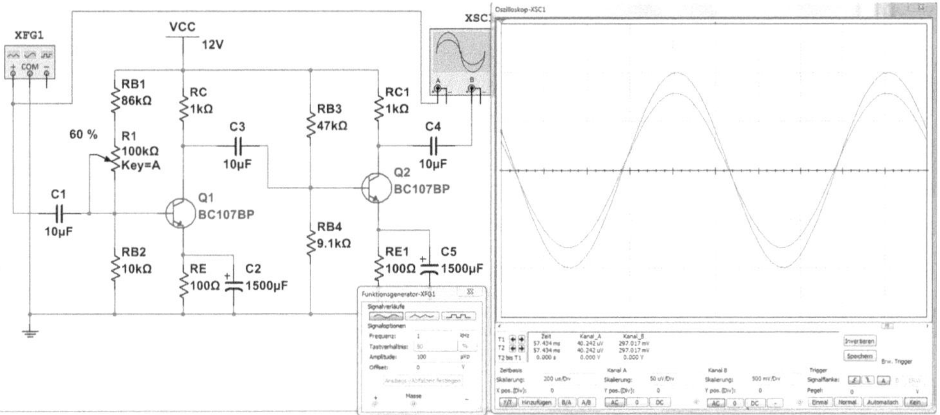

Abb. 6.27 Realisierung eines zweistufigen Verstärkers in RC-Kopplung

Wird für jede Verstärkerstufe eine untere Grenzfrequenz von $f_u = 10$ Hz festgelegt, berechnet sich der Kondensator C_{E1} und C_{E2} für die Wechselstromgegenkopplung aus

$$C_{E1} \text{ oder } C_{E2} = \frac{10}{2 \cdot \pi \cdot f_u \cdot R_E} = \frac{10}{2 \cdot 3{,}14 \cdot 10\,\text{Hz} \cdot 100\,\Omega} = 1592\,\mu\text{F}\,(1500\,\mu\text{F})$$

Für diese Verstärkerstufe benötigt man zwei Kondensatoren von $C_{E1} = C_{E2} = 1500$ µF.

Als Transistoren werden in der Schaltung zwei BC107 eingesetzt, die sich für rauscharme Vorstufenverstärker besonders eignen. Das Kollektor-Basis-Gleichstromverhältnis wird in den Datenbüchern mit einem typischen Wert von $h_{FE} = 290$ angegeben.

Für die Berechnung des Widerstands R_1 der ersten Stufe benötigt man den Spannungsfall am Widerstand R_E:

$$U_{RE} = \frac{U_b \cdot R_E}{R_C + R_E} = \frac{12\,\text{V} \cdot 100\,\Omega}{1\,\text{k}\Omega + 100\,\Omega} = 1{,}09\,\text{V}$$

Der Basisvorwiderstand R_2 errechnet sich aus

$$R_2 = \frac{(U - U_{BE0} - U_{RE}) \cdot B}{(1+n)I_{C0}} = \frac{(12\,\text{V} - 0{,}6\,\text{V} - 1{,}09\,\text{V}) \cdot 290}{(1+5) \cdot 6\,\text{mA}} = 83\,\text{k}\Omega\ (86\,\text{k}\Omega)$$

Für den Wert n wurde 5 gewählt, und der mittlere Kollektorstrom beträgt ca. 6 mA. Der Basisvorwiderstand R_2 der zweiten Verstärkerstufe hat einen Wert von 47 kΩ. Um die Toleranz bei den Transistoren auszugleichen, wurde ein Potentiometer oder Einsteller mit 100 kΩ eingeschaltet. Mit diesem lässt sich der Basisstrom entsprechend einstellen.

Der Basisquerwiderstand R_1 für die erste Verstärkerstufe errechnet sich aus

$$R_1 = \frac{(U_{BE0} + U_{RE}) \cdot B}{n \cdot I_{C0}} = \frac{(0{,}6\,\text{V} + 1{,}09\,\text{V}) \cdot 290}{5 \cdot 6\,\text{mA}} = 16\,\text{k}\Omega\,(15\,\text{k}\Omega)$$

In der Praxis verwendet man für die erste Verstärkerstufe eine Reihenschaltung eines Festwiderstands mit 86 kΩ und eines Einstellers mit 100 kΩ. Damit kann der Arbeitspunkt exakt über ein Oszilloskop eingestellt werden.

Für die zweite Verstärkerstufe errechnet sich ein Basisquerwiderstand von $R_2 = 9{,}1\ \text{k}\Omega$. Auch hier kann man für den Abgleich des Arbeitspunktes einen Festwiderstand mit 33 kΩ und einen Einsteller mit 50 kΩ einsetzen.

Die Messung hat eine Eingangsspannung von $U_e = 1\ \text{mV}_S$ und die Ausgangsspannung von $U_a = 750\ \text{mV}_S$. Es ergibt sich eine Verstärkung von 750.

Beim Abgleich eines Verstärkers schließt man am Eingang einen Funktionsgenerator (Sinusausgang) und einen Kanal des Oszilloskops an. Die Sinusspannung wird entsprechend eingestellt, und am Ausgang der Verstärkerstufe erscheint eine Sinuskurve, wie Abb. 6.28 zeigt.

Wenn man den Arbeitspunkt durch den Einsteller in den optimalen Betrieb gebracht hat, erhöht man die Eingangsspannung, damit es zu einer Übersteuerung kommt. Tritt eine lineare Übersteuerung auf, ist der Arbeitspunkt richtig eingestellt.

Der statische und der dynamische Eingangswiderstand eines Transistors berechnen sich aus

$$R_{BE} = \frac{U_{BE}}{I_B} \quad \text{und} \quad r_{BE} = \frac{u_{BE}}{i_B}$$

Diese Beziehungen gelten jedoch nur für eine bestimmte Ausgangsspannung.

Beispiel: Bei der Schaltung von Abb. 6.28 sind die Werte für den Spannungsteiler $R_2 = 86\ \text{k}\Omega$ und $R_1 = 15\ \text{k}\Omega$ gegeben. Der Transistorwert r_{BE} für den BC107 entstammt dem Datenblatt. Der Eingangswiderstand r_{ein} errechnet sich aus folgender Parallelschaltung:

$$\frac{1}{r_{ein}} = \frac{1}{r_{BE}} + \frac{1}{R_1} + \frac{1}{R_2} = \frac{1}{4{,}5\,\text{k}\Omega} + \frac{1}{15\,\text{k}\Omega} + \frac{1}{86\,\text{k}\Omega} \Rightarrow r_{ein} = 3{,}3\,\text{k}\Omega$$

Der Wert C_1 des Koppelkondensators am Eingang der Schaltung von Abb. 6.28 beträgt damit

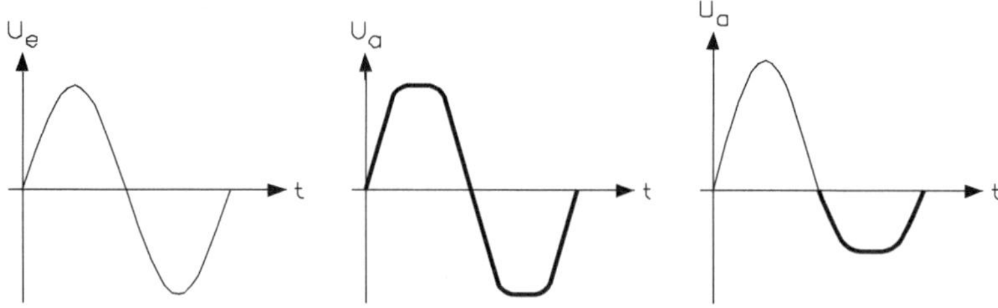

Abb. 6.28 Ausgangsspannungen für einen optimalen Betrieb (links), einer linearen Übersteuerung (Mitte) und einer verzerrten Übertragung (rechts)

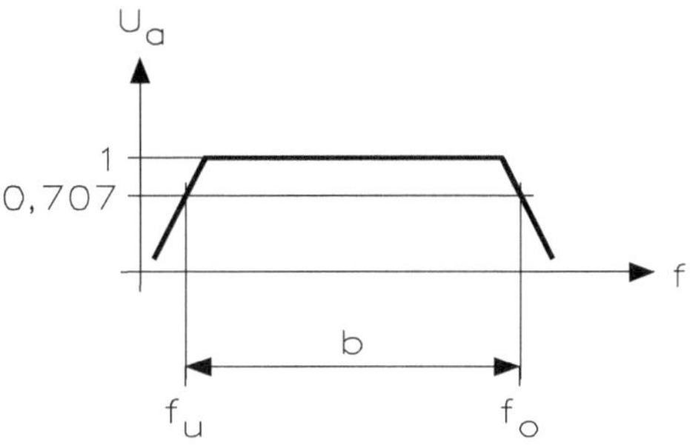

Abb. 6.29 Frequenzabhängigkeit der Ausgangsspannung eines Verstärkers

$$C_1 = \frac{1}{2 \cdot \pi \cdot f_u \cdot r_{ein}} = \frac{1}{2 \cdot 3{,}14 \cdot 10\,\text{Hz} \cdot 3{,}3\,\text{k}\Omega} = 4{,}8\,\mu\text{F}\ (10\,\mu\text{F})$$

Bei dieser Berechnung ist jedoch der Innenwiderstand der Signalquelle am Eingang nicht berücksichtigt. Abb. 6.29 zeigt die Frequenzabhängigkeit der Ausgangsspannung eines Verstärkers.

Die untere Grenzfrequenz wird mit f_u und die obere mit f_o angegeben. Aus diesen beiden Werten lässt sich die Bandbreite $b = \Delta f$ des Verstärkers berechnen:

$$b = \Delta f = f_o - f_u$$

Während die untere Grenzfrequenz von den Kapazitäten des Transistors und Kondensatoren im Wesentlichen bestimmt wird, ist die obere Grenzfrequenz von der Stromverstärkung und ebenfalls von den Transistorkapazitäten abhängig.

6.3.8 Zweistufiger Verstärker mit Gegenkopplung

Die Gegenkopplung ist eine Form der Rückkopplung, bei der das Ausgangssignal eines Verstärkers gegenphasig an den Eingang des Verstärkers zurückgeführt wird. Die allgemeine Gleichung für die Rückkopplung lautet

$$\underline{V}^* = \frac{\underline{X}_2}{\underline{X}_1{}^*} = \frac{\underline{V}}{1 - \underline{K} \cdot \underline{V}}$$

Aus dieser allgemeinen Gleichung für die Rückkopplung lässt sich der Signalflussplan von Abb. 6.30 definieren.

Für diesen Signalflussplan gelten folgende Bedingungen:

Keine Rückkopplung:	$\underline{K} = 0$	$\underline{V}^* = \underline{V}$
Negative Rückkopplung: (Gegenkopplung)	$\lvert 1 - \underline{K} \cdot \underline{V} \rvert > 1$	$\lvert \underline{V}^* \rvert < \lvert \underline{V} \rvert$

Positive Mitkopplung: (Mitkopplung)	$0<\|1-\underline{K}\cdot\underline{V}\|<1$	$\|\underline{V}^*\|>\|\underline{V}\|$
Selbsterregung: (Schwingbedingung)	$\|\underline{K}\cdot\underline{V}\|=1$	$\|\underline{V}^*\|\to\infty$
Verstärkung bei phasenrichtiger Gegenkopplung:	$V^*=\frac{1}{1+\underline{K}\cdot\underline{V}}$	mit $\underline{K}\cdot\underline{V}=-KV$
Verstärkung bei inversem Rückführverhalten:	$V^*=\frac{1}{K}$	für große Schleifenverstärkung $K\cdot V\approx 1$

Die Aufgabe des Verstärkers V ist die Verstärkung eines Eingangssignals $\underline{X}_1$ auf den Ausgangswert $\underline{X}_1\cdot\underline{X}_2$ ist zugleich das Ausgangssignal der Schaltung und der Eingangswert für das Kopplungsnetzwerk K. Am Ausgang des Kopplungsnetzwerkes K liegt der reduzierte Wert $\underline{K}\cdot\underline{X}_2$, vor. Es werden immer passive Kopplungsnetzwerke eingesetzt, bei denen die Bedingung $K<1$ ist.

Beim Aufbau eines zweistufigen Verstärkers lassen sich prinzipiell vier Schaltungsvarianten realisieren, die ihre Vor- und Nachteile aufweisen. Je nach Verstärkermodell ändern sich die Anschlusswiderstände Z_1, Z_2 und die Verstärkungsfaktoren V_u, V_i unter dem Einfluss der Gegenkopplung.

Die Schaltung von Abb. 6.31 zeigt einen zweistufigen NF-Verstärker mit kapazitiver Kopplung durch den Kondensator C_2. Beide Transistorstufen arbeiten in Wechselstromgegenkopplung, wobei die untere Grenzfrequenz von mehreren Schaltungselementen abhängig ist. Das erste Element ist der Kondensator C_1, der zusammen mit dem

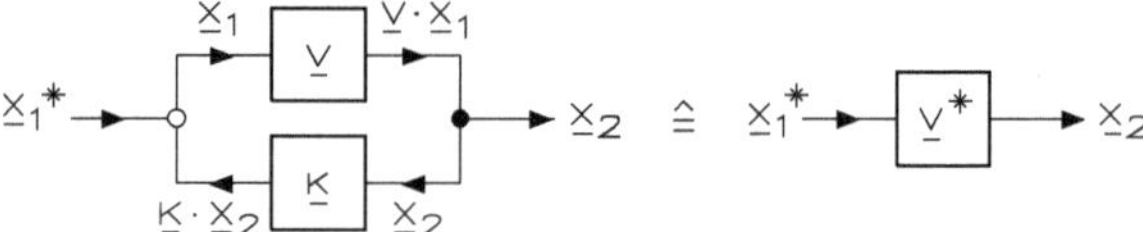

Abb. 6.30 Signalflussplan für einen rückgekoppelten Verstärker

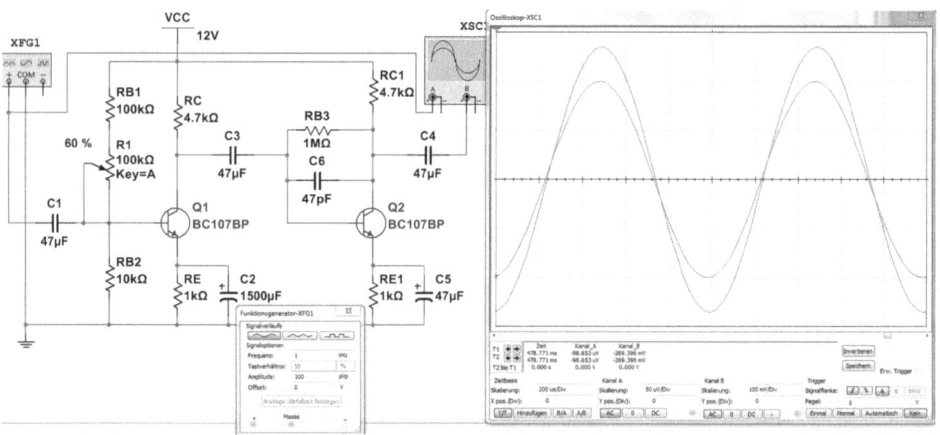

Abb. 6.31 Zweistufiger NF-Verstärker (ohne Gegenkopplung) mit kapazitiver Kopplung der beiden Stufen

Widerstand R_2, dem Trimmer R_9 und dem Basis-Emitter-Widerstand r_{BE} einen Tiefpass bildet. Der Emitterkondensator C_{E1} bzw. der Emitterkondensator C_{E2} sind ebenfalls für die untere Grenzfrequenz zu beachten, denn die Emitterkondensatoren heben die Wechselstromgegenkopplung der beiden Emitterwiderstände R_{E1} bzw. R_{E2} auf. Über den Kondensator C_2 wird die Wechselspannung von der ersten in die zweite Stufe gekoppelt. Auch dieser Kondensator C_2 bildet zusammen mit dem Basis-Emitter-Widerstand r_{BE} des Transistors T_2 einen Tiefpass. Die obere Grenzfrequenz wird von dem Kondensator C_3 bestimmt. Für diese Schaltung ergeben sich folgende Werte:

$$V_{ges} \approx 200 \, (\text{bei } u_e = 100 \, \mu V_S) \quad f_u \approx 40 \, Hz \quad f_o \approx 80 \, kHz$$

Bei der Kopplung zweier oder mehrerer Verstärkerstufen arbeitet die vorhergehende Stufe jeweils als Generator mit einem entsprechenden Innenwiderstand für die nächste Stufe. Der Arbeitspunkt für jede Verstärkerstufe soll möglichst separat einstellbar sein. Man kann aber diesen recht aufwendigen Vorgang umgehen, wenn man eine Gegenkopplung über zwei Stufen realisiert.

Bei der Schaltung von Abb. 6.32 hat man eine Stromgegenkopplung über zwei Stufen und damit einen Verstärker mit gemeinsamer Arbeitspunktstabilisierung. Durch diese Schaltungsvariante kann man mit zwei Transistoren eine hohe Verstärkung erzielen, wobei sich eine konstante Stabilisierung des gesamten Arbeitspunktes ergibt. Die Schaltung stellt einen Wechselspannungsverstärker mit direkter Kopplung der Transistoren und Arbeitspunktstabilisierung durch Gegenkopplung dar. Es gilt:

$$V_{ug}* \approx V_u \quad Z_1{}^* > Z_1 \qquad V_i* \approx V_i \quad Z_2{}^* < Z_2$$

Die Spannung U_a ist zur Eingangsspannung U_e um 180° phasenverschoben. Steigt die Eingangsspannung, wird der Transistor T_1 leitender und demzufolge der Transistor T_2

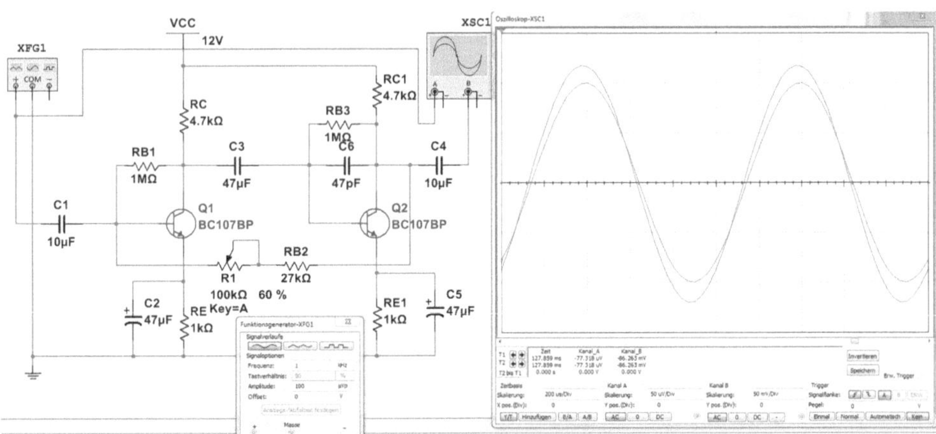

Abb. 6.32 Zweistufiger NF-Verstärker mit einer Stromgegenkopplung über zwei Stufen und einer gemeinsamen Arbeitspunktstabilisierung

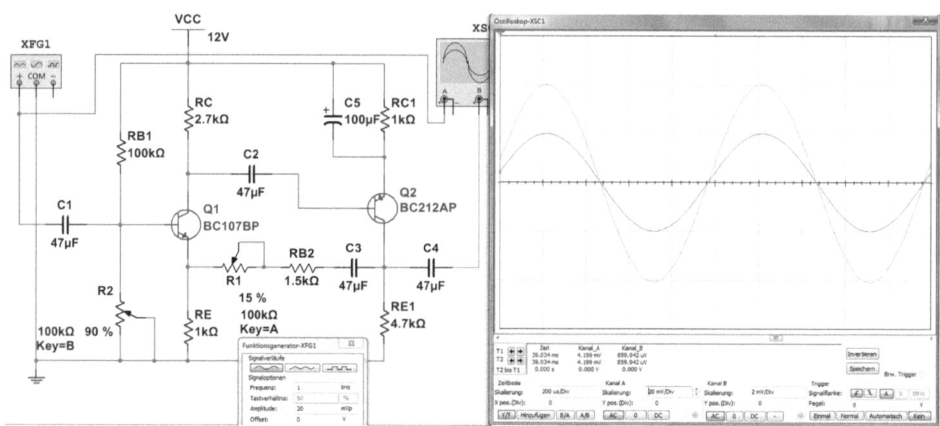

Abb. 6.33 Zweistufiger NF-Verstärker mit einer Spannungsgegenkopplung über zwei Stufen und einer gemeinsamen Arbeitspunktstabilisierung

zugesteuert. Die Spannung verringert sich, und über die beiden Widerstände R_1 und R_9 fließt ein kleinerer Strom für die Gegenkopplung. Durch den Widerstand R_4 lässt sich der Strom für die Gegenkopplung einstellen, und man erhält folgende Werte:

$R_4 = 0\,\Omega$ und $U_e = 250\,\mu V_S$:	$R_4 = 100\,k\Omega$ und $U_e = 250\,\mu V_S$:
$V_{ges} = 20$	$V_{ges} = 200$
$f_u \approx 50\,Hz$	$f_u \approx 50\,Hz$
$f_o \approx 300\,kHz$	$f_o \approx 150\,kHz$

Abb. 6.33 zeigt einen zweistufigen NF-Verstärker mit einer Spannungsgegenkopplung über zwei Stufen und einer gemeinsamen Arbeitspunktstabilisierung.

Während die untere Grenzfrequenz wieder von mehreren Faktoren abhängig ist, wird die obere Grenzfrequenz weitgehend vom Kondensator C_3 bestimmt. Ohne diesen Kondensator erreicht man eine obere Grenzfrequenz von 1 MHz. Mit zunehmender Frequenz verringert sich der kapazitive Blindwiderstand, und damit reduziert sich die Gegenkopplung entsprechend. Damit werden unerwünschte HF-Signale nicht verstärkt, sondern unterdrückt.

Bei dieser Schaltung wird die Ausgangsspannung der zweiten Stufe auf den Emitter der ersten Transistorstufe gegengekoppelt. Durch diese Art der Kopplung erreicht man eine Spannungsgegenkopplung, mit der sich die Gesamtverstärkung dieses zweistufigen NF-Verstärkers über das Potentiometer R_4 einstellen lässt. Außerdem erreicht man eine gemeinsame Arbeitspunktstabilisierung. Durch das Potentiometer R_4 lässt sich der Strom für die Gegenkopplung einstellen, und man erhält folgende Werte:

$R_4 = 0\,\Omega$ und $U_e = 250\,\mu V_S$:	$R_4 = 100\,k\Omega$ und $U_e = 250\,\mu V_S$:
$V_{ges} = 20$	$V_{ges} = 200$
$f_u \approx 50\,Hz$	$f_u \approx 50\,Hz$
$f_o \approx 300\,kHz$	$f_o \approx 150\,kHz$

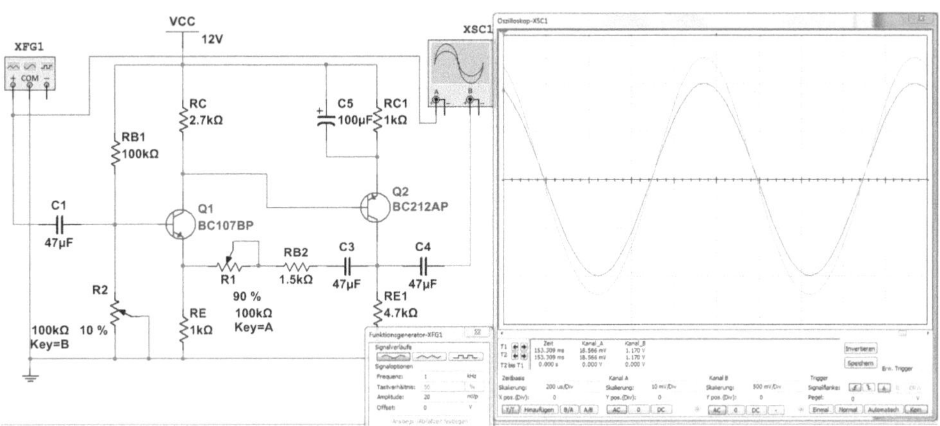

Abb. 6.34 Zweistufiger NF-Verstärker mit Komplementärtransistoren einer Spannungsgegenkopplung über zwei Stufen und einer gemeinsamen Arbeitspunktstabilisierung

Während die untere Grenzfrequenz wieder von mehreren Faktoren abhängig ist, wird die obere Grenzfrequenz weitgehend vom Kondensator C_3 bestimmt.

Bei dem komplementären NF-Verstärker von Abb. 6.34 hat man eine spannungsabhängige Spannungsgegenkopplung, denn die Ausgangsspannung U_a wird auf dem Emitter des Eingangstransistors gegengekoppelt. Damit ergeben sich folgende Werte:

$$V_{ug}* \approx V_u \quad Z_1^* > Z_1 \qquad V_i^* \approx V_i \quad Z_2^* < Z_2$$

6.4 Operationsverstärker

Der Operationsverstärker ist ein wesentlicher Bestandteil vieler elektronischer Geräte. Bis 1975 war es üblich, für jede spezielle Verwendung einen individuellen Verstärker zu entwickeln. Heute geht man immer mehr dazu über, die Teile des Verstärkers, die eigentliche Verstärkung bewirken, in einen Baustein oder Bauelement zu konzentrieren und die speziell gewünschten Eigenschaften durch eine äußere Beschaltung zu erreichen. Solche aktiven Bausteine, die alle für die Signalverstärkung notwendigen Elemente enthalten, fallen unter den Begriff „Operationsverstärker". Erst durch die Technik der integrierten Halbleiterschaltungen ist es möglich geworden, Operationsverstärker genügend preiswert herzustellen und sie dadurch einem breiten Anwendungsgebiet zugänglich zu machen. Die Bezeichnung „Operationsverstärker" kommt aus der analogen Rechentechnik, wo derartige Verstärker in größerem Stil eingesetzt werden. Operational Amplifier, Rechenverstärker, Abkürzung OP oder OpAmp gehen heute weit über die Anwendungen im Rahmen von Rechenoperationen hinaus.

Durch geeignete äußere Beschaltungen eines Operationsverstärkers können speziell gewünschte Übertragungseigenschaften erzielt werden. Dadurch wird erst eine universelle Einsatzfähigkeit dieser Bauelemente möglich. Damit die Eigenschaften des beschalteten Verstärkers möglichst nur von der äußeren Beschaltung abhängen, müssen an den Operationsverstärker diverse Forderungen gestellt werden, Dies bewirkt einen recht komplizierten inneren Aufbau. Operationsverstärker bestehen aus einer Vielzahl von Transistoren, Dioden und Widerständen.

Eine detaillierte Kenntnis der internen Schaltung und ihrer Funktion ist für den Praktiker jedoch nicht unbedingt erforderlich. Es reicht aus, den Operationsverstärker in einer Schaltung als „Schwarzen Kasten“ zu betrachten und nur durch sein Schaltsymbol anzugeben. Um die Funktionsweise einer mit Operationsverstärkern aufgebauten Schaltung zu verstehen, muss man allerdings die wichtigsten Eigenschaften dieses „Schwarzen Kastens“ kennen.

6.4.1 Grundprinzip und Kennwerte

Der interne Aufbau lässt sich bei jedem Operationsverstärker in drei Funktionsgruppen zusammenfassen:

- eine Eingangsstufe
- eine Spannungsverstärkerstufe und
- eine Leistungsendstufe

In Abb. 6.35 ist ein Blockschaltbild vom internen Aufbau des Operationsverstärkers dargestellt.

Die Zahl der integrierten Transistorstufen, Dioden und Widerstände ist bei den einzelnen Typen teilweise sehr unterschiedlich. Wie bei der integrierten Schaltungstechnik üblich, wird mit einer Vielzahl von Transistorfunktionen gearbeitet, wodurch gegenüber der diskreten Schaltungstechnik viele Feinheiten und Verbesserungen ausgenutzt werden können.

Eingangsstufe: Die Eingangsstufe enthält grundsätzlich einen Differenzverstärker. Aus diesem Grunde verfügt der Operationsverstärker über zwei Eingänge.

Spannungsverstärkerstufe: Die nachfolgende Verstärkung erfolgt in diesem Block. Er enthält weitere Differenzverstärker. Jeder Operationsverstärkertyp hat hier aber teilweise recht unterschiedliche und aufwendige Schaltungsvarianten.

Abb. 6.35 Blockschaltbild vom internen Aufbau eines Operationsverstärkers

Leistungsendstufe: Vom Ausgang des Blocks „Spannungsverstärkung“ wird dann die Leistungsendstufe angesteuert. Bei den Leistungsendstufen sind im Wesentlichen zwei Ausführungen zu unterscheiden, und zwar eine Schaltung mit Gegentaktendstufe und eine Schaltung mit offenem Kollektor. Der Eintaktausgang in Darlingtonschaltung bietet gegenüber der Gegentaktendstufe den Vorteil, dass man höhere Lastströme erzielen kann. Bei dieser Version ist der extern anzuschließende Verbraucher (Last) der Arbeitswiderstand der Eintaktendstufe. Beispielsweise ist der Operationsverstärker TAA761A in dieser Art aufgebaut.

Wie Abb. 6.36 zeigt, arbeitet man in der Simulation mit einem virtuellen und realen Operationsverstärker. Normalerweise verwendet man den virtuellen Operationsverstärker, denn dieser hat alle Vorteile in der Simulation und eine Betriebsspannung von ±15 V. Auch die Frequenzkompensation ist vorhanden. Muss man mit einer bestimmten Betriebsspannung arbeiten, verwendet man das mittlere Symbol und man hat die beiden Betriebsspannungsanschlüsse. Werden diese Anschlüsse vertauscht, tritt eine Fehlermeldung auf. Beim rechten Symbol handelt es sich um einen realen Operationsverstärker und in Multisim werden ca. 500 verschiedene Typen angeboten.

Das Schaltzeichen ist in Abb. 6.36 dargestellt. Wie bereits aus Abb. 6.35 ersichtlich, verfügt der Operationsverstärker über zwei Eingänge, von denen einer invertierende und der andere nicht invertierende Wirkung hat und einen Ausgang. Die Bezeichnung, die man für diese Anschlüsse in der Fachliteratur findet, sind recht unterschiedlich. So wird beispielsweise der nicht invertierende Eingang auch als +E-Eingang oder als P-Eingang ($P \triangleq$ Positiv) und der invertierende Eingang als −E-Eingang oder N-Eingang ($N \triangleq$ Negativ) bezeichnet. Weitere Benennungsmöglichkeiten sind E_1 und E_2 bzw. I_1 und I_2 (Input $\triangleq$ Eingang). Für den Ausgang A ist auch die Bezeichnung Q üblich ($Q \triangleq$ O = Output = Ausgang).

Genauso unterschiedlich ist dann auch die Bezeichnung der Spannungen, die an diesen Punkten liegen.

Operationsverstärker werden häufig mit symmetrischen Betriebsspannungen $\pm U_b$ betrieben. Es ist jedoch auch möglich einen Anschluss auf den Bezugspunkt (Masse) zu legen. Aus Gründen der besseren Übersichtlichkeit werden aber sowohl beim Schaltsymbol als auch in den Schaltbildern von Verstärkern die Anschlüsse für die Betriebsspannung meistens weggelassen.

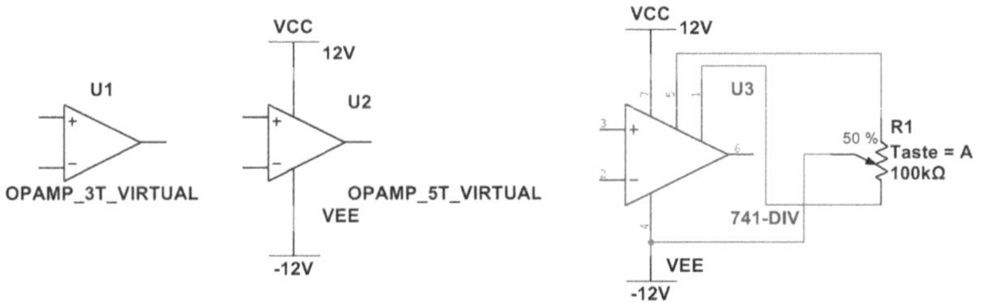

Abb. 6.36 Schaltsymbol für Operationsverstärker

Je nach Ausführung oder Typ haben die Operationsverstärker auch noch einen oder mehrere weitere Anschlüsse für die externe Kompensation. Die Anschlussbelegung kann den jeweiligen Datenblättern entnommen werden, wobei zu beachten ist, dass Operationsverstärker mit gleichen technischen Daten in unterschiedlichen Gehäuseausführungen geliefert werden.

Abb. 6.37 zeigt als Beispiel die Belegung des Typs 741 im 8-poligen DIL-Plastik- und rundem Metallgehäuse. Die Offsetpins (5 und 8) sind hierbei für den Offsetabgleich vorhanden. Über einen Einsteller mit 10 kΩ sind die beiden Anschlüsse mit $-U_b$ zu verbinden.

6.4.2 Kenndaten eines Operationsverstärkers

Der ideale Operationsverstärker verstärkt nun – da eingangsseitig gemäß Blockschaltbild (Abb. 6.35) ein Differenzverstärker liegt – lediglich die Differenzspannung

$$U_D = U_1 - U_2$$

mit einem Verstärkungsfaktor, der mit V_0 bezeichnet wird. V_0 wird als Leerlaufverstärkung, Differenzverstärkung oder offene Schleifenverstärkung bezeichnet. Der Begriff Leerlaufverstärkung bedeutet dabei nicht, dass der Ausgang unbelastet ist. V_0 wird vom Hersteller angegeben und liegt je nach Typ etwa in der Größenordnung $20 \cdot 10^3$ bis $200 \cdot 10^3$.

Sind die Eingangsspannungen U_1 und U_2, sowie die Leerlaufspannungsverstärkung V_0 bekannt, so lässt sich die Ausgangsspannung U_a berechnen:

$$U_a = V_0 \cdot u_D = V_0(U_1 - U_2)$$

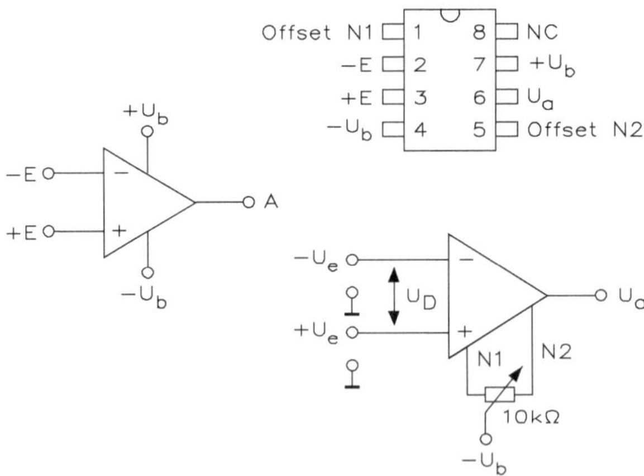

Abb. 6.37 Anschlussbelegung des universellen Operationsverstärkers 741

Zur Festlegung der Bezeichnung der Eingänge werden nun zwei vereinfachende Annahmen getroffen:

a) Der Eingang E_2 wird auf Masse gelegt: $U_2 = 0$ V. Damit ergibt sich für die Ausgangsspannung

$$U_a = V_0 \cdot u_D = V_0(U_1 - U_2) = V_0 \cdot U_1$$

Die Ausgangsspannung ist also gleichphasig mit der Eingangsspannung U_1 an E_1. Man bezeichnet deshalb den Eingang E_1 als den nicht invertierenden und kennzeichnet ihn durch ein Pluszeichen im Schaltsymbol.

b) Der Eingang E_1 wird auf Masse gelegt: $U_1 = 0$ V. Jetzt erhält man für die Ausgangsspannung

$$U_a = V_0 \cdot u_D = V_0(U_1 - U_2) = V_0 \cdot (-U_2) = -V_0 \cdot U_2$$

Die Ausgangsspannung ist nun gegenphasig zur Eingangsspannung an E_2. Dieser Eingang E_2 heißt invertierender Eingang und wird mit einem Minuszeichen im Schaltsymbol gekennzeichnet.

Man legt an den E_1- und E_2-Eingang die gleiche Spannung $U_1 = U_2 = U_{gl2}$ ist $U_D = 0$. Diese Betriebsart definiert man als Gleichtaktaussteuerung. Gemäß $U_1 = V_0 \cdot U_D$ müsste dabei $U_a = 0$ bleiben. Dies ist beim realen Operationsverstärker jedoch nicht der Fall. Man spricht in diesem Zusammenhang von einer Gleichtaktverstärkung

$$V_{gl} = \frac{U_a}{V_{gl}}$$

V_{gl} sollte zu mindestens sehr klein sein. Der Hersteller gibt in den Datenblättern die sogenannte Gleichtaktunterdrückung G an:

$$G_{gl} = \frac{V_0}{V_{gl}}$$

Typische Werte für G sind 10^3 bis 10^5.

6.4.3 Übertragungskennlinie

Aus der Gleichung $U_a = V_0 \cdot U_D$ ist ersichtlich, dass die Ausgangsspannung U_a (bei konstantem V_0) linear mit der Differenzeingangsspannung ansteigt bzw. abfällt. Allerdings nur so lange, bis ausgangsseitig der Wert der Betriebsspannung erreicht ist. Eine weitere Vergrößerung von U_D bewirkt dann keine Veränderung von U_a mehr. Der Operationsverstärker ist übersteuert. Diese Zusammenhänge sind in Abb. 6.38 grafisch dargestellt.

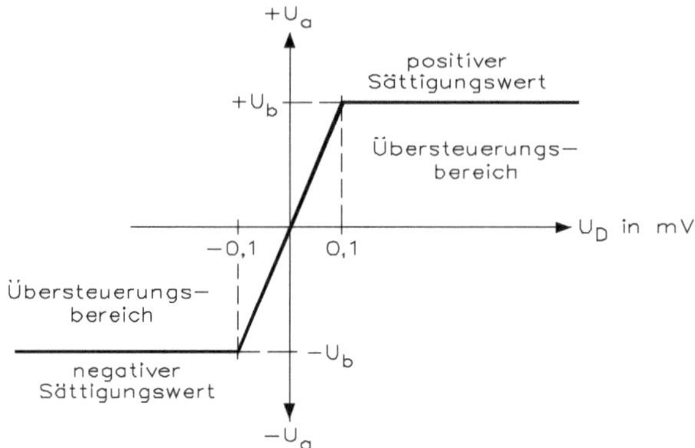

Abb. 6.38 Übertragungskennlinie eines Operationsverstärkers

Beim Eingangswiderstand müsste der statische und dynamische Betrieb berücksichtigt werden, wobei ferner zwischen Differenz- und Gleichtaktbetrieb zu unterscheiden wäre. Hierauf wird jedoch im Rahmen dieser Ausführungen verzichtet. Es sei hier lediglich vermerkt, dass neben rein ohmschen Anteilen auch Kapazitäten auftreten. Die Kapazitäten zwischen den beiden Eingangsklemmen eines Operationsverstärkers und die Kapazitäten beider Eingangsklemmen gegen den Bezugspunkt betragen zwar nur einige pF, doch sind dabei die extrem hohen Werte der Eingangswiderstände zu berücksichtigen. Man muss also korrekterweise im Wechselspannungsbetrieb von einer Eingangsimpedanz sprechen. Diese Eingangsimpedanz wird vom Hersteller im Datenblatt für eine bestimmte Frequenz angegeben und liegt etwa im Bereich 10^6 bis 10^{24} Ω. Werte in der Größenordnung von 10^{16} Ω lassen sich dadurch erreichen, dass bei der Eingangsstufe FETs verwendet werden. Noch höhere Werte erzielt man durch Verwendung von MOSFETs.

Die Kombination aus ohmschem Anteil und einer Parallelkapazität bewirkt eine Phasenverschiebung des an den Klemmen liegenden Signals, wodurch z. B. bei der nicht invertierenden Verstärkerschaltung eine Phasenverschiebung zwischen Eingangs- und Ausgangssignal auftreten kann.

Beim Ausgangswiderstand handelt es sich um einen dynamischen Wert, der in der Größenordnung von 30 Ω bis 100 Ω liegt, also sehr klein ist. Die Ausgangsimpedanz bei Operationsverstärkern liegt zwischen 60 Ω und 75 Ω. Bei Operationsverstärkern mit offenem Kollektor wird vom Hersteller hierfür kein Wert angegeben, da wie bei den Transistorverstärkern der Ausgangswiderstand wesentlich vom Arbeitswiderstand abhängt.

Anmerkung: Die genannten Werte für Eingangs- und Ausgangswiderstand beziehen sich auf den nicht rückgekoppelten Operationsverstärker. Die Eingangs- und Ausgangswiderstände einer gesamten Schaltung können wesentlich andere Werte aufweisen. (In Analogie hierzu sei verwiesen auf die Eingangs- und Ausgangswiderstände des alleinigen Transistors und die davon unterschiedlichen Widerstandswerte der diversen Transistorschaltungen).

6.4.4 Komparator

Unbeschaltete Operationsverstärker haben eine hohe Leerlaufverstärkung V_0 ($20 \cdot 10^3$ bis $200 \cdot 10^3$). Diese hohe Verstärkung wird nur in einer Grundschaltung, dem Komparator, ausgenutzt.

Bei allen anderen Einsatzgebieten würde die hohe Leerlaufverstärkung V_0 zu erheblichen Schwierigkeiten führen. So könnte z. B. bereits eine kleine Störspannung von nur 0,1 mV bei $V_0 = 20 \cdot 10^3$ eine Änderung der Ausgangsspannung von 2 V bewirken. Eine so hohe Verstärkung wird in der Praxis aber auch nicht benötigt.

Der besondere Vorteil des Operationsverstärkers liegt nun darin, dass durch eine sehr einfache äußere Beschaltung der Verstärkungsfaktor auf jeden gewünschten Wert herabgesetzt werden kann.

Beim Komparator wird die hohe Leerlaufverstärkung V_0 voll wirksam. Abb. 6.39 zeigt eine invertierende und Abb. 6.40 eine nicht invertierende Komparatorschaltung des Operationsverstärkers. Da der Eingangswiderstand in beiden Fällen als unendlich groß angenommen werden kann, fließt kein Eingangsstrom. Daher gilt $U_D = U_e$.

Wegen der sehr hohen Verstärkung reicht bereits eine sehr kleine Differenzspannung $U_e = U_D$ an den Eingängen aus, um den Operationsverstärker zu übersteuern. So ist z. B. bei $V_0 = 20 \cdot 10^3$ und $U_b = \pm 12$ V nur eine Differenzspannung von $V_0 = 0{,}4$ mV erforderlich, damit $U_a = U_b$ wird. Da der Komparator bereits auf so kleine Spannungen anspricht, wird diese Grundschaltung auch als Spannungsvergleicher-Schaltung bezeichnet. Ihre Aufgabe ist es, Spannungswerte zu vergleichen. Beispielsweise könnte man feststellen, welche Polarität das Eingangssignal, auch bei relativ kleinen Werten, gegenüber dem Bezugspunkt aufweist.

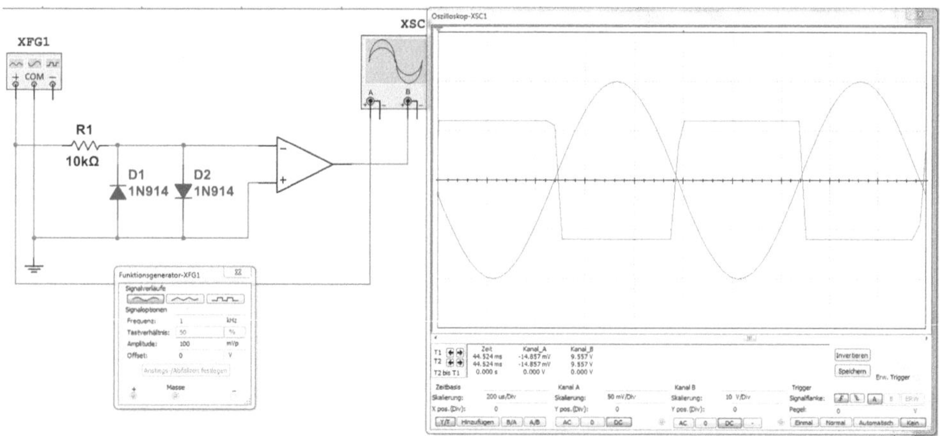

Abb. 6.39 Operationsverstärker als invertierender Komparator

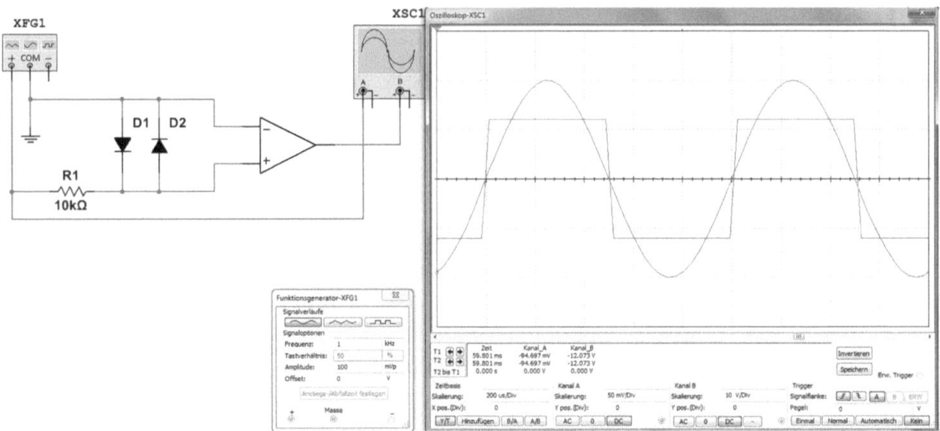

Abb. 6.40 Operationsverstärker als nicht invertierender Komparator

Auch ein Operationsverstärker ändert seine Ausgangsspannung nicht sprunghaft. Die Anstiegsgeschwindigkeit U_a liegt etwa in der Größenordnung von 1 V/µs. Ein Anstieg von −18 V auf +18 V dauert demnach ca. 36 µs. Darüber hinaus hat der Operationsverstärker auch noch eine Erholzeit die nach einer Übersteuerung eine weitere Verzögerung bewirkt. Um auch bei einem langsamen Anstieg des Eingangssignals einen schnellen Anstieg von U_a zu erreichen, wird die Mitkopplung eingeführt.

6.4.5 Invertierender Operationsverstärker (Umkehrverstärker)

Verstärkungsfaktoren von $20 \cdot 10^3$ bis $200 \cdot 10^3$ würden in der Praxis in Bezug auf eingangsseitige Störspannungen zu erheblichen Schwierigkeiten führen.

Durch eine entsprechende äußere Beschaltung kann die Verstärkung – wie auch schon erwähnt – auf jedes gewünschte Maß herabgesetzt werden. Die äußere Beschaltung muss als Gegenkopplung ausgeführt werden. Um die Eigenschaften der dadurch entstehenden gesamten Schaltung möglichst nur von der äußeren Beschaltung abhängig zu machen sollten die Operationsverstärker weitgehendst ideale Eigenschaften aufweisen. Dadurch wird auch die Betrachtungsweise erheblich vereinfacht.

Wie bereits bei den Transistorverstärkern ausgeführt, versteht man unter Rückkopplung allgemein die Rückführung eines Teiles der Ausgangsgröße auf den Eingang desselben Gliedes. Ist die Rückführung gleichphasig, so spricht man von Mitkopplung. Das Ausgangssignal unterstützt die Wirkung des Eingangssignals.

Dieser Effekt wird beispielsweise bei den Kippschaltungen ausgenützt. Sind Eingangssignal und rückgeführtes Signal gegenphasig, so handelt es sich um eine Gegenkopplung. Dadurch, dass der Operationsverstärker zwei Eingänge besitzt, lassen sich Mit- und Gegenkopplung sehr einfach durchführen. Führt man nämlich das Ausgangssignal –

bzw. einen Teil des Ausgangssignals – auf den nicht invertierenden Eingang zurück, so sind Eingangssignal und rückgeführtes Signal gleichphasig. Man erhält Mitkopplung. Wird das Ausgangssignal auf den invertierenden Eingang zurückgeführt, so sind Eingangssignal und rückgekoppeltes Signal gegenphasig. Dadurch ergibt sich Gegenkopplung.

6.4.6 Invertierender Verstärkerbetrieb

Auf sehr einfache und anschauliche Weise lässt sich die Gegenkopplung beim invertierenden Operationsverstärker verwirklichen (Abb. 6.41).

Die Arbeitsweise des invertierenden Verstärkers lässt sich an einfachsten verstehen, wenn der Ablauf eines Einschwingvorgangs betrachtet wird. Wird zu einem Zeitpunkt t_0 eine positive Gleichspannung U_e angelegt, so ändert sich – wie bei allen herkömmlichen Verstärkerschaltungen auch – die Ausgangsspannung nicht sprunghaft, also zeitverzugslos, sondern mit einer – dem jeweiligen Operationsverstärkertyp eigentümlichen – Abfallgeschwindigkeit.

Zu bestimmten Zeitpunkten t_1, t_2, t_3,… werden also gewisse negative Ausgangsspannungswerte U_{a1}, U_{a2}, U_{a3},… auftreten, die sich durch die Gegenkopplung auf die Größe von U_D auswirken. Für jeden Spannungswert U_{a1}, U_{a2}, U_{a3},… ergibt sich also ein daraus resultierender Wert U_{D1}, U_{D2}, U_{D3}… . Dabei wird die Differenzspannung U_D immer kleiner je negativer U_a wird. Die jeweilige Spannung U_D wird bekannterweise durch den Operationsverstärker mit den Leerlaufverstärkungsfaktor V_0 verstärkt. Solange nun der Betrag V_0 größer ist als der Betrag der zeitlich zugehörigen Ausgangsspannung U_{a1} (z. B. $U_{D2} \cdot V_0 > U_{02}$), läuft der Verstärkungsvorgang weiter ab.

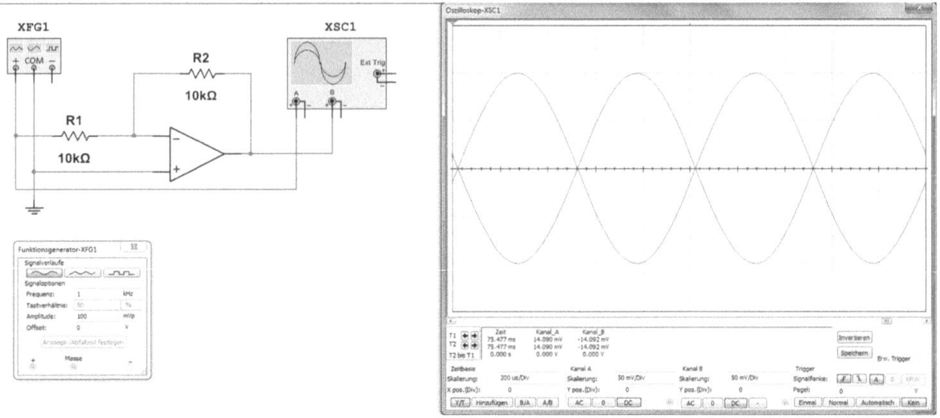

Abb. 6.41 Invertierender Verstärkerbetrieb

Erst wenn U_a einen genügend großen negativen Wert erreicht hat und damit U_D genügend klein geworden ist, sodass der Betrag aus $U_D \cdot V_0$ genau der Größe der zugehörigen Ausgangsspannung U_a entspricht, ist der Ruhezustand erreicht.

Misst man im Ruhezustand die Ausgangsspannung U_a, so kann mit bekanntem V_0 die Differenzspannung U_D berechnet werden. Es gilt:

$$U_a = V_0 \cdot (U_1 - U_2)$$

Da $U_1 = 0\,\text{V}$ ist, ist nach Abb. 6.42 die Bedingung $U_D = U_2$. Somit ergibt sich:

$$U_a = -V_0 \cdot U_D \quad \text{oder} \quad U_D = -\frac{U_a}{V_0}$$

Das negative Vorzeichen bedeutet dabei, dass U_a und U_D immer um 180° phasenverschoben sind. Da V_0 sehr groß ist, wird U_D sehr klein.

Beispielsweise erhält man für $U_a = -4\,\text{V}$ und $V_0 = 40 \cdot 10^3$. Dies ergibt eine Spannung von

$$U_D = -\frac{|-4\,\text{V}|}{40 \cdot 10^3} = 0{,}1\,\text{mV}$$

Näherungsweise kann man daraus folgende Feststellung treffen, die das Verständnis für die Arbeitsweise von Schaltungen mit Operationsverstärkern erheblich erleichtert: Bei gegengekoppelten Operationsverstärkern ist der Ruhezustand dann erreicht, wenn:

$$U_D \approx 0\,\text{V}$$

Man sagt, zwischen dem invertierenden und dem nicht invertierenden Eingang besteht ein „virtueller Kurzschluss". Mit dieser Erkenntnis lässt sich der invertierende Verstärker einfach berechnen: Mit $U_D \approx 0\,\text{V}$ liegt der invertierende Eingang E auf Massepotential. Demzufolge ist

$$U_{R1} \approx U_e \text{ und } U_{R2} = -U_a$$

Nebenbei sei noch vermerkt, dass der Strom, der über den Widerstand R_1 fließt, auch über den Widerstand R_2 fließen muss, da der Eingangswiderstand des Operationsverstärkers sehr groß ist (unendlich).

Die Widerstände R_1 und R_2 stellen einen Spannungsteiler dar.

$$\frac{U_{R2}}{U_{R1}} = \frac{R_2}{R_1} \quad U_{R2} = U_{R1} \cdot \frac{R_2}{R_1} \quad -U_a = U_e \cdot \frac{R_2}{R_1} \quad U_a = -U_e \cdot \frac{R_2}{R_1}$$

Diese Gleichung bedeutet:

- die Eingangsspannung wird verstärkt mit dem Faktor $V = \frac{R_2}{R_1}$
- das negative Vorzeichen weist darauf hin, dass zwischen Eingangs- und Ausgangsspannung eine Phasenverschiebung von 180° vorliegt.

$$U_a = -U_e \cdot V$$

Die Verstärkung des invertierenden Operationsverstärkers hängt also nur von der äußeren Beschaltung des Operationsverstärkers, d. h. von der Wahl des Widerstandsverhältnisses ab und kann daher in weiten Grenzen unabhängig von der Leerlaufverstärkung V_0 des Operationsverstärkers frei festgelegt, bzw. eingestellt werden.

Anmerkung: Die Gleichung $-U_a = U_e \cdot \frac{R_2}{R_1}$ gilt selbstverständlich genau genommen nur für den idealen Operationsverstärker. Sie ist jedoch in der Praxis mit hinreichender Genauigkeit anwendbar, sodass hier auf eine genauere Betrachtung des realen Operationsverstärkers verzichtet werden kann.

6.4.7 Nicht invertierender Operationsverstärker

Eine weitere Möglichkeit der Gegenkopplung zeigt Abb. 6.42. Die Ansteuerung erfolgt hier über den P-Eingang.

Auch hier wird die Ausgangsspannung durch den Widerstand R_1 und den Widerstand R_2 entsprechend heruntergeteilt und auf den N-Eingang zurückgeführt.

Wie bekannt ist, wird natürlich die Differenzspannung U_D mit dem Leerlaufverstärkungsfaktor V_0 des entsprechenden Operationsverstärkers verstärkt.

$$U_a = V_0 \cdot U_D \qquad U_D = U_1 - U_2 \qquad U_a = V_0 \cdot (U_1 - U_2)$$

Wird eingangsseitig z. B. eine positive Spannung U_e angelegt, so ist auch hier – wie beim invertierenden Verstärker – im ersten Augenblick $U_a = 0\,V$. Damit ist aber auch $U_2 = 0\,V$. Da der Eingangswiderstand des Operationsverstärkers als unendlich groß angenommen werden kann, fließt über R_3 kein Strom, so ist

$$U_D = U_e$$

Der Operationsverstärker beginnt also kräftig zu verstärken, wobei U_a steigende positive Werte annimmt. Mit U_a steigt aber auch U_2 so groß an, wodurch

$$U_D = U_1 - U_2$$

immer kleiner wird. Wie beim invertierenden Verstärker wird der Ruhezustand dann erreicht sein, wenn U_a so groß und damit U_D so klein geworden ist, dass gilt:

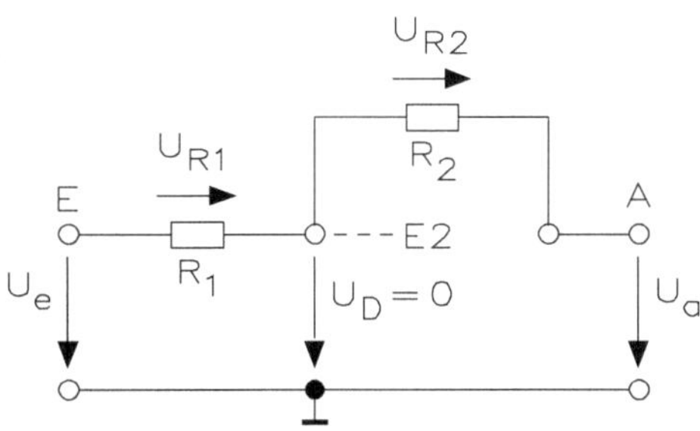

Abb. 6.42 Betrieb des nicht invertierenden Operationsverstärkers

$$U_{\mathrm{D}} \cdot V_0 = U_{\mathrm{a}}$$

Unter der Voraussetzung, dass V_0 sehr groß ist, wird auch hier

$$U_{\mathrm{D}} = \frac{U_{\mathrm{a}}}{V_0}$$

sehr klein sein, sodass wiederum näherungsweise gilt:

$$U_{\mathrm{D}} \approx 0$$

Der Verstärkungsfaktor V der gesamten Schaltung lässt sich entsprechend berechnen.

Mit $U_{\mathrm{D}} = 0$ hat der N-Eingang das gleiche Potential wie der P-Eingang

$$U_2 = U_{\mathrm{e}}$$

Vom Ausgang A her betrachtet fällt über den Widerständen R_2 und R_1 die Spannung U_{a} ab. Der Widerstand R_2 stellt in Verbindung mit R_1 einen Spannungsteiler dar.

$$\frac{U_{\mathrm{a}}}{U_{\mathrm{e}}} = \frac{R_1 + R_2}{R_1} \qquad U_{\mathrm{a}} = U_{\mathrm{e}} \cdot \frac{R_1 + R_2}{R_1} \qquad U_{\mathrm{a}} = U_{\mathrm{e}} \cdot \left(1 + \frac{R_2}{R_1}\right)$$

Dies bedeutet:

- die Eingangsspannung wird verstärkt mit dem Faktor $V = \left(1 + \frac{R_2}{R_1}\right)$
- die Ausgangsspannung ist phasengleich mit der Eingangsspannung.

Die Verstärkung des nicht invertierenden Operationsverstärkers hängt ebenfalls nur von der äußeren Beschaltung ab. Zu beachten ist noch, dass beim invertierenden Verstärker durch entsprechende Wahl vom Widerstand R_1 und Widerstand R_2 der Verstärkungsfaktor V auch kleiner als 1 werden kann. Beim nicht invertierenden Verstärker ist dieser Fall aufgrund der Gleichung für die Spannungsverstärkung nicht möglich.

Anmerkung: Charakteristisch für den nicht invertierenden Operationsverstärker ist der sehr hohe Eingangswiderstand. Im Gegensatz dazu steht der Eingangswiderstand des invertierenden Operationsverstärkers. Da dort über R_1 die Spannung U_{e} abfällt, ist der Eingangsstrom $I_{\mathrm{e}} = U_{\mathrm{e}}/R_1$, d. h., der Eingangswiderstand der Schaltung ist R_1.

Sonderfall: Spannungsfolger oder Impedanzwandler.

Der Spannungsfolger ist im Prinzip ein Verstärker nach Abb. 6.43. Aus der Beziehung

$$V = \left(1 + \frac{R_2}{R_1}\right)$$

lässt sich erkennen, dass diese Schleifenverstärkung dann 1 wird, wenn R_2 Null ist oder R_1 gegen unendlich geht. Um die Sache zu vereinfachen, wird R_2 als Kurzschluss ausgebildet, während man R_1 entfallen lässt. Dadurch erhält man die Schaltung nach Abb. 6.43.

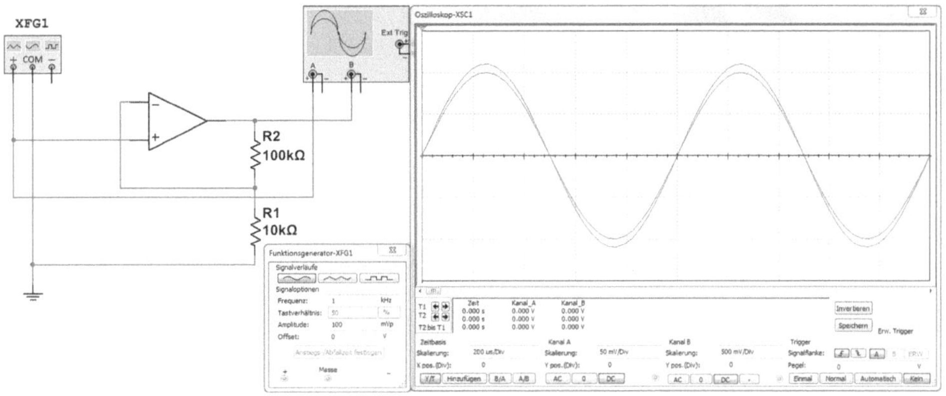

Abb. 6.43 Spannungsfolger (Impedanzwandler)

Da der Eingangswiderstand der Schaltung sehr hoch liegt, während der Ausgangswiderstand gering ist, eignet sie sich ausgezeichnet als Impedanzwandler. Anwendung findet dieser Impedanzwandler beispielsweise in der Realisierung von sehr niederohmigen Referenzspannungsquellen.

6.4.8 Kompensation von Störgrößen

In einigen wichtigen technischen Daten kommen die integrierten Operationsverstärker dem idealen Verstärker bereits recht nahe. Es treten aber doch einige unerwünschte und nachteilige Eigenschaften auf, die noch durch äußere Kompensationsschaltungen beseitigt oder verringert werden müssen. Dabei handelt es sich im Wesentlichen um die Kompensation von drei Störeinflüssen: um die Kompensation der Eingangsruheströme, die Kompensation der Eingangsfehlspannung und die Kompensation des Frequenzgangs.

Wie bei allen Verstärkern muss natürlich auch bei den Operationsverstärkerschaltungen auf die Wahl des richtigen Arbeitspunktes geachtet werden. Um das Eingangssignal nicht zu verzerren, ist der Operationsverstärker im linearen Teil der Kennlinie zu betreiben. Ein einfaches Beispiel hierfür bietet der invertierende Verstärker. Wird an den Eingang *E* eine reine Wechselspannung angelegt, so wird die Schaltung um den Nullpunkt angesteuert, wobei eine Änderung der Ausgangsspannung im Bereich von $+U_b$ bis $-U_b$ möglich ist.

Der Arbeitspunkt dieser Verstärkerschaltung liegt also eingangsseitig bei $U_e = 0\,\text{V}$. Weil sich beim invertierenden Verstärker $U_a = -U_2\ (R_2/R_1)$ ergibt, müsste nach den bisherigen Betrachtungen für $U_e = 0\,\text{V}$ auch $U_a = 0\,\text{V}$ sein. Da der Eingangswiderstand des Operationsverstärkers als unendlich groß angenommen wurde, kann man daraus schließen, dass die Eingangsruheströme I_e und I_P also die Ströme im Arbeitspunkt Null sind. Die beiden Eingänge E_1 und E_2 bilden jedoch die Basisanschlüsse der

Eingangstransistoren des Differenzverstärkers. Tatsächlich fließen daher Basisströme, die sich trotz ihrer geringen Größe sehr nachteilig auswirken können.

Bei Operationsverstärkern mit bipolaren Transistoren liegen die Werte dieser Eingangsströme bei etwa 1 nA bis 1 µA, bei Ausführungen mit FET-Eingangsstufe zwischen 10 pA und 100 pA.

Zur einfachen Darstellung des dadurch entstehenden Störeffektes soll folgender Gedankenversuch durchgeführt werden: Der Eingang E des Verstärkers nach Abb. 6.41 wird auf Bezugspotential (Masse) gelegt. Dadurch entsteht ein Strom I_N der über R_1 zum Bezugspunkt, also nach Masse fließen kann. Da im ersten Augenblick aber $U_a = 0\,\text{V}$ ist, der Ausgang A also ebenfalls auf Masse liegt, kann der Strom I_N auch über den Widerstand R_2. fließen. Das heißt, I_N setzt sich zusammen aus einem Strom über den Widerstand R_1 und einem Strom über den Widerstand R_2. Für den Strom I_N liegen also die Widerstände R_1 und R_2 parallel zueinander. Der Strom I_N ruft demzufolge am invertierenden Eingang eine Spannung der Größe $I_N \cdot (R_1 \| R_2)$ hervor. Da der E_1-Eingang auf Masse liegt, ist diese Spannung gleichzeitig die am Operationsverstärker wirksame Differenzspannung U_D.

Diese Differenzspannung würde nun verstärkt und als Störgröße am Ausgang auftreten.

Bei den Operationsverstärkern gibt es eine einfache Möglichkeit, die durch die Eingangsruheströme in Verbindung mit der äußeren Beschaltung hervorgerufene Spannungsdifferenz an den Eingängen möglichst klein zu halten, d. h., sie weitgehend zu kompensieren.

Sorgt man nämlich dafür, dass am E_1-Eingang gleichzeitig genau dieselbe Spannung entsteht, so ist die Differenzspannung $U_D = 0\,\text{V}$ und damit die Ausgangsspannung $U_a = 0\,\text{V}$, d. h., der Ausgang A behält Massepotential bei.

Unter der Annahme dass I_N und I_P in etwa gleich groß sind, muss am E_1-Eingang lediglich ein Widerstand $R_3 = R_1 \| R_2$ zugeschaltet werden. Damit wird also erreicht, dass die meistens nur geringfügig unterschiedlichen Eingangsruheströme an R_3 und $R_1 \| R_2$ etwa gleiche Spannungsfälle hervorrufen. Lediglich der Unterschied der beiden Ströme $I_0 = I_P - I_N$ kann jetzt noch eine kleine Spannungsdifferenz bewirken.

Wesentlich ist in diesem Zusammenhang noch, dass durch R_3 auch die Temperaturdrift der Eingangsruheströme kompensiert wird. Durch Erwärmung werden nämlich die Eingangsruheströme ansteigen. Da dieser Anstieg bei beiden Strömen weitgehend gleichförmig erfolgt, werden zwar die Potentiale an beiden Eingängen wiederum verändert für die Differenzspannung, es gilt jedoch weiterhin

$$U_D \approx 0\,\text{V}$$

Eine schaltungstechnisch gleichartige Kompensation der Eingangsruheströme ist auch beim nicht invertierenden Operationsverstärker möglich.

Nimmt man – wie beim invertierenden Verstärker noch den Arbeitspunkt mit $U_e = 0\,\text{V}$ an, d. h., legt man auch hier den Eingang E auf Masse, so sind die beiden Schaltungen für die Kompensation der Eingangsruheströme identisch. Für die Größe des Widerstands R_3 ergibt sich demzufolge

$$R_3 = R_1 \parallel R_2$$

Anmerkung: Bei der Berechnung von R_3 wurde immer davon ausgegangen, dass der Innenwiderstand der Steuerspannungsquelle $R_i = 0$ ist, oder doch so klein, dass er vernachlässigt werden kann. Ist dies nicht der Fall, so muss der Innenwiderstand bei der Festlegung des Kompensationswiderstands R_3 berücksichtigt werden.

Neben dem Fehler, den die Eingangsruheströme durch die äußere Beschaltung hervorrufen, kann der Operationsverstärker selbst eine ausgangsseitige Fehlspannung erzwingen und zwar als Folge von ungleichen Eingangswiderständen, ungleichen Arbeitspunkten und Stromverstärkungsfaktoren der Transistoren in den einzelnen Stufen. Beispielsweise können die Transistoren des eingangsseitigen Differenzverstärkers nicht mit absolut gleichartigen technischen Werten hergestellt werden, sodass sich sogenannte Asymmetrien ergeben. Werden beim Operationsverstärker noch beide Eingänge miteinander verbunden und auf Masse gelegt, so müsste $U_D = 0$ V sein, da $U_1 = U_2 = 0$ V und damit $U_0 = 0$ V ist. Durch die genannten Asymmetrien im Innern des Operationsverstärkers kann jedoch eine Ausgangsfehlspannung auftreten. Der Einfachheit halber betrachtet man diesen unerwünschtem Effekt so, als liege zwischen den Eingangsklemmen des idealen Operationsverstärkers eine die Ausgangsfehlspannung erzwingende Eingangsfehlspannung U_0.

Im Prinzip ist dieser störende Effekt durch die Verwendung einer Hilfsspannung auszuschalten, die an einen der beiden Eingänge angelegt wird.

Die Hilfsspannung muss in ihrem Wert und ihrer Polarität so beschaffen sein, dass sie die Eingangsfehlspannung kompensiert.

Diejenige Spannungsdifferenz, die an den Eingängen des Operationsverstärkers angelegt werden muss, damit der Ausgang auf 0 V liegt ($U_a = 0$ V) heißt Eingangs-Null-Spannung oder Eingangsoffsetspannung.

Sie liegt in Abhängigkeit von Operationsverstärkertyp und Einzelexemplar in der Größenordnung von etwa ±5 mV bis ±20 mV.

Die durch die Offsetspannung auftretende Differenz der Eingangsströme heißt Offsetstrom.

In der Praxis wäre eine zusätzliche Batterie als Hilfsspannung viel zu aufwendig. Man erzeugt daher diese Hilfsspannung durch einen Spannungsteiler direkt aus der Betriebsspannung U_b des Operationsverstärkers. Hierfür gibt es eine Reihe von Schaltungsmöglichkeiten. Sie hängen vom Operationsverstärkertyp ab und werden in der Regel vom Hersteller auch in ihrer Dimensionierung vorgegeben.

Besonders einfach ist die äußere Beschaltung für die Offsetspannung beim Typ 741. Hier ist lediglich ein Trimmer mit 10 kΩ zwischen Pin 1 und Pin 5 anzuschließen, wie Abb. 6.37 zeigt.

Jeder Operationsverstärker hat unerwünschte interne Schalt- und Transistorkapazitäten. Diese Kapazitäten ergeben zusammen mit den integrierten Widerständen der einzelnen Verstärkerstufen Tiefpässe. Sie bewirken, dass die Leerlaufverstärkung V_0 des Operationsverstärkers nicht bis zu höchsten Frequenzen konstant bleibt, sondern ab einer gewissen Grenzfrequenz zunehmend kleiner wird. Aber auch bis zu dieser Grenzfrequenz ist der Frequenzgang nicht völlig linear. Es treten vielmehr Frequenzbereiche auf, in denen V_0 den Mittelwert für den unteren Frequenzbereich überschreitet. Durch eine äußere Kompensation mit einem Kondensator oder einer RC-Kombination kann beim Operationsverstärker dieser Frequenzgang linearisiert und damit verbessert werden.

Durch die zwangsläufig im Operationsverstärker vorhandenen Tiefpässe ändert sich aber nicht nur die Verstärkung, d. h., die Amplitude der Ausgangsspannung in Abhängigkeit von der Frequenz, sondern auch die Phasendrehung zwischen Eingangs- und Ausgangsspannung. Dabei kann dann für bestimmte Frequenzen der Fall eintreten, dass in Folge der einsetzenden Phasendrehung aus der Gegenkopplung eine Mitkopplung wird. Der Operationsverstärker „schwingt" dann auf diesen Frequenzen, d. h., er wirkt als Generator und erzeugt eine sinusförmige Spannung. Dieses unerwünschte und für den Verstärkerbetrieb des Operationsverstärkers störende Schwingen wird ebenfalls durch die äußere Beschaltung mit einem Kondensator oder einem RC-Glied unterdrückt.

Art und Umfang der Kompensation hängen bei den einzelnen Operationsverstärkertypen von ihrem internen Aufbau ab. Von den Herstellern wird jeweils vorgegeben, welche Werte die anzuschließenden Kondensatoren und Widerstände haben müssen, damit der Frequenzgang linearisiert und die Schwingneigung unterdrückt wird.

Beim Betrieb von Schaltungen mit Operationsverstärkern können Störungen auftreten, die den Operationsverstärker beschädigen bzw. zerstören. Der Eingang und der Ausgang sind gegenüber Spannungspegeln empfindlich, die höher als die Betriebsspannungen liegen. Die Ausgangsstufe muss auch gegen zu hohe Ausgangsströme geschützt werden. Versehentliches Falschpolen der Betriebsspannungen kann ebenfalls zur Zerstörung eines Operationsverstärkers führen. Ist ein Operationsverstärker-Baustein beschädigt oder ganz zerstört, kann er nicht instandgesetzt werden. Da Operationsverstärker teilweise recht teuer sind, empfiehlt es sich, entsprechende Schutzschaltungen mit Dioden zu verwenden.

Zwischen beide Eingangsklemmen werden zwei Dioden antiparallel eingesetzt. Der maximal zwischen den beiden Eingangsklemmen auftretende Spannungswert kann also nie höher als die Schleusenspannung der verwendeten Dioden werden.

6.4.9 Wechselspannungsverstärker

Bei den bisher aufgeführten Schaltungen werden Gleich- und Wechselspannungssignale gleichermaßen verarbeitet. Dank der relativ hohen Bandbreiten von Operationsverstärkern werden diese auch gerne als reine Wechselspannungsverstärker eingesetzt. Für diesen Zweck muss dafür gesorgt werden, dass der Ausgang der Schaltung keine

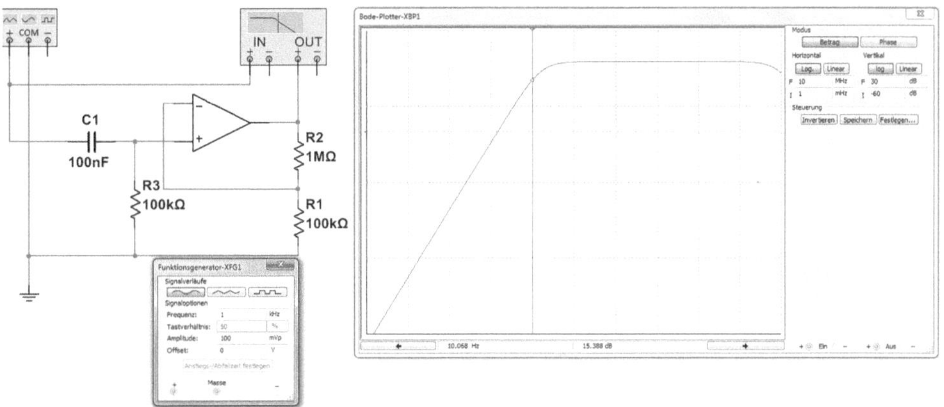

Abb. 6.44 NF-Verstärker in Elektrometerschaltung

Gleichspannung abgibt. Nachfolgend ist je ein Schaltungsbeispiel für den nicht invertierenden Verstärker und den invertierenden Verstärker aufgeführt. Abb. 6.44 zeigt einen NF-Verstärker in Elektrometerschaltung.

Über den Kondensator C_1 gelangen an den nicht invertierenden Eingang des Operationsverstärkers nur reine Wechselspannungssignale. Ohne eingangsseitige Wechselspannung liegt der Eingang über R_3 auf Masse. Gemäß der Kompensation der Eingangsruheströme muss für die Größe von R_3 gelten:

$$R_3 = R_1 \parallel R_2$$

Der Eingangswiderstand dieses Operationsverstärkers wird im Wesentlichen durch den Widerstand R_3 bestimmt.

6.4.10 Addierer (Umkehraddierer)

Mit dem Operationsverstärker können auf einfache Weise Spannungen (bzw. Ströme) addiert werden. Diese Anwendung findet man beispielsweise beim Analogrechner. Die einfachste Addiererschaltung zeigt Abb. 6.45. Zur Darstellung der Gesetzmäßigkeiten wird vom idealen Operationsverstärker ausgegangen.

Durch den unendlich großen Eingangswiderstand des Operationsverstärkers ist I_2 gleich der Summe der Eingangsströme

$$I_2 = I_{11} + I_{12} + I_{13}$$

Da der invertierende Eingang auf Massepotential liegt, ergibt sich für die Eingangsströme

$$I_{11} = \frac{U_{E1}}{R_{11}} \quad I_{12} = \frac{U_{E2}}{R_{12}} \quad I_{13} = \frac{U_{E3}}{R_{13}}$$

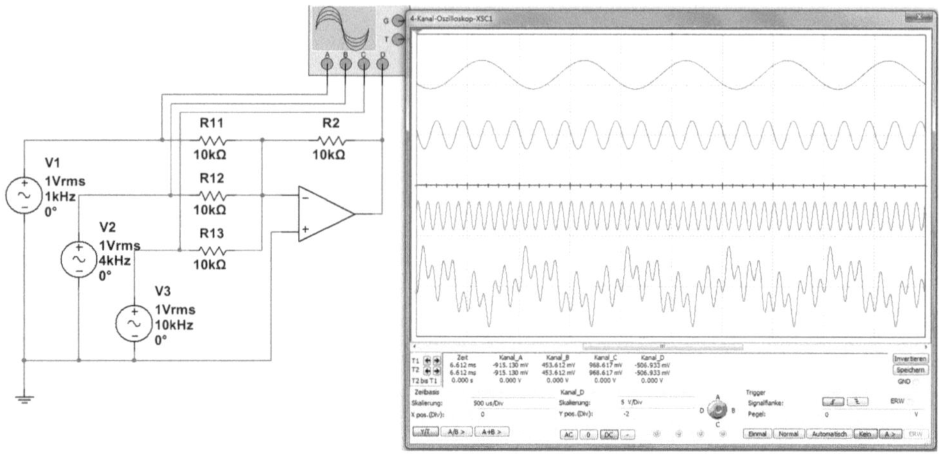

Abb. 6.45 Schaltung eines Addierers mit drei Eingängen

Dabei sei vermerkt, dass sich die drei Eingangssignale nicht gegenseitig beeinflussen. Für den Strom I_2 gilt

$$I_2 = \frac{U_2}{R_2}$$

Da die Ausgangsspannung $U_a = -U_2$ ist, gilt für den Ausgangsstrom auch

$$I_2 = -\frac{U_a}{R_2}$$

Setzt man in die erste Gleichung für die Ströme die Verhältnisse U/R ein, erhält man:

$-\frac{U_a}{R_2} = \frac{U_{e1}}{R_{11}} + \frac{U_{e2}}{R_{12}} + \frac{U_{e3}}{R_{13}}$ oder nach U_a aufgelöst

$-U_a = \frac{R_2}{R_{11}} \cdot U_{e1} = \frac{R_2}{R_{12}} \cdot U_{e2} = \frac{R_2}{R_{13}} \cdot U_{e3}$

Für den Fall, dass $R_{11} = R_{12} = R_{13} = R$ gewählt wird, ergibt sich

$$-U_a = \frac{R_2}{R} \cdot (U_{e1} + U_{e2} + U_{e3})$$

Aus dieser Gleichung ist zu erkennen, dass die Eingangsspannungen U_{e1}, U_{e2} und U_{e3} addiert und dann mit dem Verstärkungsfaktor $V = R_2/R$ verstärkt werden. Das negative Vorzeichen von U_a weist lediglich auf die Phasendrehung von 180° des Umkehrverstärkers hin (Umkehraddierer).

Durch eine beliebige Zahl von Eingängen können verschieden viele Signale addiert werden. Man muss hierbei allerdings berücksichtigen, dass das Summensignal am Ausgang des Operationsverstärkers innerhalb des Ausgangsspannungsbereiches liegen muss.

7 Aktive und passive Filter für Klangnetzwerke

Unter einem Filter versteht man ein elektrisches Netzwerk, welches bestimmte Frequenzbereiche in einem Übertragungssystem unterdrückt oder hervorhebt. Filter weisen demnach einen frequenzabhängigen Widerstand bzw. ein frequenzabhängiges Übertragungsverhalten auf und werden deshalb auch als Frequenzfilter bezeichnet.

Der Klang oder das Schallschwingungsgemisch, bestehend aus einem tiefen Ton (Grundton) und verschiedenen Teiltönen (Obertönen). Letztere schwingen um ein Vielfaches schneller als der Grundton. Die Klanganalyse ist ein Verfahren zur Ermittlung der Frequenzen, Amplituden und Phasenlagen der Teil- oder Einzeltöne, aus denen ein Klang gebildet wird. Die Klanganalyse ist ein Verfahren zur Ermittlung der Frequenzen, Amplituden und Phasenlagen der Teil- oder Einzeltöne, aus denen ein Klang gebildet wird. Die Klangempfindung ist eine auf das Ohr einwirkende Schallwelle und es hat bestimmte Empfindungen zur Folge. Rein sinusförmig verlaufende Schallereignisse werden als Ton empfunden. Aus Grund- und Teilschwingungen zusammengesetzter Schall wird hingegen als Klang wahrgenommen.

Die Klangfarbe charakterisiert die von verschiedenen Musikinstrumenten abgegebenen Schalläußerungen. Das a, auf der Saite einer Violine gespielt, klingt anders als das gleiche a auf der Trompete oder auf dem Klavier. Dem stets gleichen Grundton sind verschiedenartigste Obertöne beigemischt, die je nach ihrer Zahl und Tonhöhe dem Klang die „Farbe" geben. Das Klanggemisch ist der Schall, bestehend aus Klängen mit verschiedenen Grundtönen.

Der Klangeinsteller dient zur Einstellung des Klangcharakters bei Verstärkern, Rundfunkgeräten und in Endstufen aller Art. Mit einem Klangeinsteller kann man die tiefen bzw. hohen Tonfrequenzen bevorzugen oder unterdrücken. Streng genommen sind die Bezeichnungen „Tonregler" und „Tonblende" falsch, denn es handelt sich stets um die Beeinflussung von Klängen, nicht von Tönen. Der Klangregler verbessert nicht immer die Wiedergabe, im Allgemeinen muss man sogar ein unnatürlicheres Klangbild

H. Bernstein, *Elektroakustik,* https://doi.org/10.1007/978-3-658-25174-1_7

in Kauf nehmen, z. B. Bevorzugung der Tiefen oder Höhen gegenüber der natürlichen Wiedergabe.

Die einfachste Möglichkeit der Klangbeeinflussung besteht in der Reihenschaltung eines Widerstands und eines Kondensators. Der Kondensator bietet den höheren Tonfrequenzen einen geringeren Widerstand, sodass ein Nebenschluss gebildet wird. Daher können die höheren Frequenzen nur zum Teil zu dem Lautsprecher gelangen. Je größer die Kapazität des Kondensators, umso weniger hohe Töne werden wiedergegeben. Eine Drossel in gleicher Schaltanordnung würde bewirken, dass höhere Töne vom Lautsprecher bevorzugt werden. Durch Veränderung des Widerstands R (logarithmisches Potentiometer) kann man den Einfluss des Kondensators verändern. Eine Verkleinerung des Widerstands bewirkt eine Änderung für die hohen Töne und somit Änderung des Klangbildes.

In der modernen Verstärkertechnik kommt man selbstverständlich mit derartig einfachen Anordnungen nicht mehr aus. Vielfach besteht der Wunsch nach separater Einstellmöglichkeit für Höhen und Tiefen. Damit kann man den Frequenzgang der Verstärker und Lautsprecher den akustischen Gegebenheiten des jeweiligen Wiedergaberaumes anpassen. Im Laufe der Jahre wurden bestimmte Standardschaltungen zur Klangbeeinflussung eingesetzt, die alle aktiven und passiven RC-Netzwerke mit und ohne Operationsverstärker darstellen. Ein solches Netzwerk ermöglicht die erwünschte separate Einstellung der Höhen und Tiefen bei wahlweiser Anhebung oder Unterdrückung des jeweiligen Bereichs.

Bei einem Netzwerk für eine Klangschaltung mit separaten Tiefen- und Höheneinsteller sind zwei logarithmische Potentiometer erforderlich. Diese Anordnung gestattet Anheben oder Absenken der Höhen und Tiefen bis zu 20 dB, bezogen auf eine mittlere Frequenz von 1 kHz. Die maximale Anhebung oder Absenkung der Tiefen erfolgt bei etwa 20 Hz. Für den Höhensteller liegt der entsprechende Wert bei etwa 20 kHz. Es sei noch erwähnt, dass in einigen Netzwerken dieser Art der Widerstand zwischen den beiden logarithmischen Potentiometern einstellbar ausgeführt ist. Damit hat man die Möglichkeit, den Einsatzpunkt der Höhenregelung (maximale Anhebung bzw. Absenkung) in gewissen Grenzen zu verschieben.

Unter einer Kakofonie versteht man einen musikalischen Missklang.

7.1 Passive Klangnetzwerke

In der Praxis besteht ein Klangnetzwerk aus einem oder mehreren Vierpolen, die in die Übertragungsleitungen eingeschaltet sind, um bestimmte Dämpfungen zu erhalten. Je nach Anordnung der Schaltelemente erhält man die Möglichkeiten nach Abb. 7.1.

Man unterteilt die Vierpole in Hochpassfilter (Hochpass, HP), Tiefpassfilter (Tiefpass, TP), Bandpassfilter (Bandpass, BP) und Bandsperrfilter (Bandsperre, BS) und Kreuzglied.

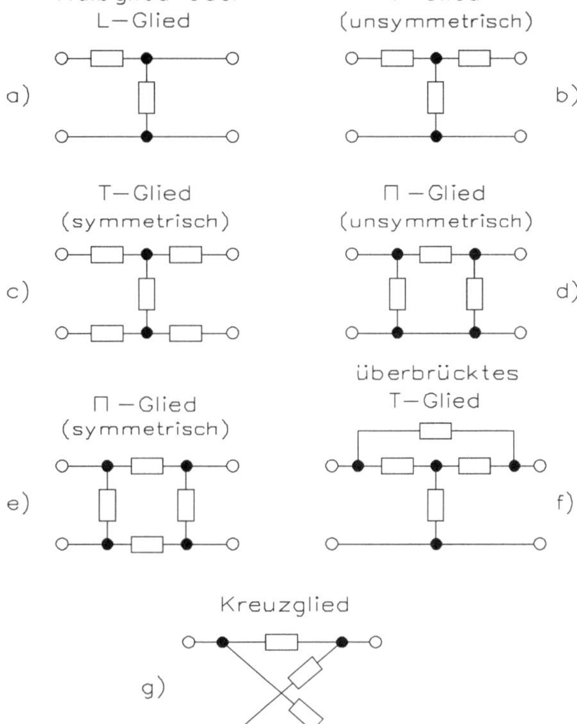

Abb. 7.1 Unterschiedliche Vierpole mit **a)** Halbglied, **b)** T-Glied (unsymmetrisch), **c)** T-Glied (symmetrisch), **d)** Π-Glied (unsymmetrisch), **e)** Π-Glied (symmetrisch), **f)** überbrücktes T-Glied und **g)** Kreuzglied

7.1.1 RC-Tiefpass

Ein passiver RC-Tiefpass besteht aus einem ohmschen Widerstand und einem Kondensator. Abb. 7.2 zeigt einen RC-Tiefpass.

Der RC-Tiefpass wird von zwei Bode-Plottern gemessen. Mit dem oberen Bode-Plotter wird die Dämpfung erfasst und mit dem unteren die Phasenverschiebung.

Der Bode-Plotter erzeugt ein Diagramm des Frequenzverhaltens einer Schaltung und ist nützlich für die Analyse von Filterschaltungen. Mit dem Bode-Plotter lässt sich die Spannungsverstärkung bzw. -abschwächung und die Phasenlage eines Signals messen. Der angeschlossene Bode-Plotter analysiert auch das Frequenzspektrum einer Schaltung. Abb. 7.2 zeigt Symbol und das geöffnete Fenster für einen Bode-Plotter, wobei ein RC-Tiefpass gemessen wird. Die Wechselspannung arbeitet als Stimulus für den Bode-Plotter und die Spannung bzw. Frequenz kann beliebig gewählt werden.

Der Bode-Plotter erzeugt Frequenzen, die einen vorgegebenen Frequenzbereich abdecken. Die Frequenz der erforderlichen AC-Quelle in der Schaltung wirkt sich in keiner Weise auf den Bode-Plotter aus, es muss jedoch mindestens eine AC-Quelle in der Schaltung vorhanden sein.

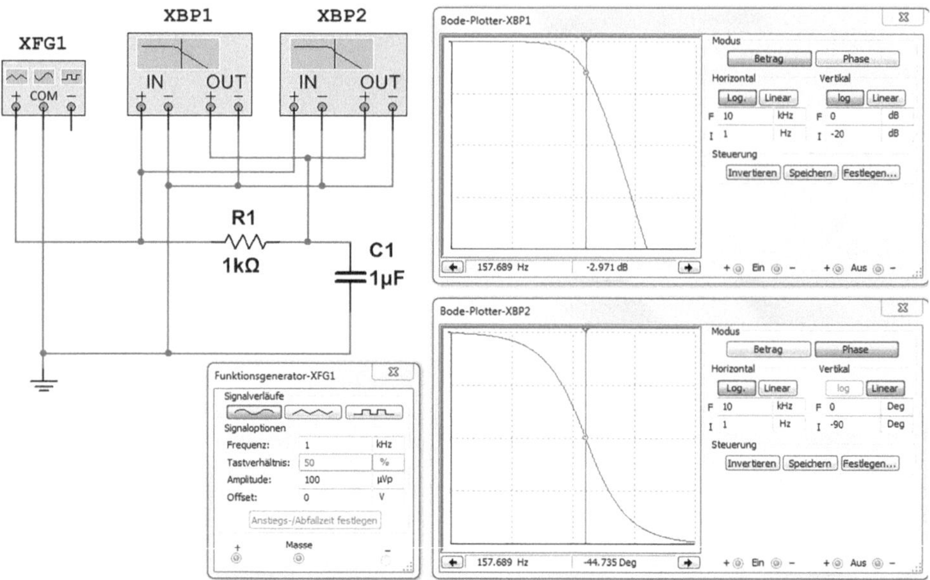

Abb. 7.2 Schaltung und Messungen an einem RC-Tiefpass

Der Anfangswert I und der Endwert F ist für die horizontale und vertikale Skala auf den Minimal- bzw. Maximalwert voreingestellt. Diese Werte lassen sich jederzeit ändern, um das Diagramm mit einer anderen Skala anzeigen zu lassen. Möchte man nach Abschluss einer Simulation die Skala oder die Skalierungsbasis ändern, kann es erforderlich sein, die Schaltung erneut zu aktivieren, um das Diagramm detailgetreuer neu zeichnen zu lassen. Wenn man den Bode-Plotter an andere Messpunkte anschließen (umklemmen) möchte, soll man die Schaltung immer erneut aktivieren, damit korrekte Ergebnisse angezeigt werden.

- Betrag und Phase: Man wählt den „Betrag", um die Spannungsverstärkung (in Dezibel) zwischen den beiden Punkten $U+$ und $U-$ zu messen. Man wählt die „Phase", um die Phasenverschiebung (in Grad) zwischen zwei Punkten zu messen. Sowohl die Spannungsverstärkung als auch die Phasenverschiebung werden über die Frequenz (in Hz) dargestellt.

Wenn $U+$ und $U-$ einzelne Punkte in einer Schaltung sind:

- Man verbindet den positiven Anschluss IN und den positiven Anschluss OUT mit den Verbindungspunkten $U+$ und $U-$.
- Man verbindet den negativen Anschlüsse IN und OUT mit Masse, aber diese Verbindungen sind nicht unbedingt für die Simulation erforderlich.
  Wenn $U+$ (oder $U-$) der Betrag oder die Phase über ein Bauteil erfasst wird, schließt man die beiden IN-Anschlüsse (oder beide OUT-Anschlüsse) parallel zu dem Bauteil an.

- Einstellung der Basis: Die logarithmische Skalierung wird verwendet, wenn die zu vergleichenden Werte in einem sehr großen Wertebereich liegen. Dies ist bei der Analyse des Frequenzverhaltens der Regelfall. Der Dezibelwert für beispielsweise die Spannungsverstärkung eines Signals wird wie folgt berechnet:

$$a_{\text{dB}} = 20 \cdot \log \left(\frac{U_2}{U_1} \right)$$

Man kann von der logarithmischen (LOG) zur linearen (LIN) Basis umschalten, ohne die Schaltung erneut zu aktivieren. Definitionsgemäß gilt jedoch nur ein logarithmisches Diagramm als Bode-Diagramm.

- Horizontale Achse (1,0 mHz bis 10,0 GHz): Auf der horizontalen bzw. x-Achse ist die Frequenz dargestellt. Die Skala wird von den vorgegebenen Werten für I (Anfangswert) und F (Endwert) festgelegt. Aufgrund des großen Frequenzbereichs, der für Frequenzverhaltensanalysen charakteristisch ist, wird in der Regel eine logarithmische Skaleneinteilung verwendet.
- Vertikale Achse: Die Einheit und die Skalierung für die vertikale Achse hängen von der gemessenen Größe und der gewählten Basis ab. Die Parameter sind in Tab. 7.1 zusammengestellt.
- Einheiten und Wertebereiche für die vertikale Achse des Bode-Plotters: Bei Messung der Spannungsverstärkung gibt die vertikale Achse das Verhältnis der Ausgangs- zur Eingangsspannung der Schaltung an. Bei logarithmischer Skala wird der Betrag in der Einheit „Dezibel“ angegeben. Bei der linearen Skala zeigt die vertikale Achse das Verhältnis der Ausgangs- zur Eingangsspannung. Bei Messung der Phase zeigt die vertikale Achse den Phasenwinkel in Grad. Anfangswert (I) und Endwert (F) kann man ungeachtet der Einheit mit den Steuerelementen des Bode-Plotters einstellen.
- Anzeigefelder: Man kann für einen beliebigen Diagrammpunkt den Wert der Frequenz, des Betrags oder der Phasenlage anzeigen lassen, indem man den vertikalen Cursor an den gewünschten Punkt verschiebt. Der vertikale Cursor befindet sich anfangs am linken Rand des Bode-Plotter-Bildschirms.

Tab. 7.1 Einheiten und Wertebereiche für die vertikale Achse

Gemessene Größe	Basis	Minimaler Anfangswert	Maximaler Endwert
Betrag (Spannungsverstärkung)	Logarithmisch	−200 dB	200 dB
Betrag (Spannungsverstärkung)	Linear	0	10e+09
Phase	Logarithmisch	−720°	720°
Phase	Linear	−720°	720°

Um den vertikalen Cursor zu verschieben,

- klickt man auf die Pfeile unten im Bode-Plotter,
- zieht man den vertikalen Cursor vom linken Rand des Bode-Plotter-Bildschirms zu dem zu messenden Punkt der Kennlinie.

Der Betrag (oder die Phase) und die Frequenz im Schnittpunkt des vertikalen Cursors mit der Kennlinie wird in den Feldern neben den Pfeilen angezeigt.

Der Betrag (oder die Phase) und die Frequenz im Schnittpunkt des vertikalen Cursors mit der Kennlinie wird in den Feldern neben den Pfeilen angezeigt.

Die Tiefpassschaltung von Abb. 7.2 hat eine Grenzfrequenz f_g von

$$f_g = \frac{1}{2 \cdot \pi \cdot R \cdot C} = \frac{1}{2 \cdot 3{,}14 \cdot 1\,\text{k}\Omega \cdot 1\,\mu\text{F}} \approx 160\text{Hz}$$

Dabei ist die Bedingung erfüllt mit $R = X_C$ (ohmscher Widerstand = kapazitiver Blindwiderstand). Die Phasenverschiebung lautet

$$\tan\varphi = \frac{X_C}{R} = \frac{1\,\text{k}\Omega}{1\,\text{k}\Omega} = 1 \quad \Rightarrow \quad \varphi = 45^\circ$$

Die logarithmische Skalierung wird verwendet, wenn die zu vergleichenden Werte in einem sehr großen Wertebereich liegen. Dies ist bei der Analyse des Frequenzverhaltens der Regelfall. Der Dezibelwert für die Spannungsverstärkung eines Signals wird wie folgt berechnet:

$$a_{\text{dB}} = 20 \cdot \log\left(\frac{U_1}{U_2}\right)$$

Bei der Grenzfrequenz von $f_g = 160$ Hz tritt eine Dämpfung von $a = 3$ dB auf.

Man kann für einen beliebigen Diagrammpunkt den Wert der Frequenz, des Betrags oder der Phasenlage anzeigen lassen, indem Sie den vertikalen Cursor an den gewünschten Punkt verschieben. Der vertikale Cursor befindet sich anfangs am linken Rand des Bode-Plotter-Bildschirms. Um den vertikalen Cursor zu verschieben,

- klickt man auf die Pfeile unten im Bode-Plotter oder
- zieht man den vertikalen Cursor vom linken Rand des Bode-Plotter-Bildschirms an den zu messenden Punkt der Kennlinie.

Das Messergebnis lautet 160 Hz bei -3 dB.

Auch die Messung der Phasenverschiebung wird im Frequenzbereich von 1 Hz bis 1 kHz ausgeführt. Führt man die Messung durch, ergibt sich bei der Einstellung des Messcursors eine Frequenz von $f = 160$ Hz und eine Phasenverschiebung von $\varphi = 45^\circ$. Bei der Grenzfrequenz tritt zwischen dem Widerstand R und dem Kondensator C eine Phasenverschiebung von 45° auf.

Der Amplituden-Frequenzgang $|G(\mathrm{j}\omega)|$ ist der Betrag der komplexen Übertragungsfunktion in Abhängigkeit der Frequenz. Der Phasen-Frequenzgang ist der Phasenwinkelverlauf $\varphi(\omega) = \mathrm{arc}G(\mathrm{j}\omega)$ der komplexen Übertragungsfunktion in Abhängigkeit von der Frequenz. Das Bode-Diagramm ist der Verlauf des Dämpfungsmaßes $a(\omega)$ oder auch des Phasenmaßes $b(\omega)$ über einer logarithmischen Frequenzachse.

Die einzelnen Werte lassen sich berechnen mit $\frac{U_2}{U_1} = \frac{X_C}{Z}$

$$U_2 = U_1 \cdot \frac{X_C}{Z} = U_1 \cdot \frac{X_C}{\sqrt{R^2 + X_C^2}} \qquad U_1 = U_2 \cdot \frac{Z}{X_C} = U_2 \cdot \frac{\sqrt{R^2 + X_C^2}}{X_C}$$

$$f = \frac{1}{2 \cdot \pi \cdot U_2 \cdot C \cdot \sqrt{R^2 + X_C^2}} \qquad Z = \sqrt{R^2 + X_C^2} \qquad Z = X_C \cdot \frac{U_1}{U_2}$$

Für das RC-Glied gilt folgende Bedingung:

Durchlassbereich: $f < f_g$
Sperrbereich: $f > f_g$
Grenzfrequenz: f_g bei $R = X_C$

$$f_g = \frac{1}{2 \cdot \pi \cdot R \cdot C} \qquad U_2 = \frac{U_1}{\sqrt{2}} = 0{,}707 \cdot U_1 \qquad U_1 = \sqrt{2} \cdot U_2 = 1{,}414 \cdot U_1$$

7.1.2 CR-Hochpass

Der Betrag (oder die Phase) und die Frequenz im Schnittpunkt des vertikalen Cursors mit der Kennlinie wird in den Feldern neben den Pfeilen angezeigt.

Die Hochpassschaltung von Abb. 7.3 hat eine Grenzfrequenz f_g von

$$f_g = \frac{1}{2 \cdot \pi \cdot R \cdot C} = \frac{1}{2 \cdot 3{,}14 \cdot 1\,\mathrm{k\Omega} \cdot 1\,\mu\mathrm{F}} \approx 160\,\mathrm{Hz}$$

Dabei ist die Bedingung erfüllt mit $R = X_C$ (ohmscher Widerstand = kapazitiver Blindwiderstand). Die Phasenverschiebung lautet

$$\tan\varphi = \frac{X_C}{R} = \frac{1\,\mathrm{k\Omega}}{1\,\mathrm{k\Omega}} = 1 \quad \Rightarrow \quad \varphi = 45°$$

Die logarithmische Skalierung wird verwendet, wenn die zu vergleichenden Werte in einem sehr großen Wertebereich liegen. Dies ist bei der Analyse des Frequenzverhaltens der Regelfall. Der Dezibelwert für die Spannungsverstärkung eines Signals wird wie folgt berechnet:

$$a_{\mathrm{dB}} = 20 \cdot \log\left(\frac{U_1}{U_2}\right)$$

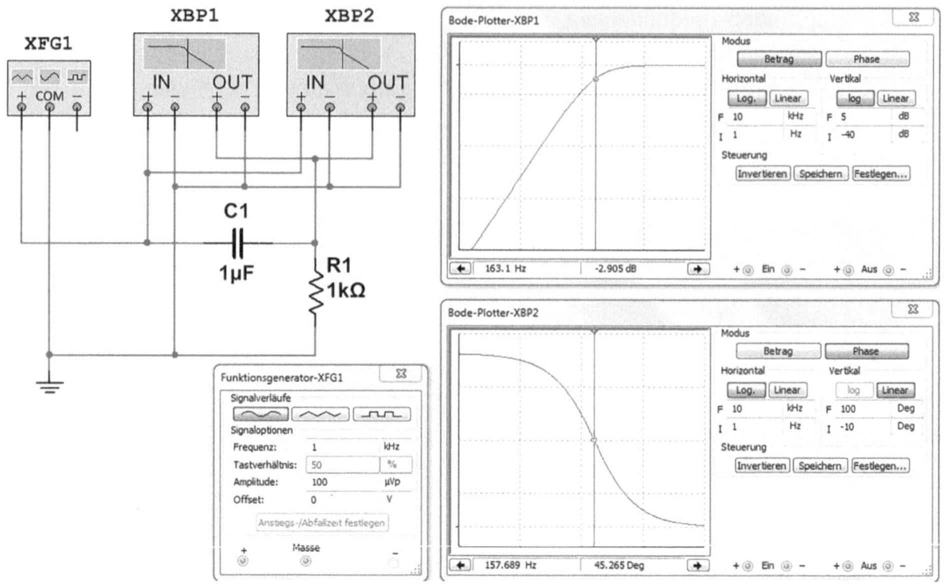

Abb. 7.3 Kennlinien eines CR-Hochpasses

Bei der Grenzfrequenz von $f_g = 160$ Hz tritt eine Dämpfung von $a = 3$ dB auf.

Die einzelnen Werte lassen sich berechnen mit $\frac{U_2}{U_1} = \frac{R}{Z}$

$$U_2 = U_1 \cdot \frac{R}{Z} = U_1 \cdot \frac{U_1 \cdot R}{\sqrt{R^2 + X_C^2}} \qquad U_1 = U_2 \cdot \frac{Z}{R} = U_2 \cdot \frac{\sqrt{R^2 + X_C^2}}{R}$$

$$X_C = \frac{1}{2 \cdot \pi \cdot f \cdot C} = \sqrt{Z^2 - R^2} \quad Z = \sqrt{R^2 + X_C^2} = R \cdot \frac{U_1}{U_2} \quad Z = X_C \cdot \frac{U_1}{U_2}$$

Für ein RC-Glied gilt folgende Bedingung

Durchlassbereich: $f < f_g$
Sperrbereich: $f > f_g$
Grenzfrequenz: f_g bei $R = X_C$

$$f_u = \frac{1}{2 \cdot \pi \cdot R \cdot C} \quad U_2 = \frac{U_1}{\sqrt{2}} = 0{,}707 \cdot U_1 \quad U_1 = \sqrt{2} \cdot U_2 = 1{,}414 \cdot U_1$$

7.1.3 LR-Tiefpass

Verwendet man eine Induktivität in einem LR-Tiefpass, kommt man zu Abb. 7.4.

Die Tiefpassschaltung von Abb. 7.4 hat eine Grenzfrequenz f_g von

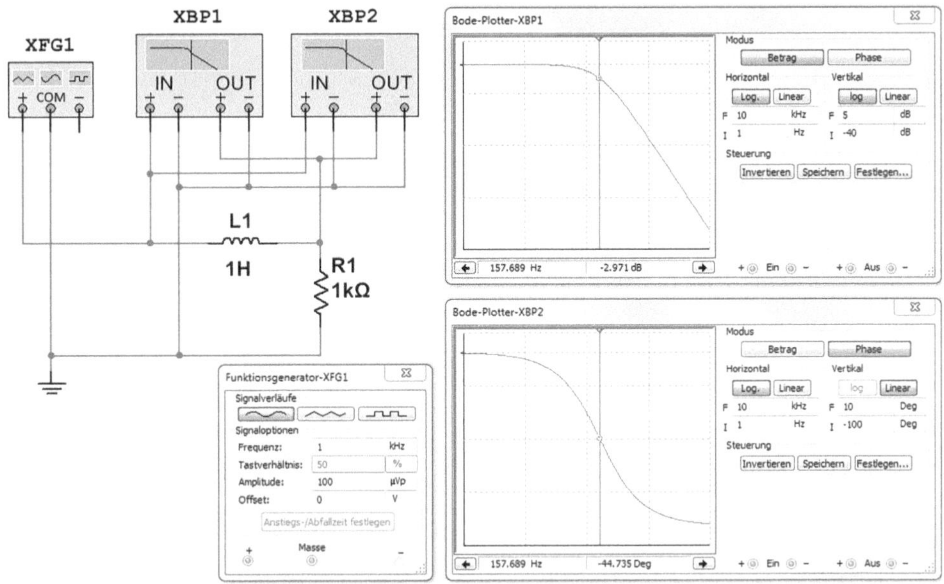

Abb. 7.4 Schaltung eines passiven LR-Tiefpasses

$$f_g = \frac{R}{2 \cdot \pi \cdot L} = \frac{1\,\text{k}\Omega}{2 \cdot 3{,}14 \cdot 1\text{H}} \approx 160\,\text{Hz}$$

Dabei ist die Bedingung erfüllt mit $R = X_L$ (ohmscher Widerstand = induktiver Blindwiderstand). Die Phasenverschiebung lautet

$$\tan\varphi = \frac{X_C}{R} = \frac{1\,\text{k}\Omega}{1\,\text{k}\Omega} = 1 \quad \Rightarrow \varphi = 45\,°$$

Die einzelnen Werte lassen sich berechnen mit $\frac{U_2}{U_1} = \frac{R}{Z}$

$$U_2 = U_1 \cdot \frac{R}{Z} = U_1 \cdot \frac{R}{\sqrt{R^2 + X_L^2}} \quad U_1 = U_2 \cdot \frac{Z}{R} = U_2 \cdot \frac{\sqrt{R^2 + X_L^2}}{R}$$

$$X_L = 2 \cdot \pi \cdot f \cdot L = \sqrt{Z^2 - R^2} \quad Z = \sqrt{R^2 + X_L^2} = R \cdot \frac{U_1}{U_2}$$

Für ein RC-Glied gilt folgende Bedingung

Durchlassbereich: $f < f_g$
Sperrbereich: $f > f_g$
Grenzfrequenz: f_g bei $R = X_L$

$$f_g = \frac{R}{2 \cdot \pi \cdot L} \quad U_2 = \frac{U_1}{\sqrt{2}} = 0{,}707 \cdot U_1 \quad U_1 = \sqrt{2} \cdot U_2 = 1{,}414 \cdot U_1$$

7.1.4 RL-Hochpass

Verwendet man eine Induktivität in einem RL-Hochpass, kommt man zu Abb. 7.5.

Die Hochpassschaltung von Abb. 7.5 hat eine Grenzfrequenz f_g von

$$f_g = \frac{R}{2 \cdot \pi \cdot L} = \frac{1\,\text{k}\Omega}{2 \cdot 3,14 \cdot 1\,\text{H}} \approx 160\,\text{Hz}$$

Dabei ist die Bedingung erfüllt mit $R = X_L$ (ohmscher Widerstand = induktiver Blindwiderstand). Die Phasenverschiebung lautet

$$\tan \varphi = \frac{X_C}{R} = \frac{1\,\text{k}\Omega}{1\,\text{k}\Omega} = 1 \quad \Rightarrow \varphi = 45\,^\circ$$

Die einzelnen Werte lassen sich berechnen mit $\frac{U_2}{U_1} = \frac{X_L}{Z}$

$$U_2 = U_1 \cdot \frac{X_L}{Z} = U_1 \cdot \frac{X_L}{\sqrt{R^2 + X_L^2}} \quad U_1 = U_2 \cdot \frac{Z}{X_L} = U_2 \cdot \frac{\sqrt{R^2 + X_L^2}}{X_L}$$

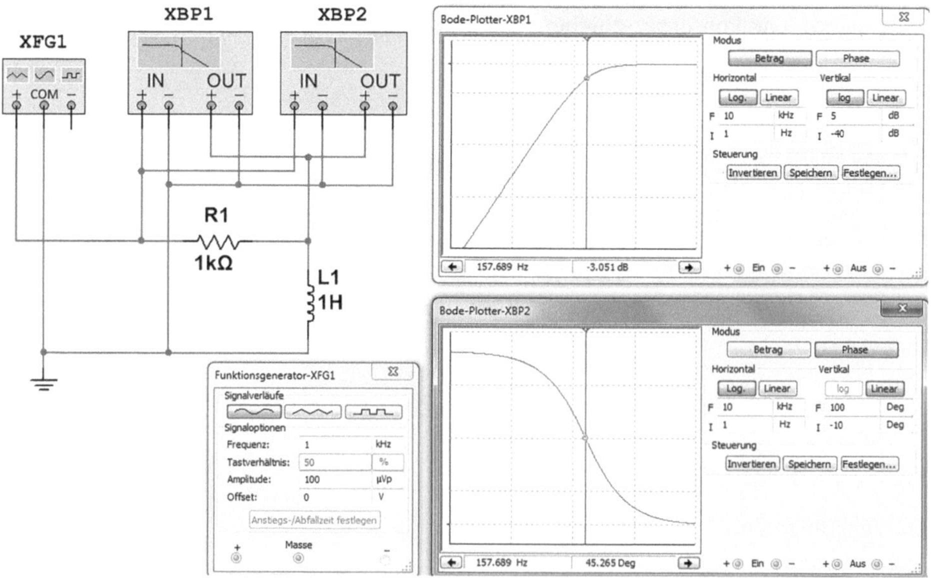

Abb. 7.5 Schaltung eines passiven RL-Hochpasses

Für ein RL-Glied gilt folgende Bedingung

Durchlassbereich: $f<f_g$
Sperrbereich: $f>f_g$
Grenzfrequenz: f_g bei $R=X_L$

$$f_g = \frac{R}{2 \cdot \pi \cdot R \cdot L} \quad U_2 = \frac{U_1}{\sqrt{2}} = 0{,}707 \cdot U_1 \quad U_1 = \sqrt{2} \cdot U_2 = 1{,}414 \cdot U_1$$

$$X_L = 2 \cdot \pi \cdot f \cdot L = \sqrt{Z^2 - R^2} \quad Z = \sqrt{R^2 + X_L^2} = X_L \cdot \frac{U_1}{U_2} \quad R = \sqrt{Z^2 - X_L^2}$$

Für ein RC-Glied gilt folgende Bedingung

Durchlassbereich: $f<f_g$
Sperrbereich: $f>f_g$
Grenzfrequenz: f_g bei $R=X_L$

$$f_g = \frac{R}{2 \cdot \pi \cdot L} \quad U_2 = \frac{U_1}{\sqrt{2}} = 0{,}707 \cdot U_1 \quad U_1 = \sqrt{2} \cdot U_2 = 1{,}414 \cdot U_1$$

7.1.5 Kriterien für Filter

Die wichtigsten Kriterien für eine Einteilung der Filter sind:

- Filterbauelemente: Je nach Aufbau der Filter und den Bauteilen unterscheidet man zwischen passiven und aktiven Filtern.
- Selektionswirkung: Unterteilung in Hochpassfilter (Hochpass, HP), Tiefpassfilter (Tiefpass, TP), Bandpassfilter (Bandpass, BP) und Bandsperrfilter (Bandsperre, BS).
- Schaltungsstruktur: In Abhängigkeit von der Anordnung der Filterelemente unterteilt man in Resonanzkreise, T-Filter und π-Filter.
- Flankensteilheit: Je nach Flankensteilheit spricht man von Filtern 1. Ordnung, 2. Ordnung …, n-ter Ordnung.

Prinzipiell entziehen Filter dem Eingangssignal bestimmte Frequenzanteile, wodurch es zu Formveränderungen, unterschiedlichen Laufzeiten sowie verschiedenen Anstiegszeiten bei dem Ausgangssignal kommen kann.

Zur Beschreibung der Filtereigenschaften verwendet man Kenngrößen wie Übertragungs-, Verstärkungs- und Dämpfungsfaktor sowie Verstärkungsmaß und Dämpfungsmaß. Für eine mathematische Behandlung ist es zweckmäßig, Filter als Vierpole darzustellen und als Signal die elektrische Spannung heranzuziehen. Betrachtet man nur die Beträge der Wechselspannungen und setzt einen ohmschen Innenwiderstand R_i sowie einen ohmschen Lastwiderstand R_L (=Abschlusswiderstand R_2) voraus, so erhält man die Anordnung nach Abb. 7.6.

Abb. 7.6 Filter als Vierpol

Der Übertragungsfaktor A ist gleich dem Verhältnis der Ausgangsspannung U_2 zur Eingangsspannung U_1 (Beträge!) und von der Frequenz f der angelegten Wechselspannung am Eingang und den Filterbauelementen (R, L, C, …) abhängig. Bei Verstärkervierpolen ist U_1 die Eingangsgröße und der Übertragungsfaktor geht für diesen Fall in den Verstärkungsfaktor V über, also $A \rightarrow V$, vorausgesetzt $U_2 > U_1$! Der Kehrwert von A bzw. V ist der Dämpfungsfaktor D, d. h. $D = U_1/U_2$. Aufgrund der in der Praxis meist auftretenden beträchtlichen Unterschiede bezüglich der Spannungsamplituden ist es üblich, anstatt mit den direkten Beziehungen mit deren dekadischen Logarithmus zu rechnen. Die sich so ergebenden Größen definiert man dann allgemein als Dämpfungsmaß a sowie als Verstärkungsmaß v und die Werte werden in dB angegeben. Bei der Betrachtung von Spannungen spricht man auch vom Spannungsdämpfungsmaß a_u sowie vom Spannungsverstärkungsmaß v_u.

$$a_u = 20 \cdot \lg\left(\frac{U_1}{U_2}\right) = -20 \cdot \lg\left(\frac{U_1}{U_2}\right) = -v_u$$

Allgemein ist das Dämpfungsmaß a gleich dem negativen Verstärkungsmaß v und umgekehrt! Aus diesem Grund wird meistens nur das Dämpfungsmaß verwendet.

Die grafische Darstellung des Übertragungsfaktors in Abhängigkeit von der Frequenz f ergibt die Übertragungskurve, auch als Resonanzkurve bzw. Übertragungsfunktion oder Amplitudengang bzw. Durchlasskurve bezeichnet. Abb. 7.7a verdeutlicht dies am Beispiel einer Bandsperre.

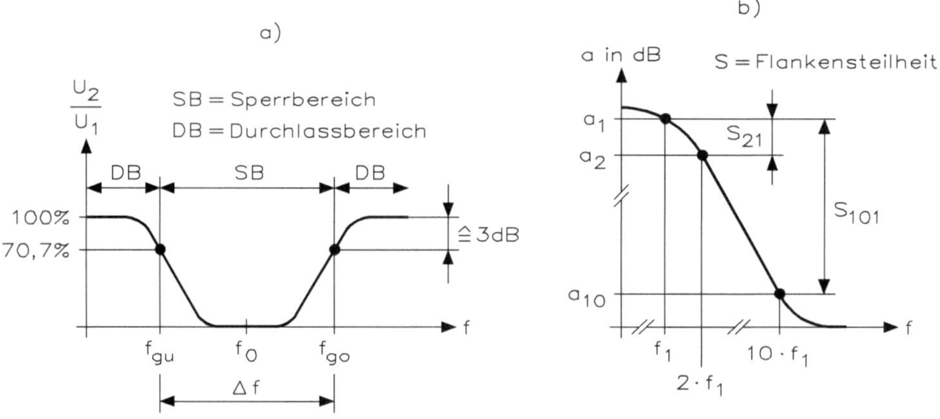

Abb. 7.7 **a**) Prinzipieller Verlauf der Übertragungskurve einer Bandsperre **b**) Veranschaulichung der Flankensteilheit

Wie bereits erwähnt, weisen Filter frequenzabhängige Widerstände auf, sogenannte Blindwiderstände Es werden also bestimmte Frequenzbereiche unterdrückt (gesperrt) bzw. gedämpft und andere Frequenzanteile ungedämpft durchgelassen. Man unterscheidet zwischen Durchlassbereich DB und Sperrbereich SB. An den Grenzen dieser Bereiche ist die Ausgangsspannung U_2 auf den 0,707-fachen Wert (d. h. 70,7 %, entspricht 3 dB!) gegenüber der Eingangsspannung U_1 abgesunken. Die entsprechenden Frequenzen definiert man als obere Grenzfrequenz f_{go} und die andere als untere Grenzfrequenz $f_{gu.}$ Die Resonanzfrequenz f_0, wird auch als Bandmittenfrequenz f_m bezeichnet, weil sie genau in der Mitte zwischen f_{gu} und f_{go} liegt. Die Bandbreite Δf ist gleich der Differenz zwischen den beiden Grenzfrequenzen.

$$\Delta f = f_{go} - f_{gu}$$

Die jeweilige Trennung zwischen dem Durchlass- und dem Sperrbereich soll möglichst abrupt („scharf") erfolgen, d. h. es ist ein steiler Übergang gefordert. Die Flankensteilheit S (Steilheit S) ist ein Maß für diesen Übergang. Ihr Betrag soll möglichst groß sein, um eine hohe Trennschärfe zu erreichen. Sie ist allgemein als die Differenz des Dämpfungsmaßes a_2 bei der Frequenz f_2 sowie des Dämpfungsmaßes a_1 bei der Frequenz f_1 definiert, und wird entweder in dB/Oktave oder dB/Dekade angegeben, d. h.:

$$S = a_1 - a_2 \qquad \text{Einheit}: \frac{\text{dB}}{\text{Oktave}} \quad \text{oder} \quad \frac{\text{dB}}{\text{Dekade}}$$

Bezogen auf Abb. 7.7b ergibt sich gemäß der Gleichung die Flankensteilheit S_{21} in dB/Oktave zu $S_{21} = a_2 - a_1$ und die Flankensteilheit S_{101} in dB/Dekade zu $S_{101} = a_{10} - a_1$! Man beachte, dass sich entsprechend der Gleichung für S_{21} und S_{101} negative Werte ergeben, weil $a_2 < a_1$ sowie $a_{10} < a_1$ sind. Es handelt sich nämlich hier um eine negative Flanke!

Der Verlauf der Übertragungsfunktion und damit die Größe der Flankensteilheit S steht eng mit der Ordnungszahl des Filters in Zusammenhang. Je größer der Betrag von S ist, umso höher ist die Ordnungszahl. Tab. 7.2 zeigt die Zuordnungen bis zur 4. Ordnung.

Die wichtigsten Kenndaten von Filtern sind das Dämpfungsmaß, die Grenzfrequenz, der Durchlass- und Sperrbereich, die Bandbreite, die Flankensteilheit sowie die Ordnungszahl.

Tab. 7.2 Zusammenhang zwischen Ordnung und Flankensteilheit bei Filtern

Ordnung	Tiefpass(dB/Oktave)	Hochpass(dB/Oktave)	Bandpass, Bandsperre
1	−6	+6	–
2	−12	+12	±6 dB/Oktave
3	−18	+18	–
4	−24	+24	±12 dB/Oktave

7.1.6 Filtertypen

Am häufigsten werden Filter nach der Selektionswirkung eingeteilt.

- Tief- und Hochpass: Schaltzeichen und reale sowie ideale Übertragungskurve (Amplitudengang!) von Tief- und Hochpass sind in Abb. 7.8 gezeigt.

Der Durchlassbereich eines Tiefpasses wird nach Abb. 7.8a durch die Frequenz $f = 0$ Hz und eine obere Grenzfrequenz f_{go}, welche häufig auch nur als Grenzfrequenz f_g bezeichnet wird, begrenzt. Der Tiefpass lässt somit tiefe Frequenzen (inklusive Gleichspannung!) passieren und sperrt Frequenzen oberhalb der Grenzfrequenz. Im Idealfall würde sich ergeben: $U_2 = U_1$ bei $f < f_{go}$ und $U_2 = 0$ bei $f > f_{go}$.

Der Hochpass zeigt gemäß Abb. 7.8b ein umgekehrtes Verhalten. Die Frequenzen unterhalb der unteren Grenzfrequenz f_{gu} oder f_g sind unterdrückt, während Frequenzen oberhalb von f_{gu} durchgelassen werden. Bei einem idealen Hochpass wäre also: $U_2 = 0$ bei $f < f_{gu}$ und $U_2 = U_1$ bei $f > f_{gu}$.

- Bandpass und Bandsperre: Abb. 7.9 zeigt das Schaltzeichen, sowie die reale und ideale Übertragungskurve (Amplitudengang!) von Bandpass und Bandsperre.

Ein Bandpass filtert gemäß Abb. 7.9a aus dem Eingangsfrequenzgemisch ein zwischen der oberen Grenzfrequenz f_{go} und der unteren Grenzfrequenz f_{gu} liegendes Frequenzband heraus. Im Idealfall wäre:

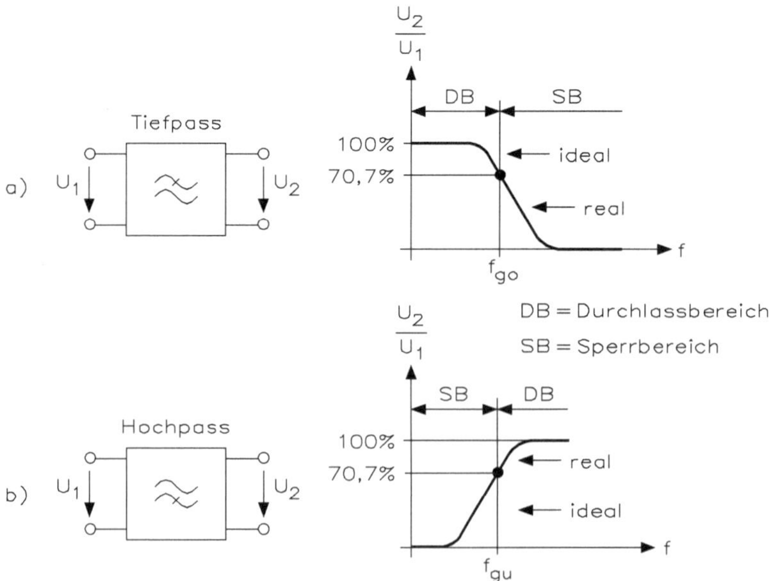

Abb. 7.8 Schaltzeichen und Übertragungskurve von **a)** Tiefpass und **b)** Hochpass

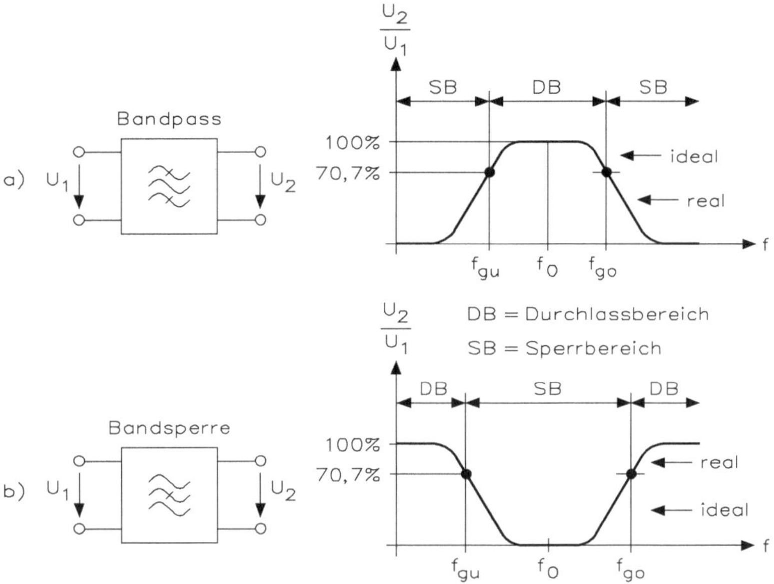

Abb. 7.9 Schaltzeichen und Übertragungskurve von (**a**) Bandpass und (**b**) Bandsperre

$$U_2 = U_1 \text{ bei } f_{gu} < f < f_{go} \text{ sowie } U_2 = 0 \text{ bei } f > f_{go} \text{ und } f < f_{gu}!$$

Bei der Bandsperre nach Abb. 7.9b wird ein zwischen der oberen Grenzfrequenz f_{go} und der unteren Grenzfrequenz f_{gu} liegendes Frequenzband unterdrückt. Für eine ideale Bandsperre würde sich ergeben:

$$U_2 = 0 \text{ bei } f_{gu} < f < f_{go} \text{ sowie } U_2 = U_1 \text{ bei } f > f_{go} \text{ und } f < f_{gu}!$$

Bei einem Bandpass erscheinen in der Ausgangsspannung die Frequenzanteile zwischen der oberen und der unteren Grenzfrequenz. Eine Bandsperre unterdrückt die Frequenzen in diesem Bereich.

Bei einem RC-Tiefpass ist der Kondensator mit Masse verbunden. Tauscht man den Kondensator gegen eine Spule aus, ergibt sich ein RL-Hochpass. Bei einem CR-Hochpass ist der Kondensator mit der Eingangsspannung verbunden. Tauscht man den Kondensator gegen eine Spule aus, ergibt sich ein LR-Tiefpass. Tab. 7.3 zeigt eine Zusammenfassung der passiven RC- und RL-Filter.

7.1.7 RCL-Reihenschwingkreis

Bei einem Reihenschwingkreis liegt der Kondensator und die Spule an einer sinusförmigen Wechselspannung. Für den Resonanzfall gilt die Widerstandsbedingung

Tab. 7.3 Zusammenfassung der passiven RC- und RL-Filter

Filtertyp	U_2/U_1	f_g	φ
RC-Tiefpass	$\frac{1}{\sqrt{1+(\omega\cdot R\cdot C)^2}}$	$\frac{1}{\omega\cdot R\cdot C}$	$-\tan(\omega\cdot R\cdot C)$
CR-Hochpass	$\frac{1}{\sqrt{\frac{1}{1+(\omega\cdot R\cdot C)^2}}}$	$\frac{1}{\omega\cdot R\cdot C}$	$\tan\left(\frac{1}{\omega\cdot R\cdot C}\right)$
RL-Tiefpass	$\frac{1}{\sqrt{\frac{1}{1+\left(\frac{\omega\cdot L}{R}\right)^2}}}$	$\frac{R}{\omega\cdot L}$	$-\tan\left(\frac{\omega\cdot L}{R}\right)$
LR-Hochpass	$\frac{1}{\sqrt{\frac{1}{1+\left(\frac{R}{\omega\cdot L}\right)^2}}}$	$\frac{R}{\omega\cdot L}$	$\tan\left(\frac{R}{\omega\cdot L}\right)$

$$X_C = X_L$$

mit den Größen für den Kondensator und Spule
$\frac{1}{2\cdot\pi\cdot f\cdot C} = 2\cdot\pi\cdot f\cdot L$ oder $f_0 = \frac{1}{2\cdot\pi\cdot\sqrt{C\cdot L}}$ bzw. $f_0 = \frac{1}{(2\cdot\pi)^2\cdot C\cdot L}$

d. h. mit kleinen Werten für den Kondensator und/oder der Spule erreicht man die entsprechend hohen Resonanzfrequenzen. Abb. 7.10 zeigt eine Schaltung zur Untersuchung eines Reihenschwingkreises.

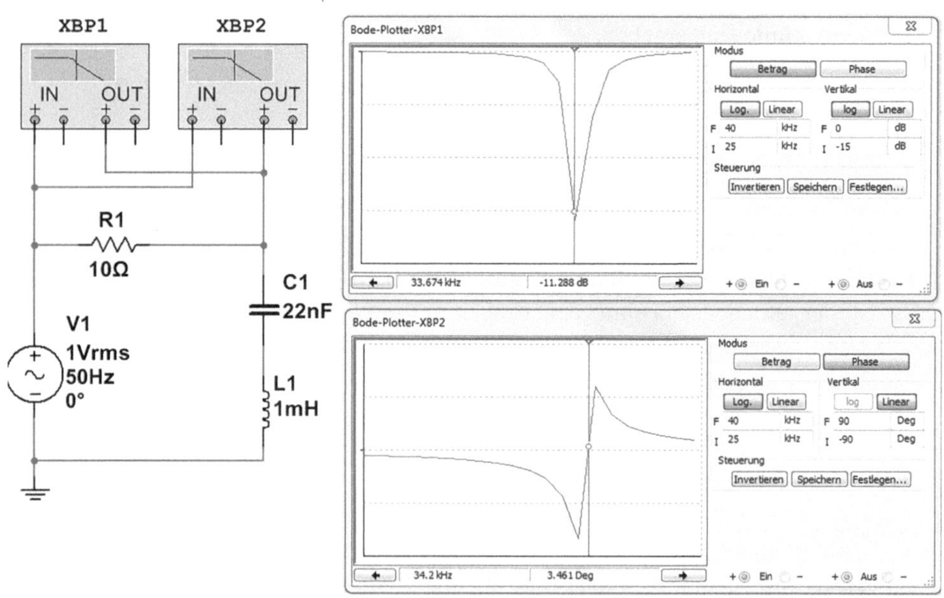

Abb. 7.10 Schaltung zur Untersuchung eines Reihenschwingkreises

Der obere Bode-Plotter in Abb. 7.10 zeigt die Ausgangsspannung über der Frequenz an. Die Frequenzanzeige mit $f = 29$ kHz zeigt die Ausgangsspannung mit einer Dämpfung von –37 dB an. Das gleiche gilt auch für den unteren Bode-Plotter mit der Phasenverschiebung von –88,2°. Welche Resonanzfrequenz ergibt sich für die Schaltung von Abb. 7.10?

$$f_0 = \frac{1}{2 \cdot \pi \cdot \sqrt{C \cdot L}} = \frac{1}{2 \cdot 3,14 \cdot \sqrt{22\,\text{nF} \cdot 1\,\text{mH}}} = 34\,\text{kHz}$$

Mittels des Bode-Plotters lässt sich diese Frequenz überprüfen und es ergibt sich nur eine geringfügige Abweichung. Bei der Resonanzfrequenz ist $X_C = X_L$ und damit tritt der größte Spannungsfall am Widerstand R auf. Die Dämpfung liegt bei gemessenen –78 dB und dabei tritt eine Phasenverschiebung von 0° auf.

Die Güte Q eines Reihenschwingkreises errechnet sich aus

$$Q = \frac{\omega_0 \cdot L}{R} = \frac{1}{R} \cdot \sqrt{\frac{C}{L}}$$

Der Reihenschwingkreis wird als Reihenschaltung von Spule, Kondensator und einem gemeinsamen Verlustwiderstand dargestellt. Beim Reihenschwingkreis fließt in allen Bauelementen der gleiche Strom. Beim Verlustwiderstand ist der Strom mit der Spannung in Phase. An der Spule eilt die Spannung dem Strom um 90° vor. Beim Kondensator eilt der Strom der Spannung um 90° nach.

Die Teilspannungen eines Reihenschwingkreises verhalten sich wie die Widerstände. Es gelten folgende Formeln:

$$U = \sqrt{U_R^2 + (U_C - U_L)^2} \quad \text{oder} \quad Z = \sqrt{R^2 + (X_C - X_L)^2}$$

Wenn man den Scheinwiderstandsverlauf betrachtet, dann ist bei der Resonanzfrequenz nur der Wirkwiderstand wirksam. Der Reihenschwingkreis ist bei Resonanzfrequenz am niederohmigsten. Es stellt sich ein Strommaximum ein, d. h. je größer R ist, umso geringer ist die Güte Q.

Wenn man drei Voltmeter parallel zu den drei Bauelementen schaltet, werden die Spannungen gemessen und die Teilspanungen können höher sein als die angelegte Gesamtspannung. Die Besonderheit wird beim Reihenschwingkreis wirksam und mit Resonanz- oder Spannungserhöhung bezeichnet. Dabei gilt: Je höher die Güte Q eines Reihenschwingkreises, desto höher ist die Resonanzerhöhung.

7.1.8 RCL-Parallelschwingkreis

Bei einem Parallelschwingkreis liegen Kondensator und Spule parallel an einer sinusförmigen Wechselspannung des Bode-Plotters.

Der Parallelschwingkreis besteht aus der Parallelschaltung von Spule und Kondensator. Die Verluste können durch einen kleinen Reihenwiderstand zur Spule oder durch einen großen Parallelwiderstand zum Kondensator dargestellt werden. Da der Parallelschwingkreis in der Nähe der Resonanzfrequenz untersucht werden soll, wird im Folgenden der Serienwiderstand der Spule vernachlässigt. Bei der Betrachtung des Parallelschwingkreises wird nur der Verlustwiderstand des Kondensators berücksichtigt.

Welche Resonanzfrequenz ergibt sich für die Schaltung von Abb. 7.11?

$$f_{\text{res}} = \frac{1}{2 \cdot \pi \cdot \sqrt{C \cdot L}} = \frac{1}{2 \cdot 3,14 \cdot \sqrt{22\,\text{nF} \cdot 1\,\text{mH}}} = 34\,\text{kHz}$$

Mittels des Bode-Plotters lässt sich diese Frequenz überprüfen und es ergibt sich nur eine geringfügige Abweichung.

Ein realer Kondenstor besteht aus einem idealen Kondensator und einem parallel geschalteten Verlustwiderstand R_v. Die Kreisdämpfung ist mit „d" gekennzeichnet. Hieraus berechnet sich der Verlustfaktor

$$\tan\delta = \frac{X_C}{R_v} \qquad d = \tan\delta$$

Die Güte Q (Gütefaktor) ist

$$Q = \frac{R_v}{X_C} = \frac{1}{d}$$

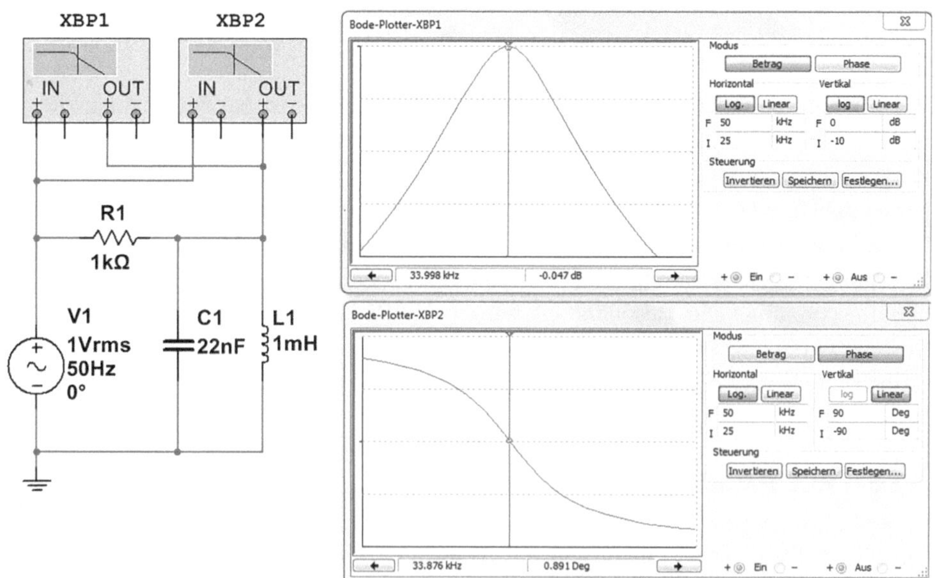

Abb. 7.11 Schaltung zur Untersuchung eines Parallelschwingkreises

Eine reale Spule besteht aus einer idealen Induktivität und einem in Reihe geschalteten Verlustwiderstand R_v. Hieraus berechnet sich der Verlustfaktor

$$\tan\delta = \frac{R_v}{X_L} \qquad d = \tan\delta$$

Die Güte Q (Gütefaktor) ist

$$Q = \frac{X_L}{R_v} = \frac{1}{d}$$

7.2 T- und π-Filter

Ein LC-Filter besteht aus einer Reihenschaltung einer Spule und eines Kondensators. Das passive LC-Filter ist die Ausgangsbasis für diese Netzwerke der 2. Ordnung und es muss die Bedingung $X_C \ll X_L$ eingehalten werden. Abb. 7.12 zeigt die Schaltung eines T-LC-Filters.

Die Eingangsspannung U_1 liegt an der Spule und die Ausgangsspannung U_2 wird an der Spule und dem Kondensator abgegriffen. Dadurch ergibt sich ein Tiefpassverhalten. Der Wert „s" ist der Siebfaktor.

Die Grenzfrequenz f_g ist die Resonanzfrequenz für L und C:

$$f_g = \frac{1}{2 \cdot \pi \cdot \sqrt{L \cdot C}} \qquad L = \frac{Z}{2 \cdot \pi \cdot f_g} \qquad C = \frac{1}{2 \cdot \pi \cdot f_g \cdot Z}$$

Für den Durchlassbereich gilt: $f < f_g$
Für den Sperrbereich gilt: $f > f_g$

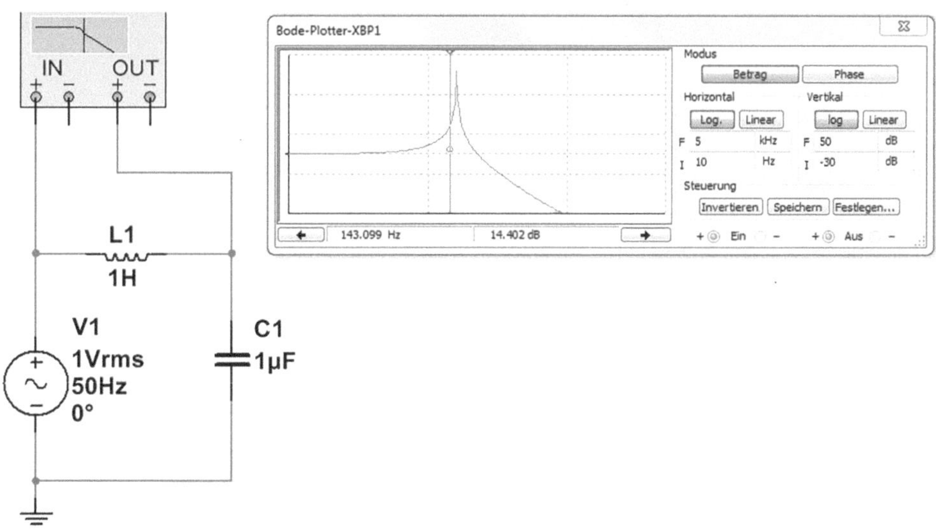

Abb. 7.12 Aufbau eines T-LC-Filters

Voraussetzung ist die richtige Anpassung: $Z_1 = Z_2 = Z = \sqrt{\frac{L}{C}}$

Die einzelnen Werte lassen sich berechnen mit $\frac{U_2}{U_1} = \frac{X_C}{Z}$

$$U_2 = U_1 \cdot \frac{X_C}{Z} = U_1 \cdot \frac{X_C}{X_L - X_C} \quad U_1 = U_2 \cdot \frac{Z}{X_C} = U_2 \cdot \frac{X_L - X_C}{X_C}$$

$$X_C = \frac{1}{\omega \cdot C} = \frac{1}{2 \cdot \pi \cdot f \cdot C} \quad X_L = \omega \cdot L = 2 \cdot \pi \cdot f \cdot L$$

$$f = \frac{U_1}{2 \cdot \pi \cdot U_2 \cdot C \cdot Z} \quad Z = X_L - X_C = \omega L - \frac{1}{\omega \cdot C}$$

$$Z = X_C \cdot \frac{U_1}{U_2} = \mathrm{s} \cdot X_C \quad \mathrm{s} = \frac{U_1}{U_2} = \frac{Z}{X_C}$$

Die Schaltung von Abb. 7.13 zeigt den Aufbau eines T-CL-Filters.

Die Eingangsspannung U_1 liegt an dem Kondensator und die Ausgangsspannung U_2 wird an dem Kondensator und der Spule abgegriffen. Dadurch ergibt sich ein Hochpassverhalten. Der Wert „s" ist der Siebfaktor.

Die einzelnen Werte lassen sich berechnen mit $\frac{U_2}{U_1} = \frac{X_L}{Z}$

$$U_2 = U_1 \cdot \frac{X_L}{Z} = U_1 \cdot \frac{X_L}{X_L - X_C} \quad U_1 = U_2 \cdot \frac{Z}{X_L} = U_2 \cdot \frac{X_L - X_C}{X_L}$$

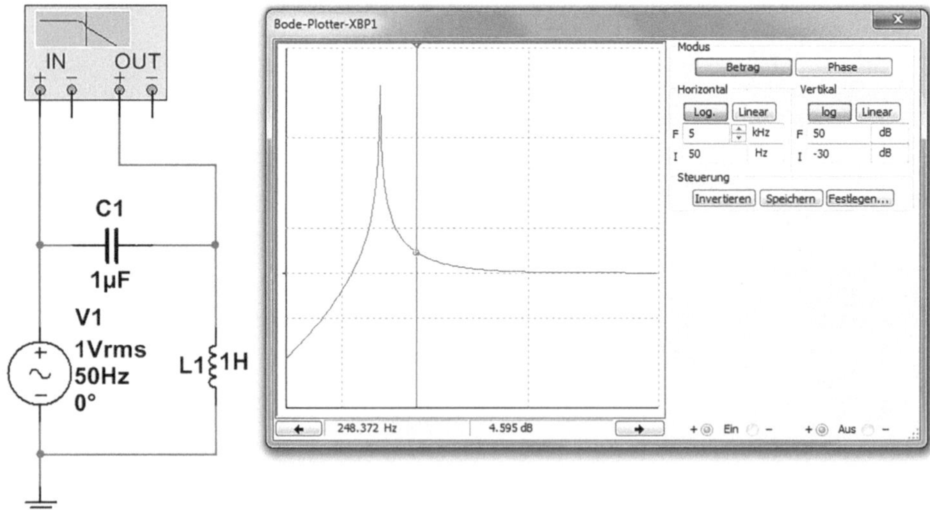

Abb. 7.13 Aufbau eines T-CL-Filters

$$X_L = \omega \cdot L = 2 \cdot \pi \cdot f \cdot L \quad X_C = \frac{1}{\omega \cdot C} = \frac{1}{2 \cdot \pi \cdot f \cdot C}$$

$$Z = X_L - X_C = \omega \cdot L - \frac{1}{\omega \cdot C} = X_L \cdot \frac{U_1}{U_2} = s \cdot X_L \quad f = \frac{U_1}{U_2 \cdot 2 \cdot \pi \cdot C \cdot Z}$$

$$Z = X_L - X_C = \omega L - \frac{1}{\omega \cdot C} \quad Z = X_L \cdot \frac{U_1}{U_2} = s \cdot X_C \quad \mathrm{s} = \frac{U_1}{U_2} = \frac{Z}{X_L}$$

7.2.1 T- und π-Filter mit Tiefpassverhalten

Die Grenzfrequenz f_g ist die Resonanzfrequenz für L und C:

$$f_g = \frac{1}{2 \cdot \pi \cdot \sqrt{L \cdot C}} \quad L = \frac{Z}{2 \cdot \pi \cdot f_g} \quad C = \frac{1}{2 \cdot \pi \cdot f_g \cdot Z}$$

Für den Durchlassbereich gilt: $f < f_g$
Für den Sperrbereich gilt: $f > f_g$

$$Z = \sqrt{\frac{L}{G}}$$

Voraussetzung ist die richtige Anpassung: $Z_1 = Z_2 = Z = \sqrt{\frac{L}{C}}$

Die gleichen Formeln gelten für das T-Glied mit zwei Einzelspulen von je einem Wert einer Spule und einem Kondensator von $2 \cdot C$ (Farad) und ein π-Glied mit einer Spule von $2 \cdot L$ (Henry) und zwei Einzelkondensatoren von je einem Wert von C.

Abb. 7.14 zeigt die Schaltung eines T-LC-Filters. Die Anpassung errechnet sich aus

$$Z = \sqrt{\frac{L}{C}} = \sqrt{\frac{0{,}1\,\mathrm{H}}{270\,\mathrm{nF}}} = 608\,\Omega$$

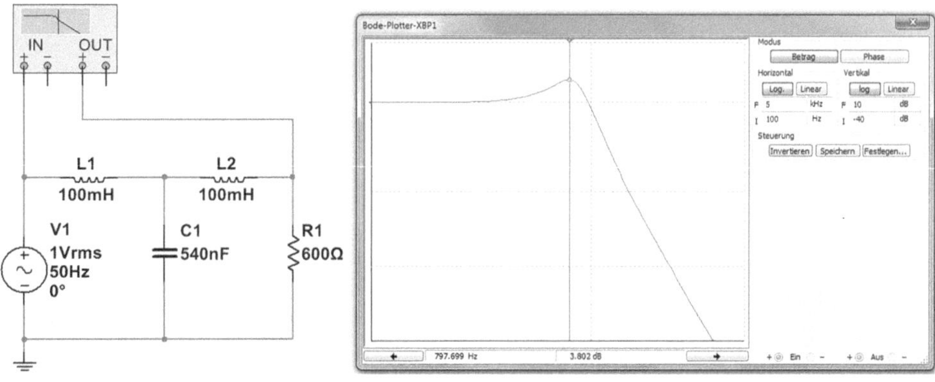

Abb. 7.14 Schaltung eines T-LC-Filters

Die Grenzfrequenz f_g ist die Resonanzfrequenz, wobei mit $C = 2 \cdot C$ gerechnet werden muss

$$f_g = \frac{1}{2 \cdot \pi \cdot \sqrt{L \cdot C}} = \frac{1}{2 \cdot 3{,}14 \cdot \sqrt{0{,}1\,\text{H} \cdot 270\,\text{nF}}} = 970\,\text{Hz}$$

Die Spule hat einen errechneten Wert von

$$L = \frac{Z}{2 \cdot \pi \cdot f_g} = \frac{608\,\Omega}{2 \cdot 3{,}14 \cdot 970\,\text{Hz}} = 0{,}1\,\text{H}$$

Der Kondensator hat einen errechneten Wert

$$C = \frac{1}{2 \cdot \pi \cdot f_g \cdot Z} = \frac{1}{2 \cdot 3{,}14 \cdot 970\,\text{Hz} \cdot 608\,\Omega} = 270\,\text{nF}$$

Es kommt aber ein Kondensator mit $C = 540$ nF zur Anwendung.

Abb. 7.15 zeigt die Schaltung eines π-CL-Filters. Die Anpassung errechnet sich aus

$$Z = \sqrt{\frac{L}{C}} = \sqrt{\frac{0{,}1\,\text{H}}{270\,\text{nF}}} = 608\,\Omega$$

Die Grenzfrequenz ist die Resonanzfrequenz

$$f_g = \frac{1}{2 \cdot \pi \cdot \sqrt{L \cdot C}} = \frac{1}{2 \cdot 3{,}14 \cdot \sqrt{0{,}1\,H \cdot 270\,\text{nF}}} = 970\,\text{Hz}$$

Die Spule hat einen errechneten Wert von

$$L = \frac{Z}{2 \cdot \pi \cdot f_g} = \frac{608\,\Omega}{2 \cdot 3{,}14 \cdot 970\,\text{Hz}} = 0{,}1\,\text{H}$$

Die Spule hat daher einen Wert von $L = 200$ mH. Der Kondensator hat einen errechneten Wert von

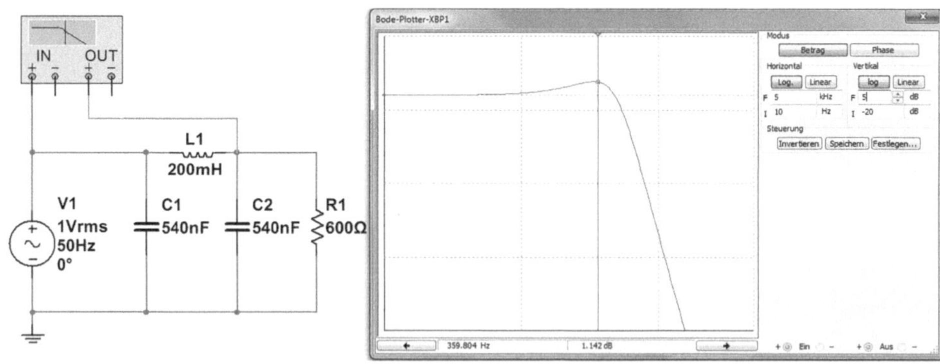

Abb. 7.15 Schaltung eines π-CL-Filters

$$C = \frac{1}{2 \cdot \pi \cdot f_g \cdot Z} = \frac{1}{2 \cdot 3{,}14 \cdot 970\,\text{Hz} \cdot 608\,\Omega} = 270\,\text{nF}$$

7.2.2 T- und π-Filter mit Hochpassverhalten

Die Grenzfrequenz f_g ist die Resonanzfrequenz für L und C:

$$f_g = \frac{1}{2 \cdot \pi \cdot \sqrt{L \cdot C}} \quad L = \frac{Z}{2 \cdot \pi \cdot f_g} \quad C = \frac{1}{2 \cdot \pi \cdot f_g \cdot Z}$$

Für den Durchlassbereich gilt: $f < f_g$
Für den Sperrbereich gilt: $f > f_g$

Voraussetzung ist die richtige Anpassung: $Z_1 = Z_2 = Z = \sqrt{\frac{L}{C}}$

Die gleichen Formeln gelten für das T-Glied mit zwei Einzelkondensatoren von je einem Wert einer Spule und einer Spule von $L/2$ und ein π-Glied mit einem Kondensator von $2 \cdot C$ und zwei Einzelkondensatoren von je einem Wert von C.

Abb. 7.16 zeigt die Schaltung eines T-CL-Filters. Die Anpassung errechnet sich aus

$$Z = \sqrt{\frac{L}{C}} = \sqrt{\frac{0{,}1\,\text{H}}{270\,\text{nF}}} = 608\,\Omega$$

Die Grenzfrequenz f_g ist die Resonanzfrequenz

$$f_g = \frac{1}{2 \cdot \pi \cdot \sqrt{L \cdot C}} = \frac{1}{2 \cdot 3{,}14 \cdot \sqrt{0{,}1\,\text{H} \cdot 270\,\text{nF}}} = 970\,\text{Hz}$$

Die Spule hat einen errechneten Wert von

$$L = \frac{Z}{2 \cdot \pi \cdot f_g} = \frac{608\,\Omega}{2 \cdot 3{,}14 \cdot 970\,\text{Hz}} = 0{,}1\,\text{H}$$

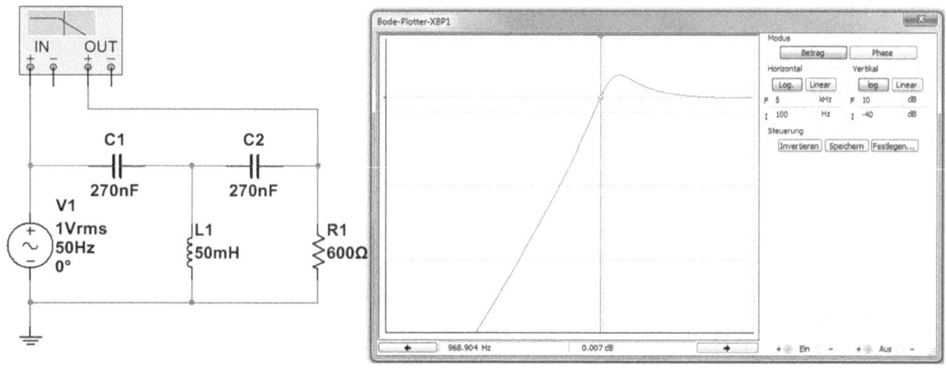

Abb. 7.16 Schaltung eines T-CL-Filters

Bei diesem Filter muss die Induktivität halbiert werden. Da der errechnete Wert $L = 100$ mH ist, ist für die Spule ein Wert mit $L = 50$ mH zu verwenden.

Der Kondensator hat einen errechneten Wert

$$C = \frac{1}{2 \cdot \pi \cdot f_g \cdot Z} = \frac{1}{2 \cdot 3{,}14 \cdot 970\,\text{Hz} \cdot 608\,\Omega} = 270\,\text{nF}$$

Abb. 7.17 zeigt die Schaltung eines π-LC-Filters. Die Anpassung errechnet sich aus

$$Z = \sqrt{\frac{L}{C}} = \sqrt{\frac{0{,}1\,\text{H}}{270\,\text{nF}}} = 608\,\Omega$$

Für den Durchlassbereich gilt: $f < f_g$
Für den Sperrbereich gilt: $f > f_g$

Voraussetzung ist die richtige Anpassung: $Z_1 = Z_2 = Z = \sqrt{\frac{L}{C}}$
Die Grenzfrequenz ist die Resonanzfrequenz

$$f_g = \frac{1}{2 \cdot \pi \cdot \sqrt{L \cdot C}} = \frac{1}{2 \cdot 3{,}14 \cdot \sqrt{0{,}1\,\text{H} \cdot 270\,\text{nF}}} = 970\,\text{Hz}$$

Die Spule hat einen errechneten Wert von

$$L = \frac{Z}{2 \cdot \pi \cdot f_g} = \frac{608\,\Omega}{2 \cdot 3{,}14 \cdot 970\,\text{Hz}} = 0{,}1\,\text{H}$$

Die Spule hat daher einen Wert von 100 mH. Der Kondensator hat einen errechneten Wert von

$$C = \frac{1}{2 \cdot \pi \cdot f_g \cdot Z} = \frac{1}{2 \cdot 3{,}14 \cdot 970\,\text{Hz} \cdot 608\,\Omega} = 270\,\text{nF}$$

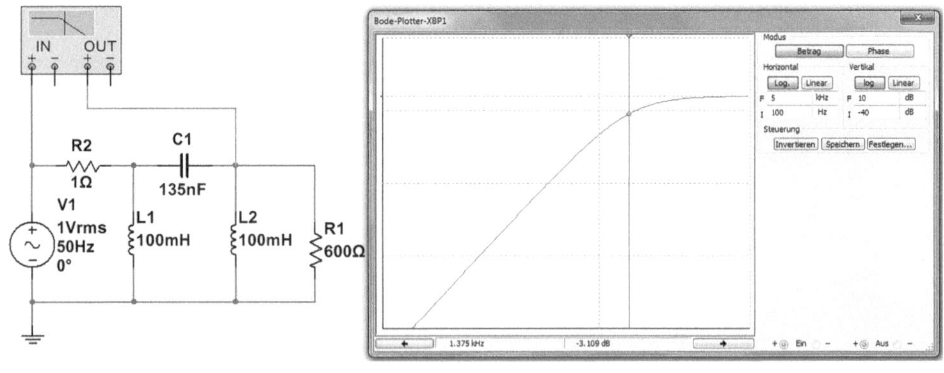

Abb. 7.17 Schaltung eines π-LC-Filters

Bei diesem Filter muss die Kapazität halbiert werden. Da der errechnete Wert $C = 270$ nF ist, sind für den Kondensator $C = 135$ nF zu verwenden.

7.2.3 Passives Tiefpass-Doppelsiebglied

Die steile Flanke des Tiefpass-Doppelsiebes erhält man durch einen Längssperrkreis, der auf die Frequenz f_1 abgestimmt ist. Der Kondensator und die Induktivität müssen auf die Resonanz bei der Grenzfrequenz f_g abgestimmt sein. Zur Berechnung wird das Verhältnis $f_g{:}f_2$ gewählt, zweckmäßiger mit etwa 0,95 bis 0,8. Ist R der bei Z_2 angeschlossene Abschlusswiderstand, so wird der Nennwiderstand der Schaltung $Z = 1{,}25 \cdot R_1$ gewählt. Abb. 7.18 zeigt die Schaltung.

Aus Abb. 7.18 lassen sich die Grenzfrequenz mit $f_g = 684$ Hz und die Sperrkreisfrequenz mit $f_2 = 975$ Hz bestimmen. Der Abschlusswiderstand beträgt $R_1 = 600\ \Omega$.

Der Nennwiderstand Z berechnet sich aus

$$Z = 1{,}25 \cdot R = 1{,}25 \cdot 600\,\Omega = 750\,\Omega$$

Der Filterkennwert m lässt sich ermitteln aus

$$m = \sqrt{1 - \left(\frac{f_g}{f_2}\right)^2} = \sqrt{1 - \left(\frac{684\,\text{Hz}}{975\,\text{Hz}}\right)^2} = 0{,}71$$

Die Sperrkreisinduktivität L_1 hat

$$L = m \cdot \frac{Z}{2 \cdot \pi \cdot f_g} = 0{,}71 \cdot \frac{750\,\Omega}{2 \cdot 3{,}14 \cdot 684\,\text{Hz}} = 175\,\text{mH}$$

Die Sperrkreiskapazität C_1 berechnet sich nach

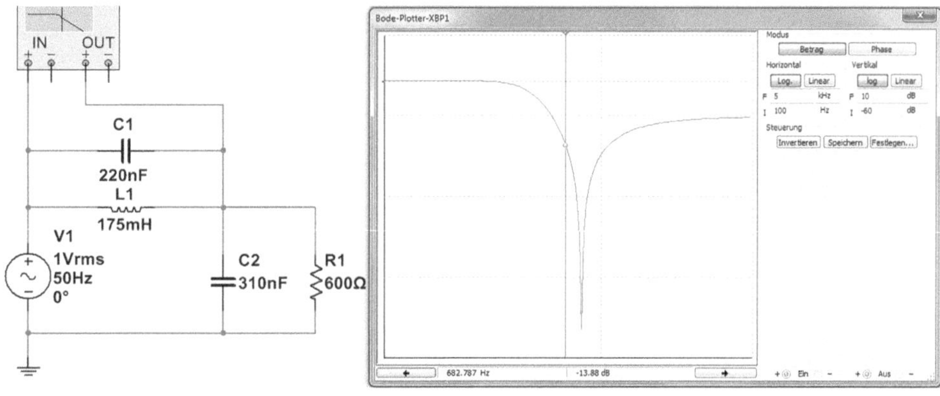

Abb. 7.18 Untersuchung eines Tiefpass-Doppelsiebgliedes

$$C_1 = \frac{1-m^2}{m} \cdot \frac{1}{2 \cdot \pi \cdot f_g \cdot Z} = \frac{1-0{,}71^2}{0{,}71} \cdot \frac{1}{2 \cdot 3{,}14 \cdot 684\,\text{Hz} \cdot 750\,\Omega} = 220\,\text{nF}$$

Die Querkapazität ist

$$C_2 = m \cdot \frac{1}{2 \cdot \pi \cdot f_g \cdot Z} = 0{,}71 \cdot \frac{1}{2 \cdot 3{,}14 \cdot 684\,\text{Hz} \cdot 750\,\Omega} = 310\,\text{nF}$$

Die errechnete Grenzfrequenz beträgt

$$f_g = \frac{m \cdot Z}{2 \cdot \pi \cdot L} = \frac{0{,}71 \cdot 750\,\Omega}{2 \cdot 3{,}14 \cdot 175\,\text{mH}} = 485\,\text{Hz}$$

Messung und Rechnung stimmen weitgehend überein.

7.2.4 Passives Hochpass-Doppelsiebglied

Die steile Flanke des Tiefpass-Doppelsiebes erhält man durch einen Längssperrkreis, der auf die Frequenz f_1 abgestimmt ist. Der Kondensator und die Induktivität müssen auf die Resonanz bei der Grenzfrequenz f_g abgestimmt sein. Zur Berechnung wird das Verhältnis $f_g{:}f_2$ gewählt, zweckmäßiger mit etwa 0,95 bis 0,8. Ist R der bei Z_a angeschlossene Abschlusswiderstand, so wird der Nennwiderstand der Schaltung $Z = 1{,}25 \cdot R$ gewählt. Abb. 7.19 zeigt die Schaltung.

Aus Abb. 7.19 lassen sich die Grenzfrequenz mit $f_g = 975$ Hz und die Sperrkreisfrequenz mit $f_1 = 684$ Hz bestimmen. Der Abschlusswiderstand beträgt R = 600 Ω.

Der Nennwiderstand Z berechnet sich aus

$$Z = 1{,}25 \cdot R = 1{,}25 \cdot 600\,\Omega = 750\,\Omega$$

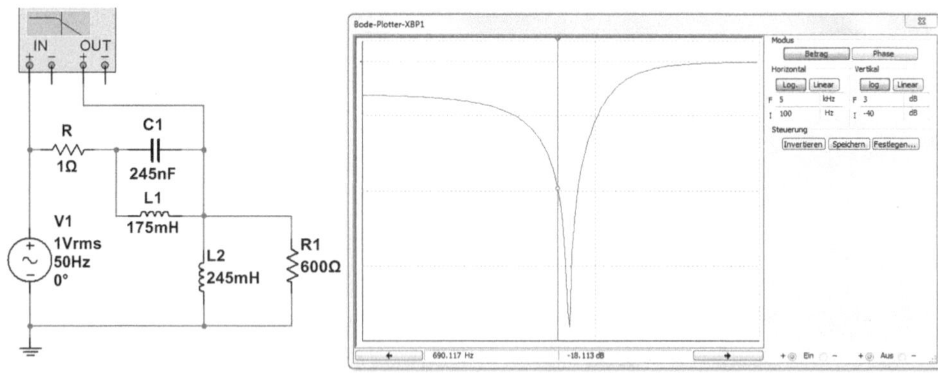

Abb. 7.19 Untersuchung eines Tiefpass-Doppelsiebgliedes

Der Filterkennwert m lässt sich ermitteln aus

$$m = \sqrt{1 - \left(\frac{f_1}{f_g}\right)^2} = \sqrt{1 - \left(\frac{684\,\mathrm{Hz}}{975\,\mathrm{Hz}}\right)^2} = 0{,}71$$

Die Sperrkreisinduktivität hat

$$L_1 = \frac{m}{1 - m^2} \cdot \frac{Z}{2 \cdot \pi \cdot f_g} = \frac{0{,}71}{1 - (0{,}71)^2} \cdot \frac{750\,\Omega}{2 \cdot 3{,}14 \cdot 684\,\mathrm{Hz}} = 175\,\mathrm{mH}$$

Die Querinduktivität ist

$$L_2 = \frac{1}{m} \cdot \frac{Z}{2 \cdot \pi \cdot f_g} = \frac{1}{0{,}71} \cdot \frac{750\,\Omega}{2 \cdot 3{,}14 \cdot 975\,\mathrm{Hz}} = 172\,\mathrm{nF}$$

Die Sperrkreiskapazität berechnet sich nach

$$C = \frac{1}{m} \cdot \frac{Z}{2 \cdot \pi \cdot f_g} = \frac{1}{0{,}71} \cdot \frac{750\,\Omega}{2 \cdot 3{,}14 \cdot 975\,\mathrm{Hz}} = 172\,\mathrm{nF}$$

Die errechnete Grenzfrequenz beträgt

$$f_g = \frac{1}{2 \cdot \pi \cdot L \cdot m \cdot Z} = \frac{1}{2 \cdot 3{,}14 \cdot 175\,\mathrm{mH} \cdot 0{,}71 \cdot 750\,\Omega} = 850\,\mathrm{Hz}$$

Messung und Rechnung stimmen weitgehend überein.

7.3 Bandpass und Bandsperre

Tief- und Hochpassfilter gestatten es, Frequenzen bis zu einer bestimmten Grenzfrequenz f_g durchzulassen oder zu unterdrücken. In der Praxis ist es aber oft notwendig, bestimmte Frequenzbereiche durchzulassen (Bandpässe) oder diese zu unterdrücken (Bandsperre). Ein Bandpass arbeitet mit einem Durchlassbereich und zwei Sperrbereichen, während die Bandsperre zwei Durchlassbereiche und einen Sperrbereich hat.

7.3.1 CL-Bandpass

Als CL-Bandpass lässt sich ein Reihen- und Parallelschwingkreis verwenden, beide werden im Resonanzfall betrieben.

Die Resonanzfrequenz f_{res} für den Bandpass von Abb. 7.20 errechnet sich aus

$$f_{res} = \frac{1}{2 \cdot \pi \cdot \sqrt{C \cdot L}} = \frac{1}{2 \cdot 3{,}14 \cdot \sqrt{270\,\mathrm{nF} \cdot 1\,\mathrm{H}}} = 970\,\mathrm{Hz}$$

Das Ablesen der Bandbreite bei 0,707 bereitet einige Schwierigkeiten und daher

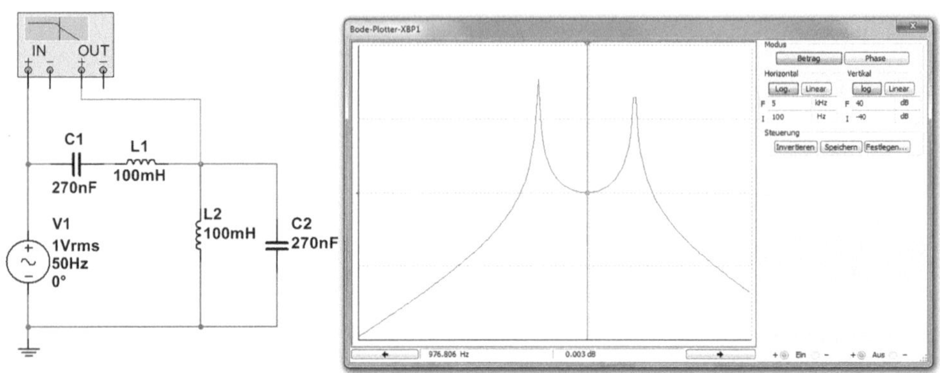

Abb. 7.20 Schaltung zur Untersuchung eines CL-Bandpasses

$$f_{\text{res}} = \frac{1}{2 \cdot \pi \cdot \sqrt{C_1 \cdot L_1}} = \frac{1}{2 \cdot \pi \cdot \sqrt{C_2 \cdot L_2}} \quad f_{\text{res}} = \sqrt{f_\text{o} - f_\text{u}} \quad b = f_\text{o} - f_\text{u}$$

$$f_\text{u} = \frac{\sqrt{\frac{1}{4 \cdot C_2 \cdot L_1} + \frac{1}{C_1 \cdot L_1}} - \frac{1}{2 \cdot \sqrt{C_2 \cdot L_1}}}{2 \cdot \pi} \quad f_o = \frac{\sqrt{\frac{1}{4 \cdot C_2 \cdot L_1} + \frac{1}{C_1 \cdot L_1}} + \frac{1}{2 \cdot \sqrt{C_2 \cdot L_1}}}{2 \cdot \pi}$$

Für die Bemessung der Einzelteile gilt die richtige Anpassung mit $Z_1 = Z_2 = Z$.

$$L_1 = \frac{Z}{2 \cdot \pi \cdot b} \quad L_2 = \frac{Z \cdot b}{2 \cdot \pi \cdot f_\text{u} \cdot f_\text{o}}$$

$$C_1 = \frac{b}{2 \cdot \pi \cdot Z \cdot f_\text{u} \cdot f_\text{o}} \quad C_2 = \frac{1}{2 \cdot \pi \cdot Z \cdot b}$$

Der Durchlassbereich ist für alle Frequenzen zwischen der unteren f_u und f_o oberen Grenzfrequenz geeignet. Gesperrt wird der Bereich unterhalb f_u und oberhalb f_o.

7.3.2 CL-Bandsperre

Für eine CL-Bandsperre dient grundsätzlich ein für die zu sperrende Frequenz auf Resonanz abgestimmter Parallelschwingkreis. Für die Betrachtungen der Bandbreite und für die Güte gelten die entsprechenden Überlegungen wie beim Bandpass.

Bei dem CL-Bandpass von Abb. 7.21 handelt es sich um eine Parallel- und Reihenschaltung von Kondensator und Spule.

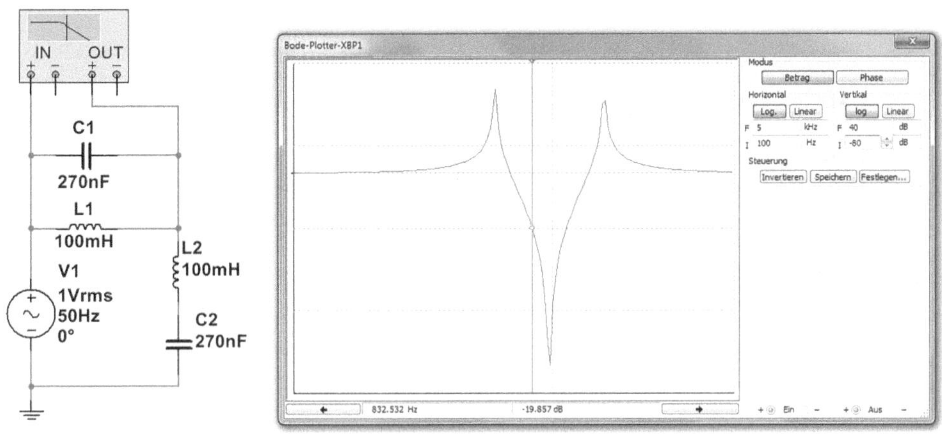

Abb. 7.21 Schaltung zur Untersuchung eines CL-Bandpasses

Wenn man die Simulation der Schaltung und das Rechenergebnis vergleicht, ergibt sich eine große Übereinstimmung. Das Ablesen der Bandbreite bei 0,707 bereitet einige Schwierigkeiten.

$$f_{\text{res}} = \frac{1}{2 \cdot \pi \cdot \sqrt{C_1 \cdot L_1}} = \frac{1}{2 \cdot \pi \cdot \sqrt{C_2 \cdot L_2}} \quad f_{\text{res}} = \sqrt{f_{\text{o}} - f_{\text{u}}} \quad b = f_{\text{o}} - f_{\text{u}}$$

Für die Bemessung der Einzelteile gilt die richtige Anpassung mit $Z_1 = Z_2 = Z$.

$$L_1 = \frac{Z \cdot b}{2 \cdot \pi \cdot f_{\text{u}} \cdot f_{\text{o}}} \quad L_2 = \frac{Z \cdot b}{2 \cdot \pi \cdot b}$$

$$C_1 = \frac{1}{2 \cdot \pi \cdot Z \cdot b} \quad C_2 = \frac{b}{2 \cdot \pi \cdot Z \cdot f_{\text{u}} \cdot f_{\text{o}}}$$

Der Durchlassbereich ist für alle Frequenzen zwischen f_{u} und f_{o} geeignet und gesperrt wird der Bereich unterhalb f_{u} und oberhalb f_{o}.

7.3.3 Bandpass mit Wienbrücke

Verwendet wird die Wienbrücke als Rückkopplung in einem RC-Sinusgenerator oder als breitbandiges Filter. Dabei ergibt sich der Vorteil, dass die Frequenz sich mit C und nicht wie bei einem Schwingkreis mit $\sqrt{2}$ ändert, sodass sich große Frequenzbereiche ergeben. Abb. 7.22 zeigt die Schaltung für einen LC-Bandpass.

Die Resonanzfrequenz errechnet sich aus $f_0 = \frac{1}{2 \cdot \pi \sqrt{R_1 \cdot C_1 \cdot R_2 \cdot C_2}}$

Die Ausgangsspannung ist $\frac{U_1}{U_2} = \frac{1}{1 + \frac{R_1}{R_2} + \frac{C_2}{C_1}}$

Wenn $R_1 = R_2 = R$ und $C_1 = C_2 = C$ ist, dann gilt

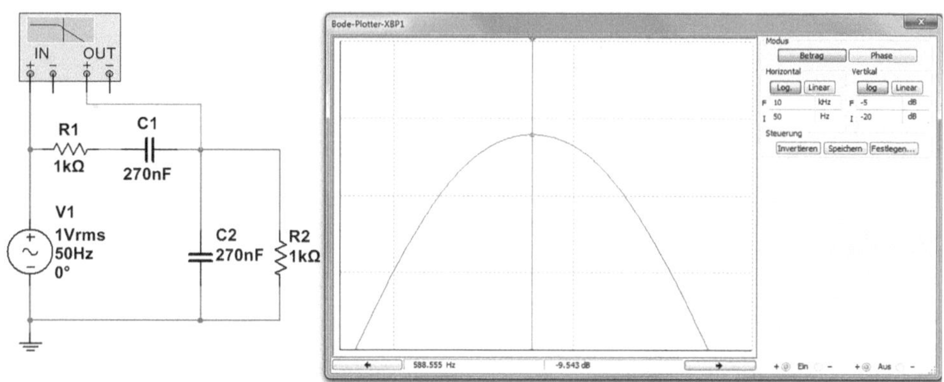

Abb. 7.22 Schaltung für einen LC-Bandpass nach Wien

$$f_0 = \frac{1}{2 \cdot \pi \cdot R \cdot C} = \frac{1}{2 \cdot 3{,}14 \cdot 1\,\mathrm{k\Omega} \cdot 270\,\mathrm{nF}} = 590\,\mathrm{Hz} \text{ und dabei wird } \frac{U_2}{U_1} = \frac{1}{3}$$

7.3.4 Doppel-T-Filter

Das Doppel-T-Filter von Abb. 7.23 hat eine Grunddämpfung von ca. 0,5 dB. Es ist

$$f_0 = \frac{0{,}16}{R \cdot C} \; [\Omega, \mathrm{F}, \mathrm{Hz}]$$

Bei der Dimensionierung gilt für den Widerstand R_2 der doppelte Wert und für den Kondensator C_3 der halbe Wert für die Bauteile. Für die Frequenzwerte der Kurve in Abb. 7.24 gilt Tab. 7.4.

Abb. 7.25 zeigt ein Sperrfilter mit einem erweiterten T-Filter.

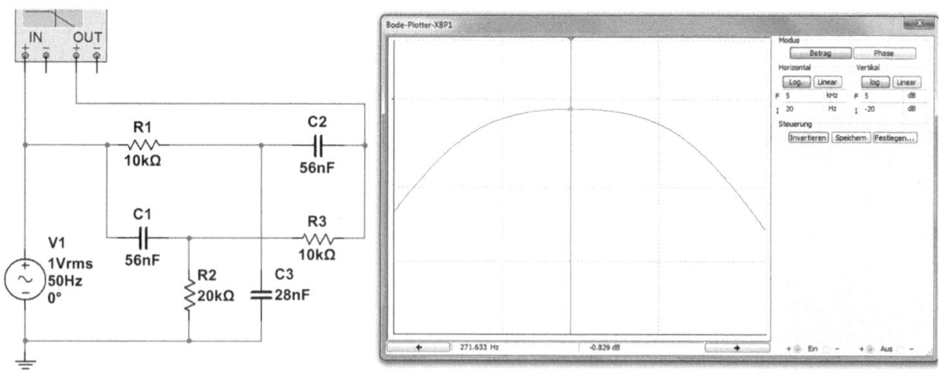

Abb. 7.23 Schaltung eines Doppel-T-Filters

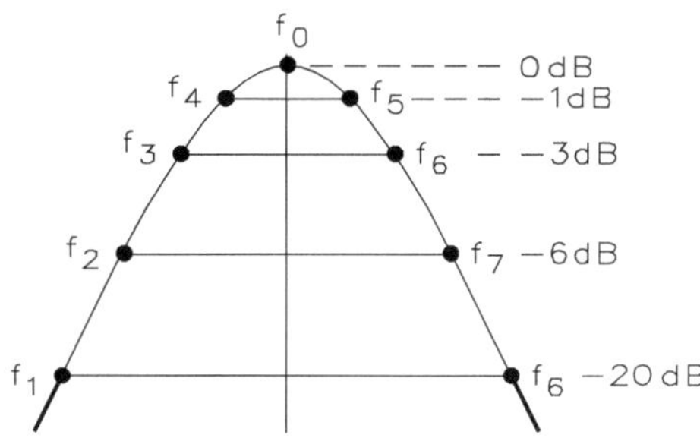

Abb. 7.24 Frequenzwerte der Kurve eines Doppel-T-Filters

Tab. 7.4 Frequenzwerte der Kurve

Dämpfung(dB)	Frequenzwerte	
20	$f_1 \approx f_0 \cdot 0{,}02$	$f_8 \approx f_0 \cdot 50$
6	$f_2 \approx f_0 \cdot 0{,}10$	$f_7 \approx f_0 \cdot 10$
3	$f_3 \approx f_0 \cdot 0{,}177$	$f_6 \approx f_0 \cdot 5{,}66$
1	$f_4 \approx f_0 \cdot 0{,}313$	$f_5 \approx f_0 \cdot 3{,}20$

Das T-Filter von Abb. 7.25 hat eine Grunddämpfung von ca. 0,5 dB. Es ist

$$f_0 = \frac{0{,}16}{R \cdot C} \quad [\Omega, \mathrm{F}, \mathrm{Hz}]$$

Beide hier gezeigten Schaltungen (Abb. 7.25 und 7.27) weisen gleiches Frequenzverhalten auf, wie Abb. 7.26 zeigt. Die Frequenzwerte werden nach Tab. 7.5 ermittelt.

Abb. 7.27 zeigt ein Sperrfilter eines erweiterten T-Filters.

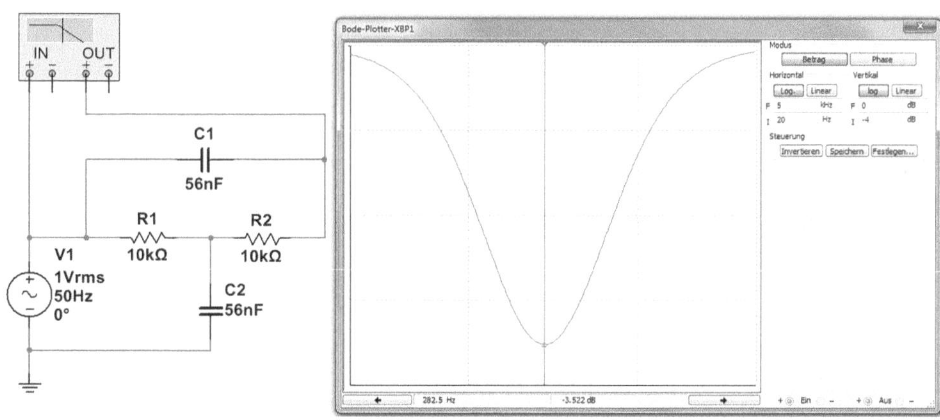

Abb. 7.25 Sperrfilter eines erweiterten T-Filters

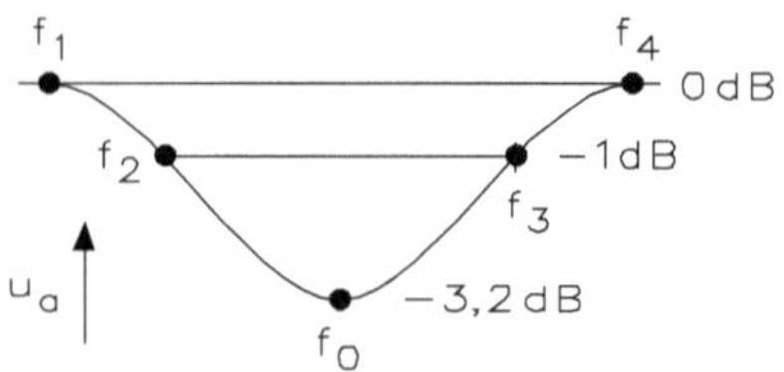

Abb. 7.26 Frequenzwerte der Kurve eines Sperrfilters mit T-Filter

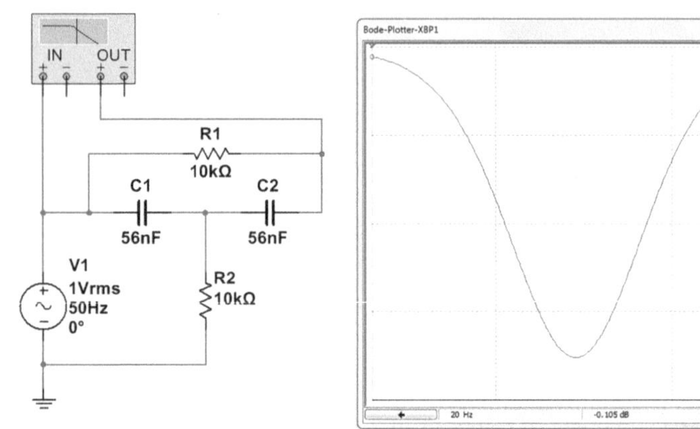

Abb. 7.27 Sperrfilter eines erweiterten T-Filters

Tab. 7.5 Frequenzwerte der Kurve von Abb. 7.25 und 7.27

Dämpfung(dB)	Frequenzwerte	
$\approx -3{,}5$	$f_0 = \frac{0{,}16}{R \cdot C}$	
≈ 1		
≈ 0	$f_2 \approx f_0 \cdot 0{,}26$	$f_3 \approx f_0 \cdot 3{,}85$
	$f_1 \approx f_0 \cdot 0{,}10$	$f_4 \approx f_0 \cdot 10$

Das Doppel-T-Filter von Abb. 7.28 erreicht Dämpfungswerte von ca. 50 dB, wenn die Bauteile eng toleriert werden. Es ist

$$f_0 = \frac{0{,}16}{R \cdot C} \; [\Omega, \text{F}, \text{Hz}]$$

Der Widerstand gegen Masse beträgt $0{,}5 \cdot R$ und der Kondensator gegen Masse beträgt $2 \cdot C$.

Das Doppel-T-Filter von Abb. 7.28 weist das Frequenzverhalten von Abb. 7.29 auf. Die Frequenzwerte werden nach Tab. 7.6 ermittelt.

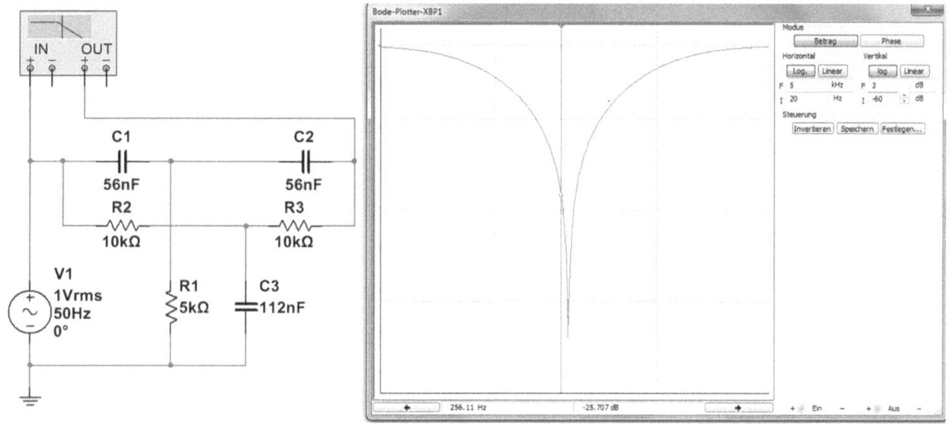

Abb. 7.28 Sperrfilter eines Doppel-T-Filters

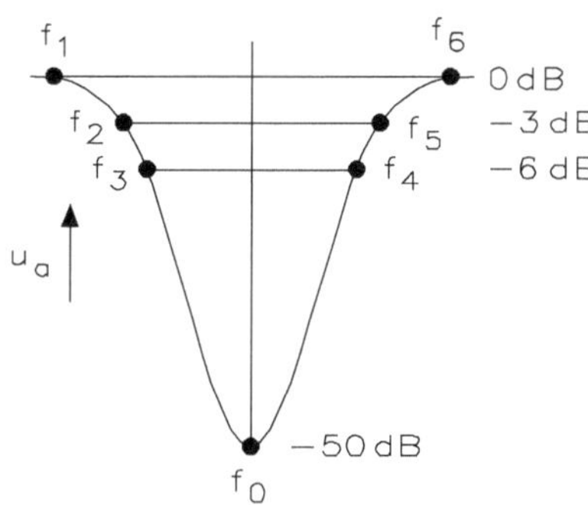

Abb. 7.29 Frequenzwerte der Kurve eines Sperrfilters mit T-Filter

Tab. 7.6 Frequenzwerte der Kurve von Abb. 7.29

Dämpfung(dB)	Frequenzwerte	
≈ 50	$f_0 = \frac{0{,}16}{R \cdot C}$	
≈ 6		
≈ 3	$f_3 \approx f_0 \cdot 0{,}385$	$f_3 \approx f_0 \cdot 2{,}6$
≈ 0	$f_2 \approx f_0 \cdot 0{,}25$	$f_2 \approx f_0 \cdot 4$
	$f_1 \approx f_0 \cdot 0{,}046$	$f_0 \approx f_0 \cdot 21{,}5$

7.4 RC-Filter für Klangbeeinflussung

Das Spektrum für die einbezogenen Frequenzgebiete in der Akustik zeigt Abb. 7.30.

Das Spektrum umfasst vier Bereiche:	Tiefenanhebung oder Tiefenabsenkung
	Höhenanhebung oder Höhenabsenkung

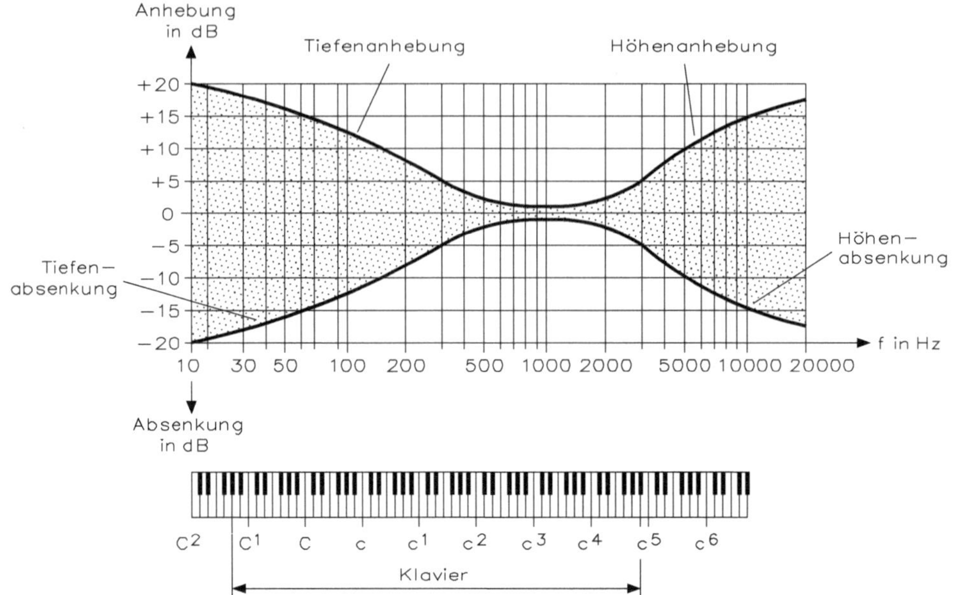

Abb. 7.30 Frequenzgebiete für die Anhebung und Absenkung

Sollen diese Bereiche zahlenmäßig bewertet werden, so ist Abb. 7.31 zu verwenden.

Je nach Stellung der beiden Potentiometer ergeben sich die Anhebung der Höhen und Tiefen. Auf der Mittelstellung hat man ein lineares Verhalten.

In der HiFi-Technik werden spezielle Frequenzbereiche angehoben oder abgesenkt, wie Abb. 7.32 zeigt.

- Linear: In der Vergangenheit wurde zur Lautstärkeeinstellung immer ein Potentiometer mit logarithmischer Abgriffscharakteristik verwendet. Das Hörempfinden des menschlichen Ohres, also die Umwandlung von Druckpegeln in Hörsignale, hat in etwa ein logarithmisches Verhalten und daher waren spezielle Potentiometer notwendig. Meist waren die logarithmischen Potentiometer so beschaffen, dass bei Mittelstellung eine Dämpfung des Audiosignals von etwa 20 dB erreicht wurde. Bei Drehrichtung von dort im Gegenuhrzeigersinn nahm die Dämpfung schnell zu, während im Uhrzeigersinn eine feiner abgestufte Steuerung der Lautstärkeeinstellung erfolgte.

Diese Methode funktioniert zwar sehr gut, aber aus verschiedenen Gründen jedoch empfiehlt sich diese Vorgehensweise nicht für kleine, tragbare Geräte. Platzprobleme und Langlebigkeit sind nur zwei aus einer langen Liste. AUF- und AB-Tasten in Verbindung mit einem Mikroprozessor oder Mikrocontroller sind inzwischen eine gängige Form

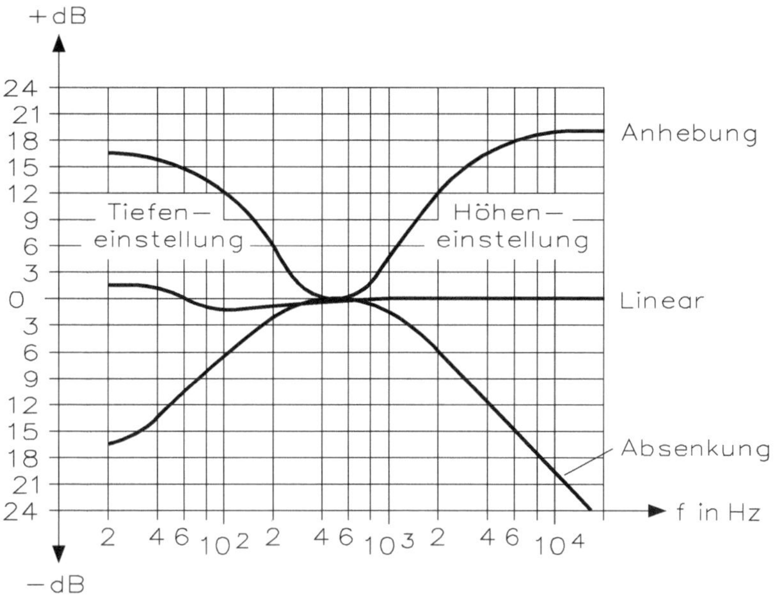

Abb. 7.31 Einstellungsbereich für die Anhebung und Absenkung

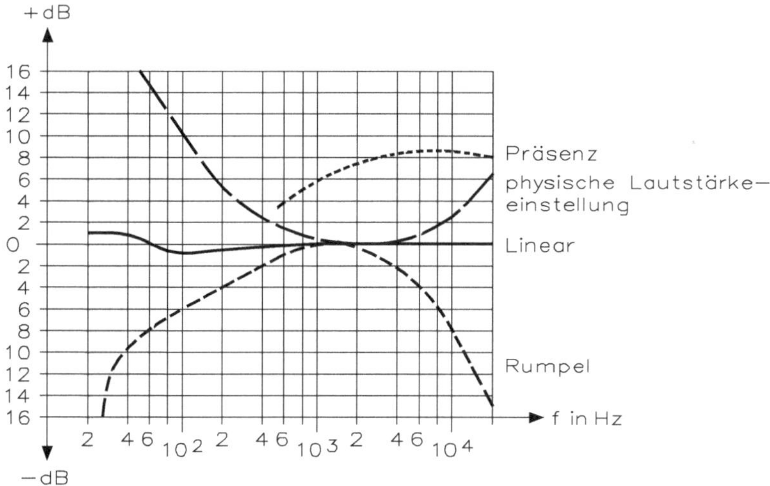

Abb. 7.32 Filter für spezielle Frequenzbereiche

der Lautstärkeeinstellung in modernen Geräten. Die niedrigen Kosten und der geringe Platzbedarf sind zwei wesentliche Vorteile gegenüber eines umständlichen, mechanischen Potentiometers, Rotationspotentiometer für Stereoanwendungen, auch Mehrfachpotentiometer genannt, mussten außerdem für beide Kanäle gekoppelt sein. Dadurch kamen mechanische Toleranzen ins Spiel, die sich beim Einstellen der Lautstärke bemerkbar machten. Außerdem müsste man sich über die gewünschte Übertragungsfunktion Gedanken machen, ist volle Dämpfung erwünscht oder soll nur über einen Teilbereich von z. B. 30 dB eingestellt werden können?

In einer Vielzahl von Anwendungen können damit die mechanischen Potentiometer wirkungsvoll ersetzt werden. Auf den ersten Blick ist ein Pärchen digitaler Potentiometer als Stereolautstärkeregelung eine logische Lösung, es gibt jedoch einige Dinge, die hier zunächst beachtet werden sollten.

Die meisten erhältlichen digitalen Potentiometer sind linear ausgeführt, d. h., die Abstände zwischen jeweils zwei Abgriffen sind vom Widerstand gleich groß. Für eine Lautstärkeregelung wäre ein „dB-pro-Schritt"-Verhalten wünschenswert. Der Schaltungsentwurf muss also dieses logarithmische Verhalten emulieren in einem Mikroprozessor. Beschränkungen durch den Audioabgriff eines mechanischen Potentiometers bestehen dann nicht mehr. Eine zweite Eigenart muss ebenfalls bedacht werden: die einstellbaren Schritte in einem digitalen Potentiometer sind zwar alle gleich groß; ein Nebenprodukt von Toleranzen im Herstellprozess ist aber, dass der Gesamtwiderstand zwischen den beiden Endabgriffen von Baustein zu Baustein sehr weit variieren kann, im Extremfall bis zu $\pm 30\,\%$! Dies muss bedacht werden, sobald eine Schaltung entworfen werden soll, wo zwei Kanäle mit verschiedenen digitalen Potentiometern eng aufeinander abgestimmt sein sollen. Weiterhin sollten die Übergänge von einer Abgriffwahl zur nächsten möglichst schaltspitzenfrei erfolgen und eine sogenannte „Make-before-break"-Abgriffsarchitektur sollte demnach unbedingt eingesetzt werden.

- Präsenz: Bei einem Klangeinstellnetzwerk ist es erforderlich, die Tiefen und Höhen mit je einem getrennten Potentiometer einzustellen. Bei der Übertragung von Sprache ist es unter Umständen erwünscht, die mittleren Frequenzen gegenüber den Höhen und Tiefen zu bevorzugen. Das kann mithilfe durch die Betätigung von nur einem Potentiometer geschehen. Die Filterschaltung enthält eine Transistorverstärkerstufe in Emitterschaltung und es ist ein frequenzabhängiger Gegenkopplungspfad vorhanden, der jedoch bei dieser Schaltung Bandsperren-Charakteristik hat und vom Kollektor des Transistors auf die Basis zurückführt. Es werden die hohen und tiefen Frequenzen stärker gegengekoppelt und damit abgeschwächt. Wenn der Abgriff des Potentiometers beim minimalen Anschlag ist, erzielt man einen nahezu linearen Frequenzgang. Befindet sich der Abgriff am oberen Anschlag, so wird die Mitte des Übertragungsbereiches bei 4 kHz bis 5 kHz um ca. 11 dB angehoben (Abb. 7.33).
- Scratch: Filter zur Unterdrückung bei der Wiedergabe von älteren Schallplatten die Kratzgeräusche und Rauschkomponenten.
- Rumpel: Bei NF-Verstärkern sind oft Abweichungen von einem linearen Frequenzgang erwünscht oder erforderlich. Das Anheben oder Absenken bestimmter Frequenzbereiche geschieht mithilfe von RC- oder LC-Gliedern. Um Platz auf Schallplatten zu sparen, schneidet man die tiefen Frequenzen nach einer genormten Schneidkennlinie mit kleinerer Amplitude als die hohen. Der Wiedergabeverstärker benötigt deshalb einen Frequenzgang, der komplementär zu dieser Schneidkennlinie ist.

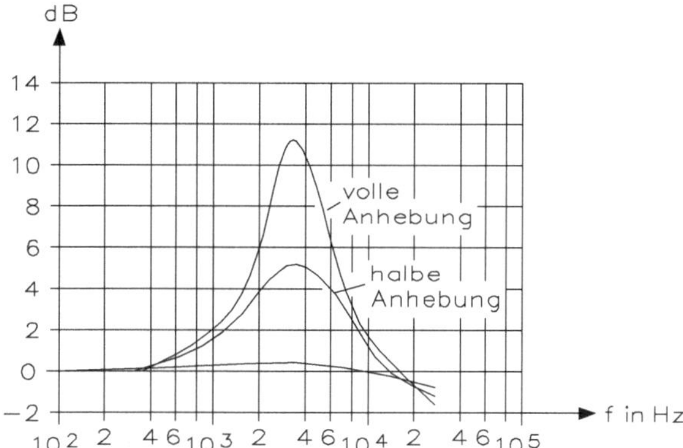

Abb. 7.33 Frequenzgang eines Präsenzfilters

Ein Gegenkopplungspfad vom Kollektor des zweiten auf den Emitter des ersten Transistors und der bereits erwähnte vom Emitter des zweiten auf die Basis des ersten bilden zusammen mit den Emitterwiderständen ein Gegenkopplungssystem, das sowohl die Arbeitspunkte beider Stufen stabilisiert als auch die erforderliche Tiefenanhebung dadurch bewirkt, dass die hohen Frequenzen stärker gegengekoppelt werden als die tiefen. Bei einem magnetischen Tonabnehmer ist die erzeugte Leerlaufspannung der Auslenkungsgeschwindigkeit der Nadel proportional, beim Kristalltonabnehmer der Amplitude. Man kann den zweistufigen Verstärker, der in der beschriebenen Form zum Anschluss eines magnetischen Tonabnehmers geeignet ist, an Kristalltonabnehmer dadurch anpassen, dass man dem Verstärkereingang mithilfe eines Schalters ein RC-Glied parallel schaltet.

Über einen Schalter ist ein LC-Rauschfilter anschaltbar. Der Resonanzkreis wird auf ca. 4 kHz abgestimmt, erzeugt jedoch in diesem Frequenzgebiet wegen seiner starken Dämpfung eine nur geringe Anhebung, oberhalb der Resonanzfrequenz jedoch eine steile Absenkung der Signalamplitude. Abb. 7.34 zeigt den Frequenzgang eines Rumpel- und Rauschfilters.

- Physikalische Lautstärkeeinstellung: Das menschliche Ohr nimmt Schallschwingungen in dem Gebiet zwischen etwa 16 und etwa 20 000 Hz auf. Konkrete Angaben lassen sich wegen der Subjektivität des Eindrucks nicht durchführen. Das Ohr des einen reagiert vielleicht erst bei 20 Hz, während eines anderen schon 16 Schwingungen in der Sekunde als Schall registriert.

Bei den hohen Frequenzen ist es ähnlich und hier versagen die Ohren bei einigen Menschen schon bei Schwingungen über 12 kHz. Mit zunehmendem Alter nimmt die Aufnahmefähigkeit für hohe Frequenzen ab.

Die untere Grenze der Schallempfindung wird Reizschwelle genannt. Die Tonempfindung geht bei steigender Lautstärke schließlich in Schmerz über, d. h. die Schmerzschwelle. Dazwischen liegt das Hörgebiet und in der grafischen Darstellung von Abb. 7.35 erscheint es als Fläche (Hörfläche). Der Musikbereich ist als weitere Fläche

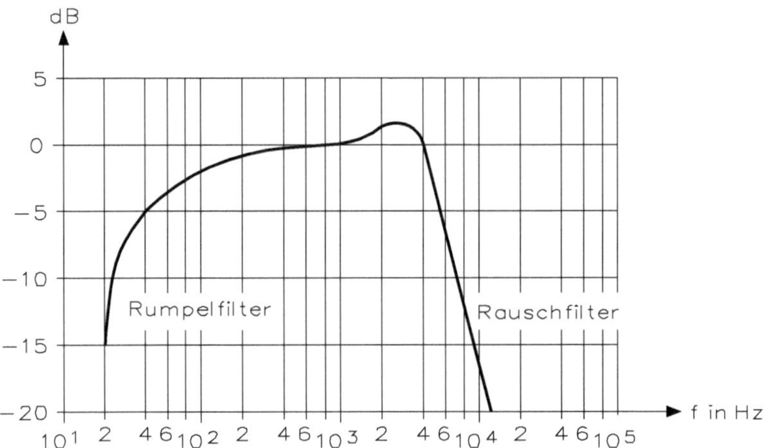

Abb. 7.34 Frequenzgang eines Rumpel- und Rauschfilters

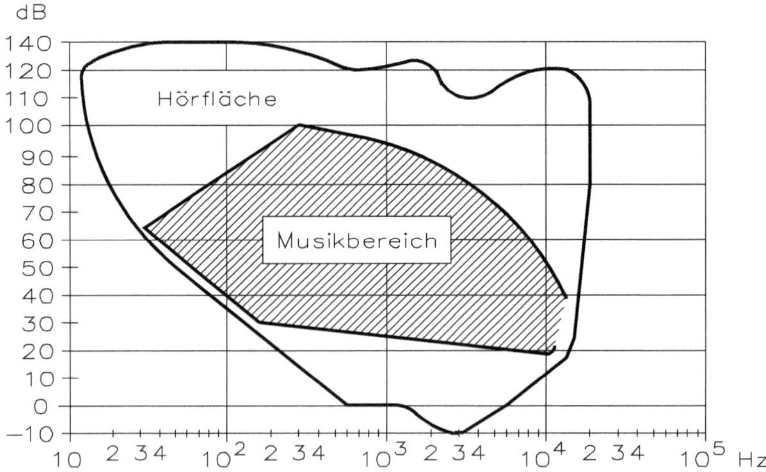

Abb. 7.35 Umfang des Hörbereichs

eingetragen. Ferner lässt erkennen, dass die Hörempfindung sowohl von der Schallintensität als auch von der Frequenz abhängig ist. Das normale Ohr ist im Gebiet um 3 kHz am empfindlichsten, d. h., dass es bei Frequenzen dieser Größenordnung geringste Schalldrücke aufzunehmen vermag. Bei tiefen und ganz hohen Tönen muss der Schalldruck, der eine Gehörempfindung hervorrufen soll, weit höher sein.

Die Lautstärkeempfindung ist bei einem bestimmten Schalldruck bei verschiedenen Frequenzen unterschiedlich. Hier sei angemerkt, dass die vom menschlichen Ohr vermittelte Schallempfindung nicht einfach in demselben Maße, sondern viel langsamer ansteigt als die wirkliche physikalisch gemessene Energie des Schalles. Das bedeutet, dass eine an sich schon starke Schalläußerung einer viel größeren zusätzlichen Schallmenge bedarf, um als lauter empfunden zu werden, als es bei einer von Natur schwächeren Schalläußerung der Fall ist. In der Akustik ist es so, dass bei jeder Verzehnfachung der ursprünglichen Schallstärke die Schallempfindung nur um ein und denselben Betrag zunimmt, aber nicht etwa um den zehnfachen Betrag. Das menschliche Ohr kann Lautstärkeänderungen um ein Phon immer gerade noch wahrnehmen.

Das vom Ohr aufnehmbare Intensitätsintervall ist außerordentlich groß. Es beträgt bei einer Frequenz von 1 kHz zwischen Reizschwelle und oberer Hörgrenze 1 zu 10^6.

Die Schallempfindung ist zeitabhängig. Die volle Lautheit tritt erst nach 0,2 s ein, um dann sehr langsam abzuklingen (Ermüdung). Nach jeder Erregung des Ohres vergeht eine verhältnismäßig lange Zeit, bis wieder der Ruhezustand (keine Lautempfindung) eintritt; etwa 0,5 s.

Wenn das Ohr einen Toneindruck hat, so wird seine Empfindlichkeit für einen weiteren Ton einer anderen Frequenz und kleinerer Lautstärke herabgesetzt. Ist der Lautstärkeunterschied groß, so kann der schwächere Ton von dem lauteren verdeckt werden. Daher werden Störgeräusche bei genügend großer Nutzlautstärke nicht mehr wahrgenommen (Verdeckung). Andererseits verursacht Nachhall durch Verdeckung eine Herabsetzung der Verständlichkeit.

Der Haaseffekt ist eine weitere Ohreigenschaft. In einem größeren Raum mit mehreren Lautsprechern, in dem z. B. eine Rede übertragen wird, wird der Schall aus dem örtlich nächstgelegenen Lautsprecher zu früh aufgenommen d. h. früher als aus dem entfernteren Lautsprecher und das stört die Verständlichkeit. Deshalb wird die zu verstärkende Mikrofonspannung verzögert, sodass der Schall aus dem näher gelegenen Lautsprecher später zum Ohr des Hörers gelangt.

7.5 Möglichkeiten der Klangeinstellung mit RC-Filtern

Diesen Regelungen liegt, außer bei Filtern, immer das Prinzip eines frequenzabhängigen Spannungsteilers zugrunde, wie Abb. 7.36 zeigt.

In der Abb. 7.36a ist ein ohmscher Spannungsteiler gezeigt. Seine Grunddämpfung ist

$$d = \frac{R_2}{R_1 + R_2} = \frac{u_2}{u_1}$$

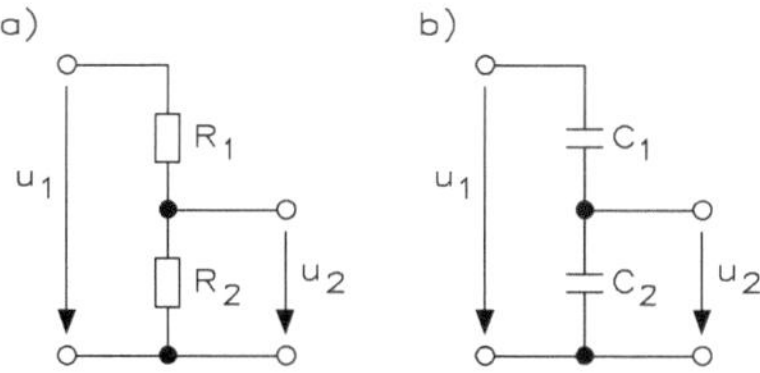

Abb. 7.36 Ohmscher und kapazitiver Spannungsteiler

Abb. 7.36b zeigt den Spannungsverteiler mit einem kapazitiven Aufbau. Das Teilerverhältnis der Abb. 7.36a und b ist in weiten Bereichen frequenzunabhängig.

Soll eine frequenzabhängige Einstellung realisiert werden, so werden RC-Komponenten gemeinsam benutzt. Wird nach Abb. 7.36 wieder eine Anhebung oder Absenkung von 20 dB gefordert, so ist hierfür eine Spannungsänderung von um den Faktor 10 erforderlich. Die Grunddämpfung ist deshalb

$$\mathrm{d} = 20\,\mathrm{dB} = \frac{1}{10} = \frac{R_2}{R_1 + R_2}$$

Daraus folgt je nach Richtung der Dämpfung (Anhebung bzw. Senkung) der Wert der beiden Widerstände $R_1 = 9 \cdot R_2$ oder $R_1 = 9 \cdot R_1$; ähnlich bei beiden Kondensatoren von $C_1 = 9 \cdot C_2$.

Wird der kapazitive Spannungsteiler weiter betrachtet, so ist die Dämpfung:

$\mathrm{d} = \frac{R_{C2}}{R_1 + R_{C2}} = \frac{\frac{1}{2 \cdot \pi \cdot f \cdot C_2}}{\frac{1}{2 \cdot \pi \cdot f \cdot C_1} + \frac{1}{2 \cdot \pi \cdot f \cdot C_2}}$ und daraus ergibt sich $\mathrm{d} = \frac{C_1}{C_1 + C_2}$

Es ergibt sich die bereits beschriebene Forderung für 20 dB von $C_2 = 9 \cdot C_1$ entsprechend einer Dämpfung von $\mathrm{d} = 10$.

7.5.1 Höhenanhebung und -absenkung

Mit einer vorher bestimmten Grunddämpfung kann nach Abb. 7.37 folgendes festgestellt werden: Abb. 7.37c zeigt den Frequenzverlauf, der bei der Frequenz f_0 mit der Höhenanhebung beginnt. Diese Auswirkung kann einmal mit der Schaltung nach Abb. 7.37a oder mit der nach Abb. 7.37b erreicht werden. Für die Bemessung gilt nach Abb. 7.37c für den f_0 (3 dB)-Punkt der Abb. 7.37a:

$R_1 = R_C$ und somit $C = \frac{1}{2 \cdot \pi \cdot f_0 \cdot R_1}$

Wird nach Abb. 7.37b eine Höhenanhebung mit kapazitiver Grunddämpfung betrachtet, so ist der Widerstand für den f_0 (3 dB)-Punkt:

$$\mathrm{R}_1 = \mathrm{R}_{C2} = \frac{1}{2 \cdot \pi \cdot f_0 \cdot C_2}$$

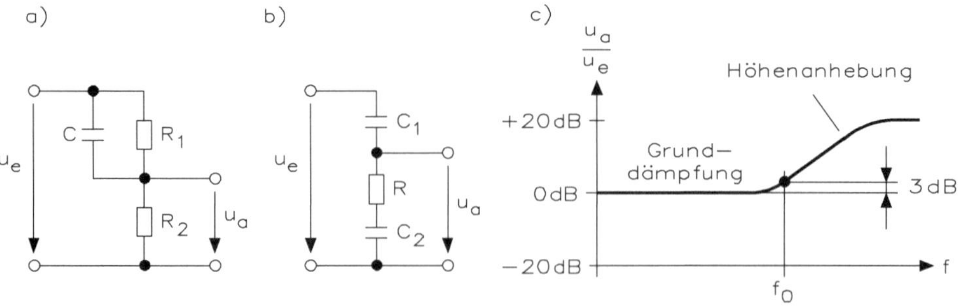

Abb. 7.37 Schaltungen und Ausgangskurve bei der Höhenanhebung

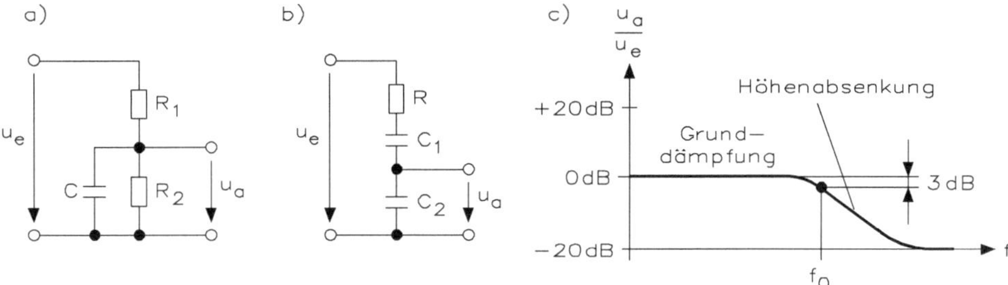

Abb. 7.38 Schaltungen und Ausgangskurve bei der Höhenabsenkung

Bei der Höhenabsenkung in Abb. 7.38 ist der Kondensator C auf den Widerstand R_2 zu beziehen. Es gilt für die Darstellung nach Abb. 7.38c mit f_0 für -3 dB bei einer ohmschen Grunddämpfung mit R_1 und R_2:

$$C = \frac{1}{2 \cdot \pi \cdot f_0 \cdot R_2}$$

Wird Abb. 7.38b betrachtet, ist die kapazitive Grunddämpfung:

$$R = \frac{1}{2 \cdot \pi \cdot f_0 \cdot C_1}$$

7.5.2 Tiefenanhebung und -absenkung

Die Durchlasskurve für eine Tiefenanhebung wird in Abb. 7.39 gezeigt und die Anhebung für die ohmsche Grunddämpfung wird nach Abb. 7.39a betrachtet. Es gilt

$$C = \frac{1}{2 \cdot \pi \cdot f_0 \cdot R_2}$$

Bei der kapazitiven Grunddämpfung nach Abb. 7.39c ist

$$R = \frac{1}{2 \cdot \pi \cdot f_0 \cdot C_1}$$

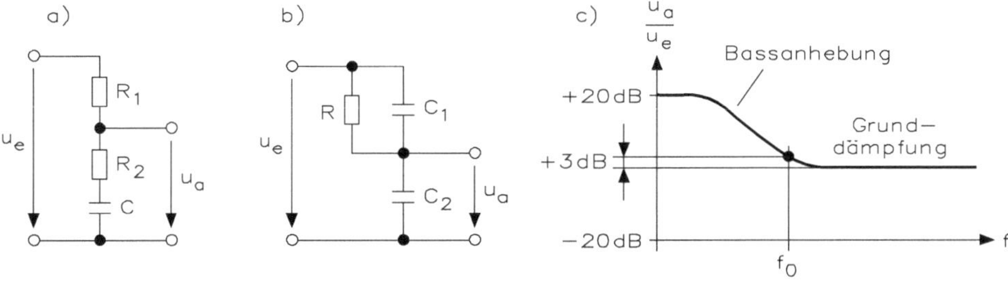

Abb. 7.39 Schaltungen und Ausgangskurve bei einer Tiefenanhebung

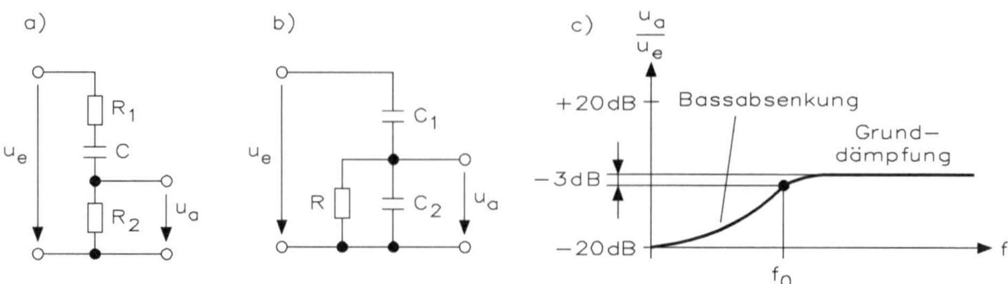

Abb. 7.40 Schaltungen und Ausgangskurve bei der Bassabsenkung

Die Bassabsenkung nach Abb. 7.40c kann wieder mit einer ohmschen oder kapazitiven Grunddämpfung erfolgen. Abb. 7.40 zeigt die Schaltungen und die Ausgangskurve bei der Bassabsenkung.

Für die Schaltung der Abb. 7.40a gilt für den 3-dB-Punkt f_0:

$$C = \frac{1}{2 \cdot \pi \cdot f_0 \cdot R_1}$$

Wird die Schaltung nach Abb. 7.40b verwendet, gilt

$$R = \frac{1}{2 \cdot \pi \cdot f_0 \cdot C_2}$$

7.5.3 Einstellmöglichkeiten für Tiefen und Höhen

Die vorherigen Schaltungen lassen sich in einfacher Form in Einstellschaltungen überführen. Dabei gilt in allen Fällen, dass der steuernde Generator einen Innenwiderstand aufweisen muss, der $\leq 0{,}1$ des nachgeschalteten Netzwerkes sein muss. Weiterhin soll der Eingangswiderstand des nachfolgenden Verstärkers einen Eingangswiderstand aufweisen der ≥ 10 des Netzwerkausgangswiderstands ist.

Für eine Höheneinstellung gilt die Schaltung Abb. 7.41. Abb. 7.41a zeigt die Grundschaltung. Abb. 7.41b stellt die Potentiometerstellung so dar, dass der Schleifer von R_p sich am Anfang A bei C_a befindet. Das ist gleichbedeutend mit einer Höhenanhebung. In

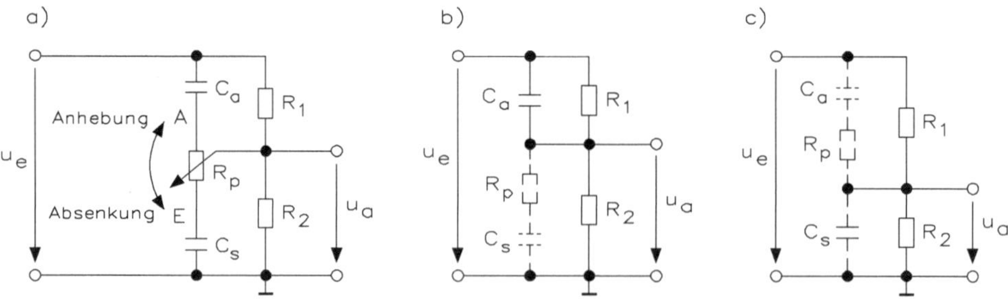

Abb. 7.41 Höheneinstellung bei einem Klangnetzwerk

der Abb. 7.41c ist das Potentiometer R_p so eingestellt, dass der Schleifer sich am Ende bei E (C_a) befindet. Das bedeutet eine Höhenabsenkung.

Für eine Basseinstellung gilt die Schaltung Abb. 7.42. Die Schaltung 7.42a zeigt wieder das Prinzip. In der Schaltung 7.42b soll der Regler bei *A* (R_1) stehen. Das ist gleichbedeutend mit einer Bassanhebung. Steht nach Abb. 7.42c das Potentiometer bei *E* (R_2), so tritt hier eine Bassabsenkung ein. Die Filter nach Abb. 7.41a und 7.42 müssen elektronisch getrennt angeordnet sein, um eine Beeinflussung auszuschließen. Abb. 7.42 zeigt die Tiefeneinstellung bei einem Klangnetzwerk.

Bei einer Brückenschaltung nach Abb. 7.43 werden zwei Klangnetzwerke für die Höheneinstellung a und die Tiefeneinstellung b verwendet.

Die Abb. 7.43a dient der Höheneinstellung und die der 7.43b der Tiefeneinstellung. Die dafür zugehörigen Basisschaltungen entsprechen denen der einfachen, vorher besprochenen Filterschaltungen. Das Potentiometer R_p ist in seinem Wert so zu wählen, dass eine Beeinflussung der Brückenzweige nicht merkbar ist. Also muss das Potentiometer R_p hochohmig sein.

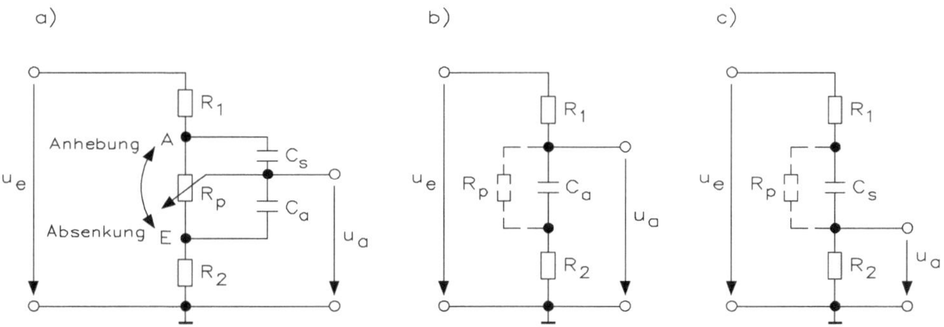

Abb. 7.42 Basseinstellung bei einem Klangnetzwerk

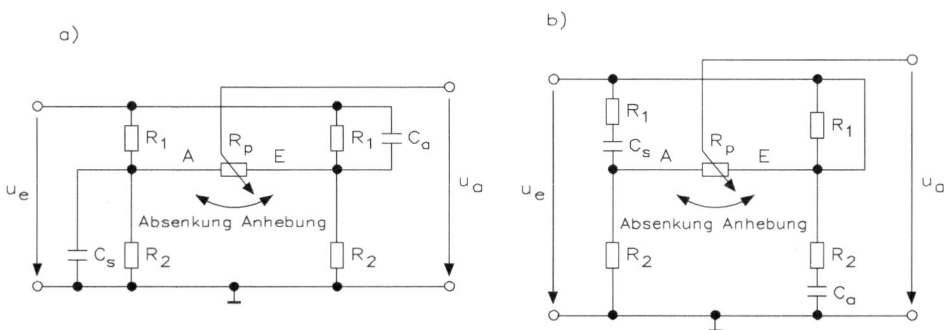

Abb. 7.43 Klangnetzwerke für die Höheneinstellung (**a**) und Tiefeneinstellung (**b**)

Die häufig benutzte Schaltung in der Praxis für die Basseinstellung ist in Abb. 7.44a gezeigt und der Frequenzgang in Abb. 7.44b.

Passive Klangeinstellschaltungen weisen immer eine Einfügungsdämpfung auf. Dieser Wert entspricht etwa der Pegeldifferenz zwischen der linearen Kurve und dem maximalen Wert der Anhebung. Die erreichbare Flankensteilheit liegt bei 20 dB/Dekade entsprechend 6 dB/Oktave. Für das Potentiometer R_2 wird ein logarithmisches Bauelement verwendet, der bei ca. 120°-Drehwinkel (Mittenstellung) im unteren Teil (A-S) etwa 0,1 · R_2 erreicht. Die in Abb. 7.44b gezeigte Frequenz f_2 gilt nur für die beiden Endstellungen des Potentiometers. Zwischenwerte von R_2 verschieben den Wert von f_2 in Richtung f_1 (gestrichelte Kurve). Mit der Bedingung $R_2 \gg R_1 \gg R_3$, etwa je Faktor 10, ist:

$C_1 = \frac{0{,}16}{f_2 \cdot R_1}$ und $C_2 = \frac{0{,}16}{f_2 \cdot R_3}$, sowie $f_1 = \frac{0{,}16}{R_1 \cdot C_2} = \frac{0{,}16}{R_2 \cdot C_1}$

Der Einstellfaktor wird ermittelt aus:

$$\mathrm{k} = \frac{R_1}{R_2} = \frac{R_3}{R_1} = \frac{C_1}{C_2} = \frac{f_1}{f_2}$$

Die Dämpfung von f_2 ergibt dann $a = 20 \log \mathrm{k}$.

Beispiel für eine Basseinstellung: Dämpfung $a = 20\,\mathrm{dB} \triangleq 0{,}1 = \mathrm{k}$; $f_2 = 350\,\mathrm{Hz}$; $R_2 = 200\,\mathrm{k\Omega}$.

Aus $\mathrm{k} = \frac{R_1}{R_2} = \frac{R_3}{R_1} = \frac{C_1}{C_2} = \frac{f_1}{f_2} = 0{,}1$ folgt mit $R_2 = 200\,\mathrm{k\Omega}$.

$R_2 = 200\,\mathrm{k\Omega} \cdot 0{,}1 = 20\,\mathrm{k\Omega}$ und $R_1 = 20\,\mathrm{k\Omega} \cdot 0{,}1 = 2\,\mathrm{k\Omega}$.

$$C_1 = \frac{0{,}16}{350\,\mathrm{Hz} \cdot 20\,k\Omega} = 22\,\mathrm{nF};\ C_2 = 10 \cdot C_1 = 0{,}22\,\mu F;\ f_1 = 0{,}1 \cdot 35\,\mathrm{Hz}$$

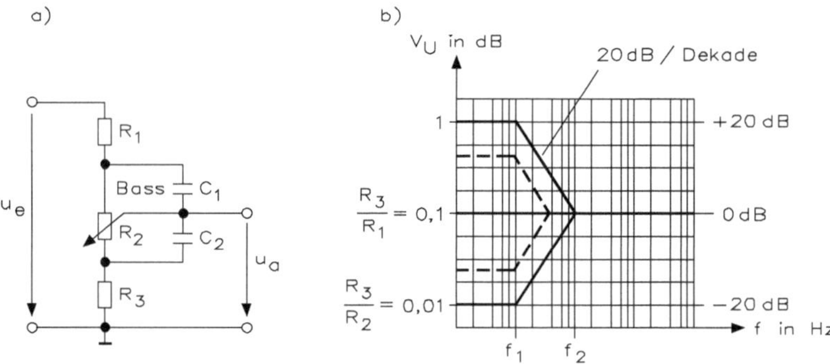

Abb. 7.44 Schaltung einer Basseinstellung mit Ausgangsdiagramm

Mit der Abb. 7.45 ist eine Höheneinstellung mit Frequenzverlauf gezeigt und es gelten die vorher erfolgten Angaben mit der Basseinstellung.

Mit der Bedingung $R_2 \gg R_1 \gg R_3$ ist $k = \frac{R_3}{R_1} = \frac{C_1}{C_2} = \frac{f_1}{f_2} = \frac{R_1}{R_2}$

Damit ist $C_1 = \frac{0{,}16}{f_2 \cdot R_1}$ und $C_2 = \frac{0{,}16}{f_2 \cdot R_3}$, sowie $f_1 = \frac{0{,}16}{R_1 \cdot C_2} = \frac{0{,}16}{R_2 \cdot C_1}$

Beispiel für eine Höheneinstellung: Dämpfung $a = 20\,\text{dB} \mathrel{\hat{=}} k = 0{,}1$; $f_1 = 1{,}5\,\text{kHz}$; $R_2 = 200\,\text{k}\Omega$. Aus den vorherigen Gleichungen gilt für $f_2 = 10 \cdot f_1 = 15\,\text{kHz}$, $C_1 = 5{,}3\,\text{nF}$, $C_2 = 10 \cdot C_1 = 53\,\text{nF}$.

Kombiniert man die Schaltung von Abb. 7.44 und 7.45 erhält man einen separaten Bass- und Höheneinsteller, wie Abb. 7.46 zeigt.

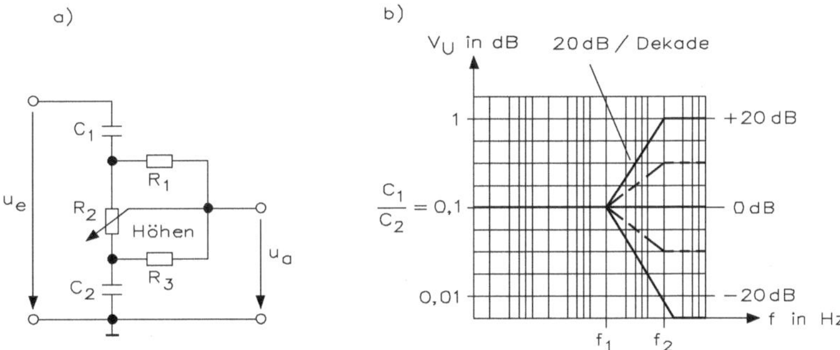

Abb. 7.45 Höheneinstellung mit Frequenzverlauf

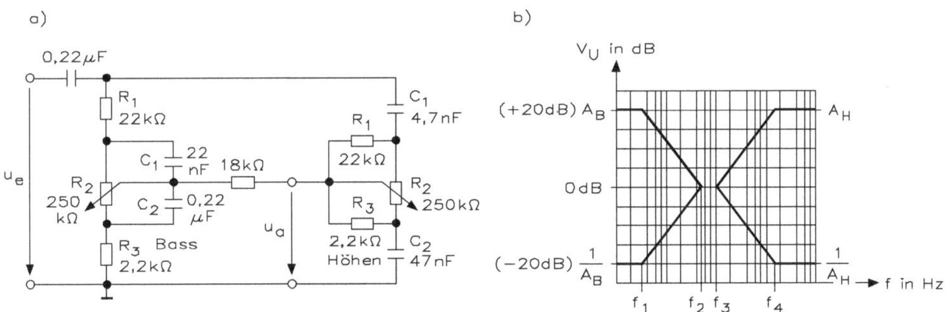

Abb. 7.46 Schaltung eines kombinierten Bass- und Höheneinstellers

7.6 Aktive Filterschaltungen

Die Wirkungsweise von passiven Filterschaltungen lässt sich durch den Einsatz von Operationsverstärkern erheblich verbessern. Mithilfe von Operationsverstärkern und verschiedenen RC-Kombinationen können aktive Filterschaltungen mit gewünschten Bandbreiten und Flankensteilheiten aufgebaut werden.

Die Ordnungszahl n des Filters wird vom Filtertyp der entsprechenden Spannungsreduzierung im Amplitudengang des Sperrbereichs der Grenzfrequenz bestimmt. Es gilt: (n · 20 dB/Dekade). Der Filtertyp bestimmt dagegen den Verlauf des Amplitudengangs in der Umgebung der Grenzfrequenz und im Durchlassbereich. Durch den Filtertyp lässt sich der Frequenzgang nach verschiedenen Gesichtspunkten optimieren. Die Schaltungen aller Filtertypen sind identisch. Der gewünschte Filtertyp wird lediglich durch eine unterschiedliche Dimensionierung der einzelnen RC-Werte eingestellt.

Bei den aktiven RC-Filtern unterscheidet man im Wesentlichen zwischen vier Typen:

- Gauß-Filter
- Bessel-Filter
- Butterworth-Filter
- Tschebyscheff-Filter

Für die schaltungstechnische Realisierung aktiver Filter in Verbindung mit Operationsverstärkern gibt es zahlreiche Möglichkeiten, wobei entweder die Einfach- oder die Mehrfachgegenkopplung bzw. die Einfachmitkopplung verwendet wird. Legt man die Filterschaltung mit einer Gegenkopplung oder Mitkopplung für einen Operationsverstärker aus, weisen die Filterschaltungen alle gleiches Frequenzverhalten auf. Die Toleranzen der einzelnen Bauelemente müssen in der Praxis kleiner als $\pm 1\,\%$ sein, andernfalls müssen für den Abgleich entsprechende Einsteller verwendet werden.

Abb. 7.47 zeigt den Frequenzgang eines Tiefpassfilters mit verschiedenen Ordnungen. Diese Darstellung lässt sich auch für den Hoch- und Bandpass verwenden. Die einzelnen Kurven gelten für Filter ohne Überschwingen. Sie sind wegen der Übersichtlichkeit im Frequenzpunkt f zusammengefasst, sodass die Grenzfrequenz f_g unterschiedlich ist. Gezeigt sind fünf verschiedene Frequenzgänge von Filtern 1. Ordnung bis 5. Ordnung. Für diese Filter ist die Flankensteilheit in dB/Oktave und ihre jeweilige Phasenverschiebung angegeben. Bei einem aktiven Filter können die Spannungsverstärkung und die Filtergüte beeinflusst werden. Aus dem Filter 1. Ordnung und einem Filter 2. Ordnung lassen sich Filter höherer Ordnung aufbauen (Abb. 7.48).

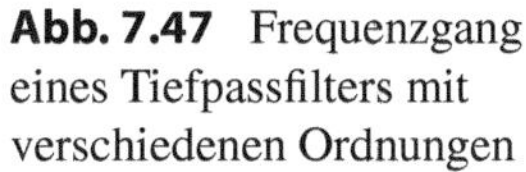

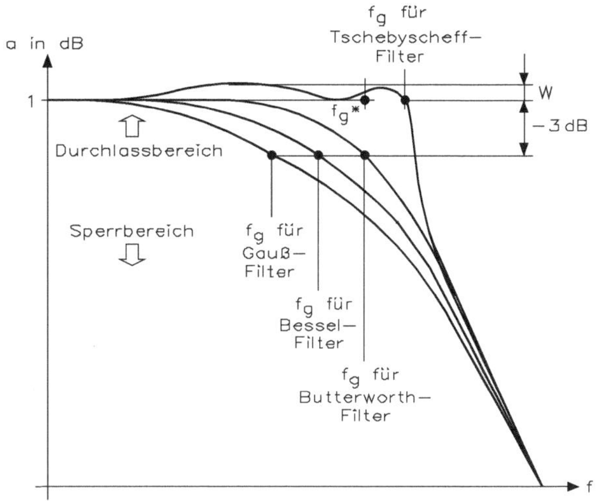

Abb. 7.47 Frequenzgang eines Tiefpassfilters mit verschiedenen Ordnungen

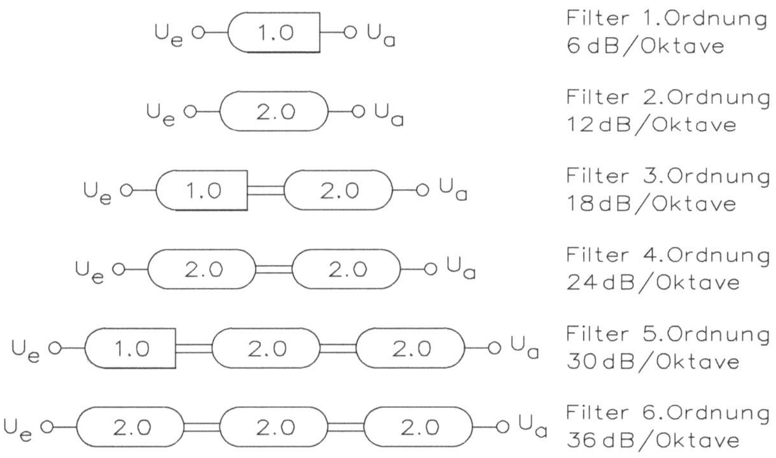

Abb. 7.48 Reihenschaltung einzelnen Filter für die Bildung höherer Ordnungszahlen

7.6.1 Vergleich zwischen den aktiven Filterschaltungen

Filterschaltungen sind Vierpole, die überwiegend aus frequenzabhängigen Widerständen bestehen, wobei im Wesentlichen fünf Filterschaltungen bekannt sind:

- Tiefpassfilter
- Hochpassfilter
- Bandpassfilter
- Bandsperrfilter
- Allpassfilter

Die vier ersten Filterschaltungen sollen die Signale in bestimmten Frequenzbereichen möglichst wenig bedämpfen und hierbei handelt es sich um den Durchlassbereich der Filterkurve. Wenn bestimmte Frequenzbereiche möglichst stark bedämpft werden sollen, befindet man sich im Sperrbereich der Filterkurve. Durch ein Filter hat man die Möglichkeit, aus einem vorhandenen Frequenzspektrum bestimmte Frequenzen herauszufiltern. Das Allpassfilter ist dagegen nicht frequenzabhängig, wodurch das gesamte Frequenzspektrum diese Schaltung passieren kann. Wichtig bei diesem Filtertyp ist nur die Signallaufzeit oder die Verzögerungszeit zwischen dem Ein- und Ausgangssignal.

Bei reinen Sinusspannungen verändern lineare Filter die Spannungsform kaum. In Abhängigkeit der Frequenz f oder der Kreisfrequenz $\omega = 2 \cdot \pi \cdot$ f ändern sich aber das Amplitudenverhältnis zwischen Eingangs- und Ausgangsspannung $a = U_2/U_1$ bzw. U_a/U_e, sowie der Phasenwinkel zwischen Eingangs- und Ausgangsspannung mit $\varphi = \tan\ U_2/U_1$. Bei modulierten Sinusspannungen ist außerdem die Gruppenlaufzeit $\tau = d \cdot \beta/(d \cdot \omega)$ zu beachten, wobei β der Übertragungswinkel ist. Bei schnellen Spannungsänderungen, wie bei Rechteckimpulsen, spielen die Zeit der Anstiegsgeschwindigkeit und die Einstellzeit eine wichtige Rolle.

Normalerweise werden Filter in Bezug auf ihr Frequenzverhalten beurteilt und dementsprechend bezeichnet. Man unterscheidet zwischen Tiefpass, Hochpass, Bandpass und Bandsperre, je nach ihrem frequenzabhängigen Übertragungsverhalten. Die komplexe Übertragungsfunktion beschreibt dabei vollständig das Filter. Aus ihr lassen sich das Amplitudenübertragungsmaß a, der Übertragungswinkel ß und die Gruppenlaufzeit τ berechnen. Der Wert „a" wird rechnerisch und zeichnerisch in einem Diagramm in Abhängigkeit der Frequenz angegeben. Da die Frequenz einen großen Wertebereich umfassen kann, empfiehlt sich die zeichnerische Darstellung des Übertragungsverhaltens von Filtern für eine „normierte" Darstellung. Dabei wird auf der Frequenzachse das dimensionslose Verhältnis der Frequenz zu einer Bezugsfrequenz aufgetragen, wobei man sich zweckmäßigerweise auf die Grenz-, Eck- bzw. Mittenfrequenz des jeweiligen Filters bezieht.

Für die Berechnung und Handhabung von Vierpolen und Filtern sind einige Definitionen wichtig:

- Übertragungsfunktion: Die Übertragungsfunktion U_2/U_1 ist das komplexe Verhältnis der Ausgangsspannung U_2 im Leerlauf zur angelegten Eingangsspannung U_1.
- Amplitudengang: Als Amplitudengang bezeichnet man die Abhängigkeit der Übertragungsfunktion von der Frequenz. Es gilt der Betrag der Übertragungsfunktion:

$$|U_2/U_1| = f(\omega)$$

Der Tief- und Hochpass berechnet sich aus

Tab. 7.7 Berechnungen für Tief- und Hochpass

Tiefpass	Hochpass
$\tan\varphi = -\omega \cdot R \cdot C$	$\tan\varphi = 1/(\omega \cdot R \cdot C)$
$\varphi = \arctan \omega/\omega_g$	$\varphi = \arctan \omega_g/\omega$

Tiefpass (1. Ordnung)	Hochpass (1. Ordnung)
$\left\lvert\frac{U_2}{U_1}\right\rvert = \frac{1}{\sqrt{1+(\omega \cdot R \cdot C)^2}} = \frac{1}{\sqrt{1+\left(\frac{\omega}{\omega_g}\right)^2}}$	$\left\lvert\frac{U_2}{U_1}\right\rvert = \frac{1}{\sqrt{1+\frac{1}{(\omega \cdot R \cdot C)^2}}} \frac{1}{\sqrt{1+\left(\frac{\omega_g}{\omega}\right)^2}}$

$$\omega_g = 1/RC$$

- Phasengang: Als Phasengang bezeichnet man die Frequenzabhängigkeit des Phasenwinkels φ. Es gilt

$$\tan\varphi = f(\omega)$$

Die Umrechnungen erfolgen nach Tab. 7.7.

Wenn eine Schaltung aus einem ohmschen Widerstand und einem Kondensator besteht, spricht man je nach Zusammenschaltung von einem Hoch- oder Tiefpass 1. Ordnung.

7.6.2 Hoch- und Tiefpass 1. Ordnung

Ein passiver Hoch- bzw. Tiefpass 1. Ordnung besteht in der Praxis aus einem Widerstand und einem Kondensator. Während ein Hochpass die unteren Frequenzen sperrt und nur die hohen durchlässt, verhält sich ein Tiefpass genau umgekehrt.

In Abb. 7.49 ist die Schaltung eines Hochpassfilters mit der dazugehörigen Kennlinie gezeigt. Die Amplitude der Eingangsspannung U_1 wird als konstant angenommen. Hat die Eingangsspannung eine niedrige Frequenz, hat der Kondensator einen großen kapazitiven Blindwiderstand X_C, der sich aus

$$X_C = \frac{1}{2 \cdot \pi \cdot f_g \cdot C}$$

errechnet. Damit hat man einen frequenzabhängigen Widerstand, der als kapazitiver Blindwiderstand bezeichnet wird. Die Grenzfrequenz für Abb. 7.49 berechnet sich aus

$$f_g = \frac{1}{2 \cdot \pi \cdot X_C \cdot C} = \frac{1}{2 \cdot 3,14 \cdot 1\,\text{k}\Omega \cdot 100\,\text{nF}} = 1{,}59\,\text{kHz}$$

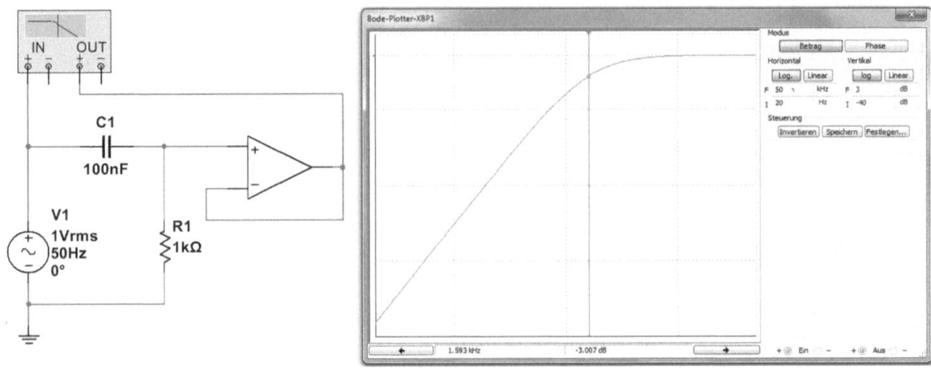

Abb. 7.49 Schaltung eines Hochpassfilters 1. Ordnung mit Übertragungskennlinie und nachgeschaltetem Operationsverstärker

Mittels der Fadenkreuzsteuerung lässt sich die Richtigkeit dieser Rechnung überprüfen.

Der Kondensator C und der Widerstand *R* bilden einen Spannungsteiler, der von der Frequenz abhängig ist. Je nach Lage des Kondensators und Widerstands ergibt sich ein RC-Hoch- oder Tiefpass. Das Verhältnis zwischen der Ausgangsspannung U_2 im Leerlauf und der Eingangsspannung U_1 ist die Übertragungsfunktion und wird in Dezibel (dB) angegeben.

Interessant in diesem Zusammenhang sind die Bezeichnungen „-6 dB/Oktave" oder „-20 dB/Dekade". Die erste Bezeichnung gilt für den Audiobereich. Der Ton G hat z. B. eine Frequenz von $f = 768$ Hz und erhöht sich der Ton auf *G'*, liegt eine Frequenz von 1,536 kHz vor, d. h. bei einer Frequenzänderung von *G* nach *G'* oder umgekehrt, erhöht oder verringert sich der Ton um je eine Oktave. Dabei wird die Ausgangsspannung angehoben bzw. abgesenkt, und zwar um 6 dB.

Ändert sich die Frequenz beispielsweise von 100 Hz nach 1 kHz, so wird die Ausgangsspannung um -20 dB größer bzw. kleiner, da sich die Frequenz um eine Dekade erhöht bzw. verringert hat.

Das Verhältnis zwischen der Ausgangsspannung U_2 im Leerlauf und der Eingangsspannung U_1 ist die Übertragungsfunktion und wird in Dezibel (dB) angegeben. Es gilt die Gleichung

$$a = 20 \cdot \log \frac{U_2}{U_1}$$

Die Eingangsspannung beträgt $U_1 = 2\,V$ und stellt man den Funktionsgenerator auf $f = 100$ Hz ein, misst man mit dem Oszilloskop eine Ausgangsspannung von $U_2 = 100\,mV$. Wichtig hierbei ist, dass die Eingänge des Wobblers nicht angeschlossen sind, d. h. man muss die Verbindungen unbedingt lösen. Es ergibt sich eine Dämpfung von

$$a = 20 \cdot \log \frac{U_2}{U_1} = a = 20 \cdot \log \frac{100\,\text{mV}}{2\,\text{V}} = 20 \cdot \log 0{,}05 = -26\,\text{dB}$$

Durch eine Frequenzänderung um eine Dekade von $f = 100$ Hz auf $f = 1$ kHz erhält man einen Wert von -20 dB pro Dekade.

Der Tiefpass von Abb. 7.50 weist ein umgekehrtes Verhalten auf. Bei niedrigen Frequenzen hat der kapazitive Blindwiderstand X_C des Kondensators C_1 einen hohen Wert und über den Widerstand R_1 fällt nur eine geringe Spannung ab. Mit zunehmender Frequenz verringert sich der kapazitive Blindwiderstand und die Ausgangsspannung sinkt. Die Ausgangsspannung verringert sich um -6 dB/Oktave bzw. um -20 dB/Dekade.

Hat der kapazitive Blindwiderstand X_C den gleichen Wert wie der Widerstand R, also $X_C = R$, so definiert man den Wert für die Grenzfrequenz. Der Grenzwinkel beträgt 45° und die Ausgangsspannung hat sich auf 70,7 % der Eingangsspannung verringert. Dies ergibt eine Dämpfung von a = −3 dB. Die Grenzfrequenz für die Schaltung berechnet sich aus

$$f_g = \frac{1}{2 \cdot \pi \cdot X_C \cdot C} = \frac{1}{2 \cdot 3{,}14 \cdot 4{,}7\,\mathrm{k\Omega} \cdot 220\,\mathrm{nF}} = 1{,}59\,\mathrm{kHz}$$

Mit der Fadenkreuzsteuerung des Bode-Plotters lässt sich die Berechnung überprüfen und mit der Grenzfrequenz von $f_g = 154$ Hz misst man eine Dämpfung von a = −3 dB.

7.6.3 Filter nach Gauß, Bessel, Butterworth, Cauer und Tschebyscheff

Wenn man in der Praxis beispielsweise einen Tiefpass benötigt, der Oberschwingungen unterdrücken und innerhalb einer vorgegebenen Zeit eingeschwungen sein soll, so hat man die Wahl zwischen verschiedenen Filtertypen. In Bezug auf die Unterdrückung der Oberschwingungen wäre ein Tschebyscheff-Tiefpass am günstigsten, in Bezug auf den Einschwingvorgang bei einem Sprung der Eingangsspannung müsste man aber ein Gauß- oder ein Bessel-Filter wählen, weil diese nicht oder nur geringfügig überschwingen. Damit diese Filter aber die betreffende Oberschwingung ausreichend

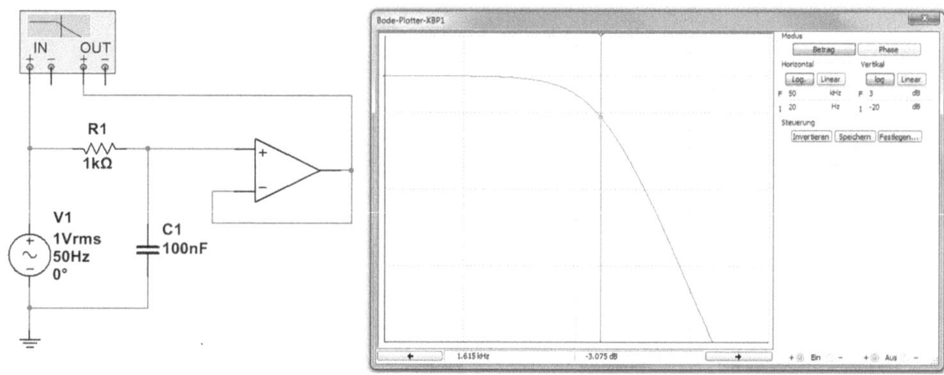

Abb. 7.50 Schaltung eines Tiefpassfilters

unterdrücken, muss man ihre Grenzfrequenz genügend tief berechnen, und das bedeutet wieder eine längere Steig- und Einstellzeit.

Günstig erweist sich hier ein Kompromiss. Man wählt ein Butterworth-Filter mit kurzer Steigzeit bei ausreichend steilem Amplitudenfall oberhalb der Grenzfrequenz. Bei diesem Filter treten jedoch mit wachsendem Filtergrad recht unterschiedlich verlaufende Überschwingungen auf, sodass die Einstellzeit immer noch sehr lang sein kann. Wenn man jetzt jedoch bei einer der mehreren Filterstufen die Widerstände vergrößert und so die Grenzfrequenz verringert und/oder die Dämpfung vergrößert, vergrößert diese Änderung an einem Teil der Filterstufen die Steigzeit nur geringfügig, als es das Überschwingen verringert. Auf experimentelle Weise lässt sich so das Filter in Bezug auf die Einstellzeit, d. h. die Zeit, bis zu der die Amplitude des Überschwingens unter einen bestimmten Grenzwert abgesunken ist, verbessern.

Legt man an eine Filterschaltung eine sinusförmige Wechselspannung, verringert sich mit zunehmender Frequenz der kapazitive Blindwiderstand, d. h. die Dämpfung wird größer und die Ausgangsspannung sinkt. Während die Filterkurven im Sperrbereich sehr ähnlich sind, ergeben sich im Durchlassbereich erhebliche Differenzen. Ideal ist der Punkt f_g* für die Grenzfrequenz.

- Gauß-Filter: Alle Filterstufen eines Tiefpassfilters weisen die gleiche Grenzfrequenz und die gleiche Dämpfungskonstante auf. Das Filter zeigt in der Sprungantwort kein Überschwingen. Der Übergang vom Durchlass- in den Sperrbereich verläuft flach.
- Bessel-Filter: Hier handelt es sich um ein Filter, das in Bezug auf die Phasenlaufzeit optimiert wurde. Die Phasen- oder Gruppenlaufzeit ist ein Maß für die Änderung des Übertragungswinkels mit der Frequenz. Ein Signal wird umso unverfälschter übertragen, je geringer seine Phasenlaufzeit mit der Frequenz schwankt. Beim Bessel-Filter wächst der Phasengang innerhalb eines bestimmten Bereichs proportional mit der Frequenz. Daraus ergibt sich eine konstante Phasenlaufzeit, die auch hier wieder auf die Grenzfrequenz des Filters bezogen wird. Der Übergang ist bei diesem Filter schon etwas ausgeprägter. Das Überschwingen in der Sprungantwort bleibt unter 1 % und verschwindet mit steigender Ordnungszahl des Filters fast vollständig, da dann die Phasenlaufzeit über einen immer weiteren Bereich konstant bleibt.
- Butterworth-Filter: Alle Einzelfilter des Tiefpassfilters weisen die gleiche Grenzfrequenz auf. Dadurch sind die Grenzfrequenzen f_g und f_g* für alle Ordnungszahlen gleich. Der Amplitudengang im Durchlassbereich verläuft wie bei Bessel- und Gauß-Filtern flach, der Übergang zum Sperrbereich ist jedoch ausgeprägter und wird mit steigender Ordnungszahl zunehmend steiler. Da man dann auch den Amplitudengang dieses Tiefpassfilters im Sperrbereich durch ein Potenzgesetz beschreiben kann, wenn man sich auf die Grenzfrequenz f_g bezieht ($f_g = f_g$*), spricht man bei diesem Filter von einem „Potenzfilter“. Weil die Sperrfähigkeit dieses Filters wesentlich günstiger ist als die des Gauß- und Bessel-Filters, kann die Phasenlaufzeit nicht mehr konstant sein. Die Verzögerungszeit wächst proportional mit der Zahl der Filterstufen,

ebenso die Anstiegszeit. Das Überschwingen bei diesem Filtertyp in der Sprungantwort nimmt zu.

- Tschebyscheff-Filter: Bei diesem Tiefpass weisen die einzelnen Filterstufen jetzt unterschiedliche Grenzfrequenzen f_{g1}, f_{g2} usw. auf. Das Amplitudenübertragungsmaß im Durchlassbereich nimmt dadurch nicht mehr stetig ab, sondern weist verschiedene Minimal- und Maximalwerte auf, bis diese jenseits der Grenzfrequenz f_g stetig und mit größerer Steilheit abfällt. Im Durchlassbereich zeigt das Amplitudenübertragungsmaß dieses Filters eine gewisse Welligkeit, die in Dezibel angegeben wird und zur Unterscheidung der verschiedenen Filter dient. Bei Filtern gerader Ordnung ergeben sich durch die Welligkeit bestimmte Abweichungen in positiver Richtung und bei solchen mit ungerader Ordnung eine Abweichung in negativer Richtung, bezogen auf das Amplitudenübertragungsmaß bei der Frequenz Null. Die Grenzfrequenz ist dann erreicht, wenn bei Filtern gerader Ordnung das Amplitudenübertragungsmaß den Wert Null (Wert bei der Frequenz Null) unterschreitet. Bei Filtern ungerader Ordnung wird bei der Grenzfrequenz f_g der Wert Null-w unterschritten (w = Welligkeit in dB). Bei Tschebyscheff-Filtern ist die Grenzfrequenz f_g größer als die Grenzfrequenz f_g*. Der Durchlassbereich ist so weit wie möglich ausgedehnt und dadurch ist der Übergang vom Durchlass- in den Sperrbereich besser. Der Phasengang zeigt aber ebenfalls eine Welligkeit. Die Phasenlaufzeit ist demgemäß noch weniger konstant, und das führt zu einem umso stärkeren Überschwingen in der Sprungantwort des Tiefpasses, je höher die Welligkeit ist. Auch die Anstiegs- und Verzögerungszeit des Filters werden wegen des schärferen Übergangs in den Sperrbereich größer.
- Cauer-Filter: Wenn der Übergang vom Durchlass- in den Sperrbereich auch bei Tschebyscheff-Filtern noch nicht ausreichend steil verläuft, verwendet man Filter mit zusätzlichen Sperrkreisen. Hier wird im Übergangsbereich durch Sperrfilter der Abfall im Amplitudenübertragungsmaß noch mehr „versteilert". Der Tiefpass weist auch dann im Sperrbereich eine Welligkeit auf, die sehr ausgeprägt sein kann.

Bei der Beurteilung und Berechnung von Filtern muss man den Amplitudengang (Amplitudenübertragungsmaß in Abhängigkeit der Frequenz) beachten. Hierbei unterscheidet man zwischen dem Durchlassbereich und dem Sperrbereich, wobei die Grenzfrequenz f_g bei den Filtern zu berücksichtigen ist. Die Grenzfrequenz f_g wird durch bestimmte Unterscheidungsmerkmale geprägt. Je weiter die Grenzfrequenz f_g unterhalb der Grenzfrequenz f_g* liegt, desto flacher verläuft bei diesem Filter der Übergang vom Durchlass- in den Sperrbereich. Das Gauß-Filter hat in dieser Hinsicht ein sehr ungünstiges Verhalten, ein Tschebyscheff-Filter dagegen eine günstige Charakteristik. Betrachtet man dagegen die Sprungantwort, tritt ein umgekehrtes Verhalten auf.

Beim Bessel-Filter ist der Übergang vom Durchlass- in den Sperrbereich etwas ausgeprägter. Das Überschwingen in der Sprungantwort bleibt unter 1 % und verringert sich mit steigender Ordnungszahl vollständig.

Alle Einzelfilter beim Butterworth-Filter weisen die gleiche Grenzfrequenz auf, wodurch die beiden Grenzfrequenzen f_g und f_g* identisch sind. Der Amplitudengang im

Durchlassbereich verläuft wie beim Bessel- und Gauß-Filter flach, der Übergang in den Sperrbereich ist jedoch ausgeprägter und vergrößert sich mit steigender Ordnungszahl erheblich. Da sich der Amplitudengang bei diesem Filter auch durch ein Potenzgesetz beschreiben lässt, wenn $f_g = f_g{}^*$ ist, spricht man von einem „Potenz-Filter".

Bei einem Tschebyscheff-Tiefpassfilter muss die Welligkeit w und die Ordnungszahl n berücksichtigt werden. Die einzelnen Filterstufen weisen unterschiedliche Grenzfrequenzen auf, die mit f_{g1} und f_{g2} gekennzeichnet sind. Das Amplitudenübertragungsmaß im Durchlassbereich nimmt dadurch nicht mehr stetig ab, sondern es treten Minimal- und Maximalwerte auf, bis diese nach der Grenzfrequenz f_g stetig mit größerer Steilheit abfallen.

Im Durchlassbereich tritt eine Welligkeit auf, die in dB angegeben ist und zur Unterscheidung der verschiedenen Filter dient. Bei Filtern gerader Ordnung treten Welligkeiten in positiver Richtung, bei ungerader Ordnung dagegen in negativer Richtung auf.

Vergleicht man den Amplitudengang eines Butterworth-Filters 4. Ordnung, sind die k-Werte für die Dämpfung zu beachten. Ein nur gering bedämpftes Filter gleicht in der Nähe der Grenzfrequenz den Amplitudenfall eines stärker bedämpften Filters bis zu einem gewissen Grade aus, sodass sich eine Durchlasskurve ergibt, die dem idealen Verlauf am nächsten kommt.

Bei einem Tschebyscheff-Tiefpassfilter muss die Welligkeit w und die Ordnungszahl n berücksichtigt werden. Die einzelnen Filterstufen weisen unterschiedliche Grenzfrequenzen auf, die mit und f_{g2} gekennzeichnet sind. Das Amplitudenübertragungsmaß im Durchlassbereich nimmt dadurch nicht mehr stetig ab, sondern es treten Minimal- und Maximalwerte auf, bis diese nach der Grenzfrequenz f_g stetig mit größerer Steilheit abfallen.

Im Durchlassbereich tritt eine Welligkeit auf, die in dB angegeben ist und zur Unterscheidung der verschiedenen Filter dient. Bei Filtern gerader Ordnung treten Welligkeiten in positiver Richtung, bei ungerader Ordnung dagegen in negativer Richtung auf. Abb. 7.51 zeigt die Amplitudengänge von Tschebyscheff-Tiefpassfiltern gerader (n = 4) und ungerader (n = 5) Ordnung.

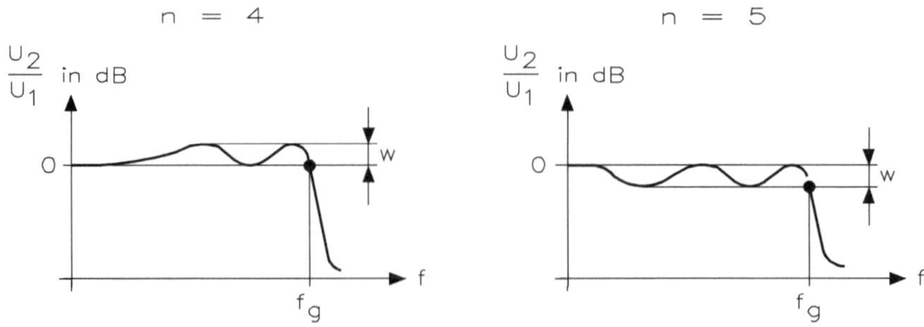

Abb. 7.51 Amplitudengänge von Tschebyscheff-Tiefpassfiltern gerader ($n = 4$) und ungerader ($n = 5$) Ordnung

Die Grenzfrequenz ist bei einem Tschebyscheff-Filter dann erreicht, wenn bei Filtern gerader Ordnung das Amplitudenübertragungsmaß den Wert „0“ unterschreitet. Bei Filtern ungerader Ordnung gilt dagegen der Wert „0 – w“. Bei diesem Filtertyp ist die Grenzfrequenz f_g größer als die Grenzfrequenz f_g*, weshalb der Übergang vom Durchlass- in den Sperrbereich wesentlich steiler verläuft.

Wenn der Übergang vom Durchlass- in den Sperrbereich noch steiler verlaufen muss, als dies bei den Tschebyscheff-Filtern der Fall ist, werden Cauer-Filter eingesetzt. Durch zusätzliche Sperrkreise wird der Übergang verbessert.

Die Phasengeschwindigkeit und die ihr zugeordnete Phasenlaufzeit sind zwei Größen, die in der Nachrichtentechnik keine große Bedeutung haben. Nur bei Sprache und Musik ist die Phasenlaufzeit interessant, da sich die Signale laufend nach Amplitude und Frequenz verändern.

Bei der Realisierung eines Filters soll eine Übertragung verzerrungsfrei erfolgen. Daher müssen die Phasenlaufzeiten aller Frequenzbereiche weitgehend identisch sein. Für den Phasengang bedeutet dies, dass er linear mit der Frequenz ansteigen muss. In der Praxis zeigt sich, dass auftretende Verzerrungen gemeinsam durch Dämpfung und Laufzeiten verursacht werden, da in den Filterschaltungen Kondensatoren und Spulen mit den unvermeidlichen Blindwiderständen vorhanden sind. Allerdings sind die durch Laufzeiten resultierenden Verzerrungen so gering, dass sie praktisch keine Rolle spielen. Nur bei Filterschaltungen höherer Ordnung können diese beachtliche und störende Werte annehmen.

Bei Bessel-Filtern nimmt der Phasengang innerhalb eines bestimmten Bereichs proportional mit der Frequenz zu. Daraus ergibt sich eine konstante Phasenlaufzeit.

7.6.4 Aktive Tiefpass- und Hochpassfilter 1. Ordnung

Das aktive RC-Tiefpassfilter 1. Ordnung besteht aus einem Operationsverstärker, der in der Gegenkopplung einen Kondensator hat. Der Kondensator bildet einen frequenzabhängigen Widerstand, mit dem der Verstärkungsfaktor des Filters bestimmt wird. Abb. 7.52 zeigt die Schaltung eines aktiven RC-Tiefpassfilters 1. Ordnung.

Bei der Schaltung von Abb. 7.52 handelt es sich im Wesentlichen um einen Integrator, der aber nicht mit Gleichspannung, sondern mit Wechselspannung unterschiedlicher Frequenzen arbeitet. Legt man eine Gleichspannung (Nullfrequenz) an den Eingang, wird der Ausgang des Operationsverstärkers solange kontinuierlich linear ansteigen, bis der Wert der Betriebsspannung erreicht ist.

Mathematisch kann die Übertragungsfunktion für die Bedingung $R_1 = R_2 = R$ und $C_2 = C$ abgeleitet werden zu:

$$\frac{U_2}{U_1} = \frac{X_C}{R} = \frac{1/sC}{R} = \frac{\omega_0}{s}$$

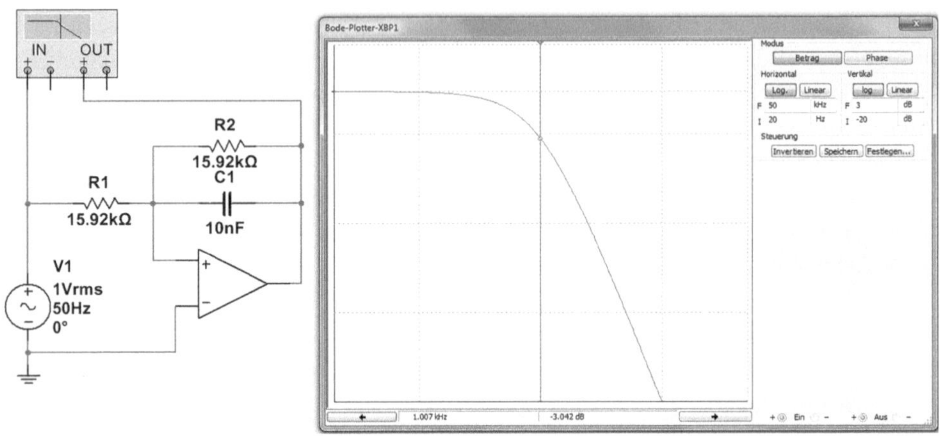

Abb. 7.52 Aktives RC-Tiefpassfilter 1. Ordnung

wobei s die komplexe Frequenz darstellt, die sich aus Real- und Imaginärteil, $\sigma + j\omega$, zusammensetzt und ω_0 gleich $1/RC$ ist. Die Formel bestätigt, dass die Verstärkung umgekehrt proportional zur Frequenz ist.

Als nächstes soll nochmals ein passiver RC-Tiefpass betrachtet werden. Seine komplexe Übertragungsfunktion lässt sich beschreiben mit

$$\frac{U_2}{U_1} = \frac{1/sC}{R + 1/sC} = \frac{1}{1 + sRC} = \frac{\omega_0}{s + \omega_0}$$

Mit $s = 0$ reduziert sich die Funktion auf ω_0/ω_0, also auf den Wert 1. Mit s gegen Unendlich, geht der Wert der Funktion gegen Null. Das ist sinnvoll, da es sich um einen Tiefpass handelt. Entsprechend wird bei $s = -\omega_0$ der Nenner der Funktion zu Null, wodurch der Funktionswert unendlich wird.

Sowohl beim Integrator als auch beim RC-Tiefpass geht bei nach Unendlich verlaufenden Frequenzen die Antwort gegen Null. Dies bedeutet einen Wert von Null für $s = \infty$. Obwohl sich dieser Wert Null über einen weiten Bereich in der Ebene erstreckt, betrachtet man ihn als einen einzigen Wert.

Wie sieht nun die Frequenzabhängigkeit der komplexen Übertragungsfunktion aus? Betrachtet man die Antwort von Schaltungen auf Wechselstromsignale (AC), wird für die Impedanz einer Spule der Ausdruck $j\omega L$ und für die Impedanz des Kondensators der Ausdruck $1/j\omega C$ verwendet. Untersucht man Übergangsvorgänge (Transienten), lauten die entsprechenden Ausdrücke für die Impedanzen sL und $1/sC$. Die Ähnlichkeit ist sofort ersichtlich, da $j\omega$ in der Wechselstrom-Analyse der Imaginärteil von s ist und s sich, wie erwähnt, aus dem Realteil ω und dem Imaginärteil $j\omega$ zusammensetzt. Ersetzt man in einer beliebigen der bisherigen Gleichungen s durch $j\omega$, so erhält man direkt die Antwort auf die entsprechende Kreisfrequenz ω.

Tab. 7.8 Filterkoeffizienten für optimierte Frequenzgänge

Ordnung	Filterkoeffizienten		Filtertyp
	a_1	b_1	
1. Ordnung	1,0000	0,0000	Alle Typen

Die Berechnung des aktiven Tiefpassfilters 1. Ordnung aus Abb. 7.52 erfolgt mit den folgenden Gleichungen:

$$R_2 = \frac{a_1}{2 \cdot f_g \cdot \pi \cdot C_2} \qquad R_1 = \frac{R_2}{|V_0|}$$

Der Wert a_1 ist aus der Tab. 7.8 für die Filterkoeffizienten der optimierten Frequenzgänge zu entnehmen. Hier wurde $a_1 = 1$ eingesetzt. Die Grenzfrequenz f_g wird entsprechend der Anwendung gewählt, der Wert V_0 ist die Verstärkung bei $f = 0$.

Achtung! Tab. 7.8 beinhaltet nur die Koeffizienten für die Filter 1. Ordnung und stellt nur einen Grundauszug der nachfolgenden Berechnungstabellen dar.

Beispiel: Ein aktives Tiefpassfilter 1. Ordnung soll eine Grenzfrequenz von $f_g = 1$ kHz aufweisen und es steht ein Kondensator mit $C_2 = 10$ nF zur Verfügung. Wie groß sind die Widerstandswerte R_1 und R_2?

$$R_2 = \frac{a_1}{2 \cdot \pi \cdot f_g \cdot C_2} = \frac{1,0000}{2 \cdot 3,14 \cdot 1\,\text{kHz} \cdot 10\,\text{nF}} = 15,92\,k\Omega = 15,8\,k\Omega$$

$$R_1 = \frac{R_2}{|V_0|} = \frac{15,8\,k\Omega}{1} = 15,8\,k\Omega$$

In der Berechnung von R_1 wurde die Verstärkung $V_0 = 1$ gewählt. Beide Widerstandswerte sind aus der E96-Reihe.

Betreibt man ein passives Hochpassfilter mit einer Gleichspannung, hat der Kondensator einen kapazitiven Blindwiderstand, der praktisch unendlich ist. Am Ausgang der Schaltung misst man eine Spannung von $U_a = 0$ V. Mit zunehmender Frequenz wird der kapazitive Blindwiderstand geringer und die Ausgangsspannung steigt.

Die Ausgangsspannung für einen passiven Hochpass 1. Ordnung lässt sich berechnen nach

$$U_2 = U_1 \frac{R}{\sqrt{R^2 + X_C^2}} = U_1 \frac{R}{\sqrt{R^2 + \left(\frac{1}{2 \cdot \pi \cdot f_g \cdot C}\right)^2}}$$

Mit zunehmender Frequenz nimmt die Ausgangsspannung U_2 zu, wenn die Amplitude der Eingangsspannung U_1 als konstant betrachtet wird.

Aus diesem Verhalten lässt sich ein aktives Hochpassfilter 1. Ordnung realisieren, wie Abb. 7.53 zeigt.

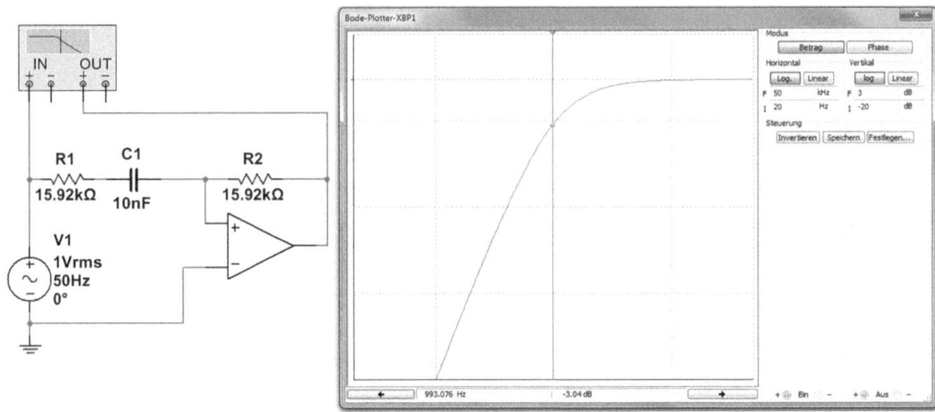

Abb. 7.53 Aktives Hochpassfilter 1. Ordnung

Am Eingang befindet sich der Kondensator C_1 als frequenzabhängiger Blindwiderstand und in der Gegenkopplung der Widerstand R_2. Legt man eine Gleichspannung (Frequenz Null) an den Differentiator, wird der Ausgang nur einen kurzen Impuls erzeugen, der von Null nach Unendlich und dann sofort wieder nach Null zurückgeht. Der Kondensator C_1 und der Widerstand R_2 errechnen sich aus

$$C_1 = \frac{a_1}{2 \cdot \pi \cdot f_g \cdot R_1} \qquad R_2 = R_1 \cdot |V_0|$$

Der Faktor a_1 ist der Filterkoeffizient und ist aus der Tab. 7.8 für optimierte Frequenzgänge zu entnehmen. Die Grenzfrequenz f_g wird entsprechend der Anwendung gewählt, der Wert V_∞ ist die Verstärkung für $f \Rightarrow \infty$.

7.6.5 Aktive Tiefpassfilter 2. Ordnung mit Zweifachgegenkopplung

Bei der Realisierung von aktiven Tiefpassfiltern 2. Ordnung unterscheidet man in der Praxis zwischen der Betriebsart mittels Gegenkopplung und Mitkopplung. Abb. 7.54 zeigt die Schaltung mit einer Zweifachgegenkopplung.

In dieser Schaltung erkennt man, dass der Widerstand R_1 am Eingang mit dem Kondensator C_2 den ersten Tiefpass bildet. Der zweite Tiefpass wird durch den Kondensator C_1 in Verbindung mit dem Widerstand R_2 realisiert.

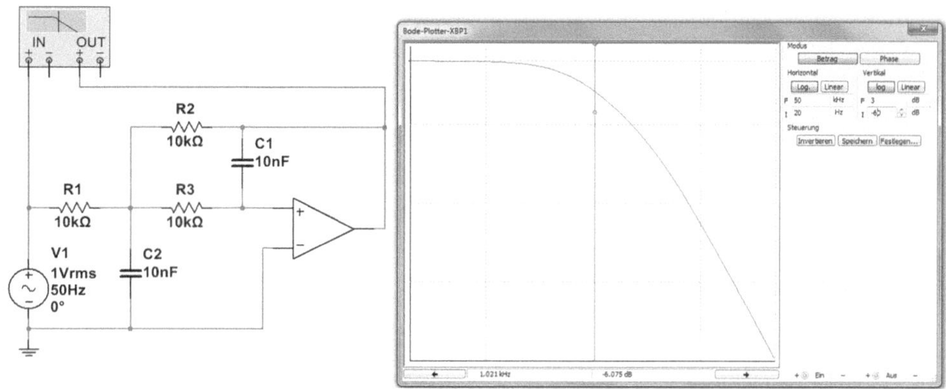

Abb. 7.54 Tiefpassfilter 2. Ordnung nach Bessel mit Zweifachgegenkopplung für eine Grenzfrequenz von $f_g = 100$ Hz

Für die Schaltung sind nur wenige Bauelemente notwendig und der Wert für die Grenzfrequenz lässt sich über den Einsteller (statt Widerstand R_3) bestimmen. Die Berechnung der einzelnen Bauelemente ist recht kompliziert. Der Rechenaufwand reduziert sich jedoch auf ein Minimum, wenn $R_1 = R_2 = R$ und $C_1 = C_2 = C$ ist. Die Grenzfrequenz berechnet sich für diesen Fall

$$f_g = \frac{\sqrt{b_1}}{2 \cdot \pi \cdot R \cdot C}$$

Für die Berechnung der beiden Kondensatoren gelten folgende Gleichungen:

$$C_1 = \frac{a_1}{4 \cdot \pi \cdot f_g \cdot R} \qquad C_2 = \frac{3 \cdot b_1}{2 \cdot \pi \cdot f_g \cdot a_1 \cdot R}$$

Durch die Koeffizienten a_1 und b_1 lassen sich die gewünschten Filtertypen nach Bessel, Butterworth und Tschebyscheff berechnen. Die erforderlichen Werte sind in Tab. 7.9 aufgelistet.

Anmerkung:	KR = Filter (Gauß) mit kritischer Dämpfung
	BE = Bessel-Filter
	BU = Butterworth-Filter
	$T_{1/2}$ = Tschebyscheff-Filter mit 0,5-dB-Welligkeit
	T1 = Tschebyscheff-Filter mit 1-dB-Welligkeit
	T2 = Tschebyscheff-Filter mit 2-dB-Welligkeit
	T3 = Tschebyscheff-Filter mit 3-dB-Welligkeit

Tab. 7.9 Filterkoeffizienten für optimierte Frequenzgänge

Ordnung	Filterkoeffizienten		Filtertyp
	a_1	b_1	
1. Ordnung	1,0000	0,0000	Alle Typen
2.Ordnung	1,2872	0,4142	KR
	1,3617	0,6180	BE
	1,4142	1,0000	BU
	1,3614	1,3827	$T_{½}$
	1,3022	1,5515	T1
	1,1813	1,7775	T2
	1,0650	1,9305	T3

Beispiel: Die Tiefpassschaltung aus Abb. 7.54 soll ein Bessel-Filter darstellen. Die Werte für R_1, R_2 und R_3 betragen 10 kΩ. Die Schaltung soll eine Grenzfrequenz von $f_g = 100$ Hz aufweisen. Die Werte der beiden Kondensatoren C_1 und C_2 sind zu bestimmen. Es folgt:

$$C_1 = \frac{a_1}{4 \cdot \pi \cdot f_g \cdot R} = \frac{1{,}3617}{4 \cdot 3{,}14 \cdot 100\,\text{Hz} \cdot 10\,\text{k}\Omega} = 108\,\text{nF}(110\,\text{nF})$$

$$C_2 = \frac{3 \cdot b_1}{2 \cdot \pi \cdot f_g \cdot a_1 \cdot R} = \frac{3 \cdot 0{,}6180}{2 \cdot 3{,}14 \cdot 100\,\text{Hz} \cdot 1{,}3617 \cdot 10\,\text{k}\Omega} = 217\,\text{nF}(220\,\text{nF})$$

Die Kondensatorwerte sind aus der E24-Reihe.

Beispiel: Die Tiefpassschaltung aus Abb. 7.54 soll für ein Tschebyscheff-Filter mit 3-dB-Welligkeit modifiziert werden. Die Werte für R_1, R_2 und R_3 betragen 10 kΩ. Die Schaltung soll eine Grenzfrequenz von $f_g = 1$ kHz aufweisen. Die Werte der beiden Kondensatoren C_1 und C_2 sind zu bestimmen. Es folgt:

$$C_1 = \frac{a_1}{4 \cdot \pi \cdot f_g \cdot R} = \frac{1{,}0650}{4 \cdot 3{,}14 \cdot 1\,\text{kHz} \cdot 10\,\text{k}\Omega} = 8{,}48\,\text{nF}(8{,}2\,\text{nF})$$

$$C_2 = \frac{3 \cdot b_1}{2 \cdot \pi \cdot f_g \cdot a_1 \cdot R} = \frac{3 \cdot 1{,}9305}{2 \cdot 3{,}14 \cdot 1\,\text{kHz} \cdot 1{,}0650 \cdot 10\,\text{k}\Omega} = 86{,}57\,\text{nF}(82\,\text{nF})$$

Die Kondensatorwerte sind aus der E24-Reihe.

Die Schaltung von Abb. 7.55 lässt sich für die anderen Filterschaltungen einfach dimensionieren, da man die Werte für Widerstände und Kondensatoren einfach ändern kann.

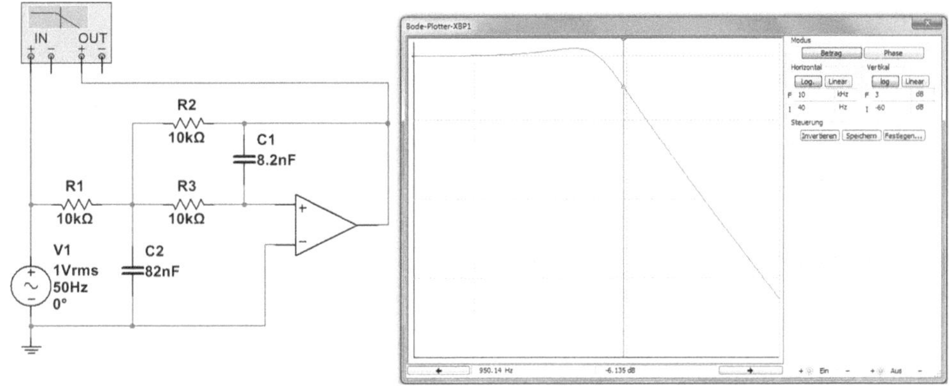

Abb. 7.55 Tiefpassfilter 2. Ordnung nach Tschebyscheff mit 3-dB-Welligkeit

7.6.6 Umwandlung von Tiefpass- in Hochpassfilter

Die Umwandlung eines aktiven Tiefpassfilters in ein aktives Hochpassfilter erfolgt durch den Austausch der Widerstände gegen Kondensatoren und umgekehrt. Dadurch wird aus einem Tiefpass ein Hochpass und umgekehrt. Abb. 7.56 zeigt die Gegenüberstellung und die Berechnung für eine Umwandlung.

Bei der Realisierung von aktiven Hochpassfiltern 2. Ordnung unterscheidet man in der Praxis zwischen der Betriebsart mittels Gegenkopplung und Mitkopplung. Abb. 7.57 zeigt die Schaltung mit einer Zweifachgegenkopplung, die mit dem Tiefpassfilter 2. Ordnung von Abb. 7.55 weitgehend identisch ist. Dies gilt auch für die Berechnung.

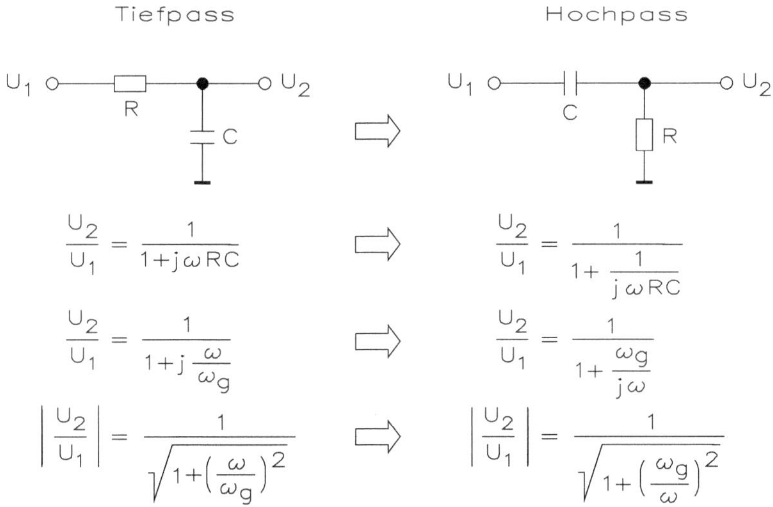

Abb. 7.56 Umwandlung eines Tiefpassfilters in ein Hochpassfilter unter Beibehaltung der Grenzfrequenz

In dieser Schaltung erkennt man, dass der Kondensator C_1 am Eingang mit dem Widerstand R den ersten Hochpass bildet. Der zweite Hochpass wird durch den Widerstand in Verbindung mit dem Kondensator realisiert.

Für die Schaltung sind nur wenige Bauelemente notwendig und der Wert für die Grenzfrequenz lässt sich einfach durch eine Rechnung bestimmen. Die Berechnung der einzelnen Bauelemente ist recht kompliziert. Der Rechenaufwand reduziert sich jedoch auf ein Minimum, wenn $R_1 = R_2 = R$ und $C_1 = C_2 = C_3 = C$ ist.

Beispiel: Die Hochpassschaltung aus Abb. 7.57 soll für ein Tschebyscheff-Filter mit 3-dB-Welligkeit modifiziert werden. Die Werte für C_1, C_2 und C_3 betragen 10 nF. Die Schaltung soll eine Grenzfrequenz von $f_g = 1$ kHz aufweisen. Die Werte der beiden Widerstände sind zu bestimmen. Es folgt:

$$R_1 = \frac{a_1}{4 \cdot \pi \cdot f_g \cdot C} = \frac{1,0650}{4 \cdot 3,14 \cdot 1\,\text{kHz} \cdot 10\,\text{nF}} = 8,5\,\text{k}\Omega$$

$$R_2 = \frac{3 \cdot b_1}{2 \cdot \pi \cdot f_g \cdot a_1 \cdot C} = \frac{3 \cdot 1,9305}{2 \cdot 3,14 \cdot 1\,\text{kHz} \cdot 1,0650 \cdot 10\,\text{nF}} = 86,6\,\text{k}\Omega$$

Die Widerstandswerte sind aus der E24-Reihe.

In Tab. 7.10 sind die einzelnen Tiefpass-Hochpass-Transformationen aufgelistet.

Die Filterkoeffizienten a und b der Hochpassfilter sind identisch mit denen der Tiefpassfilter.

7.6.7 Aktives Tiefpassfilter höherer Ordnung

Tiefpassfilter höherer Ordnung lassen sich relativ einfach realisieren. Schaltet man vor die Schaltung aus Abb. 7.57 einen passiven Tiefpass, erhält man einen Tiefpass 3. Ordnung. Schaltet man zwei Tiefpassfilter hintereinander, kommt man zur 4. Ordnung.

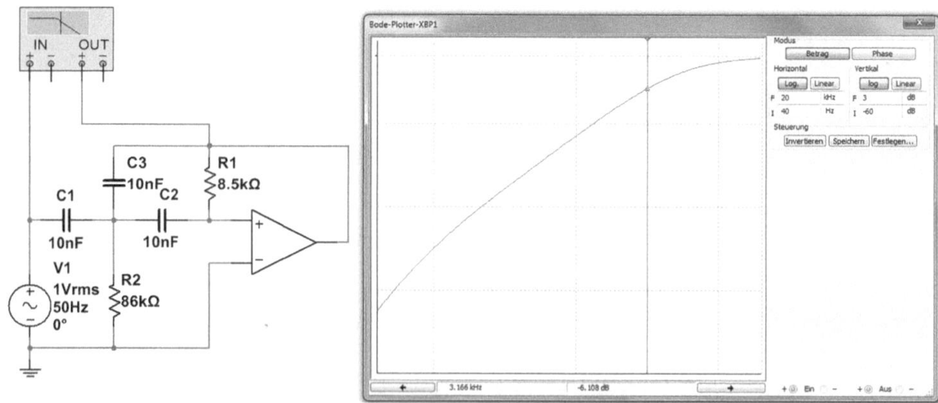

Abb. 7.57 Hochpassfilter 2. Ordnung mit Zweifachgegenkopplung

Tab. 7.10 Tiefpass-Hochpass-Transformationen

Tiefpass	⇔	Hochpass
$j\omega$	⇔	$1/j\omega$
V_0	⇔	V_∞
$R^* = 1/C^*$	⇔	$C^* = 1/R^*$
$C^* = 1/R^*$	⇔	$R^* = 1/C^*$
Normierter Widerstand $R^* = R/R_B$	⇔	R_B (Bezugswiderstand)
Normierte Kapazität $C^* = \omega_B \cdot R_B \cdot C$	⇔	$\omega_B = 2 \cdot \pi \cdot f_B$ (Bezugsfrequenz)

Filter höherer Ordnung sind also nicht getrennt zu behandeln, sondern gemeinsam, da jedes Polynom in s durch Faktorisierung in eine quadratische Form gebracht werden kann. Die Zerlegung eines ungeraden Polynoms liefert zusätzlich noch einen Ausdruck 1. Ordnung. Ein Tiefpassfilter 5. Ordnung hat z. B. folgende Übertragungsfunktion:

$$f(s) = \frac{1}{s^5 + a_4 s^4 + a_3 s^3 + a_2 s^2 + a_1 s + a_0 s}$$

wobei alle a_ns-Werte als Konstanten zu betrachten sind. Man kann den Nenner jetzt zerlegen in

$$f(s) = \frac{1}{(s^2 + s\omega_1/Q_1 + \omega_1^2)(s^2 + s\omega_2/Q_2 + \omega_2^2)(s + \omega_3)}$$

was genau dem Ausdruck

$$f(s) = \frac{1}{\left(s^2 + s\omega_1/Q_1 + \omega_1^2\right)} \cdot \frac{1}{\left(s^2 + s\omega_2/Q_2 + \omega_2^2\right)} \cdot \frac{1}{(s + \omega_3)}$$

entspricht. Dieser Ausdruck kommt physikalisch einer Reihenschaltung von zwei Filtern 2. Ordnung und einem Filter 1. Ordnung gleich. Diese Darstellung vereinfacht den Entwurfsprozess und erlaubt eine übersichtliche Betrachtung.

Nun ist es möglich, auch die ausgefallensten Filter zu entwerfen. In der Praxis beschränkt man sich jedoch normalerweise auf eine gewisse Anzahl von Möglichkeiten, die nach den Funktionen Butterworth, Tschebyscheff und Bessel definiert sind.

7.6.8 Berechnungsbeispiele für aktive Tiefpassfilter 2. Ordnung

Bei den aktiven Tiefpassfiltern kann man zwischen einer Zweifachgegenkopplung und einer Einfachmitkopplung unterscheiden. Für die Berechnung des Beispiels von Abb. 7.58 wird eine Zweifachgegenkopplung eingesetzt.

Für die Berechnung der Bauelemente eines Tiefpassfilters gibt es mehrere Gleichungen, wie Tab. 7.11 zeigt. Die Tabelle wurde auch auf Induktivitäten erweitert, die man in der Praxis kaum verwendet.

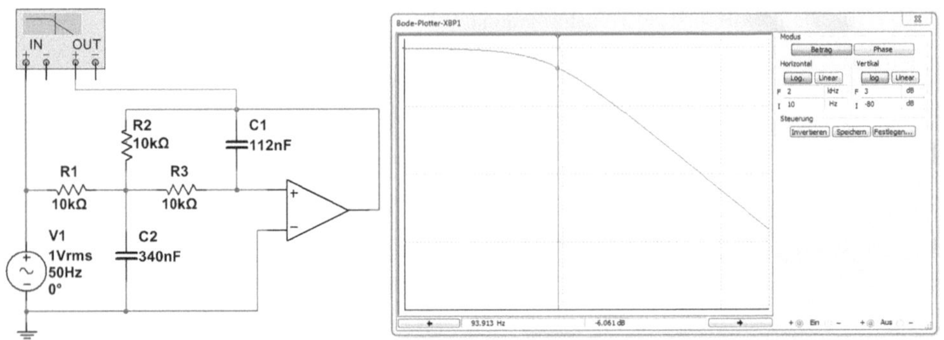

Abb. 7.58 Tiefpass 2. Ordnung mit Zweifachgegenkopplung

Tab. 7.11 Gleichungssysteme zur Berechnung der Bauelemente für einen Tiefpass mit Widerstand, Kondensator und Spule

Gegeben:	$\omega_g^2 = (2 \cdot \pi \cdot f_g)^2$	$\alpha =$
L, C, R $V=1$	$\frac{1}{C \cdot L}$	$\omega_g \cdot R \cdot C$
R_1, R_2 C_1, C_2	$\frac{1}{R_1 \cdot R_2 \cdot C_1 \cdot C_2}$	$\frac{1}{\omega_g \cdot R_1 \cdot C_2} + \omega_g \cdot R_1[C_1 + C_2(1-V)]$
$C_1, C_2=C$ R_1, R_2	$\frac{1}{R_1 \cdot R_2 \cdot C^2}$	$\frac{1}{\omega_g \cdot R_1 \cdot C} + \omega_g \cdot R_1 \cdot C_1(2-V)$
$R_1, R_2=R$ C_1, C_2	$\frac{1}{R^2 \cdot C_1 \cdot C_2}$	$\frac{1}{\omega_g \cdot R \cdot C_2} + \omega_g \cdot R \cdot C_2(1-V)$
$R_1=R_2=R$ $C_1=C_2=C$	$\frac{1}{R^2 \cdot C^2}$	$3-V$

Wichtig bei der Berechnung der Bauelemente nach Tab. 7.11 ist zuerst die Bestimmung von α. Danach ist noch eine Größe frei wählbar, um die Kreisfrequenz ω_g bzw. Grenzfrequenz f_g festzulegen. Wenn man mit einem Verstärkungsfaktor von $V=1$ arbeitet, sind die Berechnungen am einfachsten durchzuführen. Dieser Fall ist bis auf $\alpha=2$ jedoch ausgeschlossen, wenn beide Widerstände bzw. Kondensatoren identisch sind.

Ein Tiefpass 2. Ordnung mit entsprechender Grenzfrequenz und beliebiger Dämpfung ist als Grundeinheit für Filterschaltungen höherer Ordnung anzusehen. Da bei den aktiven Filterschaltungen die einzelnen Stufen durch die eingesetzten Operationsverstärker gegenseitig entkoppelt werden können und sich dadurch nicht mehr beeinflussen, lassen sich Filter höherer Ordnung durch eine Reihenschaltung einzelner Filterelemente einfach verwirklichen. In Tab. 7.12 sind die Filterkoeffizienten bis zur 4. Ordnung aufgelistet.

Tab. 7.12 Filterkoeffizienten für optimierte Frequenzgänge

Ordnung	Filterkoeffizienten				Filtertyp
	a_1	b_1	a_2	b_2	
1. Ordnung	1,0000	0,0000	0,0000	0,0000	Alle Typen
2. Ordnung	1,2872	0,4142	0,0000	0,0000	*KR*
	1,3617	0,6180	0,0000	0,0000	*BE*
	1,4142	1,0000	0,0000	0,0000	*BU*
	1,3614	1,3827	0,0000	0,0000	$T_{½}$
	1,3022	1,5515	0,0000	0,0000	T_1
	1,1813	1,7775	0,0000	0,0000	T_2
	1,0650	1,9305	0,0000	0,0000	T_3
3. Ordnung	0,5098	0,0000	1,0197	0,2599	*KR*
	0,7560	0,0000	0,9996	0,4722	*BE*
	1,0000	0,0000	1,0000	1,0000	*BU*
	1,8636	0,0000	0,6402	1,1931	$T_{½}$
	2,2156	0,0000	0,5442	1,2057	T_1
	2,7994	0,0000	0,4300	1,2036	T_2
	3,3496	0,0000	0,3559	1,1923	T_3
4. Ordnung	0,8700	0,1892	0,8700	0,1982	*KR*
	1,3397	0,4889	0,7743	0,3890	*BE*
	1,8478	1,0000	0,7654	1,0000	*BU*
	2,6282	3,4341	0,3648	1,1509	$T_{½}$
	2,5904	4,1301	0,3039	1,1697	T_1
	2,4025	4,9862	0,2374	1,1896	T_2
	2,1853	5,5339	0,1964	1,2009	T_3

Tab. 7.13 Charakteristische Messpunkte in Dezibel (dB) für den Frequenzgang des einstellbaren Tiefpassfilters von Abb. 7.69

	5 Hz	10 Hz	20 Hz	50 Hz	100 Hz	200 Hz	500 Hz	1 kHz
T = 100 %	19	18,4	16,6	11,6	6,7	3	0,63	0,16
T = 75 %	2,8	2,8	2,7	2,25	1,41	0,57	0,11	0,03
T = 50 %	0	0	0	0	0	0	0	0
T = 25 %	−2,8	−2,8	−2,7	−2,25	−1,41	−0,57	−0,11	−0,16
T = 0 %	−19	−18,4	−16,6	−11,6	−6,7	−3	−0,63	−0,03

Anmerkung:	KR = Filter (Gauß) mit kritischer Dämpfung
	BE = Bessel-Filter
	BU = Butterworth-Filter
	$T_{½}$ = Tschebyscheff-Filter mit 0,5-dB-Welligkeit
	T_1 = Tschebyscheff-Filter mit 1-dB-Welligkeit
	T_2 = Tschebyscheff-Filter mit 2-dB-Welligkeit
	T_3 = Tschebyscheff-Filter mit 3-dB-Welligkeit

Beispiel: Der Tiefpass von Abb. 7.58 soll als Butterworth-Filter 2. Ordnung mit einer Grenzfrequenz von $f_g = 100$ Hz arbeiten. Welche Kapazität müssen die beiden Kondensatoren aufweisen, wenn die Bedingung $R_1 = R_2 = R = 10$ kΩ erfüllt ist?

$$C_1 = \frac{a_1}{4 \cdot \pi \cdot f_g \cdot R} = \frac{1{,}4142}{4 \cdot 3{,}14 \cdot 100\,\text{Hz} \cdot 10\,k\Omega} = 112\,\text{nF}\ (120\,\text{nF})$$

$$C_2 = \frac{3 \cdot b_1}{2 \cdot \pi \cdot f_g \cdot R \cdot a_1} = \frac{3 \cdot 1}{2 \cdot 3{,}14 \cdot 100\,\text{Hz} \cdot 10\,k\Omega \cdot 1{,}4142} = 340\,\text{nF}\ (330\,\text{nF})$$

Die Werte der beiden Koeffizienten a_1 und b_1 sind unter Beachtung des Filtertyps aus Tab. 7.12 entnommen.

7.6.9 Aktives Tiefpassfilter 3. Ordnung

Die Schaltung von Abb. 7.52 lässt sich durch einen passiven RC-Tiefpass erweitern, wie Abb. 7.59 zeigt.

Schaltet man vor den Tiefpass 2. Ordnung einen RC-Tiefpass, erhöht man die Ordnungszahl und erhält ein Tiefpassfilter 3. Ordnung.

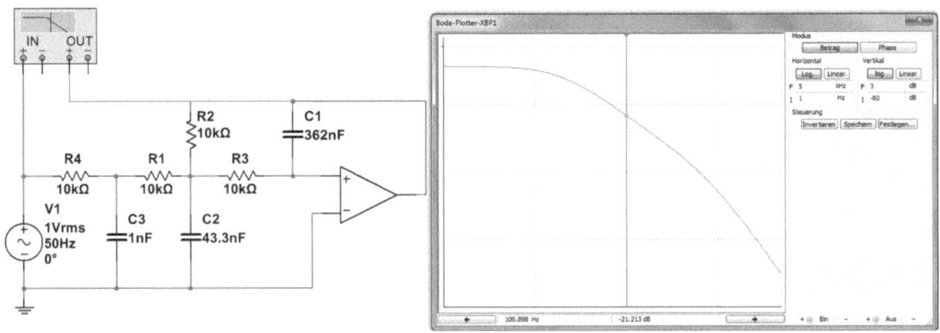

Abb. 7.59 Tiefpassfilter 3. Ordnung mit Zweifachgegenkopplung

Beispiel: Der Tiefpass von Abb. 7.59 soll als Tschebyscheff-Filter 3. Ordnung bei einer 1-dB-Welligkeit im Durchlassbereich mit einer Grenzfrequenz von $f_g = 100$ Hz arbeiten. Welche Kapazität müssen die drei Kondensatoren aufweisen, wenn die Bedingung $R_1 = R_2 = R_3 = R = 10$ kΩ erfüllt ist?

$$C_1 = \frac{a_1}{2 \cdot \pi \cdot f_g \cdot R} = \frac{2,2156}{2 \cdot 3{,}14 \cdot 100\,\text{Hz} \cdot 10\,\text{k}\Omega} = 352\,\text{nF (360 nF)}$$

$$C_2 = \frac{a_2}{4 \cdot \pi \cdot f_g \cdot R} = \frac{0{,}5442}{4 \cdot 3{,}14 \cdot 100\,\text{Hz} \cdot 10\,\text{k}\Omega} = 43{,}3\,\text{nF (43 nF)}$$

$$C_3 = \frac{3 \cdot b_2}{2 \cdot \pi \cdot f_g \cdot R \cdot a_2} = \frac{3 \cdot 1{,}2057}{2 \cdot 3{,}14 \cdot 100\,\text{Hz} \cdot 10\,\text{k}\Omega \cdot 0{,}5442} = 1{,}058\,\text{nF (1 nF)}$$

Die Werte der Koeffizienten a_1, a_2 und b_2 sind aus Tab. 7.12 entnommen.

7.6.10 Aktives Tiefpassfilter 4. Ordnung

Wenn man ein Tiefpassfilter 4. Ordnung benötigt, schaltet man zwei Tiefpassfilter 2. Ordnung in Reihe und erhält die Schaltung von Abb. 7.60.

Tab. 7.14 Charakteristische Messpunkte in Dezibel (dB) für den Frequenzgang des einstellbaren Hochpassfilters von Abb. 7.70

	500 Hz	1 kHz	2 kHz	5 kHz	10 kHz	20 kHz	50 kHz
T=100 %	0,3	1,15	3,5	9,1	13,9	17,5	19,1
T=75 %	0,36	1	2	2,6	2,7	2,8	2,8
T=50 %	0	0	0	0	0	0	0
T=25 %	−0,36	−1	−2,7	−2,6	−2,7	−2,8	−2,8
T=0 %	−0,3	−1,15	−3,5	−9,1	−13,9	−17,5	−19,1

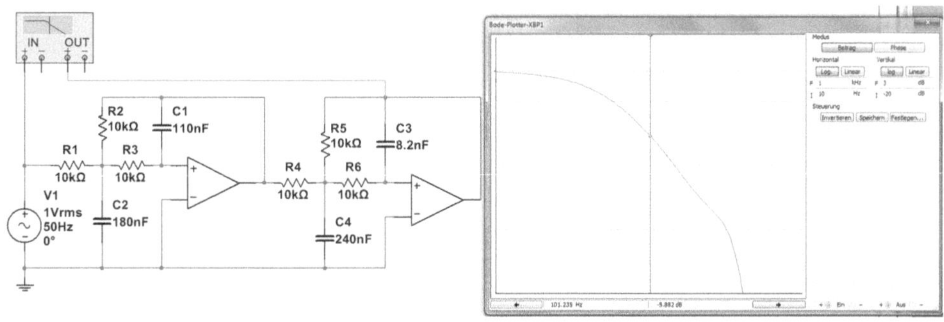

Abb. 7.60 Schaltung eines Tiefpassfilters 4. Ordnung

Beispiel: Der Tiefpass von Abb. 7.60 soll als Bessel-Filter 4. Ordnung mit einer Grenzfrequenz von $f_g = 100$ Hz arbeiten. Welche Kapazität müssen die vier Kondensatoren aufweisen, wenn die Bedingung $R_1 = R_2 = R_3 = R_4 = R = 10$ kΩ erfüllt ist?

$$C_1 = \frac{a_1}{4 \cdot \pi \cdot f_g \cdot R} = \frac{1{,}3397}{4 \cdot 3{,}14 \cdot 100\,\text{Hz} \cdot 10\,\text{k}\Omega} = 106{,}6\,\text{nF}\ (110\,\text{nF})$$

$$C_2 = \frac{3 \cdot b_1}{2 \cdot \pi \cdot f_g \cdot R \cdot a_1} = \frac{3 \cdot 0{,}4889}{2 \cdot 3{,}14 \cdot 100\,\text{Hz} \cdot 10\,\text{k}\Omega \cdot 1{,}3397} = 174\,\text{nF}\ (180\,\text{nF})$$

$$C_3 = \frac{a_2}{4 \cdot \pi \cdot f_g \cdot R} = \frac{0{,}7743}{4 \cdot 3{,}14 \cdot 100\,\text{Hz} \cdot 10\,\text{k}\Omega} = 61{,}6\,\text{nF}\ (62\,\text{nF})$$

$$C_4 = \frac{3 \cdot b_2}{2 \cdot \pi \cdot f_g \cdot R \cdot a_2} = \frac{3 \cdot 0{,}3890}{2 \cdot 3{,}14 \cdot 100\,\text{Hz} \cdot 10\,\text{k}\Omega \cdot 0{,}7743} = 240\,\text{nF}$$

Die Werte der Koeffizienten a_1, a_2, b_1 und b_2 sind aus Tab. 7.12 entnommen.

7.7 Aktive Bandpassfilter

Die Realisierung von aktiven Bandpassfiltern beruht im Wesentlichen auf den Möglichkeiten der Kombination zwischen Tief- und Hochpassfiltern. In der Praxis arbeitet man dabei mit Widerständen und Kondensatoren, während Spulen kaum eingesetzt werden.

Ein Bandpass kann aus einem Tiefpass und einem Hochpass gebildet werden. Je nach Frequenzüberlagerung können sich der Tiefpass und der Hochpass in ihrer Wirkung nicht beeinflussen. Ein Bandpass weist an jeder Flanke zwei verschiedene Steigungen auf. Im oberen Teil, entsprechend seiner Ordnungszahl mit z. B. 3. Ordnung, sind es 18 dB/Oktave, während im Bereich $f < f_u$ und $f > f_o$ eine Charakteristik 1. Ordnung mit 6 dB/Oktave wirksam wird. Bei tiefen Frequenzen eines Bandpasses 2. Ordnung beträgt die Phasendrehung –90°, bei $f_m = \sqrt{f_u \cdot f_o}$ ist sie 0° und bei $f > f_o$ geht sie gegen +90°.

Es sei noch angemerkt, dass ein Hochpass ebenfalls einem Bandpass entsprechen kann, da die obere Grenzfrequenz des Operationsverstärkers an der Bandfrequenz einen Tiefpass bildet, ergibt sich ein Flankenfall 6 dB/Oktave. Je nach Höhe der Anstiegsgeschwindigkeit können Filter mit Operationsverstärker aufgebaut werden, deren praktische Grenzen bei 1 MHz liegen. Bei Frequenzen > 1 MHz ist es ohnehin ratsam zu überlegen, ob man diese als herkömmliche LC-Filter aufbaut.

Bei Bandpässen werden die Höcker der Durchlasskurve mit der Polzahl belegt. Ein Bandpass 2. Ordnung weist einen „Pol" auf und ein Bandpass 4. Ordnung hat dagegen zwei Pole usw., wie Abb. 7.61 zeigt.

Nach Abb. 7.61 ist die Mittenfrequenz f_m das geometrische Mittel aus der oberen Grenzfrequenz f_o und der unteren Grenzfrequenz f_u.

$$f_m = \sqrt{f_o \cdot f_u}$$

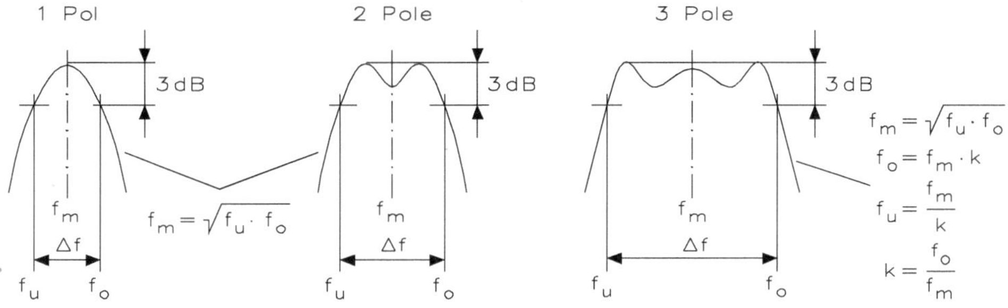

Abb. 7.61 Kennzeichnung der Polpaare bei Bandpässen

Die Güte berechnet sich aus $Q = \frac{f_m}{\Delta f}$ und $Q = \frac{1}{d}$ ist $d = \frac{B}{f_m}$

Aus der Bandbreite $\Delta f = f_o - f_u$ wird die normierte Bandbreite

$$d = \frac{f_o - f_u}{f_m} = \frac{f_o - f_u}{\sqrt{f_u \cdot f_o}}$$

gebildet. Die prozentuale Bandbreite ist $f_{\%} = 100 \cdot f_u$.

Beispiel: Welchen Wert hat Q, wenn $f_u = 400$ Hz und $f_o = 600$ Hz aufweisen.

$$f_m = \sqrt{f_u \cdot f_o} = \sqrt{400\,\text{Hz} \cdot 600\,\text{Hz}} = 490\,\text{Hz}$$

$$Q = \frac{f_m}{\Delta f} = \frac{490\,\text{Hz}}{600\,\text{Hz} - 400\,\text{Hz}} = 2{,}45$$

$f_u = \frac{1}{d} = 0{,}4$ und $f_{\%} = 100 \cdot 0{,}4 = 40$ oder 40 %.

Aus Abb. 7.61 ist ersichtlich, dass die Ermittlung von f_o und f_u sich jeweils auf den höchsten Kurvenpunkt, für die -3-dB-Bemessung, bezieht. Werden Filter mit einzelnen Operationsverstärkern aufgebaut, so ist eine Bemessung der Güte bis max. $Q < 25$ möglich. Bei Reihenschaltungen mehrerer Filter multiplizieren sich die Werte und es kommt zu Betriebsgüten von $Q > 25 \ldots 400$.

7.7.1 Selektiver Verstärker mit Schwingkreis

Schaltet man in die Gegenkopplung eines Operationsverstärkers einen Parallelschwingkreis ein, erhält man einen selektiven Verstärker.

Bei der Schaltung von Abb. 7.62 hat man in der Gegenkopplung einen Parallelschwingkreis, dessen Resonanzfrequenz sich aus der bekannten Schwingkreisformel

$$f_{res} = \frac{1}{2 \cdot \pi \cdot \sqrt{C \cdot L}} = \frac{1}{2 \cdot 3{,}14 \cdot \sqrt{1\,\mu\text{F} \cdot 1\,\text{mH}}} = 5{,}035\,\text{kHz}$$

errechnet. Messung und Rechenergebnis sind identisch. Die Güte lässt sich durch

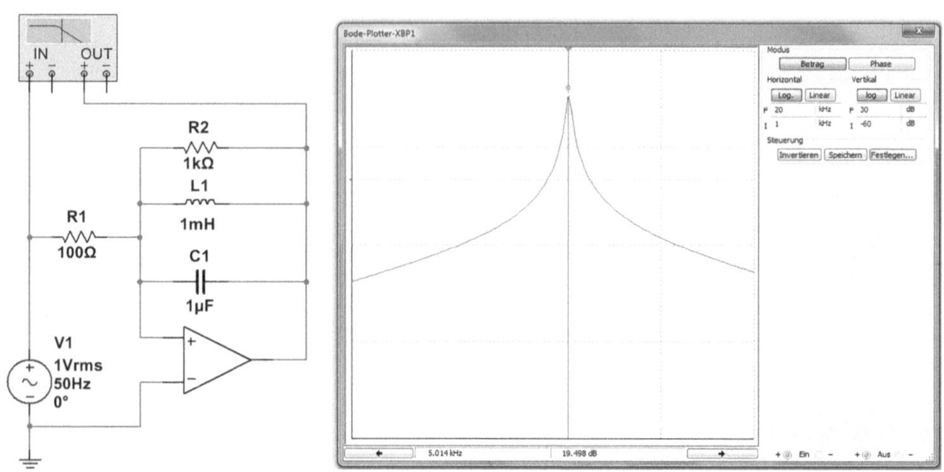

Abb. 7.62 Selektiver 5-kHz-Verstärker mit einer Bandbreite von $\Delta f = 1$ kHz und einer Güte von $Q = 31{,}4$

$$Q = \frac{1}{R_0} \cdot \sqrt{\frac{L}{C}} = \frac{1}{1\,\text{k}\Omega} \cdot \sqrt{\frac{1\,\text{mH}}{1\,\mu\text{F}}} = 31{,}4$$

errechnen, woraus sich eine Bandbreite Δf von

$$\Delta f = \frac{Q}{2 \cdot f_{\text{res}} \cdot C} = \frac{31{,}4}{2 \cdot 5\,\text{kHz} \cdot 1\,\mu\text{F}} = 1\,\text{kHz}$$

ergibt. Der untere Frequenzpunkt beträgt $f_u = 4{,}5$ kHz und der obere $f_o = 5{,}5$ kHz. Messung und Rechenergebnis sind identisch. Tritt der Resonanzfall auf, wird die Eingangsspannung um $V = 10$ verstärkt.

7.7.2 Selektives Filter 2. Ordnung in Gegenkopplung

In der klassischen Elektrotechnik handelt es sich bei einem Bandpassfilter um einen Parallelschwingkreis. Da die praktische Umsetzung von Spulen recht aufwendig ist, setzt man einen passiven RC-Bandpass ein.

Für die Realisierung eines aktiven Bandpassfilters gibt es mehrere Möglichkeiten, wobei man in der Praxis meistens die Schaltung von Abb. 7.63 einsetzt. Es handelt sich um ein aktives Bandpassfilter mit Zweifachgegenkopplung. Wenn man sich diese Schaltung genau betrachtet, erkennt man, dass der Kondensator C_1 mit dem Widerstand R_1

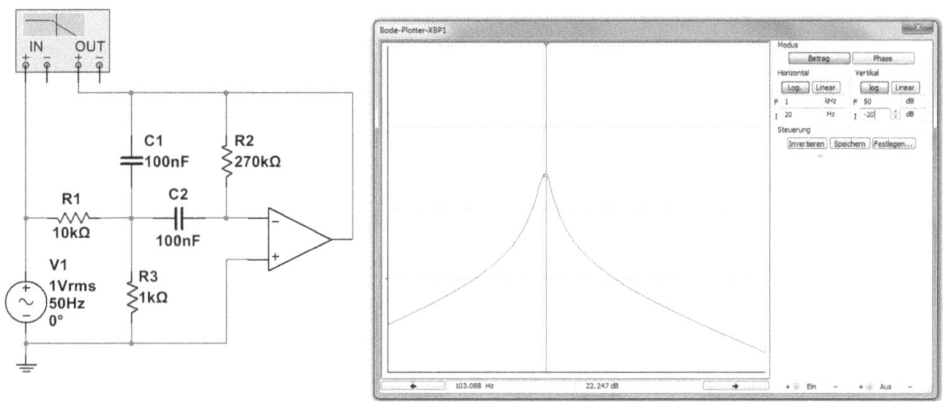

Abb. 7.63 Aktives Bandpassfilter mit Zweifachgegenkopplung

einen Tiefpass und der Kondensator C_2 zusammen mit dem Widerstand R_2 einen Hochpass bildet. Die Berechnung ist recht aufwendig, verkürzt sich aber, wenn $C_1 = C_2 = C$ ist. Bei einem aktiven Bandpass- oder Bandsperrfilter ist keine Spule vorhanden und daher verwendet man statt der Resonanzfrequenz den Begriff der Mittenfrequenz.

Mittenfrequenz: $f_\mathrm{m} = \frac{1}{2 \cdot \pi \cdot C}\sqrt{\frac{R_1 + R_3}{R_1 \cdot R_2 \cdot R_3}}$

Verstärkung bei f_m: $V_\mathrm{m} = -\frac{R_2}{2 \cdot R_1}$

Güte: $Q = \pi \cdot f_\mathrm{m} \cdot R_2 \cdot C$

Bandbreite: $\Delta f = \frac{1}{\pi \cdot R_2 \cdot C}$

Für die Schaltung von Abb. 7.63 gilt dann

$$V_\mathrm{m} = -\frac{R_2}{2 \cdot R_1} = -\frac{270\,\mathrm{k\Omega}}{2 \cdot 10\,\mathrm{k\Omega}} = -13{,}5\ (\approx -22{,}6\,\mathrm{dB})$$

$$f_\mathrm{m} = \frac{1}{2 \cdot \pi \cdot C \cdot \sqrt{R_2(R_1 \,||\, R_2)}} = \frac{1}{2 \cdot \pi \cdot 100\,\mathrm{nF} \cdot \sqrt{270\,\mathrm{k\Omega} \cdot (10\,\mathrm{k\Omega} \,||\, 270\,\mathrm{k\Omega})}}$$
$$= \frac{1}{2 \cdot 3{,}14 \cdot 100\,\mathrm{nF} \cdot \sqrt{270\,\mathrm{k\Omega} \cdot 9{,}64\mathrm{k\Omega}}} = 987\,\mathrm{Hz}$$

$$Q = \pi \cdot f_\mathrm{m} \cdot R_2 \cdot C = 3{,}14 \cdot 987\,\mathrm{Hz} \cdot 270\,\mathrm{k\Omega} \cdot 100\,\mathrm{nF} = 83,67$$

$$\Delta f = \frac{1}{\pi \cdot R_2 \cdot C} = \frac{1}{3{,}14 \cdot 270\,\mathrm{k\Omega} \cdot 100\,\mathrm{nF}} = 11{,}8\,\mathrm{Hz}$$

Die gemessenen und die berechneten Werte sind identisch.

7.7.3 Sallen-Key-Bandpass

Dieser Bandpass wurde von den beiden Physikern Sallen und Key bereits 1955 am MIT (Massachusetts Institute of Technology) entwickelt. Der Vorteil besteht darin, dass mit minimalem Aufwand ein analoges Filter realisiert werden kann.

Abb. 7.64 zeigt einen Bandpass nach Sallen-Key. Diese Schaltung hat durch die höhere Gegenkopplung (R_2) den Nachteil, dass die Verstärkung bei f_o mindestens $V_u > 90 \cdot Q^2$ erreichen muss. Der Vorteil ist der kleine Wert der Kondensatoren C_1 und C_2, der um den Faktor $1/(3 \cdot Q)$ kleiner ist als in Abb. 7.63. Aus diesem Grunde eignet sich die Schaltung besonders für den Bereich tiefer Frequenzen.

Beispiel: $f_o = 5$ kHz; $\Delta f = 500$ Hz; $V_u = 10$; $C_1 = C_2 = 4{,}7$ nF

$$Q = \frac{f_o}{\Delta f} = 10$$

$$R_1 = \frac{Q}{V_u \cdot 2 \cdot \pi \cdot f_o \cdot C} = \frac{10}{10 \cdot 2 \cdot \pi \cdot 5\,\text{kHz} \cdot 4{,}7\,\text{nF}} = 67{,}7\,\text{k}\Omega$$

$$R_2 = \frac{V_u \cdot R_1}{2 \cdot Q^2 - V_u} = \frac{10 \cdot 6{,}77\,\text{k}\Omega}{2 \cdot 10^2 - 10} = \frac{67{,}7\,\text{k}\Omega}{190} = 356\,\Omega$$

$$R_3 = 2 \cdot V_u \cdot R_1 = 2 \cdot 10 \cdot 6{,}77\,\text{k}\Omega = 135{,}4\,\text{k}\Omega$$

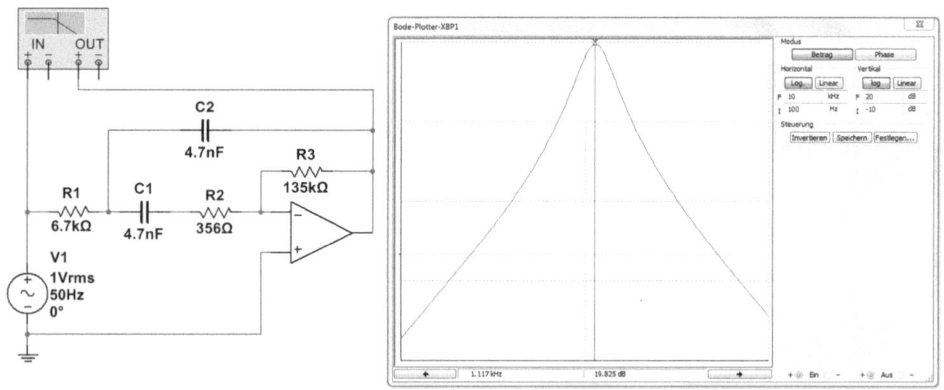

Abb. 7.64 Schaltung eines Filters nach Sallen-Key

7.7.4 Bandpass 2. Ordnung

Werden höhere Werte von der Güte Q und Verstärkung V_u benötigt, setzt man die Schaltung von Abb. 7.65 ein.

Bei der Dimensionierung ist zunächst von $V_u = 1 \ldots 15$ (typisch $V_u = 5$) und eine Güte von $Q = 10 \ldots 50$ (typisch $Q = 15$) zu wählen. Die Bauelemente werden dann wie folgt berechnet und es werden zunächst die Kapazitätswerte festgelegt, ferner Q und V_u. Die Bestimmung der Kondensatoren ist $C = C_1 = C_2 \approx 20/f_o$ [nF;kHz] als erster Anhaltspunkt. Anschließend lässt sich mit einem Verstärkungsfaktor a zur Eingrenzung der Rechnung ($a = 1 \ldots 10$) bestimmen:

$$R_1 = R_2 = R_4 = \frac{Q}{\omega \cdot C} \quad R_6 = R_1 \cdot \frac{a \cdot Q}{2 \cdot Q - 1}$$

$$R_2 = \frac{R_1}{Q^2 - 1 - \frac{2}{a} + \frac{1}{a \cdot Q}} \quad R_5 = a \cdot R_1$$

Die Verstärkung im Resonanzpunkt ist $V_u = a \cdot \sqrt{Q}$

Beispiel: $V_u = 15$; $C = 10\,\text{nF}$; $f_o = 5\,\text{kHz}$; $Q = 20$.

$$a = \frac{V_u}{\sqrt{Q}} = \frac{15}{\sqrt{20}} = 3{,}35$$

$$R_1 = R_2 = R_4 = \frac{Q}{\omega \cdot C} = \frac{20}{2 \cdot 3{,}14 \cdot 5\,\text{kHz} \cdot 10\,\text{nF}} = 64\,\text{k}\Omega$$

$$R_6 = \frac{R_1 \cdot a \cdot Q}{2 \cdot Q - 1} = \frac{64\,\text{k}\Omega \cdot 3{,}35 \cdot 20}{2 \cdot 20 - 1} = 110\,\text{k}\Omega$$

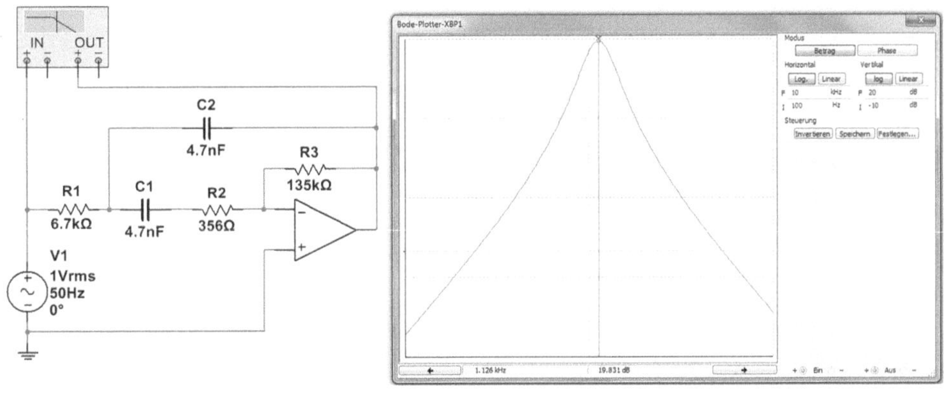

Abb. 7.65 Schaltung eines Bandpasses 2. Ordnung

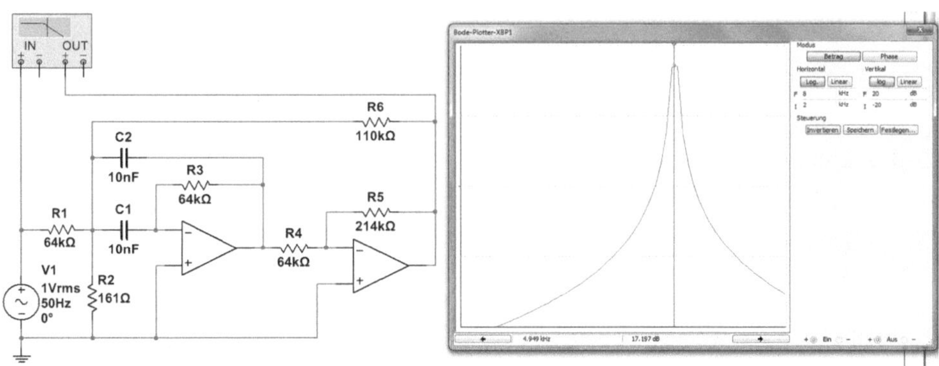

Abb. 7.66 Bandpass 2. Ordnung mit zwei Operationsverstärkern

$$R_2 = \frac{R_1}{Q^2 - 1 - \frac{2}{a} + \frac{1}{a \cdot Q}} = \frac{64\,k\Omega}{20^2 - 1 - \frac{2}{3{,}35} + \frac{1}{3{,}35 \cdot 20}} = 161\;\Omega$$

Eine ähnliche Schaltung ist in Abb. 7.66 gezeigt. Diese Schaltung ist auf eine Frequenz von 1 kHz eingestellt. Eine Umrechnung auf andere Frequenzen und gewünschte Werte von Q sind so möglich.

$C_1 = C_2 = \frac{15{,}9\,\text{nF}}{2 \cdot Q}$ normiert für $f = 1$ kHz	$R_1 = R_2 = R_3 = 10\;\text{k}\Omega$
$V_u = -2 \cdot Q$	$R_4 = 10\;\text{k}\Omega \cdot (2 \cdot Q - 1)$
$V_u = 20 \cdot Q$ für f_o	$R_5 = 10\;\text{k}\Omega \cdot (2 \cdot Q)$
	$R_6 \approx R_5$

7.7.5 Bandpass mit hoher Güte und Verstärkung

Ein Bandpass mit hoher Güte und Verstärkung wird in Abb. 7.67 gezeigt.

Im Gegenkoppelzweig bei dem Bandpass liegt ein Doppel-T-Filter (3. Ordnung). Mit dieser Schaltung werden Güten bis $Q = 500$ realisiert bei Verstärkungen bis $V_u = 3000$ bei der Resonanzfrequenz. Die ermittelten Bauelemente des Filters müssen eng toleriert sein. Das Filter hat besonders bei hohen Güten entsprechend ungünstige Einschwingeigenschaften. Die Schaltung sollte abgeschirmt sein und der Offsetabgleich des Operationsverstärkers sollte abgeglichen sein. Der Widerstand R_4 bestimmt die Verstärkung V_u, der Widerstand R_5 im Wesentlichen die Güte und Bandbreite. Für den Widerstand R_4 sind Werte zwischen 500 Ω ($V_u \approx 1400$) bis 10 kΩ ($V_u \approx 4000$), sowie Werte für R_5 von 1 kΩ ($Q = 50$) bis 20 kΩ ($Q = 400$) in der Praxis zu benutzen.

Für die Dimensionierung gelten die Werte:

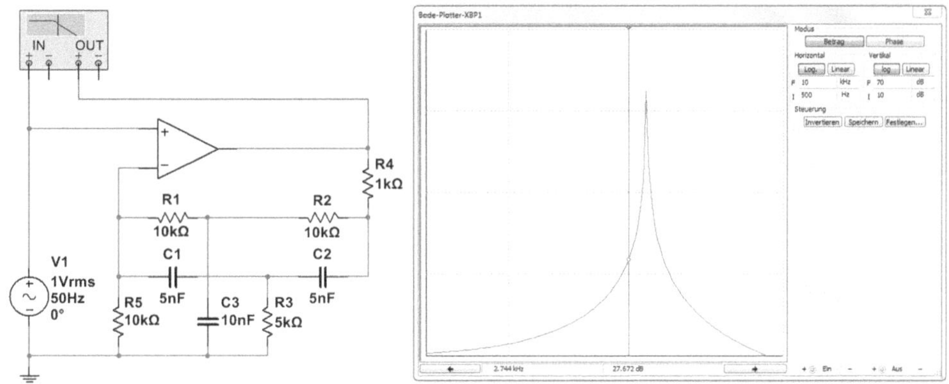

Abb. 7.67 Bandpass mit hoher Güte und Verstärkung

$R_1 = R_2 = R$	$2 \cdot C = C_3$
$C_1 = C_2 = C$	$0{,}5 \cdot R = R_3$
$R_4 = 390\ \Omega \ldots 12\ \mathrm{k}\Omega$	$C_1 = C_2 = 4{,}7\ \mathrm{nF}$
$R_5 = 390\ \Omega \ldots 25\ \mathrm{k}\Omega$	$C_3 = 9{,}4\ \mathrm{nF}$
$R_1 = R_2 = 10\ \mathrm{k}\Omega$	$R_5 = 1{,}5\ \mathrm{k}\Omega \rightarrow Q = 75$
$R_3 = 5\ \mathrm{k}\Omega$	$R_5 = 2{,}2\ \mathrm{k}\Omega \rightarrow Q = 2000$

Für die weitere Dimensionierung werden folgende Bausteine verwendet:

$$R_1 = R_2 = R > 1\,\mathrm{k}\Omega < 1\,\mathrm{M}\Omega$$

$$C_1 = C_2 = C > 200\,\mathrm{pF} < 1\,\mu\mathrm{F}$$

Es gilt: $R_3 = 0{,}5 \cdot R$ und $C_3 = 2 \cdot C$.

Die Resonanzfrequenz errechnet sich $f_{\mathrm{res}} = \frac{1}{2 \cdot \pi \cdot R \cdot C}$

7.7.6 Bandpass mit Doppel-T-Filter in Gegenkopplung

Ein Filter mit einem Bandpass kann noch verbessert werden, wenn man einen Bandpass mit Doppel-T-Filter in Gegenkopplung betreibt, wie Abb. 7.68 zeigt.

Hier ist eine Bandsperre in den Gegenkopplungszweig geschaltet, sodass nur das im Gegenkopplungszweig gesperrte Frequenzgebiet passieren können. Für die Dimensionierung gilt: $R_1 = R_2 > 1\ \mathrm{k}\Omega < 500\ \mathrm{k}\Omega$, sowie $C_1 = C_2 > 200\ \mathrm{pF} = < 0{,}5\ \mu\mathrm{F}$. Mit $R_1 = R_2$ wird $R_3 = 0{,}5 \cdot R_1$, sowie mit $C_1 = C_2$ wird $C_3 = 2 \cdot C_1$.

Die Güte ist definiert als $Q = f_o / \Delta f$. Im Normalfall wird R_6 entfallen. Dieser Widerstand kann die Grundverstärkung bei sehr tiefen Frequenzen bestimmen; also wird hier bei $f_u \ll f_o$ und dann ist $V_u > 1$.

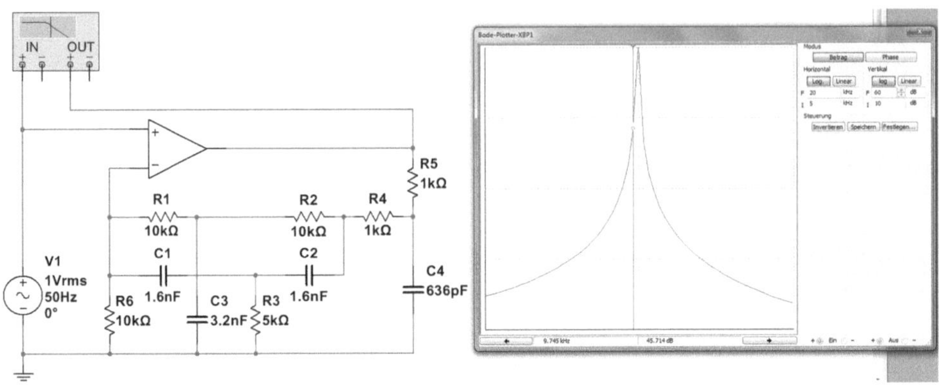

Abb. 7.68 Bandpass mit Doppel-T-Filter in Gegenkopplung

Beispiel: $f_o = 10$ kHz; $\Delta f = 2$ kHz; $R_1 = R_2 = 10$ kΩ. Damit wird $R_3 = 0{,}5 \cdot R_1 = 5$ kΩ. Es ist außerdem $R_1 = \frac{1}{2 \cdot \pi \cdot f \cdot C_3}$

$R_3 = \frac{1}{2 \cdot \pi \cdot f \cdot C_3} = \frac{1}{2 \cdot 3{,}14 \cdot 10\,\text{kHz} \cdot 3{,}18\,\text{nF}} = 5$ kΩ und damit wird $C_3 = 2 \cdot C_1 = 3{,}18$ nF.

$$C_1 = C_2 = \frac{1}{2 \cdot \pi \cdot f_o \cdot R_1} = \frac{1}{2 \cdot 3{,}14 \cdot 10\,\text{kHz} \cdot 10\,\text{k}\Omega} = 1{,}59\,\text{nF}$$

Die Güte Q berechnet sich mit $Q = \frac{f_o}{\Delta f} = \frac{10\,\text{kHz}}{2\,\text{kHz}} = 5$

$$R_4 \approx R_5 \approx \frac{4 \cdot Q}{\omega \cdot C_3} = \frac{1}{2 \cdot \pi \cdot f_o \cdot C_3} = \frac{4 \cdot 5}{2 \cdot 3{,}14 \cdot 10\,\text{kHz} \cdot 3{,}18\,\text{nF}} = 100\,\text{k}\Omega$$

und $C_4 = \frac{C_3}{2 \cdot Q} = \frac{3{,}18\,\text{nF}}{2 \cdot 5} = 318\,\text{pF}$

7.8 Einstellbare Filter

Bei NF-Verstärkern sind oft Abweichungen von einem linearen Frequenzgang erwünscht und erforderlich. Das Anheben oder Absenken bestimmter Frequenzbereiche geschieht mithilfe von RC- oder LC-Gliedern, wobei man heute weitgehend mit den RC-Gliedern arbeitet.

7.8.1 Einstellbares Tiefpassfilter

Durch den Einsatz eines Operationsverstärkers lässt sich das Frequenzverhalten eines Tiefpassfilters um ± 20 dB anheben oder absenken. Im Prinzip hat man ein Tiefpassfilter 1. Ordnung, also einen Integrator, wobei parallel zu dem Tiefpass-Kondensator ein Einsteller geschaltet ist.

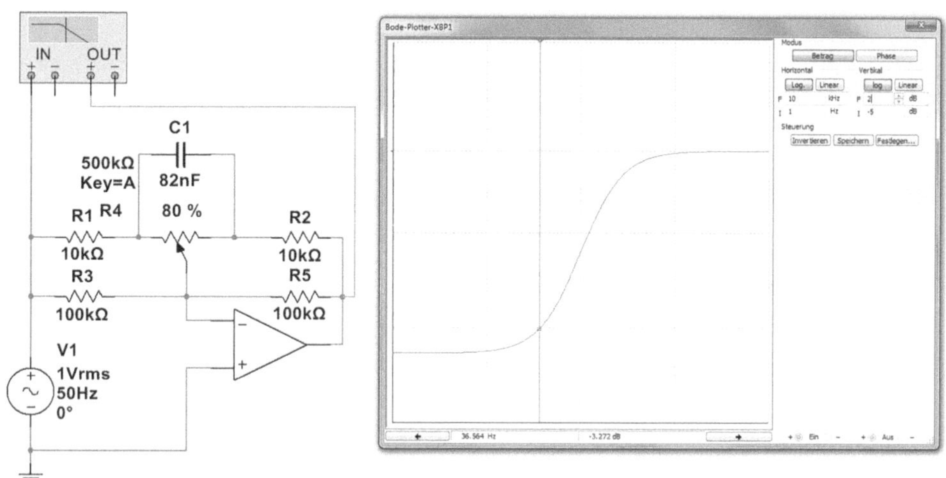

Abb. 7.69 Einstellbares Tiefpassfilter zum Anheben und Absenken der Hüllkurven um ± 20 dB

Durch den Einsteller R_3 in Abb. 7.69 lässt sich der Frequenzgang je nach Stellung des Schleifers um ± 20 dB anheben oder absenken. Mittels eines Bode-Plotters kann man die Wirkungsweise dieses Klangreglers untersuchen. Es sind die Umhüllungskurven für den einstellbaren Frequenzgang dargestellt, wenn das Potentiometer auf 100 % eingestellt ist. Mithilfe der Fadenkreuzsteuerung des Bode-Plotters erhält man charakteristische Merkmale für die Umhüllungskurven, wie diese in der Tab. 7.13 aufgelistet sind.

Die Grenzfrequenz berechnet sich aus

$$f_M = \frac{1}{2 \cdot \pi \cdot R_1 \cdot C_1} \quad (\text{für} \pm 3\,\text{dB})$$

Aus der Rechnung und der Messung ergibt sich eine Grenzfrequenz von $f_M \approx 200$ Hz. Für das Anheben und Absenken gilt

$\frac{R_2||R_3}{R_1||R_2} \approx 20$ dB (Tabelle und Messung)

Wichtig für die Schaltungen sind die Bedingungen $R_1 = R_1'$ und $R_2 = R_2'$.

7.8.2 Einstellbares Hochpassfilter

Durch den Einsatz eines Operationsverstärkers lässt sich das Frequenzverhalten eines Hochpassfilters um ± 20 dB anheben oder absenken.

Durch den Einsteller R_3 in Abb. 7.70 lässt sich der Frequenzgang je nach Stellung des Schleifers um ± 20 dB anheben oder absenken. Mittels eines Bode-Plotters kann man die Wirkungsweise dieses Klangreglers untersuchen. Es sind die Umhüllungskurven für den einstellbaren Frequenzgang dargestellt, wenn das Potentiometer auf 100 % eingestellt ist.

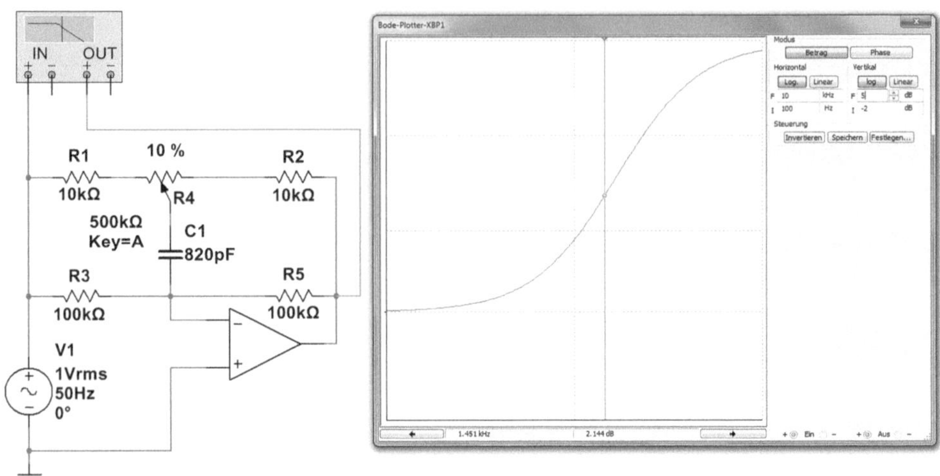

Abb. 7.70 Einstellbares Hochpassfilter zum Anheben und Absenken der Hüllkurven um ± 20 dB

Mithilfe der Fadenkreuzsteuerung des Bode-Plotters erhält man charakteristische Merkmale für die Umhüllungskurven, wie diese in der Tab. 7.14 aufgelistet sind.

Die Grenzfrequenz berechnet sich aus

$$f_M = \frac{1}{2 \cdot \pi \cdot R_2 \cdot C_1} \quad (\text{für} \pm 3\,\text{dB})$$

Aus der Rechnung und der Messung ergibt sich eine Grenzfrequenz von $f_M \approx 2$ kHz. Für das Anheben und Absenken gilt

$\frac{R_2 || R_3}{R_1 || R_2} \approx 20\,\text{dB} \approx 20$ dB (Tabelle und Messung)

Wichtig für die Schaltungen sind die Bedingungen $R_1 = R_1'$ und $R_2 = R_2'$.

7.8.3 Einstellbares Bandsperrfilter

Durch den Einsatz eines Operationsverstärkers lässt sich das Frequenzverhalten eines Bandsperrfilters erheblich anheben oder absenken. Während bei dem Klangeinstellnetzwerk von Abb. 7.71 die Höhen- und Tiefenanhebung bzw. Höhen- und Tiefenabsenkung erforderlich war, werden bei einem Bandsperrfilter oder Präsenzfilter die mittleren Frequenzen gegenüber den Höhen und Tiefen bevorzugt. Das kann mithilfe des hier beschriebenen Netzwerks durch die Betätigung von nur einem Einsteller vorgenommen werden.

Durch den Einsteller R_3 in Abb. 7.71 lässt sich der Frequenzgang je nach Stellung des Schleifers um ± 8,5 dB anheben oder absenken. Mittels eines Bode-Plotters kann man die Wirkungsweise dieses Klangreglers untersuchen. Es sind die Umhüllungskurven

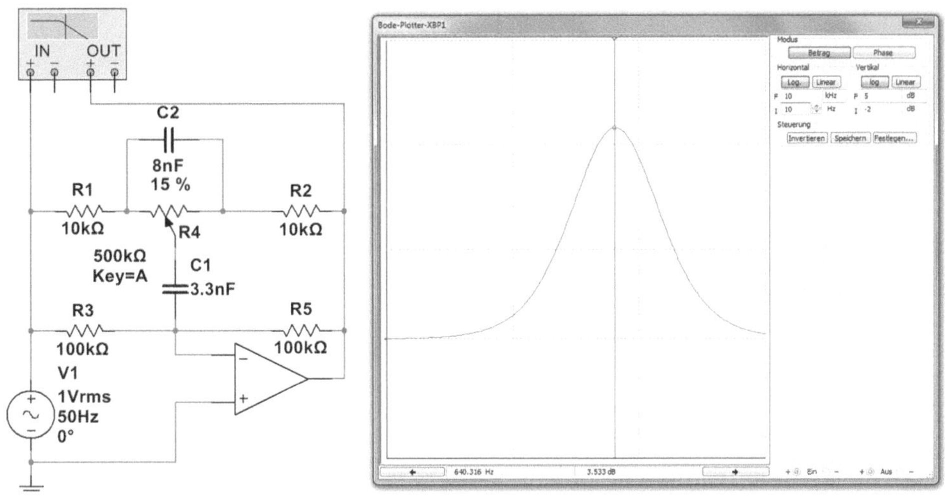

Abb. 7.71 Einstellbares Bandsperrfilter zum Anheben und Absenken der Hüllkurven um ± 8,5 dB

für den einstellbaren Frequenzgang dargestellt, wenn das Potentiometer auf 100 % eingestellt ist. Mithilfe der Fadenkreuzsteuerung des Bode-Plotters erhält man charakteristische Messpunkte für die Umhüllungskurven, wie diese in der Tab. 7.15 aufgelistet sind.

Während sich bei der Realisierung von aktiven Bandsperrfiltessrn keine Probleme ergeben, müssen für die Berechnung mehrere Faktoren beachtet werden. Für die Berechnung der Anhebung bzw. Absenkung gilt

$\frac{f_M}{f_o} = \frac{f_u}{f_M}$ =„n"-Oktaven

Für das Filter von Abb. 7.71 ergibt sich eine Mittenfrequenz von $f_M = 1$ kHz, mit einer unteren Grenzfrequenz von $f_u \approx 300$ Hz und einer oberen von $f_o \approx 3$ kHz. Diese Werte lassen sich mittels der Messung erfassen, wenn ± 3 dB erreicht wird. Für die Berechnung dieser beiden Eckpunkte ergibt sich

$$f_M = 2 \cdot n \cdot f_u = \frac{f_o}{2 \cdot n}$$

Tab. 7.15 Charakteristische Messpunkte in Dezibel (dB) für den Frequenzgang des einstellbaren Bandsperrfilters von Abb. 7.71

	100 Hz	200 Hz	500 Hz	1 kHz	2 kHz	5 kHz	10 kHz
T = 100 %	0,37	1,35	5,44	8,31	4,67	1,07	0,28
T = 75 %	0,32	0,98	2,09	1,69	0,73	0,14	0,03
T = 50 %	0	0	0	0	0	0	0
T = 25 %	−0,32	−0,98	−2,09	−1,69	−0,73	−0,14	−0,03
T = 0 %	−0,37	−1,35	−5,44	−8,31	−4,67	−1,07	−0,28

Damit lassen sich die beiden Kondensatoren berechnen nach

$$C_1 = \frac{1}{4 \cdot n \cdot \pi \cdot f_M \cdot R_1} \qquad C_2 = \frac{n}{\pi \cdot f_M \cdot R_1}$$

Damit kann man die beiden Kondensatoren in Abb. 7.71 berechnen

$$C_1 = \frac{1}{4 \cdot n \cdot \pi \cdot f_M \cdot R_1} = \frac{1}{4 \cdot 4 \cdot 3{,}14 \cdot 1\,\text{kHz} \cdot 10\,\text{k}\Omega} = 7{,}94\,\text{nF}\ (8{,}2\,\text{nF})$$

$$C_2 = \frac{n}{\pi \cdot f_M \cdot R_1} = \frac{4}{3{,}14 \cdot 1\,\text{kHz} \cdot 10\,\text{k}\Omega} = 127\,\text{nF}\ (120\,\text{nF})$$

Wichtig für die Schaltungen sind die Bedingungen $R_1 = R_1'$ und $R_2 = R_2'$.

7.8.4 Allpassfilter

Ein Allpassfilter lässt alle Frequenzen passieren, d. h. es tritt keine frequenzabhängige Reduzierung oder Erhöhung der Ausgangsspannung auf. Wichtig für den Allpass ist jedoch die frequenzabhängige Phasenverschiebung und die auftretende Signalverzögerung.

Für die Verzögerung eines analogen Signals benötigt man im einfachsten Fall ein Allpassfilter 1. Ordnung. Bei einem Allpassfilter darf die Signalform nicht verändert werden, sodass man ein Tiefpassfilter mit Bessel-Charakteristik verwenden kann. Ein Bessel-Filter ist in Bezug auf die Signallaufzeit (Gruppenlaufzeit) ausgelegt. Je größer allerdings die Signallaufzeit ist, desto niedriger ist die Grenzfrequenz, d. h. die Frequenz, bei der sich die Signallaufzeit ändert und das Amplitudenübertragungsmaß abfällt. Größere Signallaufzeiten bei einer höheren Grenzfrequenz erhält man durch Reihenschaltung mehrerer gleichartiger Filter.

Bei der Schaltung von Abb. 7.72 handelt es sich im Wesentlichen um einen Phasenschieber. Solange die Übertragungsfrequenz klein ist gegenüber der Grenzfrequenz $f_g = 1/(2 \cdot \pi \cdot R \cdot C)$, hat die Signallaufzeit τ nur eine geringe Frequenzabhängigkeit, wie das Diagramm im Bode-Plotter zeigt. Das Oszillogramm zeigt den Zusammenhang zwischen der Verzögerungszeit τ und dem Verzögerungswinkel β.

Das Allpassfilter lässt alle Frequenzen passieren, wie die Untersuchung mittels des Bode-Plotters zeigt. Bei höheren Frequenzen sinkt die Ausgangsspannung, da der Operationsverstärker vom Typ 741 nur bis 200 kHz verstärkt. Führt man die Untersuchung mit dem Oszilloskop durch, tritt nur eine entsprechende Phasenverschiebung zwischen der Eingangsspannung U_1 und der Ausgangsspannung U_2 auf. Man spricht hier aber nicht von einer Phasenverschiebung φ, sondern von dem Übertragungswinkel β. Den Zusammenhang zwischen der Signallaufzeit bzw. der Verzögerungszeit τ und dem Übertragungs- oder Verzögerungswinkel β ist in Abb. 7.72 dargestellt. Die Verzögerungszeit ist der Differentialpotient des Übertragungswinkels β und der Kreisfrequenz ω. Solange die Übertragungsfrequenz klein ist gegenüber der Grenzfrequenz

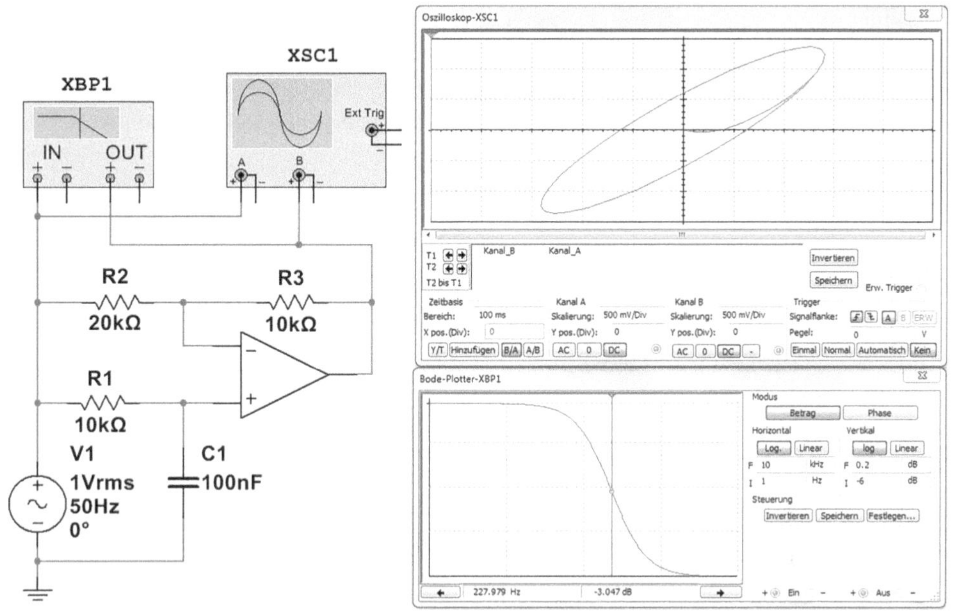

Abb. 7.72 Schaltung für ein Allpassfilter 1. Ordnung. Für die Untersuchung benötigt man einen Bode-Plotter und ein Oszilloskop

zeigt die Signallaufzeit τ nur eine geringe Frequenzabhängigkeit. Der Verzögerungswinkel errechnet sich aus

$$\beta = 2 \cdot \arctan \frac{1}{2 \cdot \pi \cdot R \cdot C} - 180^\circ$$

Die Verzögerungszeit ist

$$\tau = \frac{d\beta}{d\omega} = \frac{2 \cdot R \cdot C}{1+(\omega \cdot R \cdot C)^2} = \frac{2/\omega_g}{1+\left(\frac{\omega}{\omega_g}\right)^2}, \text{ wobei } \omega_g = \frac{1}{R \cdot C}$$

Verwendet man für die Schaltung von Abb. 7.72 die Bauteile $R = 10\,\mathrm{k\Omega}$ und $C = 10\,\mathrm{nF}$, ergibt sich eine Grenzfrequenz von $f_g = 1{,}6\,\mathrm{kHz}$. Die Laufzeit für 100 Hz errechnet sich aus

$$\tau = \frac{2 \cdot R \cdot C}{1 + (\omega \cdot R \cdot C)^2} = \frac{2 \cdot 10\mathrm{k\Omega} \cdot 10\mathrm{nF}}{1 + (2 \cdot 3,14 \cdot 100\mathrm{Hz} \cdot 10\mathrm{k\Omega} \cdot 10\mathrm{nF})^2} = 0,2\mathrm{ms}$$

Reduziert man die Frequenz auf 10 Hz, verändert sich die Laufzeit nur unmerklich. Der Verzögerungswinkel β für eine Frequenz von 100 Hz errechnet sich aus

$$\beta = 2 \cdot \arctan \frac{1}{2 \cdot \pi \cdot R \cdot C} - 180^\circ = 2 \cdot \arctan \frac{1}{2 \cdot 3{,}14 \cdot 10\,\mathrm{k\Omega} \cdot 10\,\mathrm{nF}} - 180^\circ = -7^\circ$$

Bei einer Frequenz von $f = 100$ Hz ergibt sich ein Verzögerungswinkel von $\beta = -7°$. Verringert man die Frequenz auf $f = 10$ Hz, ändert sich der Wert für den Verzögerungswinkel β kaum. Der Verzögerungswinkel β bleibt also im Wesentlichen frequenzunabhängig. Vergleicht man die Messergebnisse mit den Rechenwerten, ergeben sich fast identische Werte.

7.8.5 Sperrfilter

Ein Sperrfilter dient dazu, aus einem Frequenzgebiet einen Teilbereich zu dämpfen. Abb. 7.73 zeigt die Schaltung eines Sperrfilters.

Für das Doppel-T-Glied gilt wieder

$$R_1 = R_2 = R;\ C_1 = C_2;\ C_3 = 2 \cdot C;\ R_3 = 2 \cdot R$$

Die Sperrfrequenz ist

$$f_0 = \frac{1}{2 \cdot \pi \cdot R \cdot C}$$

Bei Filtern hoher Güte kann eine Spannungsüberhöhung vor der niederfrequenten Flankenseite auftreten. In diesem Fall ist mit dem Widerstand R_4 (typisch 100 kΩ und 2,2 MΩ) das Filter zu dämpfen. Es ergibt sich dann eine maximale Sperrdämpfung von $a \approx 65$ dB. Für den Kurvenverlauf gilt, dass dieser besonders das Gebiet benachbarter Frequenzen stark bedämpft. Soll der Dämpfungsverlauf der Kurve vergrößert werden, so kann nach Abb. 7.73 der Widerstand R_5 eingefügt werden und der Wert beträgt $R_5 = R \ldots 100 \cdot R$.

Wird mit dem Schalter bei der Rückführung ein zweiter Operationsverstärker (Abb. 7.74) eingefügt, so ergibt die Kurve eine weitaus höhere Sperrdämpfung, ≈80 dB, und auch eine geringere Dämpfung der Nachbarfrequenzen (höhere Güte des Sperrfilters).

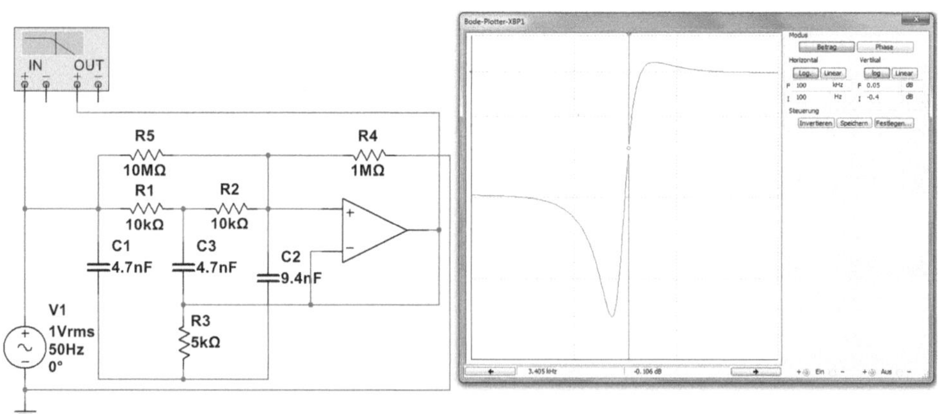

Abb. 7.73 Schaltung eines Sperrfilters

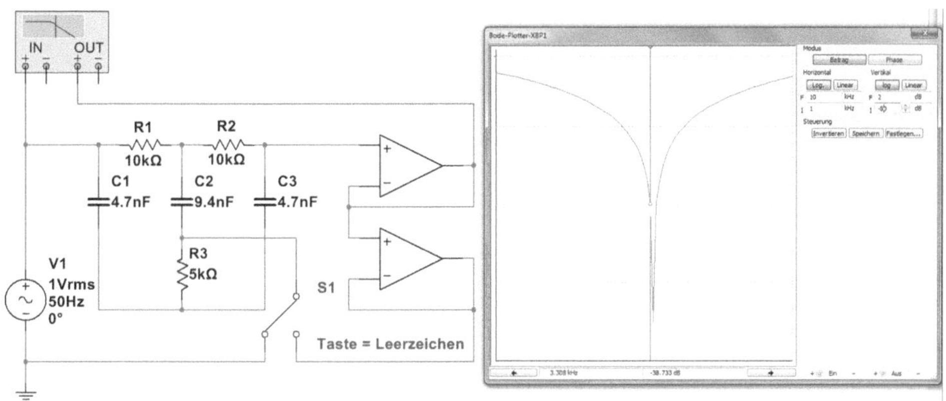

Abb. 7.74 Schaltung eines Sperrfilters mit zwei Operationsverstärkern

7.8.6 Sperrfilter mit einstellbarer Verstärkung

In Abb. 7.75 ist eine Bandsperre gezeigt. Das Verhältnis R_6 und R_7 bestimmt die Verstärkung sehr tiefer Frequenzen.

Mit $V_u = 1$ entfällt in der Praxis der Widerstand R_7, ohne dass die Schaltung einen Nachteil aufweist. Der Wert von R_6 wird im Allgemeinen gleich der Parallelschaltung aller im nicht invertierenden Eingang (+) verwendeten Widerstände gesetzt, um die Offsetwerte gleich zu halten.

Für die Dimensionierung gilt

$$R_1 = R_2 > 1\,\text{k}\Omega < 500\,\text{k}\Omega, \text{ sowie } C_1 = C_2 > 200\,\text{pF} < 0{,}5\,\mu\text{F}$$

Mit $R_1 = R_2$ wird $R_3 = 0{,}5 \cdot R_1$, sowie mit $C_1 = C_2$ wird $C_3 = 2 \cdot C_1$.

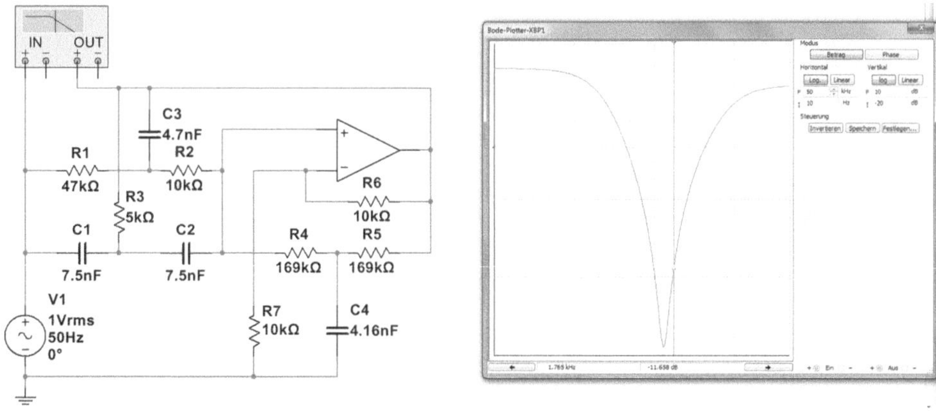

Abb. 7.75 Schaltung eines Sperrfilters mit einstellbarer Verstärkung

Die Güte ist definiert als $Q = f_0/\Delta f$ (−3 dB Punkt für Δf).
Es wird gewählt $R_4 = R_5 = \frac{4 \cdot Q}{2 \cdot \pi \cdot f_0 \cdot C_3}$ $C_4 = \frac{C_3}{2 \cdot Q}$
Beispiel: $f_0 = 450$ Hz, $\Delta f = 250$ Hz, sowie $R_1 = R_2 = 47$ kΩ.
Damit ergeben sich folgende Rechnungen:

$$C_1 = C_2 = \frac{1}{2 \cdot \pi \cdot f_0 \cdot R} = \frac{1}{2 \cdot \pi \cdot 450\,\text{Hz} \cdot 47\,\text{k}\Omega} = 7{,}52\,\text{nF}$$

$$R_3 = 0{,}5 \cdot 47\,\text{k}\Omega = 23{,}5\,\text{k}\Omega \text{ und } C_3 = 2 \cdot C_1 = 15\,\text{nF}$$

$$Q = \frac{f_0}{\Delta f} = \frac{450\,\text{Hz}}{250\,\text{Hz}} = 1{,}8$$

$$R_4 = R_5 = \frac{4 \cdot Q}{2 \cdot \pi \cdot f_0 \cdot C_3} = \frac{4 \cdot 1{,}8}{2 \cdot 3{,}14 \cdot 450\,\text{Hz} \cdot 15\,\text{nF}} = 169\,\text{k}\Omega$$

$$C_4 = \frac{C_3}{2 \cdot Q} = \frac{15\,\text{nF}}{3{,}6} = 4{,}16\,\text{nF}$$

7.8.7 Sperrfilter mit einstellbarer Dämpfung

In der Abb. 7.76 ist das Sperrfilter um ein Potentiometer erweitert worden.

Die Änderung der Spannung zum Fußpunkt des Filters bewirkt einen einstellbaren Kurvenverlauf, der in Abb. 7.76 zwischen den Kurven liegt. Dadurch wird die Güte im Bereich von $Q = 0{,}25 \ldots 15$ geändert. Eine weitere Verringerung der Güte ist über den Widerstand R_6 möglich. Um eine hohe Sperrdämpfung zu erreichen, ist es sinnvoll, das Filter einstellbar zu realisieren. In der Abb. 7.76 ist dies über das Potentiometer P_2 gelöst. Der Widerstand $R_3 = 100$ % wird aufgeteilt in $\approx 0{,}8 \cdot R_3'$ und $1{,}4 \cdot P$.

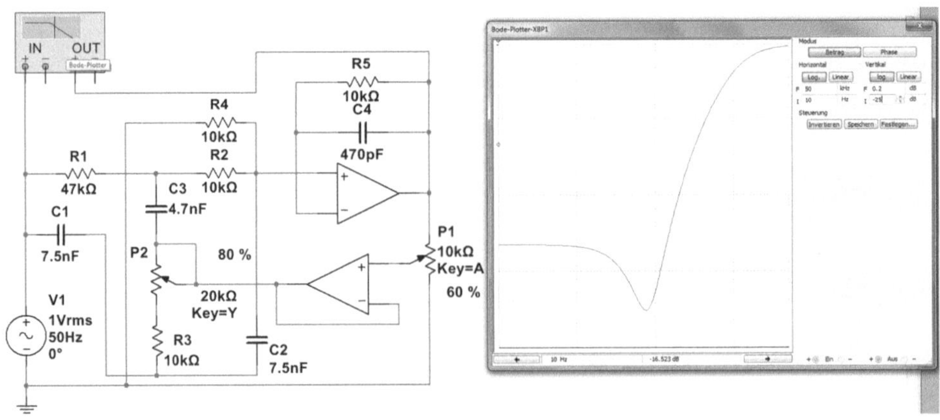

Abb. 7.76 Schaltung eines Sperrfilters (Notch-Filter)

7.9 Spezielle Klangeinsteller

Zu den speziellen Klangeinstellern gehört ein aktiver Klangeinsteller, Präsenzeinsteller, Rausch- und Rumpelfilter.

7.9.1 Aktiver Klangeinsteller

Der aktive Klangeinsteller arbeitet im Gegensatz zu bekannten frequenzabhängigen Spannungsteilern mit einer frequenzabhängigen Gegenkopplung vom Kollektor zur Basis eines Transistors. Der Ausgangsscheinwiderstand einer vorgeschalteten Signalquelle sollte unter 600 Ω liegen. Führt der Ausgang der vorgeschalteten Signalquelle ein höheres Gleichspannungspotential als die Basis des Transistors, muss der 4,7-μF-Koppelkondensator umgepolt werden. Die Verwendung eines Kunststofffolien-Kondensators an dieser Stelle erlaubt das Anschalten von Signalquellen mit beliebigem Gleichspannungspotential an den Eingang.

Für die Einstellmöglichkeiten des aktiven Klangeinstellers gilt

Kurve 1: maximale Tiefenanhebung oder maximale Höhenanhebung
Kurve 2: Mittelstellung (linearer Frequenzgang)
Kurve 3: maximale Tiefenabsenkung oder maximale Höhenabsenkung
Kurve 4: maximale Tiefenanhebung oder maximale Höhenabsenkung
Kurve 5: maximale Tiefenabsenkung oder maximale Höhenanhebung

Der Einstellumfang ist + 19,5 bis −22 dB bei 30 Hz und + 19,5 bis -19 dB bei 20 kHz. Der lineare Frequenzgang (Kurve 2) ergibt sich bei der Mittelstellung der Potentiometer. Die Spannungsverstärkung ist dann $V_u = 0{,}91$. Bei kleiner Aussteuerung (Ausgangsspannung < 250 mV) bleibt der Klirrfaktor unter 0,1 %, bei einer Ausgangsspannung von 2 V steigt er für 12,5 kHz auf 0,85 % an. Die Eingangs- und Ausgangsscheinwiderstände bei 1 kHz sind $|Z_1| = 40\,\mathrm{k\Omega}$ und $|Z_2| = 180\,\Omega$. Der Ausgang war bei den Messungen mit einem Lastwiderstand von 10 kΩ abgeschlossen. Abb. 7.77 zeigt die Schaltung eines aktiven Klangeinstellers mit Transistor.

Abb. 7.78 zeigt einen aktiven Klangeinsteller mit Operationsverstärker.

Mit den Bezeichnungen A_B = maximale Bassanhebung; $1/A_B$ = maximale Bassabsenkung, sowie A_H = maximale Höhenanhebung; $1/A_H$ = Höhenabsenkung, lassen sich die folgenden Beziehungen finden:

$$A_B = \frac{R_1 + R_2}{R_1}; \quad \frac{1}{A_B} = \frac{R_1}{R_1 + R_2}; \quad A_H = \frac{R_1 + R_2 + 2 \cdot R_5}{R_3}; \quad \frac{1}{A_H} = \frac{R_3}{R_1 + R_2 + 2 \cdot R_5}$$

Für die Basseinstellung gilt mit $R_2 \gg f_2 = A_B \cdot f_1$, sowie mit

$f_1 = \frac{0{,}16}{R_2 + C_1}$ und $f_2 = \frac{0{,}16}{R_1 + C_1}$ ist die Verstärkung $A_B = 1 + \frac{R_2}{R_1}$

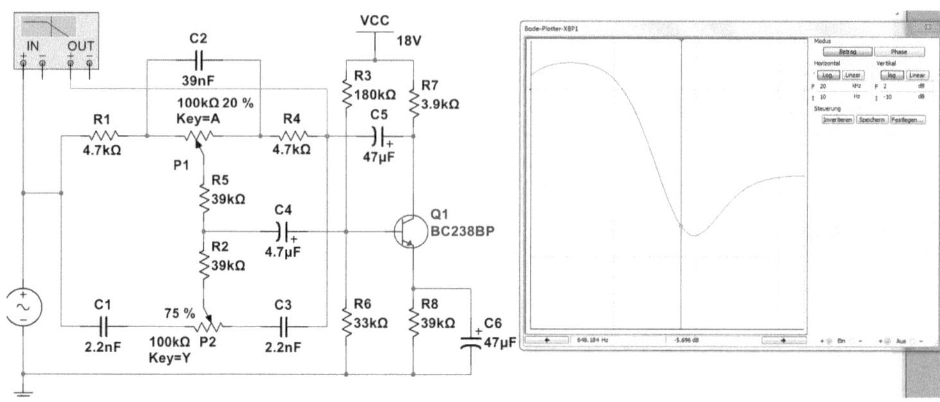

Abb. 7.77 Aktiver Klangeinsteller mit Transistor

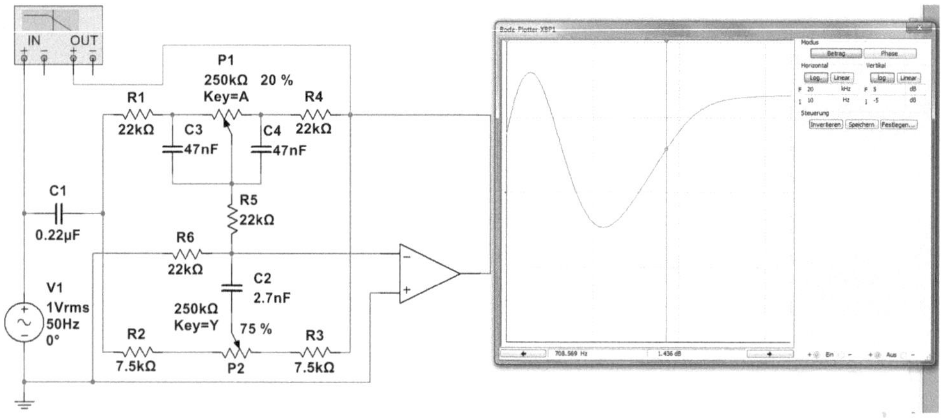

Abb. 7.78 Aktiver Klangeinsteller mit Operationsverstärker

Weiter folgt hier $C_1 = \frac{0{,}16}{f_2 \cdot R_1}$ sowie $R_2 = \frac{0{,}16}{f_1 \cdot C_1}$

Für die Höheneinstellung gilt $R_4 \gg R_1 + R_3 + R \cdot R_5$:

$f_3 = \frac{0{,}16}{C_2 \cdot (R_1 + R_3 + 2 \cdot R_5)}$ sowie $f_4 = \frac{0{,}16}{R_3 \cdot C_2}$ und die Verstärkung ist $A_H = 1 + \frac{R_1 + 2 \cdot R_5}{R_3}$. Weiter wird gewählt $R_4 \geq 10 \cdot (R_1 + R_3 + 2 \cdot R_5)$, sowie $C_2 = \frac{0{,}16}{f_4 \cdot R_3}$. Daraus folgt auch $f_3 = \frac{f_4}{A_H}$

Für den Widerstand R_5 gilt: $R_5 = 0{,}5 \cdot \left(\frac{0{,}16}{f_3 \cdot C_2} - R_1 - R_3 \right)$

Der Widerstand R_6 kann eingefügt werden, um die Verstärkung zu beeinflussen.

Beispiel: $A_B = A_H = 20$ dB $= 10$; $R_2 = 200$ kΩ; $f_1 = 25$ Hz; $f_3 = 8$ kHz. Weiter wird in der Praxis $R_5 = R_1$ gewählt.

Mit diesen Vorgaben ist:
$A_\mathrm{B} = \frac{R_1+R_2}{R_1} = 10$ und damit $R_1 = \frac{R_2}{10-1} = \frac{200\,\mathrm{k\Omega}}{9} = 22\,\mathrm{k\Omega}$
Ähnlich der passiven Schaltung ist $f_2 = A_\mathrm{B} \cdot f_1 = 10 \cdot 25\,\mathrm{Hz} = 250\,\mathrm{Hz}$. Damit wird

$$C_1 = \frac{0,16}{f_2 \cdot R_1} = \frac{0,16}{300\,\mathrm{Hz} \cdot 11\,\mathrm{k\Omega}} = 47\,\mathrm{nF}$$

$A_\mathrm{H} = \frac{R_1+R_3+2 \cdot R_5}{R_3} = 1 + \frac{R_1+2 \cdot R_5}{R_3} = 10$ daraus folgt

$$R_3 = \frac{R_1 + 2 \cdot R_5}{10-1} = \frac{22\,\mathrm{k\Omega} + 2 \cdot 22\,\mathrm{k\Omega}}{9} \approx 7{,}5\,\mathrm{k\Omega}$$

$$C_2 = \frac{0,16}{f_3 \cdot R_3} = \frac{0,16}{8\,\mathrm{kHz} \cdot 7,5\,\mathrm{k\Omega}} = 2{,}7\,\mathrm{nF}$$

$$R_4 \geq 10 \cdot (R_3+R_1+2 \cdot R_5) = 10 \cdot (7{,}5\,\mathrm{k\Omega}+22\,\mathrm{k\Omega}+(2 \cdot 22\,\mathrm{k\Omega}) = 1\,\mathrm{M\Omega}$$

Mit $R_5 \approx R_1$ wird $R_5 = 0,5 \cdot \left(\frac{0,16}{f_3 \cdot C_2} - R_1 - R_3\right)$ und somit

$$R_5 = 0{,}5 \cdot \left(\frac{0{,}16}{800\,\mathrm{Hz} \cdot 2{,}7\,nF} - 22\,\mathrm{k\Omega} - 7{,}5\,\mathrm{k\Omega}\right) = 22\,\mathrm{k\Omega}$$

$$f_3 = \frac{1}{A_\mathrm{H}} \cdot f_4 = 8\,\mathrm{kHz}$$

7.9.2 Aktiver Präsenzeinsteller

Mit Präsenz wird die Eigenschaft einer Teilschallquelle bezeichnet, sich aus dem gesamten Klangbild hervorzuheben. Dies ist durch eine Anhebung des betreffenden Frequenzgebietes erreichbar. Die Schaltung eines besonders für die Korrektur von Sprachübertragungen geeigneten aktiven Präsenzeinstellers zeigt Abb. 7.79. Der Vorteil

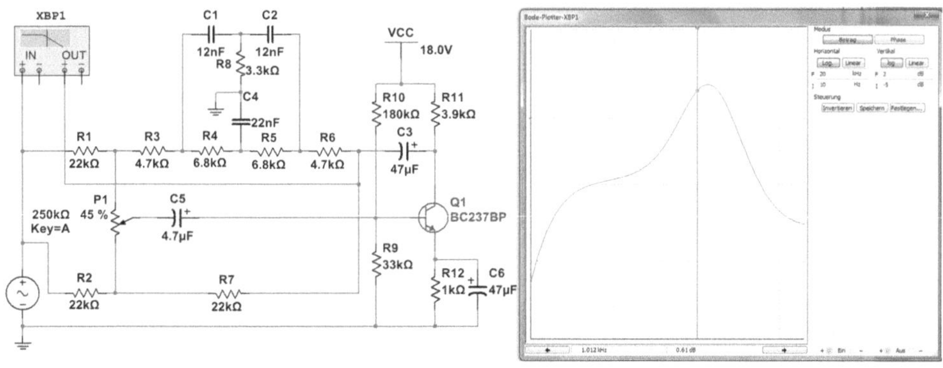

Abb. 7.79 Schaltung eines aktiven Präsenzeinstellers

des Präsenzeinstellers gegenüber einem üblichen Klangeinsteller ist, dass nur das für die Sprachverständlichkeit wichtige Frequenzgebiet betont wird.

Zum Anheben der Mittellagen dient das gleiche Schaltungsprinzip wie beim aktiven Klangeinsteller. Im Gegenkopplungsweg liegt ein für 2 kHz dimensioniertes Doppel-T-Glied.

Es ergeben sich zahlreiche Einstellmöglichkeiten des aktiven Präsenzeinstellers. Die maximal mögliche Anhebung bei 2 kHz beträgt 13 dB. Bei Einstellung auf linearen Frequenzgang ist die Spannungsverstärkung $V_u = 0{,}95$. Bei kleiner Aussteuerung (Ausgangsspannung < 250 *mV*) bleibt der Klirrfaktor unter 0,1 %, bei einer Ausgangsspannung von 2 V steigt er für 12,5 kHz auf 0,75 % an. Die Eingangs- und Ausgangsscheinwiderstände sind $|Z_1| = 12\ \text{k}\Omega$ und $|Z_2| = 100\ \Omega$. Der Ausgang wurde bei den Messungen mit einem Lastwiderstand von 10 kΩ abgeschlossen.

Sollen andere Frequenzbereiche angehoben werden, müssen die Kondensatoren des Doppel-T-Gliedes für die gewünschte „Resonanzfrequenz" f_0 nach der Formel

$$C_\text{T} = \frac{1}{2 \cdot \pi \cdot f_0 \cdot R_\text{T}}$$

umdimensioniert werden. Mit entsprechend dimensionierten Doppel-T-Gliedern lassen sich Präsenzeinsteller selbstverständlich auch für den Ausgleich raumakustischer oder übertragungstechnischer Mängel bei Musikübertragungen einsetzen.

7.9.3 Rausch- und Rumpelfilter

Abb. 7.80 zeigt die Schaltung eines Rausch- und Rumpelfilters.

Die Tiefen- und Höhenabsenkung erfolgt durch ein zwischen zwei Emitterfolgern angeordnetes RC-Glied sowie durch eine Rückkopplung vom Ausgang zum Eingang über ein weiteres RC-Glied. Damit wird eine hohe Flankensteilheit von etwa 13 dB/Oktave erreicht. Die Grenzfrequenz des Rumpelfilters ist fest auf 45 Hz eingestellt. Das Rauschfilter kann auf die Grenzfrequenzen 16 kHz, 12 kHz und 7 kHz umgeschaltet werden. Die Einstellmöglichkeiten ergeben Werte von

Kurve 1: $f_u = 45$ Hz	Kurve2: $f_u = 7$ kHz
Kurve 3: $f_o = 12$ kHz	Kurve4: $f_o = 16$ kHz

Die Spannungsverstärkung ist $V_u = 0{,}95$. Der Klirrfaktor für 1 kHz bei 2 V Ausgangsspannung $k = 0{,}35$ % und dieser sinkt bei 1 *V* auf $k < 0{,}1$ %. Die Eingangs- und Ausgangsscheinwiderstände sind $|Z_1| = 1{,}7\ \Omega$ und $|Z_2| = 450\ \Omega$. Der Ausgang ist bei den Messungen mit einem Lastwiderstand von 100 kΩ abgeschlossen worden.

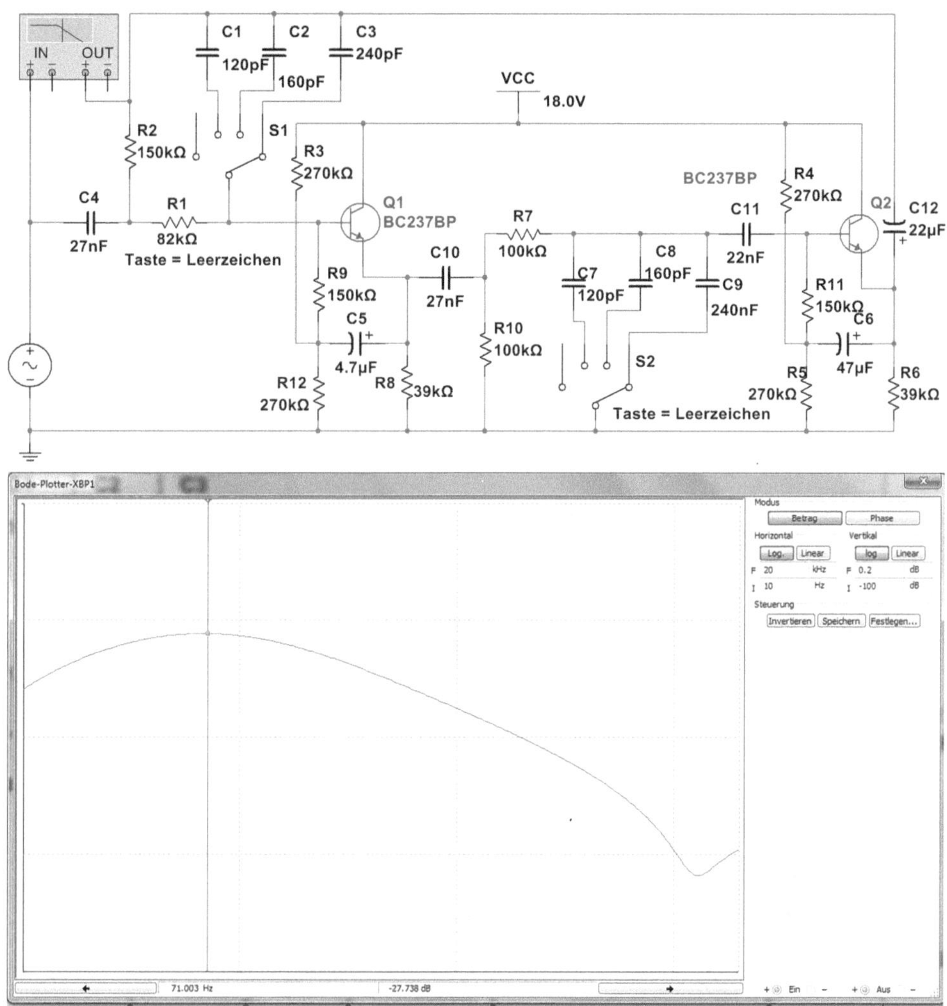

Abb. 7.80 Schaltung eines Rausch- und Rumpelfilters

NF-Leistungsverstärker

8

Ein niederfrequenter Verstärker besteht immer aus mehreren Stufen. Die Eingangsstufen eines NF- Leistungsverstärkers müssen in erster Linie den Verstärker an die unterschiedlichen Signalquellen anpassen. Wegen der Verschiedenheit möglicher Steuerquellen, wie Kristall- und Magnettonabnehmer für Plattenspieler, elektrodynamische und Kristallmikrofone, Magnetköpfe von Tonbandgeräten, Kassettenrecorder, CD-Geräte, DVD-Abspielsysteme oder Demodulatorstufen in Rundfunk- und Fernsehgeräten, müssen diese Stufen unterschiedliche Eingangswiderstände von etwa 100 Ω bis zu mehreren 100 kΩ aufweisen. Diese recht unterschiedlichen Anpassungswerte lassen sich durch die Emitter- oder Kollektorschaltung des Transistors weitgehend realisieren.

Je nach geforderter Verstärkung lässt sich die Eingangsstufe direkt an die Endstufe anschließen. Bei kleinen Signalen jedoch, und besonders für große Ausgangsleistungen, sind noch eine oder mehrere Vorstufen zwischen Eingangsstufe und Endstufe einzuschalten. Diese Stufen müssen dann die entsprechende Verstärkung mit geringem Klirrgrad erzeugen. Aus diesem Grunde setzt man hier durchweg die Emitterschaltung ein. Außerdem muss natürlich, wie bei allen Transistorstufen, die thermische Stabilität gewährleistet sein.

In den meisten Vorstufen befindet sich ein Klangnetzwerk mit einer Einstellmöglichkeit für den Bass (B) und die Höhen (H). Es handelt sich meistens um eine passive Brückenschaltung mit Widerständen und Kondensatoren, mit der man sehr große Anhebungen bzw. Absenkungen des Signalpegels erreichen kann. Erst in Verbindung mit einem Operationsverstärker lassen sich aktive Brückenschaltungen für Klangnetzwerke realisieren.

Bei NF-Verstärkern sind oft Abweichungen vom linearen Frequenzgang erwünscht und erforderlich. Das Anheben oder Absenken bestimmter Frequenzbereiche geschieht mithilfe von RC- oder LC-Gliedern. Um Platz auf magnetischen Aufzeichnungssystemen zu sparen, schneidet man die tiefen Frequenzen nach einer genormten Schneidkennlinie

H. Bernstein, *Elektroakustik*, https://doi.org/10.1007/978-3-658-25174-1_8

mit einer kleineren Amplitude ab, als dies bei den hohen Frequenzen der Fall ist. Der Wiedergabeverstärker benötigt deshalb einen Frequenzgang, der komplementär zu dieser Schneidkennlinie arbeitet. Diese Entzerrverstärker bestehen aus zwei Stufen in Emitterschaltung, die galvanisch miteinander gekoppelt sind.

Während man mit den Klangreglern die Höhen- und Tiefen einstellen kann, lassen sich mit einem Präsenzfilter die mittleren Frequenzen anheben oder absenken. Bei der Übertragung von Sprache ist es meistens erforderlich, die mittleren Frequenzen zwischen etwa 1 kHz und ca. 7 kHz gegenüber den Höhen und Tiefen zu bevorzugen. Mithilfe des Präsenzfilters lässt sich dies durchführen.

Wenn die Eingangsstufe eines NF-Verstärkers keine große Leistung für den direkten Betrieb der Endstufe erzeugen kann, muss man eine Treiberstufe einschalten. Über die Treiberstufe kann man die Endstufe optimal an die Schaltung anpassen.

Den Abschluss eines NF-Verstärkers bildet die Endstufe in den unterschiedlichen Klassen. Die Grundschaltung ist der einfache A-Betrieb (Eintaktverstärker) mit einer sehr guten Übertragungscharakteristik, aber einem extrem ungünstigen Wirkungsgrad. Der B-Betrieb hat zwar einen hohen Wirkungsgrad, jedoch sind die Signalverzerrungen bei geringer Ausgangsleistung erheblich. Ideal ist der AB-Betrieb, der eine sehr gute Übertragungscharakteristik hat, aber der Wirkungsgrad ist etwas geringer als beim B-Betrieb.

Typische Anforderungen an eine Endstufe sind:

- niederohmiger Ausgangswiderstand und hoher Eingangswiderstand
- hoher Ausgangsstrom und/oder hohe Ausgangsspannung
- geringer Leistungsverbrauch, damit ein hoher Wirkungsgrad erreicht wird
- Kurzschlussfestigkeit und Überlastungsschutz am Ausgang

Seit 2000 sind auch integrierte Schaltkreise für die Verstärkerstufe der Klasse D erhältlich, z. B. ein Digitalverstärker oder eine digitale Endstufe. Es handelt sich um einen Schaltverstärker, deren Endstufe durch ein pulsweitenmoduliertes Signal (PWM) angesteuert wird. Dadurch arbeiten die Transistoren in der Endstufe im Schaltbetrieb, d. h. sie sind entweder voll durchgeschaltet oder gesperrt. Es entsteht dabei eine geringere Verlustleistung im Vergleich zum A-, B- oder AB-Betrieb, die linear arbeiten.

Den Abschluss einer Audioanlage bildet der Lautsprecher, wobei man zwischen dynamischen, elektrostatischen und Trichter- oder Hornlautsprechern unterscheidet. Hat man aktive Lautsprecherboxen, verwendet man vor den Endstufen elektronische Filter, bei passiven Boxen dagegen Frequenzweichen aus Widerstand, Kondensator und Spulenkombinationen.

Das Problem bei der Kopplung von zwei Transistorstufen ist die Anpassung. Hat man eine optimale Anpassung zwischen dem Ausgang der ersten Transistorstufe und dem Eingang der zweiten Transistorstufe, treten keine Verzerrungen durch eine Fehlanpassung auf. In der Audiotechnik kennt man drei Arten der Anpassung:

Spannungsanpassung: $r_{ein} \gg r_{aus}$
Stromanpassung: $r_{ein} < r_{aus}$
Leistungsanpassung: $r_{ein} = r_{aus}$

Je nach Verhältnis zwischen Eingangswiderstand und Ausgangswiderstand ergibt sich eine der drei Anpassungen. In der Verstärkertechnik bei Vorstufen (Kleinsignalverstärker) arbeitet man entweder mit der Spannungs- oder der Stromanpassung. Bei den Endstufen (Großsignalverstärker) setzt man dagegen die Leistungsanpassung ein.

Wenn man zwei Kleinsignalverstärkerstufen koppelt, hat man entweder die Spannungsanpassung, d. h. man arbeitet mit einer Spannungssteuerung oder mit der Stromanpassung, also mit der Stromsteuerung.

Bei der Spannungsanpassung in Abb. 8.1 ist der Eingangswiderstand r_{ein} der 2.Stufe sehr groß gegenüber dem Ausgangswiderstand r_{aus} der 1.Stufe. Dadurch liegt die gesamte Ausgangsspannung der 1.Stufe als Eingangsspannung an der 2.Stufe. Bei einer Leistungsanpassung mit $r_{aus} = r_{ein}$ erhält die 2.Stufe als Eingangsspannung dagegen nur die halbe Ausgangsspannung der 1.Stufe. Die Leerlaufspannung u_0 verändert kaum die Amplitude, wenn sich die Bedingungen der 2.Stufe nicht unwesentlich verändern. Die 2.Transistorstufe benötigt einen relativ geringen Strom für die Ansteuerung des Transistors, d. h. diese Transistorschaltung arbeitet in Kollektorschaltung.

Die Spannungsverstärkung des Transistors in Abb. 8.2 lässt sich berechnen mit

$$v_U \approx \frac{R_C}{r_{BE}}$$

Aus dieser Formel ist ersichtlich, dass die Spannungsverstärkung umso größer wird, je hochohmiger man den Kollektorwiderstand wählt, vorausgesetzt, man betrachtet die Stromverstärkung β und den Basis-Emitter-Widerstand r_{BE} als weitgehend konstant. Da der Lastwiderstand R_L wechselstrommäßig parallel zum Kollektorwiderstand R_C liegt, wird der Verstärker mit einer Parallelschaltung von $R_C \| R_L$ belastet. Der Lastwiderstand R_L ist bei der Kopplung von zwei Transistorstufen der Eingangswiderstand der 2. Stufe.

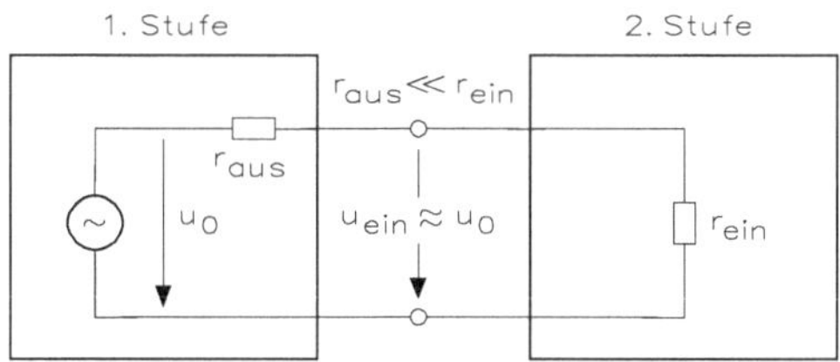

Abb. 8.1 Arbeitsweise einer Spannungsanpassung in Vorstufenverstärkern

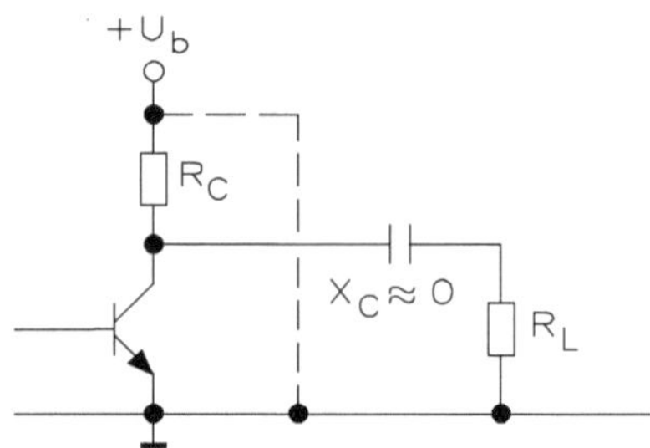

Abb. 8.2 Transistor in Emitterschaltung mit Kollektor- und Lastwiderstand. Die gestrichelte Linie stellt den Lastwiderstand R_L wechselstrommäßig parallel zum Kollektorwiderstand R_C dar

Die größte Spannungsverstärkung erzielt man also, wenn der Lastwiderstand sehr groß ist oder die Bedingung $R_L \gg R_C$ eingehalten wird. Da für den Ausgangswiderstand der Emitterschaltung die Forderung $r_{aus} \approx R_C$ gilt, erreicht man für die Bedingung

$$r_{aus} \ll R_L \quad \text{bzw.} \quad r_{aus} \ll r_{rein}$$

bei der Spannungssteuerung eine maximale Spannungsverstärkung. Stimmt diese Forderung nicht, treten unerwünschte Signalverzerrungen auf.

Wichtig bei der Spannungssteuerung ist die Wahl des Arbeitspunktes wie Abb. 8.3 zeigt. Die Eingangsspannung u_e ist identisch mit der Basis-Emitter-Spannung U_{BE}. Diese Spannung erzeugt über den Eingangswiderstand eine Basisstromänderung. Da die Basis-Emitter-Diode keinen geradlinigen, sondern einen gekrümmten Verlauf hat, kommt es zu unerwünschten Verzerrungen an der Ausgangsspannung u_a.

Eine Stromsteuerung liegt vor, wenn der Innenwiderstand der Wechselspannungsquelle groß ist gegenüber dem Eingangswiderstand der 2. Stufe. Abb. 8.4 zeigt die Arbeitsweise einer Stromanpassung in Vorstufenverstärkern. Es fließt ein relativ großer

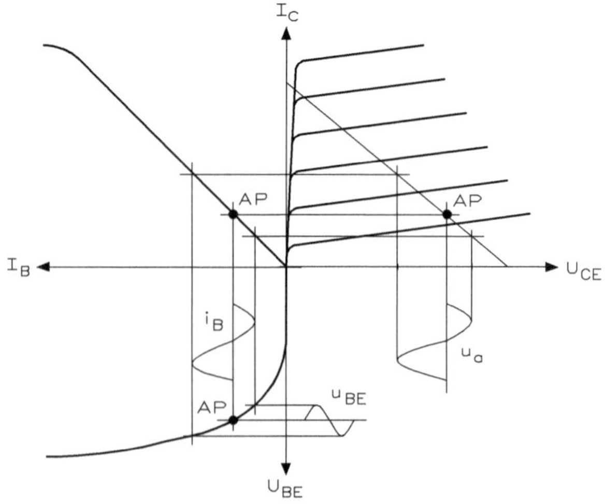

Abb. 8.3 Kennlinienfeld eines Transistors für die Spannungssteuerung. Die Spannung u_{BE} stellt die Eingangsspannung u_1 und die Ausgangsspannung u_a dar

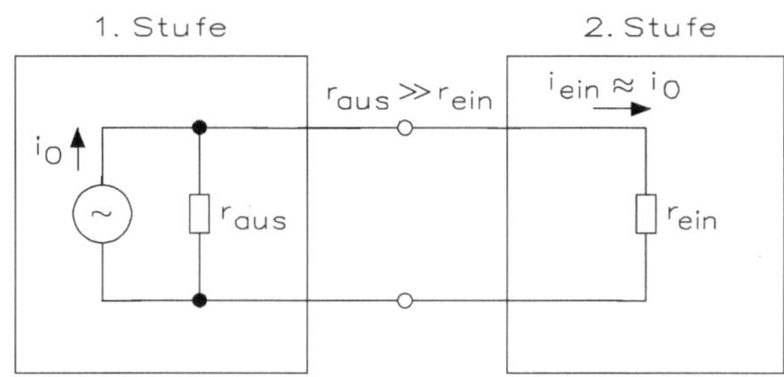

Abb. 8.4 Arbeitsweise einer Stromanpassung in Vorstufenverstärkern

Strom und damit kann in der 2.Transistorstufe eine Emitterschaltung realisiert werden. Durch die Emitterschaltung erhält man eine große Spannungsverstärkung und daher findet man die Stromanpassung, wenn es gilt, zwei Stufen eines Vorverstärkers zu koppeln. Die Gleichung für die Stromverstärkung lautet

$$v_I \approx \beta \cdot \frac{r_{CE}}{r_{CE}+R_C}$$

wenn man sich auf Abb. 8.3 bezieht. Die Stromverstärkung ist am größten, wenn der Kollektorwiderstand $R_L = 0$ ist. Da der Lastwiderstand R_L wechselstrommäßig wieder parallel zum Kollektorwiderstand R_C liegt, gilt für den gesamten Kollektorwiderstand die Bedingung für $R_C \| R_L$. Wählt man den Lastwiderstand R_L sehr niederohmig, gilt $R_C \gg R_L$. Die Stromverstärkung v_I ist dann

$$v_I = \beta$$

und man hat die Kurzschlussstromverstärkung. Da für den Ausgangswiderstand der Emitterschaltung die Bedingung gilt $r_{aus} \approx R_C$, kann man für die Stromsteuerung die Feststellung treffen:

$$r_{aus} \gg R_L \text{ bzw. } r_{aus} \gg r_{ein}$$

Da der Lastwiderstand R_L dem Eingangswiderstand r_{ein} entspricht, ergibt sich die maximale Stromverstärkung für diese Betriebsart.

Das Kennlinienfeld von Abb. 8.5 zeigt die Arbeitsweise für die Stromsteuerung. Die Ausgangsspannung der 1.Stufe erzeugt den Eingangsstrom für die 2.Stufe. Befindet sich der Arbeitspunkt im geraden Teil der Arbeitsgeraden, erreicht man nur eine geringe Verzerrung. Durch die Basisstromsteuerung mit einem hochohmigen Basisvorwiderstand lassen sich die nicht linearen Verzerrungen des Basisstroms durch die gekrümmte Eingangskennlinie weitgehend vermeiden.In der Praxis kombiniert man Spannungs- und Stromsteuerung, damit man auf einen optimalen Betriebszustand kommt. Die Verzerrungen reduzieren sich aber erheblich, wenn man außerdem den Aussteuerungsbereich gering wählt. Dadurch bleibt man weitgehend im linearen Bereich der Kennlinien. Unter dem Aussteuerungsbereich oder der Aussteuerungsgrenze versteht man den Bereich der Eingangsspannung, bei dem noch unverzerrte Ausgangsspannungen

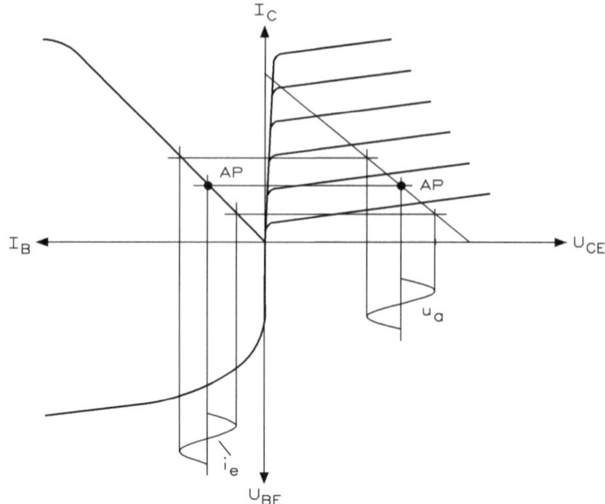

Abb. 8.5 Kennlinienfeld eines Transistors für die Stromsteuerung. Der Strom i_a stellt den Eingangsstrom i_e, also den Basisstrom I_B für den Transistor dar, und u_a ist die Ausgangsspannung

entstehen. Wenn man einen Verstärker abgleicht, erhöht man die Ausgangsspannung und kommt zu einer gewollten symmetrischen Übersteuerung. Ist dies nicht der Fall, muss der Arbeitspunkt entsprechend eingestellt werden.

Die Ausgangskurve von Abb. 8.6a zeigt einen verzerrungsfreien Betrieb, d. h. die Ausgangsspannung ist weitgehend identisch mit der Eingangsspannung. Wählt man die Eingangsspannung zu groß, wie dies in Abb. 8.6b der Fall ist, kann es zu einer symmetrischen Übersteuerung kommen. Hierbei ist die positive und negative Amplitude gleichmäßig abgeschnitten, denn der Wert der Betriebsspannung ist zu gering oder die Eingangsspannung zu groß. Entweder erhöht man die Betriebsspannung entsprechend oder man verringert die Eingangsspannung. Dieses Verfahren ist ideal, wenn man einen mehrstufigen Eingangsverstärker abgleicht.

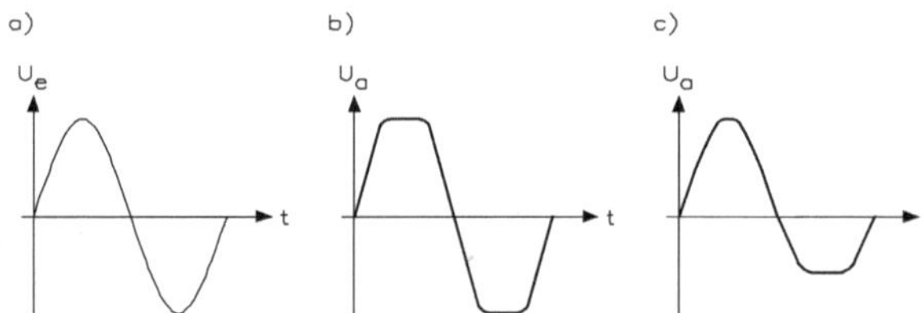

Abb. 8.6 Ausgangskurven bei einem Verstärker, wenn eine sinusförmige Wechselspannung anliegt: (**a**) verzerrungsfreie Ausgangsspannungen (**b**) verzerrte Ausgangsspannung durch symmetrische Übersteuerung, wenn man beispielsweise die Verstärkerstufen auf Nichtlinearitäten untersucht und der Arbeitspunkt falsch eingestellt worden ist (**c**) verzerrte Ausgangsspannung durch ungünstige Wahl des Arbeitspunktes

Formverzerrungen, die man auch als nicht lineare Verzerrungen definiert, entstehen, wenn der Arbeitspunkt einer oder mehrerer Transistorstufen nicht optimal eingestellt wurde. Es kommt zum verzerrten Kurvenverlauf von Abb. 8.6c. Dieser verzerrte Kurvenverlauf ist auch in der negativen Richtung möglich.

8.1 Leistungsverstärker mit Transistoren

Aufgabe eines NF-Leistungsverstärkers ist es, eine bestimmte Ausgangssignalleistung an einer meist ohmschen oder ohmschen-induktiven Last (Lautsprecher) zu erzeugen. Typische Ausgangsleistungen von Transistorendstufen liegen im Bereich von Milliwatt im Hörgerät bis 10 kW und mehr in Diskotheken. Die Spannungsverstärkung der Endstufen hat dagegen nur eine untergeordnete Funktion, denn in der Praxis kommt es fast immer nur auf die Stromverstärkung an.

Wie Abb. 8.7 zeigt, unterscheidet man zwischen vier Arbeitspunkten:

- A-Betrieb: Der Arbeitspunkt befindet sich hier immer in der Mitte der Arbeitsgeraden oder in der Mitte des Aussteuerbereichs. Die Aussteuerung erfolgt symmetrisch zum Arbeitspunkt innerhalb des aktiven Bereichs. Charakteristisch sind der hohe Ruhestrom und die damit verbundene große Verlustleistung. Der A-Betrieb hat einen niedrigen Wirkungsgrad, aber dafür einen niedrigen Klirrfaktor. Eine optimale Übertragung ist in dieser Betriebsart garantiert.
- B-Betrieb: Der Arbeitspunkt liegt im untersten Teil des Aussteuerbereichs bei $U_{BE} = 0\,V$. Es fließt daher nur ein sehr geringer Ruhestrom. Der Wirkungsgrad ist erheblich höher als im A-Betrieb, aber durch den relativ hohen Klirrfaktor ergibt sich eine ungenügende Übertragung. Es treten am Ausgang nicht lineare Verzerrungen auf, die bei kleinen Spannungsamplituden sehr störend wirken, besonders bei HiFi-Anlagen.
- AB-Betrieb: Durch einen Vorstrom an der Basis der Transistoren erhält man einen gleitenden Arbeitspunkt. Im unausgesteuerten Zustand befindet sich der Arbeitspunkt auf dem nicht linearen Teil der Arbeitsgeraden und bei Aussteuerung verschiebt er sich

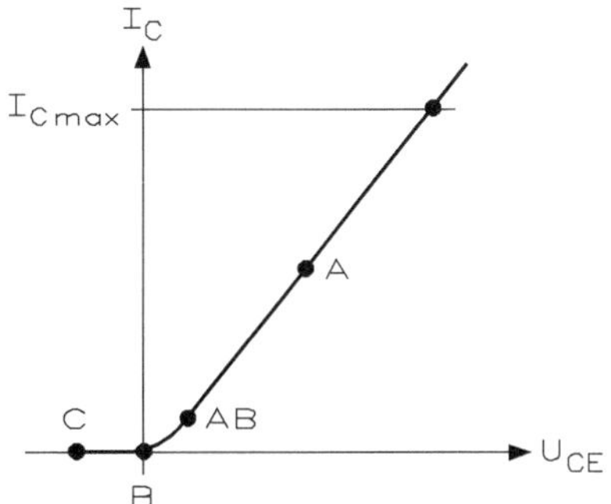

Abb. 8.7 Einteilung der Endstufen erfolgt nach Lage des Arbeitspunktes AP

automatisch in Richtung des linearen Teils der Arbeitsgeraden. Durch den gleitenden Arbeitspunkt vermeidet man die Übernahmeverzerrungen, wie dies im B-Betrieb der Fall ist.

- C-Betrieb: Der Arbeitspunkt befindet sich im Sperrbereich der Kennlinie, nahe bei $U_{BE} = 0$ V. Verschiebt sich der Arbeitspunkt weiter auf dem Sperrbereich nach links, spricht man vom D-Betrieb. Die Transistoren müssen bei einer Ansteuerung erst durch ein Steuersignal impulsförmig aufgetastet werden. Für NF-Verstärker ist dieses Verfahren nicht geeignet, nur für die Nachrichtentechnik der Sendeeinheiten. Es ergibt sich ein hoher Wirkungsgrad mit starken nicht linearen Verzerrungen.

8.1.1 Eintakt-A-Verstärker

Bei einem Eintakt-A-Verstärker arbeitet man nur mit einem Transistor.

Die Schaltung von Abb. 8.8 zeigt eine Emitterstufe mit einem ohmschen Verbraucher. Die symmetrische Aussteuerung des Transistors erfolgt um den Arbeitspunkt und diese Endstufe unterscheidet sich im Wesentlichen nur hinsichtlich der Signalamplitude von den Kleinsignalverstärkern. Der Transistor BD135 hat eine Verlustleistung von $P_{tot} = 8$ W (Datenblatt). Dadurch gilt für die maximale Leistung der Wert von

$$P_{max} = 0{,}9 \cdot P_{tot} = 0{,}9 \cdot 8\,\mathrm{W} = 7{,}2\,\mathrm{W}$$

Nimmt man eine Verlustleistung von $P_{max} = 7{,}2$ W und eine Betriebsspannung von $+U_b = 12$ V berechnet sich der Kollektorstrom aus

$$I_C = \frac{P_{max}}{+U_b} = \frac{7{,}2\,\mathrm{W}}{12\,\mathrm{V}} = 600\,\mathrm{mA}$$

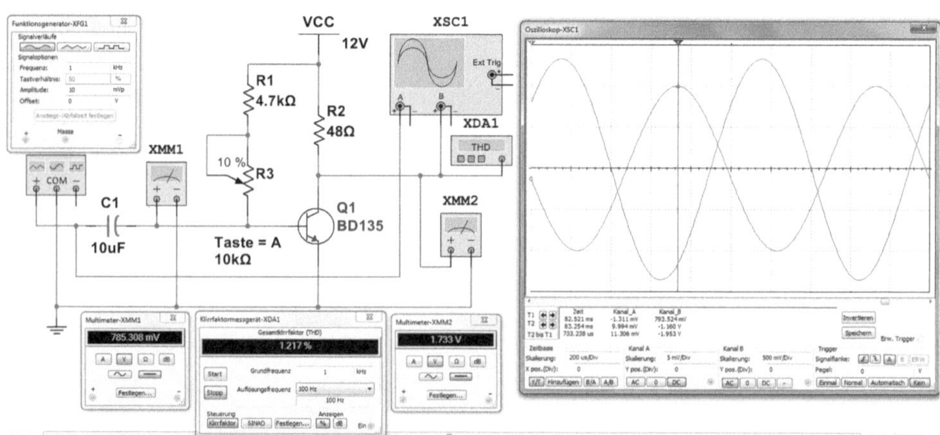

Abb. 8.8 Endstufe eines Eintakt-A-Verstärkers, wobei der Transistor in Emitterschaltung betrieben wird. Der Lautsprecher wird vom Widerstand R_1 simuliert

Der Kollektorwiderstand

$$R_{\mathrm{C}} = \frac{+U_{\mathrm{b}}}{I_{\mathrm{C}}} = \frac{12\,\mathrm{V}}{600\,\mathrm{mA}} = 20\,\Omega$$

Die Stromverstärkung des BCD135 ist mit B = 150 angegeben. Um auf den Arbeitspunkt für eine symmetrische Aussteuerung zu kommen, muss der Transistor nicht voll, sondern auf ½ · I_C = 300 mA angesteuert werden. Damit errechnet sich ein Basisstrom von

$$I_{\mathrm{B}} = \frac{I_{\mathrm{C}}}{B} = \frac{300\,\mathrm{mA}}{150} = 2\,\mathrm{mA}$$

Der Basiswiderstand

$$R_{\mathrm{B}} = \frac{+U_{\mathrm{b}} - U_{\mathrm{BE}}}{I_{\mathrm{B}}} = \frac{12\,\mathrm{V} - 0{,}7\,\mathrm{V}}{2\,\mathrm{mA}} = 5{,}65\,\mathrm{k}\Omega$$

Stellt man in der Schaltung von Abb. 8.8 diesen Wert ein, ergibt sich eine Ausgangsspannung von U_a = 8 V, denn die Basis-Emitter-Spannung hat einen Wert von U_{BE} = 920 mV. Reduziert man den Basiswiderstand auf R_B = 9,1 kΩ ergibt sich ½ · I_C oder U_a = 6 V.

Legt man an den Eingang des Eintakt-A-Verstärkers eine Wechselspannung mit U_e = 10 mV/1 kHz, ergibt sich eine Ausgangsspannung von U_a = 320 mV. Die Spannungsverstärkung beträgt

$$v_{\mathrm{U}} = \frac{u_{\mathrm{a}}}{u_{\mathrm{e}}} = \frac{320\,\mathrm{mV}}{10\,\mathrm{mV}} = 32 \qquad v_{\mathrm{U}} = 20 \cdot \log \frac{u_{\mathrm{a}}}{u_{\mathrm{e}}} = 20 \cdot \log \frac{320\,\mathrm{mV}}{10\,\mathrm{mV}} = 30\,\mathrm{dB}$$

Das Klirrfaktormessgerät zeigt 1,217 %.

Das Ausgangskennlinienfeld von Abb. 8.9 zeigt alle Werte für den A-Betrieb. Wenn sich der Arbeitspunkt in der Mitte des Aussteuerbereichs befindet, hat der Ausgang den Wert von ½ · U_b und von ½ · I_C. Vergrößert man die Eingangsspannung, steigt der Basisstrom auf den Wert I_{B1} an und es fließt der maximale Kollektorstrom, d. h. die größte Leistung wird am Last- bzw. Kollektorwiderstand umgesetzt. Die Kollektor-Emitter-Strecke des Transistors hat ihren niedrigsten Wert und die Kollektor-Emitter-Spannung bzw. Ausgangsspannung ist am geringsten. Verringert sich die Eingangsspannung, sinkt der Basisstrom auf I_{B2} ab und es fließt ein geringer Kollektorstrom. Die Kollektor-Emitter-Spannung bzw. Ausgangsspannung ist am größten, aber am Lastwiderstand wird fast keine Leistung umgesetzt. Die maximale Ausgangssignalleistung für diesen A-Betrieb berechnet sich aus

$$P_{\approx\mathrm{max}} = \frac{+U_{\mathrm{b}}{}^{2}}{8 \cdot R_{\mathrm{l}}} = \frac{(12\,\mathrm{V})^{2}}{8 \cdot 10\,\Omega} = 1{,}8\,\mathrm{W}$$

Die Gleichstromleistung ist die am Transistor oder am Widerstand maximal umgesetzte Leistung. Diese errechnet sich aus

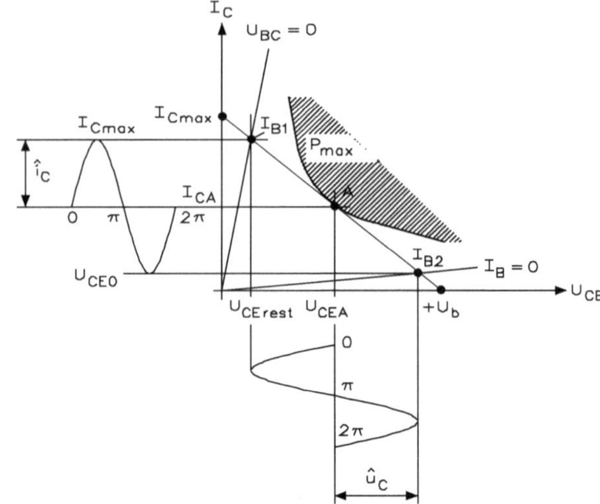

Abb. 8.9 Aussteuerung im Ausgangskennlinienfeld eines Eintakt-A-Verstärkers in Emitterschaltung

$$P_{=\text{max}} = \frac{+U_b{}^2}{R_L} = \frac{(12\,\text{V})^2}{10\,\Omega} = 14{,}4\,\text{W}$$

Der Wirkungsgrad

$$\eta = \frac{P_{\approx\text{max}}}{P_{=\text{max}}} = \frac{1{,}8\,\text{W}}{14{,}4\,\text{W}} = 0{,}125 \quad \text{oder} \quad 12{,}5\,\%$$

Der Klirrfaktor beträgt 1,217 %.

8.1.2 Leistungsverstärker mit verbessertem Eintakt-A-Betrieb

Dieser Wirkungsgrad wird aber nur bei voller Aussteuerung erreicht. Im normalen Betriebszustand ergibt sich ein wesentlich ungünstigerer Wert.

In der Praxis setzt man meistens die Kollektorstufe als Leistungsverstärker ein. Hier unterscheidet man zwischen der schaltungstechnisch einfachsten Lösung mit einer geteilten Betriebsspannung, wie Abb. 8.10 zeigt.

Bei dem Leistungsverstärker mit geteilter Betriebsspannung befindet sich der Transistor und der Emitterwiderstand R_1 zwischen der positiven und der negativen Betriebsspannung, während der Lastwiderstand R_L (Lautsprecher) mit Masse verbunden ist. Ist der Transistor durchgesteuert, fließt über die positive Betriebsspannung, den Transistor und den Lastwiderstand R_3 ein Strom aus der Schaltung zur Masse ab. In diesem Fall hat man eine Stromquelle. Ist der Transistor weitgehend gesperrt, fließt von der Masse über den Lastwiderstand R_3 und den Emitterwiderstand R_1 ein Strom zur negativen Betriebsspannung. In diesem Betriebszustand hat man eine Stromsenke, denn der Strom fließt in die Schaltung hinein.

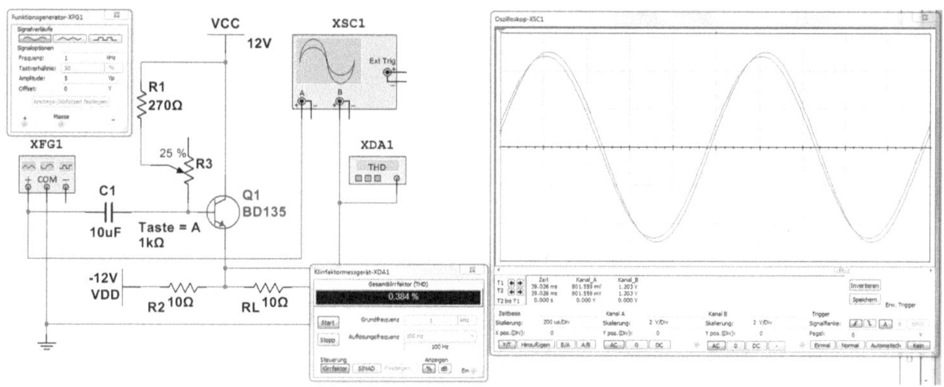

Abb. 8.10 Leistungsverstärker mit geteilter Betriebsspannung (Gleichspannungsverhältnisse)

Der Transistor arbeitet in Kollektorschaltung und daher ergibt sich eine Spannungsverstärkung von $v_U > 1$. Da die Bedingung gilt: $R_2 = R_L$ (Lautsprecher oder Lastankopplung), hat man eine typische Leistungsanpassung. Die Stromverstärkung bei einer Leistungsanpassung und Kollektorschaltung lautet: $v_I = ½ \cdot \beta$. Die Ausgangsleistung bei der Leistungsanpassung und bei sinusförmiger Vollaussteuerung beträgt

$$P_{\text{vmax}} = \frac{+U_b{}^2}{8 \cdot R_L} = \frac{(12\,\text{V})^2}{8 \cdot 10\,\Omega} = 1{,}8\,\text{W}$$

Wenn man eine Berechnung für den Wirkungsgrad durchführt, kommt man auf $\eta = 6{,}25\,\%$, also ein sehr geringer Wirkungsgrad. Der Vorteil dieser Schaltung ist eigentlich nur die verzerrungsfreie Ansteuerung des Verbrauchers und die einfache Anpassung des Lastwiderstands an den Emitterwiderstand. Die maximale Verlustleistung des Transistors berechnet sich aus

$$P_T = \frac{+U_b{}^2}{R_L} = 8 \cdot P_{\text{vmax}}$$

Da der Strom immer durch den Transistor und den Kollektorwiderstand fließt, ergibt sich ein sehr geringer Wirkungsgrad, da die Verlustleistungen an dem Transistor und Kollektorwiderstand immer sehr hoch sind.

Die Schaltung von Abb. 8.10 wird mit dem Oszilloskop und dem Klirrfaktormessgerät gemessen. Die Eingangsspannung beträgt $u_e = 5$ V und die Ausgangsspannung $u_a = 5$ V. Da es sich um eine Kollektorschaltung handelt, ist Eingangs- und Ausgangsspannung etwa gleich groß.

Der Klirrfaktor beträgt 0,342 %.

Während man für die Schaltung von Abb. 8.10 zwei separate Betriebsspannungen benötigt und daher der schaltungstechnische Aufwand relativ groß ist, kommt die Schaltung von Abb. 8.11 mit nur einer Betriebsspannung aus. Wenn man einen Kondensator mit einer großen Kapazität einsetzt, kann auf das zweite Netzgerät verzichtet werden.

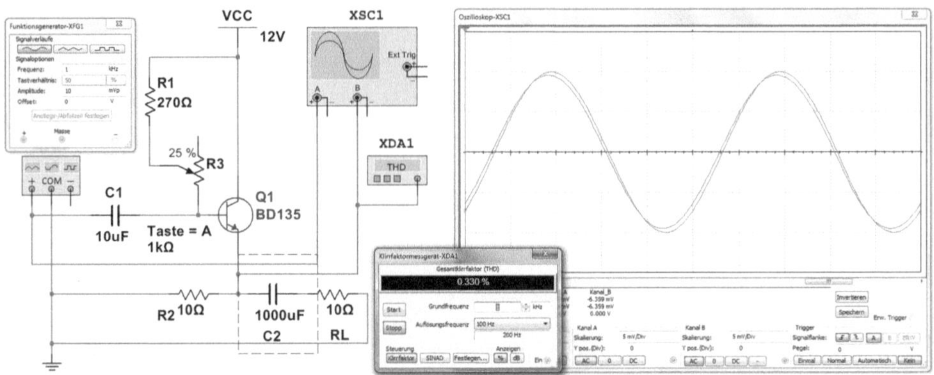

Abb. 8.11 Komplementärer Leistungsverstärker mit Kondensator als Ersatzstromquelle

Der Kondensator übernimmt die Funktion der negativen Betriebsspannung. Der Klirrfaktor wird mit 0,33 % gemessen. Die Berechnung des Kondensators C_K erfolgt nach

$$C_K = \frac{1}{2 \cdot \pi \cdot f_u \cdot R_L}$$

Wenn man einen Lastwiderstand von $R_L = 10\ \Omega$ hat und der Wert des Kondensators für eine untere Grenzfrequenz von $f_u = 20$ Hz ausgelegt sein soll, erhält man einen Kondensator von

$$C_K = \frac{1}{2 \cdot \pi \cdot f_u \cdot R_L} = \frac{1}{2 \cdot 3{,}14 \cdot 20\,\text{Hz} \cdot 10\,\Omega} = 800\,\mu\text{F}\ (1000\,\mu\text{F})$$

Unterschreitet man die untere Grenzfrequenz, kann sich der Kondensator nicht mehr richtig aufladen und es kommt zu Verzerrungen am Ausgang.

8.2 Leistungsverstärker im B-Betrieb

In der Praxis stellt der Leistungsverstärker im B-Betrieb die ideale schaltungstechnische Lösung dar, denn man benötigt keinen Übertrager. Außerdem kann man bei dieser Schaltungsvariante in der Vollaussteuerung einen maximalen Wirkungsgrad bis zu $\eta = 78{,}5\ \%$ erreichen.

In Abb. 8.12 ist ein NPN- und ein PNP-Transistor zusammengeschaltet. Beide Transistoren arbeiten in der Kollektorschaltung oder als Emitterfolger. Während der NPN-Transistor mit der positiven Betriebsspannung verbunden ist, ist dies beim PNP-Transistor die negative Betriebsspannung. Der Lastwiderstand R_L (Lautsprecher) ist je nach Ansteuerung mit der positiven oder negativen Betriebsspannung verbunden.

Ist die Eingangsspannung u_e positiv, wird der NPN-Transistor leitend, während der PNP-Transistor sperrt. Es fließt ein Kollektorstrom von der positiven Betriebsspannung

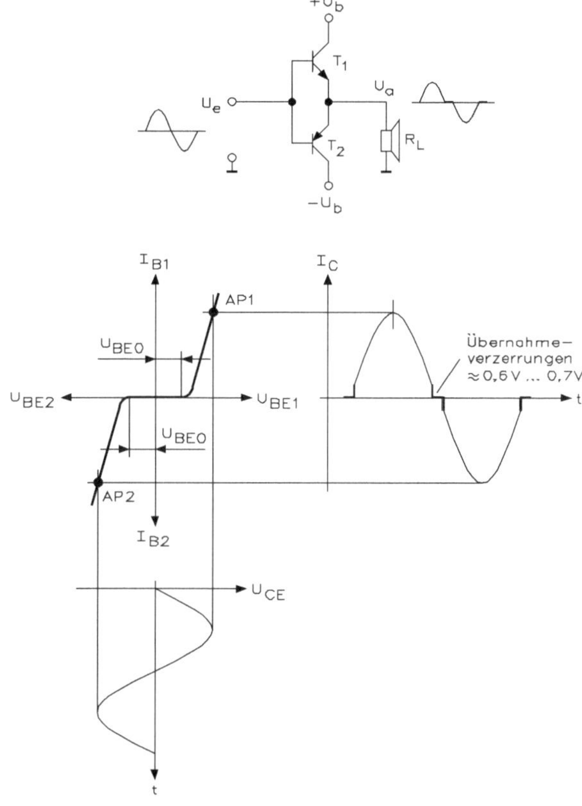

Abb. 8.12 Schaltung und Kennlinie für den B-Betrieb

über den Transistor und Lastwiderstand nach Masse. Wird die Eingangsspannung u_e negativ, ist der PNP-Transistor leitend, während der NPN-Transistor gesperrt ist. Es fließt ein Kollektorstrom von Masse über den Lastwiderstand und den PNP-Transistor zur negativen Betriebsspannung ab.

Beim B-Betrieb treten jedoch Übernahmeverzerrungen auf. Der NPN-Transistor wird erst leitend, wenn die Basis-Emitter-Spannung den Wert von $U_{BE} = 0{,}6\,V$ überschritten hat und der PNP-Transistor wird leitend, wenn die Basis-Emitter-Spannung den Wert von $U_{BE} = -0{,}6\,V$ erreicht hat. Für die Berechnung ergeben sich folgende Formeln:

I_{Cmax}	$U_b/2 \cdot R_L$
U_{CEmax}	U_b
$P_{\approx max}$	$U_b^2/8 \cdot R_L$
P_{Cmax}	$0{,}05 \cdot U_b^2/R_L$
P_{Cmax} je Transistor	$0{,}2 \cdot P_{\approx max}$
P_{Hmax}	$0{,}159 \cdot U_b^2/R_L$
η 0,785	
R_L	$U_b^2/8 \cdot P_{\approx max}$

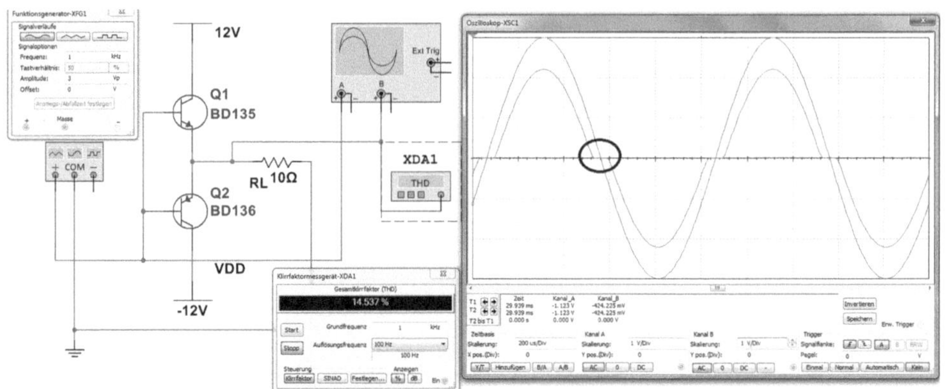

Abb. 8.13 Komplementärer Leistungsverstärker im B-Betrieb mit zwei Betriebsspannungen. Durch die Eingangsspannung $u_e = 3$ V ergeben sich die ausgeprägten Übernahmeverzerrungen am Ausgang der Endstufe

Für den Betrieb des Leistungsverstärkers von Abb. 8.13 sind zwei Betriebsspannungen erforderlich. Beide Transistoren arbeiten in Kollektorschaltung, d. h. es tritt eine Spannungsverstärkung von $v_U < 1$ auf. Die beiden Emitter sind zusammengefasst und steuern den Lastwiderstand an. Die Kollektoren der beiden Transistoren sind mit der positiven (NPN-Transistor) und mit der negativen (PNP-Transistor) Betriebsspannung verbunden.

Die Wirkungsweise eines B-Verstärkers ist einfach. Liegt kein Eingangssignal $u_e = 0$ V an, sind beide Transistoren gesperrt und es fließt damit kein Strom über den Lastwiderstand. Gibt man auf den Eingang eine positive Spannung, erfolgt die Aufsteuerung des NPN-Transistors und es fließt ein Kollektorstrom von der positiven Betriebsspannung über den Transistor und den Lastwiderstand nach Masse ab. Der PNP-Transistor ist zu dieser Zeit gesperrt und es findet kein Stromfluss über diesen Transistor statt. Erhält der Eingang eine negative Spannung, sperrt der NPN-Transistor, während aus dem PNP-Transistor ein Basisstrom fließt. Damit steuert der PNP-Transistor entsprechend auf und es fließt ein Kollektorstrom von Masse über den Lastwiderstand R_L und den Transistor zur negativen Betriebsspannung ab.

In dem Oszillogramm erkennt man deutlich die Übernahmeverzerrungen der beiden Transistoren mit $\pm U_{BE} = 0{,}7$ V von dem NPN-Transistor BD135 und $-U_{BE}$ beim PNP-Transistor BD136. Wenn man eine Eingangsspannung mit $U_1 < 5$ V wählt, ergibt sich keine Linearität in der Ausgangsspannung. Erst bei Eingangsspannungen mit $u_e > 5$ V sind die Übernahmeverzerrungen relativ gering gegenüber der Signalamplitude, trotzdem ist dieser Verstärkertyp nicht für hochwertige HiFi-Anlagen geeignet.

In der Praxis verwendet man keine zwei Netzgeräte, sondern einen Kondensator, der als Ersatzstromquelle arbeitet. Abb. 8.14 zeigt den Schaltungsaufbau für eine serien-gespeiste Gegentaktendstufe. Ist der obere Transistor leitend, kann ein Strom von der Betriebsspannung über den Transistor, Kondensator und Lastwiderstand nach Masse abfließen.

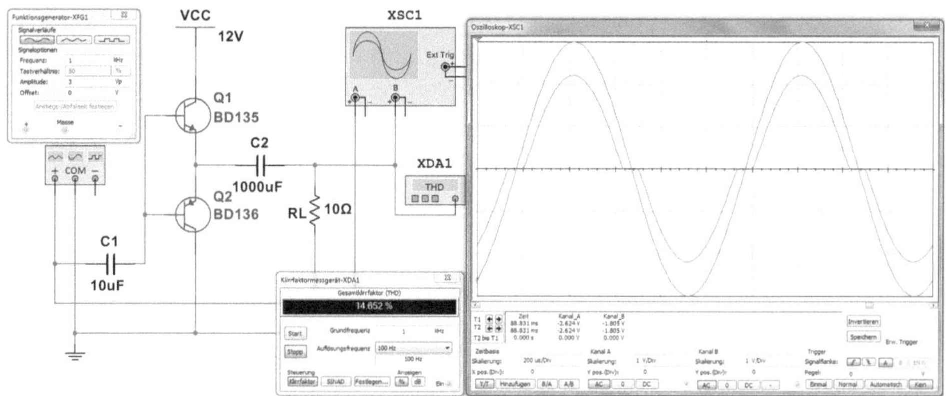

Abb. 8.14 Komplementärer Leistungsverstärker im B-Betrieb mit Kondensator als Ersatzstromquelle

Dabei lädt sich der Kondensator entsprechend auf. Ist der untere Transistor dagegen leitend, arbeitet der Kondensator als Ersatzstromquelle und kann über den Transistor seine gespeicherte Energie entladen. Bedingt durch den Ladestrom fließt nach dem ohmschen Gesetz auch ein Strom durch den Lastwiderstand. Die Kapazität des Kondensators muss also groß genug gewählt werden, dass auch bei niedrigen Frequenzen noch keine allzu große Änderung der Lade- und Entladespannung auftritt. Dies würde sonst zu merklichen linearen Verzerrungen, d. h. Amplitudenverlusten des Ausgangssignals bei tiefen Frequenzen führen. Hat man einen Widerstand von $R_L = 4\ \Omega$ (Impedanz eines Lautsprechers) und die untere Grenzfrequenz soll $f_u = 15$ Hz betragen, erhält man einen Wert von

$$C_K = \frac{1}{2 \cdot \pi \cdot f_u \cdot R_L} = \frac{1}{2 \cdot 3{,}14 \cdot 15\,\text{Hz} \cdot 4\,\Omega} = 2650\,\mu\text{F}\ (2700\,\mu\text{F})$$

Bei NF-Verstärkern mit eisenloser Endstufe entfällt die sonst durch den Ausgangsübertrager gegebene Möglichkeit, die Wechselspannung am Verstärkerausgang auf einen gewünschten von der Betriebsspannung unabhängigen Wert zu transformieren bzw. den Wechselstrom entsprechend dem Widerstand (Impedanz) des Lautsprechers festzulegen.

8.3 Komplementärer Leistungsverstärker im AB-Betrieb

Bei der Dimensionierung von eisenlosen Gegentaktendstufen geht man immer davon aus, dass der Spitzenstrom und die maximale Betriebsspannung vom Netzgerät und die verwendeten Transistortypen bekannt sind. Um die Übernahmeverzerrungen im Betrieb eliminieren zu können, muss die Basis der beiden Transistoren vorgespannt sein, damit ein Basisstrom fließen kann. Der Arbeitspunkt AP wandert von B nach AB und befindet sich im linearen Teil der Eingangskennlinie.

Abb. 8.15 zeigt die Schaltung und Kennlinie für den AB-Betrieb. Durch den Spannungsteiler und die beiden Dioden erzeugt man den Vorstrom. Dieser spannt die beiden Basisspannungen der Transistoren so vor, dass sofort bei der Eingangsspannung der Steuermechanismus der beiden Transistoren ansprechen kann. Durch die Verschiebung der beiden Basis-Emitter-Spannungen erhält man eine lineare Charakteristik für die Verstärkung. Bei der Einstellung des Vorstroms durch den Spannungsteiler schiebt man die Arbeitspunkte so übereinander, bis sich diese auf der linearen Verstärkerkennlinie befinden. Der Vorstrom soll etwa 0,5 % bis 4 % des Kollektorstroms I_{Cmax} sein. Der Klirrfaktor verringert sich bei richtiger Einstellung auf etwa 0,1 %, aber der Wirkungsgrad sinkt auf $\eta = 0{,}65$ ab.

Der komplementäre Leistungsverstärker von Abb. 8.15 arbeitet mit zwei Betriebsspannungen. Zwischen diesen beiden Betriebsspannungen befindet sich auch der Spannungsteiler, der aus zwei Widerständen und zwei Dioden besteht. Hat die Eingangsspannung den Wert $u_e = 0$ V, bewirkt der Spannungsteiler an der oberen Diode einen Wert von $U_D \approx 0{,}7$ V und an der unteren Diode von $U_D \approx -0{,}7$ V. Damit sind die beiden Transistoren vorgespannt, da ein entsprechender Basisstrom bereits im Ruhezustand fließen kann. Die beiden Dioden bewirken, dass die Basis-Emitter-Spannung der Transistoren bereits auf ±0,7 V angehoben bzw. abgesenkt ist. Ändert sich durch die Eingangsspannung das Stromverhältnis im Spannungsteiler, ist die Spannung an der Basis des oberen Transistors immer um 0,7 V größer als die Eingangsspannung bzw.

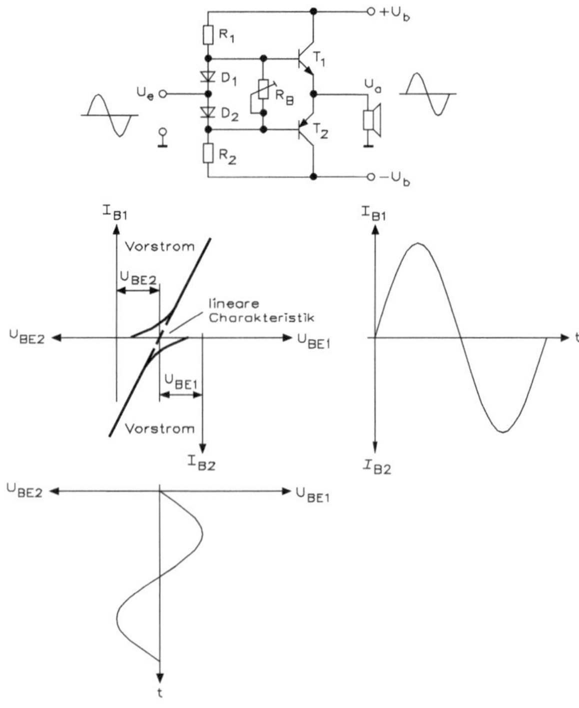

Abb. 8.15 Schaltung und Kennlinie für den AB-Betrieb

die Spannung an der Basis des unteren Transistors immer um −0,7 V geringer als die Eingangsspannung. Abb. 8.16 zeigt einen komplementären Leistungsverstärker im AB-Betrieb mit zwei Betriebsspannungen und der Klirrfaktor bei dieser AB-Betriebsart liegt bei 0,755 %.

Da im nicht angesteuerten Zustand nur ein geringer Ruhestrom durch den Spannungsteiler fließt, reduziert sich der Wirkungsgrad von 78,5 % beim B-Betrieb auf etwa 70 % beim AB-Betrieb, wenn eine Vollaussteuerung vorliegt.

Wegen der aussteuerungsabhängigen Leistungsaufnahme setzt man diesen Leistungsverstärker meistens in tragbaren Systemen ein, jedoch nicht mit zwei separaten Netzgeräten. In Abb. 8.17 arbeitet der Verstärker mit einer Betriebsspannung und der Kondensator am Ausgang ersetzt die zweite Betriebsspannung.

Im Ruhezustand des Verstärkers befindet sich der Mittelpunkt des Spannungsteilers auf ½ · U_b, also auf +6 V Die Spannung an der Basis des oberen Transistors beträgt +6,7 V, die am unteren Transistor dagegen +5,3 V Damit hat die Ausgangsspannung einen Wert von $U_2 = 6$ V und der Ausgangskondensator kann sich auf ½ · U_b aufladen. Steuert der obere Transistor auf, erhöht sich der Ladestrom und der Kondensator lädt sich entsprechend auf. Der Ladestrom stellt auch für den Lastwiderstand einen Stromfluss dar. Sperrt der obere Transistor, wird der untere Transistor leitend und es fließt ein Entladestrom über den unteren Transistor nach Masse ab. Auch in diesem Fall ist der Stromfluss bei der Entladung mit dem Strom durch den Arbeitswiderstand identisch, nur mit einem anderen Vorzeichen.

Bei der Schaltung von Abb. 8.18 hat man keine symmetrische Ansteuerung, da die Eingangsspannung über den Kondensator direkt auf die Basis des unteren Transistors wirkt. Im Ruhezustand stellt sich eine Spannung von +6,7 V an der Basis des oberen Transistors und ±5,3 V an der Basis des unteren Transistors ein.

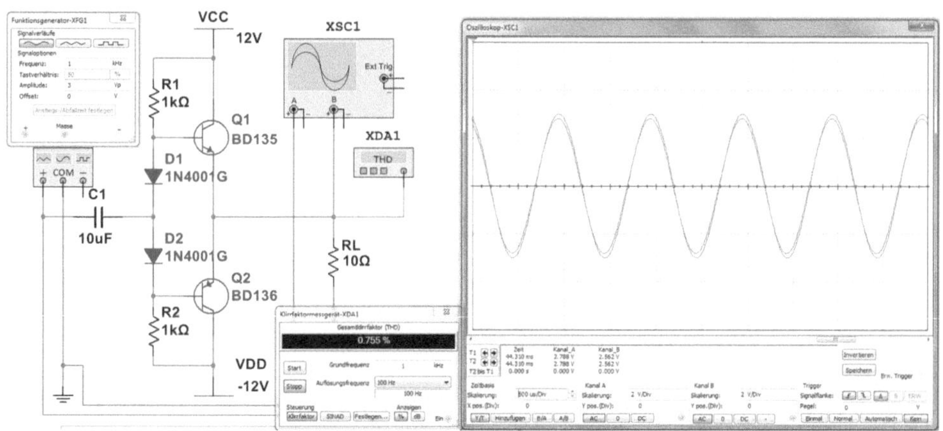

Abb. 8.16 Komplementärer Leistungsverstärker im AB-Betrieb mit zwei Betriebsspannungen

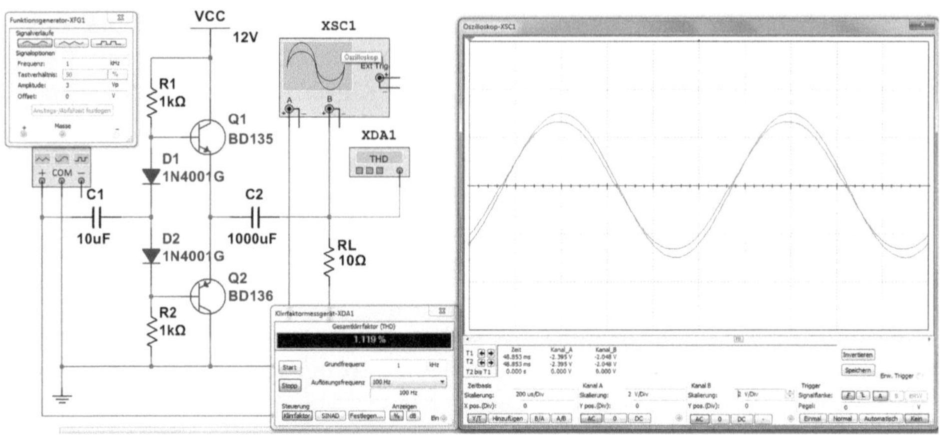

Abb. 8.17 Komplementärer Leistungsverstärker im AB-Betrieb mit einem Kondensator als Ersatzstromquelle

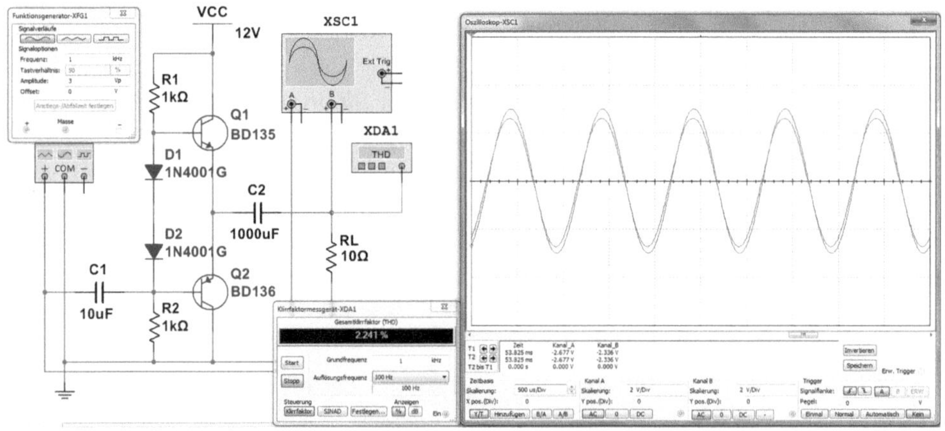

Abb. 8.18 Komplementärer Leistungsverstärker im AB-Betrieb mit unsymmetrischer Ansteuerung

8.4 Leistungsverstärker im D-Betrieb

Eine Endstufe im D-Betrieb ist ein elektronischer Verstärker, der vor allem als Leistungsverstärker (Endstufe) verwendet wird. Kennzeichnend ist, dass ein analoges oder auch digitales Audiosignal mittels eines geeigneten Verfahrens, beispielsweise durch Pulsweitenmodulation (PWM), in eine Folge von Pulsen gebracht wird. Dadurch lässt sich die Endstufe im Schaltbetrieb betreiben, wodurch die Schaltelemente (praktisch immer Transistoren) entweder maximal leitend oder maximal gesperrt sind und somit nur in zwei Betriebszuständen arbeiten. Diese zwei Arbeitsbereiche weisen, im Gegensatz zu den in konventionellen A-, B- oder AB-Endstufen benutzten Zwischenzuständen des linearen Betriebs, nur wenig Verlustleistung auf. Abb. 8.19 zeigt das Blockschaltbild eines Leistungsverstärkers im D-Betrieb.

Mit dem PWM-Signal werden dann sowohl die Frequenzauflösung der Zeitachse (entsprechend der Abtastrate in der digitalen Audiotechnik), als auch die Dynamikauflösung des Pegels (entsprechend der Quantisierung bzw. Bittiefe des Audiosignals) beschrieben. Durch einen Rekonstruktionsfilter (LC-Tiefpass) hinter der Leistungsstufe wird ein dem Eingangssignal entsprechender kontinuierlicher Spannungsverlauf erzeugt.

Es soll die Arbeitsweise eines Verstärkers mit Pulsweitenmodulation (PWM) mit analoger Ansteuerung behandelt werden. Es gibt verschiedene andere analoge und digitale Verfahren bzw. Verfeinerungen, denen jedoch gemeinsam ist, dass ein Signal mit nur zwei Spannungszuständen entsteht, das im zeitlichen Mittel dem Eingangssignal entspricht. Durch den Aufbau als Komparator verändert die Schaltung das analoge Tonsignal in eine Rechteckschwingung. Ist das Dreiecksignal größer als das Tonsignal, ändert sich der Ausgang auf 1-Signal, ist es kleiner, springt er auf 0-Signal. Die maximale Impulsbreite ist dabei kleiner, als die Zykluszeit der Arbeitsfrequenz, und kann somit nie länger als ein Taktzyklus ein- oder ausgeschaltet (1 oder 0) sein. Das Tonsignal liegt nun im Tastverhältnis des PWM-Signals vor. Der Mittelwert ist dadurch etwa proportional zum Mittelwert des Tonsignals. Dieses PWM-Signal wird der Endstufe zugeführt, in welcher die eigentliche Verstärkung stattfindet, bestehend aus zwei Leistungstransistoren im Schaltbetrieb für je eine positive und eine negative Halbwelle.

Dieser Verstärker wird entweder als Halbbrücke mit zwei Transistoren und symmetrischer Versorgungsspannung (positive und negative Versorgungsspannung gegen Maße) aufgebaut, oder bei einfacher Spannungsversorgung mit vier Transistoren als Vollbrücke, welche zur Lastaufteilung zwei Halbbrückenstufen verwendet, welche jeweils die Hälfte des Stroms an den Ausgang liefern. Ein Vollbrückenverstärker hat jedoch aufgrund der höheren Schaltverluste einen bis zu 10 % niedrigeren Gesamtwirkungsgrad. Die Transistoren einer Halbbrücke schalten dabei grundsätzlich mit

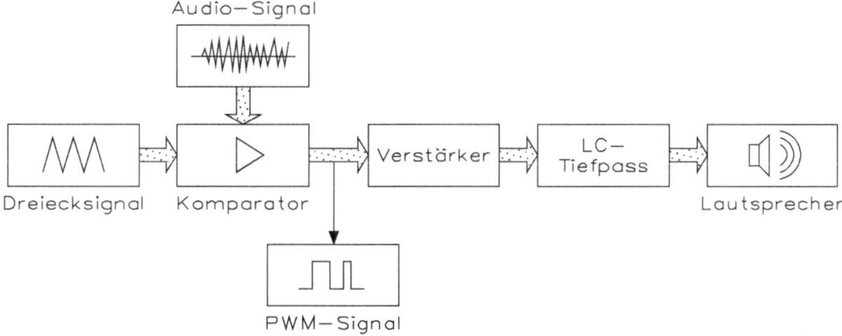

Abb. 8.19 Blockschaltbild eines Leistungsverstärkers im D-Betrieb

jedem Taktzyklus um (ein Transistor für den Schaltzustand 1 und der andere für 0). Um den Audiopegel $-\infty$ (minus unendlich) zu beschreiben, schalten die Transistoren also gleichmäßig ein und aus, das Verhältnis von 0- und 1-Zuständen des Impulsbreitensignals beträgt dann 50 %. Um hingegen ein Audiosignal mit 100 Hz bei Vollausschlag zu beschreiben, werden beispielsweise zur Darstellung des sich über mehrere Taktzyklen der Arbeitsfrequenz erstreckenden Scheitels einer positiven Halbwelle immer ein Transistor die maximale Zeit und der andere Transistor die minimal mögliche Zeit eingeschaltet. Um einen Kurzschluss durch gleichzeitiges Schalten beider Transistoren auszuschließen, wird zwischen den Schaltzyklen eine zwangsweise Zeitverzögerung eingefügt. Durch diese Verzögerung kommt es sowohl in der Frequenz-, als auch in der Quantisierungsauflösung zu Verlusten, sowie durch die damit bedingte Verfälschung des Signals zu einem erhöhten Klirrfaktor (THD) des Verstärkers. Aus diesem Grund wird versucht, die Zeitverzögerung so klein wie möglich zu halten.

Das impulsbreitengesteuerte Rechtecksignal, welches nun an seinen Schaltflanken dem Audiosignal eine unendlich hohe Frequenz überlagert, wird dann mittels eines Tiefpassfilters von den höheren Frequenzanteilen außerhalb des Audiospektrums befreit und an die Lautsprecher gegeben. Durch den hochfrequenten Schaltbetrieb ergeben sich verstärkt Störsignale im Bereich der PWM-Frequenz bzw. deren Oberschwingungen, welche bevorzugt durch die Lautsprecherleitungen abgestrahlt werden und die erhöhten Entstörmaßnahmen zur Vermeidung von Funkstörungen und Einhaltung der EMV-Vorschriften sind zu beachten.

Zur Erzeugung eines spannungsgesteuerten Frequenzgenerators der nach dem PWM-Prinzip (Pulsfrequenzmodulation) arbeitet, verwendet man die Schaltung von Abb. 8.20. Der Zeitgeber 555 arbeitet in seiner astabilen Grundschaltung und erzeugt eine bestimmte Frequenz. Durch die Wechselspannung an dem Eingang „Kontrollspannung“ (Pin 5) verändert sich aber die Ausgangsfrequenz, wobei die Rechteckfrequenz proportional zur Spannung des sinusförmigen Wechselsignals ist. Man

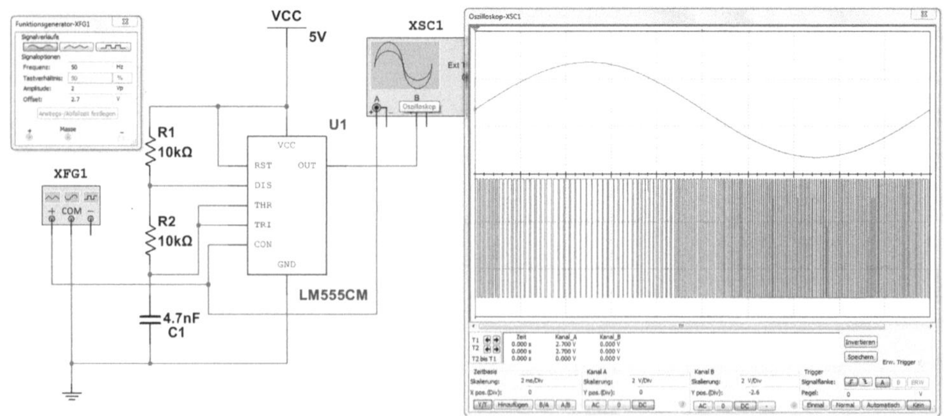

Abb. 8.20 Pulsweitenmodulation (PWM) mittels Baustein 555

beachte die Einstellungen am Funktionsgenerator, denn von diesen Werten hängt im Wesentlichen die Arbeitsweise der Modulation ab.

Wesentlich sicherer arbeitet die Vorstufe einer Modulation mit dem Timer 555. Das Simulationsmodell für den Timer finden Sie in der Bauteilbibliothek mit gemischten Schaltkreisen. Dieser Baustein besteht aus zwei Komparatoren, einem symmetrischen Widerstandsspannungsteiler, Flipflop und Entladungstransistor.

Der Baustein 555 beinhaltet zwei Operationsverstärker, die als Komparatoren arbeiten. Die Leerlaufverstärkung liegt in der Größenordnung von $v_0 \approx 10^5$. Die beiden Komparatorausgänge sind mit einem Flipflop verbunden, das die Eingangsinformationen speichern kann. Dieses Flipflop hat eine Vorzugslage, d. h., wenn man die Betriebsspannung einschaltet, hat der Ausgang Q des Flipflops ein 0-Signal. Dieses Signal wird durch den nachfolgenden Inverter mit einem Leistungstransistor am Ausgang negiert. Der Ausgang hat also nach Einschalten der Betriebsspannung immer ein 1-Signal.

Zwei Komparatoren, ein RS-Flipflop und ein invertierender Ausgangsverstärker sind in dem Zeitgeberbaustein 555 vorhanden. Das Flipflop steuert außerdem direkt einen internen Transistor für die Entladefunktion des externen Kondensators an, der einen offenen Kollektorausgang hat. Ist das Flipflop gesetzt, ist dieser Transistor durchgeschaltet und der Eingang „Entladung" (DIS, Pin 7) befindet sich auf 0 V. Wurde das Flipflop zurückgesetzt, ist der Transistor gesperrt. Mit einem 0-Signal an dem Reset-Eingang (Pin 4) lässt sich das Flipflop direkt zurücksetzen. Im Ruhezustand ist dieser Eingang immer mit $\pm U_b$ zu verbinden.

Wichtig in dem Baustein 555 ist der Spannungsteiler, der aus drei gleich großen Widerständen mit $R = 5\,\text{k}\Omega$ mit einer Toleranz von 1 % besteht. Durch den internen Spannungsteiler ergeben sich folgende Verhältnisse an den beiden Komparatoren:

Komparator I: Schaltpunkt bei 2/3 der Betriebsspannung

Komparator II: Schaltpunkt bei 1/3 der Betriebsspannung

Aus diesen Spannungsverhältnissen lassen sich die einzelnen Funktionen des 555 ableiten. Die Betriebsspannung darf zwischen 4 V und 18 V schwanken, ohne dass sich die Funktionsweise ändert, denn der Spannungsteiler ist direkt mit der Betriebsspannung verbunden.

Der invertierende Eingang des Komparators I ist mit dem Eingang „Kontrollspannung" (Pin 5) verbunden. Über diesen Eingang kann man den Spannungsteiler in seinen Verhältnissen ändern und dies wird bei den Modulationsversuchen verwendet. Wird dieser Eingang nicht benötigt, verbindet man ihn mittels eines Kondensators von 10 nF bis 100 nF mit Masse. Andernfalls kann es im Betrieb unangenehme Störungen geben, besonders bei elektromagnetischen Impulsen.

Die Vergleichsspannung von 2/3 der Betriebsspannung liegt an dem invertierenden Eingang des Komparators I. Legt man an den Eingang „Schwelle" eine Spannung, vergleicht der Komparator I diese mit der Vergleichsspannung und der Eingangsspannung. Ist die Spannung kleiner 2/3 der Betriebsspannung, hat der Ausgang des Komparators ein 1-Signal. Überschreitet die Spannung den Wert 2/3, kippt der Ausgang des Komparators auf 0-Signal. Da eine sehr hohe Leerlaufverstärkung vorhanden ist, erfolgt der negative

Ausgangssprung im µs-Bereich. Mit dieser negativen Flanke wird das nachgeschaltete Flipflop getriggert und setzt sich. Der Ausgang Q des Flipflops hat ein 1-Signal und der Ausgang des 555 (Pin 3) dagegen ein 0-Signal. Unterschreitet die Spannung an dem Eingang „Schwelle“ wieder den Wert 2/3 der Betriebsspannung, kippt der Ausgang des Komparators I von 0- nach 1-Signal zurück. Diese positive Flanke wird aber von dem Flipflop nicht verarbeitet und der Zustand des Flipflops bleibt erhalten.

Die Vergleichsspannung 1/3 der Betriebsspannung liegt an dem nicht invertierenden Eingang des Komparators II. Legt man an den Eingang „Trigger“ (Pin 2) eine Spannung, erfolgt ein Vergleich zwischen interner und externer Spannung. Ist die Triggerspannung größer 1/3 der Betriebsspannung, hat der Ausgang des Komparators ein 1-Signal. Unterschreitet die Triggerspannung den Wert 1/3, schaltet der Komparator an seinem Ausgang auf 0-Signal um und es entsteht eine negative Triggerflanke, die das Flipflop zurücksetzt. Vergrößert sich die Triggerspannung wieder und überschreitet 1/3 der Betriebsspannung, schaltet der Komparator von 0- auf 1-Signal. Die dadurch entstehende positive Flanke hat aber keinen Einfluss auf das Flipflop und es bleibt in seinem stabilen Zustand. Der Ausgang des 555 hat während dieser Zeit immer ein 1-Signal.

Für den 555 ergeben sich daher folgende Trigger-Bedingungen:

Eingang „Schwelle“ (Pin 6):	positiver Triggerimpuls bei 2/3 der Betriebsspannung
Eingang „Trigger“ (Pin 2):	negativer Triggerimpuls bei 1/3 der Betriebsspannung

Die beiden Triggerimpulse müssen an ihren Flanken keine Steilheit aufweisen. Selbst langsame Analogspannungen werden durch die beiden internen Komparatoren digitalisiert und von dem nachgeschalteten Flipflop weiterverarbeitet; Durch seine stabile Funktionsweise ist der Baustein universell in der Praxis verwendbar.

Der Frequenzbereich des 555 liegt zwischen 10^{-3} und 10^{6} Hz. Die Frequenz wird von zwei externen Widerständen und einem Kondensator bestimmt. Dabei ergibt sich eine hohe Frequenzstabilität, denn die Temperaturdrift des 555 liegt bei nur 50 ppm/K (Prozent pro Million/Kelvin).

Die Schaltung von Abb. 8.20 zeigt den 555 in seiner Funktion als Rechteckgenerator. Schaltet man die Betriebsspannung ein, kann sich der Kondensator C über die beiden Widerstände R_1 und R_2 nach einer e-Funktion aufladen. Erreicht die Spannung an dem Kondensator den Wert 2/3 der Betriebsspannung, schaltet der Komparator I das Flipflop. Der Ausgang des 555 kippt auf 0-Signal und gleichzeitig schaltet der interne Transistor durch. Dadurch kann sich der Kondensator nur über den Widerstand R_2 einer e-Funktion entladen. Die Spannung am Kondensator sinkt und unterschreitet die Spannung den Wert 1/3 der Betriebsspannung, schaltet der Komparator das Flipflop wieder zurück. Der Ausgang des 555 hat nun ein 1-Signal und der interne Transistor für die Entladung sperrt. Jetzt kann sich der Kondensator C wieder über die beiden Widerstände aufladen.

Die Ladezeit für den Kondensator C berechnet sich aus

$$t_1 = 0{,}7 \cdot (R_1 + R_2) \cdot C$$

und die Entladezeit aus

$$t_2 = 0{,}7 \cdot R_2 \cdot C$$

Die Periodendauer ist die Addition von t_1 und t_2

$$T = 0{,}7 \cdot (R_1 + R_2) \cdot C + 0{,}7 \cdot R_2 \cdot C$$

$$T = 0{,}7 \cdot (R_1 + 2 \cdot R_2) \cdot C$$

Die Periodendauer ist die Addition von t_1 und t_2 mit Periodendauer und daher die Frequenz des Rechteckgenerators mit dem 555 wird durch die beiden Widerstände und den Kondensator bestimmt mit

$$f = \frac{1}{0{,}7 \cdot (R_1 + 2 \cdot R_2) \cdot C}$$

In der Schaltung hat man folgende Werte: $R_1 = R_2 = 10\ \text{k}\Omega$ und $C = 0{,}1\ \mu\text{F}$. Für die Dauer des 1-Signals gilt

$$\begin{aligned} t_1 &= 0{,}7 \cdot (R_1 + R_2) \cdot C \\ &= 0{,}7 \cdot (10\,\text{k}\Omega + 10\,\text{k}\Omega) \cdot 0{,}1\,\mu\text{F} \\ &= 1{,}4\text{ms} \end{aligned}$$

und für die Periodendauer

$$\begin{aligned} T &= 0{,}7 \cdot (R_1 + 2 \cdot R_2) \cdot C \\ &= 0{,}7 \cdot (10\,\text{k}\Omega + 2 \cdot 10\,\text{k}\Omega) \cdot 0{,}1\,\mu\text{F} \\ &= 2{,}1\ \text{ms} \end{aligned}$$

Damit hat das 0-Signal eine Zeitdauer von $t_2 = 2{,}1\ \text{ms} - 1{,}4\ \text{ms} = 0{,}7\ \text{ms}$. Dies ergibt ein Tastverhältnis von

$$V = \frac{T}{t_1} = \frac{2{,}1\ \text{ms}}{1{,}4\,\text{ms}} = 1{,}5$$

oder einen Tastgrad von $G = 1/V = 0{,}666$.

Die Frequenz errechnet sich aus

$$f = \frac{1}{T} = \frac{1}{0,7 \cdot (R_1 + 2 \cdot R_2) \cdot C} = \frac{1}{0,7 \cdot (10\,\text{k}\Omega + 2 \cdot 10\,\text{k}\Omega) \cdot 0{,}1\mu\text{F}} = 476\,\text{Hz}$$

Die Frequenz lässt sich durch das Widerstandsverhältnis einfach ändern. Hat man einen Baustein 555 in Transistor-Standardtechnologie, dürfen Widerstandswerte zwischen 1 kΩ und 1 MΩ verwendet werden. Hat man dagegen einen 555 in CMOS-Technologie, sind Widerstände bis zu 22 MΩ erlaubt. Für den Kondensator eignen sich Kapazitätswerte zwischen 1 nF und 1000 µF für die Standardtechnologie und bis zu 10000 µF für die CMOS-Technik.

8.5 IC-Leistungsverstärker

IC-Leistungsverstärker weisen gegenüber konventionellen Transistorschaltungen erhebliche Vorteile auf. Der Grund liegt darin, dass Audioentwickler möglichst optimale Verstärkereigenschaften in einen integrierten Baustein bringen wollen und müssen. Die heutigen NF-Leistungsverstärker sind als Monoblock mit einer Ausgangsleistung von $P = 5$ W bis $P = 70$ W oder als Stereoverstärker mit einer Ausgangsleistung von $P = 5$ W bis $P = 50$ W pro Kanal erhältlich. Montiert man sie auf Kühlkörper, sind größere Leistungen möglich. IC-Leistungsverstärker sind besonders sicher aufgebaut und verfügen über mehrere integrierte Schutzmaßnahmen wie thermischem Überlastungsschutz, wenn der IC-Endverstärker ohne Kühlkörper betrieben wird, Kurzschlussschutz, wenn am Ausgang der Endstufe beispielsweise ein Kurzschluss verursacht wird, Verpolungsschutz für die Betriebsspannung, Überspannungsschutz für die Betriebsspannung bzw. für das Abschalten des Lautsprechers und Schutz gegen fehlende Masseverbindungen, wenn beispielsweise der Masseanschluss vom Lautsprecher unterbrochen wird usw. Der Eingangswiderstand beträgt zwischen $R_e = 100$ kΩ und $R_e = 1$ MΩ. Die Bandbreite wird durch externe Auslegung der Gegenkopplung durch Widerstände und Kondensatoren zwischen $f_u = 20$ Hz und $f_o = 20$ kHz festgelegt. Die Ausgangsleistung ist von der Betriebsspannung, Lastwiderstand bzw. Impedanz (Lautsprecher) und von der Größe des Kühlkörpers abhängig. IC-Leistungsverstärker benötigen meistens zwei Betriebsspannungen von $+U_b$ ($+V_{CC}$) und $-U_b$ ($-V_{EE}$), denn es handelt sich um AB-Leistungsendstufen. Befindet sich ein größerer Elektrolytkondensator am Ausgang, handelt es sich um eine komplementäre AB-Endstufe.

Die an den Sperrschichten von Halbleitern in Wärme umgesetzte Verlustleistung muss zur Erhaltung des thermischen Gleichgewichtes an die Umgebung abgeführt werden. Bei Bauelementen, die mit kleiner Verlustleistung betrieben werden, reicht dazu im Allgemeinen die natürliche Wärmeableitung über das Gehäuse an die umgebende Luft aus.

Bei mit größerer Verlustleistung betriebenen Bauelementen müssen zum Verbessern der Wärmeableitung Kühlfahnen oder Kühlsterne vorgesehen werden, womit die wärmeabgebende Oberfläche vergrößert wird.

Bei Leistungsbauelementen schließlich müssen Kühlbleche oder spezielle Kühlkörper verwendet werden, deren Kühlwirkung noch durch besondere Kühlmittel oder Umlaufkühlung unterstützt werden kann. Die in der Sperrschicht erzeugte Wärme wird hauptsächlich durch Wärmeleitung zur Gehäuseoberfläche oder zum Gehäuseboden abgeführt. Ein Maß dafür ist immer der thermische Widerstand zwischen Sperrschicht-Gehäuse R_{thJC}, dessen Wert durch die Konstruktion des Bauelementes festgelegt ist. Die Wärmeabgabe vom Gehäuse zur Umgebungsluft erfolgt durch Wärmeabstrahlung, Konvektion und Wärmeableitung. Die Wärmeabgabe wird durch den äußeren bzw. den thermischen Widerstand R_{thCA} zwischen Gehäuse (case) und Umgebung (air) definiert. Der gesamte thermische Widerstand zwischen Sperrschicht und Umgebungsluft ist:

$$R_{thJA} = R_{thJC} + R_{thCA}$$

Die maximal zulässige Gesamtverlustleistung P_{tot} eines Halbleiterbauelements lässt sich berechnen nach der Gleichung

$$P_{tot} = \frac{\vartheta_{jmax} - \vartheta_{amb}}{R_{thJA}} = \frac{\vartheta_{jmax} - \vartheta_{amb}}{R_{thJC} + R_{thCA}}$$

- ϑ_{jmax}: Maximal zulässiger Wert der Sperrschichttemperatur
- ϑ_{amb}: Im Betrieb unter ungünstigsten Bedingungen auftretender größter Wert der Umgebungstemperatur
- R_{thJC}: Thermischer Widerstand zwischen Sperrschicht und Gehäuse
- R_{thJA}: Thermischer Widerstand zwischen Sperrschicht und Umgebung
- R_{thCA}: Thermischer Widerstand zwischen Gehäuse und Umgebung, dessen Wert von den Kühlbedingungen abhängt. Bei Verwendung eines Kühlbleches oder eines Kühlkörpers wird R_{thCA} bestimmt von dem Wärmekontakt zwischen Gehäuse und Kühlkörper, von der Wärmeausbreitung im Kühlkörper und von der Wärmeabgabe des Kühlblechs an die Umgebung.

Die maximal zulässige Gesamtverlustleistung lässt sich demnach für ein gegebenes Halbleiterbauelement nur durch Ändern von ϑ_{amb} und R_{thCA} beeinflussen. Der thermische Widerstand R_{thCA} muss den Angaben der Kühlkörperhersteller entnommen oder durch Messungen bestimmt werden. Werden Kühlbleche vorgesehen und ist keine optimale Auslegung erforderlich, dann genügen Näherungsangaben für die Dimensionierung.

Die Kurven der Hersteller geben den thermischen Außenwiderstand R_{thJA} an, der bei Verwendung quadratischer Kühlbleche aus Aluminium mit der Kantenlänge a gilt, wenn das Gehäuse des Bauelementes mit einer ebenen Fläche direkt auf dem Kühlblech aufliegt.

Die aus den Diagrammen gewonnenen Kantenlängen a bei vorgegebenen R_{thCA} werden je nach Einbaulage und Oberfläche des Kühlblechs mit den Faktoren α und β multipliziert:

$$\alpha' = \alpha \cdot \beta \cdot a$$
α = 1,00 bei senkrechter Montage
α = 1,15 bei waagerechter Montage
β = 1,00 bei blanker Oberfläche
β = 0,85 bei mattschwarzer Oberfläche

Für eine IC-Leistungsendstufe mit $\vartheta_{jmax} = 150°C$ und $\Delta\vartheta = 5°C/W$ ist ein quadratisches Kühlblech aus blankem Aluminium, waagerecht angeordnet und einer Blechstärke von 2 mm zu berechnen. Die höchst vorkommende Umgebungstemperatur beträgt $\vartheta_{amb} = 50°C$ und die Verlustleistung $P_{tot} = 8$ W.

$$P_{tot} = \frac{\vartheta_{jmax} - \vartheta_{amb}}{R_{thJC} + R_{thCA}}$$

$$R_{thCA} = \frac{\vartheta_{jmax} - \vartheta_{amb}}{P_{tot}} - R_{thJC} = \frac{150°C - 50°C}{8W} - 5°C/W = 7{,}5°C/W$$

Mit $R_{thCA} = 7{,}5\,°C/W$ und $\Delta\vartheta = 60\,°C$ ergibt sich aus den Kurven für eine Blechstärke von 2 mm eine Kantenlänge von a = 90 mm. Dieser Wert muss wegen der waagerechten Anordnung noch mit dem Faktor $\alpha = 1{,}15$ multipliziert werden, sodass für das Kühlblech eine Kantenlänge von 105 mm vorzusehen ist. Soll aus einem gegebenen Kühlblech die zulässige Verlustleistung berechnet werden, so ist mit einem angenommenen Δt zu rechnen. Das Ergebnis ist eventuell mit dem tatsächlichen $\Delta\vartheta$ neu zu bestimmen.

8.5.1 20-W-IC-Leistungsverstärker LM1875

Der LM1875 ist ein integrierter Leistungsverstärker im 5-poligen TO-220-Gehäuse mit einem extrem niedrigen Klirrfaktor von 0,015 %, gemessen an einer Betriebsspannung mit ±20 V und einer Eingangsfrequenz von 1 kHz. Der LM1875 hat eine Ausgangsleistung von $P = 20$ W bei einer Lautsprecherimpedanz von $Z = 4\ \Omega$ und einer Betriebsspannung von ±25 V bzw. eine maximale Ausgangsleistung von $P = 30$ W, wenn die Betriebsspannung ±25 V beträgt, vorausgesetzt, der IC-Verstärker ist an einem großen Kühlkörper montiert. Wenn die Lautsprecherimpedanz $Z = 8\ \Omega$ und die Betriebsspannung ±25 V ist, ergibt sich eine Ausgangsleistung von etwa 15 W. Für den Verstärker sind zwei Betriebsspannungen zwischen ±8 V und ±30 V und ein großer Kühlkörper erforderlich. Abb. 8.21 zeigt die Schaltung und Anschlussbelegung.

Bei guter Kühlung lässt sich mit dem LM1875 eine Ausgangsleistung von $P = 30$ W erreichen und es ergibt sich eine typische Verstärkung von 90 dB. Der Klirrfaktor wird mit 0,015 % bei einer Eingangsfrequenz von 1 kHz und einer Ausgangsleistung von

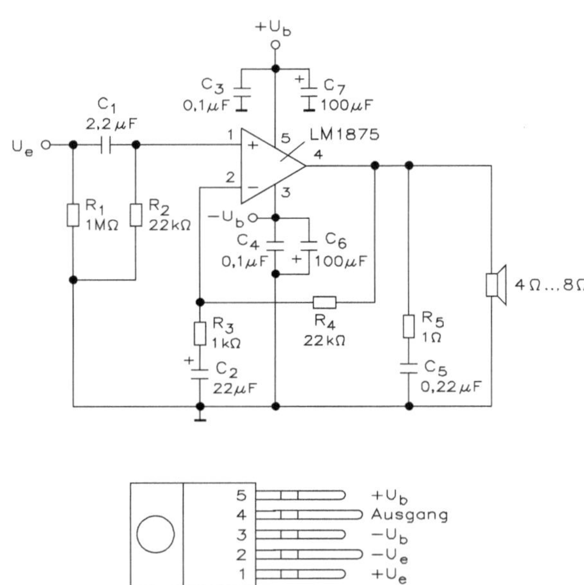

Abb. 8.21 Schaltung und Anschlussbelegung des 20-W-IC-Leistungsverstärkers LM1875

$P = 20$ W angegeben. Die Bandbreite beträgt 70 kHz und wird durch die externen Bauelemente bestimmt.

Am Eingang des Verstärkers befindet sich ein RC-Glied mit C_1 und R_2. Die untere Frequenz dieses Hochpassfilters berechnet sich aus

$$f_\mathrm{u} = \frac{1}{2 \cdot \pi \cdot R_2 \cdot C_1} = \frac{1}{2 \cdot 3{,}14 \cdot 22\,\mathrm{k\Omega} \cdot 2{,}2\,\mathrm{\mu F}} = 0{,}3\mathrm{Hz}$$

Unterhalb dieser Frequenz lässt das Hochpassfilter keine Frequenzen durch und schützt so den Eingang vor unerwünschten Frequenzen unter 1 Hz bis hin zum reinen Gleichstromsignal. Der Widerstand R_3 und der Kondensator C_2 bilden einen Tiefpass und die Berechnung ist

$$f_\mathrm{T} = \frac{1}{2 \cdot \pi \cdot R_3 \cdot C_2} = \frac{1}{2 \cdot 3{,}14 \cdot 1\,\mathrm{k\Omega} \cdot 22\,\mathrm{\mu F}} = 7{,}24\,\mathrm{Hz}$$

Der Widerstand R_5 und der Kondensator C_5 sind parallel zum Lautsprecher und die Frequenz für den Tiefpass ist

$$f_\mathrm{T} = \frac{1}{2 \cdot \pi \cdot R_5 \cdot C_5} = \frac{1}{2 \cdot 3{,}14 \cdot 1\,\Omega \cdot 0{,}22\,\mathrm{\mu F}} = 724{,}7\,\mathrm{kHz}$$

Damit ergibt sich eine Bandbreite von etwa 720 kHz mit einer unteren Frequenz von 7,24 Hz und einer oberen mit 724,7 kHz. Durch Änderung der Widerstände und Kondensatoren lassen sich die untere und obere Grenzfrequenz bestimmen. Abb. 8.22 zeigt eine bestückte Platine mit einem 20-W-IC-Leistungsverstärker LM1875.

Der Kondensator C_2 und der Widerstand R_3 bestimmen zusammen mit dem Widerstand R_4 die Rückkopplung und damit den Verstärkungsfaktor. Für die Frequenz von 100 Hz ergibt sich eine entsprechende Verstärkung. Zuerst wird der kapazitive Blindwiderstand berechnet

$$X_\mathrm{C} = \frac{1}{2 \cdot \pi \cdot f \cdot C_2} = \frac{1}{2 \cdot 3{,}14 \cdot 100\,\mathrm{Hz} \cdot 22\,\mathrm{\mu F}} = 72\,\Omega$$

Hieraus ergibt sich der Scheinwiderstand für die Reihenschaltung von Kondensator C_2 und der Widerstand R_3:

$$Z = \sqrt{(R_3)^2 + (X_C)^2} = \sqrt{(1\,\mathrm{k\Omega})^2 + (72\,\Omega)^2} \approx 1\,\mathrm{k\Omega}$$

Aus dem Scheinwiderstand lässt sich die Verstärkung berechnen

$$v = \frac{R_4}{Z} = \frac{22\,\mathrm{k\Omega}}{1\,\mathrm{k\Omega}} = 22 \quad \text{oder} \quad v_\mathrm{dB} = 20 \cdot \log 22 = 20 \cdot 1{,}3 = 26$$

Für die Frequenz von 10 Hz ergibt sich eine entsprechende Verstärkung. Zuerst wird der kapazitive Blindwiderstand berechnet

$$X_\mathrm{C} = \frac{1}{2 \cdot \pi \cdot f \cdot C_2} = \frac{1}{2 \cdot 3{,}14 \cdot 10\,\mathrm{Hz} \cdot 22\,\mathrm{\mu F}} = 723{,}7\,\Omega$$

Abb. 8.22 Bestückte Platine für einen 20-W-IC-Leistungsverstärker mit dem LM1875

Hieraus ergibt sich der Scheinwiderstand für die Reihenschaltung von Kondensator C_3 und der Widerstand R_3:

$$Z = \sqrt{(R_3)^2 + (X_{C_3})^2} = \sqrt{(1\,\mathrm{k\Omega})^2 + (723{,}7\,\Omega)^2} \approx 1{,}23\,\mathrm{k\Omega}$$

Aus dem Scheinwiderstand lässt sich die Verstärkung berechnen

$$v = \frac{R_4}{Z} = \frac{22\,\mathrm{k\Omega}}{1{,}23\,\mathrm{k\Omega}} = 17{,}9 \quad \text{oder} \quad v_{\mathrm{dB}} = 20 \cdot \log 17{,}9 = 20 \cdot 1{,}25 = 25$$

Für die Frequenz von 1 kHz ergibt sich eine entsprechende Verstärkung. Zuerst wird der kapazitive Blindwiderstand berechnet

$$X_C = \frac{1}{2 \cdot \pi \cdot f \cdot C_2} = \frac{1}{2 \cdot 3{,}14 \cdot 1\,\mathrm{kHz} \cdot 22\,\mu\mathrm{F}} = 7{,}2\,\Omega$$

Hieraus ergibt sich der Scheinwiderstand für die Reihenschaltung von Kondensator C_2 und Widerstand R_3

$$Z = \sqrt{(R_3)^2 + (X_{C_2})^2} = \sqrt{(1\,\mathrm{k\Omega})^2 + (7{,}2\,\Omega)^2} \approx 1\,\mathrm{k\Omega}$$

Aus dem Scheinwiderstand lässt sich die Verstärkung berechnen

$$v = \frac{R_4}{Z} = \frac{22\,\mathrm{k\Omega}}{1\,\mathrm{k\Omega}} = 22 \quad \text{oder} \quad v_{\mathrm{dB}} = 20 \cdot \log 22 = 20 \cdot 1{,}34 = 26{,}8$$

Aus dieser Berechnung kann man die Frequenzabhängigkeit der externen Bauelemente erkennen. Über der unteren Grenzfrequenz von 20 Hz bleibt der Verstärkungsfaktor konstant.

Der LM1875 verfügt über mehrere integrierte Schutzmaßnahmen wie thermischer Überlastungsschutz, Kurzschlussschutz, Verpolungsschutz, Überspannungsschutz und Schutz gegen fehlende Masseverbindungen. Der Bereich der Betriebsspannung kann zwischen ± 10 V bis ± 30 V betragen. Bei einem Betriebsstrom von >4 A schaltet der LM1875 ab.

Für die Betriebsspannungen benötigt man zwei Elektrolytkondensatoren mit je 100 µF, besser 1000 µF. Parallel zu diesen sind noch zwei ungepolte Kondensatoren vorhanden, die zur HF-Entstörung dienen.

8.5.2 Dualer 40-W-IC-Leistungsverstärker LM1876

Der LM1876 ist ein integrierter Stereo-Leistungsverstärker mit einem extrem niedrigen Klirrfaktor. Der LM1876 hat zwei Ausgangsleistungen von je $P = 20$ W bei einer Lautsprecherimpedanz von $Z = 4\ \Omega$ und es sind zwei Betriebsspannungen mit ± 25 V erforderlich. Abb. 8.23 zeigt die Schaltung und Anschlussbelegung.

Im Gegensatz zum LM1875 fehlt am Eingang der Schaltung ein Hochpass beim LM1876. Die Eingangsspannung liegt über ein Potentiometer an und damit kann man direkt die Größe des Ausgangssignals einstellen, denn es handelt sich um den Lautstärkeeinsteller. Statt dieser Eingangsschaltung kann auch ein Hochpass vorgeschaltet werden. Die Betriebsspannung liegt zwischen ± 10 V und ± 36 V. Von Betriebsspannung und Kühlkörper ist die Ausgangsleistung abhängig. Der Frequenzbereich des LM1876 beträgt zwischen 20 Hz und 20 kHz und der Klirrfaktor liegt unter 0,1 % bei einer Ausgangsleistung von P = 40 W je Ausgangskanal.

Die untere Grenzfrequenz der Schaltung, die vom Widerstand R_i und dem Kondensator C_i bestimmt wird, errechnet sich aus

$$f_g = \frac{1}{2 \cdot \pi \cdot R_i \cdot C_i} = \frac{1}{2 \cdot 3{,}14 \cdot 1\,\mathrm{k\Omega} \cdot 22\,\mathrm{\mu F}} = 7{,}23\,\mathrm{Hz}$$

Das besondere am LM1876 ist die direkte Abschaltfunktion (Pin 6 und Pin 11) und die Standby-Funktion (Pin 9 und Pin 14). In der Standby-Funktion beträgt die Stromaufnahme nur 4,2 mA. Bei guter Kühlung und einer Betriebsspannung von ± 36 V lässt sich mit dem LM1876 eine Ausgangsleistung von 2 × 20 W erreichen. Der Klirrfaktor wird mit 0,009 % bei 1 kHz und 2 × 15 W angegeben. Der LM1876 verfügt über mehrere integrierte Schutzmaßnahmen wie thermischer Überlastungsschutz, Kurzschlussschutz, Verpolungsschutz,

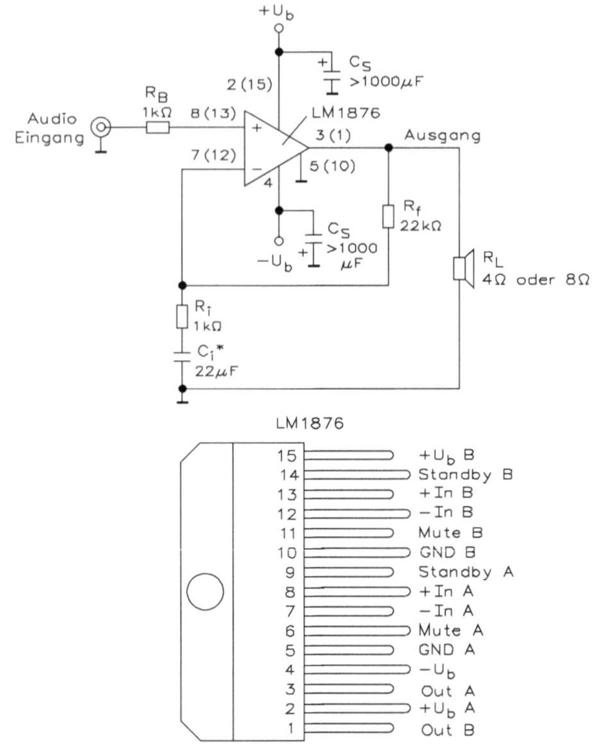

Abb. 8.23 Schaltung und Anschlussbelegung des dualen 40-W-IC-Leistungsverstärkers LM1876, wobei nur ein Kanal gezeigt ist

Überspannungsschutz und Schutz gegen fehlende Masseverbindungen. Abb. 8.24 zeigt die Schaltung und Anschlussbelegung.

Für die Betriebsspannungen benötigt man zwei Elektrolytkondensatoren mit je 100 µF, besser 1000 µF. Parallel zu diesen sind noch zwei ungepolte Kondensatoren vorhanden, die zur HF-Entstörung dienen.

8.5.3 40-W-IC-Leistungsverstärker LM2876

Der Baustein LM2876 dient zur Ansteuerung eines Lautsprechers mit einer Impedanz von $Z = 8\ \Omega$ und es wird eine Leistung von $P = 40$ W erzeugt. Bei guter Kühlung erreicht man kurzzeitig Spitzenleistungen von $P = 75$ W, bei einer Betriebsspannung von ±36 V und einer Lautsprecherimpedanz von $Z = 8\ \Omega$. Abb. 8.25 zeigt die Schaltung und Anschlussbelegung im TO-220-Gehäuse.

Der Signal/Rauschabstand beträgt ≥ 95 dB (min) und der Klirrfaktor wird mit 0,06 % angegeben. Der LM2876 verfügt über mehrere integrierte Schutzmaßnahmen wie thermischer Überlastungsschutz, Kurzschlussschutz, Verpolungsschutz, Überspannungsschutz und Schutz gegen fehlende Masseverbindungen. Der Bereich der Betriebsspannung kann zwischen ±10 V und ±36 V betragen, wobei die maximale Ausgangsleistung von

Abb. 8.24 Bestückte Platine des dualen 40-W-IC-Leistungsverstärkers LM1876, wobei zwei Kanäle vorhanden sind

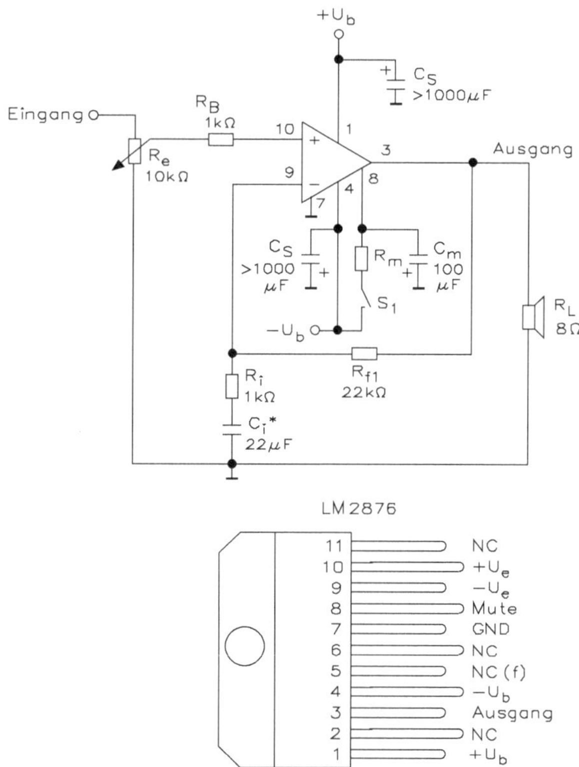

Abb. 8.25 Schaltung und Anschlussbelegung des 40-W-IC-Leistungsverstärkers LM2876

der Betriebsspannung und von der Impedanz des Lautsprechers abhängig ist. Über den MUTE-Eingang lassen sich alle Funktionen des LM2876 digital abschalten. Schließt man den Schalter S_1, liegt der MUTE-Eingang auf der negativen Betriebsspannung und der Verstärker schaltet ab. Öffnet man den Schalter, lädt sich der Kondensator über den Widerstand auf und die Spannung an dem Eingang erreicht einen Signalpegel, ab dem der LM2876 reagiert und den Ausgang wieder freigibt.

Für die Betriebsspannungen benötigt man zwei Elektrolytkondensatoren mit je 100 µF, besser sind 1000 µF. Parallel zu diesen sind noch zwei ungepolte Kondensatoren vorhanden, die zur HF-Entstörung dienen. Wie groß ist die untere Grenzfrequenz der Schaltung, die vom Widerstand R_i und dem Kondensator C_i bestimmt wird. Sie errechnet sich aus

$$f_g = \frac{1}{2 \cdot \pi \cdot R_i \cdot C_i} = \frac{1}{2 \cdot 3{,}14 \cdot 1\,\text{k}\Omega \cdot 22\,\mu\text{F}} = 7{,}23\,\text{Hz}$$

Die obere Grenzfrequenz wird von den internen Bauelementen bestimmt oder man schaltet vor den Eingang ein Tiefpassfilter.

8.5.4 56-W-IC-Leistungsverstärker LM3875

Der LM3875 erzeugt eine Ausgangsleistung von $P = 56$ W an einer Lautsprecherimpedanz von $Z = 8\ \Omega$ und einer Betriebsspannung von ±32 V. Bei guter Kühlung erreicht man kurzzeitig Spitzenleistungen von $P = 100$ W, wenn mit einer Betriebsspannung von ±42 V gearbeitet wird. Abb. 8.26 zeigt die Schaltung und Anschlussbelegung im 11-poligen TO-220-Gehäuse.

Die Betriebsspannung soll ±12 V nicht unterschreiten, da sonst die Spezifikationen für den Klirrfaktor von 0,06 % nicht eingehalten werden können. Normalerweise arbeitet man mit Betriebsspannungen von ±12 V bis ±42 V und die Ausgangsleistung ist auch von der Größe des Kühlkörpers abhängig. Bei einem Frequenzbereich von 20 Hz bis 20 kHz ergibt sich ein Klirrfaktor unter 0,1 %, wenn eine Ausgangsleistung von $P = 56$ W an einem Lautsprecher mit einer Impedanz von $Z = 8\ \Omega$ umgesetzt wird. Das Verhältnis zwischen Signal und Rauschen wird mit 95 dB (Minimum) angegeben, wenn das Eingangsrauschen bei 2 µV liegt.

Der LM3875 verfügt über mehrere integrierte Schutzmaßnahmen wie thermischer Überlastungsschutz, Kurzschlussschutz, Verpolungsschutz, Überspannungsschutz und Schutz gegen fehlende Masseverbindungen. Die Steuermöglichkeiten fehlen wie bei den anderen IC-Leistungsverstärkern. Die Kondensatoren für eine Betriebsspannung liegen bei 100 µF, besser 1000 µF. Parallel zu den Kondensatoren sind 0,1 µF zu schalten, damit die Schaltung keine HF-Störungen ausgibt.

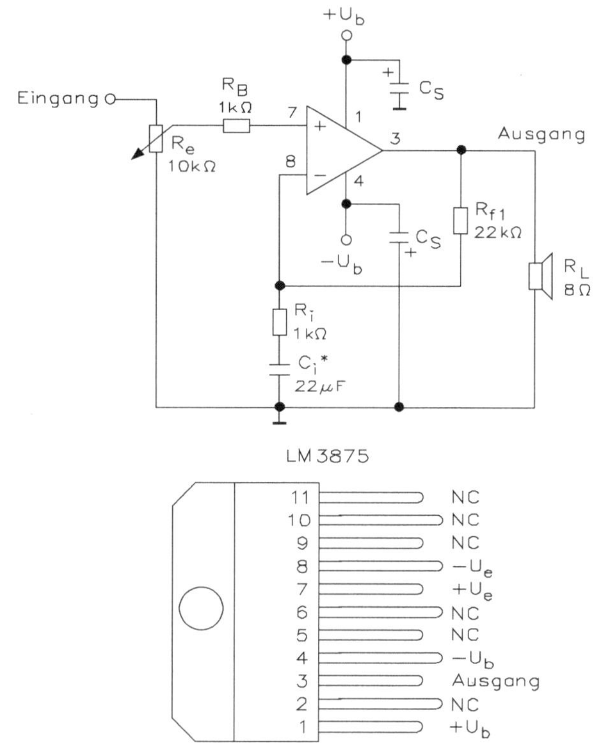

Abb. 8.26 Schaltung und Anschlussbelegung des 56-W-IC-Leistungsverstärkers LM3875

8.5.5 68-W-IC-Leistungsverstärker LM3886

Im Gegensatz zum LM3875 hat der LM3886 die Möglichkeit zur digitalen Abschaltung der Ausgangsleistung über Pin 8 (MUTE). Ist der Schalter S_1 geschlossen, d. h. der MUTE-Steuereingang liegt an der negativen Betriebsspannung, sind die beiden Verstärker ohne Funktion. Öffnet man den Schalter, lädt sich der Kondensator C_m über den Widerstand R_m auf und erreicht die Spannung einen bestimmten Wert, sind die beiden Endstufen wieder im Betriebszustand.

Der LM3886 arbeitet mit einer Betriebsspannung zwischen ±12 V und ±46 V, und Abb. 8.27 zeigt die Schaltung und Anschlussbelegung. Die Ausgangsleistung ist von der Impedanz des Lautsprechers und von der Betriebsspannung des IC-Verstärkers abhängig und beträgt $P = 68$ W, wenn $Z = 4\ \Omega$ ist und eine Betriebsspannung von ±35 V anliegt. Beträgt die Betriebsspannung dagegen ±28 V und die Lautsprecherimpedanz hat $Z = 4\ \Omega$ ergibt sich eine Ausgangsleistung von $P = 38$ W Die maximale Spitzenleistung von $P = 135$ W kann nur kurz erfüllt werden, wenn die Betriebsspannung ±46 V und $Z = 4\ \Omega$ beträgt, selbst wenn der LM3886 auf einem großen Kühlkörper installiert ist. Der LM3886 verfügt über mehrere integrierte Schutzmaßnahmen wie thermischer Überlastungsschutz, Kurzschlussschutz, Verpolungsschutz, Überspannungsschutz und Schutz gegen fehlende Masseverbindungen.

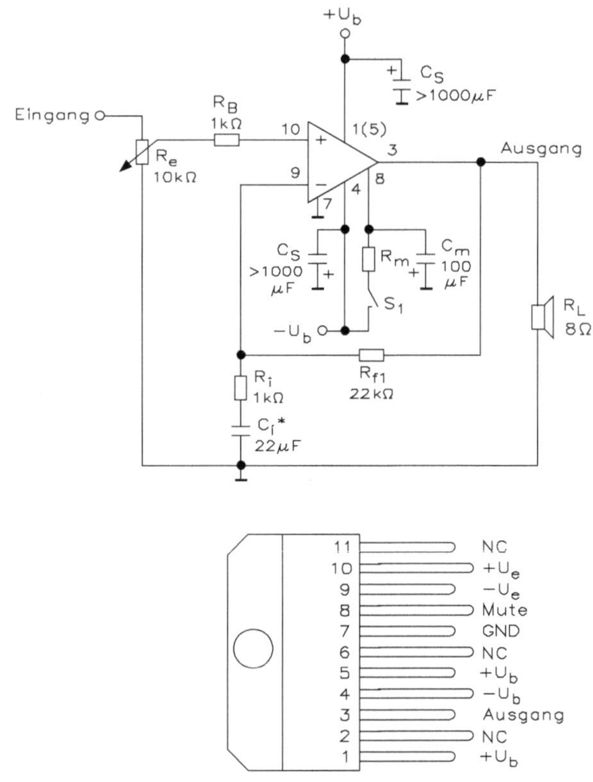

Abb. 8.27 Schaltung und Anschlussbelegung des 68-W-IC-Leistungsverstärkers LM3886

Die Bandbreite der Verstärkung reicht von 20 Hz bis 20 kHz. Der Gesamtklirrfaktor beträgt 0,1 % bei voller Leistung $P = 50$ W und der Klirrfaktor reduziert sich auf 0,03 % bei $P = 38$ W Diese Leistung steht kontinuierlich am Ausgang zur Verfügung bei ±28 V.

8.5.6 Abschaltbarer 30-W-IC-Leistungsverstärker LM4700

Ein abschaltbarer Leistungsverstärker im 11-poligen TO-220-Gehäuse ist in Abb. 8.28 (Schaltung und Anschlussbelegung) gezeigt.

Der LM4700 arbeitet mit einer Betriebsspannung zwischen ±14 V und ±33 V Die Ausgangsleistung ist von der Impedanz des Lautsprechers und von der Betriebsspannung des IC-Verstärkers abhängig und beträgt $P = 30$ W, wenn $Z = 4\ \Omega$ ist und die Betriebsspannung ±33 V beträgt. Der LM4700 verfügt über mehrere integrierte Schutzmaßnahmen wie thermischer Überlastungsschutz, Kurzschlussschutz, Verpolungsschutz, Überspannungsschutz und Schutz gegen fehlende Masseverbindungen.

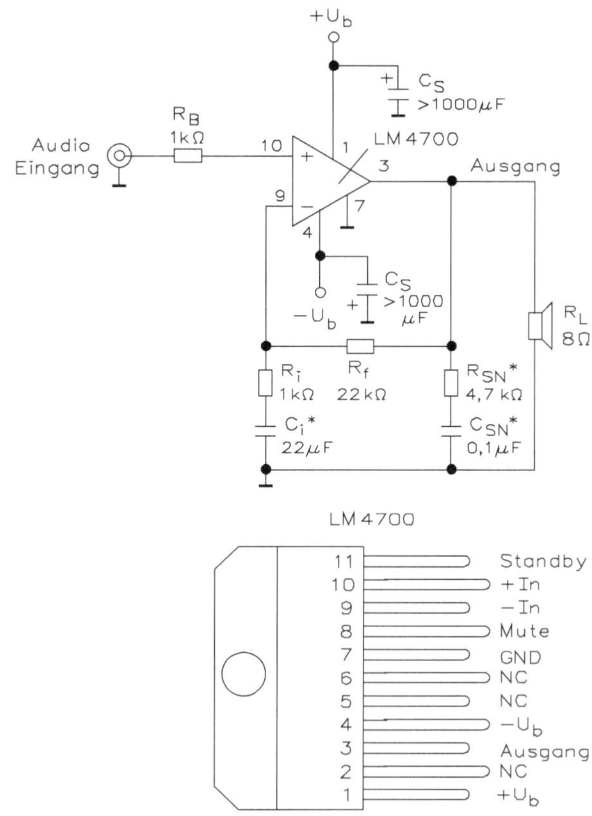

Abb. 8.28 Schaltung und Anschlussbelegung des 30-W-IC-Leistungsverstärkers LM4700

Der LM4700 lässt sich über einen Standby- und einen MUTE-Eingang ansteuern. An dem Standby-Eingang kann man die Endstufe durch ein 1-Signal abschalten und mit einem 0-Signal aktivieren. Im Gegensatz zum MUTE-Eingang hat man die Möglichkeit, durch eine externe Logik den Ein- bzw. Auszustand zu steuern. Über den MUTE-Eingang kann man eine Endstufe beispielsweise schützen, wenn die Verbindung zum Lautsprecher extern unterbrochen wird.

Die Kondensatoren für eine Betriebsspannung liegen bei 100 µF, besser 1000 µF. Parallel zu den Kondensatoren sind 0,1 µF zu schalten, damit die Schaltung keine HF-Störungen ausgibt.

8.5.7 Dualer 11-W-IC-Leistungsverstärker LM4752

Der LM4752 ist ein Stereo-IC-Leistungsverstärker und liefert eine Ausgangsleistung von $P = 2 \times 11$ W. Abb. 8.29 zeigt die Schaltung und Anschlussbelegung.

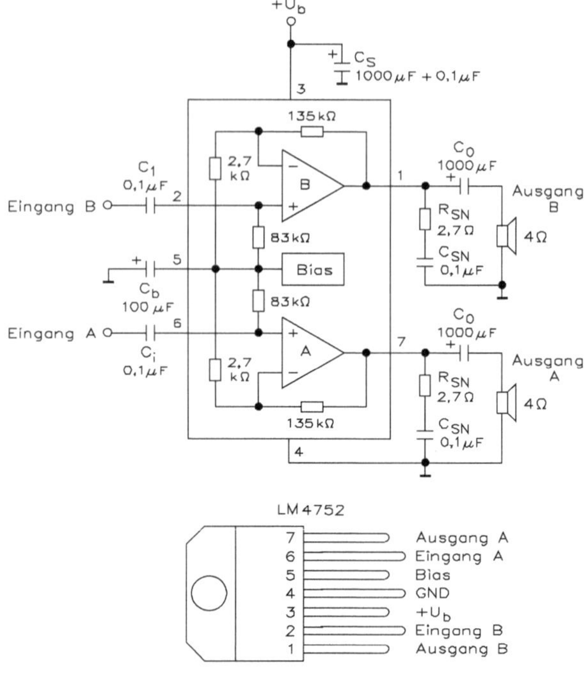

Abb. 8.29 Schaltung und Anschlussbelegung des dualen 11-W-IC-Leistungsverstärkers LM4752

Der LM4752 verfügt über zwei Leistungsendstufen, die in einem Spannungsbereich von ±9 V bis +40 V arbeiten. Es wird nur eine Betriebsspannung benötigt, da es sich um einen komplementären AB-Betrieb handelt, erkennbar an den beiden Kondensatoren $C_0 = 1000\ \mu\text{F}$. Hat der Lautsprecher eine Impedanz von 4 Ω und die Betriebsspannung beträgt 24 V, ergibt sich eine Ausgangsleistung von 11 W pro Kanal. Setzt man dagegen einen Lautsprecher von 8 Ω und die Betriebsspannung beträgt 24 V erreicht man eine Ausgangsleistung von P = 7 W. Die untere Grenzfrequenz wird im Wesentlichen von den beiden Kondensatoren C_0 bestimmt und die Grenzfrequenz errechnet sich aus

$$f_g = \frac{1}{2 \cdot \pi \cdot Z \cdot C_0} = \frac{1}{2 \cdot 3{,}14 \cdot 4\,\Omega \cdot 1000\,\mu\text{F}} = 40\,\text{Hz}$$

Mit den internen Widerständen von 135 kΩ und 2,7 kΩ ist die Verstärkung festgelegt

$$v = \frac{135\,\text{k}\Omega}{2{,}7\,\text{k}\Omega} = 50$$

Die Verstärkung in dB ist

$$v_{\text{dB}} = 20 \cdot \log \frac{135\,\text{k}\Omega}{2{,}7\,\text{k}\Omega} = 20 \cdot \log 50 = 20 \cdot 1{,}69 = 34\,\text{dB}$$

Die internen Widerstände sind so ausgelegt, dass sich eine Verstärkung von 34 dB ergibt. Durch die internen Widerstände kann man eine Schaltung realisieren, die ein Minimum an externen Bauelementen benötigt. Die Eingangskondensatoren C_i mit 0,1 μF bilden mit den internen Widerständen ein Filter mit einer Grenzfrequenz von

$$f_g = \frac{1}{2 \cdot \pi \cdot R \cdot C} = \frac{1}{2 \cdot 3{,}14 \cdot 83\,\text{k}\Omega \cdot 0{,}1\,\mu\text{F}} = 19\,\text{Hz}$$

Der Kondensator mit 100 μF stabilisiert die interne Fehlerschaltung (Bias) gegenüber Spannungsschwankungen.

Parallel zu dem Lautsprecher ist ein RC-Glied geschaltet und es ergibt sich eine Grenzfrequenz von

$$f_g = \frac{1}{2 \cdot \pi \cdot R_{SN} \cdot C_{SN}} = \frac{1}{2 \cdot 3{,}14 \cdot 2{,}7\,\Omega \cdot 0{,}1\,\mu\text{F}} = 590\,\text{kHz}$$

Der LM4752 verfügt über mehrere integrierte Schutzmaßnahmen wie thermischer Überlastungsschutz, Kurzschlussschutz, Verpolungsschutz, Überspannungsschutz und Schutz gegen fehlende Masseverbindungen. Ein Abschalten und eine Standby-Betriebsart sind nicht vorhanden.

Der Kondensator für die Betriebsspannung liegt bei 100 μF, besser 1000 μF. Parallel zu dem Kondensator ist ein zusätzlicher Kondensator mit 0,1 μF geschaltet, damit die Schaltung keine HF-Störungen ausgibt.

8.5.8 Dualer 40-W-IC-Leistungsverstärker LM4766

Mit dem LM4766 steht ein Stereo-IC-Leistungsverstärker zur Verfügung, wobei in Abb. 8.30 nur ein Kanal gezeigt ist.

Der LM4766 beinhaltet die Leistungsendstufe mit dem Verstärker A und B. Es handelt sich um zwei getrennte Endstufen, die auch entsprechend zwei separate Betriebsspannungen benötigen, im Bereich zwischen ±10 V bis ±36 V. Betreibt man den LM4766 an zwei Lautsprechern mit einer Impedanz von 8 Ω ergibt sich eine Ausgangsleistung von 2 × 30 W bei einem Klirrfaktor von 0,1 % (max.). Der LM4766 hat die Möglichkeit zur digitalen Abschaltung der Ausgangsleistung über Pin 6 und 11 (MUTE). Wird der Schalter S_1 geschlossen, d. h. der MUTE-Steuereingang liegt an der negativen Betriebsspannung, so sind die beiden Verstärker ohne Funktion. Öffnet man den Schalter lädt sich der Kondensator C_m über den Widerstand R_m auf und erreicht die Spannung einen bestimmten Wert, sind die beiden Endstufen wieder im Betriebszustand.

Der LM4766 verfügt über mehrere integrierte Schutzmaßnahmen wie thermischer Überlastungsschutz, Kurzschlussschutz, Verpolungsschutz, Überspannungsschutz und Schutz gegen fehlende Masseverbindungen. Ein Abschalten der beiden Endstufen ist möglich.

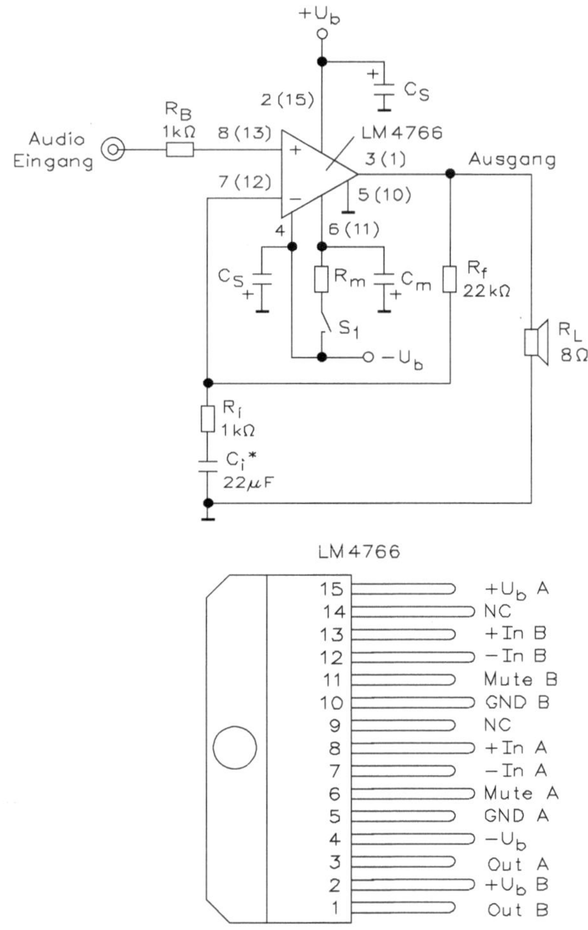

Abb. 8.30 Schaltung und Anschlussbelegung des dualen 40-W-IC-Leistungsverstärkers LM4766, wobei nur eine Endstufe gezeigt ist

8.5.9 Dualer Klasse-D-Verstärker TPA3110

Mit dem integrierten Baustein TPA3110 lässt sich ein Verstärker mit zwei Kanälen für den D-Betrieb realisieren. Abb. 8.31 zeigt das Blockschaltbild und die Anschlüsse am Baustein.

Ein intern symmetrisch arbeitender Dreiecksgenerator schwingt mit einer Frequenz von ca. 250 kHz und dies entspricht einer Frequenzauflösung der Samplerate von 96 kHz, dessen Pegel von einem Komparator mit dem Pegel des zu verstärkenden Eingangssignals verglichen wird. Um ein mit 44,1 kHz gesampeltes 20-kHz-Audiosignal korrekt abzubilden, muss die Schaltfrequenz des TPA3110 mindestens 100 kHz betragen, damit

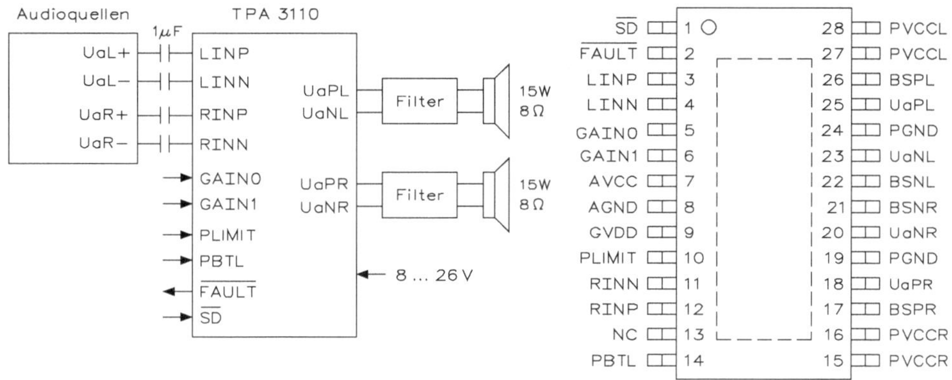

Abb. 8.31 Blockschaltbild und Anschlüsse am Verstärker TPA3110

wenigstens fünf Schaltzyklen die 20-kHz-Welle beschrieben werden können. Durch den Aufbau als Komparator verändert die Schaltung das analoge Tonsignal. Ist das Dreiecksignal größer als das Tonsignal, springt der Ausgang auf 1-Signal, ist es kleiner, dann auf 0-Signal. Die maximale Impulsbreite ist dabei kleiner als die Zykluszeit der Arbeitsfrequenz, und kann somit nie länger als ein Taktzyklus ein- oder ausgeschaltet (1 oder 0) sein. Das Tonsignal liegt im Tastverhältnis des PWM-Signals vor und der Mittelwert ist dadurch etwa proportional zum Mittelwert des Tonsignals. Dieses PWM-Signal liegt an der Endstufe, in welcher die eigentliche Verstärkung stattfindet. Die Endstufe besteht aus zwei Leistungstransistoren im Schaltbetrieb für je eine positive und eine negative Halbwelle.

Der TPA3110 wird entweder als Halbbrücke mit zwei Transistoren und symmetrischer Betriebsspannung (positive und negative Betriebsspannung gegen Masse) aufgebaut, oder bei einfacher Spannungsversorgung mit vier Transistoren als Vollbrücke, die zur Lastaufteilung zwei Halbbrückenstufen verwendet, welche jeweils die Hälfte des Ausgangsstroms erzeugt. Ein Vollbrückenverstärker hat jedoch aufgrund der höheren Schaltverluste einen bis zu 10 % etwas geringeren Gesamtwirkungsgrad. Die Transistoren einer Halbbrücke schalten dabei grundsätzlich mit jedem Taktzyklus um (ein Transistor für den Schaltzustand 1, der andere für 0). Um den Audiopegel $-\infty$ (minus unendlich) zu realisieren, schalten die Transistoren also gleichmäßig ein und aus, d. h. das Verhältnis von 0- und 1-Zuständen des Signals beträgt immer 50 %. Um aber ein Audiosignal mit 100 Hz bei Vollausschlag zu erzeugen, werden beispielsweise zur Darstellung des sich über mehrere Taktzyklen der Arbeitsfrequenz erstreckenden Scheitels einer positiven Halbwelle immer ein Transistor die maximale Zeit und der andere Transistor die minimal mögliche Zeit eingeschaltet. Um einen Kurzschluss durch gleichzeitiges Schalten beider Transistoren auszuschließen und es wird zwischen den

Schaltzyklen eine zwangsweise Zeitverzögerung eingefügt. Durch diese Verzögerung kommt es sowohl in der Frequenz-, als auch in der Quantisierungsauflösung zu Verlusten, sowie durch die damit bedingte Verfälschung des Signals zu einem erhöhten Klirrfaktor (THD) führt. Aus diesem Grund wird versucht, die Zeitverzögerung so klein wie möglich zu halten, wobei bei den üblicherweise im Audiobereich verwendeten MOSFETs eine effektive Zeitverzögerung auftritt.

Das impulsbreitengesteuerte Rechtecksignal, welches an seinen Schaltflanken dem Audiosignal eine unendlich hohe Frequenz überlagert, wird dann mittels eines Tiefpassfilters von den höheren Frequenzanteilen außerhalb des Audiospektrums unterdrückt und an die Lautsprecher gegeben. Durch den hochfrequenten Schaltbetrieb ergeben sich verstärkt Störsignale im Bereich der PWM-Frequenz bzw. deren Oberschwingungen, welche bevorzugt durch die Lautsprecherleitungen abgestrahlt werden und es ist eine erhöhte Entstörmaßnahme zur Vermeidung von Funkstörungen und Einhaltung der EMV-Vorschriften erforderlich. Zur Vermeidung von Phasenverschiebungen durch die kapazitiven und induktiven Elemente des Ausgangsfilters, sowie der Funkentstörung kommen auch in filterlosen Modulationsverfahren vor, wie die Frequenzspreizung, wodurch sich die Störungen über einen größeren Frequenzbereich streuen lassen.

Während die Frequenzauflösung sich durch Erhöhung der Arbeitsfrequenz verbessern lässt, muss man das Dynamikauflösungsvermögen in Abhängigkeit der Arbeitsfrequenz berücksichtigen und die effektive Zeitverzögerung, sowie den Eingangssignalpegel optimieren. Das Dynamikauflösungsvermögen zwischen zwei nacheinander folgenden Schnittpunkten des Eingangssignals und der Dreiecksspannung ist zwar analog bzw. ist eine unendlich hohe Auflösung möglich, wobei sich mit jeder geänderten Amplitude des Audiosignals auch der Abstand bzw. die Breite des Pulsweitensignals ändern müssen, jedoch können diese Abstände bzw. Breiten niemals vergrößert bzw. kürzer sein als die vorgegebene, effektive Zeitverzögerung.

Dies macht sich statistisch insbesondere bei sehr hohen (positiven oder negativen) Werten des abzutastenden Eingangssignals bemerkbar, also insbesondere bei den Pegelspitzen eines Audiosignals in Vollaussteuerung, welche sich jeweils in sehr kurzen zeitlichen Abständen mit den Pegelspitzen der Dreiecksspannung schneiden. Sobald ein Schnittpunkt in die Zeitverzögerung fällt, erfolgt die Schaltflanke erst nach Ende der Zeitverzögerung, womit der entsprechende Dynamikwert nicht dargestellt werden kann. Da die Schaltflanke im ungünstigsten Fall um die gesamte Zeitverzögerung hinausgezögert wird und zu diesem Zeitpunkt bereits ein ganz anderer Amplitudenwert am Eingang anliegen kann, kann die Auflösung im ungünstigsten Fall generell durch die Zeitverzögerung begrenzt sein. Sind die Schaltflanken des PWW-Signals länger als die Zeitverzögerung, so unterliegt die nachfolgende Schaltflanke wieder der analogen und unendlich geringerer Auflösung.

Ausgehend von einer Schaltfrequenz von 100 kHz (entsprechend einer digitalen Frequenzabtastung mit 44,1 kHz Samplerate) mit einer Zykluszeit von 10 µs sowie einer effektiven Zeitverzögerung von 10 ns wird also im ungünstigsten Fall bzw. in allen anderen Fällen eine generell vereinfachte, auf einen Taktzyklus beschränkte relative Auflösung von 1:1000 erreicht (für den gesamten Aussteuerungsbereich mit positiver und negativer Halbwelle zusammen), mit $2^{10} = 1024$ also entsprechend einer 10-Bit-Digitalauflösung. Diese theoretische Berechnung der Auflösung lässt zur Vereinfachung einerseits etwaige Aussteuerungsreserven sowie weitere Anstiegs- und Abfallzeit der Transistoren, die sich durch thermische Veränderungen, induktive oder kapazitive Anteile im Signalverlauf oder lastbedingt verlängert und somit die Auflösung verschlechtern, sowie andererseits eine analoge bzw. unendlich höhere Auflösung zwischen zwei Halb- oder Viertelperioden eines Zyklus bzw. den einzelnen Schnittpunkten von Eingangssignal und Dreiecksspannung außen vor. Wird der D-Verstärker bei einer Arbeitsfrequenz von rund 250 kHz mit einer Zykluszeit von 4 µs betrieben (in der Frequenzauflösung entsprechend 96 kHz Abtastrate), liegt die relative, auf einen Taktzyklus bezogene Dynamikauflösung, wiederum bei einer effektiven Zeitverzögerung von 10 ns, bei 1:400, mit $2^8 = 256$ entsprechend 8-Bit-Auflösung. Bei einer Schaltfrequenz von 1 MHz, entsprechend einer Zykluszeit von 1 µs, verbleibt innerhalb eines Taktzyklus die relative Auflösung von 1:100, mit $2^6 = 64$ also entsprechend einer 6-Bit-Auflösung. Zum Vergleich beträgt das 16-Bit-Dynamikauflösungsvermögen im CD-Standard 1:65536 (mit $2^{16} = 65536$).

Tab. 8.1 zeigt die Pinfunktionen.

Abb. 8.32 zeigt einen Stereo-Leistungsverstärker mit dem TPA3110. Man erkennt links die beiden Eingänge und rechts die beiden Ausgänge. Für den Betrieb benötigt man eine Gleichspannung (AVSS, PVCC) bis maximal 30 V und Masse (GND). Liegt eine Gleichspannung von +24 V an dem TPA3110, ergibt sich eine Leistung von 2 × 15 W mit einem Klirrfaktor von 0,1 %. Die Bemessung der LC-Filter sind in Abb. 8.33 gezeigt.

Der Baustein verfügt über eine EMI (Electromagnetic Interference)-Unterdrückung und benötigt daher keine Ausgangsfilter mit Induktionsspulen, was die Materialkosten senkt. Eine Lautsprecher-Schutzschaltung verhindert an den Lautsprechern infolge von unsachgemäßer Bedienung, fehlerhaften Zuspielgeräten oder Alterung der passiven Bauteile keine Schäden.

Abb. 8.33 zeigt unterschiedliche Lautsprecherimpedanzen und die dazugehörigen LC-Glieder für den Leistungsverstärker TPA3110. Abb. 8.34 zeigt den kompletten Aufbau einer Platine mit dem Leistungsverstärker TPA3110.

Der TPA3110 verfügt über mehrere integrierte Schutzmaßnahmen wie thermischer Überlastungsschutz, Kurzschlussschutz, Verpolungsschutz, Überspannungsschutz und Schutz gegen fehlende Masseverbindungen.

Tab. 8.1 Pinfunktionen des Verstärkers TPA3110

Pin		Typ	Beschreibung
Nr.	Name		
1	SD	I	Eingang für die Abschaltfunktion des Ausgangsverstärkers, 0 = Verstärker aktiv, 1 = gesperrt, TTL-Pegel zur Ansteuerung
2	FAULT	O	Ausgang zeigt eine interne Störung an, es sind mehrere integrierte Schutzmaßnahmen wie thermischer Überlastungsschutz, Kurzschlussschutz, Verpolungsschutz, Überspannungsschutz und Schutz gegen fehlende Masseverbindungen vorhanden
3	LINP	I	Positiver Audioeingang für den linken Kanal, maximal 3-V-Eingangsspannung
4	LINN	I	Negativer Audioeingang für den linken Kanal, maximal 3-V-Eingangsspannung
5	GAIN0	I	Externe Verstärkungseinstellung für das niederwertige Bit (LSB)
6	GAIN1	I	Externe Verstärkungseinstellung für das höherwertige Bit (MSB)
7	AVCC	P	Analoge Spannungsversorgung
8	AGND	–	Masse der analogen Spannungsversorgung
9	GVDD	O	Ausgang für FET-Gate-Ansteuerung von maximal 7 V
10	PLIMIT	I	Einstellmöglichkeit für die Stromversorgung und wird mit GVDD verbunden
11	RINN	I	Negativer Audioeingang für den rechten Kanal, maximal 3-V-Eingangsspannung
12	RINP	I	Positiver Audioeingang für den rechten Kanal, maximal 3-V-Eingangsspannung
13	NC	I	Not Connected (kein Anschluss)
14	PBTL	–	Parallele BTL-Betriebsart für Schaltfunktionen
15	PVCCR	I	Stromversorgung für den rechten Kanal der H-Brücke
16	PVCCR	P	Stromversorgung für den rechten Kanal der H-Brücke
17	BSPR	P	Bootstrap-I/O für den rechten Kanal, positiver Ansteuerung für externen FET
18	OUTPR	I	Positiver Ausgang für die H-Brücke des rechten Kanals
19	PGND	–	Masseanschluss für die H-Brücke
20	UaNR	O	Negativer Ausgang für die H-Brücke des rechten Kanals
21	BSNR	I	Bootstrap-I/O für den rechten Kanal, negativer Ansteuerung für externen FET
22	BSNL	I	Bootstrap-I/O für den linken Kanal, negativer Ansteuerung für externen FET
23	OUTNL	O	Negativer Ausgang für die H-Brücke des linken Kanals
24	PGND	–	Masseanschluss für die H-Brücke
25	UaPL	O	Positiver Ausgang für die H-Brücke für den linken Kanal
26	BSPL	I	Bootstrap-I/O für den linken Kanal, positive Ansteuerung für externen FET
27	PVCCL	P	Anschluss für die H-Brücke des linken Kanals
28	PVCCL	P	Anschluss für die H-Brücke des linken Kanals

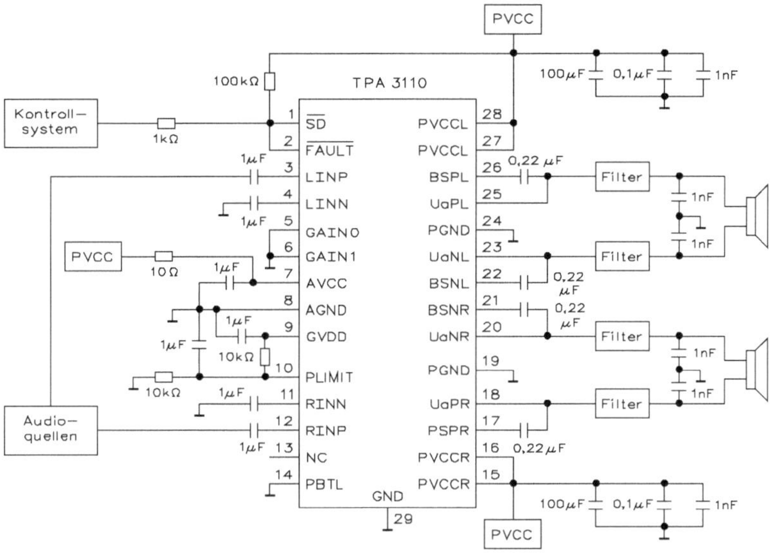

Abb. 8.32 Stereo-Leistungsverstärker mit dem TPA3110

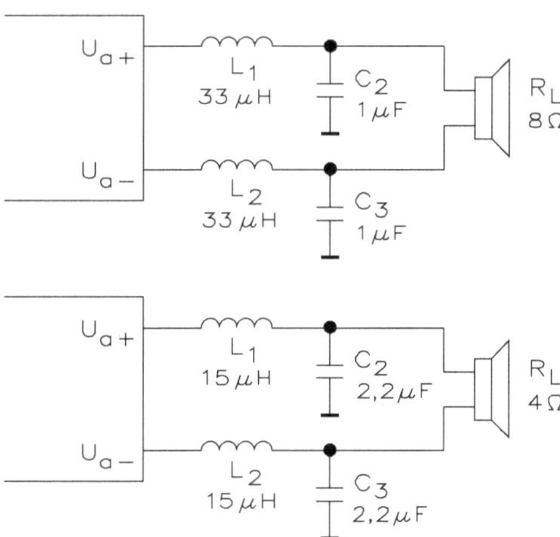

Abb. 8.33 Unterschiedliche Lautsprecherimpedanzen und die dazugehörigen LC-Glieder

Abb. 8.34 Platine mit dem Leistungsverstärker TPA3110

9 Lautsprecher, Frequenzweichen und Boxen

Die Aufgabe eines Lautsprechers (Wandler) ist es, die von einem Endverstärker angebotene Signalleistung in Schall umzuwandeln. Je nach dem zugrunde liegenden Wandlerprinzip sind verschiedene elektroakustische Prinzipien möglich. Die wichtigste Art von Lautsprechern sind dynamische Lautsprecher, die es in Form von Tiefton-, Mittelton- und Hochtonlautsprechern in verschiedenen Ausführungen gibt. Lautsprecher haben die Aufgabe, tonfrequente Schwingungen elektrischer Ströme in entsprechende Schallschwingungen umzusetzen und sind somit zu den elektroakustischen Wandlern zu rechnen. Nachdem diesen Bauelementen in der ELA-Technik (Abkürzung für Elektroakustik) eine große Bedeutung zukommt, sind folgende Bemerkungen zu beachten: Die Urform eines Lautsprechers bestand aus einem magnetischen Hörer mit aufgesetztem Trichter zur Schallverstärkung. Aus diesem Prinzip wurden die sogenannten elektromagnetischen Systeme entwickelt. Die bekannteste Ausführung dieser Bauart waren die Freischwinger, die lange Jahre vorherrschten. Das Prinzip ist eine mit der Spitze der konusförmigen Membran starr verbundener eiserner Anker und dieser wird von einer Sprechspule angetrieben, die oberhalb der Polschuhe eines Dauermagneten angebracht ist. Der Anker ist in der Spulenmitte frei beweglich. Die von den tonfrequenten Strömen durchflossene Spule übt auf den Anker Kräfte aus, die ein Schwingen der Membran bewirken. Der Wechselstromwiderstand der Spulen lag zwischen 200 Ω und 2 kΩ. Die Sprechleistung war nicht größer als 1,5 W. Es gab eine Vielzahl derartiger Konstruktionen, die aber heute – wegen ihres begrenzten Frequenzbereichs (200 Hz bis 5 kHz) – als überholt anzusehen sind. Anfang der 30er Jahre kamen die elektrodynamischen Lautsprecher auf. Das Prinzip ist die Verwendung einer beweglichen Schwingspule in einem starken homogenen magnetischen Feld. Damals war es noch nicht möglich, leistungsstarke Dauermagnete herzustellen. Daher wurde das erforderliche magnetische Feld durch eine Wicklung auf dem Kern eines Topfmagneten erzeugt, die mit Gleichstrom gespeist wurde. Abb. 9.1 zeigt diese Bauart im Schnitt. Man erkennt die Erregerspule mit

H. Bernstein, *Elektroakustik*, https://doi.org/10.1007/978-3-658-25174-1_9

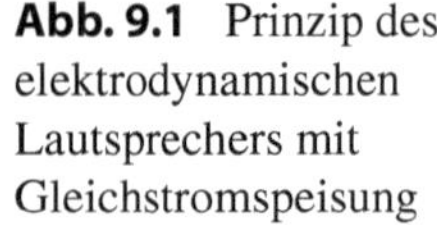

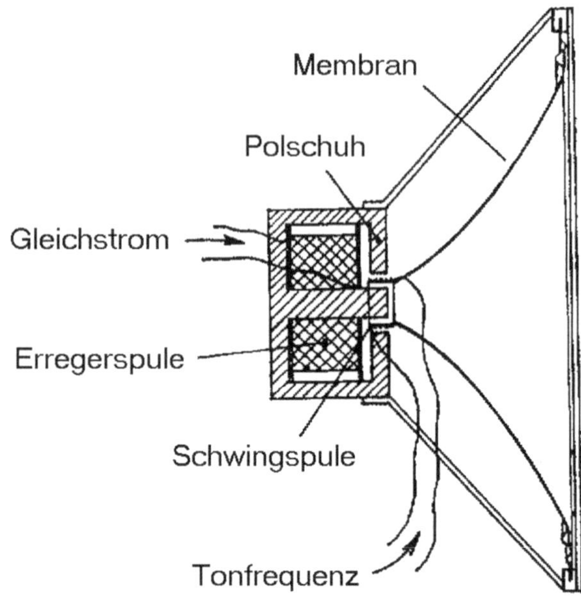

Abb. 9.1 Prinzip des elektrodynamischen Lautsprechers mit Gleichstromspeisung

kreisförmigen Polschuhen und die konusförmige Membran, die an ihrem spitzen Ende, das zylinderförmig ausgebildet ist, die Schwingspule trägt. Im Laufe der Jahre wurden immer bessere Magnetmaterialien entwickelt, sodass man bald auf eine separate Erregerwicklung verzichten konnte.

Abb. 9.2 zeigt eine moderne Konstruktion eines dynamischen Lautsprechers mit Dauermagnet. Anhand dieser Abbildung lässt sich die Arbeitsweise des dynamischen Lautsprechers erklären. Eine Schwingspule (auch Tauchspule genannt) taucht in den kreisförmigen Luftspalt eines Dauermagneten. Diese Spule wird durch eine scheibenförmige Zentrierung gehalten, die – zur Erzielung optimaler Nachgiebigkeit – gewellt ist. Die der Spule zugeführten tonfrequenten Ströme rufen Feldänderungen hervor, die sich in der Bewegung der Spule äußern. Die zylindrische Schwing- oder Tauchspule ist mit dem spitzen Ende einer konusförmigen Membran fest verbunden.

Dieses dynamische Lautsprechersystem ist am weitesten verbreitet. Im Laufe der Jahre hat es eine Vielzahl anderer Lautsprecherkonstruktionen gegeben, die sich jedoch nicht behaupten konnten. Nach dem derzeitigen Stand der Technik ist der dynamische Lautsprecher – zumindest für die Wiedergabe des Tieftonbereichs – die Ideallösung. Ein Ende der Entwicklung ist noch nicht abzusehen, denn in den letzten Jahren wurden besondere Membranmaterialien unter der Verwendung von seltenen Erden entwickelt. Zur Herstellung der benötigten starken Magnetfelder werden Dauermagnete verwendet, die aus Kobalt-Legierungen hergestellt sind.

Bei Abstrahlung der hohen Tonfrequenzen lässt sich bei normalen Lautsprechern (mit üblicher Membran) der abgestrahlte Schall umso stärker bündeln, je höher die

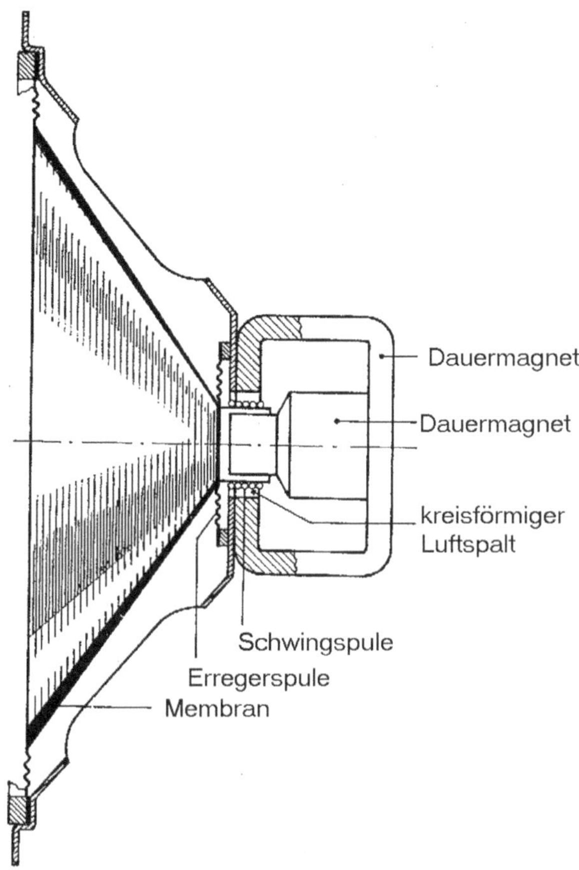

Abb. 9.2 Schnitt durch einen dynamischen Lautsprecher

Frequenz ist. Abb. 9.3 zeigt die Abstrahlung der Tonfrequenzen bei verschiedenartigen Tonfrequenzen. Daher kommt es, dass ein in der verlängerten Lautsprecher-Mittelachse befindlicher Zuhörer die Höhen besser wahrnimmt als die Tiefen. Um dieser Erscheinung entgegenzuwirken, kann im Konusinnern, verbunden mit dem Kern des Magnetsystems, ein konisch geformter „Klangzerstreuer" angebracht werden, wie Abb. 9.4a zeigt. Bereits mit diesem einfachen Hilfsmittel wird ein wesentlich diffuseres

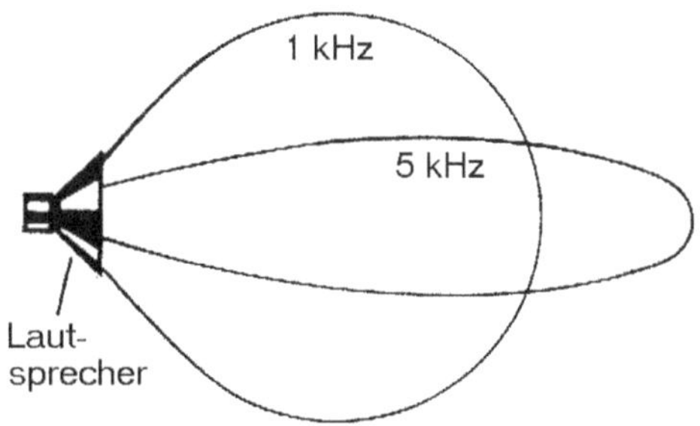

Abb. 9.3 Tonfrequenzen werden verschiedenartig gebündelt abgestrahlt

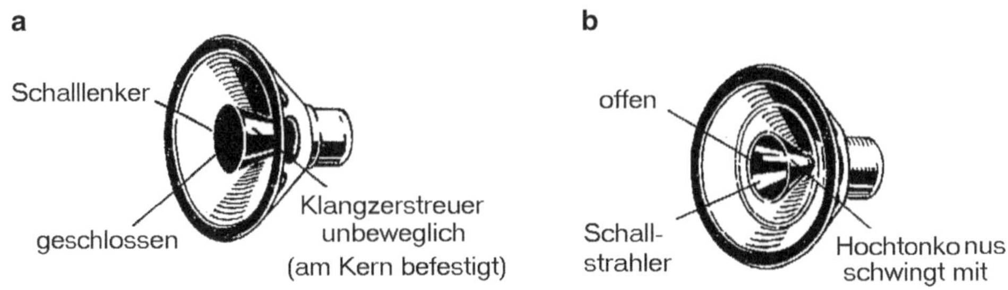

Abb. 9.4 Lautsprecher mit Klangzerstreuer (**a**) und mit Hochtonkonus (**b**)

Klangbild erzeugt. In der weiteren Entwicklung wurde der Klangzerstreuer bei einigen Fabrikaten durch einen mitschwingenden Hochtonkonus ersetzt, wie Abb. 9.4b zeigt. Bei hochwertigen Lautsprecherkombinationen werden fast ausschließlich über Filter angeschlossene Hochtonlautsprecher mit speziellem Abstrahlverhalten verwendet.

Die akustische Aufhängung ist die Bezeichnung für ein Lautsprechersystem, welches für den Einbau in geschlossene Boxen bestimmt ist. Wesentliches Merkmal dieser Bauweise ist das Fehlen einer Zentriermembran oder Spinne, welche normalerweise die Rückstellkraft für die Membran erzeugt und ist in Abb. 9.2 als gewellte Scheibe dargestellt. Bei der akustischen Aufhängung – diese Bezeichnung besteht nach elektroakustischen Gesichtspunkten nicht ganz zu Recht – wird die Rückstellkraft für die Membran nur durch Luftkissen des Gehäusehohlraums hinter dem Lautsprechersystem aufgebracht. Nahezu alle modernen Lautsprechersysteme benutzen dieses Verfahren. Der Nachteil eines geringen Wirkungsgrads wird durch eine besonders flach verlaufende Wiedergabekurve ausgeglichen. Es ist besonders wichtig, dass man Lautsprecher mit akustischer Aufhängung niemals außerhalb eines geschlossenen Gehäuses betreiben darf.

9.1 Dynamischer Tieftonlautsprecher

Der dynamische Lautsprecher ist der wichtigste Wandler und entspricht im Aufbau dem Tauchspulmikrofon. Die aus Pappguss oder Kunststoff bestehende konusförmige Lautsprechermembran ist an ihrem Rand leicht beweglich in einem Chassiskorb aufgehängt. Abb. 9.5 zeigt das Prinzip vom Aufbau eines dynamischen Tieftonlautsprechers. An der Konusspitze befindet sich eine Tauchspule (Schwingspule), die in den ringförmigen Luftspalt eines Topfmagneten eintaucht und die in ihm von einer Zentriermembran, die meist aus einem kunstharzgetränkten Gewebe besteht, zentriert wird.

Die Randeinspannung der Membran am Chassiskorb sind entweder ein weicher Belag aus PVC, Gummi, Leder, Schaumstoffring, Vliesstoffsicke oder ein Ring aus dem Membranstoff mit eingepressten Sicken. Wird die Tauchspule von einer tonfrequenten Stromstärke i durchflossen, so tritt das mit diesem Strom verknüpfte Magnetfeld in Wechselwirkung mit dem statischen Magnetfeld des Topfmagneten auf. Hat das statische

Abb. 9.5 Seitenansicht und Rückseite eines dynamischen Tieftonlautsprechers

Magnetfeld F die Induktion B, so wird auf die Tauchspule hierbei eine axial gerichtete Kraft (l = Windungslänge der Tauchspule) ausgeübt, die mit der Formel zu berechnen ist

$$F = B \cdot i \cdot l$$

Der mit der Tauchspule starr verbundene Konus wird durch die auftretende Wechselkraft in entsprechend axiale Bewegungen versetzt, wodurch in der angrenzenden Luft unterschiedliche Dichteschwankungen hervorgerufen werden. Zusammen mit seiner Masse, den Rückstellkräften und Reibungswiderständen bildet die Membran ein schwingfähiges System, dessen Resonanzfrequenz ω_0 von seiner Masse m und der Steife D der Federung abhängt

$$\omega_0 = \sqrt{\frac{D}{m}}$$

Die antreibende Kraft F erregt in diesem System die Schwingungen mit der Schnelle v errechnet sich aus

$$v = \frac{F}{\sqrt{R^2 + \left(\omega_\mathrm{m} - \frac{D}{\omega}\right)^2}}$$

Die Größe R kennzeichnet den Reibungswiderstand des schwingenden Systems. Die Schnelle $v = x_0 - \omega$ ist das Produkt aus der Amplitude x_0 der Membranauslenkung und der antreibenden Frequenz ω. Für den Fall der aperiodischen Dämpfung des Systems, den man in der Regel anstrebt, ergeben sich für Frequenzen oberhalb und unterhalb der Resonanzfrequenz die folgenden Näherungsbeziehungen

$$v = \frac{F}{\omega \cdot m} \quad \text{für} \quad \omega \ll \omega_0 \qquad v = \frac{F \cdot \omega}{m} \quad \text{für} \quad \omega \ll \omega_0$$

Die von der Membran angestrahlte Schallleistung P_{AK} ist dem Quadrat der Schnelle v und dem Strahlungswiderstand Z_S proportional mit

$$P_{AK} = \frac{1}{2} Z_S \cdot v^2$$

Der Strahlungswiderstand ist ein Maß für die Abgabe von Schallenergie durch den Lautsprecher. Unter der Voraussetzung, dass die Schallwellenlänge groß gegen den Membrandurchmesser $d = 2 \cdot r$ ist, berechnet sich der Strahlungswiderstand näherungsweise zu

$$Z_S = \frac{2 \cdot \pi \cdot \rho}{c} \cdot r^2 \cdot \omega^2$$

Die Schallgeschwindigkeit in Luft ($c = 340$ m/s) und die Dichte ρ der Luft sind in dieser Gleichung enthalten. Setzt man v und Z_S oberhalb der Resonanzfrequenzen ein, so ergibt sich für die Schallleistung aus

$$P_{AK} = \frac{\pi \cdot \rho}{c} \cdot r^4 \cdot \frac{F^2}{m^2}$$

Für die Frequenzen unterhalb der Resonanzfrequenz erhält man eine Schallleistung von

$$P_{AK} = \frac{\pi \cdot \rho}{c} \cdot r^4 \cdot \frac{F^2}{m^2} \cdot \omega^4$$

Oberhalb der Resonanzfrequenz ist die akustische Leistung unabhängig von der Frequenz, während sie unterhalb der Resonanzfrequenz mit der 4. Potenz der Frequenz bzw. um 12 dB pro Oktave abnimmt. Unterhalb der Resonanzfrequenz wird praktisch kein Schall mehr abgestrahlt.

9.1.1 Übertragungskurve des dynamischen Lautsprechers

Dynamische Lautsprecher, die tiefe Töne wiedergeben sollen, müssen also eine möglichst tiefe Eigenresonanz sowie große Membranflächen aufweisen. Außerdem ist der Einbau des Treibers in eine Schallführung zur Abstrahlung tiefer Töne notwendig.

Abb. 9.6 zeigt den grundsätzlichen Verlauf der Übertragungskennlinie eines dynamischen Lautsprechersystems. Im Bereich *A* ist die erzeugte Schallleistung frequenzabhängig, die sich mit abnehmender Frequenz um 12 dB/Oktave reduziert. Im Resonanzbereich *B* wird die abstrahlbare Leistung von der Gesamtdämpfung des Lautsprechersystems bestimmt. Im Bereich *C* ist die entstehende Schallleistung unabhängig von der Frequenz. Im Bereich *D* nimmt die Schallleistung mit 12 dB/Oktave mit zunehmender Frequenz ab. Da mit zunehmender Frequenz der Schall eine zunehmende Bündelung in der Bezugsachse erfährt, wird der Abfall an Schallleistung zum Teil dadurch aufgehoben, dass sich erst bei hohen Frequenzen die Schallleistung in der Lautsprecherbezugsachse verringert.

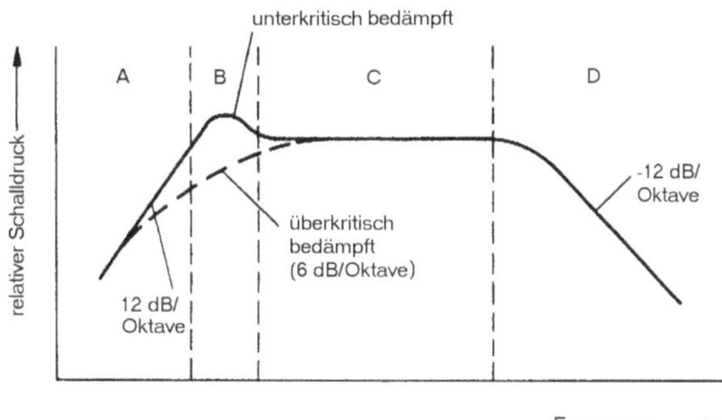

Abb. 9.6 Übertragungskurve eines dynamischen Lautsprechersystems, montiert auf einer unendlichen Schallwand

Nach der Gleichung für den Strahlungswiderstand nimmt dieser mit dem Quadrat der Frequenz zu, ist also bei tiefen Frequenzen dementsprechend sehr klein. Um eine frequenzunabhängige konstante Schallleistung herzustellen, müsste die Membranschnelle v mit $1/\omega^2$ zunehmen. Wegen $v = A \cdot \omega$ müsste sich die Amplitude A der Membranauslenkung mit $1/\omega^2$ vergrößern. Die Amplitude darf jedoch einen bestimmten Wert nicht überschreiten, damit die Tauchspule den Bereich homogenen magnetischen Flusses im Ringspalt des Topfmagneten nicht verlässt. Würde die Tauchspule aus dem homogenen Feldbereich des Topfmagneten heraustreten, kommt es zu nicht linearen Verzerrungen (Intermodulation), da die auslenkende Kraft für die Tauchspule nicht mehr proportional der Stromstärke in der Tauchspule sein würde. Um die hierdurch bedingten Intermodulationsverzerrungen so klein als möglich zu halten, verwendet man bei Tieftonlautsprechern Tauchspulen mit großer Eintauchtiefe, die auch bei größeren Amplituden den homogenen Feldbereich des Topfmagneten nicht verlassen.

Der Topfmagnet ist bei einem Tieftonlautsprecher das teuerste Bauelement. Das technische Problem besteht darin, möglichst viel magnetische Feldenergie im schmalen Ringspalt des Magneten zu konzentrieren. Je stärker das Magnetfeld im Luftspalt zwischen den Polschuhen ist, desto wirksamer kann die Tauchspule und mit ihr die Lautsprechermembran vom tonfrequenten Wechselstrom in der Tauchspule angetrieben werden. Man gibt die Stärke des Magnetfelds im Ringspalt durch die Luftspaltinduktion B_L an, die man in der Einheit „Tesla“ definiert und misst. (1 Tesla = 1 T = 1 Vs/m²). Die magnetische Luftspaltenergie berechnet sich nach der Formel

$$W_L = \frac{B_L^2 \cdot V_L}{8 \cdot \pi \cdot 10^{-7}}$$

W_L = magnetische Luftspaltenergie (Ws)
B_L = Luftspaltinduktion (T)
V_L = Luftspaltvolumen (m^3)

Man wird den Luftspalt möglichst eng konstruieren, damit die Luftspaltinduktion B_L bzw. B_L^2 möglichst groß wird. Zu eng darf jedoch der Luftspalt nicht sein, da sich dann die Tauchspule darin nicht mehr ungehindert bewegen kann. Konstruiert man den Luftspalt breiter, sinkt die Luftspaltinduktion für einen gegebenen Topfmagneten ab und entsprechend verschlechtert sich der Wirkungsgrad bei der Schallumwandlung. Für die Qualität der Lautsprecherwiedergabe spielt jedoch vor allen Dingen der Einbau des Lautsprecherchassis in eine akustisch geeignete Schallführung bzw. Lautsprecherbox die entscheidende Rolle. Man darf die Qualität eines Lautsprecherchassis auf keinen Fall allein aufgrund seiner Resonanzfrequenz und der Magnetfeldstärke bewerten. Man muss sich darüber klar sein, dass ein Chassis allein keine Tieftonwiedergabe ermöglicht. Erst durch dessen Einbau in ein Tieftongehäuse werden tiefe Töne reproduziert. Lautsprecherchassis und Lautsprechergehäuse sind, was die Abstrahlung tiefer Töne anbelangt, ein integriertes System. Die Qualität der Tieftonwiedergabe hängt daher ganz wesentlich von der Lautsprecherbox ab.

Eine weitere magnetische Feldgröße, die in den technischen Datenblättern von Lautsprecherchassis genannt wird, ist der magnetische Gesamtfluss. Er ist das Produkt aus der Luftspaltinduktion B_L (T) und der Fläche A (m^2) des Ringspaltes

$$\Phi = B_L \cdot A$$

Die Gleichung wird in der Maßeinheit Weber (Wb) angegeben (1 Wb = 1 Vs).

Der in technischen Datenblättern genannte Q-Faktor ist ein Maß für die Dämpfung des schwingungsfähigen Lautsprechersystems bzw. ist er der Dämpfung umgekehrt proportional. Die richtige Größe des Q-Faktors ist für ein gegebenes Chassis, das in eine bestimmte Box eingebaut werden soll, bestimmend für die Qualität der Lautsprecherwiedergabe. Man unterscheidet den mechanischen Q-Faktor Q_M und den elektrischen Q-Faktor Q_E. Der totale Q-Faktor Q_T eines gegebenen Chassis ist durch die Beziehung definiert

$$Q_T = \frac{Q_M \cdot Q_E}{Q_M + Q_E}$$

Die Größe von Q_T ist aus den technischen Datenblättern ersichtlich. Je nachdem, ob ein gegebenes Chassis in eine geschlossene Box oder in eine Bassreflexbox bzw. in ein anderes Gehäuse eingebaut werden soll, muss der totale Q-Faktor bestimmte Werte aufweisen.

9.1.2 Lautsprecherchassis und Boxen

In der Regel sollte man das Lautsprecherchassis mit Werten $Q_T > 0{,}4$ nur in geschlossene Gehäuse und mit Werten $Q_T < 0{,}4$ nur in Bassreflexgehäuse einbauen. Einen besseren Hinweis, welches Lautsprecherchassis (Tieftonchassis) in einem bestimmten Lautsprechergehäuse zu verwenden ist, ist aus dem Verhältnis f_R/Q_T (f_R = Resonanzfrequenz des nicht eingebauten Lautsprecherchassis und ebenso Q_T = totaler Q-Faktor des nicht eingebauten Lautsprecherchassis) zu entnehmen. Hiernach ergeben sich folgende Richtlinien:

$\frac{f_R}{Q_T} < 40$ Hz: Chassis für Transmission-Line-Boxen

$\frac{f_R}{Q_T} = 40$ Hz … 80 Hz: Chassis für geschlossene Gehäuse

$\frac{f_R}{Q_T} = 80$ Hz … 120 Hz: Chassis für Bassreflexboxen

$\frac{f_R}{Q_T} > 120$ Hz: Chassis für Exponentialboxen (Hornstrahler)

Beispiele

$f_R = 27$ Hz, $Q_T = 0{,}28$, $f_R/Q_T \approx 96$ Hz (Chassis für Bassreflexbox)

$f_R = 28$ Hz, $Q_T = 0{,}44$, $f_R/Q_T \approx 64$ Hz (Chassis für geschlossene Box)

Der HiFi-Anwender, der eine seinen Wünschen gerecht werdende Lautsprecherbox bauen möchte, sollte also vor Kauf eines Lautsprecherchassis an Hand dieser Richtlinien untersuchen, welches Chassis zum Einbau in Betracht kommt. Erfüllt das Chassis die Voraussetzungen nicht, ist keine gute Tieftonwiedergabe zu erwarten. Mit der Qualität des Chassis hat das nichts zu tun!

Die Schwingspule eines dynamischen Lautsprechers hat einen ohmschen Widerstand, der sich bestimmen lässt durch die Länge, den Querschnitt und durch das Material des verwendeten Spulenleiters. Wird der Widerstand mit einer Wechselspannung gemessen, ergibt sich ein Wert des induktiven Blindwiderstands X_L, der den ohmschen Wert übersteigt. Der Grund ist, dass die Schwingspule eine bestimmte Induktivität aufweist, wodurch die Impedanz (Wechselstromwiderstand) mit höherer Frequenz zunimmt. Die Impedanz der Schwingspule nimmt aber auch deshalb zu, weil in der Spule bei ihrer Bewegung im Magnetfeld des Lautsprechersystems eine Spannung induziert wird, die entgegengesetzt derjenigen gerichtet ist, die dem Lautsprecher von außen vom Verstärker eingespeist wird. Dadurch wird der in der Schwingspule fließende Strom durch die induzierte Spannung abgeschwächt, was natürlich unerwünscht ist. Mit zunehmender Frequenz wird dieser Effekt stärker und bei konstant gehaltener Spannung nimmt daher der Strom in der Schwingspule in dem Maße ab, wie die Frequenz größer wird. Der scheinbare Spulenwiderstand steigt mit der Frequenz der zugeführten Signalspannung. Für Basslautsprecher wird die Impedanz bei 400 Hz gemessen und normalerweise ist 1 kHz üblich.

Die Impedanz Z der Schwingspule berechnet sich nach der Formel

$$Z = \sqrt{R^2 + (\omega \cdot L)^2} = \sqrt{R^2 + (2 \cdot \pi \cdot f \cdot L)^2}$$

Mit R definiert man den ohmschen Widerstand und L die Induktivität der Schwingspule sowie $\omega = 2 \cdot \pi \cdot f$ die Kreisfrequenz der Signalspannung.

Um die Impedanz der Schwingspule möglichst unabhängig von der Frequenz auszuführen, umgibt man den mittleren Polschuh, der von der Schwingspule umgeben wird, mit einem Ring oder einer Kappe aus Kupfer. Die magnetischen Feldlinien, die durch den Stromfluss in der Schwingspule entstehen, erzeugen im Kupfer Ströme, welche die induzierte Gegenspannung vermindern. Dadurch nimmt die Schwingspulenimpedanz nach höheren Frequenzen hin nur noch langsam zu. Alle hochwertigen Lautsprecher weisen dieses Konstruktionsmerkmal auf. Gleichzeitig wird durch die Dämpfung des Kupferrings das Ein- und Ausschwingen des Lautsprechers verbessert.

Führt man einem dynamischen Lautsprecher genügend tiefe Frequenzen zu, so schwingt der Konus als Ganzes wie ein Kolbenstrahler. Alle Oberflächenelemente der Membran strahlen gleichphasig. Bei höheren Frequenzen jedoch teilt sich der Konus in Teil- oder Partialschwingungen auf, wobei benachbarte Oberflächenelemente der Membran gegenphasig schwingen können. Damit lassen sich keine selektiven Einbrüche und Überhöhungen der Amplituden im Verlauf der Übertragungskennlinie des Lautsprechers verursachen, die eine Klangverfälschung erzeugen.

Die Erscheinungen und Probleme sind im Einzelnen außerordentlich vielfältig. Als Beispiel veranschaulicht Abb. 9.7 die Partialschwingungen einer konusförmigen Papiermembran mit einem Durchmesser von etwa 16 cm. Ursache dieser Teilschwingungen sind stehende Wellen, die sich sowohl in radialer als auch in dazu transversaler Richtung auf der Membran ausbilden. So können z. B. vom Hals des Konus Wellen, die dort von der Tauchspule angeregt werden, zum Rand der Lautsprechermembran laufen. Ist die Randeinspannung nicht reflexionsfrei, so überlagern sich die dort reflektierten Wellen mit den hinlaufenden und rufen stehende Wellen hervor. Durch reflexionsfreien Abschluss der Randeinspannung, durch Verwendung eines Membranmaterials von hoher Steife und hoher innerer Dämpfung, sowie durch Beschichten des Konus mit einem geeigneten plastischen Überzug, lassen sich die Partialschwingungen dämpfen und damit eine einwandfreie Schallwiedergabe ermöglichen.

Abb. 9.8 zeigt das Impulsverhalten eines Lautsprechers. Als Material zum Aufbau von Lautsprecherboxen, die sich durch hohe Dämpfung und gutes Ein- und Ausschwingverhalten auszeichnen, kommen die Dämpfungsstoffe Bextrene und Polypropylen in Betracht.

Konusförmige Membranen neigen darüber hinaus bei größeren Amplituden zu Knickschwingungen mit der halben Anregungsfrequenz. Während sich die Tauchspule mit dem Hals des Konus periodisch hin und her bewegt, buchtet sich der Konus periodisch mit der halben Frequenz der antreibenden Kraft aus. Dadurch entstehen sogenannte Pseudobässe (Abb. 9.9), die im Originalschall nicht enthalten sind und tiefe Töne vortäuschen, die der betreffende Lautsprecher in Wirklichkeit nicht reproduzieren kann. Um Knickschwingungen zu vermeiden, presst man die Lautsprechermembran in eine nicht abwickelbare Fläche und hat die Nawi-Membran von Abb. 9.10.

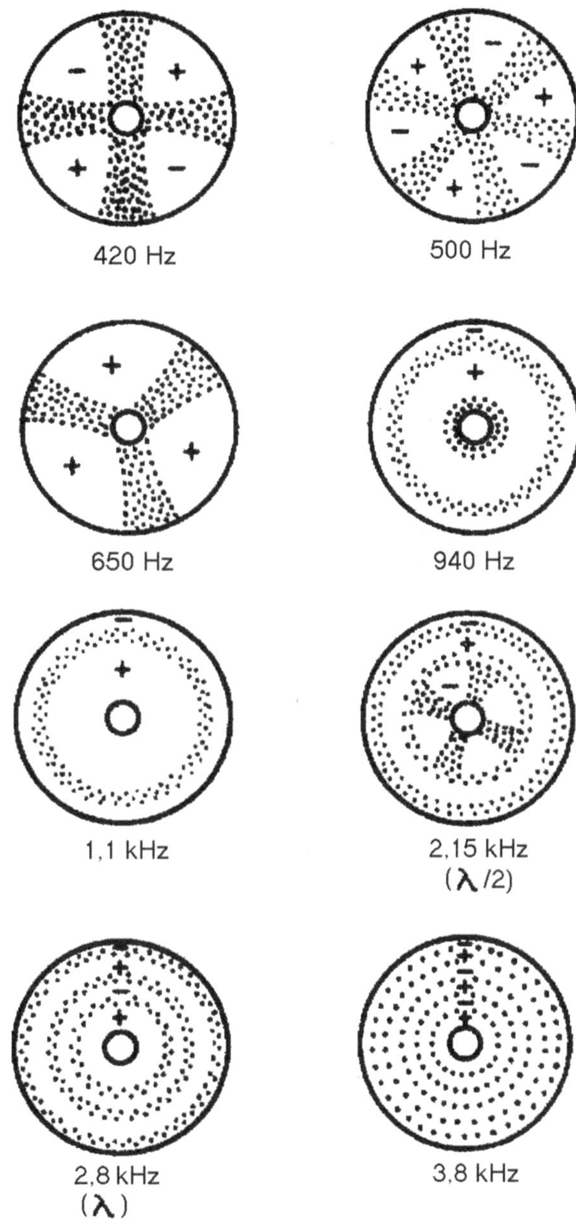

Abb. 9.7 Teilschwingungen (Partialschwingungen) einer Membran bei verschiedenen Frequenzbereichen. Die mit + und – bezeichneten Gebiete kennzeichnen gegenphasig schwingende Membranflächen

9.1.3 Tieftonlautsprecher

Während es bei mittleren und hohen Frequenzen verhältnismäßig einfach ist, genügend Schallleistungen herzustellen, steigt der Leistungsaufwand mit sinkender Frequenz steil an. Nach den Gleichungen der abgestrahlten Leistung P_{AK} für Frequenzen oberhalb

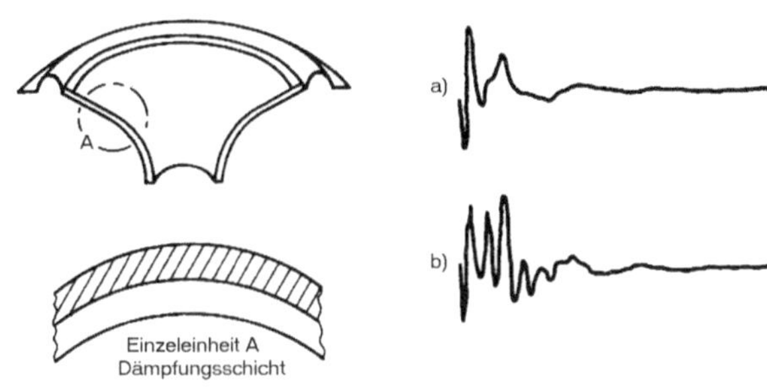

Abb. 9.8 Impulsverhalten eines Lautsprechers, dessen Membran gedämpft (**a**) und nicht gedämpft (**b**) ist

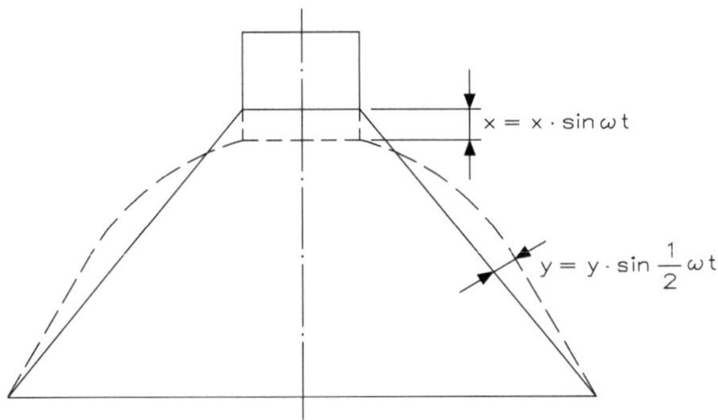

Abb. 9.9 Entstehung von „Pseudobässen“

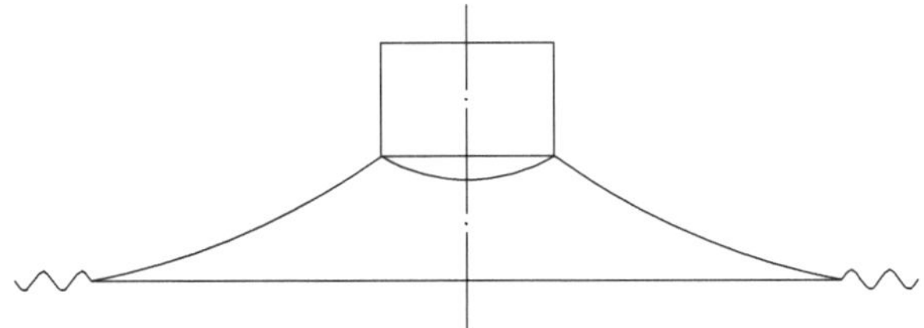

Abb. 9.10 Aufbau einer Nawi-Membran

der Resonanzfrequenz des Lautsprechers und für Schallwellenlängen, die gegen den Membrandurchmesser sind

$$P_{AK} = \frac{1}{2} \cdot Z_S \cdot v^2 = \frac{\pi \cdot \rho}{c} \cdot r^2 \cdot \omega^2 \cdot v^2$$

Drückt man den Membranradius r durch die Membranfläche A entsprechend $A = \pi \cdot r^2$ aus, so geht diese Formel über in

$$P_{AK} = v^2 \cdot A^2 \cdot \frac{\omega^2 \cdot \rho}{\pi \cdot c}$$

v = Effektivwert der Membranschnelle
A = effektive Membranfläche
ω = Kreisfrequenz

ρ = Luftdichte
c = Luftschallgeschwindigkeit

Es kann also bis zu der maximal möglichen akustischen Leistung erhöht werden, wenn die wirksame Membranfläche oder/und die Schwingungsamplitude der Membran vergrößert wird. Einer Vergrößerung der Membranauslenkung sind aber enge Grenzen gesetzt, sodass zur Vergrößerung der Schallleistung bei tiefen Frequenzen praktisch nur eine Vergrößerung der Membranfläche und damit des ganzen Lautsprechers verbleibt. Dynamische Tieftonlautsprecher zeichnen sich daher durch großflächige Membranen aus. Da unterhalb der Resonanzfrequenz keine Schallstrahlung zustande kommt, weisen sie außerdem besonders niedrige Eigenfrequenzen und zusätzlich hohe magnetische Gesamtflüsse auf Art und Größe der Box, worin der Lautsprecher eingebaut werden soll, spielen für die Wahl dieser Daten jedoch eine wichtige Rolle.

Dynamische Tieftonlautsprecher lassen sich in zwei Gruppen einteilen, nämlich in solche, die durch relativ harte Membraneinspannung und relativ hohe Eigenfrequenzen ausgezeichnet sind oder in jene, die sehr weiche eingespannte Membranen (hohe Nachgiebigkeit der Einspannung) lassen sich bei sehr niedrigen Resonanzfrequenzen verwenden. Chassis mit harter Membraneinspannung sind für den Einbau in Schallwände, große geschlossene Boxen, und Exponentialboxen geeignet. Lautsprecher mit hoher Nachgiebigkeit der Membraneinspannung andererseits arbeiten nach dem Prinzip der akustischen Aufhängung. Im Gegensatz zu der vorhin erwähnten Gruppe von Lautsprechern, bei denen die Rückstellkraft des schwingenden Systems durch die Zentriermembran bewirkt wird, arbeitet bei Lautsprechern nach dem Prinzip der akustischen Aufhängung die Rückstellkraft für die Membran durch das Luftkissen, die in der schalldicht geschlossenen Box erzeugt wird. Solche Tieftonlautsprecher dürfen nur in relativ kleine geschlossene Boxen (Kompaktboxen) eingebaut werden, nicht in offene Gehäuse oder in Schallwände. Fehlt nämlich hinter der Lautsprechermembran die erforderliche Luftsteife, so wird die Lautsprechermembran bei tiefen Frequenzen so weit ausgelenkt, dass praktisch nur erhebliche nicht lineare Verzerrungen auftreten. Andernfalls kann die Tauchspule hierbei aus dem Luftspalt im Topfmagnet ganz heraustreten und das System wird beschädigt. Für einen Basslautsprecher gilt Tab. 9.1.

Tieftonlautsprecher mit weich eingespannten Membranen eignen sich auch nicht zur Wiedergabe von Gitarren-, Beat- oder Popmusik. Für diesen Anwendungszweck sind Lautsprecher mit hart eingespannten Membranen hervorragend geeignet. Man sollte also stets vor Anschaffung eines Lautsprechers wissen, für welche Anwendungen er vorgesehen ist.

Abb. 9.11 zeigt eine fertige Box mit Bass-, Mittel- und Hochtonlautsprecher für 200 W. Oben der Hochtonlautsprecher, in der Mitte zwei Mitteltonlautsprecher und unten der Basslautsprecher. Für die Frequenzaufteilung benötigt man eine aktive oder passive Frequenzweiche.

Tab. 9.1 Technische Daten eines Basslautsprechers

Kategorie	Lautsprecherchassis
Lautsprechergröße (Zoll)	10 Zoll
Lautsprechergröße (cm)	25,4 cm
Belastbarkeit RMS	90 W
Belastbarkeit	130 W
Frequenz	6 kHz
Impedanz	8 Ω
Einbaudurchmesser	236 mm
Einbautiefe	102 mm
Gewicht	1500 g
Frequenzbereich	6 kHz (max)

RMS = roots mean square (effektiver Wert)

Abb. 9.11 Fertige Box mit Bass-, Mittel- und Hochtonlautsprecher für eine maximale Leistung von 200 W

9.1.4 Mittel- und Hochtonlautsprecher

Andere Forderungen als an Tieftonlautsprecher werden an Mittel- und Hochtonlautsprecher gerichtet. Bei ihnen ist die Herstellung einer möglichst großen Schallleistung im Allgemeinen von zweitrangiger Bedeutung. Das Problem, das sich bei der Wiedergabe mittlerer und hoher Frequenzen stellt, ist die Erzielung einer bei allen Frequenzen des Übertragungsbereichs möglichst gleichartigen Richtcharakteristik (Rundcharakteristik) einerseits und einer verfärbungsfreien, impulsgetreuen Wiedergabe andererseits.

Die Forderungen lassen sich am einfachsten mit Kalottenlautsprechern erfüllen. Wesentlich ist, dass sie richtig auf der Schallwand montiert werden, da sich leicht Störungen durch Interferenz und Beugung der auf verschiedenen Wegen zum Ort des Hörers gelangenden Schallwellen ergeben, was zu Unregelmäßigkeiten im Verlauf der Übertragungskennlinie und den damit verknüpften Klangverfälschungen führt. Vor allen Dingen ist darauf zu achten, dass Kalottenlautsprecher nicht in unmittelbarer Nähe von Kanten, Ecken oder sonstiger hervorstehender Objekte montiert werden. Die Systeme sollen bündig mit der Schallwand abschließen, wobei eine asymmetrische Anordnung auf der Schallwand gegenüber einer symmetrischen vorzuziehen ist.

Es ist natürlich unzulässig Kalottenlautsprecher ohne jegliche Schallwand zu betreiben. Das würde nicht nur die untere erzielbare Grenzfrequenz heraufsetzen, sondern es treten am nackten System auch Interferenzeffekte auf. Als Beispiel zeigt Abb. 9.12 die Übertragungskennlinien eines Mittelton-Kalottenchassis mit und ohne Schallwand und Abb. 9.13 zeigt die Ansicht eines Mitteltonlautsprechers.

Abb. 9.14 zeigt die entsprechenden Kennlinien für ein Hochtonkalottenchassis und Abb. 9.15 die Ansicht eines Hochtonlautsprechers.

Nach wie vor werden für mittlere und hohe Frequenzen auch Konuslautsprecher eingesetzt. Sie müssen hinreichend kleine Membrandurchmesser aufweisen, kommt mit zunehmender Frequenz eine immer stärkere Bündelung in der Lautsprecherbezugsachse zustande, sobald die anzustrahlende Wellenlänge die Flächenausdehnung der Membran unterschreitet. Statt des gewünschten runden Richtdiagramms erhält man einen scharfen Richtstrahl, was unerwünscht ist.

Um auch unter Verwendung üblicher Konuslautsprecher eine diffuse Schallabstrahlung zu erhalten, kann man den Schall durch eine spaltförmige Öffnung in der Schallwand hindurchtreten lassen (Abb. 9.16d). Ist die Spaltöffnung kleiner als die Schallwellenlänge, wird der Schall hinter dem Spalt so gebeugt, dass der ganze Raum hinter der Schallwand gleichmäßig mit Schall erfüllt wird.

Eine andere Möglichkeit, hohe Frequenzen diffus mit Konuslautsprechern abzustrahlen, besteht darin, dass mehrere gleichartige Systeme zu einer Strahlergruppe vereint werden. Man darf die einzelnen Systeme aber nicht horizontal nebeneinander setzen, sondern vertikal übereinander. Dadurch wird zwar die Bündelung in der Vertikalebene verstärkt, aber in der für das Hören hauptsächlich wichtigen Horizontalebene ist für die Bündelung nur die Größe des Membrandurchmessers des einzelnen Lautsprechersystems maßgebend. Indem man die einzelnen Lautsprechersysteme im Winkel von etwa 15° gegeneinander verkantet, wird die Richtkennlinie in der Horizontalebene auseinandergezogen und gleichzeitig einer Bündelung in der Vertikalebene entgegengewirkt.

Ungünstige Richtcharakteristiken ergeben sich auch, wenn die einzelnen Systeme, die alle die gleichen Frequenzen abstrahlen, horizontal nebeneinander stehen. Dann spaltet die Richtcharakteristik durch Interferenz zwischen Schallwellen gleicher Frequenz aber mit verschieden langen Laufwegen in zahlreiche Maxima und Minima auf, wie Abb. 9.17 zeigt.

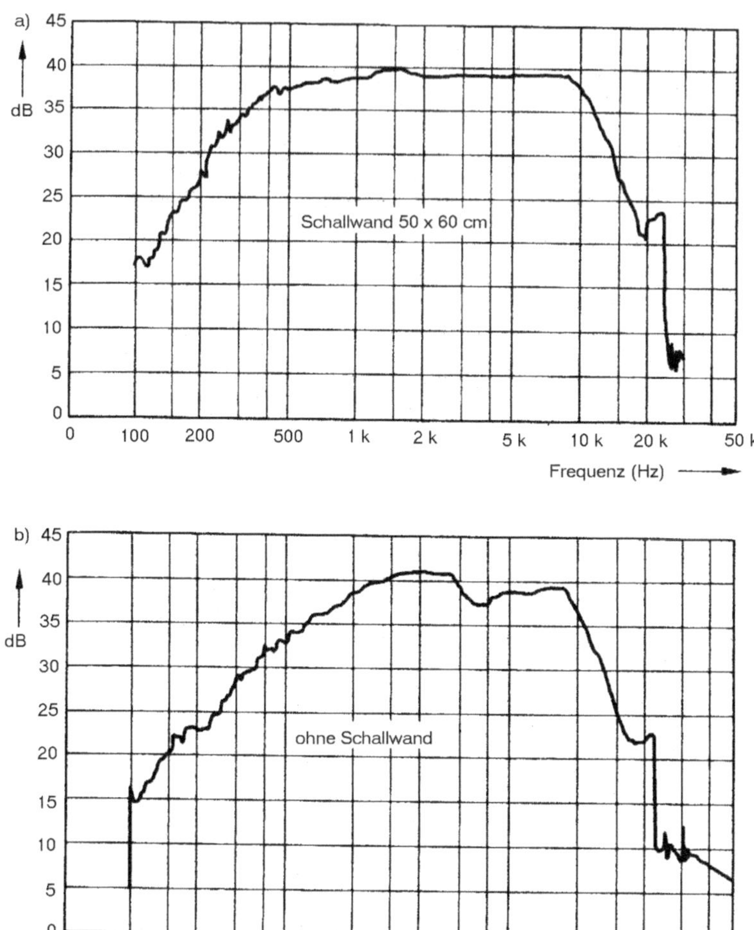

Abb. 9.12 Übertragungskennlinien eines Mitteltonlautsprechers mit (**a**) und (**b**) ohne Schallwand

Abb. 9.13 Ansicht eines Mitteltonlautsprechers

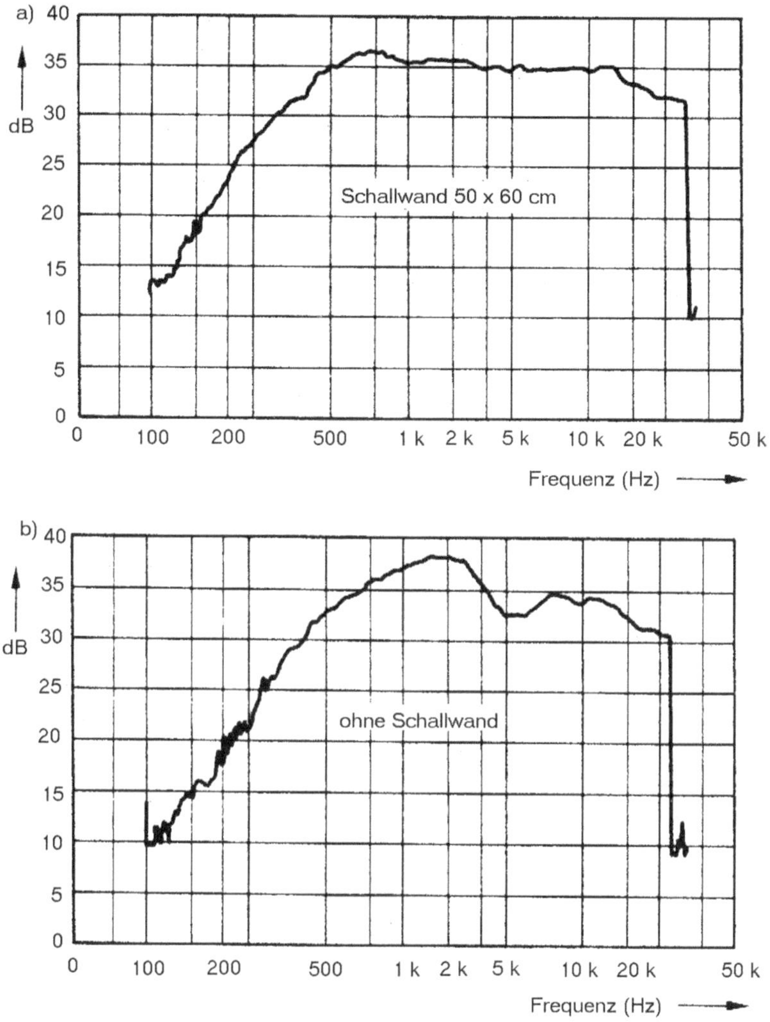

Abb. 9.14 Übertragungskennlinien eines Hochtonlautsprechers mit (**a**) und (**b**) ohne Schallwand

Abb. 9.15 Ansicht eines Hochtonlautsprechers

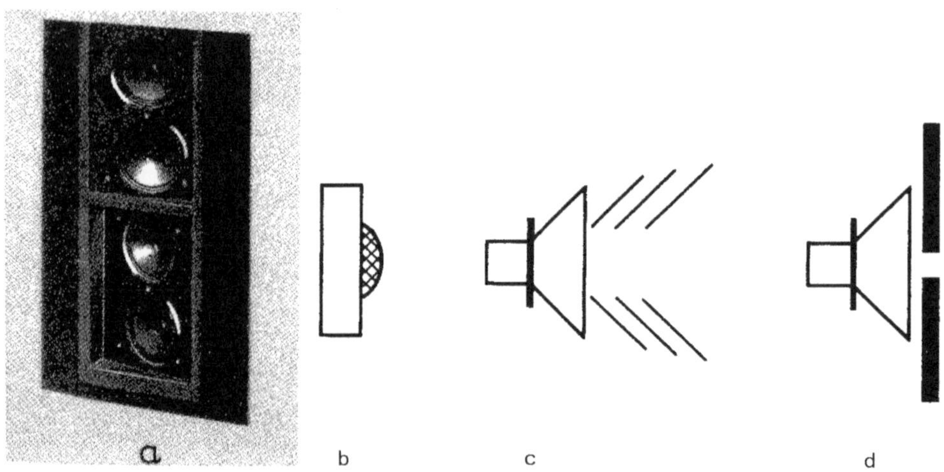

Abb. 9.16 Methoden zur Erzielung einer räumlichen Schallabstrahlung (**a**) Vertikalreihe von gleichen Konuslautsprechern (**b**) mit Kalottenlautsprecher (**c**) mit Akustiklinse (**d**) Schallwand mit spaltförmiger Öffnung

Werden die einzelnen Chassis einer Lautsprecherkombination, die gleiche Frequenzen abstrahlen, nicht horizontal nebeneinander sondern vertikal übereinander angeordnet, so machen sich Interferenzstörungen nur in der vertikalen Ebene, nicht aber in der für das Hören wichtigeren Horizontalebene bemerkbar. Der Hörer soll in einer Höhe sitzen, dass die von den beiden Chassis ausgehenden Wellen zu ihm gleich lange Wege durchlaufen.

Bei der Montage zweier Chassis, die gleiche Frequenzen abstrahlen, spielt auch der Abstand zwischen ihnen eine Rolle. Nach Möglichkeit soll dieser Abstand so klein als möglich sein. Abb. 9.17 veranschaulicht, wie sich das Strahlungsdiagramm ändert, wenn a) ein einzelnes Chassis, b) zwei Chassis im Abstand der Größe der Wellenlänge ($d = \lambda$), c) zwei Chassis im Abstand von vier Wellenlängen ($d = 4\ \lambda$) nebeneinander gesetzt werden. Mit zunehmendem Abstand der beiden Chassis spaltet sich das Strahlungsdiagramm in immer mehr Zipfel auf.

Einbrüche und Überhöhungen in den Übertragungskurven von Lautsprecheranlagen kommen durch Interferenz auch bei der Schallreflexion an Wänden und anderen Objekten des Abhörraums zustande. Es ist daher nicht zweckmäßig, Lautsprecher mit diffus strahlenden Lautsprechern (Kalottenlautsprecher) zu verwenden, wenn der Abhörraum akustisch harte Wände aufweist. Die durch Reflexionen an den Wänden verursachten Interferenzstörungen unterbinden eine gute Stereowiedergabe. Auch zeigt es sich, dass unter solchen Abhörbedingungen verschiedene Instrumente, wie z. B. Geigen „hart“ erscheinen.

Abb. 9.17 Polare Richtdiagramme für **a**) einen Einzelstrahler, **b**) zwei Strahler im Abstand $d = \lambda$, **c**) zwei Strahler im Abstand $d = 4\,\lambda$, die alle gleiche Frequenzen aussenden

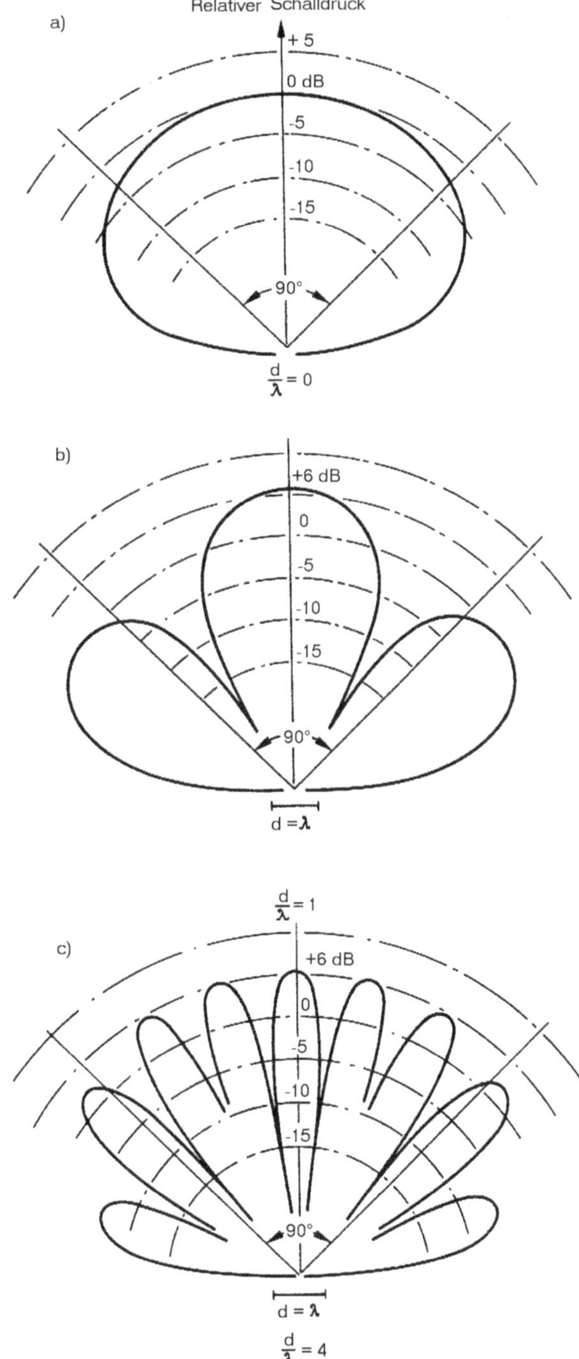

9.1.5 Doppelkonuslautsprecher

Um mithilfe eines einzigen Lautsprechers sowohl tiefe als auch hohe Töne abstrahlen zu können, hat man den Doppelkonuslautsprecher entwickelt. Bei diesem befindet sich vor dem Tieftonkonus ein kleinerer Konus, der an seiner Spitze mit dem Tieftonkonus starr verbunden ist, die eine Abstrahlung hoher Frequenzen bewirkt. Durch geeignete Wahl des Membranmaterials und seiner Dichte lässt sich der Schalldruck der beiden Konusmembranen aneinander angleichen. Leider kommen im Übernahmebereich zwischen beiden Membranen Einbrüche in der Übertragungskennlinie zustande, sodass Doppelkonuslautsprecher für Schallwiedergabe mit HiFi-Qualität nur sehr beschränkt geeignet sind. Abb. 9.18 zeigt den Querschnitt und Abb. 9.19 den realen Doppelkonuslautsprecher.

9.1.6 Koaxiallautsprecher

Bei Koaxiallautsprechern handelt es sich um zwei oder auch mehrere koaxial ineinander verschachtelte Lautsprechersysteme, die mechanisch und elektrisch unabhängig voneinander sind und im Allgemeinen ein gemeinsames Magnetfeld aufweisen. Dabei wird jedem Lautsprechersystem nur derjenige Frequenzbereich zugeführt, wo dessen

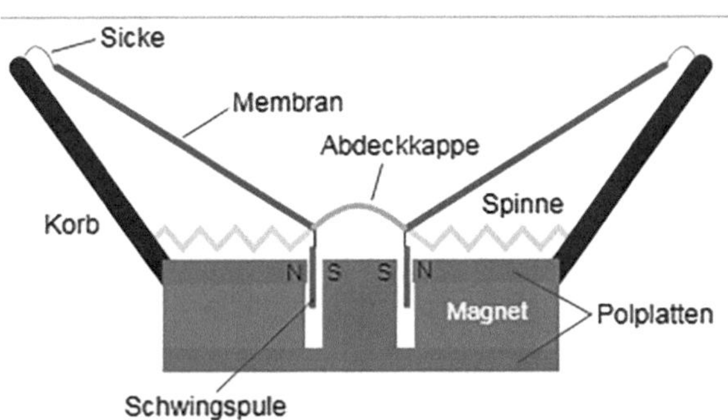

Abb. 9.18 Querschnitt durch einen Doppelkonuslautsprecher

Abb. 9.19 Vorderansicht eines Doppelkonuslautsprechers

Übertragungseigenschaften am günstigsten sind. Koaxiallautsprecher gibt es in verschiedenen Ausführungen. Häufig benutzt man als Hochtonsystem einen Druckkammerhornstrahler, wobei der Tieftonkonus gleichzeitig den trichterförmigen Abschluss des Hochtonsystems bildet. Abb. 9.20 zeigt ein Koaxiallautsprecherchassis mit dazu gehörender Frequenzweiche.

Koaxiallautsprecher gibt es in verschiedenen Ausführungen. Häufig benutzt man als Hochtonsystem einen Druckkammer-Hornstrahler, wobei der Tieftonkonus gleichzeitig den trichterförmigen Abschluss des Hochtonsystems bildet, wie Abb. 9.20 zeigt. Die Übernahmefrequenzen der hinsichtlich Signalleistung und Übertragungsdämpfung einstellbaren Weichen sind 1 kHz, 1,2 kHz und 1,5 kHz bei einer Flankensteilheit von 12 dB/Oktave.

Ein anderes Beispiel mit einem Koaxiallautsprecher ist die Box, die aus einem Hochtonhorn und einem Tieftonsystem besteht. Das Hochtonhorn übernimmt die Wiedergabe ab einer Frequenz von 1,5 kHz. Die Dämpfung für das Hochtonsystem beträgt 18 dB/Oktave und für das Tieftonsystem 12 dB/Oktave. Als Lautsprechergehäuse ist eine Bassreflexbox von 200 L bis 250 L am günstigsten. Der Lautsprecher wird hauptsächlich als Abhörlautsprecher in Studios verwendet. Abb. 9.21 zeigt die Ansicht eines Koaxiallautsprechers.

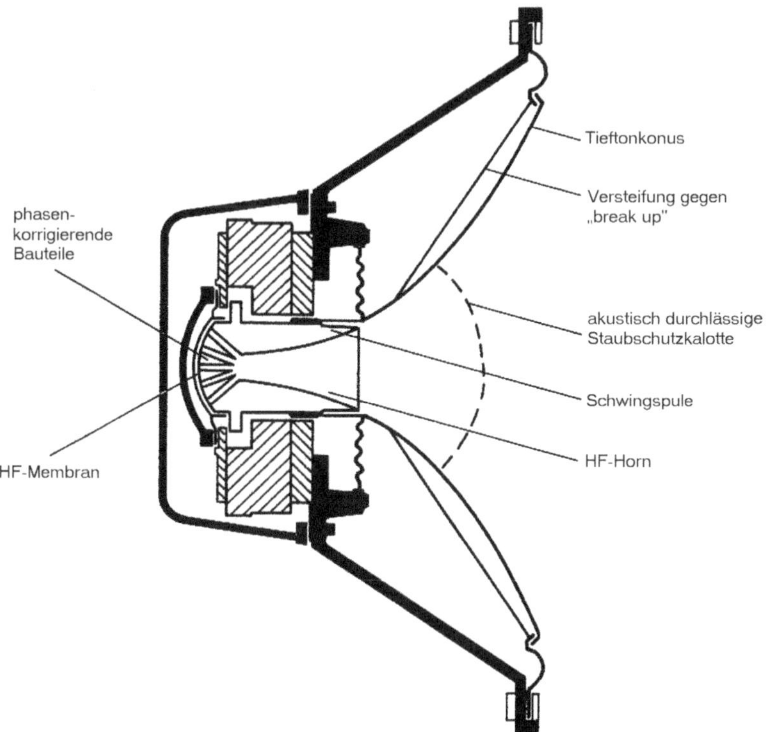

Abb. 9.20 Querschnitt durch das Chassis eines Koaxiallautsprechers

Abb. 9.21 Ansicht eines Koaxiallautsprechers

Durch die Verwendung besonderer plastischer Werkstoffe für Lautsprechermembranen, wie Bextrene und Polypropylene, wurde es möglich, Bass-Mittelton-Chassis herzustellen, die bis hinauf zu Frequenzen von 3 kHz bis 4 kHz eine ausgeglichene Übertragungskennlinie aufweisen und die daher bis zu diesen Frequenzen hinauf verwendbar sind. Unter Verwendung solcher Lautsprecher ist es also nicht notwendig, den abzustrahlenden Frequenzbereich in drei oder sogar vier Teilbereiche aufzutrennen. Man kann den gesamten Frequenzbereich in zwei Bereiche unterteilen, ohne dass die Qualität der Lautsprecherwiedergabe etwa schlechter ist als die einer aufwendigeren Dreiwegbox.

9.1.7 Trichter- oder Hornlautsprecher

Es ist seit langem bekannt, dass sich die Abstrahlung von Schall durch Trichter verbessern lässt. Die ersten Grammofone verwendeten Trichter zur Erhöhung der Lautstärke. Die Hörreichweite von Sprechern wird vergrößert, wenn der Sprechende einen Trichter (Megafon) benutzt. Auf Bahnsteigen, in großen Kinosälen, der Sprachübertragung im Freien (Sport- und Musikveranstaltung) werden meist Trichterlautsprecher eingesetzt. Auch in der HiFi-Lautsprechertechnik verwendet man Trichterlautsprecher, und zwar nicht nur zur Erzielung eines hohen Wirkungsgrads bei der Umwandlung elektrischer Leistung in Schallleistung, auch deshalb, weil sich mit richtig konstruierten Horn niedrigere nicht lineare Verzerrungen als mit direkt strahlenden dynamischen Lautsprechern erzielen lassen.

Ein Hornlautsprecher besteht aus zwei Teilen: dem Treiber (englisch „driver") und dem eigentlichen Trichter oder Horn. Der Treiber ist im Prinzip ein dynamischer Wandler, dessen Membran über den Hals des Trichters und dessen Austrittsöffnung (Mund) an den umgebenden Raum akustisch angekoppelt ist. Der Treiber arbeitet nach dem Druckkammerprinzip, wie Abb. 9.22 zeigt. Die von der stromdurchflossenen Schwingspule nach dynamischem Prinzip angetriebene massearme Membran vom Querschnitt A_1 wirkt auf einen Druckraum (Druckkammer), wobei sie bei ihrer Bewegung mit der Auslenkung a das Luftvolumen $A_1 \cdot a$ verschiebt. Die Luft wird anschließend durch eine schmale Austrittsöffnung vom Flächenquerschnitt A_2 gepresst, wobei die verschobene Luftmenge $A_1 \cdot a$ in ein Luftvolumen der Größe $A_2 \cdot b$ umgesetzt wird.

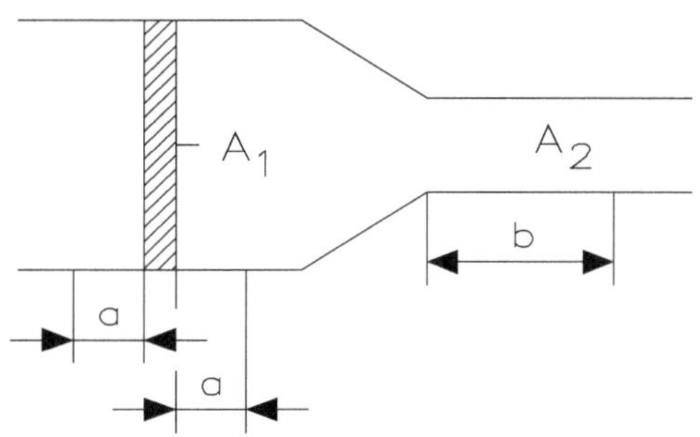

Abb. 9.22 Prinzip eines Druckkammerlautsprechers

Wegen des verkleinerten Strömungsquerschnittes b kommt in der schmalen Öffnung eine erhöhte Strömungsgeschwindigkeit der Luft im Verhältnis A_1/A_2 zustande. Man bezeichnet das als eine Geschwindigkeitstransformation, und diese bewirkt, dass gegenüber der Antriebsmembran ein erhöhter Strahlungswiderstand an der Membran erzeugt wird, wodurch sich der Wirkungsgrad der Schallabstrahlung erhöht. In erster Näherung vergrößert sich der Strahlungswiderstand im Verhältnis A_1/A_2. Ein zu großes Verhältnis von A_1 ist jedoch ungünstig. Da Luft kompressibel (nachgiebig) ist, geht mit zunehmender Frequenz die Geschwindigkeitstransformation zurück, d. h. damit nehmen Strahlungswiderstand und Wirkungsgrad entsprechend ab. Das wird umso bemerkbarer, je größer das Luftvolumen ist, das im Druckkammerraum eingeschlossen ist. Aus diesem Grund sollte die eingeschlossene Luftmenge möglichst klein sein. Durch den Membranhub entsteht Druckanstieg, wodurch ein Abströmen der Austrittsöffnung erzwungen wird. Ist diese Öffnung zu eng, entstehen bei der Luftströmung diverse Reibungsverluste an der Austrittsöffnung und am Trichterhals, wodurch Verzerrungen durch Wirbelbildung auftreten können. Beim Aufbau eines Druckkammerhochtonlautsprechers müssen noch andere Gesichtspunkte beachtet werden.

Die Wellenlänge ist bei hohen Frequenzen so klein, dass Wellenzüge, die von verschiedenen Oberflächenelementen der Membran ausgehen, bis zum Eintritt in den Trichterhals verschieden lange Wegstrecken zurücklegen und dort gegenphasig ankommen, sodass sie sich gegenseitig auslöschen, wie Abb. 9.23 zeigt. Man behebt diese Interferenzstörung dadurch, dass man die Membran halbkreisförmig statt eben ausbildet und die von den einzelnen der Membran ausgehenden Wellenzüge durch schmale Kanäle laufen lässt, wie Abb. 9.23b und Abb. 9.23c zeigen. Dadurch wird erreicht, dass kein Gangunterschied zwischen den verschiedenen Wellenzügen zustande kommt, denn die zurückgelegten Wegstrecken der Wellen von der Membran zum Trichterhals sind alle gleich lang.

Wie schon erwähnt wurde, besteht die Aufgabe des Trichters darin, die kleine Membranfläche an den umgebenden Raum zu transformieren, d. h. den Strahlungswiderstand und damit die abgestrahlte akustische Leistung zu erhöhen. Der Trichter kann konischen, exponentialen, parabolischen oder auch hyperbolischen Querschnitt aufweisen.

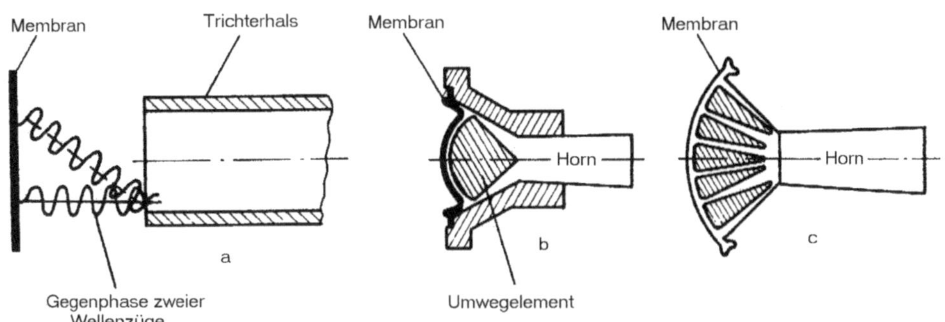

Abb. 9.23 Gangunterschiede von Wellenzügen bei der Abstrahlung von einer ebenen Membran (**a**), Kompensation der Gangunterschiede durch ein Umwegelement (**b**), Umwegelement in Form einer halbkreisförmigen Membran mit Wellenkanälen (**c**)

Am häufigsten in Gebrauch sind Exponentialtrichter, wie Abb. 9.24 zeigt. Der Flächenquerschnitt kann sowohl kreisförmig als auch rechteckförmig sein. Zur Erzielung optimaler Abstrahleigenschaft muss die Mundfläche des Trichters

$$A_{\mathrm{M}} \geq \frac{\lambda^2}{4 \cdot \pi}$$

sein, wobei λ die längste abzustrahlende Schallwellenlänge ist.

$A_{\mathrm{X}} = A_{\mathrm{H}} \cdot e^{kx}$ (Flächenquerschnitt im Abstand × (m^2))

k = Trichterkonstante oder Öffnungsmaß (1/m)

x = Entfernung vom Trichterhals (m)

Ein Exponentialtrichter, dessen Querschnitt A sich vom Anfangsquerschnitt A_{H} (Querschnitt des Halses) zum Trichtermund hin nach der Funktion vergrößert, hat die Eigenschaft eines Hochpassfilters mit der unteren Grenzfrequenz bei $c = 340$ m/s (Schallgeschwindigkeit in Luft) und berechnet sich aus

$$f_{\mathrm{g}} = \frac{k \cdot c}{4 \cdot \pi}$$

Für tiefere Frequenzen $f < f_{\mathrm{g}}$ ist der Trichter nicht mehr schallübertragend. Tiefere Frequenzen werden daher von ihm nicht abgestrahlt. Geht man von einer gegebenen Halsfläche A_{X} und Mundfläche A_{M} aus, so ergibt sich die Trichterlänge x aus der Formel

Abb. 9.24 Aufbau eines Exponentialtrichters

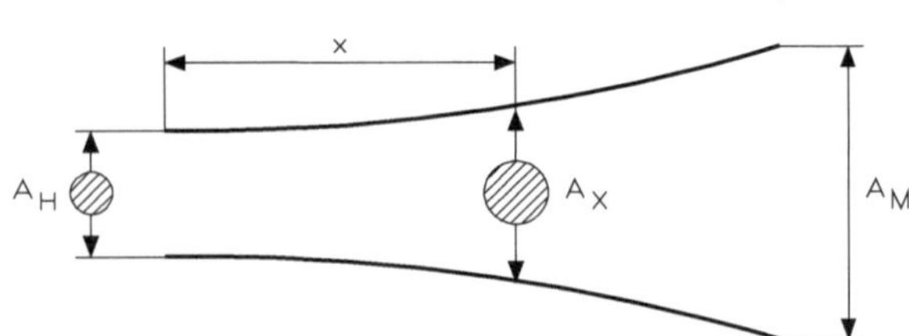

$$\frac{A_M}{A_H} = e^{kx} \text{ bzw. } \frac{A_X}{A_H} = e^{kx} \text{ und } x = \frac{\ln \frac{A_X}{A_H}}{k}$$

Der Faktor k errechnet sich aus der Formel

$$k = \frac{4 \cdot \pi}{\lambda_g} = \frac{4 \cdot \pi \cdot f_g}{c}$$

Aus diesen Gleichungen geht hervor, dass ein Trichter umso länger sein muss, je tiefer die Grenzfrequenz f_g sein soll, die man hörbar machen will. Trichter zur Wiedergabe tiefer Frequenzen müssen also nicht nur eine entsprechend große Mundöffnung, sondern auch entsprechende Längen aufweisen. Für eine Grenzfrequenz von 40 Hz benötigt man z. B. eine Mundöffnung von 5,9 m^2. Derartig große Trichterlautsprecher lassen sich nur im Freien, Kinos, Theatern und Konzertsälen verwenden.

Abb. 9.25 zeigt typische Übertragungskennlinien für Hornlautsprecher für verschieden große Mundöffnungen als Funktion des Verhältnisses von Durchmesser D der Mundöffnung zur Wellenlänge λ. In der Praxis muss man das Horn eines Trichterlautsprechers kürzer konstruieren als es zur Erzielung optimaler Übertragungseigenschaften sein muss. Der dann vorhandene unstetige Übergang der Mundöffnung zum freien Raum hat an der Mundöffnung eine mehr oder weniger stark ausgeprägte Reflexion von Schallenergie in den Trichter zur Folge. Entsprechend schwankt der Strahlungswiderstand in Abhängigkeit von der Frequenz, d. h. der Trichter strahlt bestimmte Frequenzen stärker, andere Frequenzen schwächer ab. Glücklicherweise ist das menschliche Gehör für Pegelsprünge bei tiefen und Frequenzen, um die es sich hier handelt, relativ unempfindlich, sodass sie kaum empfunden werden. Zur Abstrahlung mittlerer und hoher Frequenzen andererseits, wo Gehör empfindlich gegen Pegelsprünge des Schalldrucks reagiert, lassen sich Trichter unschwer hinreichend lang ausführen, sodass der Trichter für alle Frequenzen im Bereich konstanten Strahlungswiderstands arbeiten kann.

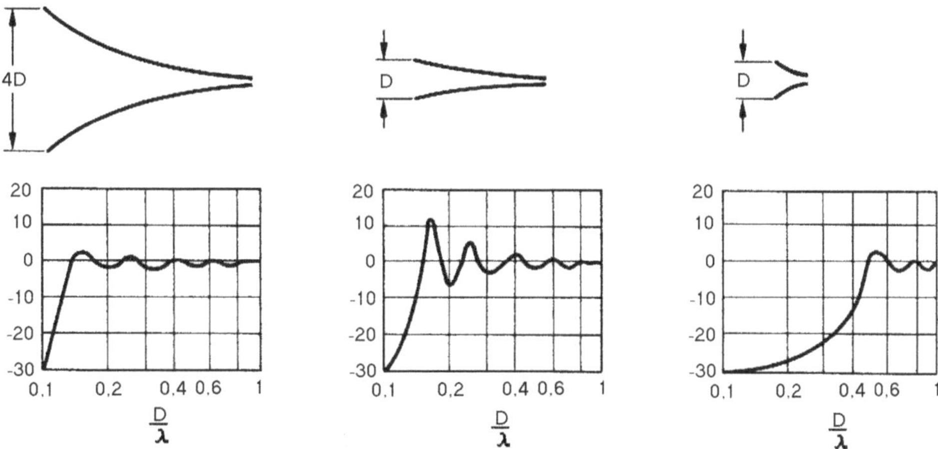

Abb. 9.25 Übertragungskennlinien von Trichtern für verschieden große Mundöffnungen als Funktion des Verhältnisses von Durchmesser D der Mundöffnung zur Wellenlänge λ.

9.1.8 Berechnung von Trichtern

An einem Beispiel sollen die Verhältnisse näher erörtert werden. Es soll ein Exponentialtrichter berechnet werden, mit dem Frequenzen bis herab zu etwa 70 Hz abgestrahlt werden können. Als Treiber soll ein üblicher dynamischer Konuslautsprecher mit einem Membrandurchmesser von 25 cm zur Anwendung kommen. Die Grenzfrequenz des Trichters soll $f_g = 60$ Hz betragen. Man geht von der Formel aus

$A_M = A_H \cdot e^{kx}$ oder $e^{kx} = \frac{A_M}{A_H}$

Die Querschnittsfläche für den Trichterhals ergibt sich aus dem effektiven Membranradius des Treibers zu

$$A_M = \pi \cdot r^2 = 3{,}14 \cdot 0{,}125^2 = 0{,}049\,\mathrm{m}^2$$

Zur Berechnung der Mündungsfläche A_M des Trichters legt man zugrunde

$$A_M = \frac{\lambda^2}{4 \cdot \pi} = \frac{c^2}{4 \cdot \pi \cdot f^2} = \frac{(340\,\mathrm{m})^2}{4 \cdot 3{,}14 \cdot (70\,\mathrm{Hz})^2} = 1{,}88\,\mathrm{m}^2$$

Die Mündungsfläche hat $A_M = 1{,}88$ m², aber dies hätte eine so große Mundöffnung zur Folge, dass ein solcher Trichterlautsprecher in normalen Wohnungen keinen Platz findet. Man wählt deshalb willkürlich den kleineren Wert $A_M = 0{,}93$ m² für die Mundöffnung, reduziert die Austrittsöffnung, wie sie zur Erzielung optimaler Abstrahleigenschaften sein müsste. Mit $f_g = 60$ Hz berechnet sich die Trichterkonstante zu

$$k = \frac{4 \cdot \pi \cdot f_g}{c} = \frac{4 \cdot 3{,}14 \cdot 60\,\mathrm{Hz}}{340} = 2{,}21\,\mathrm{m}^{-1}$$

Nunmehr sind die Werte A_H, A_M und k bestimmt. Durch Einsetzen der Formel findet man

$e^{kx} = \frac{0{,}93}{0{,}049} = 19$ oder $\mathrm{kx} = 2{,}94$

Die Trichterlänge x ergibt sich aus

$$\mathrm{x} = \frac{2{,}94}{2{,}21} = 1{,}33\,\mathrm{m}$$

Damit das Exponentialhorn von unserem Beispiel also Frequenzen bis etwa 70 Hz herunter abstrahlen kann, muss bei einer Mundöffnung von 0,93 m² und einer Halsöffnung von 0,049 m², die Länge des Horns mindestens 1,33 m betragen. Wie später noch gezeigt wird, muss man zur Abstrahlung tiefer Frequenzen, wo normalerweise sehr lange gestreckte Trichter mit großen Mundöffnungen benötigt werden, einen Trichter umlenken und auf diese Weise dessen effektive Länge auf relativ kleinen Raum zusammendrängen (Falttrichter).

Zur Abstrahlung mittlerer und hoher Frequenzen lassen sich „unendlich lange" Trichter mit handlichen Trichterabmessungen realisieren. Bei einer Box mit z. B. einer Grenzfrequenz $f_g = 300$ Hz, soll die Übernahmefrequenz der Frequenzweiche bei 500 Hz und einer Flankensteilheit von 12 dB/Oktave berechnet werden. Für die Trichterkonstante berechnet man

$$k = \frac{4 \cdot \pi \cdot f_g}{c} = \frac{4 \cdot 3{,}14 \cdot 300\,\text{Hz}}{340\,\text{m}^{-1}} = 11{,}08\,\text{m}^{-1}$$

Die Öffnungsfläche des Trichterhalses ist z. B. $A_H = 3{,}14 \cdot 10^{-4}\,\text{m}^2$. Damit eine Frequenz von 400 Hz noch ohne nennenswerte Beeinträchtigung abgestrahlt wird, muss die Mundöffnung mindestens einen Wert erreichen von

$$A_M = \frac{c^2}{4 \cdot \pi \cdot f^2} = \frac{(340\,\text{m})^2}{4 \cdot 3{,}14 \cdot (400\,\text{Hz})^2} = 1{,}88\,\text{m}^2$$

Zur Erzielung einer in horizontaler Richtung auseinandergezogenen Richtcharakteristik ist außerdem ein gekrümmter Trichtermund vorteilhaft. Das führt praktisch auf eine Verdopplung der berechneten Mundöffnungsfläche hinaus, d. h. dass die Mundöffnung eine Fläche von $A_M = 0{,}114\,\text{m}^2$ haben muss. Für die Trichterlänge x erhält man dann

$$e^{\text{kx}} = \frac{A_M}{A_H} = \frac{0{,}1114\,\text{m}^2}{3{,}14 \cdot 10^{-4}\,\text{m}^2} = 363$$

$$\text{kx} = 5{,}89$$

$$\text{x} = \frac{5{,}89}{11{,}08} = 0{,}53\,\text{m}$$

Wie bereits erwähnt wurde, kann ein Trichterlautsprecher auch parabolische, konische oder hyperbolische Gestalt aufweisen. Bei hohen Frequenzen unterscheiden sich die verschiedenen Trichter praktisch nicht voneinander hinsichtlich ihres Strahlungsverhaltens. Bei tiefen Frequenzen sind dagegen merkliche Unterschiede vorhanden, da der Strahlungswiderstand der verschiedenen Trichterformen mit zunehmender Frequenz verschieden schnell Höchstwert zustrebt. Am günstigsten erweist sich in dieser Hinsicht der hyperbolische Trichter, dessen nicht lineare Verzerrungen aber bei gegebener Eingangsleistung größer als bei anderen Trichtern sind. Die kleinste Intermodulation weist konusförmige Trichter auf und Exponentialtrichter bilden den günstigsten Kompromiss.

9.2 Elektrisches und mechanisches Verhalten von Lautsprechern

Die an einen Lautsprecher gestellten Anforderungen hängen vom jeweiligen Verwendungszweck ab. Sie können sich beispielsweise auf den Frequenzbereich, die Empfindlichkeit, die Impedanz, die Verzerrungsfreiheit, die Belastbarkeit, die Abmessungen und den Preis beziehen. Es hängt von den Umständen der Umgebung von Design ab, welchen dieser Faktoren die größte Bedeutung zukommt. In einigen

Betrachtungen stehen die Anforderungen miteinander im Widerspruch, z. B. dann, wenn sehr kleine Abmessungen und zugleich eine hohe Belastbarkeit zu berücksichtigen sind. Hieraus folgt, dass die Daten eines Lautsprechers vollständig angegeben und soweit bekannt sein müssen, dass sie ein klares Bild von diesen Eigenschaften vermitteln. Anhand dieser Daten muss von Fall zu Fall die Wahl des richtigen Typs möglich sein.

Das einzige elektrische Element eines Lautsprechers ist die Schwingspule. Diese lässt sich als Serienschaltung einer Selbstinduktion und eines ohmschen Widerstands betrachten. Das elektrische Verhalten des Lautsprechers ist jedoch komplizierter als man aufgrund dieser einfachen Zusammenschaltung erwarten sollte, denn wie sich zeigt, offenbaren sich die mechanischen Eigenschaften auch das elektrische Verhalten, wie Abb. 9.26 zeigt.

Mechanisch gesehen besteht der Lautsprecher aus einer Schwingspule und einer Membran, die zusammen eine bestimmte Masse besitzen. Zum Verlagern dieser Masse ist Energie nötig, die vom Verstärker geliefert werden muss. In elektrischer Beziehung hat die Masse die Wirkung eines Kondensators C. Die konische Membran ist am Rand und in der Nähe ihrer Mitte federnd an einem Chassis (Membrankorb) befestigt. Die Elastizität dieser Befestigung, wie auch diejenige der bewegten Luft, empfindet der Verstärker als Selbstinduktion L, und zwar in dem Sinne, dass diese scheinbare Selbstinduktion kleiner wird, wenn die Steifheit zunimmt. Ferner hat das System – infolge von Formänderungen – eine bestimmte Dämpfung, die ebenfalls eine gewisse Energiemenge absorbiert. Diese Dämpfung kann daher als ohmscher Widerstand R betrachtet werden.

Zusammenfassend kann man feststellen:

1. Die Masse von Schwingspule, Membran und Luft entspricht einer Kapazität C
2. Die Steifheit der Membranbefestigung entspricht einer Selbstinduktion L
3. Die Dämpfung von Membran und Luft entspricht einem ohmschen Widerstand R
4. Die abgestrahlte akustische Energie, d. h. die Nutzleistung, wird durch den ohmschen Scheinwiderstand R_A dargestellt, sodass sich ergibt:

$$P_{\text{Strahlung}} = \frac{U_{\text{R}_\text{A}}^2}{R_\text{A}}$$

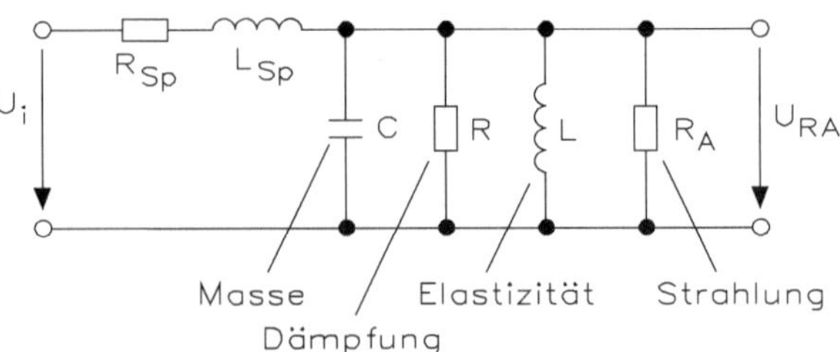

Abb. 9.26 Elektrisches Ersatzschaltbild eines Lautsprechers

9.2.1 Frequenzgang

Was geschieht nun, wenn man einen Lautsprecher an einen Wechselspannungsgenerator anschließt, dessen Frequenzbereich sich von 0 bis 30 kHz erstreckt? Bei sehr niedriger Frequenz ist die Impedanz der Ersatzschaltung sehr klein, weil die Induktivitäten fast einen Kurzschluss bilden. Es wird also fast keine akustische Energie erzeugt, wie Abb. 9.27 zeigt.

Bei sehr hohen Frequenzen ist der kapazitive Einfluss des Kondensators C derart, dass dieses Element praktisch einen Kurzschluss darstellt. Auch in diesem Fall ist die erzeugte akustische Energie null, wie Abb. 9.28 zeigt.

Ferner hängt der Frequenzverlauf zwischen den extrem tiefen und extrem hohen Frequenzen vorwiegend von folgenden drei Faktoren ab:

1. Resonanz
2. akustischer Kurzschluss
3. wirksame Membranfläche

Bei von Null an zunehmender Frequenz kommt schließlich der Moment, in dem die Membran in Resonanz gerät. Dies entspricht dem Ersatzschaltbild von Abb. 9.26 und der Situation, in der die Impedanzen von C und L einander gleich sind. Die Gesamt-Ersatzimpedanz erreicht dann ihren Höchstwert.

Bewegt sich die Membran in einem bestimmten Moment nach vorn, so entsteht an der Vorderseite eine Druckerhöhung und an der Rückseite eine Druckverminderung.

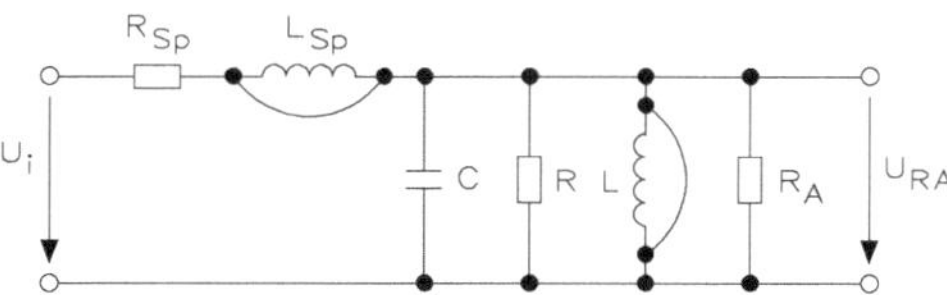

Abb. 9.27 Bei sehr niedrigen Frequenzen wirken die Induktivitäten als Kurzschluss

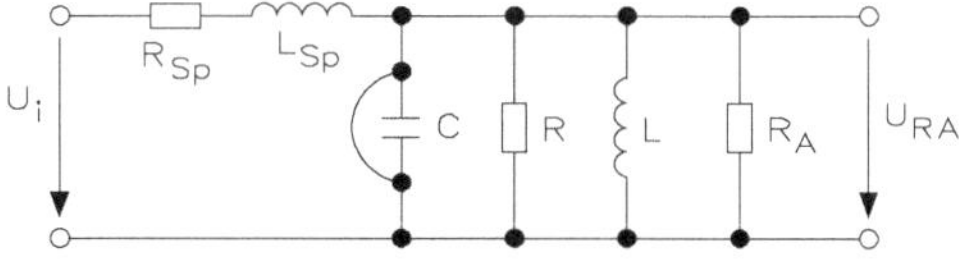

Abb. 9.28 Bei sehr hohen Frequenzen wirkt die Kapazität C als Kurzschluss

Ist der Lautsprecher nun auf einer Schallwand von relativ kleinen Abmessungen montiert, so kann die Luftverdichtung über den Rand der Schallwand hinweg die Rückseite der Membran erreichen, und zwar zu einem Zeitpunkt, in dem hier noch eine Luftverdünnung herrscht. Dieser Effekt bewirkt also, dass die abgestrahlten Druckwellen geschwächt werden, sodass die Lautstärke am Hörort abnimmt, wie Abb. 9.29 zeigt.

Je niedriger die Frequenz, umso ausgeprägter ist dieser akustische Kurzschluss, weil die Dauer einer solchen Schwingung relativ groß ist im Vergleich zu derjenigen der hohen Töne. Betrachtet man dies für einen Ton von 50 Hz. Die Zeit zur Ausführung einer einzigen Schwingung beträgt 1/50 Hz wie Abb. 9.30 zeigt, d. h. eine Viertelschwingung, das ist die Zeit, in der die Luftverdichtung bzw. Luftverdünnung aufgebaut wird, dauert 1/200 s. Der während dieser Zeit der von Luftschwingung zurückgelegte Weg beträgt etwa $1/200 \cdot 330 \approx 1{,}70$ m.

Um zu vermeiden, dass die Luftverdichtung auf der einen Seite der Schallwand die Luftverdünnung auf der Gegenseite merklich beeinflusst, muss der Weg vom Zentrum der Verdichtung bzw. Verdünnung bis zum Rand der Schallwand wie Abb. 9.30 zeigt und dieser Ton von 50 Hz muss mindestens $0{,}5 \cdot 1{,}70$ m betragen. Man kann dies auch wie folgt umschreiben: Derjenige Ton, bei dem gerade noch keine merkliche Dämpfung durch die begrenzten Abmessungen der Schallwand auftritt, hat eine Frequenz, deren Wellenlänge gleich dem achtfachen Abstand zwischen Lautsprecherachse und Rand der Schallwand beträgt. In diesem Beispiel bedeutet das für einen Ton von 50 Hz, dass die Fläche der Schallwand mindestens $1{,}70\ \text{m} \cdot 1{,}70\ \text{m} = 2{,}89\ \text{m}^2$ sein muss. Der akustische Kurzschluss

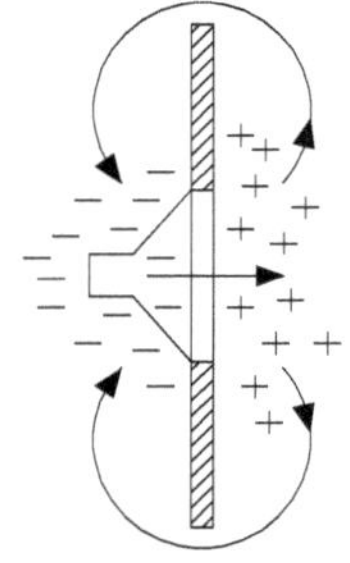

Abb. 9.29 Luftverdichtung und -verdünnung können sich über den Rand der zu kleinen Schallwand hinweg ausgleichen

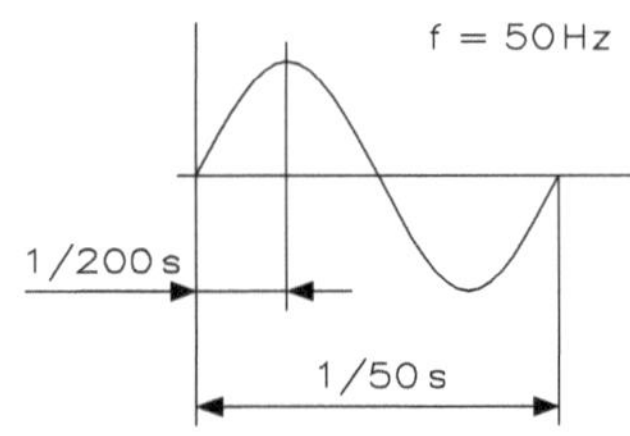

Abb. 9.30 Bei einer 50-Hz-Schwingung baut sich die Luftverdichtung in 1/200 s auf

über die Schallwand verringert sich mit steigender Frequenz. Demzufolge erhöht sich die Strahlungsenergie bis zu derjenigen Frequenz, bei der der akustische Kurzschluss keine Rolle mehr spielt. Diese Frequenz heißt Übergangsfrequenz, wie Abb. 9.31 zeigt.

Solange die Abmessungen der Membran klein sind im Vergleich zur Wellenlänge des erzeugten Schalls, ist die Gesamtfläche der Membran wirksam, d. h. sie wirkt dann als Kolben. Bei hohen Frequenzen ändert sich die Situation aber. Bei einer flachkonischen Membran ohne Rillen (Sicken) können in diesem Fall sogar gegenphasig schwingende Punkte entstehen, wodurch der Schalldruck (und damit auch der Klangeindruck) stark zurückgeht. Deshalb bringt man an bestimmten Stellen des Membranrands eine oder mehrere Sicken an, um die Entstehung von „toten Zonen“ unmöglich zu machen. Die Folge davon ist allerdings, dass bei hohen Frequenzen nur noch die innere Partie der Membran wirksam ist. Diese Erscheinung beginnt bei Frequenzen, die ein Vielfaches der akustischen Übergangsfrequenz sind, eine Rolle zu spielen. Zur Verbesserung der Hochtonwiedergabe bringt man häufig einen kleinen steifen zusätzlichen Konus in der Membranmitte an (Doppelkonuslautsprecher), damit die Schwingspulenbewegungen – und zwar nur diese – mit besserem Wirkungsgrad an die Luft übertragen werden. Bei noch höheren Frequenzen überwiegt schließlich der kapazitive Einfluss in einem solchen Maße, dass er den nutzbaren Frequenzbereich definitiv begrenzt.

Der Frequenzgang eines Lautsprechers bekommt also prinzipiell die in Abb. 9.32 dargestellte Form. Die tatsächliche Kennlinie, wie in Abb. 9.33 wiedergegeben, lässt die Grundform nach Abb. 9.32 leicht erkennen.

In Wirklichkeit spielen jedoch noch weitere Faktoren eine Rolle. Die Umstände, unter denen die Kennlinie aufgenommen wird, haben einen sehr großen Einfluss. Beispielsweise ist die Kennlinie eines in einem Gehäuse eingebauten Lautsprechers viel günstiger als die eines nicht eingebauten. Da die Bedingungen, unter denen der Lautsprecher arbeiten muss, nicht bekannt sind, und daher ist ein zuverlässiger Vergleich zwischen

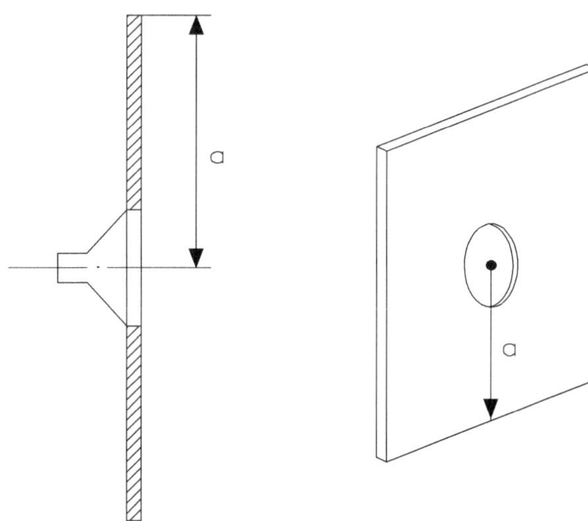

Abb. 9.31 Der Abstand a zwischen Lautsprecherachse und Rand der Schallwand muss mindestens einem Achtel der Wellenlänge der tiefsten abzustrahlenden Tonfrequenz entsprechen

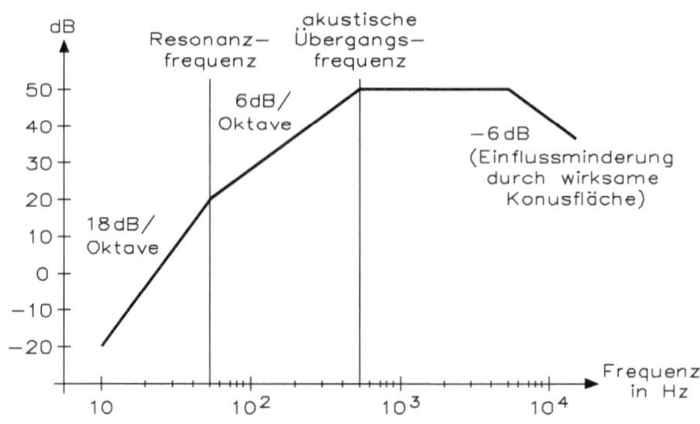

Abb. 9.32 Prinzipieller Verlauf der Frequenzkennlinie eines Lautsprechers

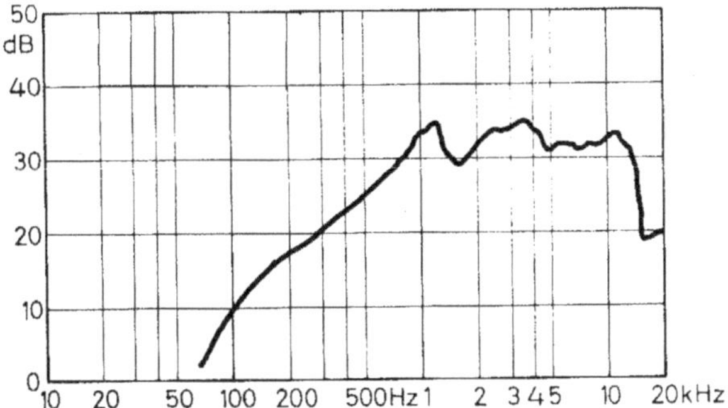

Abb. 9.33 Tatsächlicher Frequenzgang eines Lautsprechers

verschiedenen Lautsprechern nicht möglich, wenn ihre Kennlinie nicht unter völlig gleichen Bedingungen gemessen wurden. Die Kennlinien werden häufig basierend auf den nachstehenden beiden Bedingungen beschrieben:

1. montiert in einem möglichst kleinen geschlossenen Gehäuse (Zeilenmodul)
2. montiert auf einer großen Schallwand

Das Zeilenmodul kann man sich aus einem langen Rohr entstanden denken. Ist bei der Methode des langen Rohrs die Rohrlänge derart, dass die Rückwirkung zwischen Vorderseite und Rückseite des Lautsprechers vernachlässigbar klein ist, und ist ferner der Durchmesser a des Lautsprechers klein im Vergleich zum Messabstand *r*, so wirkt der Lautsprecher wie ein reiner Kugelstrahler, wie Abb. 9.34 zeigt. Verschließt man das Rohr unmittelbar hinter dem Lautsprecher, wie Abb. 9.35 zeigt, entsteht ein Zeilenmodul, das ebenfalls als Kugelstrahler wirkt.

Im zweiten Fall wird der Abstand vom Mittelpunkt des Lautsprechers zum Rand der Schallwand so groß gewählt, dass die Rückwirkung zwischen Vorderseite und Rückseite ebenfalls vernachlässigt werden kann. Es entsteht dann das Strahlungsbild nach Abb. 9.36.

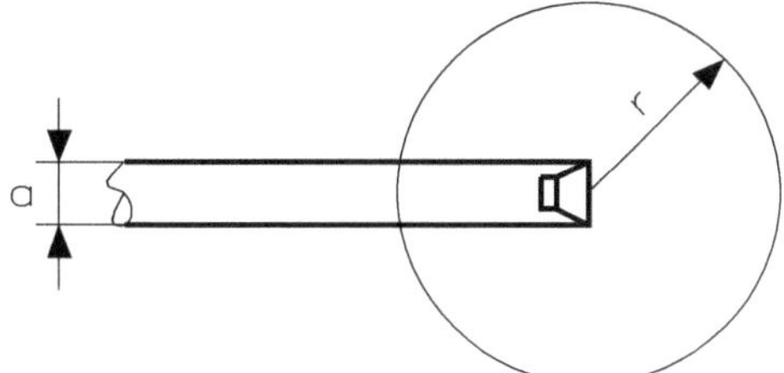

Abb. 9.34 Zeilenmodul mit gegenüber der Wellenlänge langem Rohr

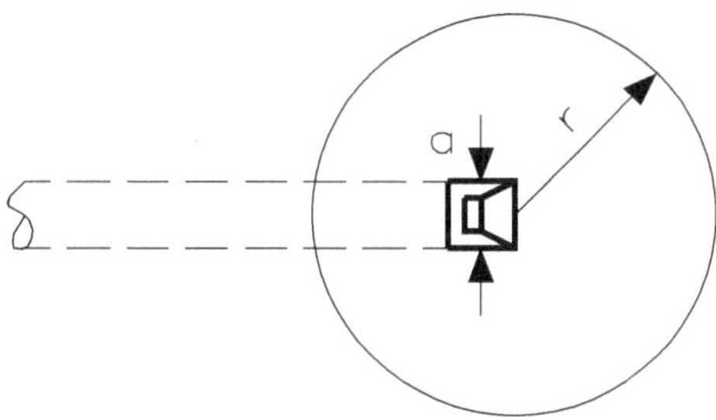

Abb. 9.35 Zeilenmodul mit kürzestmöglichem Rohr

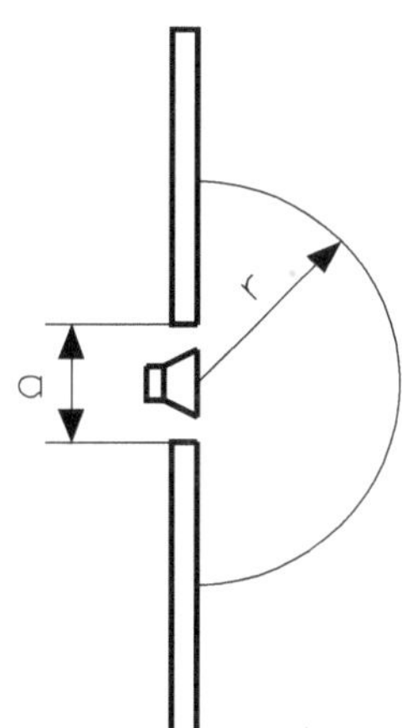

Abb. 9.36 Strahlungsbild eines auf einer großen Schallwand montierten Lautsprechers

Ferner gelten für die Frequenzkennlinien folgende Messbedingungen:

1. echofreier (schalltoter) Raum
2. Messmikrofon in Achsrichtung sowie unter einem Winkel von 30° und 60° zur Lautsprecherachse
3. Lautsprecher-Mikrofon-Abstand: 1 m

4. Eingangsleistung: 1 W (bei 4 kHz)
5. konstante zugeführte Spannung
6. gemessener Schallpegel, ausgedrückt in dB, bezogen auf den Bezugspegel von 10^{-12} W/m^2.

Zu Punkt 5. ist noch folgendes zu bemerken: Die Kraft, mit der Schwingspule und Konus bewegt werden, ist dem Schwingspulenstrom proportional. Wird die Spannung am Lautsprecher konstant gehalten, verringert sich der Strom bei der Resonanzfrequenz infolge der hierbei auftretenden relativ hohen Impedanz. Die gleiche Erscheinung tritt bei höheren Frequenzen auf, wobei die Selbstinduktion der Schwingspule eine entscheidende Rolle zu spielen beginnt. Alles in allem hat dies zur Folge, dass die Frequenzkennlinie bei der Resonanzfrequenz wie auch bei hohen Frequenzen absinkt.

Wird der Lautsprecher dagegen mit einem konstanten Strom gespeist, liegt die Frequenzkennlinie in den oberen Frequenzbereichen höher. Abb. 9.37 zeigt dies deutlich. Beim Vergleich der Frequenzkennlinien verschiedener Lautsprecher ist dieser Punkt gebührend zu berücksichtigen.

Übrigens geben die Frequenzkennlinien keinerlei Aufschluss über die Wiedergabequalität, insbesondere nicht, was die Verzerrungen anbelangt. Breite und allgemeine Form der Kennlinie geben jedoch Anhaltspunkte über den Frequenzgang. Ferner lässt der Pegel der Kurve Rückschlüsse auf die Empfindlichkeit des Lautsprechers zu.

Es wurde bereits erwähnt, dass bei höheren Frequenzen nur die innere Partie der Membran schwingt. Abgesehen von einer Verminderung der Hochtonwiedergabe durch die kleinere strahlende Fläche bewirkt dieser Effekt auch, dass die sonst mit steigender Frequenz (bei gleicher Ausdehnung der strahlenden Fläche) stark zunehmende Bündelung nicht so sehr in Erscheinung tritt, aber trotzdem noch deutlich wahrnehmbar ist.

9.2.2 Lautsprecherimpedanz

Aus dem Ersatzschaltbild des Lautsprechers in Abb. 9.26 geht deutlich hervor, dass die Impedanz eines Lautsprechers keine konstante Größe, sondern frequenzabhängig ist. In Abb. 9.38 ist der Impedanzverlauf in Abhängigkeit von der Frequenz wiedergegeben.

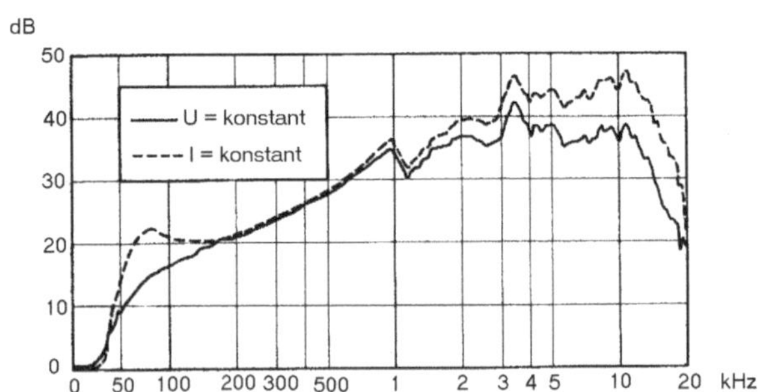

Abb. 9.37 Je nachdem, ob der Lautsprecher mit konstanter Spannung oder mit konstantem Strom betrieben wird, erhält man unterschiedliche Frequenzlinien

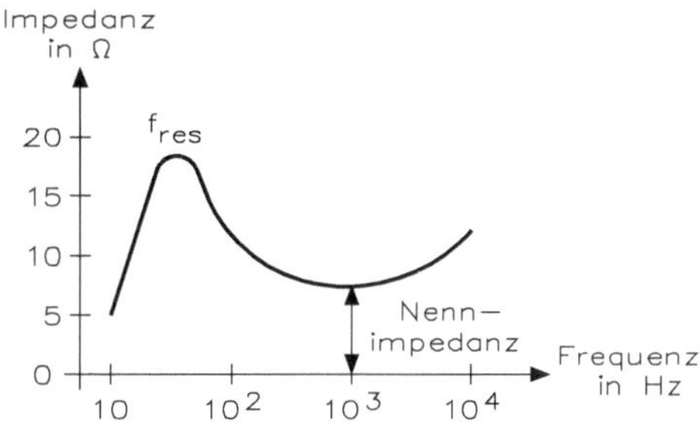

Abb. 9.38 Verlauf der Lautsprecherimpedanz in Abhängigkeit von der Frequenz

Im Zusammenhang mit der Anpassung des Lautsprechers an den Verstärker hat man den Begriff „Lautsprecher-Scheinwiderstand" eingeführt. Dies ist der äquivalente ohmsche Widerstand, der den Lautsprecher bei Messung der elektrischen Leistung ersetzt.

In der Regel wird als Nennimpedanz derjenige Wert zugrunde gelegt, bei dem innerhalb des betreffenden Frequenzbereichs die maximale Leistung auftritt. Hierbei gilt jedoch die Einschränkung, dass dieser Wert maximal 20 % über dem niedrigsten innerhalb des Nennfrequenzbereichs vorkommenden Impedanzwert liegen darf.

In den meisten Fällen wählt man als Messfrequenz von 1 kHz, aber einige Lautsprecher werden bei einer Bezugsfrequenz von 400 Hz gemessen. Auf jeden Fall muss der Nennimpedanzwert innerhalb des geradlinigen Teils der Frequenzkennlinie liegen. Die Lautsprecherimpedanzen werden mehr und mehr auf die Werte 4, 8, 15 und 25 Ω genormt.

Unter der Belastbarkeit eines Lautsprechers versteht man die Leistung, die der Lautsprecher verträgt, ohne dass merkliche Verzerrungen auftreten oder das System beschädigt wird. Nun ist allerdings die Leistung, die der normale Musikverstärker liefert, nicht gleichmäßig über alle Frequenzen verteilt, sondern hat ungefähr den in Abb. 9.39 gezeichneten Verlauf. Aus dieser Kurve, die den in Europa geltenden DIN-Normen entnommen wurde (DIN 45573), geht hervor, dass der höchste Leistungspegel bei etwa 100 Hz auftritt. Da ein „Musiksignal" für Messzwecke ungeeignet ist, wird stattdessen ein sogenanntes „weißes Rauschen" verwendet. Das Frequenzspektrum dieses Rauschens wird gefiltert gemäß Kennlinie nach Abb. 9.39.

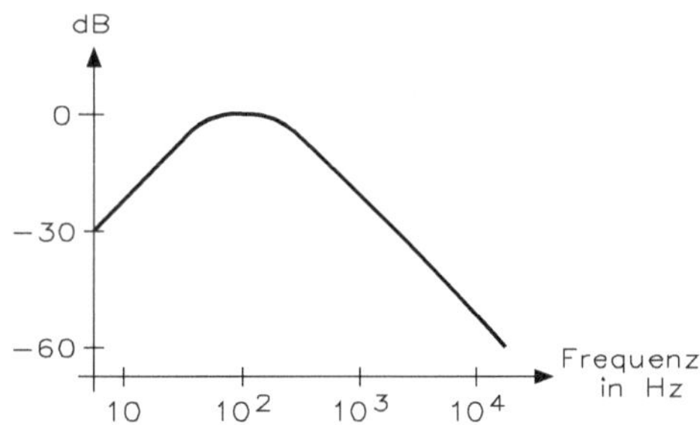

Abb. 9.39 Leistungsverlauf des von einem Musikverstärker gelieferten Signals (nach DIN 45573)

Aus diesem Diagramm geht übrigens ebenfalls hervor, dass es bei getrennter Hochton- und Tieftonwiedergabe möglich ist, als Hochtöner einen Typ zu wählen, dessen Belastbarkeit kleiner ist als die Ausgangsleistung des Verstärkers.

Die Verzerrungen des Lautsprechers bestimmen in entscheidendem Maße die Gesamtqualität einer Übertragungsanlage. Diese Verzerrungen lassen sich in lineare und nicht lineare unterteilen. Im Interesse einer möglichst geringen nicht linearen Verzerrung empfiehlt es sich, die dem Lautsprecher zugeführte Leistung nicht zu groß zu wählen und den Lautsprecher auf einer hinreichend großen Schallwand oder in einem Gehäuse zu montieren.

Sehr störend ist übrigens noch die Intermodulationsverzerrung – ebenfalls eine nicht lineare Verzerrung, die vorwiegend dann auftritt, wenn in einem Schallsignal gleichzeitig ein starker tiefer und ein schwacher hoher Ton vorhanden sind. Der hohe Ton wird dann mit dem tiefen Ton moduliert, wobei Schwingungen mit den Summen- und Differenzfrequenzen entstehen. Da diese Nebenfrequenzen nicht harmonisch zu den beiden Grundtönen liegen, treten sie bereits bei einem geringen Prozentsatz störend in Erscheinung. Das beste Verfahren, die Intermodulationsverzerrung auf ein akzeptables Maß zu reduzieren, ist die Anwendung der getrennten Hochton- und Tieftonwiedergabe. Hierbei braucht der gleiche Lautsprecher nicht gleichzeitig Töne aus weit auseinanderliegenden Frequenzbereichen abzustrahlen.

Die lineare Verzerrung folgt aus der Tatsache, dass der Frequenzgang des Lautsprechers nicht geradlinig ist. Die angenäherte Kennlinie nach Abb. 9.32 zeigt, dass sich vor allem im Bereich der niedrigen Frequenzen manches verbessern lässt. Durch Verwendung einer Schallwand lässt sich der geradlinige Teil der Kennlinie nach den niedrigen Frequenzen hin erweitern. Wie bereits erwähnt, liegt der akustische Übergangspunkt bei derjenigen Frequenz, bei der die Wellenlänge des abgestrahlten Schalls gleich der achtfachen Entfernung zwischen Lautsprechermitte und Schallwandrand ist. Zur einwandfreien Wiedergabe von Frequenzen bis unter 40 Hz ist jedoch bereits eine Schallwand von etwa 4 m^2 erforderlich. In Abb. 9.40 sind die angenäherten Frequenzkennlinien eines Lautsprechers ohne Schallwand, eines Lautsprechers mit kleiner bzw. „unendlich großer" Schallwand sowie eines Lautsprechers in geschlossenem Gehäuse dargestellt. Aus diesen Kurven geht deutlich die entscheidende Verbesserung der Tieftonwiedergabe bei Verwendung einer Schallwand oder einer Lautsprecherbox hervor.

Der sogenannte Nutzfrequenzbereich wird einerseits durch die höchste Frequenz festgelegt, bei der die Kennlinie im Vergleich zum Bezugspegel um 10 dB abgefallen ist. Als Bezugspegel gilt das größte mittlere Übertragungsmaß, das sich durch Mittelung über eine Bandbreite von einer Oktave im Bereich der maximalen Empfindlichkeit ergibt.

Andererseits wird der Nutzfrequenzbereich durch die niedrigste Frequenz – dies ist die Resonanzfrequenz – bestimmt. Die diesbezüglichen Messungen werden mit einem Lautsprecher an einer „unendlich großen" Schallwand durchgeführt.

Die Empfindlichkeit eines Lautsprechers drückt man in der Regel durch den gemessenen Schalldruck in der Achse des Felds aus, bezogen auf einen Abstand von

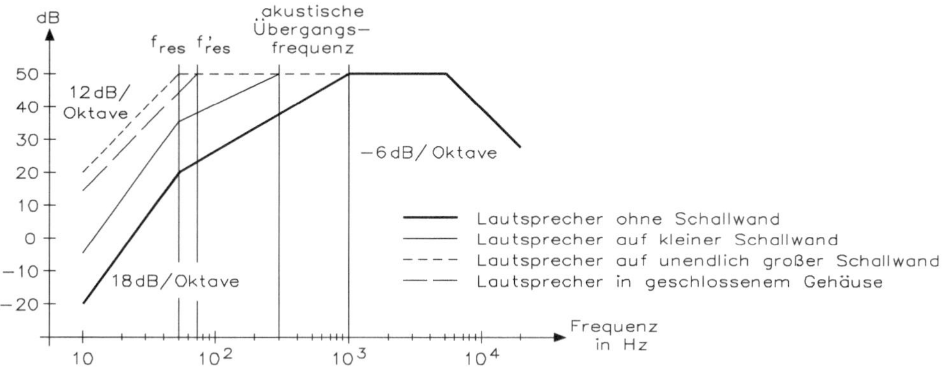

Abb. 9.40 Beeinflussung des Lautsprecher-Frequenzgangs durch Montage auf einer Schallwand bzw. in einem geschlossenen Gehäuse

1 m zwischen Lautsprecher und Messmikrofon, und zwar bei einer zugeführten Leistung von 1 W. Als Messfrequenz dient ein Sinuston von 1 kHz. Bei Verdopplung der Leistung erhöht sich der Schalldruckpegel um 3 dB, während bei Verdopplung des Abstands dieser Pegel um 6 dB abnimmt, wie Tab. 9.2 zeigt.

Wird als Beispiel eine Lautsprechergruppe mit einer Empfindlichkeit von 100 dB bei 1 W in 1 m Abstand gewählt, so ist der Schalldruckpegel in 32 m Entfernung bei einer zugeführten Leistung von 1 W = 70 dB. (Die Entfernung von 32 m entspricht einer fünfmaligen Verdopplung der Messentfernung von 1 m und bewirkt somit eine Schalldruckverminderung von 5 · 6 dB = 30 dB.).

Wird dieser Lautsprechergruppe jedoch eine Leistung von P = 8 W zugeführt, so bedeutet dies, dass die Leistung von 1 W gemäß Messdefinition dreimal verdoppelt ist. Dies hat im Endeffekt eine Zunahme des Schalldruckpegels um 3 · 3 dB = 9 dB zur Folge. Der effektive Schalldruckpegel am Hörort bei einer gegebenen Lautsprecher-Empfindlichkeit von 100 dB sowie bei einem Abstand von 32 m und einem zugeführten Signal von 8 W, ergibt sich dann zu 100 − 30 + 9 = 79 dB.

Tab. 9.2 Einfluss des Abstands von der Schallquelle auf den Schalldruckpegel

	Abstand von der Schallquelle in m	Schalldruckpegel in dB bei 1 W	
Entfernungsverdopplung	1	100	der Schalldruckpegel nimmt konstant mit 6 dB je Entfernungsverdopplung ab
	2	94	
	4	88	
	8	82	
	16	76	
	32	70	

9.2.3 Lautsprecher für diffuse Schallverteilung

Was die Anwendung betrifft, kann man die Lautsprecher in zwei Hauptgruppen unterteilen:

1. Lautsprecher für diffuse Schallverteilung
2. Lautsprecher für gerichtete Schallverteilung

Für diffuse Schallverteilung werden praktisch ausschließlich Lautsprecher mit konischer Membran verwendet. Zur Verbesserung der Tieftonwiedergabe werden diese auf einer Schallwand oder in einem geschlossenen Gehäuse montiert. Manchmal wird das geschlossene Gehäuse der unendlich großen Schallwand gleichgesetzt. Hierbei gilt jedoch ein wesentlicher Unterschied: Im geschlossenen Gehäuse wird die Luft bei der Hin- und Herbewegung der Membran komprimiert bzw. verdünnt. Diese Erscheinung tritt bei dem Lautsprecher auf unendlich großer Schallwand nicht auf. Den Effekt des variierenden Luftdrucks im Gehäuse kann man mit einer an der Membran befestigten Feder vergleichen, die ständig eingedrückt und ausgezogen wird. Die Folge davon ist, dass sich die Resonanzfrequenz des in einem Gehäuse eingebauten Lautsprechers infolge der Dämpfung durch die „Feder" ändert.

Es besteht ein gewisses Verhältnis zwischen der Resonanzfrequenz und dem Volumen des Lautsprechergehäuses. In Abb. 9.41 ist dieses Verhältnis durch eine Kurve wiedergegeben. Bei Punkt A liegt offenbar der beste Kompromiss:

Ein wesentlich größeres Volumen hat nur ein geringes Absinken, ein kleineres Volumen ein rasches Ansteigen der Resonanzfrequenz zur Folge.

Geschlossene Gehäuse (Lautsprecherboxen) verwendet man insbesondere für HiFi-Musikwiedergabe, da solche Boxen häufig selbst gebaut und der Möblierung bzw. dem Design angepasst werden. Das Gehäuse muss stabil sein, damit die Wände nicht mitschwingen. Für Lautsprecher mit einem maximalen Durchmesser von 10 cm genügt etwa 6 mm dickes Sperrholz bzw. 9-mm-Spanplatte. Für Lautsprecher mit einem Durchmesser von $d = 30$ cm muss dagegen mindestens 15-mm-Sperrholz bzw. 19-mm-Spanplatte benutzt werden. Stehwellen, die vor allem bei der Resonanzfrequenz störend wirken können, sind zu vermeiden. Aus diesem Grund soll die Tiefe des Gehäuses kleiner sein

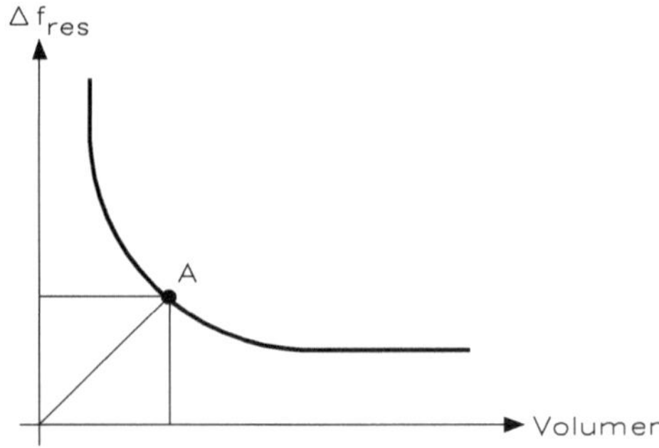

Abb. 9.41 Abhängigkeit der Resonanzfrequenz vom Volumen des Lautsprechergehäuses

als 1/8 derjenigen Wellenlänge, die der Resonanzfrequenz entspricht. Laufen die Gehäusewände parallel (Rechteckform!), so muss Schallschluckmaterial angewandt werden. Zum Verschluss der Lautsprecheröffnung ist ein locker gewebtes, fast durchsichtiges Material zu verwenden, um die Absorption der Höhen klein zu halten. Alle Gehäuseverbindungen müssen verleimt und verschraubt werden. Durch Anwendung von Filz oder eines guten Kitts muss geradezu eine Luftdichtigkeit angestrebt werden, weil Leckstellen die Tieftonwiedergabe beeinträchtigen. Die abnehmbare Gehäuseseite muss solide befestigt sein.

Eine Variante ist die sogenannte Bassreflexbox. Hierbei wird mithilfe von Zwischenschotten ein Umweg für die Schallschwingungen zur Vorderseite des Gehäuses geschaffen, in der eine zusätzliche Schallaustrittsöffnung angebracht ist, wie Abb. 9.42 zeigt. Man erreicht damit, dass die Resonanzfrequenz des Gehäuses die gleiche ist wie die des Lautsprechersystems. In der resultierenden Kennlinie treten nun zwei kleinere Resonanzpunkte auf, und zwar etwas unterhalb und etwas oberhalb der ursprünglichen Basis-Resonanzfrequenz. Die Gefahr unerwünschter Nebenwirkungen ist jedoch bei derartigen Gehäusen so groß, dass der Gesamtfrequenzgang häufig viel zu wünschen übrig lässt.

Obgleich meistens unerwünscht, weisen Lautsprecher (auch solche, die in ein Gehäuse eingebaut sind), eine bestimmte frequenzabhängige Richtwirkung auf. Bei Lautsprechern auf einer Schallwand sind die Schalldruckwerte in der Schallwandebene gleich groß, aber gegenphasig. Der Gesamteffekt ist daher Null, d. h. innerhalb dieser Ebene befindet sich eine schalltote Zone, wie Abb. 9.42 zeigt. Demzufolge ist die Abstrahlcharakteristik eines Lautsprechers, der auf einer Schallwand montiert ist, im Prinzip achtförmig. In Wirklichkeit tritt jedoch zugleich eine gewisse Bündelung auf, die mit zunehmender Frequenz immer ausgeprägter wird, wie Abb. 9.43 zeigt. Dies hat seine Ursache in dem Gesetz, dass Strahlung jeder Art gebündelt wird, sobald die Abmessungen des Strahlers in der gleichen Größenordnung liegen wie die Wellenlänge der betreffenden Schwingung. Aus dem gleichen Grund entsteht hinter jedem Gegenstand, dessen Abmessungen in der gleichen Größenordnung liegen wie die Wellenlänge der Schwingungen, ein „Schallschatten“ (Abb. 9.44).

Bei einem Lautsprecher in geschlossenem Gehäuse (die Membran steht dann nur an ihrer Vorderseite mit der Umgebungsluft in Berührung) setzt sich der Schalldruck nach allen Richtungen fort. In diesem Fall wird die Abstrahlcharakteristik durch einen Kreis dargestellt, wie Abb. 9.45 zeigt. Auch hier spielen wiederum die Abmessungen des Lautsprechers eine Rolle, und wiederum ist die Richtwirkung frequenzabhängig, wie Abb. 9.46 zeigt. Die ausgeprägte Bündelung der Höhen kann teilweise durch Verwendung eines Doppelkonuslautsprechers vermieden werden.

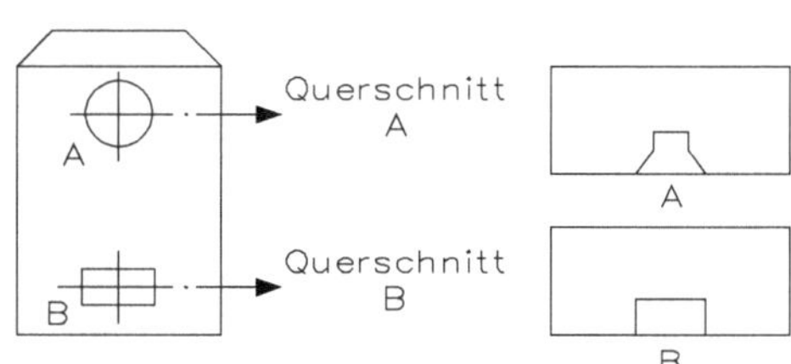

Abb. 9.42 Darstellung der Bassreflexbox

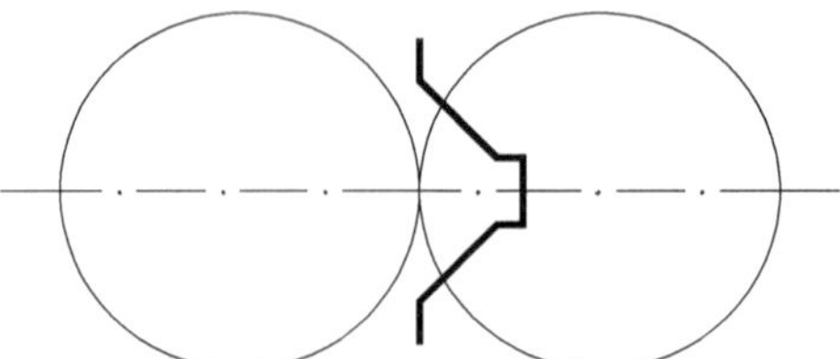

Abb. 9.43 Abstrahlcharakteristik eines auf einer Schallwand montierten Lautsprechers

Abb. 9.44 Mit steigender Frequenz nimmt die Richtwirkung des Lautsprechers zu

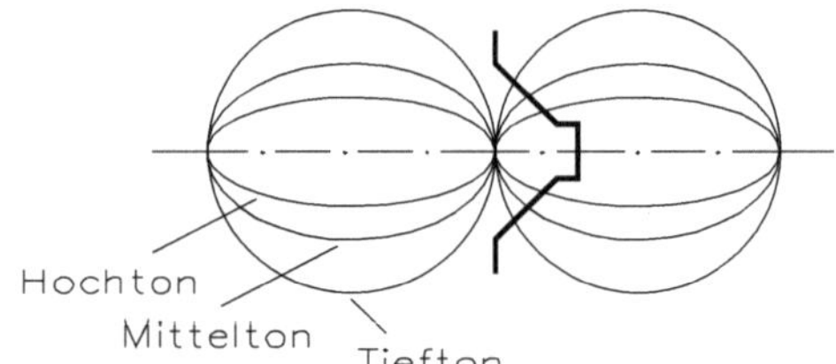

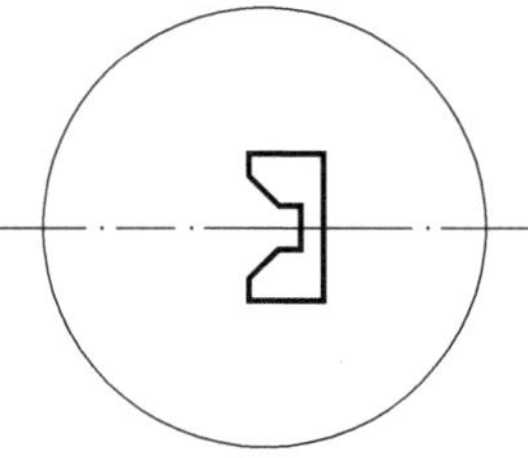

Abb. 9.45 Abstrahlcharakteristik eines in einem geschlossenen Gehäuse montierten Lautsprechers

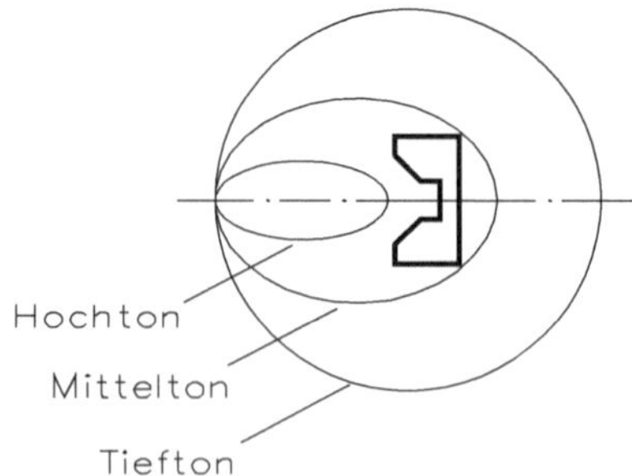

Abb. 9.46 Frequenzabhängige Richtwirkung eines in einem geschlossenen Gehäuse montierten Lautsprechers

Werden in einer Lautsprecherbox für die tiefen, mittleren und höheren Frequenzbereiche getrennte Lautsprechersysteme benutzt, empfiehlt es sich, die Mittelton- und Hochtonsysteme an ihrer Rückseite mit Dämpfungskappen abzudecken. Dadurch wird zugleich die Gefahr der störenden Intermodulationsverzerrung bedeutend herabgesetzt, doch sind in solchen Fällen grundsätzlich Trennfilter (Frequenzweichen) erforderlich. Der Aufbau solcher Filter hängt von der jeweiligen Lautsprecherkombination ab. Bei der Wahl der Lautsprecher ist zu beachten, dass sich ihre Frequenzkennlinien in gewissem Grade überschneiden, da andernfalls die Gefahr besteht, dass der Gesamtfrequenzgang ein „Tal" aufweist. Den Übergangspunkt wählt man vorzugsweise in der Mitte des Überlappungsbereichs. Für Kombinationen mit zwei Lautsprechern liegt dieser Punkt meistens zwischen 500 und 1500 Hz. Für eine Kombination aus drei Lautsprechern (Bass-, Mittelton- und Hochtonlautsprecher) liegen die Übergangspunkte bei etwa 400 Hz bis 3 kHz.

Die einfachste Frequenzweiche besteht aus einem Kondensator in Serie mit dem Hochtöner und einer Drosselspule in Serie mit dem Basslautsprecher, wie Abb. 9.47 zeigt. Ein solches einfaches Filter bewirkt eine Dämpfung von 6 dB pro Oktave zu beiden Seiten des Übergangspunktes. Kennzeichnend für dieses Filter ist die Tatsache, dass seine Eingangsimpedanz praktisch der Impedanz eines Einzellautsprechers entspricht, vorausgesetzt, dass beide Lautsprecher die gleiche Impedanz aufweisen. Die Werte für die Drosselspule und den Kondensator ergeben sich aus nachstehenden Formeln:

$L = \frac{159 \cdot Z}{f_{ü}}$ in mH und $C = \frac{159.000}{f_{ü} \cdot Z}$ in µF.

L = Selbstinduktion der Drosselspule

C = Kapazität des Kondensators

Z = Impedanz des Lautsprechers = Übergangsfrequenz (Abb. 9.48).

Abb. 9.48 zeigt den Dämpfungsverlauf des Filters der Frequenzweiche.

Das Doppelfilter nach Abb. 9.49 ergibt eine Absenkung von 12 dB pro Oktave. In diesem Fall berechnen sich die Werte von L und C nach folgenden Formeln:

$L = \frac{225 \cdot Z}{f_{ü}}$ in mH und $C = \frac{112.000}{f_{ü} \cdot Z}$ in µF

Es lassen sich bipolare Elektrolytkondensatoren oder notfalls normal gepolte Typen in den Frequenzweichen verwenden. Allerdings müssen die Betriebsspannungen der normal gepolten Typen dann mindestens 30mal höher sein als die an den Lautsprechern zu erwartenden Wechselspannungen. Häufig werden einfache Luftdrosseln verwendet,

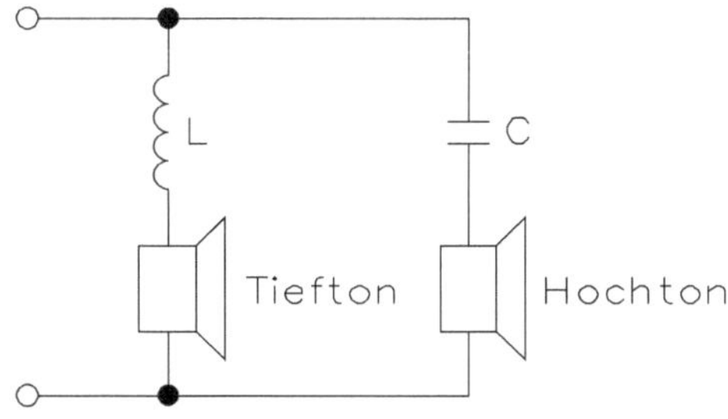

Abb. 9.47 Aufteilung der Frequenzbereiche mithilfe einer Drosselspule und eines Kondensators

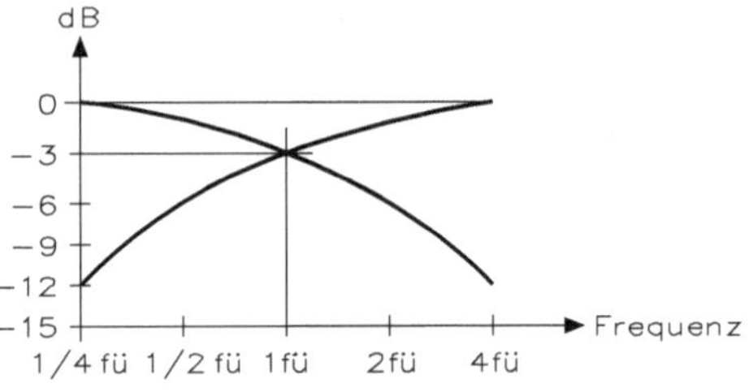

Abb. 9.48 Dämpfungsverlauf des Filters nach Abb. 9.47

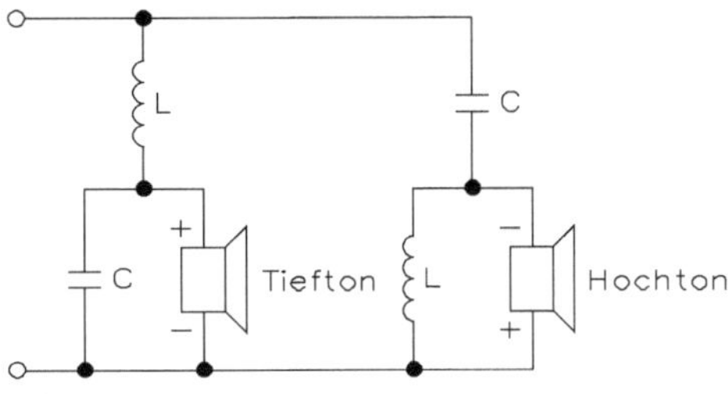

Abb. 9.49 Doppelfilter mit steilerem Dämpfungsverlauf

jedoch können auch Drosselspulen mit Ferroxcubekernen benutzt werden, um bei kleinen Abmessungen den Verlustwiderstand niedrig zu halten.

Die verwendeten Hoch- und Tieftonlautsprecher müssen etwa den gleichen Wirkungsgrad aufweisen, da andernfalls die Hochton- und Tieftonwiedergabe aus dem Gleichgewicht gebracht wird. Schließlich muss man bei Anschluss der Lautsprecher die Polarität berücksichtigen. Die Polarität der Schwingspule ist durch einen roten Punkt markiert, und zwar bewegen sich bei Anlegen eines positiven Spannungsimpulses an die markierte Schwingspulenklemme und Membran nach außen.

Werden weniger hohe Anforderungen an die Wiedergabequalität beispielsweise wenn es sich um Hintergrundmusik in einem Restaurant oder ausschließlich um Sprachübertragungen handelt, so kann man sich mit einfacheren Lautsprecherboxen begnügen. Auch erübrigt sich in solchen Fällen die Zweikanalausführung des Lautsprechers.

9.2.4 Akustische Linsen

Zur Erzielung einer diffusen Schallstrahlung gibt es akustische Linsen, die man vor die Trichteröffnung eines Hornstrahlers stellt und mit deren Hilfe man Schallwellen in ähnlicher Weise zerstreuen kann wie Lichtwellen mittels optischer Zerstreuungslinsen. Die Wirkungsweise akustischer Linsen ist denjenigen aus der Mikrowellentechnik verwandt und beide Linsen ähneln auch in ihrem Aufbau einander. Die Wirkungsweise beruht grundsätzlich darin, dass die Fortpflanzungsgeschwindigkeit von Wellen in der Linse gegenüber derjenigen im freien Raum herabgesetzt wird. Das wird z. B. dadurch erreicht, dass man die Linsen aus Umwegplatten aufbaut, zwischen denen die Wellen Umwege gegenüber ihrer Ausbreitung im freien Raum machen müssen, wie Abb. 9.50 zeigt.

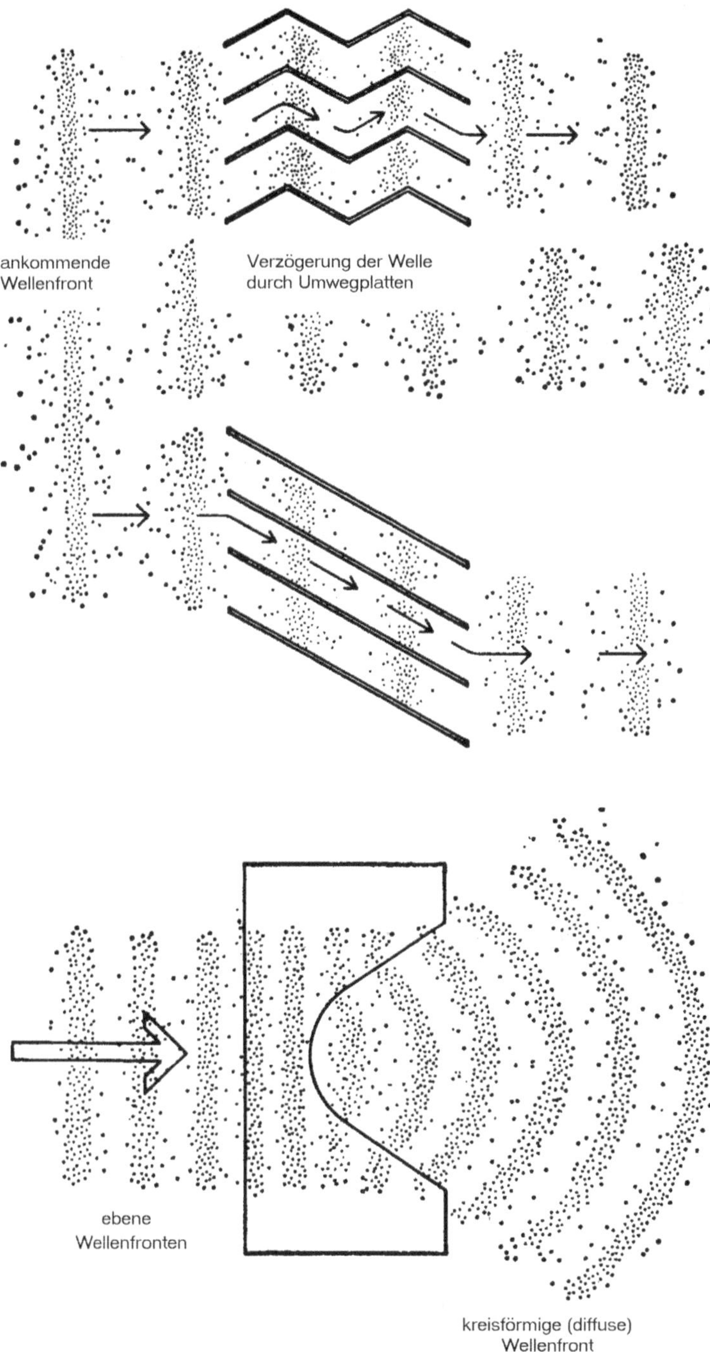

Abb. 9.50 Wirkungsweise akustischer Linsen

Die Randgebiete der Linse sind breiter als in Linsenmitte. Daher eilt die Wellenfront der austretenden Schallwelle in den Randzonen mehr nach als in Linsenmitte, wodurch die angestrebte Zerstreuung des Schalls zustande kommt.

Es gibt auch Linsen, bei denen die den Schall verzögernden Elemente aus kleinen Scheiben, Kugeln oder Löchern in einer perforierten Metallfläche bestehen. Durch das Schallfeld werden darin sogenannte akustische Dipole induziert, die auf das Schallfeld zurückwirken und dessen Phasengeschwindigkeit beeinflussen. Entsprechende Linsen gibt es für elektromagnetische Wellen ebenfalls.

9.3 Mittel- und Hochtonlautsprecher

Je nach Anwendungsfall und finanzieller Möglichkeiten setzt man spezielle Hochtonlautsprecher ein. Der Vergleich zwischen Mittel- und Hochtöner wird in Tab. 9.3 gezeigt.

9.3.1 Bändchenlautsprecher

Zu den Trichterlautsprechern gehören auch die Bändchenlautsprecher. Im Gegensatz zu den zuvor besprochenen Druckkammer-Trichterlautsprechern weisen Bändchenlautsprecher keine Druckkammer auf. Bei ihnen dient ein hauchdünnes und extrem massegeriffeltes Aluminiumblättchen als Membran, das im Feld von einem kräftigen Permanentmagneten zum Schwingen angeregt wird, wenn es vom tonfrequenten Wechselstrom durchflossen wird, wie Abb. 9.51 zeigt. Weil der Strahlungswiderstand einer solchen Folienmembran sehr klein ist, setzt man vor sie einen Trichter, der den Strahlungswiderstand auf einen angemessenen Wert transformiert und damit den Wirkungsgrad der Schallabstrahlung vergrößert, dass ein solches System als Lautsprecher geeignet ist.

Tab. 9.3 Technische Daten eines Mittel- und Hochtöners

Kategorie	Mitteltöner	Hochtöner
Lautsprechergröße (Zoll)	6 Zoll	4 Zoll
Lautsprechergröße (cm)	15,24 cm	6 cm
Belastbarkeit RMS	100 W	70 W
Belastbarkeit	200 W	110 W
Frequenz	6 kHz	2 kHz
Impedanz	8 Ω	4 Ω
Einbaudurchmesser	183 mm	110 mm
Einbautiefe	82 mm	20 mm
Gewicht	1250 g	250 g
Frequenzbereich	3 Hz bis 6 kHz	2 kHz bis 22 kHz

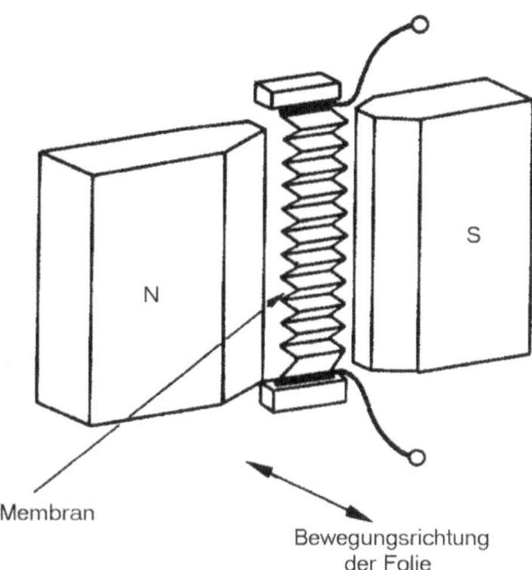

Abb. 9.51 Aufbau eines Bändchenlautsprechers

In der Audiotechnik sind mehrere Ausführungen an Bändchen-Hochtonlautsprechern erhältlich. Normalerweise sind Bändchen-Hochtonlautsprecher in Zweiwegkombinationen verwendbar, wenn der Tieftonlautsprecher bis etwa 2,5 kHz betrieben werden kann. Bändchen-Hochtonlautsprecher sind ab etwa 5 kHz verwendbar und die Frequenzweichen sollten in beiden Fällen eine Dämpfung von 8 dB/Oktave ausführen.

Ein anderes System an Bändchenlautsprechern soll erst ab Frequenzen von 7 kHz unter Verwendung einer Weiche von wenigstens 12 dB/Oktave betrieben werden. Der Hochtöner lässt sich in Lautsprecherkombinationen mit Bassreflexboxen und entsprechend starkem Mittelchassis (keine Hornstrahler) verwenden.

9.3.2 Transmission-Line-Lautsprecher

Bei diesem Lautsprecher erzeugt die Tauchspule an der Spitze eines kegelförmigen Zylinders die Biegewellen, die sich längs der Zylinderoberfläche mit einer Geschwindigkeit fortpflanzen, die größer ist als diejenige von Luftschallwellen. Wenn die Wellenlänge der Biegewellen kleiner als die des Luftschalls ist, gleichen sich Unter- und Überdruck zwischen benachbarten, gegenphasig schwingenden Flächenelementen des Zylinders aus, sodass keine Abstrahlung zustande kommen kann. Wenn jedoch die Wellenlänge der Biegewellen die Luftwellenlänge überschreitet, können sich die von den einzelnen Flächenelementen des Zylinders ausgehenden Teilwellen im Fernfeld gleichphasig überlagern, sodass der zu Biegewellen angeregte Zylinder eine Wirkleistung abstrahlt. Die schallstrahlende kegelförmige Zylinderoberfläche erhält eine bestimmte Neigung, und zwar derart, dass von den einzelnen Oberflächenelementen des Zylinders, die zeitlich nacheinander von der Biegewelle erreicht werden, kohärente gleichphasige Wellenzüge ausgehen, wie Abb. 9.52 zeigt.

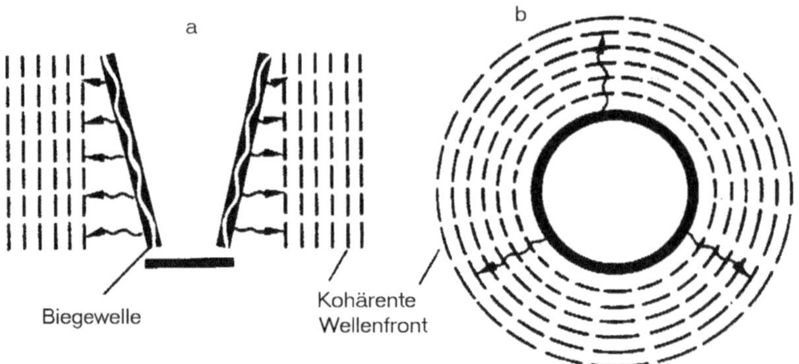

Abb. 9.52 Prinzip des Transmission-Line-Lautsprechers mit (**a**) Seitenansicht (**b**) Draufsicht

Da die Biegewellen infolge reflexionsfreien Abschlusses des Zylinders nicht zu stehenden Wellen Anlass geben, bricht der Zylinder im Gegensatz zu üblichen Konusmembranen nicht in Partialschwingungen auf. Man hat hier einen Breitbandlautsprecher, der alle Frequenzen gleichmäßig abstrahlt. Zur Tieftonwiedergabe arbeitet der Zylinder auf das Luftkissen eines geschlossenen Gehäuses. Die Wiedergabe mit Walsh-Lautsprechern zeichnet sich durch Durchsichtigkeit und gutes Ein- und Ausschwingverhalten aus. Ihr Nachteil ist der niedrige Wirkungsgrad, der hohe Verstärkerausgangsleistungen (etwa 300 W) benötigt.

9.3.3 Piezoelektrische Hochtöner

In jüngerer Zeit werden auch piezoelektrische Lautsprecher, vornehmlich zur Hochtonwiedergabe eingesetzt. Deren Prinzip ist seit vielen Jahren bekannt und kontinuierlich weiterentwickelt worden. Seine Wirkungsweise beruht auf dem piezoelektrischen Effekt, infolgedessen eine an einen piezoelektrischen Kristall angelegte Spannung eine mechanische Verformung zur Folge hat. Diese Bewegung wird auf die konusförmige Membran übertragen und ist als Schall hörbar. Die Zuschaltung des Systems zu einem Tief-Mitteltonlautsprecher geschieht ohne Weiche mithilfe der Schaltung. Abb. 9.53 zeigt den Aufbau eines piezoelektrischen Lautsprechers. Die Übertragungskennlinie hat oberhalb von etwa 4 kHz einen zufriedenstellenden Verlauf.

Einige Piezo-Hochtöner gibt es auch mit Hornstrahlern. Deren Wirkungsgrad ist zwar größer als die Modelle mit freistrahlender Membran, dafür sind aber ihre Übertragungskennlinien weniger günstig und die Wiedergabe ist mehr verfärbt. Aus diesem Grund sind Piezo-Hörner zur hochwertigen Schallwiedergabe mit HiFi-Qualität nicht zu empfehlen. Abb. 9.54 zeigt einen piezoelektrischen Lautsprecher.

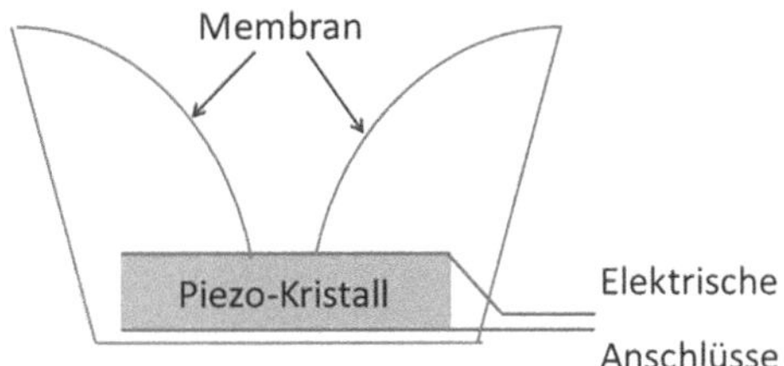

Abb. 9.53 Aufbau eines piezoelektrischen Lautsprechers

Abb. 9.54 Piezoelektrischer Lautsprecher

9.3.4 Air-motion-Wandler oder Jet-Hochtöner

Bei dem als „Air-motion-Transformer" bezeichneten Wandler wird eine massenarme gefaltete Folie als schallerzeugendes Bauteil verwendet. Im Gegensatz zum Bändchenlautsprecher bewegt sich die Faltfolie quer zur Richtung der Schallabstrahlung im Magnetfeld, wie Abb. 9.55 zeigt. Bei der Bewegung der Folie unter Einwirkung eines Wechselstroms werden alle Falten schmaler, die sich nach vorn öffnen und drücken somit die Luft aus den Falten heraus, während die jeweils benachbarten hinteren Falten sich erweitern und Luft ansaugen. Auf diese Weise wird die Luft in einer Richtung herausgedrückt und bei umgekehrter Bewegung in der anderen Richtung angesaugt. Beim Herausdrücken der Luft aus den engen Falten erhöht sich die Geschwindigkeit der Luftteilchen.

Wegen des mit steigender Frequenz zunehmenden Schalldrucks ist dieser Lautsprecher besonders zur Hochtonwiedergabe in stark gedämpften Räumen geeignet. In normalen Wohnräumen muss man eine Entzerrung vornehmen, um eine Überbetonung hoher Frequenzen zu vermeiden. Abb. 9.56 zeigt einen Air-motion-Transformer oder Jet-Hochtöner.

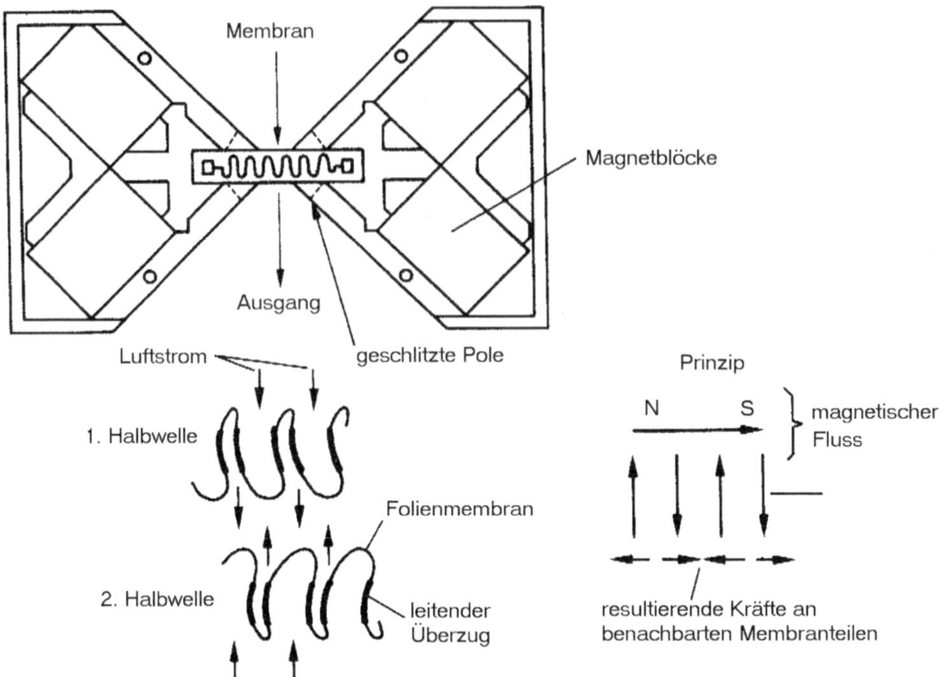

Abb. 9.55 Prinzip des Air-motion-Transformers

Abb. 9.56 Air-motion-Transformer oder Jet-Hochtöner

9.3.5 Elektrostatische Lautsprecher

Bei einem dynamischen Lautsprecher wird die Bewegung von einem tonfrequenten Wechselstrom erzeugt, der durch eine Schwingspule im Dauermagnetfeld zum Antrieb der Membran benutzt wird und der elektrostatische Lautsprecher basiert auf dem Prinzip des Kondensators. Im einfachsten Fall besteht er aus einer festen Platte, die die eine Fläche eines Kondensators bildet, und aus einer dünnen beweglichen Metallfolie oder metallisierten Kunststofffolie, die die andere Platte des Kondensators bildet. Die Anordnung besteht aus einer festen und beweglichen Platte, die im geringen Abstand gegenüber angeordnet sind, wie Abb. 9.57 zeigt. Die bewegliche Metallfolie stellt die Membran des elektrostatischen Lautsprechers dar.

Wird an die beiden Platten eine Spannung angelegt, entsteht zwischen ihnen ein elektrisches Feld. Die elektrische Feldstärke zieht die Membran zur festen Platte an. Da die Membran an ihrem Rand eingespannt ist, stellt sich im Ruhezustand ein Gleichgewichtszustand zwischen der elektrischen Anziehungskraft und der durch die Auslenkung der Membran ein. Die eintreffenden Schwingungen bewirken eine mechanische Gegenkraft. Ist die angelegte Spannung eine Wechselspannung u, die also sinusförmig im Rhythmus von Sprache oder Musik schwankt, so bewegt sich die Membran periodisch. Es entsteht jedoch keine sinusförmige Bewegung entsprechend der angelegten Wechselspannung, sondern beide Halbperioden der Wechselspannung lenken die Membran in gleicher Richtung aus, wie Abb. 9.58 zeigt. Die Kraft F, die auf die Membran wirkt, ändert sich also nicht sinusförmig, sodass eine Wiedergabe von Sprache und Musik nicht möglich ist.

Der elektrostatische Lautsprecher wird erst funktionsfähig, wenn in Serie mit der Wechselspannung eine Gleichspannung (Polarisationsspannung) zwischen beide Platten gelegt wird. Jetzt kann die Membran um eine Mittellage mit der Frequenz der Wechselspannung schwingen, sofern die Amplitude der Wechselspannung die Gleichspannung nicht übersteigt. Der elektrostatische Lautsprecher in der beschriebenen Ausführung ist nur als Hochtonlautsprecher geeignet, da nur bei hohen Frequenzen die Spannungsamplitude u stets sehr viel kleiner als die Polarisationsspannung U ist. Abb. 9.59 zeigt einen elektrostatischen Lautsprecher.

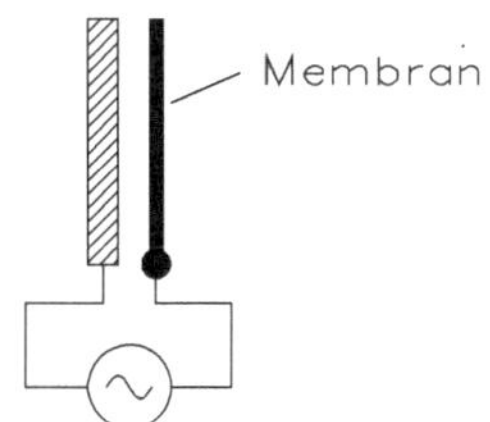

Abb. 9.57 Prinzip beim elektrostatischen Lautsprecher

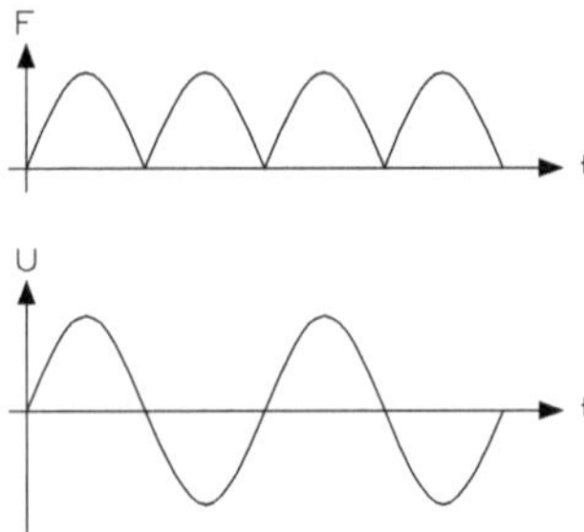

Abb. 9.58 Zeitlicher Verlauf von auslenkender Kraft und angelegter Spannung beim elektrostatischen Lautsprecher

Abb. 9.59 Elektrostatischer Lautsprecher

9.3.6 Gegentaktlautsprecher

Die Anwendung des Gegentaktprinzips gestattet die Verarbeitung größerer Signalspannungen und damit den Bau von elektrostatischen Lautsprechern, die nicht nur hohe Frequenzen, sondern auch tiefe Frequenzen wiedergeben können. Abb. 9.60 zeigt das Prinzip eines elektrostatischen Gegentaktlautsprechers.

Die bewegliche Membran *M* befindet sich zwischen zwei festen Elektroden, an denen die Signalspannung gegenphasig liegt. Im Gegensatz zum einfachen elektrostatischen Lautsprecher mit einer einzigen festen Elektrode müssen die beiden Festelektroden beim Gegentaktlautsprecher perforiert, also schalldurchlässig sein. In Ruhelage befindet sich die Membran genau in der Mitte zwischen beiden Platten, denn die Polarisationsspannung hat zwei gleichgroße, aber entgegengesetzte Kräfte auf die Membran zur Folge. Wird außer der Polarisationsspannung die Signalspannung angelegt, entsteht eine resultierende Kraft, die sich berechnet aus

$$F = \left[\frac{U + \frac{u}{2}}{d_2}\right]^2 - \left[\frac{U + \frac{u}{2}}{d_1}\right]^2$$

Diese Kraft ist infolge der Änderung der Abstände d_2 und d_1 zwischen Membran und Platten während des Schwingungsvorgangs nicht proportional der Signalspannung u,

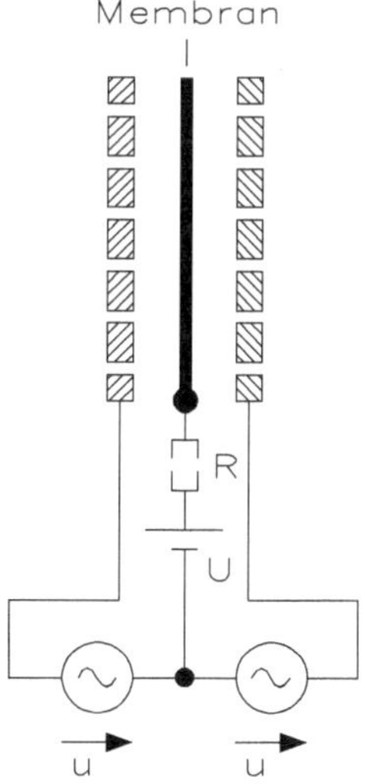

Abb. 9.60 Prinzip eines elektrostatischen Gegentaktlautsprechers

sodass nicht lineare Verzerrungen auftreten. Der physikalische Grund hierfür liegt darin, dass bei Annäherung der auf verschiedenem Potential befindlichen Flächen die mechanische Anziehungskraft quadratisch ansteigt, wenn sich der Abstand zwischen ihnen linear verkleinert. Sorgt man aber dafür, dass die elektrische Spannungsdifferenz mit kleiner werdendem Abstand der Platten fällt, kann der Vorgang linearisiert werden. Im Prinzip läuft das darauf hinaus, dass man die Membran auf eine bestimmte Spannung auflädt und die Spannung nachträglich wieder abschaltet. Das setzt genügende Isolation zwischen den Belägen voraus und dann ist durch Anlegen der Spannung U an das System im Ruhestand die Ladung Q festgelegt. Sie ändert sich auch bei der Bewegung nicht, sodass bei Annäherung der Platten wegen der Zunahme der gegenseitigen Kapazität C die Vorspannung fällt: $U = Q/C$.

Mit der abnehmenden Polarisationsspannung wird dem vorher quadratischen Anstieg der Anziehungskräfte ein linearisierendes Gewicht entgegengestellt. Die Anziehungskraft F ist nun der Ladung und der Signalspannung direkt proportional:

$$F \approx \frac{Q \cdot u}{d_1 + d_2}$$

In der Praxis wird die konstante Ladung durch einen Hochohmwiderstand in Serie zur Polarisationsspannung erzeugt. Dieser Ladungswiderstand R liegt vor der Kapazität C_0 des elektrostatischen Lautsprechers, die sich aus den beiden Teilkapazitäten C_1 und C_2 der Teilsysteme mit den Abständen d_1 und d_2 zusammensetzt. Wenn die aus dem Hochohmwiderstand R und der Lautsprecherkapazität C gebildete Zeitkonstante $\tau = R \cdot C_0$ genügend lang gegen die Periodendauer der Membranschwingung bei der tiefsten zu verarbeitenden Frequenz ist, ändert sich während der Bewegung der Membran die Ladung praktisch nicht. Diese Methode des Betriebs eines elektrostatischen Lautsprechers mit konstanter Ladung ist Voraussetzung für seine Anwendung zur Wiedergabe tiefer Frequenzen mit ihren entsprechend größeren Signalamplituden. Der Hochohmwiderstand R wird gewöhnlich durch richtige Oberflächenleitfähigkeit der Membran erhalten. Die Boxen lassen sich in einfacher Weise mit dynamischen Tieftonlautsprechern kombinieren. Wegen des relativ niedrigen Schallpegels der Boxen sollte man sie nicht mit Exponential-Tieftonboxen kombinieren, die einen vergleichsweise zu hohen Schalldruck liefern und das Gesamtklangbild „dumpf" erscheinen lassen. Am günstigsten sind Kombinationen mit geschlossenen Tieftonboxen oder kleinen Bassreflexboxen.

Infolge der relativ leichten Membran und dank der Tatsache, dass die antreibende Kraft über die ganze Membranfläche angreift, zeichnen sich elektrostatische Lautsprecher durch hervorragendes Ein- und Ausschwingverhalten, und günstige akustische Anpassung an den umgebenden Raum aus. Andererseits ergeben wegen der relativ großen Fläche der Membran infolge der von verschiedenen Punkten der Membran ausgehenden und zum Ort des Hörers gelangenden Schallwellen diverse Unregelmäßigkeiten in der Übertragungskennlinie des Lautsprechers, die einer unverfärbten Wiedergabe entgegenstehen. Der Schall wird außerdem gerichtet abgestrahlt. Wie bei üblichen dynamischen Konuslautsprechern bricht auch die Membran elektrostatischer Lautsprecher bei höheren Frequenzen in Partialschwingungen auf.

9.4 Lautsprecherboxen und Schallführungen

Wenn man Lautsprecherboxen praktisch realisieren will, können zahlreiche Fehler beim Bau in die Konstruktion einfließen. Grundkenntnisse sind daher unbedingt notwendig.

9.4.1 Akustischer Kurzschluss

Damit hörbarer Schall in den umgebenden Raum abgestrahlt werden kann, ist es für die Wiedergabe tiefer Frequenzen erforderlich, das Chassis mit einer besonderen Schallführung zu versehen oder es in ein geeignetes Gehäuse (Box) einzubauen. Der Grund hierfür liegt im akustischen Kurzschluss. Würde man ein Tieftonchassis, frei strahlen lassen, so würden die von der vorderen Konusfläche ausgehenden Schallwellen kugelförmig um den Konus herumlaufen und auf dessen Rückseite gelangen, wie Abb. 9.61 zeigt.

Dabei würden sich die Luftverdichtungen und Luftverdünnungen auf beiden Seiten der Konusmembran ausgleichen. Es entsteht hierbei nur akustische Blindleistung, jedoch keine Wirkleistung, also kein hörbarer Schall. In diesem Betriebszustand kann die Membran eine große Bewegungsamplitude ausführen, ohne dass hörbarer Schall übertragen wird. Der Strahlungswiderstand ist bei einem akustischen Kurzschluss Null. Der Einbau eines Tieftonchassis in eine Box oder in ein schallführendes System hat die Aufgabe, den akustischen Kurzschluss zu beseitigen und andererseits den Strahlungswiderstand möglichst groß zu machen.

Die einfachste Möglichkeit, den akustischen Kurzschluss zu vermeiden, besteht darin, dass man den Lautsprecher auf einer Schallwand installiert. Diese kann eine runde, quadratische, rechteckige oder beliebige andere Form aufweisen. Je größer die Schallwand ist, desto mehr verschiebt sich der akustische Kurzschluss nach tieferen Frequenzen, und umso tiefere Töne werden hörbar. Bei Einbau eines Lautsprechers in eine unendlich große Schallwand ist die niedrigste Frequenz, die hörbar gemacht werden kann, durch die Resonanzfrequenz des Lautsprechers bestimmt. In guter Näherung lässt sich

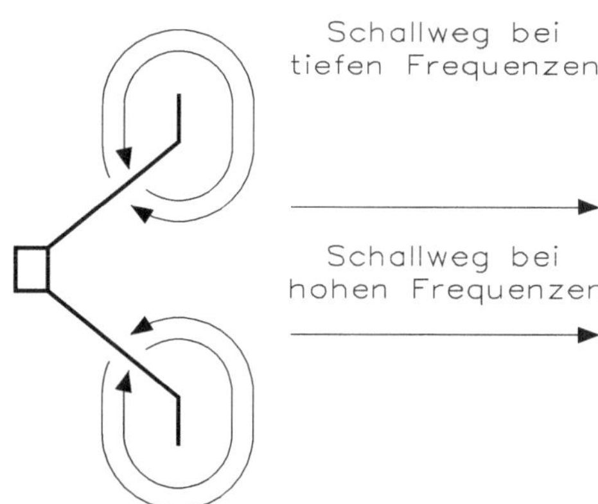

Abb. 9.61 Akustischer Kurzschluss bei tiefen Frequenzen

eine unendliche Schallwand dadurch realisieren, dass man den Lautsprecher in die Wand des Abhörraums einbaut, die als Schallwand dient. Abb. 9.62 zeigt drei Schalldruck-Frequenzkurven eines dynamischen Tieftonlautsprechers mit unterschiedlichen Anordnungen an den Schallwänden.

In fast allen praktisch vorkommenden Fällen muss man sich einer endlichen Schallwand bedienen. Bei der kreisrunden Schallwand und symmetrischem Lautsprechereinbau gibt es bestimmte Frequenzen, unterhalb deren vollständigen Schalllöschung durch akustischen Kurzschluss erfolgt. Benutzt man wie üblich eine Schallwand von rechteckigem Querschnitt, geht der Einbruch in der Übertragungskennlinie der Lautsprechereinbauten nicht bis auf den Wert Null herunter, weil die Wege, die der Schall zurücklegen muss, um von der Vorderseite der Membran auf deren Rückseite einzuwirken, verschieden lang sind. Ein ähnlicher Effekt lässt sich durch asymmetrische Anordnung des Lautsprechers auf runder Schallwand erreichen. Abb. 9.62 zeigt den Schalldruck-Frequenzverlauf für verschieden große rechteckförmige Schallwände und für verschiedene Orientierungen des Lautsprechers auf der Schallwand.

Die Frequenz, bei der akustischer Kurzschluss eintritt, heißt Grenzfrequenz. Unterhalb der Grenzfrequenz f_g nimmt der Schalldruck um 6 dB/Oktave ab. Soll durch Einbau des Lautsprechers in eine endliche Schallwand der akustische Kurzschluss vermieden werden, so darf die Weglänge des Schalls zwischen Vorderseite und Rückseite der Lautsprechermembran eine halbe Wellenlänge des tiefsten abzustrahlenden Tons nicht unterschreiten, d. h. die Entfernung zwischen Membran und Schallwandrand muss mindestens $\lambda/4$ betragen, wobei X die Wellenlänge des tiefsten Tons ist, der hörbar ist. Diese Forderung führt zu großflächigen Schallwänden. Zur Wiedergabe einer Frequenz von z. B. 60 Hz benötigt man eine Schallwand von mindestens 3 × 3 m Fläche.

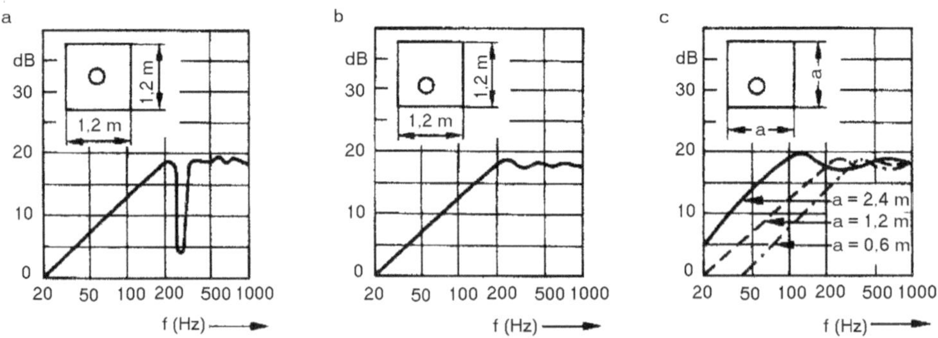

Abb. 9.62 Schalldruck-Frequenzkurven eines dynamischen Tieftonlautsprechers auf einer Schallwand (**a**) symmetrische Anordnung (**b**) unsymmetrische Anordnung (**c**) unsymmetrische Anordnung bei verschiedenen Schwallwandabmessungen

Wegen des kleinen Strahlungswiderstands eines auf offener Schallwand montierten Lautsprechers ist anzuraten, mehrere gleichartige Tieftonlautsprecher dicht nebeneinander auf der Schallwand zu montieren. Nur wenn die einzelnen Systeme dicht nebeneinander montiert sind, erhöht sich der Strahlungswiderstand linear mit der Anzahl der Lautsprechersysteme. Tab. 9.4 verdeutlicht die erzielbare relative Schallleistung einer solchen Kombination im Vergleich zu nur einem einzelnen Lautsprechersystem.

Es wird also bei jeder Verdopplung der Chassiszahl eine Vervielfachung der Schallleistung erzielt. Damit die Membranschnelle konstant bleibt, muss die zugeführte Verstärkerleistung verdoppelt werden. Durch Kombination mehrerer gleichartiger Treiber wird die erforderliche effektive Membranfläche vergrößert. Die Anwendung mehrerer gleichartiger Treiber zur Tieftonwiedergabe anstelle eines entsprechend großen Treibers ist sogar günstiger. Einerseits wächst beim Vergrößern eines Lautsprechersystems die Membranfläche mit dem Quadrat des Durchmessers, die Masse aber annähernd mit der dritten Potenz. Aus Festigkeitsgründen muss nämlich die Dicke des Membranmaterials erhöht werden. Andererseits werden bei Anwendung mehrerer Tieftonlautsprecher die einzelnen Chassis weniger belastet, was eine entsprechend kleinere Intermodulation zur Folge hat.

Obwohl es günstig ist, Lautsprecher mit möglichst tief liegender Resonanzfrequenz auf Schallwänden zu verwenden – unterhalb der Resonanzfrequenz geht der Schalldruck mit 12 dB/Oktave zurück – kommen Lautsprecher nach dem Prinzip der „akustischen Aufhängung" mit weich eingespannter Membran für Schallwände nicht in Betracht. Solche Lautsprecher würden auf Schallwänden nicht nur erhebliche nicht lineare Verzerrungen hervorrufen, sondern es kann unter Umständen wegen des Fehlens der Steife des Luftkissens hinter der Membran ein solcher Lautsprecher hierbei zerstört werden.

Als Vorteil von Lautsprechern auf einer Schallwand wird gelegentlich angeführt, dass durch diesen Einbau keine zusätzlichen Klangverfälschungen auftreten. Das gilt nur für Schallwände im Freien. Bei Aufstellung in geschlossenen Räumen können durch Reflexion der rückseitig abgestrahlten Schallwellen an den Zimmerwänden und an anderen Gegenständen unerwünschte Interferenzen mit den Schallwellen zustande kommen, die von Vorderseite der Schallwand ausgehen. Das führt zu irregulären Einbrüchen und Überhöhungen der Übertragungskennlinie.

Tab. 9.4 Zusammenhang zwischen Schallleistung und Lautsprechersystem bei einer Kombination aus gleichartigen Treibern

Tieftonlautsprecher Durchmesser (cm)	Anzahl	Belastbarkeit	Relative Schallleistung
20	1	1×15 W	1
20	2	2×15 W	4
20	3	3×15 W	9
20	4	4×15 W	16
38	1	1×145 W	9

Die erforderlichen Abmessungen einer Schallwand lassen sich in einer Ebene reduzieren, wenn man sie an den Rändern abwinkelt. Werden alle vier Seiten einer rechteckförmigen Schallwand abgewinkelt, so entsteht hinten ein offener Kasten. Hierbei ergibt sich akustisch jedoch eine Besonderheit gegenüber der gewöhnlichen Schallwand, wenn die Kastentiefe etwa 1/4 Wellenlänge des vom Lautsprecher abgestrahlten Tons wird. Bei dieser Frequenz wirkt das Gehäuse wie ein Resonanzrohr, das diskrete Frequenzen verstärkt abstrahlt. Der bei vielen Rundfunkempfängern typische „Lautsprecherklang" ist häufig auf dieses Resonanzverhalten der hinten offenen Gehäuse zurückzuführen. Eine qualitativ hochwertige Wiedergabe ist mit offenen Gehäusen im Allgemeinen nicht zu erzielen.

9.4.2 Geschlossene Lautsprecherboxen (Kompaktboxen)

Am häufigsten verwendet man zur Tieftonwiedergabe geschlossene Gehäuse, bei denen nur eine einzige Öffnung für das Lautsprecherchassis vorhanden ist. Man definiert meistens eine geschlossene Box als „unendliche Schallwand". Diese Bezeichnung rührt daher, dass Vorder- und Rückseite der Lautsprechermembran akustisch voneinander isoliert sind und daher auch bei tiefer Frequenz kein akustischer Kurzschluss zustande kommen kann. In dieser Hinsicht verhält sich eine geschlossene Lautsprecherbox wie eine unendlich große Schallwand.

Beim Einbau eines dynamischen Tieftonchassis in eine geschlossene Box kommt ein neuer Effekt zustande. Die im Gehäuse eingeschlossene Luft wird beim Hin- und Herbewegen der Membran abwechselnd verdichtet und verdünnt. Das Luftpolster wirkt auf die Membran wie eine zusätzliche Federung, welche die Eigenfrequenz des Chassis erhöht. Dadurch wird die abstrahlbare untere Grenzfrequenz des Lautsprechers erhöht, was eine verschlechterte Wiedergabe tiefer Frequenzen zur Folge hat. Damit unter solchem Umstand genügend tiefe Töne hörbar werden, darf das Nettovolumen der Box einen Mindestwert nicht unterschreiten. Dieser Mindestwert richtet sich nach den Daten des benutzten Chassis und nach der unteren Grenzfrequenz. Das erforderliche Gehäusevolumen ist umso größer, je geringer die Zunahme der Resonanzfrequenz des Lautsprechers sein darf und je größer der Membrandurchmesser ist.

Bei Tieftonchassis mit harter Membraneinspannung (Gitarrenlautsprecher) benötigt man große Gehäuse von etwa 200 l bis 300 l, um eine zufriedenstelle Tieftonwiedergabe zu erzielen, wie Abb. 9.63a zeigt. Andererseits wird die Federwirkung der im Gehäuse eingeschlossenen und komprimierten Luftmasse nutzbar, wenn man ein Chassis mit sehr weicher (nachgiebiger) Membraneinspannung, mit relativ schweren Membranen und extrem niedrigen Eigenfrequenzen (um 20 Hz) verwendet. Bei Einbau in verhältnismäßig kleine geschlossene Boxen von etwa 20 l bis 40 l Volumen wirkt das Luftkissen hinter der Membran als rücktreibende Kraft für diese, wie Abb. 9.63b zeigt. Anstelle der bei konventionellen Tieftonlautsprechern benutzten Zentriermembran (Spinne) wird hier

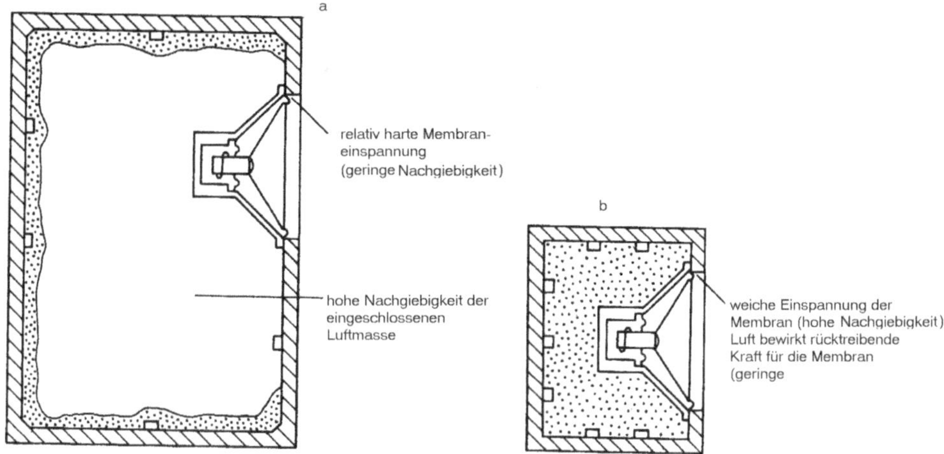

Abb. 9.63 Geschlossene Lautsprecherbox (**a**) herkömmliche Box (**b**) Kompaktbox mit „akustischer Aufhängung“

die komprimierte Luft selbst als rücktreibende Kraft ausgenutzt. Man bezeichnet dies als einen „Lautsprecher mit akustischer Aufhängung“. Alle modernen Kompaktboxen arbeiten nach diesem Prinzip. Zwar erhöht sich auch hier die Resonanzfrequenz, aber da diese für den nicht eingebauten Lautsprecher extrem tief liegt, wird die untere Grenzfrequenz in einen Bereich verschoben, wo die Box noch genügend tiefe Töne abstrahlen kann. Die Zentriermembran, die bei herkömmlichen Tieftonlautsprechern gleichzeitig die Rückstellkraft für die Membran bewirkt, dient bei Lautsprechern mit „akustischer Aufhängung“ nur noch zur Zentrierung der Schwingspule. Da die Rückstellkraft durch das Luftpolster, abgesehen bei besonders starker Kompression, linear ist, werden nicht lineare Verzerrungen hierdurch unterbunden.

Ähnlich wie bei einer offenen Schallwand lässt sich bei geschlossenen Boxen die Tieftonwiedergabe und Belastbarkeit verbessern, wenn statt eines einzelnen Chassis mehrere benutzt werden. Allerdings muss dann das Gehäusevolumen entsprechend heraufgesetzt werden. Als Beispiel kann man eine mit sechs Tieftonchassis bestückte 350 l Box für hohe Belastbarkeit betrachten. Diese Größen geben für ein eingebautes Lautsprecherchassis den Zusammenhang

$$\eta \approx k \cdot f_3^3 \cdot V_B$$

wobei f_3 die Frequenz ist, für die der Schalldruck um 3 dB gegenüber dem Bezugspegel abfällt (Hz), V_B ist das effektive Volumen der Box (m^3) und k eine Konstante, die von der Art des benutzten Gehäuses abhängt. Für geschlossene Gehäuse muss mit den Werten der Größenordnung $1 \cdot 10^{-6}$ und für Bassreflexgehäuse der Größenordnung $2 \cdot 10^{-6}$ gerechnet werden. Wesentlich ist, dass in der Formel die dritte Bestimmungsgröße berechenbar ist, wenn die beiden anderen Größen bestimmt sind. Beträgt zum Beispiel das Volumen der Box mit $V_B = 57\,dm^3$ und ist $f_3 = 40\,Hz$, so ergibt sich aus diesen Angaben für eine geschlossene Box ein Wirkungsgrad $\eta = 0{,}35$ für ein Bassreflexgehäuse von $\eta = 0{,}7$. Die Herstellung eines möglichst guten Wirkungsgrads η mit gleichzeitig möglichst niedriger Frequenz erfordert daher entsprechend große Gehäuse. Umgekehrt kann man kleinere Boxen benutzen, wenn bei Erhaltung des Wirkungsgrads auf optimale Tieftonwiedergabe verzichtet wird oder wenn bei Erhaltung der unteren noch abzustrahlenden Frequenz auf den Wirkungsgrad verzichtet wird. Je kleiner die Box ist, desto größere Verstärkerausgangsleistungen sind zur Herstellung einer bestimmten Schallleistung notwendig.

9.4.3 Schalldämmung und Schallabsorption (Schalldämpfung)

Um eine wirksame Schalldämmung herbeizuführen, sind Gehäuse aus Marmor, Beton, Ziegelsteinen und ähnlichen Materialien am wirksamsten. Aus praktischen Gründen lassen sich solche Konstruktionen nur in seltenen Fällen realisieren. Stattdessen benutzt man zum Aufbau von Lautsprecherboxen in der Praxis Spannholz oder Sperrholz. Nach Untersuchungen erweist sich Birkensperrholz mit einer Stärke von 9 mm, das mit einer etwa gleich starken Schicht Dachpappe beschichtet ist, als besonders wirksam. Dickeres Birkensperrholz bringt gegenüber dicken Platten mit 9 mm keine Verbesserung. Im Gegenteil nimmt die Schalldämmung dann sogar wieder ab, wenn nicht gleichzeitig auch eine entsprechend dickere Schicht Dachpappe aufgebracht wird.

Die Erklärung für diesen nicht ohne weiteres verständlichen, experimentell aber festgestellten Sachverhalt, liegt im „Q-Faktor" der als Resonator fungierenden Gehäusewand. Der Q-Faktor eines Resonators ist ein Maß für die bei Resonanz eintretende Überhöhung der Amplitude der angeregten Schwingung bzw. ist dessen Kehrwert ein Maß für die Dämpfung der angeregten Eigenschwingung. Ein großer Q-Faktor bedeutet also geringe Dämpfung und hat ein langsames Ausschwingen bzw. Abklingen der Amplitude zur Folge. Holzwand und Dämmplatte ergeben für starke Wände mit 9 mm einen besonders günstigen (niedrigen) Q-Faktor. Wird die Stärke der Holzwandung vergrößert, ohne dass gleichzeitig die Masse der Dämmschicht vergrößert wird, so nimmt der Q-Faktor dieses Resonanzsystems zu, d. h. die angeregte Eigenschwingung der Gehäusewand klingt entsprechend langsamer aus und damit treten Klangverfälschungen bei der Lautsprecherwiedergabe auf. Ein möglichst niedriger Q-Faktor ist erstrebenswert. Schon allein aus ökonomischen Gründen sollte daher kein dickeres Birkensperrholz als eine Dicke von 9 mm beim Boxenaufbau benutzt werden.

Eine andere besonders effektive Methode zur Schalldämmung besteht darin, dass man die Wände einer Lautsprecherbox doppelwandig nach dem Sandwichprinzip aufbaut. Zwischen zwei z. B. 9 mm dicken Birkensperrholzplatten bringt man einen Hohlraum von 3 cm bis 4 cm Breite an, den man vollständig mit feinem trockenen Sand füllt, wie aus Abb. 9.64 ersichtlich ist. Abb. 9.65 zeigt Maßnahmen zum Unterdrücken von Biegeschwingungen.

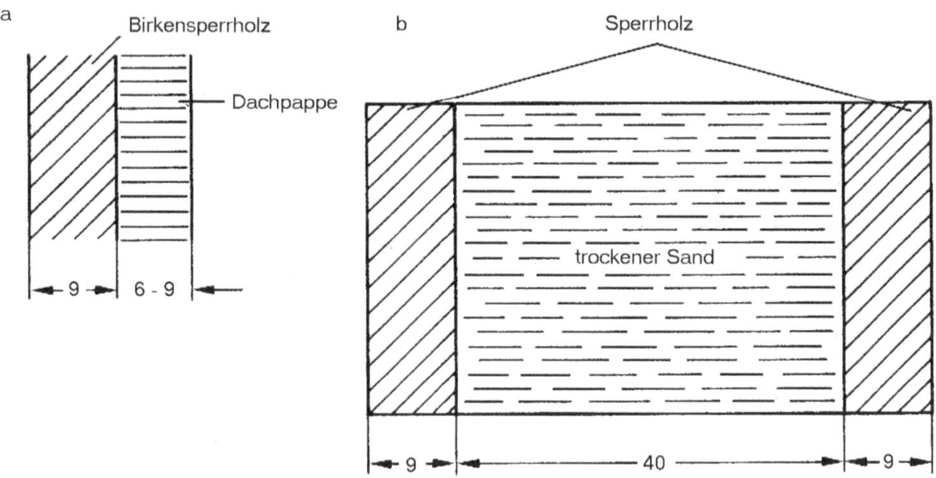

Abb. 9.64 Schalldämmung von Lautsprechergehäusen (**a**) Kombination Birkensperrholz und Dachpappe (**b**) Sandwichwand

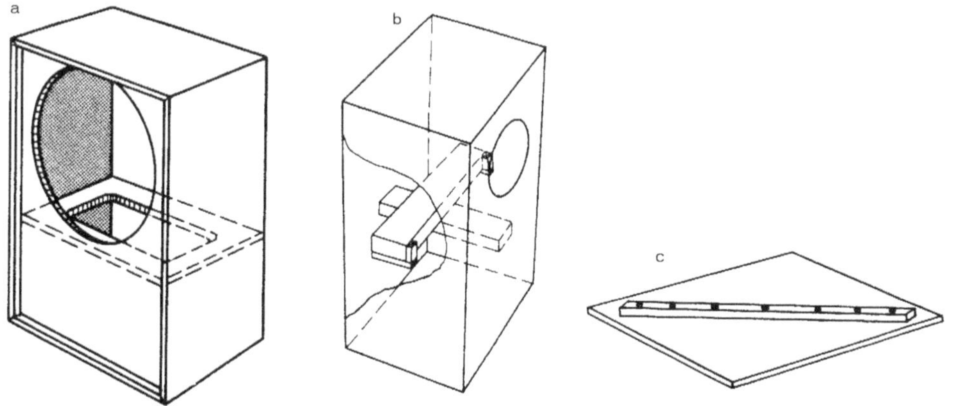

Abb. 9.65 Maßnahmen zum Unterdrücken von Biegeschwingungen (**a**) Versteifungsring (**b**) Querversteifung (**c**) Wandversteifung durch Querlatte

Abb. 9.66 veranschaulicht den Zusammenhang für die Grundschwingung (Eigenschwingung der Luftsäule mit der tiefsten Resonanzfrequenz) und für die erste Oberschwingung, und zwar stellt a die Geschwindigkeitsverteilung und b die Druckverteilung dar. Wie ersichtlich, hat die Schnelle (Geschwindigkeit) der Luftteilchen an denjenigen Orten ein Maximum, wo der Druck ein Minimum hat und umgekehrt. An den Wänden treten stets Geschwindigkeitsknoten auf, denn hier können sich die Luftteilchen nicht bewegen. Gleichzeitig kommt an der Wand ein Druckmaxima zustande. An der Wand selbst kann also nur eine Schalldämpfung gegen Druckbeanspruchung erhalten werden

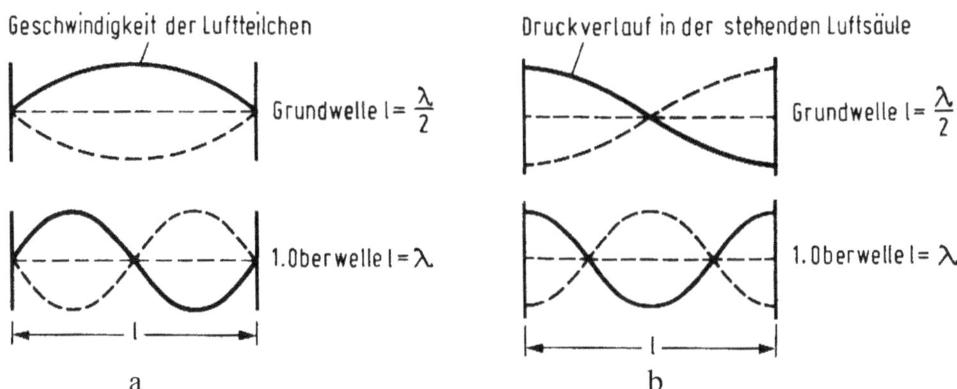

Abb. 9.66 Geschwindigkeitsverteilung (**a**) und Druckverteilung (**b**) bei einer zwischen den Wänden stehenden Luftsäule für die Grundschwingung und 1. Oberschwingung

und deshalb müssen die Gehäusewände so stabil als irgend möglich sein. Dagegen kann an der Wand kein Schall absorbiert werden, weil die Luftteilchen dort keine Geschwindigkeit aufweisen. Damit der Schall im Gehäusehohlraum der Box absorbiert werden kann, muss man einen porösen Stoff in einem Geschwindigkeitsbauch der Luftmoleküle (Schnellebauch) anordnen. An einem solchen Ort besitzen die Luftmoleküle maximale kinetische Energie, die innerhalb des porösen Stoffes in Wärme verwandelt wird, was eine Absorption der stehenden Schallwelle zur Folge hat.

Viele Akustiker und nicht nur sie allein bringen schallabsorbierende poröse Platten unmittelbar auf den Wänden der Box an. Wie erklärt wurde, wird dadurch aber praktisch keine Schallwellenabsorption erhalten, weil an der Wand selbst die Luftmoleküle keine kinetische Energie verursachen. Damit ein poröser Absorber wirksam wird, muss man ihn im Abstand von $\lambda/4$ vor der schallharten Wand anordnen, denn dort verursachen die Luftmoleküle einen Schnellebauch des Stehwellenfelds. Damit also ein poröser Absorber überhaupt wirksam wird, wenn man ihn auf die Wände der Box anordnet, muss das Material eine entsprechende Dicke aufweisen, damit es an einem Ort maximaler Schnelle der Luft zu liegen kommt, über diese Fragen herrscht viel Unklarheit, und zwar nicht nur im Lager der Hobbyakustiker. Sollen tiefe Frequenzen absorbiert werden, muss das Absorptionsmaterial, z. B. Stein- oder Glaswollmatten, eine Dicke von etwa 15 cm bis 20 cm aufweisen, falls die Matten unmittelbar auf die Gehäusewände aufgebracht werden.

In praktischen Fällen tritt in einem abgeschlossenen Gehäusehohlraum ein ganzes Spektrum von Eigenschwingungen auf, und zwar in allen drei Raumebenen. Alle diese Resonanzfrequenzen müssen unterdrückt werden. Für eine Box mit rechteckigem Querschnitt berechnen sich die Eigenfrequenzen nach der Formel

$$f_R = \frac{c}{2} \cdot \sqrt{\frac{n_1^2}{a^2} + \frac{n_2^2}{b^2} + \frac{n_3^1}{c^2}}$$

wobei c die Schallgeschwindigkeit in Luft (340 m/s), n_1, n_2, n_3 ganze positive Zahlen, die sich auf die jeweilige Ordnung (Modus) der Eigenschwingung beziehen, und *a*, *b*, *c* die Kantenlängen der Box (Innenabmessungen) in den drei Raumrichtungen sind. Werden diese Eigenfrequenzen nicht unterdrückt oder zumindest hinreichend bedämpft, so geben sie zu Unregelmäßigkeiten in der Übertragungskennlinie des Lautsprechers Anlass, wobei Töne bestimmter Frequenzen stärker oder schwächer als andere hervortreten. Gehäuse von prismatischer, hexagonaler oder kugelförmiger Gestalt sind in dieser Hinsicht günstiger als rechteckförmige oder gar würfelförmige, bei denen gegenüberliegende Wände parallel zueinander laufen. Verwendet man wie üblich rechteckförmige Lautsprecherboxen, sollten die Abmessungen keiner Wand in den drei Raumrichtungen dreimal die Ausdehnung einer anderen Wand überschreiten. Im Boxenbau wählt man das Verhältnis der Innenseiten der Box 0,8:1,0:1,25 oder 0,6:1,0:1,6. Der Lautsprecher soll möglichst nicht im Mittelpunkt der Schallwand liegen, sondern vielmehr in horizontaler und vertikaler Richtung versetzt werden. Zur Absorption stehender Wellen benutzt man Matten aus Glaswolle oder Steinwolle bzw. kunstharzgebundene Mineralfaserplatten.

In vielen Fällen ist es zweckmäßig, den gesamten Gehäusehohlraum lose mit langfasriger Naturwolle zu füllen. Langfasrige Naturwolle ist Glaswolle und Steinwolle überlegen, weil sie weniger stark reflektiert.

Einige Akustiker verwenden zur Schalldämpfung von Lautsprechergehäusen im Handel für Verpackungszwecke übliche Schaumstoffplatten. Diese Materialien sind aber für Lautsprecherboxen ganz ungeeignet. Speziell entwickelte Schaumstoffplatten für das Bedämpfen von Lautsprecherboxen sind im Handel erhältlich.

Die Schallabsorption in weichen porösen Stoffen kommt dadurch zustande, dass die Luftmoleküle in ihnen Wärme durch Reibung erzeugen. Durch das Füllen der Box mit einem weichen porösen Dämpfungsmaterial wird das effektive Volumen der Box nicht etwa verringert, sondern es wird im Gegenteil vergrößert. Der Grund hierfür liegt darin, dass sich die Schallgeschwindigkeit in einem solchen Stoff gegenüber derjenigen in Luft verringert. Zwischen gegenüberliegenden Wänden verursachen wegen Abnahme der Wellenlänge entsprechend mehr Wellenlängen Platz, als wenn der Gehäusehohlraum nur mit Luft gefüllt ist. Das entspricht einer effektiven Vergrößerung des Gehäuses. Kleine Kompaktboxen, deren Gehäuse mit derartigen Absorptionsstoffen angefüllt sind, weisen daher ein bis etwa 30 % größeres effektives Volumen auf, als es geometrisch den Anschein hat.

9.4.4 Bassreflexbox oder Phasenumkehrbox

Eine Bassreflexbox ist ein Tieftongehäuse, das neben der Lautsprecheröffnung noch eine zweite Öffnung hat. Während bei einem geschlossenen Gehäuse die von der Rückseite der Lautsprechermembran ausgehenden Schallwellen innerhalb des Gehäuses absorbiert werden und damit zur Schallwiedergabe nicht zur Verfügung stehen, werden bei der Bassreflexbox auch die von der Rückseite der Lautsprechermembran ausgehenden

Schallwellen auf dem Wege über die zweite Öffnung, die sogenannte Bassreflex- oder Phasenumkehröffnung, hörbar, wie Abb. 9.67 zeigt. Die Phasenumkehröffnung hat häufig eine tunnelförmige Öffnung. Anstelle einer zweiten Austrittsöffnung kann auch ein passiver Lautsprecher treten, d. h. eine Membran, die von den Schallwellen des eigentlichen Lautsprechers zu erzwungenen Schwingungen angeregt wird.

Bassreflexgehäuse und eingebauter Lautsprecher bilden zwei miteinander gekoppelte Schwingkreise. Das Bassreflexgehäuse ist ein sogenannter Helmholtz-Resonator, dessen Eigenfrequenz mithilfe der Bassreflex- oder Tunnelöffnung abstimmbar ist. Abb. 9.67 veranschaulicht für drei repräsentative Frequenzen die individuellen Schallanteile von der Lautsprechermembran und aus der Tunnelöffnung, sowie deren effektive Vektorsumme oder nur Summe.

Abb. 9.67a veranschaulicht das Verhalten für Frequenzen $f > f_B$. In diesem Betriebsbereich nimmt der aus der Tunnelöffnung austretende Schallanteil mit zunehmender Frequenz ab, während der Schallanteil von der Lautsprechermembran, der für $f = f_B$ ein

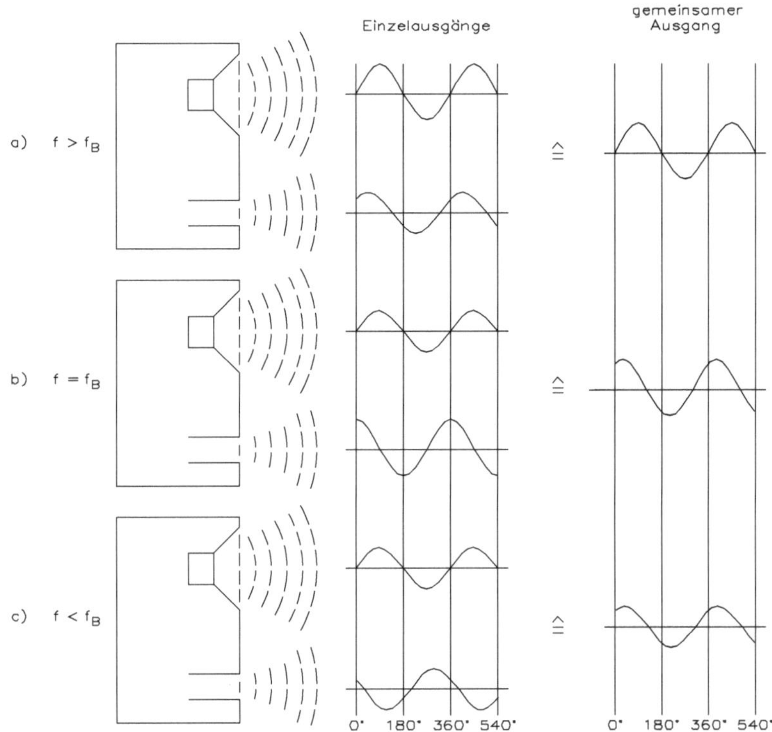

Abb. 9.67 Bassreflexbox oder Phasenumkehrbox(**a**) Bassreflexbox mit einfacher Phasenumkehröffnung (**b**) Bassreflexbox mit Tunnel (**c**) Bassreflexbox mit passivem (parasitärem) Strahler

Minimum hat, hauptsächlich an der Schallstrahlung beteiligt ist. Je höher die Frequenz ist, desto mehr nähert sich die Phasendifferenz zwischen beiden Schallanteilen dem Wert 0°.

In Abb. 9.67b ist die Frequenz gleich der Eigenfrequenz f_B des Gehäusehohlraums der Box, $f=f_B$ (Resonanz). Hierbei besteht zwischen den von der Lautsprechermembran und von der Tunnelöffnung erzeugten Schallanteilen eine Phasenverschiebung von 90°. Der meiste Schall wird aus der Tunnelöffnung abgestrahlt, während der von der Lautsprechermembran reflektierte relativ schwach ist (Abb. 9.68).

Abb. 9.67c veranschaulicht den Sachverhalt für Frequenzen unterhalb der Eigenfrequenz der Box, $f<f_B$, wo die beiden Schallanteile gegenphasig sind und sich gegenseitig schwächen. Je niedriger die Frequenz ist, desto weniger Schall wird von der Lautsprechermembran und aus der Tunnelöffnung abgestrahlt, bis bei Erreichen einer Phasendifferenz von 180° vollständige Auslöschung der beiden Anteile zustande kommt. Die Anwendung eines Bassreflexgehäuses liefert im Vergleich zu einem gleich großen geschlossenen Gehäuse unter Verwendung des gleichen Lautsprechersystems eine verstärkte Tieftonabstrahlung. Das geht aus Abb. 9.69 hervor. Die beiden Übertragungskennlinien beziehen sich auf einen Tieftonlautsprecher in einem Gehäuse von 170 l, wenn man den Lautsprecher in einer geschlossenen Box und dann in einer Bassreflexbox montiert.

Die im Tunnel bzw. der Tunnelöffnung befindliche Luftmasse wirkt als akustische Induktivität, die im Gehäusehohlraum befindliche Luft stellt infolge ihrer Nachgiebigkeit (Compliance) eine akustische Kapazität dar. Durch Änderung von Tunnelöffnung und/oder Tunnellänge lässt sich die Eigenfrequenz der Bassreflexbox abstimmen. Ein Diagramm zur Bestimmung der erforderlichen Tunnellänge und Tunnelöffnung zeigt Abb. 9.70. Zum Gebrauch des Diagramms geht man von einem gegebenen Gehäusevolumen V_B aus und legt durch die Vertikale f_B, welche die jeweilige Eigenfrequenz

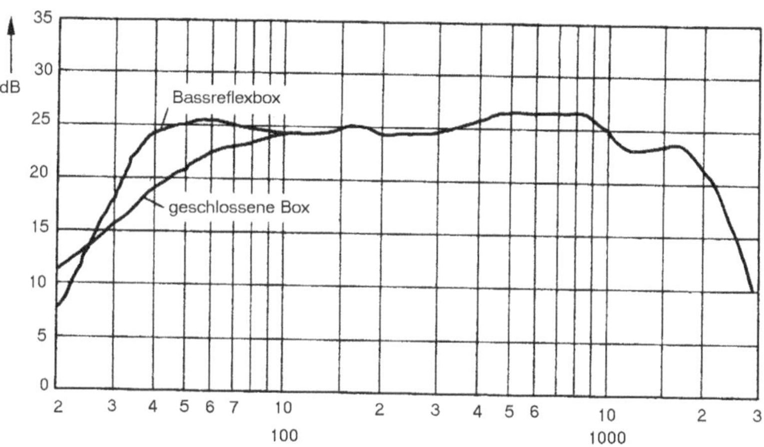

Abb. 9.68 Wirkungsweise einer Bassreflexbox

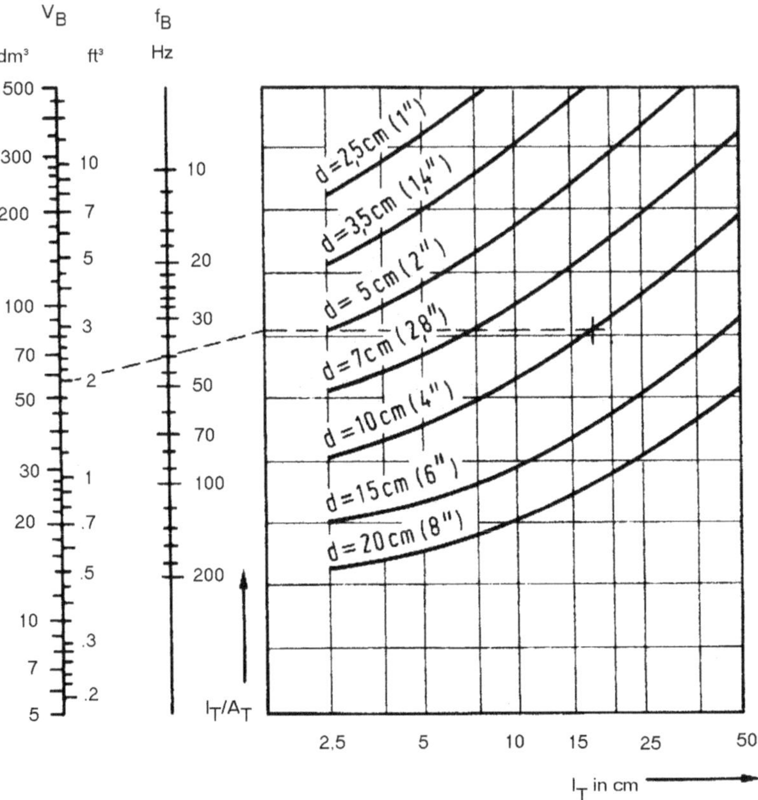

Abb. 9.69 Übertragungskennlinien eines geschlossenen Gehäuses und eines Bassreflexgehäuses

des Bassreflexgehäuses angibt, eine Gerade, die mit der I_T/A_T-Vertikalen (A_T = Tunnellänge, A_1 = Fläche der Tunnelöffnung) zum Schnitt gebracht wird. Für ein Beispiel soll ein Gehäusevolumen von $V_B = 57$ dm³ (Liter) und der Frequenz $f_B = 40$ Hz verwendet werden. Vom Schnittpunkt mit der I_T/A_T-Vertikalen geht man dann in horizontaler Richtung nach rechts bis eine Kurve erreicht wird, welche die kleinste zulässige Tunnelöffnung angibt. Der Schnittpunkt der Horizontalen mit dieser Kurve gibt auf der Abszisse die dazugehörende Tunnellänge an. Wenn z. B. der Durchmesser der Tunnelöffnung eine Fläche von 10 cm hat, muss die Tunnellänge 17,5 cm betragen. Die Tunnelöffnungen mit den theoretischen Werten und den angegebenen Werten sind zu interpolieren.

In der Praxis darf die Tunnelöffnung bzw. Bassreflexöffnung eine Mindestgröße nicht unterschreiten. Wird diese Öffnung zu klein, so wird die Strömungsgeschwindigkeit der Luftmoleküle darin so groß, dass Geräusche hörbar werden können.

Zur Anwendung des Nomogramms Abb. 9.70 benötigt man die Kenntnis der Eigenfrequenz f_B des Bassreflexgehäuses. Diese lässt sich in gleicher Weise wie die Resonanzfrequenz des eingebauten Lautsprechers mit einer Schaltung nach Abb. 9.71 ermitteln.

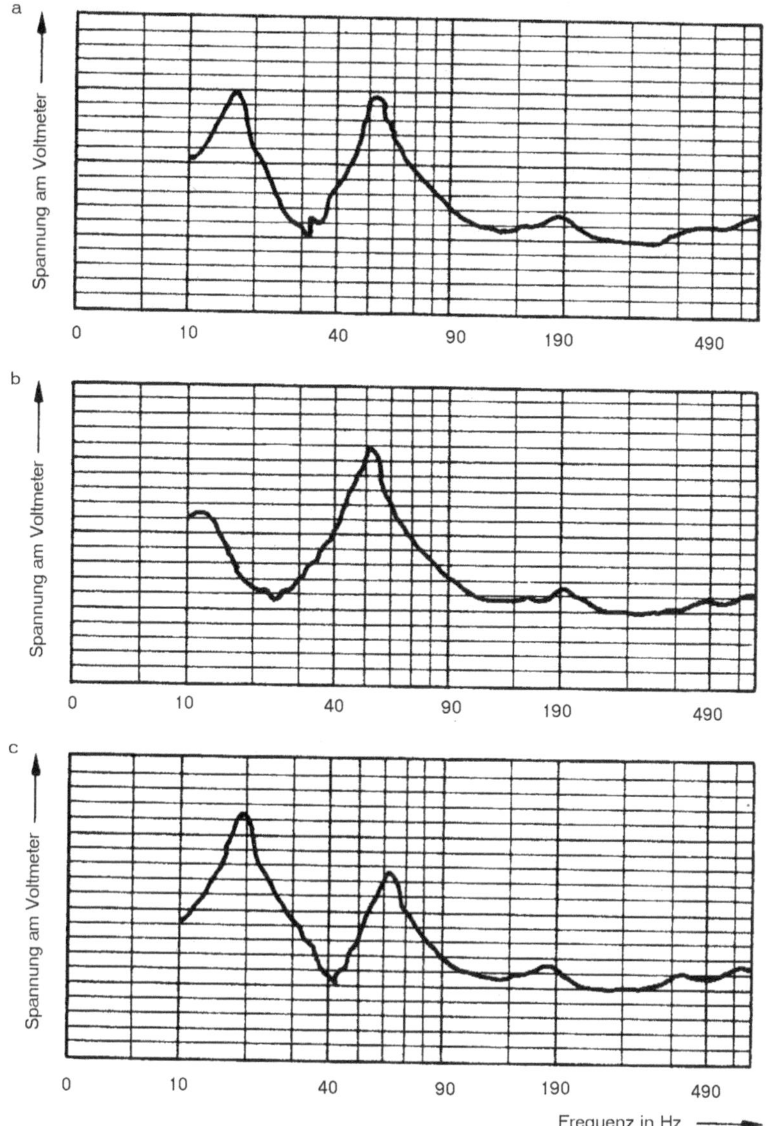

Abb. 9.70 Nomogramm zur Bestimmung der Tunnelabmessungen für ein Bassreflexgehäuse

Beim Durchstimmen des Tonfrequenzgenerators erhält man am Voltmeter eine Spannungsanzeige entsprechend den Kurven gemäß Abb. 9.72.

Ist die Bassreflexbox richtig abgestimmt, ist also Lautsprecher und Bassreflexgehäuse in Resonanz ($f = K_B$), so entstehen zwei gleich große Spannungsmaxima, die durch ein Spannungsminimum voneinander getrennt sind, wie Abb. 9.72a zeigt. Bei der Frequenz,

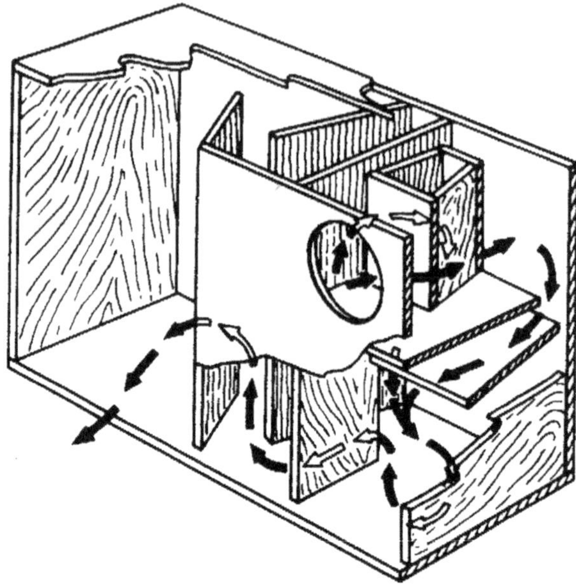

Abb. 9.71 Bestimmung der Resonanzfrequenz eines Lautsprechers

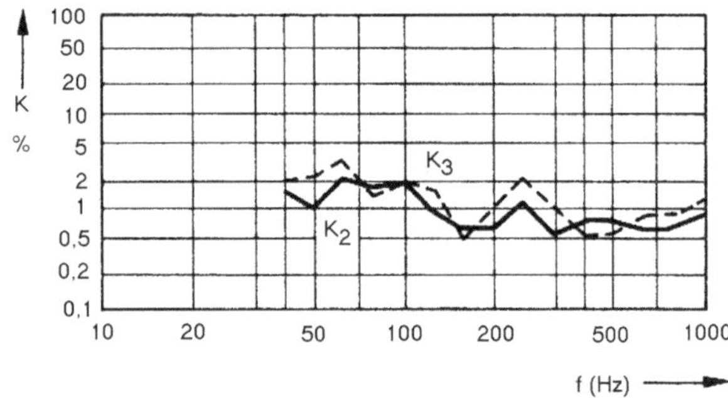

Abb. 9.72 Spannungsverlauf als Funktion der Frequenz bei einem Bassreflexgehäuse (**a**) Bassreflexöffnung bzw. Tunnel richtig abgestimmt (**b**) Bassreflexöffnung zu klein (**c**) Bassreflexöffnung zu groß

wo dieses Spannungsminimum auftritt, liegt annähernd die Eigenfrequenz des eingebauten Lautsprechers als auch diejenige der Box. Ist die Bassreflexöffnung zu klein, so ist das bei höheren Frequenzen auftretende Spannungsmaximum größer als das bei niedrigeren Frequenzen, wie Abb. 9.72b zeigt. Ist die Bassreflexöffnung zu groß, so ist das Spannungsmaximum bei der niedrigeren Frequenz größer als dasjenige bei der höheren Frequenz, wie Abb. 9.72c zeigt.

Betreibt man eine Lautsprecherbox als geschlossenes Gehäuse ohne Bassreflexöffnung, kommt es bei Anwendung des gleichen Lautsprechers zu der Frequenz, wobei im Betrieb als Bassreflexbox ein Spannungsminimum auftritt und ein Spannungsmaximum zustande kommt. Bei einer bestimmten Frequenz ergibt sich außerdem die Eigenresonanz des Lautsprechers und ab hier nimmt die Impedanz der Lautsprecherschwingspule steil zu.

Ist die Bassreflexöffnung mit einem Tunnel versehen, lässt sich zur Abstimmung die Tunnellänge oder/und die Tunnelöffnung ändern. Für eine gegebene Tunnelöffnung ergibt sich effektiv eine kleinere Tunnelöffnung, wenn die Tunnellänge vergrößert wird. Als Tunnel von kreiszylindrischem Querschnitt kann man Papprohre oder Plastikrohre hinreichender Steife verwenden. Tunnel rechteckigen Querschnitts stellt man aus Hartspanplatten oder aus bituminierten Weichfaserplatten her. Es ist zweckmäßig die Tunnel aus kurzen Stücken aufzubauen, um Abstimmung der Tunnellänge zu ermöglichen. Die Austrittskanten des Tunnels rundet man ab, um Ecken und Kanten zu vermeiden, da hier infolge von Luftreibung diverse Störgeräusche bei der Lautsprecherwiedergabe auftreten können. Am Ende des Kapitels ist ein Diagrammbogen in Abb. 9.106 gezeigt, worin die Ausgangsspannung eines Messmikrofons am Voltmeter als Funktion der Frequenz aufgetragen wird und die richtige Abstimmung für die Bassreflexöffnung bzw. Tunnellänge sich ermitteln lässt.

Während bei der geschlossenen Box der innerhalb der Box von der Rückseite der Lautsprechermembran erzeugte Schall möglichst vollständig durch poröse Stoffe absorbiert werden muss, nutzt die Bassreflexbox die vom Lautsprecher rückwärts abgestrahlten Schallschwingungen im Gehäuse zur Abstrahlung in den Abhörraum aus.

Eine gewisse Dämpfung des Gehäusehohlraums ist jedoch auch bei einer Bassreflexbox erforderlich. Nicht richtig bedämpfte Bassreflexboxen verursachen ein ungünstiges Ein- und Ausschwingverhalten (hangover) und erzeugen bumsartige Bässe, die im Originalschall nicht enthalten sind. Beim Abschalten des speisenden Audiosignals schwingt der Lautsprecher nicht sofort aus, sondern das Ausschwingen vollzieht sich infolge der Kopplung zwischen Lautsprecher und Gehäusehohlraum (Helmholtz-Resonator) mit einem schwebungsartigen Hin- und Herfluten der Energie. Zum Bedämpfen kann man die Öffnung des Lautsprecherkorbs, durch die der Schall in den Gehäusehohlraum eingestrahlt wird, mit dünnem Verbandsmull verschließen. Das hat zur Folge, dass man auf die rückseitige Korboberfläche gereinigte und fein gezupfte Polsterwatte oder langfasrige Naturwolle gleichmäßig verteilt auflegen wird, sodass eine Schicht von etwa 5 cm bis 10 cm Dicke entsteht. Über diese Absorptionsschicht wird zwecks mechanischer Halterung wieder Verbandsmull gelegt, der längs des Randes des Lautsprecherkorbs in etwa 4 cm bis 5 cm Abstand von diesem auf der Schallwand, z. B. mit Heftzwecken, befestigt wird. Durch die beschriebene Maßnahme wird die Basswiedergabe differenzierter und natürlicher. Besonders werden dadurch impulsartige Töne mit kurzer Einschwingzeit besser abgestrahlt. In einigen Fällen ist es außerdem notwendig, dass gegenüberliegende Innenwandflächen mit schallabsorbierendem Stoff versehen werden oder entsprechendes Dämpfungsmaterial innerhalb des Gehäusehohlraums angebracht wird. In anderen Fällen genügt es, allein das Gehäuse durch Anbringen schallabsorbierender Stoffe zu dämpfen. Zu viel Dämpfung setzt den Wirkungsgrad der Bassreflexbox herab und die Lautsprecherwiedergabe klingt „flau“ oder „farblos“. Die erforderliche Dämpfung ist durch Abhören zu bestimmen und hängt von den Eigenschaften des verwendeten Lautsprechers mit ab.

Im Übrigen sind beim Aufbau eines Bassreflexgehäuses die gleichen Gesichtspunkte hinsichtlich Schalldämmung wie bei geschlossenen Lautsprechergehäusen zu beachten. Nach Möglichkeit verwendet man Gehäuse mit sandgefüllten Wänden nach dem Sandwichprinzip.

Wie schon erwähnt wurde, kann die Bassreflexöffnung durch einen passiven Strahler ersetzt werden, dessen Membran vom Lautsprecher zu erzwungenen Schwingungen angeregt wird. Der passive Strahler ist ein Lautsprechersystem, das kein Magnetfeld aufweist und eine extrem weich eingespannte Membran (hohe Nachgiebigkeit) mit sehr niedriger Resonanzfrequenz um 10 Hz hat. Die Membran des passiven Strahlers kann im Prinzip beliebig groß sein. In praktischen Fällen begrenzen jedoch die Schallwandfläche und Gehäuse die Größe der Membran, sodass man Membranen von etwa gleicher Größe wie für den Lautsprecher verwendet.

Die Wirkungsweise einer Bassreflexbox mit passivem Strahler entspricht weitgehend derjenigen der normalen Bassreflexbox. Wie bei der gewöhnlichen Bassreflexbox ergeben sich zwei Spannungs- bzw. Impedanzmaxima mit dazwischen liegendem Minimum beim Durchstimmen der Frequenz. Verschiedentlich wird die Meinung geäußert, dass wegen der etwa doppelt so großen Membranfläche des passiven Strahlers und dem Lautsprechersystem eine verstärkte Abstrahlung resultiert. Das ist ein Irrtum, denn die passive Membran vergrößert nicht die effektive Membranfläche. Vielmehr wird die Schallstrahlung der passiven Membran erst dann wirksam, wenn kaum noch Schall vom Lautsprecher selbst abgestrahlt wird. Die Zusammenhänge unterscheiden sich nicht von der herkömmlichen Bassreflexbox.

9.4.5 Exponentialboxen

Eine besonders saubere und wirkungsstarke Tieftonabstrahlung erhält man mit Exponentialgehäusen. Sie entsprechen im Prinzip den schon besprochenen Horn- oder Trichterlautsprechern für höhere Frequenzen. Da ein Tieftonhorn von gestreckter Bauweise eine Länge erfordert, die in normalen Räumen nicht unterzubringen ist, wird der Trichter durch Falten aus mehreren Kammern aufgebaut, deren Ausgangsquerschnitte sich nach einer Exponentialfunktion vergrößern. Wie der gestreckte Trichter hat eine Exponentialbox mit Faltrichter eine untere Grenzfrequenz, d. h. unterhalb deren keine Abstrahlung mehr zustande kommt. Die Resonanzfrequenz der verwendeten Lautsprecherchassis spielt infolge der hohen Strahlungsdämpfung des Treibers in einer Exponentialbox nur eine untergeordnete Rolle und dessen Resonanzfrequenz wird nämlich so stark gedämpft, dass sie praktisch nicht in Erscheinung tritt. Daher ist durch eine Exponentialbox die Schallabstrahlung bis herab zur Grenzfrequenz der Box mit hohem Wirkungsgrad gegeben, selbst wenn die Resonanzfrequenz des Treibers eine halbe oder sogar eine ganze Oktave oberhalb der Grenzfrequenz des Exponentialgehäuses liegt. Man erhält beispielsweise mit einem Treiber, der im nicht eingebauten Zustand eine Eigenresonanz von 60 Hz bis 70 Hz hat, eine Wiedergabe bis herab zu etwa 30 Hz, falls die Grenzfrequenz der Box etwa 30 Hz beträgt. Da andererseits wegen der hohen Strahlungsdämpfung das Aus- und Einschwingen des Treibers günstig beeinflusst wird, liefert eine Exponentialbox gleichzeitig eine ungewöhnliche transparente und verzerrungsarme Tieftonwiedergabe, wie sie mit anderen Tieftongehäusen nicht zu erzielen ist. Allerdings erfordern gute Exponentialboxen große Abmessungen, ein Gesichtspunkt, der das Aufstellen von Exponentialboxen in Wohnräumen vielfach einschränkt.

Abb. 9.73 zeigt das Prinzip und den Aufbau einer Exponentialbox, bei dem von der Membranrückfläche des Treibers ausgehenden Schall über eine Druckkammer und Exponentialführung in den Abhörraum gelangt. Der von der Membranvorderfläche ausgehende Schall wird dagegen direkt in den Abhörraum eingestrahlt. Da der rückwärts aus der Exponentialöffnung austretende Schall gegenphasig zu der von der vorderen Membranfläche ausgehende ist, kommt bei einer bestimmten Frequenz teilweise Auslöschung durch Interferenz zustande. Daher sollte eine solche Exponentialbox nur bei genügend tiefen Frequenzen ≤ 180 Hz betrieben werden, wo dieser Effekt noch nicht wirksam ist. Die meiste Schallenergie wird über die Exponentialöffnung in den Abhörraum eingestrahlt.

Wie der Klirrfaktor dieser Box für die 1. und 2. Harmonische von der Frequenz abhängt, zeigt Abb. 9.74. Zugrunde lag bei dieser Messung ein Treiber mit einer Nennbelastbarkeit von $P = 6$ W und einer Eingangsleistung von $P = 5$ W. Bei Betrieb des gleichen Chassis in einer geschlossenen Box von derselben Größe und bei gleicher Eingangsleistung sind die nicht linearen Verzerrungen um eine Zehnerpotenz größer.

Wegen des hohen Wirkungsgrads der Tieftonwiedergabe muss man Exponentialboxen mit entsprechend kräftigen Mittel- und Hochtonlautsprechern kombinieren, damit das

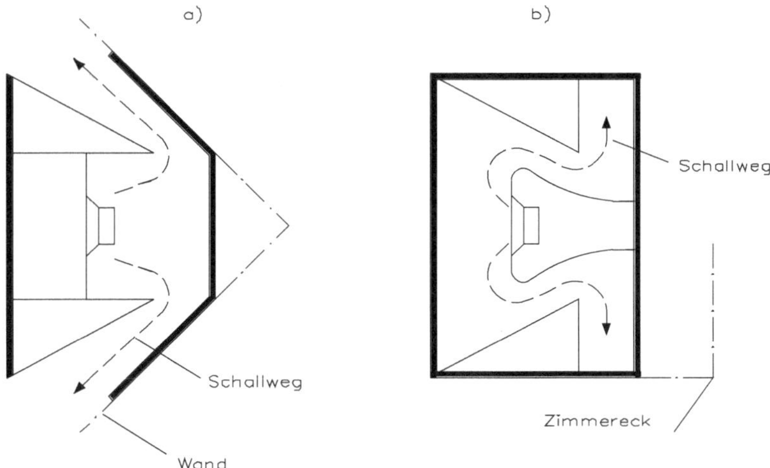

Abb. 9.73 Prinzip einer Exponentialbox, bei der der Schall rückwärts als auch von der Vorderfläche des Chassis in den Raum abgestrahlt wird

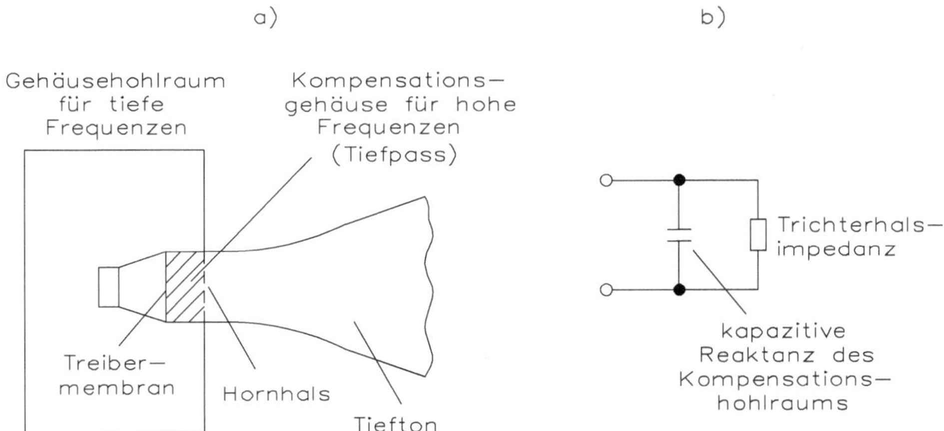

Abb. 9.74 Klirrfaktor einer Exponentialbox

akustische Gleichgewicht der Kombination gewahrt bleibt. Solange man übliche dynamische Konuslautsprecher mit Direktstrahlung (ohne Horn) zur Wiedergabe der mittleren und hohen Frequenzen benutzt, sind Tieftonlautsprecher mit relativ schwachem magnetischen Gesamtfluss (Größenordnung 3 T bis 5 T (Tesla) in der Exponentialbox zu verwenden. Bei Tieftonlautsprechern mit höherem magnetischen Gesamtfluss werden Trichterlautsprecher zur Wiedergabe der mittleren und hohen Frequenzen benötigt, damit das akustische Gleichgewicht der Lautsprecherkombination erhalten bleibt.

Bei der beschriebenen Exponentialbox wird der Lautsprecher nur auf einer Membranseite akustisch durch die trichterförmige Schallführung belastet, nicht aber auch auf der anderen Membranseite, wo er ohne Zwischenschaltung einer Schallführung frei in den Abhörraum strahlt. Bei der Hin- und Herbewegung findet die Lautsprechermembran also unterschiedliche akustische Belastungen vor. Vom Standpunkt kleinstmöglicher nicht linearer Verzerrungen ist es günstiger, wenn der Lautsprecher beidseitig akustisch belastet wird. Das kann dadurch geschehen, dass ein zweites Horn verwendet wird oder auch dadurch, dass der Lautsprecher durch eine Kammer auf der dem Horn gegenüberliegenden Membranseite abgeschlossen wird. Auf diesem Gedanken beruht das Klipschhorn, dessen Prinzip aus Abb. 9.75 ersichtlich ist.

Ein in seinen Abmessungen gewaltiges Horn ist das wegen seines Aussehens das sogenannte Dinosaurier-Horn. Nur ein echter HiFi-Fanatiker kann ein solches Horn bauen und in seiner Wohnung aufstellen. Soll ein Horn nur tiefe Frequenzen übertragen, nicht aber auch hohe Frequenzen, so schaltet man zwischen Treiberchassis bzw. Treibergehäuse und dem Tieftonhorn einen kleinen Gehäusehohlraum ein. Dieser wirkt wie ein Tiefpassfilter bzw. wie eine Kapazität, die dem Hornhals im Ersatzschaltbild parallel liegt. Dieser Kompensationshohlraum lässt nur tiefe Frequenzen hindurch und sperrt hingegen alle Frequenzen oberhalb einer bestimmten Frequenz. Abb. 9.76 zeigt die Anordnung und den Lautsprecher nach dem Dinosaurier-Horn.

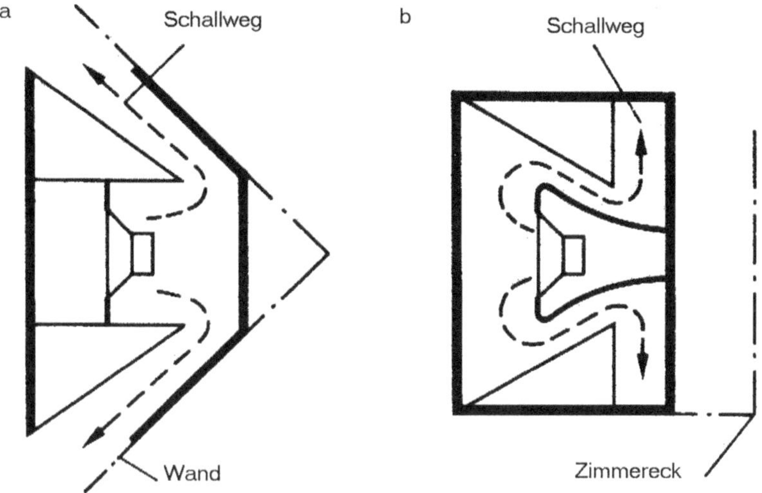

Abb. 9.75 Prinzip der Lautsprecheranordnung (**a**) Draufsicht (**b**) Seitenansicht

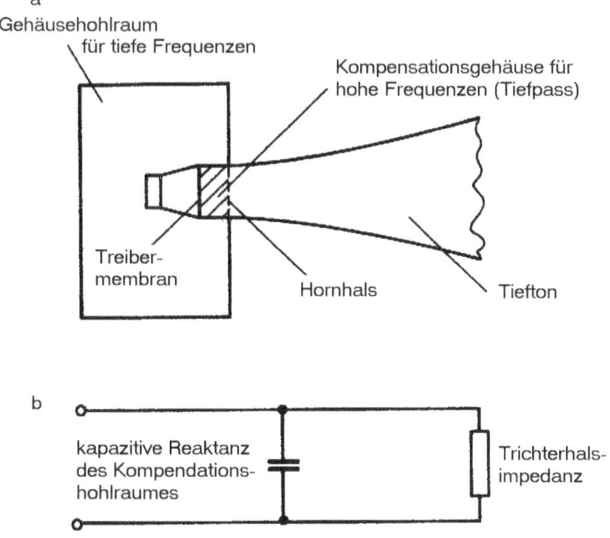

Abb. 9.76 Anordnung und Lautsprecher nach dem Dinosaurier-Horn

Das erforderliche Volumen dieses Hohlraums berechnet sich zu

$$V = \frac{c \cdot A_{\mathrm{H}}}{2 \cdot \pi \cdot f}$$

c = Schallgeschwindigkeit in Luft 340 m/s
A_{H} = Fläche des Trichterhalses (m^2)
f = höchste Übertragungsfrequenz (Hz)

Es erhebt sich die Frage, weshalb ein gegebenes Horn nicht sowohl tiefe als auch gleichzeitig hohe Frequenzen übertragen soll. Die Gründe hierfür sind vielfältig. Einerseits würden die von verschiedenen Punkten der Treibermembran (Tieftonchassis) ausgehenden Schallwellen verschieden lange Wege bis zum Trichterhals durchlaufen. Dadurch kommt es infolge von Interferenz zu partiellen Auslöschungen und Verstärkungen bei verschiedenen Frequenzen. Zum anderen entstehen bei höheren Frequenzen durch Ausbildung stehender Wellen zwischen den Trichterwänden verschiedene Resonanzzustände. Beide Mechanismen führen zu einem unregelmäßigen Verlauf der Übertragungskennlinie und zu Klangverfälschungen. Die Praxis zeigt, dass man bei einer Hornstrahlerkombination zur Wiedergabe des gesamten Frequenzbereichs am besten drei verschiedene Trichter einsetzen muss, und zwar einen für den Bereich 40 Hz bis 400 Hz (Tieftonhorn), ein Mitteltonhorn für Frequenzen zwischen 400 Hz und 6 kHz und ein Hochtonhorn zwischen 4 kHz und 20 kHz. Mit gewissen Qualitätseinschränkungen kommt man mit zwei Hornstrahlern (40 Hz bis 800 Hz) und (800 Hz bis 15 kHz) aus.

9.4.6 Transmission-Line-Box

Bei dieser Art von Tieftongehäusen nutzt man die Tatsache aus, dass eine Schallleistung von bestimmter Länge Resonanzeigenschaften hat. Der Lautsprecher befindet sich an dem einen Ende der Leitung und schließt diese nach außen hin ab, während das entgegengesetzte Leitungsende offen ist. Bei der Leitungslänge $l = \lambda/4$ kommt am offenen Leitungsende ein Geschwindigkeitsbauch (Schnellebauch) und ein Knoten der Druckverteilung der stehenden Luftsäule zustande, wie Abb. 9.77 zeigt.

Am anderen Leitungsende, wo sich der Lautsprecher befindet, hat umgekehrt die Schnelle einen Knoten und der Druck ein Maximum. Der Lautsprecher führt in diesem Resonanzzustand maximale Leistung an die stehende Luftsäule im Leitungssystem ab. Die Schallenergie tritt hauptsächlich aus dem offenen Ende der Leitung aus. Töne der Frequenz bei $c = 340$ m/s werden besonders stark aus ihr abgestrahlt und lassen sich berechnen nach

$$f = \frac{c}{4 \cdot l}$$

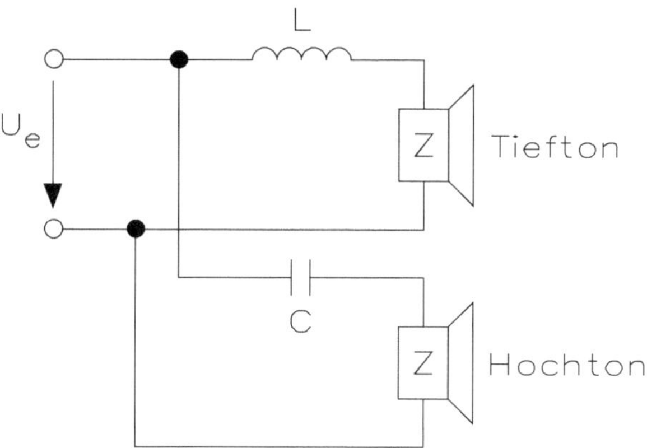

Abb. 9.77 Geschwindigkeitsverteilung v und Druckverteilung ρ der stehenden Luftsäule bei einer λ/4-Resonanzleitung

Hat die Leitung z. B. eine Länge $l=2$ m, so ergibt sich eine besonders intensive Abstrahlung bei der Frequenz

$$f = \frac{c}{4 \cdot l} = \frac{340\,\text{m/s}}{4 \cdot 2\,\text{m}} = \frac{340\,\text{m}/s}{8\,\text{m}} = 42{,}5\,\text{Hz}$$

Führt man die Transmission-Line genügend lang aus, so kann man sehr tiefe Töne, wie Orgeltöne, hörbar machen. Auch für Leitungslängen 1 = 3 λ/4, 5 λ/4, 7 λ/4… usw. ergeben sich durch Resonanz der stehenden Luftsäule selektive Verstärkungen der aus der Öffnung abgestrahlten Schallwellen.

Abb. 9.78 zeigt das Aufbauprinzip einer Transmission-Line-Box. Der von der Rückseite der Lautsprechermembran abgestrahlte Schall wird in seiner sich verjüngenden Umwegleitung zum offenen Leitungsende geführt. Die Leitung ist mit einem Dämpfungsstoff, z. B. langfasrige Naturwolle, locker angefüllt. Das Dämpfungsmaterial bewirkt einerseits, dass die Resonanzüberhöhung des Schalldrucks bei der Resonanzfrequenz der Leitung gedämpft wird, wodurch das Ein- und Ausschwingverhalten des Lautsprechers verbessert und die Lautsprecherwiedergabe differenzierter wird. Auch kommt eine Verstärkung jetzt innerhalb eines breiteren Frequenzbereichs in der Umgebung der Resonanzfrequenz zustande. Man darf weder zu viel noch zu wenig Dämpfungsstoff einbringen. Die günstigste Füllmenge ermittelt man am besten durch Abhören.

Andererseits hat das Dämpfungsmaterial in der Schallleitung zur Folge, dass sich die effektive Leitungslänge vergrößert. Der Grund liegt darin, dass die Schallgeschwindigkeit im Dämpfungsmaterial kleiner ist als in Luft, z. B. $c=300$ m/s (statt 340 m/s). Dadurch ergibt sich für eine gegebene Frequenz eine entsprechend kürzere Wellenlänge $\lambda = c/f$. Für eine Länge der Schallleitung von $l=2$ m erhält man z. B. Resonanz und verstärkte Abstrahlung bei der Frequenz

$$f = \frac{c}{4 \cdot l} = \frac{300\,\text{m/s}}{4 \cdot 2\,\text{m}} = \frac{300\,\text{m/s}}{8\,\text{m}} = 37{,}5\,\text{Hz}$$

Abb. 9.78 Aufbauprinzip einer Transmission-Line-Box

Es werden also durch das Füllen der Transmission-Line-Box mit Dämpfungsstoff bei gegebener geometrischer Leitungslänge tiefere Frequenzen als bei ungefüllter Leitung verstärkt abgestrahlt. Umgekehrt kann man die Länge der Leitung reduzieren, wenn sie mit Dämpfungsmaterial gefüllt wird. Optimale Bassabstrahlung kommt zustande, wenn die λ/4-Leitung Resonanz mit der Eigenfrequenz des Lautsprecherchassis hat. Bei der Resonanzfrequenz (Grundresonanz) ist der vom offenen Leitungsende abgestrahlte Schall in Phase mit dem von der Vorderfläche des Chassis in den Abhörraum eingestrahlten Schall. Für tiefere Frequenzen unterhalb der Resonanzfrequenz sind diese beiden Schallanteile gegenphasig. Bei höheren Frequenzen sind die beiden Schallanteile je nach Wellenlänge gleich- oder gegenphasig. Das hat einen irregulären Verlauf der Übertragungskennlinie im Bereich der mittleren Frequenzen zur Folge. Transmission-Line-Boxen sollten nur zur Abstrahlung tiefer Frequenzen unterhalb etwa 250 Hz eingesetzt werden.

9.5 Frequenzweichen

Frequenzweichen müssen in der Lage sein, den von einer Lautsprecherkombination abzustrahlenden Frequenzbereich in zwei, drei oder vier Teilbereiche aufzuteilen und diese den dafür vorgesehenen Lautsprechern bzw. Lautsprecherchassis zuzuführen. Man unterscheidet zwischen Zweiwegweichen, die den Übertragungsfrequenzbereich in zwei Teilbereiche aufteilen und die dann einem Tieftonlautsprecher und einem Mittelton- bzw.

Hochtonlautsprecher zuführen. Mit einer Dreiwegweiche wird der Frequenzbereich in drei Unterbereiche aufgeteilt, wobei die tiefen Frequenzen einem Tieftonchassis, die mittleren Frequenzen einem Mitteltonchassis und die hohen Frequenzen einem Hochtonsystem zugeführt werden. Damit allein ist es aber noch nicht getan. Die Frequenzweiche muss außerdem bestimmte Entzerrungsaufgaben übernehmen und sie muss nicht nur eine genügende Dämpfung im Sperrbereich gewährleisten, sondern auch ein günstiges Phasenverhalten aufweisen. Die Eigenschaften einer Weiche sind nämlich wesentlich für das herzustellende Richtdiagramm der Lautsprecherbox bestimmend. Erst 1975 wurden diese Zusammenhänge erkannt und gezeigt, dass die bisherigen theoretischen Vorstellungen über Frequenzweichen, die auf der elementaren Theorie der elektrischen (passiv) und elektronischen (aktiv) Filter basieren, für Anwendungen in der Lautsprechertechnik unzulänglich sind.

Entsprechend der Steilheit ihres Kennlinienverlaufs im Übernahmebereich unterscheidet man

a) Weichen mit einem Spannungsfall/Oktave von 6 dB (Weichen 1. Ordnung)
b) Weichen mit einem Spannungsfall/Oktave von 12 dB (Weichen 2. Ordnung)
c) Weichen mit einem Spannungsfall/Oktave von 18 dB (Weichen 3. Ordnung)
d) Weichen mit einem Spannungsfall/Oktave von 24 dB (Weichen 4. Ordnung)

Genauer klassifiziert man Frequenzweichen durch Butterworth-Weichen (Filter), Tschebyscheff-Weichen (Filter) und Bessel-Weichen (Filter). Butterworth-Weichen weisen innerhalb ihres Übertragungsbereichs einen zufriedenstellend geradlinigenden Frequenzverlauf auf und erst kurz vor der Grenzfrequenz knickt er scharf ab. Tschebyscheff-Weichen weisen oberhalb der Grenzfrequenz den steilsten Abfall auf, jedoch verläuft die Frequenzkennlinie im Durchlassbereich welliger als bei Butterworth-Filtern. Den geradlinigsten Übertragungsbereich haben Bessel-Weichen, jedoch knickt der Frequenzgang nicht so steil oberhalb der Grenzfrequenz wie bei den anderen beiden Filtertypen auf. Im Folgenden werden nur die in der Lautsprechertechnik am häufigsten benutzten Butterworth-Weichen behandelt.

9.5.1 Frequenzweiche 1. Ordnung mit einem Spannungsfall/Oktave von 6 dB

Diese Frequenzweiche stellt die einfachste in der Praxis vorkommende Frequenzweiche dar mit einer einzelnen Induktivität im Tieftonbereich und einer einzelnen Kapazität im Hochtonbereich, wie Abb. 9.79 zeigt. Das eingangsseitig eingespeiste Audiosignal wird, unabhängig von der Frequenz, in zwei nach Betrag und Phase exakt gleiche Ausgangssignale aufgeteilt. Falls die räumlich nicht koinzidierenden Tief- und Hochtonchassis in der gleichen akustischen Ebene vertikal übereinander liegen und einen Abstand von einer Wellenlänge haben ($d = l/\lambda$), ist für einen Hörer, der in der akustischen Bezugsebene der

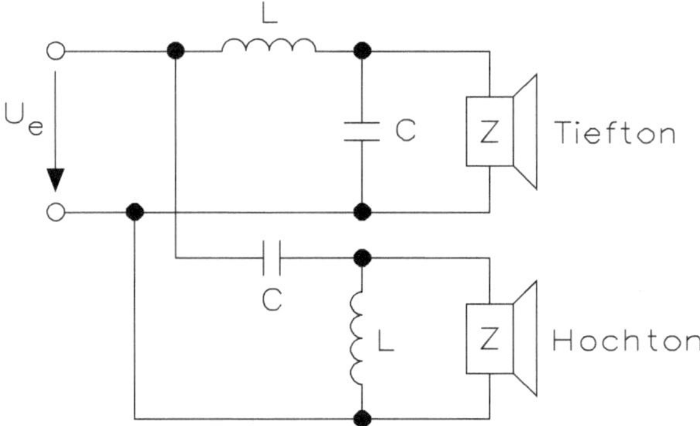

Abb. 9.79 Schaltung einer Frequenzweiche 1. Ordnung mit einem Spannungsfall/ Oktave von 6 dB

Kombination sitzt, wo also der Abstand zu den beiden Lautsprechern gleich groß ist, die Summe der beiden Ausgangssignale von beiden Lautsprechern unabhängig von der Frequenz.

Die Berechnungen für den Kondensator und die Spule in der Grenzfrequenz f_g lauten

$$C = \frac{1}{2 \cdot \pi \cdot Z \cdot f_g} \quad L = \frac{Z}{2 \cdot \pi \cdot f_g}$$

Für eine Hörposition außerhalb der akustischen Bezugsachse ändert sich jedoch die Summe der Ausgangssignale von beiden Lautsprechern mit der Frequenz. Außerdem weisen die beiden Lautsprecher eine Phasendifferenz von 90° auf, sodass die Summe der beiden Ausgangssignale verschieden ist für Hörpositionen oberhalb und unterhalb der Bezugsachse. Im Überlappungsbereich der Weiche, wo beide Lautsprecher gleich viel zur Strahlung beitragen, kommt der maximale Schalldruck bei einem Winkel von 14° unterhalb der Bezugsachse zustande, wie Abb. 9.80 zeigt.

Wegen des breiten Überlappungsbereichs der beiden Lautsprecher ist das Richtdiagramm einer solchen Lautsprecherkombination innerhalb von zwei Oktaven gegen die

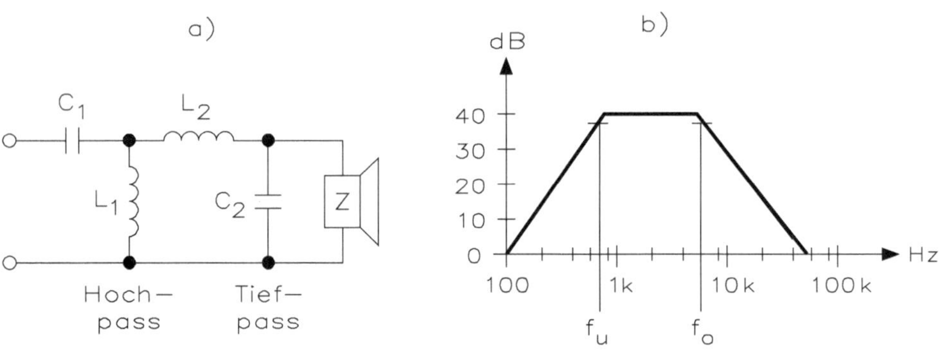

Abb. 9.80 Vertikales Polardiagramm einer aus Bass- und Hochtonlautsprecher bestehenden Lautsprecherkombination mit Frequenzweiche ungerader (**a**) und gerader Ordnung (**b**)

akustische Bezugsachse geneigt. Außerdem erhält bei Anwendung einer Frequenzweiche 1. Ordnung der Hochtöner zu viel tiefe und der Tieftöner zu viel hohe Frequenzen zugeführt, sodass die Lautsprecher in Frequenzbereichen arbeiten, wo sie keine günstigen elektroakustischen Eigenschaften aufweisen. Die Lautsprecher müssten unter diesen Betriebsbedingungen innerhalb vier Oktaven einen regelmäßigen Verlauf der Übertragungskennlinien aufweisen, eine Bedingung, die in der Praxis kaum vorkommt. Frequenzweichen 1. Ordnung kommen daher zum Aufbau von HiFi-Lautsprecherkombinationen aus den zuletzt erwähnten Gründen kaum zum Einsatz.

9.5.2 Frequenzweiche 2. Ordnung mit einem Spannungsfall/ Oktave von 12 dB

Die Frequenzweiche 2. Ordnung liefert ein symmetrisches Strahlungsdiagramm, das in der akustischen Bezugsebene der Lautsprecherkombination frequenzunabhängig ist. Leider kommt bei der Trennfrequenz der Frequenzweiche ein Anstieg des Schalldrucks um 3 dB zustande, wie Abb. 9.81 zeigt.

Eine Frequenzweiche 2. Ordnung arbeitet mit einer LC-Kombination. Die Berechnungen für Kondensator und Spule für die Grenzfrequenz f_g lauten

$$C = \frac{1}{2 \cdot \pi \cdot Z \cdot f_g} \qquad L = \frac{Z}{2 \cdot \pi \cdot f_g}$$

Hoch- und Tieftöner müssen gegenphasig gepolt sein. Werden diese beiden Lautsprecher gleichphasig zusammengeschaltet, so heben sich die Ausgangssignale der beiden Lautsprecher bei der Übernahmefrequenz gegenseitig auf und in der Übertragungskennlinie der Lautsprecherkombination entsteht ein Loch. Für hohe Forderungen an die Qualität der Lautsprecherwiedergabe ist ein Spannungsfall von 12 dB/Oktave noch zu klein. Der zusätzliche Pegelanstieg von 3 dB bei der Trennfrequenz schränkt die Anwendbarkeit von Butterworth-Frequenzweichen 2. Ordnung auf Lautsprecherkombinationen hoher Qualität ein.

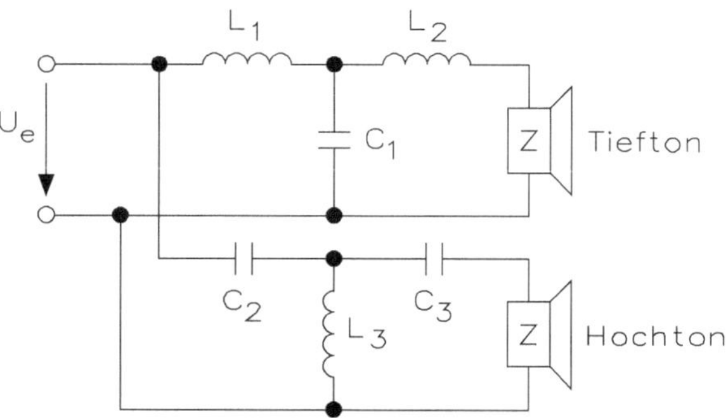

Abb. 9.81 Ansteuerung eines Lautsprechers mit einer Frequenzweiche 2. Ordnung mit einem Spannungsfall/ Oktave von 12 dB

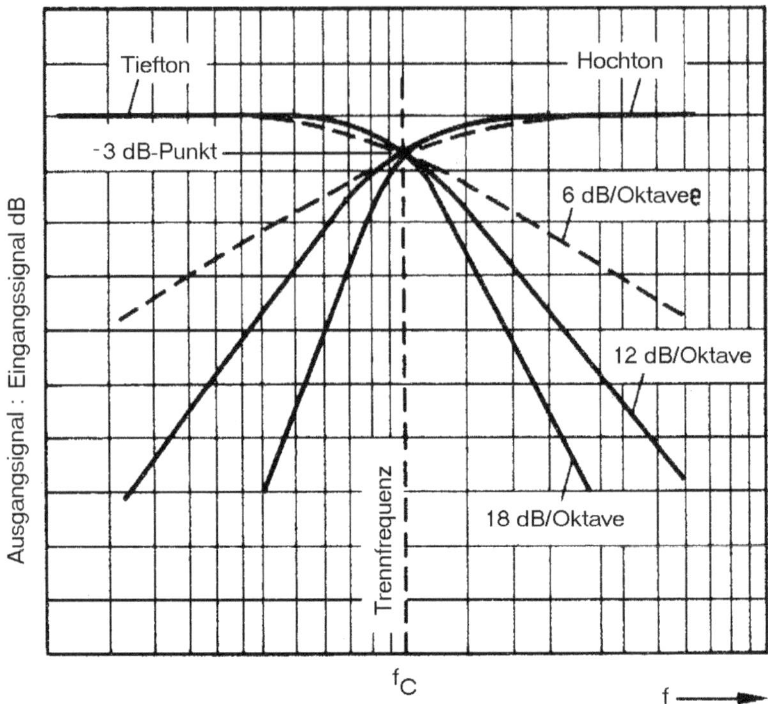

Abb. 9.82 Frequenzweiche 2. Ordnung für einen Mitteltonlautsprecher mit einem Spannungsfall/ Oktave von 12 dB

Bei der Ansteuerung eines Mitteltonlautsprecher lässt sich ein Bandpass einsetzen, wie Abb. 9.82 zeigt. Hier wird ein Bandpass verwendet, der aus einem Hoch- und Tiefpass besteht. Der Hochpass besteht aus den Komponenten C_1 und L_1, der Hochpass aus C_2 und L_2. Die Berechnung erfolgt

für den Tiefpass: $C_1 \approx \frac{0{,}112 \cdot Z}{f_u}\ L_1 = \frac{0{,}225 \cdot Z}{f_o}$

für den Hochpass: $C_2 \approx \frac{0{,}112}{f_o \cdot Z}\ L_2 = \frac{0{,}225 \cdot Z}{f_o}$

9.5.3 Frequenzweiche 3. Ordnung mit einem Spannungsfall/Oktave von 18 dB

Butterworth-Weichen 3. Ordnung weisen eine Flankensteilheit ihrer Dämpfung von 18 dB/ Oktave auf. Das bietet die Gewähr, dass den angeschlossenen Lautsprechern nur diejenigen Frequenzen zugeführt werden, wo sie optimal günstige Übertragungseigenschaften aufweisen. Falls die Lautsprecher gegenphasig zusammengeschaltet werden, ist auch die Phasenverzerrung gering. Von Nachteil ist, dass das Richtdiagramm der Lautsprecherkombination nicht symmetrisch in Bezug auf die Lautsprecherbezugsachse ist, wie Abb. 9.83 zeigt.

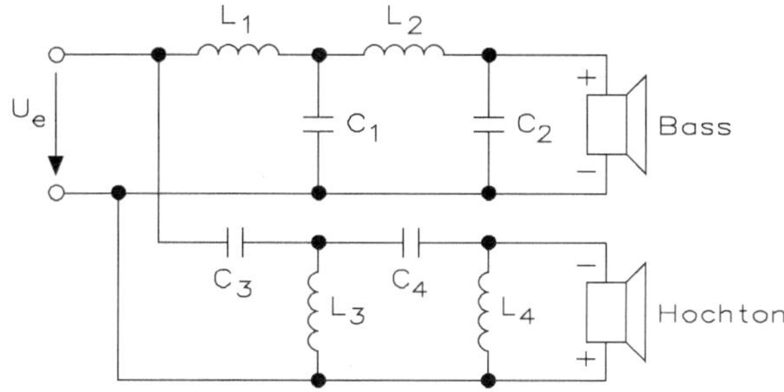

Abb. 9.83 Schaltung einer Frequenzweiche 3. Ordnung mit einem Spannungsfall/Oktave von 18 dB

Die Berechnungen für Kondensatoren und Spulen für die Grenzfrequenz f_g lauten

$$C_1 = \frac{2}{2 \cdot \pi \cdot Z \cdot f_g} \quad L_1 = \frac{3 \cdot Z}{4 \cdot \pi \cdot f_g}$$

$$C_2 = \frac{1}{2 \cdot \pi \cdot Z \cdot f_g} \quad L_2 = \frac{Z}{4 \cdot \pi \cdot f_g}$$

$$C_3 = \frac{3 \cdot Z}{\pi \cdot Z \cdot f_g} \quad L_3 = \frac{3 \cdot Z}{8 \cdot \pi \cdot f_g}$$

$$Z = \sqrt{R^2 + (\omega \cdot L)^2}$$

Abb. 9.84 zeigt den grundsätzlichen Verlauf der Dämpfung für Frequenzweichen 1., 2., und 3. Ordnung.

Tab. 9.5 zeigt die L- und C-Werte für verschiedene Trennfrequenzen für ein Butterworth-Filter 3. Ordnung. Die Werte beziehen sich auf eine Abschlussimpedanz von Z = 8 Ω. Es ist zu beachten, dass die Lautsprecherimpedanz tatsächlich kein konstanter

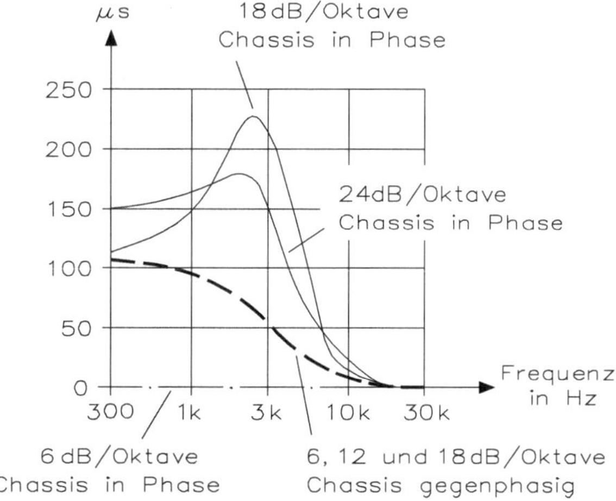

Abb. 9.84 Grundsätzlicher Verlauf der Dämpfung für Frequenzweichen 1., 2., und 3. Ordnung

Tab. 9.5 Frequenzweiche 3. Ordnung mit einem Spannungsfall/Oktave von 18 dB

f_c (Hz)	L_1 (mH)	L_2 (mH)	C_1 (µF)	C_2 (µF)	C_3 (µF)	L_3 (mH)
110,00	19,10	6,37	265,26	132,63	397,89	9,55
251,19	7,60	2,53	105,60	52,80	158,40	3,80
398,11	4,80	1,60	66,63	33,31	99,94	2,40
1000,00	1,91	0,64	26,53	13,26	39,79	0,95
2511,98	0,76	0,25	10,56	5,28	15,84	0,38
3162,28	0,60	0,20	8,39	4,19	12,58	0,30
3981,07	0,48	0,16	6,66	3,33	9,99	0,24

Wert ist, sondern dass er vielmehr von der Frequenz abhängt. Berechnungen von C- und L-Werten nach Tab. 9.5 bzw. die angegebenen Formeln sind also nur unter der Voraussetzung gültig, dass die Lautsprecherimpedanz mit Z = 8 Ω konstant ist.

9.5.4 Frequenzweiche 4. Ordnung mit einem Spannungsfall/Oktave von 24 dB

Butterworth-Weichen 4. Ordnung zeichnen sich, abgesehen von der großen Flankensteilheit der Dämpfung dadurch aus, dass die Achse der Strahlungskennlinie mit der Lautsprecherbezugsachse übereinstimmt und unabhängig von der Frequenz ist. Abb. 9.85 zeigt eine Frequenzweiche 4. Ordnung.

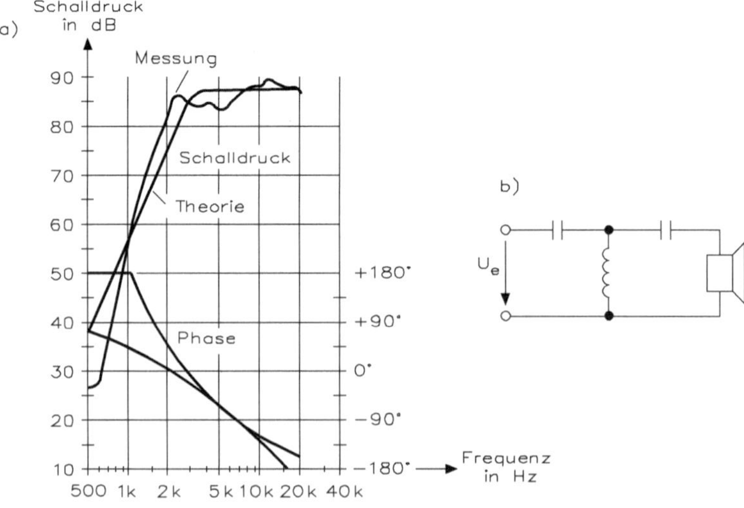

Abb. 9.85 Frequenzweiche 4. Ordnung mit einem Spannungsfall/Oktave von 24 dB

Die Berechnungen für Kondensatoren und Spulen für die Grenzfrequenz f_g lauten

$$C_1 = \frac{1{,}5910}{2 \cdot \pi \cdot Z \cdot f_g} \quad L_1 = \frac{1{,}8856 \cdot Z}{2 \cdot \pi \cdot f_g}$$

$$C_2 = \frac{0{,}35355}{2 \cdot \pi \cdot Z \cdot f_g} \quad L_2 = \frac{0{,}94281 \cdot Z}{2 \cdot \pi \cdot f_g}$$

$$C_3 = \frac{1}{2 \cdot \pi \cdot Z \cdot f_g \cdot 1{,}8856} \quad L_3 = \frac{Z}{2 \cdot \pi \cdot f_g \cdot 1{,}5910}$$

$$C_4 = \frac{1}{2 \cdot \pi \cdot Z \cdot f_g \cdot 0{,}94281} \quad L_4 = \frac{Z}{2 \cdot \pi \cdot f_g \cdot 0{,}35355}$$

$$Z = \sqrt{R^2 + (\omega \cdot L)^2}$$

Es ist notwendig, dass Tiefton- und Hochtonlautsprecher von der gleichen akustischen Ebene strahlen. Das lässt sich dadurch erreichen, dass die beiden Lautsprecher vertikal übereinander gesetzt und in der Horizontalebene gegenseitig so verschoben werden, dass die akustischen Zentren der beiden Lautsprecher übereinander liegen. Auch bei anderen Lautsprecherkombinationen ist es günstig, wenn die akustischen Zentren der einzelnen Lautsprecher von der gleichen akustischen Ebene strahlen. Lautsprecherboxen, die unter diesem Gesichtspunkt aufgebaut sind, werden gelegentlich als „phasenlineare Lautsprecher" bezeichnet, aber diese Definition hat keine physikalische Realität. Auch wenn die Lautsprecher einer Kombination von der gleichen akustischen Ebene strahlen, wird noch keine Phasenlinearität erhalten, weil zahlreiche weitere Parameter dafür mitbestimmend sind.

Die Formeln dienen zur Berechnung der L- und C-Werte für die Induktivitäten und Kapazitäten eines Butterworth-Filters 4. Ordnung.

Beispiel: Z = 8 Ω und f_g = 3 kHz

$$L_1 = 0{,}8\,\text{mH}, L_2 = 0{,}4\,\text{mH}, L_3 = 0{,}266\,\text{mH}, L_4 = 1{,}2\,\text{mH}$$

$$C_1 = 10{,}5\,\mu\text{F}, C_2 = 2{,}3\,\mu\text{F}, C_3 = 3{,}51\,\mu\text{F}, C_4 = 7{,}04\,\mu\text{F}$$

Es wird wieder vorausgesetzt, dass die Schwingspulenimpedanz einen frequenzunabhängigen und konstanten Wert Z = 8 Ω hat.

Die Anwendung eines Butterworth Filters 4. Ordnung eliminiert die frequenzabhängige Neigung des Richtstrahldiagrammes bei Weichen 3. Ordnung. Die beiden Lautsprecherchassis müssen aber so angeordnet werden, dass sie in der gleichen akustischen Ebene liegen, da anderenfalls das Richtstrahldiagramm in der Umgebung der Übernahmefrequenz der Weiche geneigt wird. Der vertikale Abstand der beiden Chassis voneinander muss so klein als möglich sein.

9.5.5 Phasenverzerrung

Bei Frequenzweichen entstehen Phasenfehler bei der Signalübertragung. Wird z. B. ein Impuls übertragen, der sich bekanntlich aus einer Vielzahl einzelner Frequenzen zusammensetzt, so durchlaufen die einzelnen Frequenzen das Filter mit unterschiedlicher Geschwindigkeit, wodurch sich die einzelnen Frequenzen bei der Übertragung gegeneinander verschieben. Die Summierung der Amplituden der Teilfrequenzen entspricht dann nicht mehr der ursprünglichen Impulsform. Eine Phasenverschiebung der einzelnen Frequenzanteile ist also gleichbedeutend mit einer Verzerrung des zu übertragenden Signals. Nur wenn die Phasenverschiebung linear mit zunehmender Frequenz größer wird, treten keine Phasenverzerrungen auf. In einem derartigen Fall ist die Neigung der Phasenkennlinie konstant. Die Neigung bzw. Steigung der Phasenkennlinie charakterisiert der Akustiker durch den Begriff der Gruppenverzögerung

$$\tau = \frac{d\varphi}{d\omega}$$

wobei τ die Zeit ist, die das Signal benötigt zum Durchlaufen einer bestimmten Wegstrecke, sowie φ die Phase und $\omega = 2 \cdot \pi \cdot f$ die Kreisfrequenz der Signalfrequenz f sind.

Für Butterworth-Weichen 1. bis 4. Ordnung ist die Gruppenverzögerung in Abb. 9.86 dargestellt. Aus dem Diagramm geht hervor, dass nur bei Frequenzweichen 1. Ordnung mit 6 dB/Oktave Spannungsfall bei gleichphasiger Zusammenschaltung der Lautsprecher keine Gruppenverzögerung auftritt. Eine zulässige allmähliche Phasendrehung kommt bei gegenpolig zusammengeschalteten Lautsprechern für Weichen 1., 2. und 3. Ordnung zustande. Die größte Gruppenverzögerung tritt bei Frequenzweichen 3. und 4. Ordnung ein, wenn die Lautsprecher gleichphasig zusammengeschaltet werden. Die Chassis sind daher gegenphasig zusammenzuschalten.

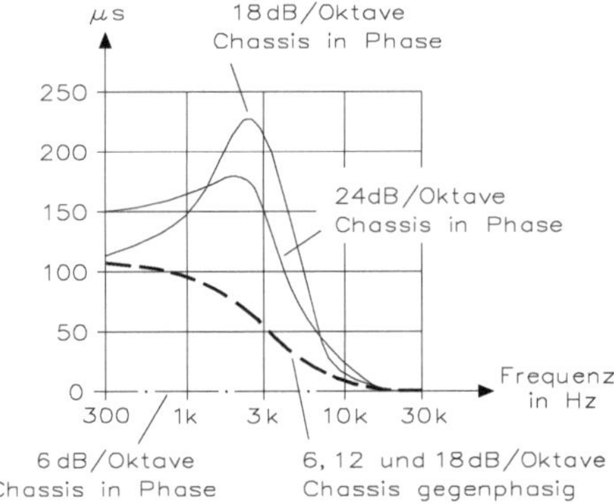

Abb. 9.86 Gruppenverzögerung einer Lautsprecherkombination mit einer Übernahmefrequenz von 3 kHz zwischen Tief- und Hochtonlautsprecher unter Anwendung von Butterworth-Weichen 1. bis zur 4. Ordnung

9.5.6 Akustische Butterworth-Weichen

Bei der Auslegung von Frequenzweichen ist zu beachten, dass sowohl das Übertragungsverhalten der Lautsprecherchassis einer bestimmten Kombination als auch die akustischen Eigenschaften des Lautsprechergehäuses mit einzubeziehen sind. Die den Lautsprechern angebotene Signalspannung muss dann so modifiziert werden, dass das integrierte Ausgangssignal aller Lautsprecher zusammen in einer gegebenen Lautsprecherbox eine lineare Übertragungskennlinie ergibt. Das setzt voraus, dass die Schalldrücke der einzelnen Lautsprecher die richtigen Amplituden und Phasen aufweisen, vor allen Dingen im Bereich der Übernahmefrequenz der Weiche. Butterworth-Weichen, die hierauf beruhen, bezeichnet man als akustische Butterworth-Weichen. Frequenzweiche, Lautsprecherchassis und Lautsprecherbox werden hiernach als ein integriertes System betrachtet.

Die Methodik, die der Auslegung akustischer Butterworth-Weichen zugrunde liegt, basiert auf der Untersuchung des Impulsverhaltens von Lautsprechern durch Fourier-Analyse unter Einbeziehung einer digitalen Messtechnik. Es kann hier nicht auf Einzelheiten dieser Methode eingegangen werden. Stattdessen soll das Ergebnis solcher Untersuchungen an einem praktischen Beispiel erläutert werden.

Abb. 9.87 zeigt die Schaltung eines üblichen Butterworth-Hochpass-Filters 3. Ordnung und dessen Übertragungsverhalten unter Anwendung eines Hochtöners. Ein Vergleich mit den theoretisch erwünschten Kurven zeigt Abweichungen vor allen Dingen bei Frequenzen < 3 kHz und im Gebiet um 10 kHz. Der Spannungsfall unter 1 kHz beträgt etwa 30 dB/Oktave statt der gewünschten 18 dB/Oktave. Das akustische Butterworth-Filter liefert demgegenüber eine viel bessere Übereinstimmung zwischen den theoretisch erwünschten und den experimentell gemessenen Kurven, wie Abb. 9.88 zeigt.

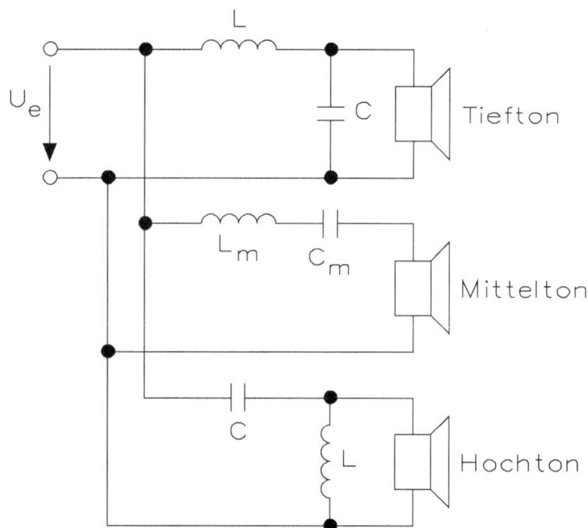

Abb. 9.87 Konventionelles Hochpass-Butterworth-Filter 3. Ordnung (**a**) Schalldruck und Phasenverhalten (**b**) Schaltung des Hochpassfilters

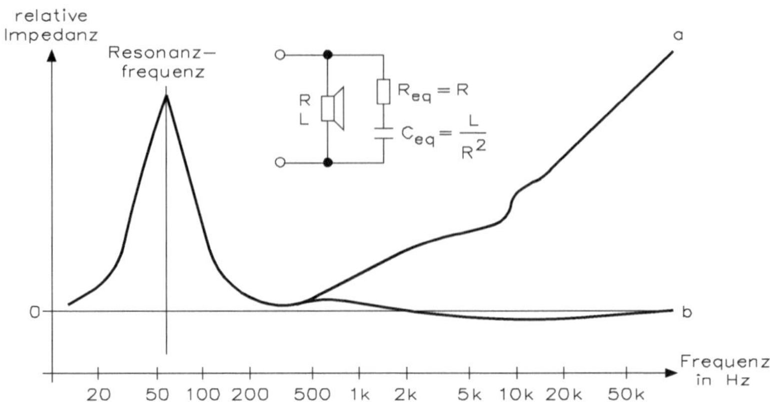

Abb. 9.88 Akustisches Butterworth-Filter 3. Ordnung (**a**) Schalldruck und Phasenverhalten (**b**) Schaltung des Hochpassfilters

Die Abweichungen zwischen den theoretisch geforderten und experimentellen Kurven liegen im Frequenzbereich 500 Hz bis 20 kHz im Intervall $\pm\,1$ dB. Das gilt sowohl für das Schalldruckverhalten als auch für den Phasenverlauf. Diese Verbesserung ist hörbar! Allerdings tritt die Verbesserung nur für einen bestimmten Lautsprecher ein, für den die Weiche ausgelegt wurde. Der Lautsprecher muss ferner in ein vorgeschriebenes Gehäuse eingebaut werden, denn alle akustischen Eigenschaften, wie Beugung und Interferenz, gehen in die Auslegung des akustischen Butterworth-Filters ein.

9.5.7 Frequenzweiche mit „filler driver"

Eine Methode einen Phasenfehler zu vermeiden besteht darin, dass in eine Dreiwegweiche mit einem Spannungsfall/Oktave von 12 dB für den Hochton- und Tieftonlautsprecher ein zusätzlicher Mitteltonlautsprecher (filler driver) mit einem Filter 1. Ordnung, also einem Spannungsfall von 6 dB/Oktave, benutzt wird. Bei einer Dämpfung von 3 dB ist dessen Übertragungsbandbreite zwei Oktaven. Abb. 9.89 zeigt das Schaltungsprinzip für diese Kombination. Mit ihr lässt es sich erreichen, dass die Vektorsumme der Signalspannungen an den drei Lautsprechern gleich der eingespeisten Signalspannung ist. Der zu verwendende Mitteltonlautsprecher muss aber über wenigstens zwei Oktaven eine gleichmäßige Übertragungskennlinie aufweisen.

Die Berechnung für Kondensatoren und Spulen ist in Abb. 9.87 zeigt

$$C = \frac{1}{2 \cdot \sqrt{2} \cdot \pi \cdot Z \cdot f_g} \quad L = \frac{\sqrt{2} \cdot R}{2 \cdot \pi \cdot f_g}$$

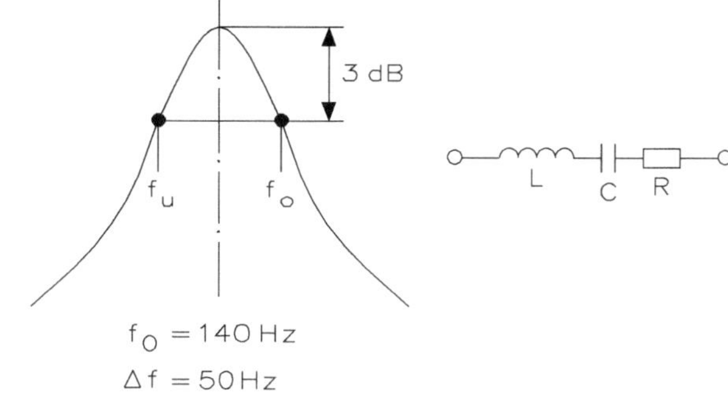

Abb. 9.89 Schaltung einer Frequenzweiche mit „filler driver"

$$C_m = \frac{\sqrt{2}}{2 \cdot \pi \cdot R_m \cdot f_m} \quad L_m = \frac{R_m}{2 \cdot \sqrt{2} \cdot \pi \cdot R \cdot f_m}$$

9.5.8 Entzerrung

Damit der Abschlusswiderstand einer Frequenzweiche unabhängig von der Frequenz und konstant bleibt, kann man ein Reihen-RC-Glied parallel zur Schwingspule des Lautsprechers legen, wie Abb. 9.90 zeigt.

Ist L die Induktivität der Schwingspule und R deren Gleichstromwiderstand, so muss zwecks Entzerrung in Näherung sein mit

$R_{eq} = R$ und $C_{eq} = \frac{L}{R^2}$

Die Abschlussimpedanz der Weiche ist unter dieser Voraussetzung gleich dem Widerstand R. Wie sich diese Entzerrung auf die Frequenzabhängigkeit der Impedanz der Schwingspule eines dynamischen Lautsprechers auswirkt, geht aus Abb. 9.92 hervor. Beispielsweise hat die Schwingspule eines 25-mm-Hochton-Kalottenlautsprechers einen Widerstand $R = 6{,}4\ \Omega$ und eine Induktivität $L = 0{,}15$ mH. Die zur Entzerrung erforderlichen Werte sind $R_{eq} = 6{,}4\ \Omega$ und $C_{eq} = 3{,}6$pF.

Will man den selektiven Anstieg der Impedanz der Lautsprecherschwingspule bei der Resonanzfrequenz eines Lautsprechers entzerren, benutzt man hierzu einen Serien-Resonanzkreis parallel zur Lautsprecherschwingspule, dessen Eigenfrequenz auf die des Lautsprechers abgestimmt wird. Aus der durch eine Messung aufzunehmenden Resonanzkurve des Lautsprechers lässt sich die Größe der Resonanzfrequenz f_{res} und die Bandbreite Δf entnehmen, z. B. sei $f_{res} = 150$ Hz und $\Delta f = 50$ Hz. Die Eigenfrequenz des anzuwendenden Serienresonanzkreises ist

$$\Delta f_{res} = \frac{1}{2 \cdot \pi} \cdot \sqrt{\frac{1}{L \cdot C}}$$

Es gilt noch

$$\frac{\Delta f}{f_{res}} = \frac{R}{2 \cdot \pi \cdot f_{res} \cdot L} = \frac{1}{Q}$$

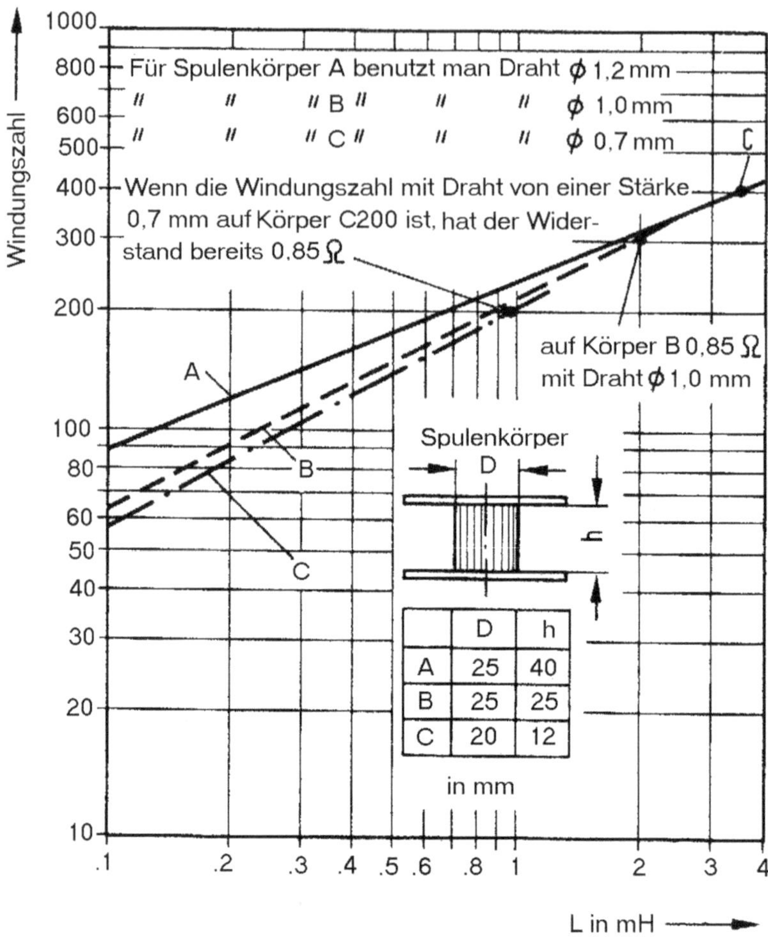

	D	h
A	25	40
B	25	25
C	20	12

Abb. 9.90 Verlauf der Schwingspulenimpedanz eines dynamischen Lautsprechers

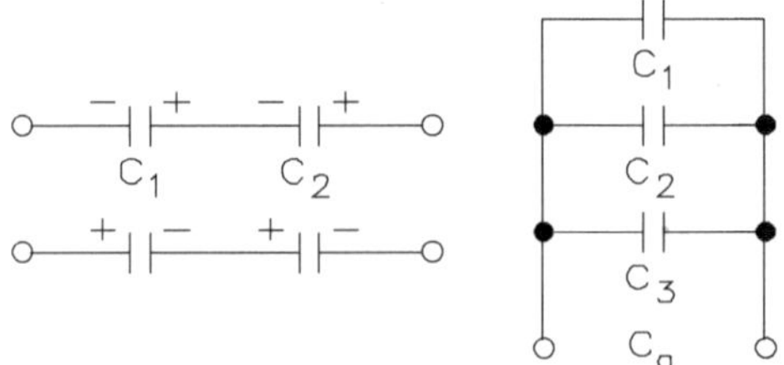

Abb. 9.91 Reihenschwingkreis mit seiner Resonanzkurve

Q heißt Qualitätsfaktor des Resonanzkreises. Außerdem ist

$$\frac{1}{\sqrt{L \cdot C}} = \frac{1}{2 \cdot \pi \cdot f_{\text{res}}} = \frac{1}{2 \cdot 3{,}14 \cdot 140\,\text{Hz}} = 1{,}1 \cdot 10^{-3}$$

Die Eigenfrequenz des anzuwendenden Serienresonanzkreises hat eine Spule mit $L = 3$ mH und einen Kondensator mit $C = 470$ µF. Der Widerstand R ergibt sich aus dem

$$R = 2 \cdot \pi \cdot L \cdot \Delta f = 2 \cdot 3{,}14 \cdot 3\,\text{mH} \cdot 50\,\text{Hz} = 0{,}9\,\Omega$$

9.5.9 Induktivitäten für Frequenzweichen

Als Induktivitäten für passive Weichen kommen zum Selbstbau hauptsächlich Luftspulen in Betracht, die aus einem isolierten Kupferdraht gewickelt werden. Abb. 9.92 stellt ein Diagramm für das Wickeln solcher Spulen dar. Für Spulenkörper A benutzt man Draht mit einem Durchmesser von 1,2 mm, für Spulenkörper B mit einem Durchmesser von 1,0 mm. Man beachte, dass die ohmschen Widerstände dieser Spulen unterhalb 10 % des Impedanzwertes der Schwingspule bleiben müssen. Benutzt man z. B. einen Draht mit einem Durchmesser von 0,7 mm auf dem Spulenkörper C mit $N = 200$ Windungen, so ist der Widerstand dieser Spule schon 0,85 Ω und auf Spulenkörper B ist der Widerstand 0,85 Ω unter Verwendung eines Durchmessers von 1,0 mm.

Um genügend niedrige Gleichstromwiderstände erzielen zu können, was bei Luftspulen mit Induktivitäten > 3 mH kaum möglich ist, verwendet man Induktivitäten mit Ferrit-Kernen. Bei genügend großem Querschnitt der Kerne weisen Ferrit-Induktivitäten hinreichend niedrige Verzerrungen auf, die auch bei höheren Leistungen unhörbar sind.

Beim Aufbau von Frequenzweichen ist darauf zu achten, dass die einzelnen Induktivitäten so angeordnet werden, dass durch Streufelder keine Kopplungen zwischen ihnen zustande kommen. Dadurch kann die Wirksamkeit einer Weiche vollständig verloren gehen. Geeigneter als Luftspulen sind Induktivitäten mit Ferrit-Kernen, die sich auch für größere Selbstinduktionswerte genügend klein und verlustarm aufbauen lassen.

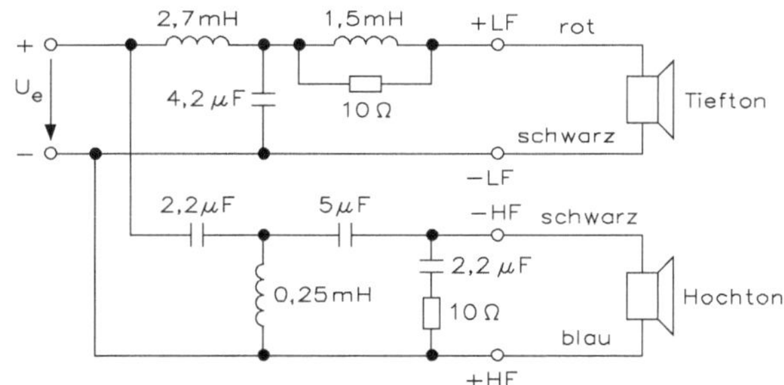

Abb. 9.92 Wickeldaten für Luftspulen

Beim Zusammenbau einer Weiche werden sie so angeordnet, dass ihre Kerne senkrecht zueinander liegen, also keine Kopplungen zustande kommen. Neben Induktivitäten mit Ferrit-Kernen werden auch Induktivitäten mit Kernen aus Dynamoblech verwendet. Diese weisen besonders niedrige ohmsche Verlustwerte auf und gestatten eine noch bessere gegenseitige Entkopplung.

Große Sorgfalt ist auf die in Frequenzweichen anzuwendenden Kondensatoren zu legen. Die üblichen handelsüblichen Elkos sind wegen ihrer unzureichenden Toleranzwerte und hohen Verluste völlig ungeeignet für diesen Anwendungszweck. In Betracht kommen spezielle verlustarme ungepolte Elkos, MP-Kondensatoren und Kunststofffolienkondensatoren (Polyester-Kondensatoren). Die Toleranz der Kapazitätswerte muss innerhalb ± 5 % liegen. Um die geforderten Kapazität- und Spannungswerte zu erhalten, können Kondensator parallel (Kapazitätserhöhung) oder hintereinander geschaltet (Spannungserhöhung) werden. Abb. 9.93 zeigt die beiden Schaltungsmöglichkeiten.

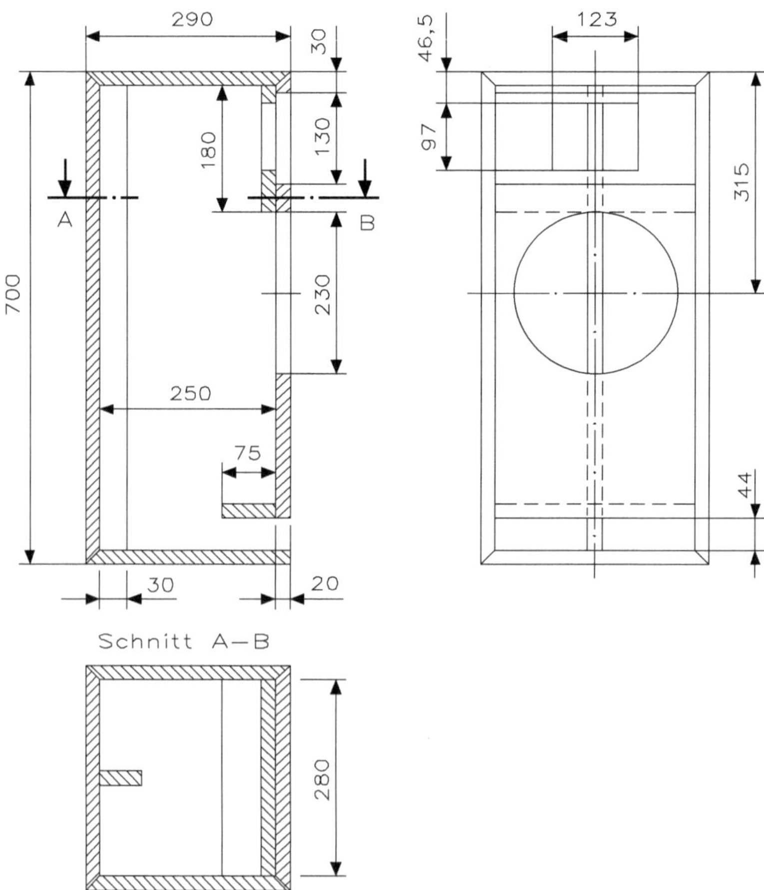

Abb. 9.93 Schaltung von Kondensatoren (**a**) Parallelschaltung zur Kapazitätserhöhung (**b**) Serienschaltung zur Spannungserhöhung

Für die Parallelschaltung gilt: $C_g = C_1 + C_2 + \ldots C_n$

Für die Reihenschaltung gilt: $C_g = \frac{C_1 \cdot C_2}{C_1 + C_2}$

9.6 Lautsprecherkombinationen

Nachdem Lautsprecher und Frequenzweichen beschrieben worden sind, werden verschiedene Lautsprecherkombinationen aufgebaut. Es handelt sich um typische Lautsprecherkombinationen aus der Praxis.

9.6.1 Zweiweg-Lautsprecherkombination für eine Ausgangsleistung von 100 W

Die guten Eigenschaften von Zweiweg-Lautsprecherkombinationen sind von den verwendeten Bass- und Mittel-/Hochtonlautsprechern abhängig.

Abb. 9.94 zeigt eine Zweiweg-Lautsprecherkombination für eine Ausgangsleistung von 100 W mit je einem Bass- und Mittel-/Hochtonlautsprecher. Die Übernahmefrequenz bei etwa 3 kHz ist zwar relativ hoch, aber es ergibt sich eine gute Klangqualität. Die Lautsprecherkombination ist in einer Box mit 50 l untergebracht. Der verwendete Mittel-/Hochtonlautsprecher ist mit einer Bextrene- oder Polypropylenmembran versehen. Verwendet man andere Lautsprecher, muss mit Klangverfälschungen gerechnet werden, wenn Sie bis zu den Frequenzen der genannten Größenordnung arbeiten wollen.

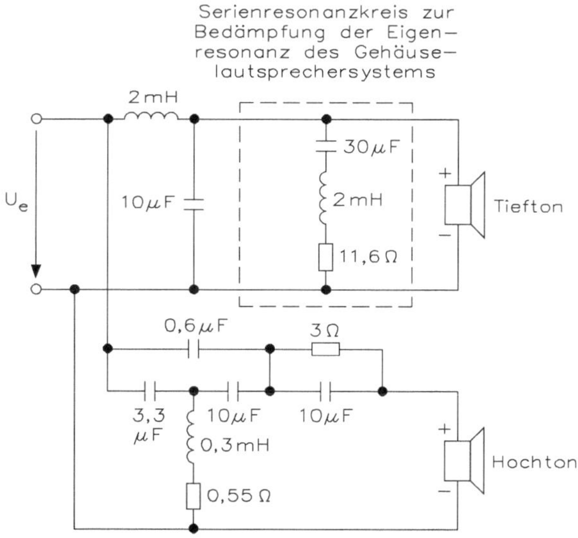

Abb. 9.94 Frequenzweiche für eine Zweiweg-Lautsprecherkombination mit einer Ausgangsleistung von 100 W

In Abb. 9.95 ist eine Bassreflexbox mit Tunnel und einem Volumen von 60 l gezeigt. Während der Basslautsprecher einen Durchmesser von 230 mm hat, ist der Mittel-/Hochtonlautsprecher in einem rechteckförmigen Gehäuse von 97 mm × 123 mm untergebracht. Der Bassreflextunnel hat die Abmessungen von 280 mm (Breite) und 44 mm (Höhe).

Eine Bassreflexbox ist ein Tieftongehäuse, das neben der Lautsprecheröffnung noch eine zweite Öffnung hat. Während bei einem geschlossenen Gehäuse die von der Rückseite der Lautsprechermembran ausgehenden Schallwellen innerhalb des Gehäuses absorbiert werden und damit zur Schallwiedergabe nicht zur Verfügung stehen, werden bei der Bassreflexbox auch die von der Rückseite der Lautsprechermembran ausgehenden Schallwellen auf dem Wege über die zweite Öffnung, die sogenannte Bassreflex oder Phasenumkehröffnung, hörbar. Die Phasenumkehröffnung hat in dieser Bauanleitung eine tunnelförmige Öffnung. Anstelle einer zweiten Austrittsöffnung kann auch ein passiver Lautsprecher treten, d. h. eine Membran, die von den Schallwellen des eigentlichen Lautsprechers zu erzwungenen Schwingungen angeregt wird.

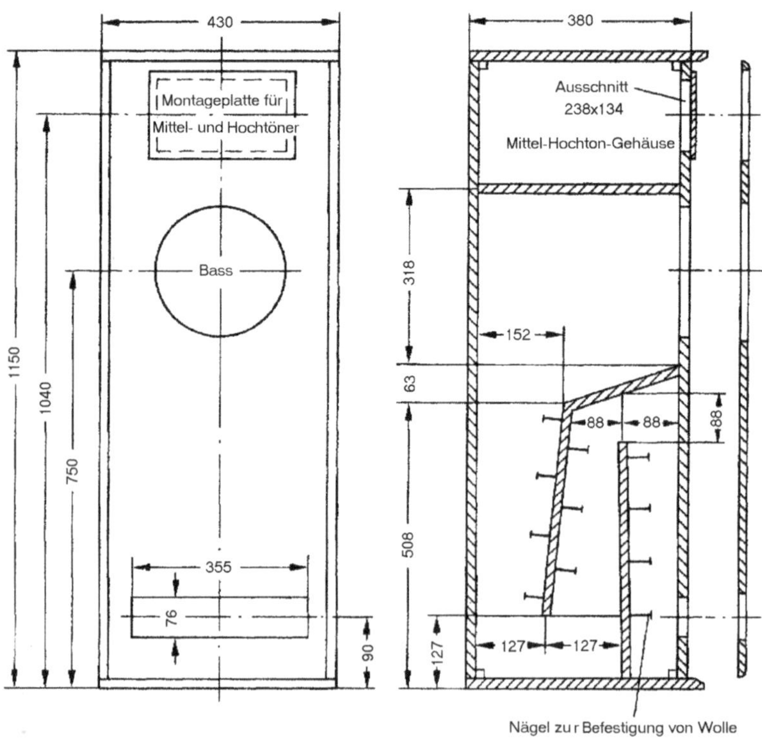

Abb. 9.95 Bassreflexbox oder Phasenumkehrbox mit rechteckigem Tunnel und einem Volumen von 60 l

Eine interessante Lösung ist ein Gehäuse mit einer Passivmembran (parasitärer Strahler), die ähnlichen Durchmesser bzw. Bauform wie die mit Basslautsprechern aufweisen sollen. Diese Passivmembran ist aus Polypropylen und zeichnet sich durch eine außergewöhnliche transparente Tonwiedergabe aus.

9.6.2 Zweiweg-Lautsprecherkombination für eine Ausgangsleistung von 50 W

Eine andere Variante für eine Frequenzweiche zeigt die Schaltung von Abb. 9.96. Es handelt sich um eine Zweiweg-Lautsprecherkombination für eine Ausgangsleistung von 50 W mit einem Serienresonanzkreis zur Bedämpfung der Eigenresonanz des Gehäuse-Lautsprechersystems. Die Übernahmefrequenz zwischen Bass- und Mitteltonlautsprecher liegt bei etwa 3,5 kHz.

Abb. 9.97 zeigt den Aufbau einer Transmission-Line-Lautsprecherbox mit Bass- und Mitteltonlautsprecher, wobei die beiden Lautsprecher durch einen Zwischenboden voneinander getrennt arbeiten. Bei dieser Art von Tieftongehäusen nutzt man die Tatsache aus, dass eine Schallleitung von bestimmter Länge Resonanzeigenschaften hat. Der Lautsprecher befindet sich an dem einen Ende der Leitung und schließt diese nach außen hin ab, während das entgegengesetzte Leitungsende offen ist. Bei der Leitungslänge $1 = \lambda/4$ kommt am offenen Leitungsende ein Geschwindigkeitsbauch (Schnellebauch) und ein Knoten der Druckverteilung der stehenden Luftsäule zustande. Am anderen Leitungsende, wo sich der Lautsprecher befindet, hat umgekehrt die Schnelle einen Knoten und der Druck ein Maximum. Der Lautsprecher führt in diesem Resonanzzustand maximale Leistung an die stehende Luftsäule im Leitungssystem ab. Die Schallenergie trifft hauptsächlich aus dem offenen Ende der Leitung aus. Konstruiert und fertigt man die Transmission-Line-Box genügend lang, so werden sehr tiefe Töne, wie Orgeltöne, hörbar. Auch für Leitungslängen $l = 3 \cdot \lambda/4$, $5 \cdot \lambda/4$, $7 \cdot \lambda/4$ usw. ergeben sich durch Resonanz der stehenden Luftsäule selektive Verstärkungen der aus der Öffnung abgestrahlten Schallwellen.

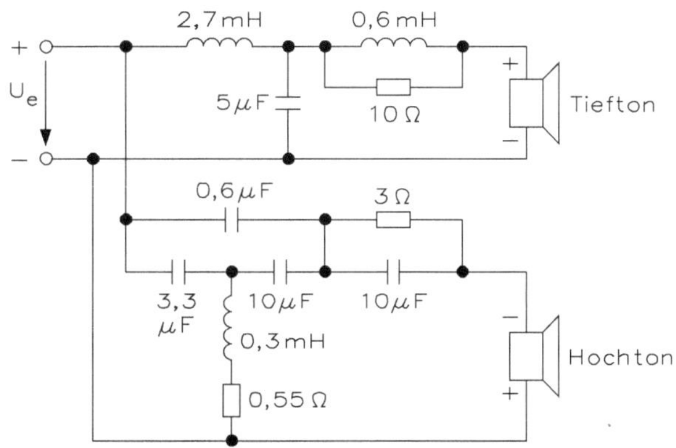

Abb. 9.96 Frequenzweiche einer Zweiweg-Lautsprecherkombination für eine Ausgangsleistung von 50 W

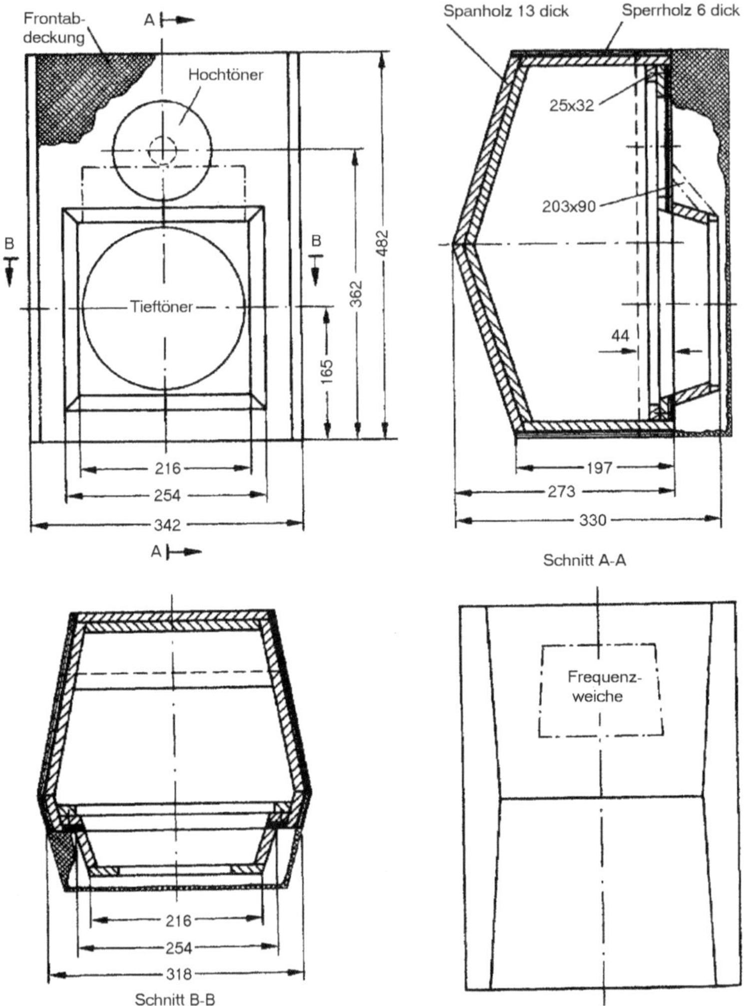

Abb. 9.97 Aufbau einer Transmission-Line-Lautsprecherbox mit einem Volumen von 50 l

Es werden also durch das Füllen der Transmission-Line-Box mit Dämpfungsstoff bei gegebener geometrischer Leitungslänge tiefere Frequenzen als bei ungefüllter Leitung verstärkt abgestrahlt. Umgekehrt kann man die Länge der Leitung reduzieren, wenn sie mit Dämpfungsmaterial gefüllt wird. Optimale Bassabstrahlung kommt zustande, wenn die $\lambda/4$-Leitung eine Resonanz mit der Eigenfrequenz des Lautsprecherchassis hat. Bei der Resonanzfrequenz (Grundresonanz) ist der vom offenen Leitungsende abgestrahlte Schall in Phase mit dem von der Vorderfläche des Chassis in den Abhörraum eingestrahlten Schall. Für tiefere Frequenzen unterhalb der Resonanzfrequenz sind diese beiden Schallanteile gegenphasig. Bei höheren Frequenzen sind die beiden Schallanteile je nach Wellenlänge gleich- oder gegenphasig, und das hat einen irregulären Verlauf der Übertragungskennlinie im Bereich der mittleren Frequenzen zur Folge. Transmission-Line-Boxen sollten nur zur Abstrahlung tiefer Frequenzen unterhalb etwa 250 Hz eingesetzt werden.

9.6.3 Zweiweg-Lautsprecherkombination mit akustischer Butterworth-Frequenzweiche

Bei der Zweiweg-Lautsprecherkombination von Abb. 9.98 arbeitet man mit einer akustischen Butterworth-Weiche und das Volumen des Gehäuses hat 36 l. Die akustische Butterworth-Weiche hat beim Tieftöner bis 500 Hz einen Verlauf zwischen 50 dB, der sich mit zunehmender Frequenz ab etwas 1 kHz unter 40 dB verringert. Ab etwa 3 kHz nimmt der Frequenzverlauf rapide ab. Der Hochtonlautsprecher erreicht bei 2 kHz etwa 30 dB und bei 5 kHz etwa 45 dB.

Wie bei allen Zweiweg-Lautsprecherkombinationen mit relativ hoher Übernahmefrequenz müssen Tief-, Mittelton- oder Hochtonchassis so dicht als irgend möglich zueinander vertikal übereinander – und nicht horizontal nebeneinander – auf der Schallwand montiert werden. Andernfalls spaltet die Richtstrahlkennlinie der Kombination in mehrere „Zipfel" auf und in der Übertragungskennlinie entstehen frequenzselektive Einbrüche, die mit Klangverfärbung verknüpft sind. Abb. 9.99 zeigt den Aufbau einer Zweiweg-Lautsprecherkombination mit akustischer Butterworth-Weiche.

Die Zweiweg-Lautsprecherkombination arbeitet mit einer Butterworth-Weiche und innerhalb ihres Übertragungsbereichs tritt ein geradliniger Frequenzverlauf auf, der erst kurz vor der Grenzfrequenz scharf einknickt. Butterworth-Weichen 4. Ordnung zeichnen sich, abgesehen von der großen Flankensteilheit der Dämpfung dadurch aus, dass die Achse der Strahlungskennlinie mit der Lautsprecherbezugsachse übereinstimmt und

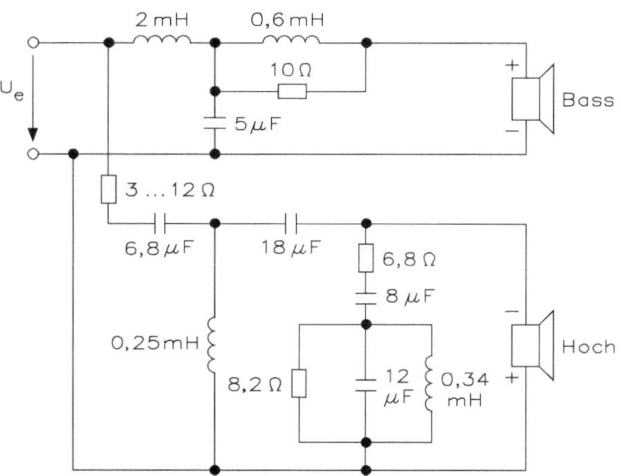

Abb. 9.98 Zweiweg-Lautsprecherkombination mit akustischer Butterworth-Frequenzweiche

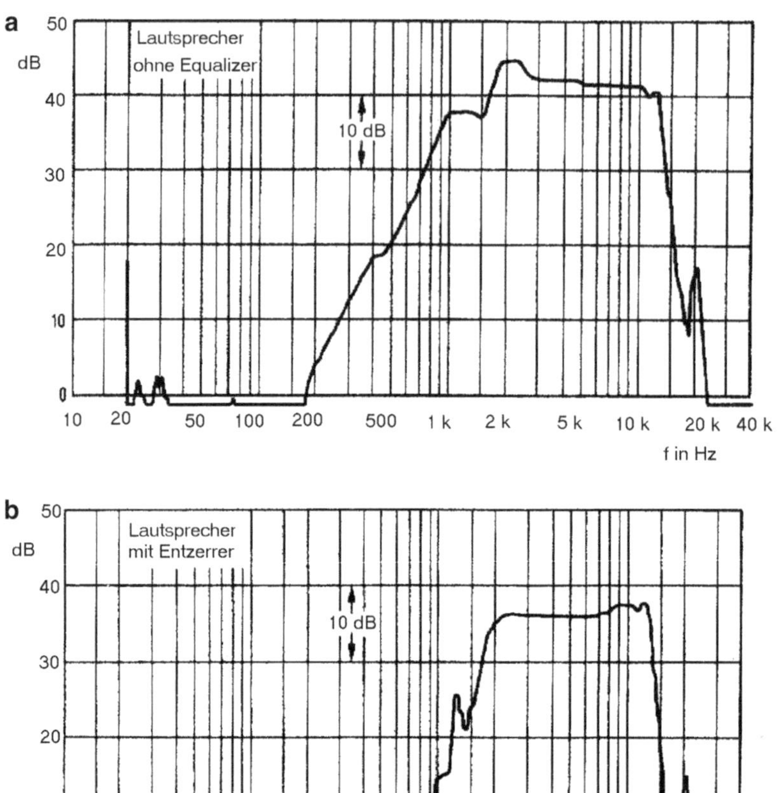

Abb. 9.99 Übertragungskennlinie des Hochtöners (**a**) ohne Entzerrernetzwerk (**b**) mit Entzerrernetzwerk

unabhängig von der Frequenz ist. Es ist notwendig, dass Tiefton-, Mittel- und Hochtonlautsprecher von der gleichen akustischen Ebene strahlen. Das lässt sich dadurch erreichen, dass die beiden Lautsprecher vertikal übereinander gesetzt und in der Horizontalebene gegenseitig so verschoben werden, dass die akustischen Zentren der beiden Lautsprecher übereinander liegen. Auch bei anderen Lautsprecherkombinationen ist es günstig, wenn die akustischen Zentren der einzelnen Lautsprecher von der gleichen akustischen Ebene strahlen. Lautsprecherboxen, die unter diesem Gesichtspunkt aufgebaut sind, werden gelegentlich als „phasenlineare Lautsprecher" bezeichnet und dies entspricht aber keiner physikalischen Realität. Auch wenn die Lautsprecher einer Kombination von der gleichen akustischen Ebene strahlen, wird noch keine Phasenlinearität erreicht, weil zahlreiche weitere Parameter dafür mitbestimmend sind.

9.6.4 Zweiweg-Lautsprecherkombination für eine Ausgangsleistung von 100 W

Bei der Zweiweg-Lautsprecherkombination von Abb. 9.100 wird ein Tief- und Hochtonlautsprecher verwendet. Bei dem Tieftöner hat man eine Kombination von einem Lautsprecher und einem Passivstrahler. Zur Wiedergabe der Frequenzen oberhalb 3 kHz setzt man einen Hochtöner ein. Das Butterworth-Filter 3. Ordnung im Hochtonteil ist zusätzlich mit einem gedämpften Parallelschwingkreis versehen, der auf die Resonanzfrequenz des Hochtöners bei etwa 1,9 kHz abgestimmt ist. Dadurch wird die Resonanzüberhöhung der Impedanzkurve des Hochtöners im Gebiet um 1,9 kHz beseitigt und in Verbindung mit dem Butterworth-Filter die Übertragungskennlinie linearisiert.

Bei der Montage des Hochtöners ist zu beachten, dass dessen Austrittsöffnung exakt bündig mit der Schallwand abschließt. Man muss den Hochtöner rückwärts auf die Schallwand mit einer Stärke von 19 mm setzen. Wird er dagegen von vorn auf die Schallwand gesetzt, sodass die Austrittsöffnung übersteht, ergeben sich Einbrüche in der Übertragungskennlinie durch Interferenzeffekte. Abb. 9.101 zeigt die Übertragungskennlinie für den Hochtöner.

Damit der Abschlusswiderstand einer Frequenzweiche unabhängig von der Frequenz und konstant bleibt, kann man ein Reihen-RC-Glied und/oder einen RCL-Parallelschwingkreis parallel zur Schwingspule des Lautsprechers legen. Die Abschlussimpedanz

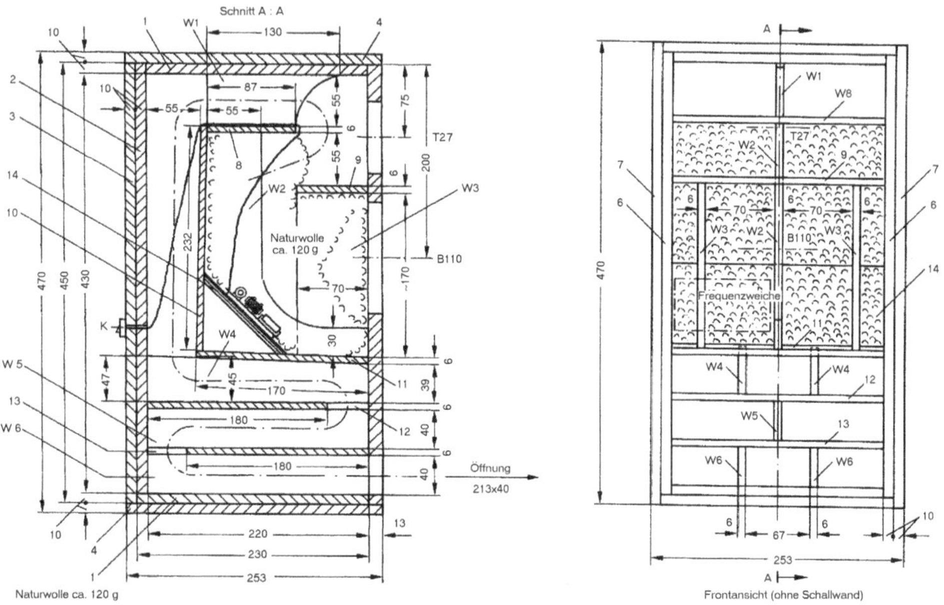

Abb. 9.100 Frequenzweiche für eine Zweiweg-Lautsprecherkombination mit Ausgangsleistung von $P = 100$ W

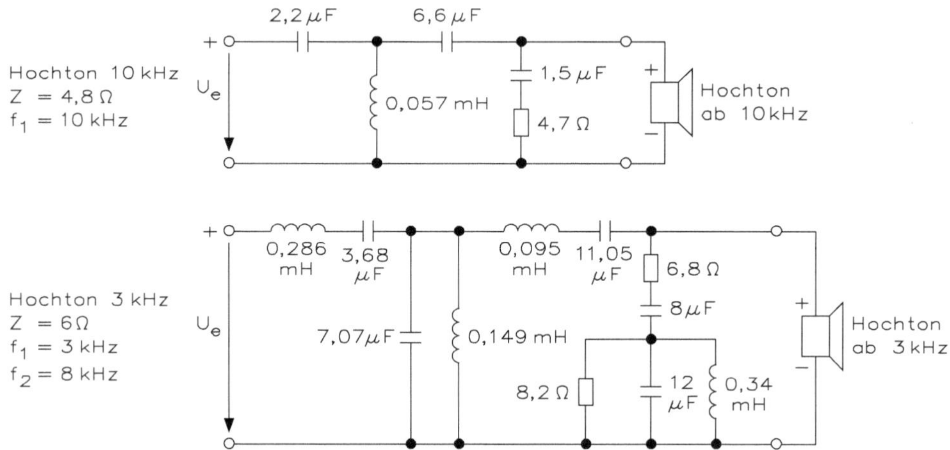

Abb. 9.101 Übertragungskennlinie

der Weiche ist unter dieser Voraussetzung gleich dem Widerstand R. Wie sich diese Entzerrung auf die Frequenzabhängigkeit der Impedanz der Schwingspule eines dynamischen Lautsprechers auswirkt. Beispielsweise hat die Schwingspule eines 25 mm-Hochton-Kalottenlautsprechers einen Widerstand $R = 6{,}8\ \Omega$ und eine Induktivität $L = 0{,}15$ mH. Die zur Entzerrung erforderlichen Werte für die Bauelemente sind ein Widerstand mit $R_{eq} = 6{,}8\ \Omega$ und ein Kondensator mit $C_{eq} = 12\ \mu F$. Will man den selektiven Anstieg der Impedanz der Lautsprecher-Schwingspule bei der Resonanzfrequenz eines Lautsprechers entzerren, benutzt man hierzu einen Serien-Resonanzkreis parallel zur Lautsprecher-Schwingspule, dessen Eigenfrequenz auf die des Lautsprechers abgestimmt wird. Aus der durch eine Messung aufzunehmenden Resonanzkurve des Lautsprechers lässt sich die Größe der Resonanzfrequenz f_{res} und die Bandbreite Δf entnehmen, z. B. $f_{res} = 150$ Hz und $\Delta f = 50$ Hz.

Abb. 9.102 zeigt eine Zweiweg-Lautsprecherkombination in einer Transmission-Line-Box für eine Ausgangsleistung von $P = 100$ W. Bemerkenswert ist die Bassreflexion durch den langen rechteckförmigen Tunnel, der sich nicht verjüngt.

9.6.5 Hochtonbereiche mit zusätzlichen Hochtönern

Die Kombination von zwei Hochtönern in Abb. 9.103 wird um einen speziellen Hochtöner erweitert und damit lassen sich Frequenzen bis etwa 20 kHz übertragen. Die Übernahmefrequenzen sind 3 kHz für den ersten Hochtöner und 10 kHz für den zweiten Hochtöner.

Die Bassreflexbox von Abb. 9.104 hat ein Volumen von 60 l. Der Basslautsprecher und zwei Hochtonkalottenlautsprecher werden mit einer Frequenzweiche mit der Übernahmefrequenz von 2,7 kHz angesteuert bei 18 dB/Spannungsfall/Oktave.

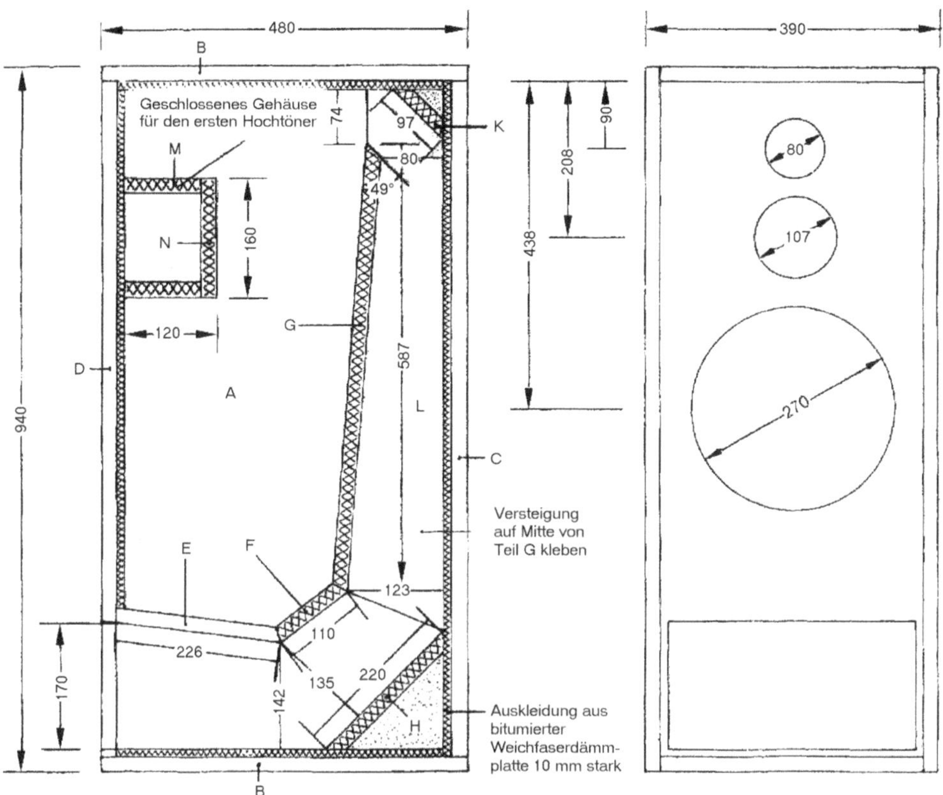

Abb. 9.102 Zweiweg-Lautsprecherkombination in einer Transmission-Line-Box

Die Übertragungskennlinie dieser Kombination verläuft linear zwischen 34 Hz und 20 kHz innerhalb von ± 2 dB. Die beiden Hochtonlautsprecher und der Basslautsprecher sind gegeneinander versetzt, sodass deren akustische Zentren in der gleichen akustischen Ebene liegen.

Die Gehäuseabmessungen betragen 390 mm $\times$ 940 mm $\times$ 80 mm und die Nenn-/Musikbelastbarkeit beträgt 100 W/180 W. Der Frequenzbereich liegt zwischen 25 Hz und 20 kHz bei einem Schalldruck von 91 dB/W/m.

9.6.6 Zweiweg-Lautsprecherkombination für eine Ausgangsleistung von 50 W

Die Zweiweg-Lautsprecherkombination von Abb. 9.104 ist in einem Bassreflexgehäuse mit Tunnel untergebracht und liefert eine saubere Basswiedergabe ab 45 Hz. Abb. 9.105 zeigt die Bauanleitung und Abb. 9.106 das Polardiagramm.

Abb. 9.103 Erweiterung des Hochtonbereichs durch eine spezielle Frequenzweiche um einen zusätzlichen Hochtöner

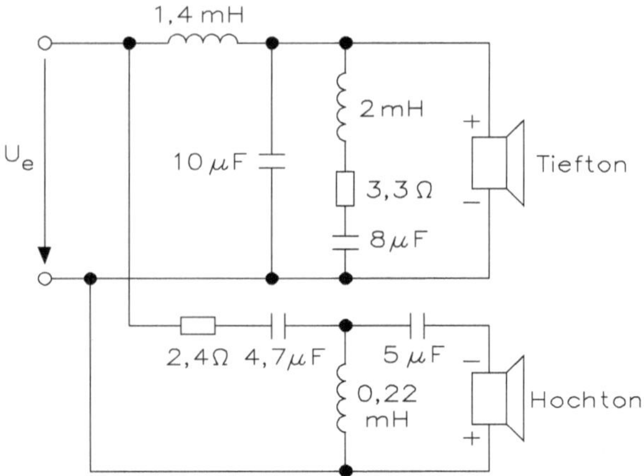

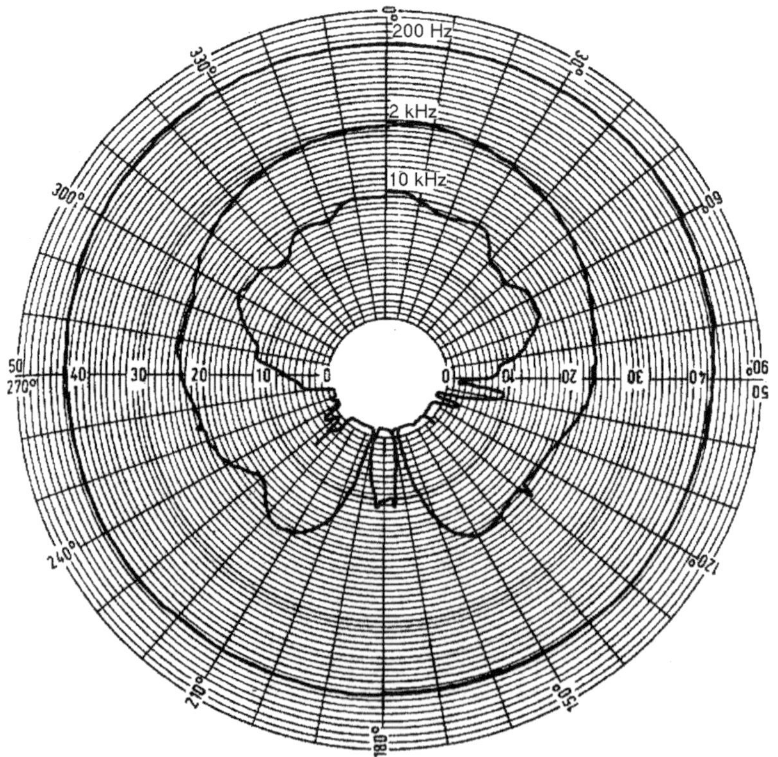

Abb. 9.104 Bauzeichnung für eine Lautsprecherkombination mit zwei separaten Hochtönern

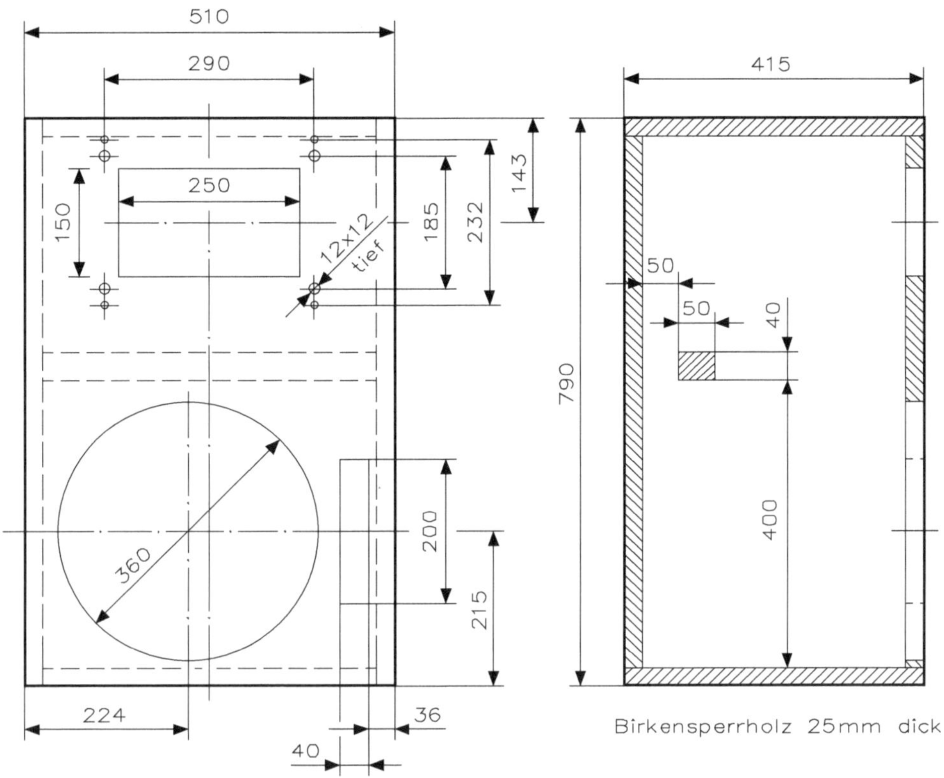

Abb. 9.105 Frequenzweiche einer Zweiweg-Lautsprecherkombination für eine Ausgangsleistung von 50 W

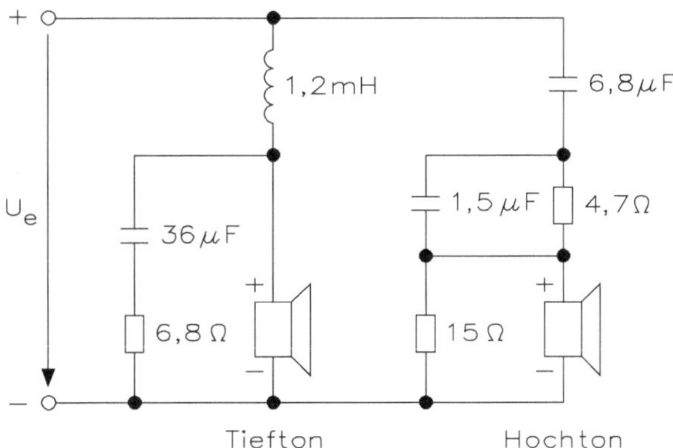

Abb. 9.106 Polardiagramm für die Zweiweg-Lautsprecherkombination von Abb. 9.105

Zur besseren Veranschaulichung von gegebenen Abhängigkeiten, Vorgängen und Gesetzen in Technik bedient man sich der grafischen Darstellung in Koordinatensystemen. In der Audiotechnik sind derartige Darstellungen und ihre Deutung sehr wichtig, da ein klares und charakteristisches Bild vermittelt wird. Um Punkte in einer Ebene festzulegen, genügt eine einfache Darstellung kaum. Zu diesem Zweck zeichnet man ein rechtwinkliges Achsenkreuz (Koordinatenkreuz oder kartesisches Koordinatensystem) aus zwei Zahlengeraden mit gleichem oder verschiedenem Maßstab. Die horizontale Achse heißt Abszisse oder x-Achse, die darauf senkrecht stehende Achse nennt man Ordinate oder y-Achse. Ihr Schnittpunkt heißt Nullpunkt oder Koordinatenanfang. Auf den Achsen werden die Zahlen oder Einheiten abgetragen. Jeder Punkt im Kreuz hat immer zwei Werte (Koordinaten), einen x- und einen y-Wert. Die zwischen den Achsen liegenden Felder nennt man Quadranten (1. bis IV.). Stehen neben einem Punkt die Koordinaten, so ist die erste Zahl in der Klammer immer die Abszisse x, die zweite Zahl die Ordinate y.

Neben den rechtwinkligen (kartesischen) Koordinaten kann man zur Festlegung eines Punktes in der Ebene das Polarkoordinatensystem benutzen. Von einem gegebenen Nullpunkt, dem Pol, geht ein Strahl p, die Polar- oder Nullachse, aus. Ein Punkt P ist in der Ebene bestimmt durch seine Entfernung r vom Nullpunkt und durch den Winkel p, den der Radius r mit der Nullachse p, im positiven Sinne gemessen, bildet. Man nennt r den Leitstrahl (Radiusvektor), p den Polarwinkel (Abweichung, Anomalie) und beide zusammen die Polarkoordinaten eines Punktes. Das Wesen der Polarkoordinaten besteht darin, dass man die Punkte der Ebene als Schnittpunkte einer Schar von konzentrischen Kreisen mit einem vom Mittelpunkt ausgehenden Strahlenbüschel auffasst. Zur schnellen zeichnerischen Darstellung von Funktionen in Polarkoordinaten benutzt man Polarkoordinatenpapier, dessen Vordruck aus konzentrischen Kreisen besteht, von deren Mittelpunkt ein Strahlenbüschel ausgeht. Hat man einen Polarwinkel p, durch Zeichnen eines Schenkels festgelegt, so gelangt man zu P, indem man den Leitstrahl r auf dem Schenkel aufträgt. Die Koordinaten eines Punktes im kartesischen Koordinatensystem lassen sich leicht in Polarkoordinaten umrechnen und umgekehrt. Denkt man sich Nullpunkte, Nullachse und positive x-Achse zusammenfallend, so ergeben sich nebenstehende Beziehungen: Umrechnung der kartesischen Koordinaten in Polarkoordinaten und Umrechnung der Polarkoordinaten in kartesische Koordinaten.

Abb. 9.107 zeigt eine Bauanleitung der Bassreflexbox für die Zweiweg-Lautsprecherkombination. Zur Erzielung einer diffusen Schallstrahlung gibt es akustische Linsen, die man vor die Trichteröffnung eines Hornstrahlers stellt und mit deren Hilfe man Schallwellen in ähnlicher Weise zerstreuen kann wie Lichtwellen mittels optischer Zerstreuungslinsen. Die Wirkungsweise akustischer Linsen ist denjenigen aus der Mikrowellentechnik verwandt und beide Linsen ähneln auch in ihrem Aufbau einander. Die Wirkungsweise beruht grundsätzlich darin, dass die Fortpflanzungsgeschwindigkeit von Wellen in der Linse gegenüber derjenigen im freien Raum herabgesetzt wird. Das wird z. B. dadurch erreicht, dass man die Linsen aus Umwegplatten aufbaut, und zwischen denen die Wellen Umwege gegenüber ihrer Ausbreitung im freien Raum machen

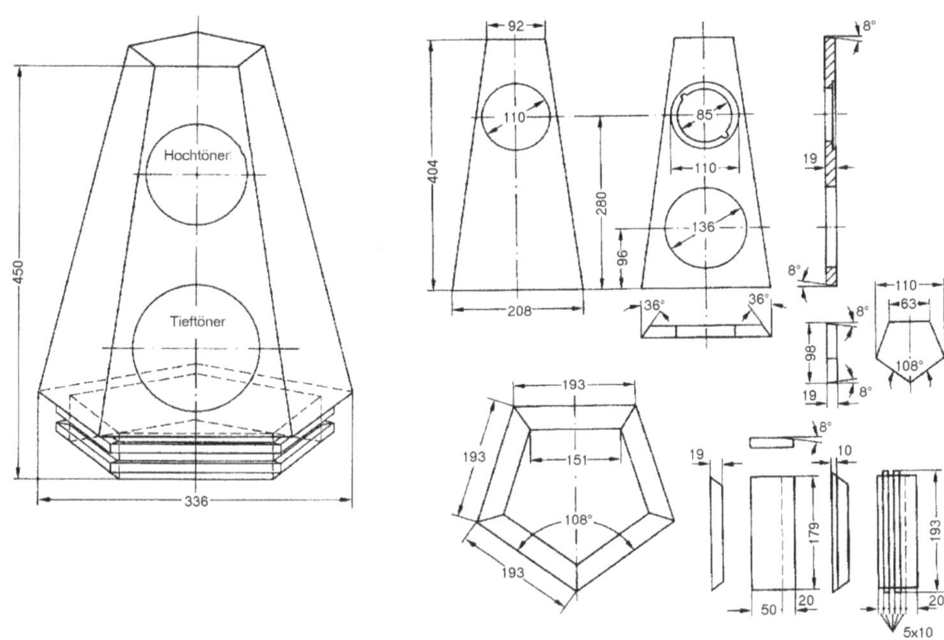

Abb. 9.107 Bauanleitung für die Zweiweg-Lautsprecherkombination von Abb. 9.105

müssen. Die Randgebiete der Linse sind breiter als in Linsenmitte. Daher eilt die Wellenfront der austretenden Schallwelle in den Randzonen mehr nach als in Linsenmitte, wodurch die angestrebte Zerstreuung des Schalls zustande kommt.

Es gibt auch Linsen, bei denen die den Schall verzögernden Elemente aus kleinen Scheiben, Kugeln oder Löchern in einer perforierten Metallfläche bestehen. Durch das Schallfeld werden darin sogenannte akustische Dipole induziert, die auf das Schallfeld zurückwirken und dessen Phasengeschwindigkeit beeinflussen. Entsprechende Linsen gibt es für elektromagnetische Wellen ebenfalls.

9.6.7 Dreiweg-Lautsprecherkombination für eine Ausgangsleistung von 30 W

Eine ungewöhnliche Bauanleitung ist die Dreiweg-Lautsprecherkombination, dessen Frequenzweiche in Abb. 9.108 gezeigt wird.

Die Dreiweg-Lautsprecherkombination besteht aus einem Hoch- und einem Tieftöner. Die Frequenzweiche 2. Ordnung liefert ein symmetrisches Strahlungsdiagramm, das in der akustischen Bezugsebene der Lautsprecherkombination frequenzunabhängig ist. Leider kommt bei der Trennfrequenz der Frequenzweiche ein Anstieg des Schalldrucks um 3 dB zustande. Hoch- und Tieftöner müssen gegenphasig gepolt sein. Werden diese

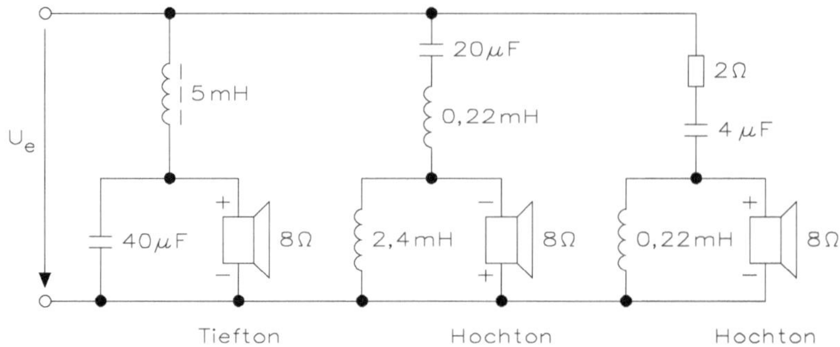

Abb. 9.108 Frequenzweiche einer Dreiweg-Lautsprecherkombination für eine Ausgangsleistung von 30 W

beiden Lautsprecher gleichphasig zusammengeschaltet, so heben sich die Ausgangssignale der beiden Lautsprecher bei der Übernahmefrequenz gegenseitig auf und in der Übertragungskennlinie der Lautsprecherkombination entsteht ein Loch. Für hohe Forderungen an die Qualität der Lautsprecherwiedergabe ist ein Spannungsfall von 12 dB/Oktave noch zu klein. Der zusätzliche Pegelanstieg von 3 dB bei der Trennfrequenz schränkt die Anwendbarkeit von Butterworth-Weichen 2. Ordnung auf Lautsprecherkombinationen hoher Qualität ein.

Abb. 9.109 zeigt die Bauanleitung für die Dreiweg-Lautsprecherkombination. Am häufigsten verwendet man zur Tieftonwiedergabe geschlossene Gehäuse, bei denen nur eine einzige Öffnung für das Lautsprecherchassis vorhanden ist. Man definiert meistens

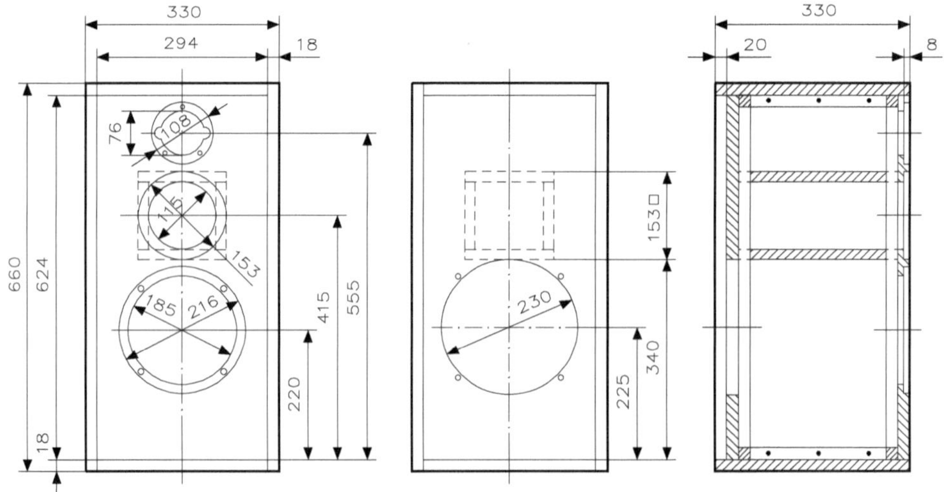

Abb. 9.109 Bauanleitung für die Dreiweg-Lautsprecherkombination für eine Ausgangsleistung von 30 W

eine geschlossene Box als „unendliche Schallwand“. Diese Bezeichnung kommt daher, dass Vorder- und Rückseite der Lautsprechermembran akustisch voneinander isoliert sind und daher auch bei tiefer Frequenz kein akustischer Kurzschluss zustande kommen kann. In dieser Hinsicht verhält sich eine geschlossene Lautsprecherbox wie eine unendlich große Schallwand.

Beim Einbau eines dynamischen Tieftonchassis in eine geschlossene Box kommt ein neuer Effekt zustande. Die im Gehäuse eingeschlossene Luft wird beim Hin- und Herbewegen der Membran abwechselnd verdichtet und verdünnt. Das Luftpolster wirkt auf die Membran wie eine zusätzliche Federung, welche die Eigenfrequenz des Chassis erhöht. Dadurch wird die abstrahlbare untere Grenzfrequenz des Lautsprechers erhöht, was eine verschlechterte Wiedergabe tiefer Frequenzen zur Folge hat. Damit unter solchem Umstand genügend tiefe Töne hörbar werden, darf das Nettovolumen der Box einen Mindestwert nicht unterschreiten. Dieser Mindestwert richtet sich nach den Daten des benutzten Chassis und nach der unteren Grenzfrequenz. Das erforderliche Gehäusevolumen ist umso größer, je geringer die Zunahme der Resonanzfrequenz des Lautsprechers sein darf und je größer der Membrandurchmesser ist.

9.6.8 Dreiweg-Lautsprecherkombination für eine Ausgangsleistung von 30 W

Eine Methode einen Phasenfehler zu vermeiden besteht darin, dass in eine Dreiwegweiche mit einem Spannungsfall/Oktave von 12 dB für den Hochton- und Tieftonlautsprecher ein zusätzlicher Mitteltonlautsprecher (filler driver) mit einem Filter 1. Ordnung, also einem Spannungsfall von 6 dB/Oktave, benutzt wird. Bei einer Dämpfung von 3 dB ist dessen Übertragungsbandbreite zwei Oktaven. Abb. 9.110 zeigt eine Dreiweg-Lautsprecherkombination für eine Ausgangsleistung von 30 W. Mit ihr lässt es sich erreichen, dass die Vektorsumme der Signalspannungen an den drei Lautsprechern gleich der eingespeisten Signalspannung ist. Der zu verwendende Mitteltonlautsprecher muss aber über wenigstens zwei Oktaven eine gleichmäßige Übertragungskennlinie aufweisen.

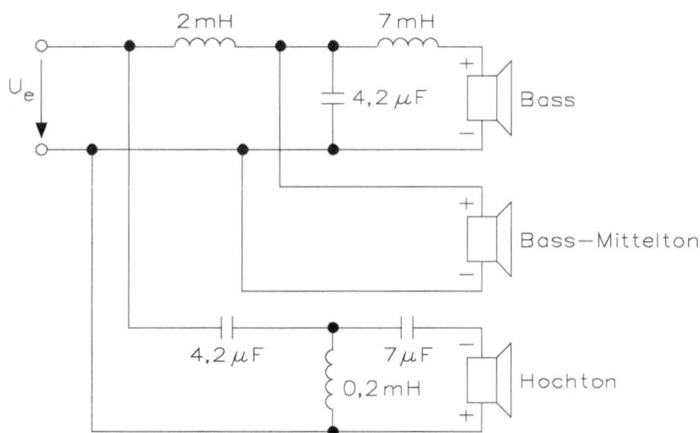

Abb. 9.110 Frequenzweiche für eine Dreiweg-Lautsprecherkombination mit einer Ausgangsleistung von 30 W

Damit der Abschlusswiderstand einer Frequenzweiche unabhängig von der Frequenz und konstant bleibt, kann man ein Reihen-RC-Glied parallel zur Schwingspule des Lautsprechers schalten.

Abb. 9.111 zeigt eine Bauanleitung für die Dreiweg-Lautsprecherkombination, wobei an der Rückwand ein passiver Tiefton-Lautsprecher vorhanden ist. Bei Tieftonchassis mit harter Membraneinspannung (Gitarrenlautsprecher) benötigt man große Gehäuse von etwa 200 l bis 300 l, um eine zufriedenstellende Tieftonwiedergabe zu erzielen. Andererseits wird die Federwirkung der im Gehäuse eingeschlossenen und komprimierten Luftmasse nutzbar, wenn man ein Chassis mit sehr weicher (nachgiebiger) Membraneinspannung hat, die relativ schwere Membranen hat und extrem niedrige Eigenfrequenzen (um 20 Hz) erzeugt.

Ähnlich wie bei einer offenen Schallwand lässt sich bei geschlossenen Boxen die Tieftonwiedergabe und Belastbarkeit verbessern, wenn statt eines einzelnen Chassis mehrere benutzt werden. Allerdings muss dann das Gehäusevolumen entsprechend heraufgesetzt werden. Die Herstellung eines möglichst guten Wirkungsgrads η mit gleichzeitig möglichst niedriger Frequenz erfordert daher entsprechend große Gehäuse. Umgekehrt kann man kleinere Boxen benutzen, wenn bei Erhaltung des Wirkungsgrads auf optimale Tieftonwiedergabe oder wenn bei Erhaltung der unteren noch abzustrahlenden Frequenz auf den Wirkungsgrad verzichtet wird. Je kleiner die Box ist, desto größere Verstärkerausgangsleistungen sind zur Herstellung einer bestimmten Schallleistung notwendig.

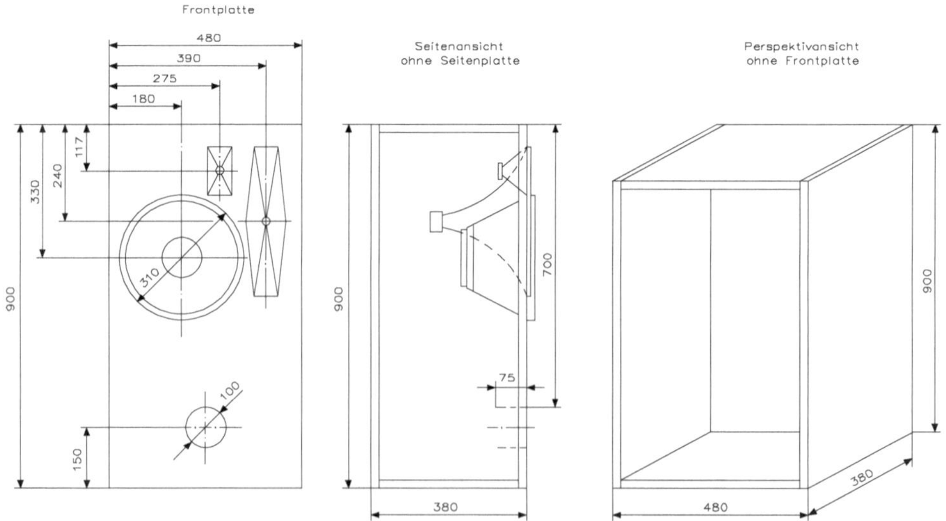

Abb. 9.111 Bauanleitung für die Dreiweg-Lautsprecherkombination mit einem Volumen von 70 l

In der Akustik benutzt man zum Aufbau von Lautsprecherboxen in der Praxis Pressspanplatten oder Sperrholz. Nach Untersuchungen erweist sich Birkensperrholz mit einer Stärke von 9 mm, das mit einer etwa gleich starken Schicht Dachpappe beschichtet ist, als besonders wirksam. Dickeres Birkensperrholz bringt gegenüber dicken Platten mit 9 mm keine Verbesserung. Im Gegenteil nimmt die Schalldämmung dann sogar wieder ab, wenn nicht gleichzeitig auch eine entsprechend dickere Schicht Dachpappe aufgebracht wird.

9.6.9 Dreiweg-Lautsprecherkombination mit akustischer Butterworth-Frequenzweiche

Butterworth-Weichen 3. Ordnung weisen eine Flankensteilheit ihrer Dämpfung von 18 dB/Oktave auf. Das bietet die Gewähr, dass den angeschlossenen Lautsprechern nur diejenigen Frequenzen zugeführt werden, wo sie optimal günstige Übertragungseigenschaften aufweisen. Falls die Lautsprecher gegenphasig zusammengeschaltet werden, ist auch die Phasenverzerrung gering. Von Nachteil ist, dass das Richtdiagramm der Lautsprecherkombination nicht symmetrisch in Bezug auf die Lautsprecherbezugsachse ist. Abb. 9.112 zeigt die Dreiweg-Lautsprecherkombination.

Abb. 9.113 zeigt die Bauanleitung für die Dreiweg-Lautsprecherkombination. Die drei Lautsprecher sind in dem Gehäuse untergebracht und es handelt sich um eine Bassreflexbox mit rundem Tunnel. Man kann also die Lautsprecherbox bis zu der maximal möglichen akustischen Leistung erhöhen, wenn die wirksame Membranfläche oder/und die Schwingungsamplitude der Membran vergrößert wird. Einer Vergrößerung der Membranauslenkung sind aber enge Grenzen gesetzt, sodass zur Vergrößerung der Schallleistung bei tiefen Frequenzen praktisch nur eine Vergrößerung der Membranfläche und damit des ganzen Lautsprechers verbleibt. Dynamische Tieftonlautsprecher

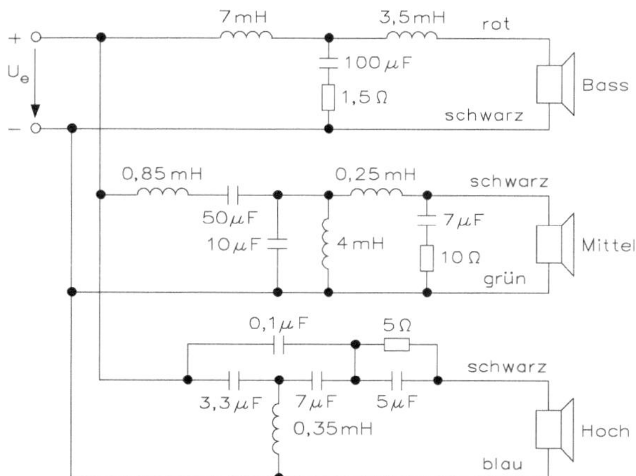

Abb. 9.112 Frequenzweiche einer Dreiweg-Lautsprecherkombination für eine Ausgangsleistung von 30 W

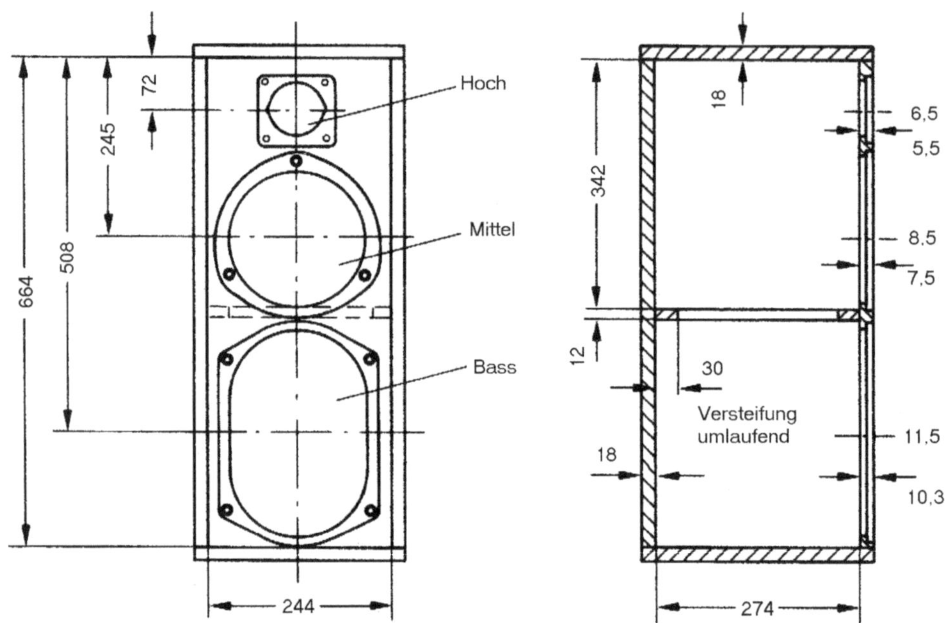

Abb. 9.113 Bauanleitung für die Dreiweg-Lautsprecherkombination mit einem Volumen von 36 l

zeichnen sich daher durch großflächige Membranen aus. Da unterhalb der Resonanzfrequenz keine Schallstrahlung zustande kommt, weisen sie außerdem besonders niedrige Eigenfrequenzen und zusätzlich hohe magnetische Gesamtflüsse auf. Art und Größe der Box, worin der Lautsprecher eingebaut werden soll, spielen für die Wahl dieser Daten jedoch eine wichtige Rolle.

Ist die Bassreflexöffnung mit einem Tunnel versehen, so können zur Abstimmung die Tunnellänge oder/und die Tunnelöffnung geändert werden. Für eine gegebene Tunnelöffnung ergibt sich effektiv eine kleinere Tunnelöffnung, wenn die Tunnellänge vergrößert wird. Als Tunnel von kreiszylindrischem Querschnitt kann man Papprohre oder Plastikrohre hinreichender Steife verwenden. Tunnel rechteckigen Querschnitts stellt man aus Hartspanplatten oder aus bituminierten Weichfaserplatten her. Es ist zweckmäßig die Tunnel aus kurzen Stücken aufzubauen, um Abstimmung der Tunnellänge zu ermöglichen. Die Austrittskanten des Tunnels rundet man ab, um Ecken und Kanten zu vermeiden, da hier infolge von Luftreibung diverse Störgeräusche bei der Lautsprecherwiedergabe auftreten können.

Dynamische Tieftonlautsprecher lassen sich in zwei Gruppen einteilen, nämlich in solche, die durch relativ harte Membraneinspannung und relativ hohe Eigenfrequenzen ausgezeichnet sind oder in jene, die sehr weiche eingespannte Membranen (hohe Nachgiebigkeit der Einspannung) und sehr niedrige Resonanzfrequenzen verwenden.

Chassis mit harter Membraneinspannung sind für den Einbau in Schallwände, große geschlossene Boxen, und Exponentialboxen geeignet. Lautsprecher mit hoher Nachgiebigkeit der Membraneinspannung andererseits arbeiten nach dem Prinzip der akustischen Aufhängung. Im Gegensatz zu der vorhin erwähnten Gruppe von Lautsprechern, bei denen die Rückstellkraft des schwingenden Systems durch die Zentriermembran bewirkt wird, wird bei Lautsprechern nach dem Prinzip der akustischen Aufhängung die Rückstellkraft für die Membran durch das Luftkissen der schalldicht geschlossenen Box erzeugt. Solche Tieftonlautsprecher dürfen nur in relativ kleine geschlossene Boxen (Kompaktboxen) eingebaut werden, nicht dagegen in offene Gehäuse oder in Schallwände. Fehlt nämlich hinter der Lautsprechermembran die erforderliche Luftsteife, so wird die Lautsprechermembran bei tiefen Frequenzen so weit ausgelenkt, dass nicht nur erhebliche nicht lineare Verzerrungen auftreten, sondern es kann die Tauchspule hierbei sogar aus dem Luftspalt im Topfmagnet ganz heraustreten und das System wird beschädigt.

Literatur

H. Bernstein: Audiosimulation, Franzis. München
H. Bernstein: Formelsammlung, Wiesbaden, Springer
W. Fasold, Kraak u. W. Schirmer: Taschenbuch Akustik, Berlin, Verlag Technik
W. Fasold, H. Winkler: Raumakustik, Berlin, Verlag Technik
W. Reichardt: Grundlagen der technischen Akustik, Leipzig, Akad. Verlagsges.
L. Cremer: Vorlesungen über Technische Akustik, Berlin, Heidelberg, New York, Springer
E. Meyer und E. G. Neumann: Physikalische und Technische Akustik, Braunschweig, Vieweg
M. Rieländer: Reallexikon der Akustik, Frankfurt
I. Veit: Technische Akustik, Würzburg, Vogel
M. Heck, H. A. Müller: Taschenbuch der Technischen Akustik, Berlin, Springer

H. Bernstein, *Elektroakustik,* https://doi.org/10.1007/978-3-658-25174-1

Stichwortverzeichnis

H. Bernstein, *Elektroakustik,* https://doi.org/10.1007/978-3-658-25174-1